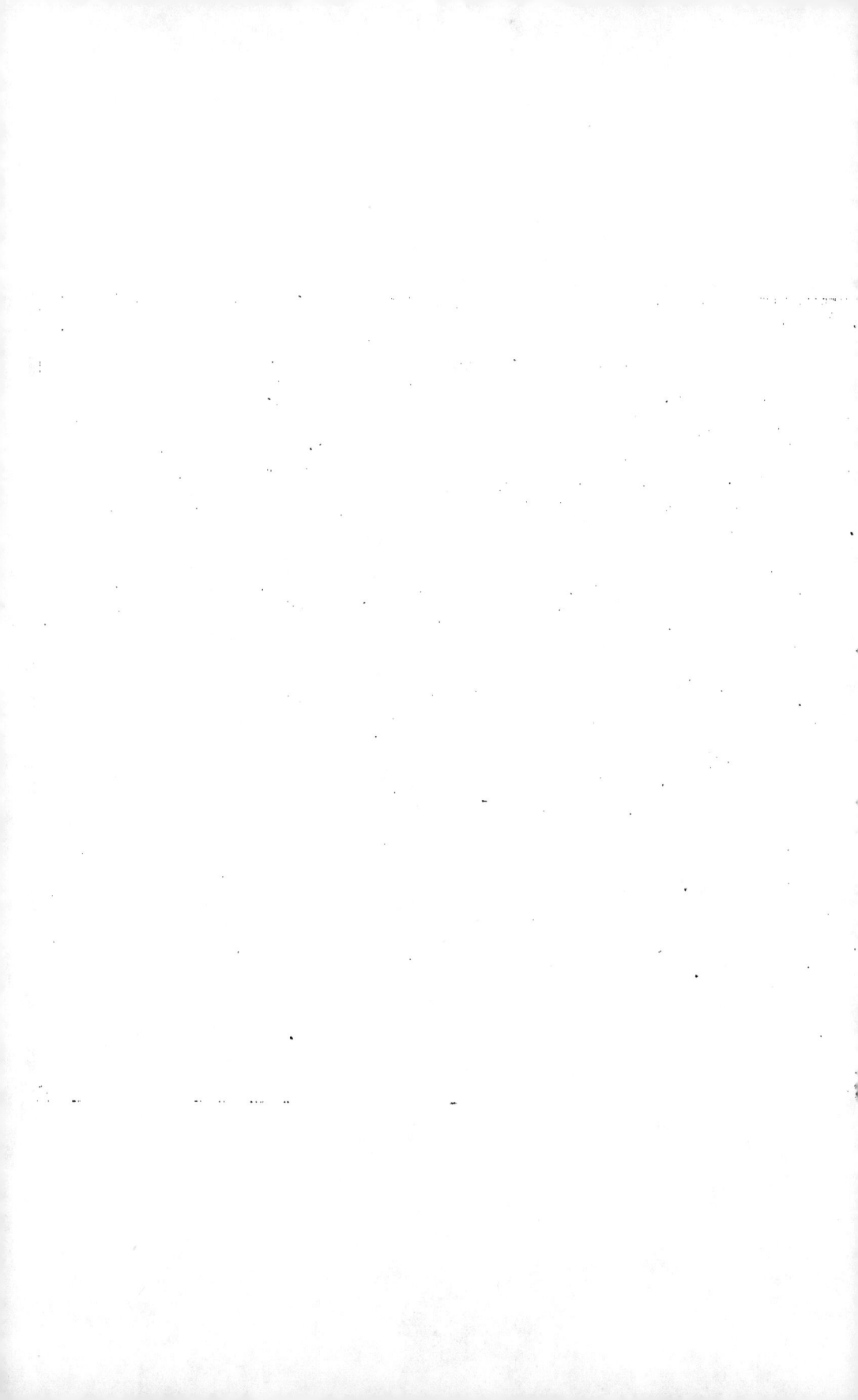

NOUVEAU BARÊME UNIVERSEL.

Imprimerie de D'UBJUBIE, WORMS et Cie,
rue Saint-Pierre-Montmartre, 17.

NOUVEAU

BARÊME UNIVERSEL,

MANUEL COMPLET

DE TOUS LES COMPTES FAITS,

CONTENANT :

1° CENT TRENTE-SIX tables d'intérêt calculées pour toutes les sommes et pour tous les taux, depuis 25 centimes jusqu'à 30,000 francs, depuis l'intérêt à 3 p. 0/0 jusqu'à 10 p. 0/0, de demi en demi ; 2° Les tables indiquant les diviseurs fixes des intérêts ; 3° Les douzièmes des contributions, ou le chiffre de la somme due mensuellement pour toutes les cotes, depuis 1 franc jusqu'à 3,000 francs ; 4° L'explication des différentes opérations de bourse sur les fonds français, avec les comptes faits des rentes appelées *trois pour cent*, *cinq pour cent*, etc., etc ; 5° Les comptes faits des journées d'ouvriers depuis le prix de 50 centimes jusqu'à celui de 9 francs par jour ; 6° La comparaison du nouveau système des poids et mesures avec l'ancien ; 7° La valeur des monnaies françaises et étrangères ; 8° La concordance des mois du calendrier grégorien avec le calendrier républicain ; 9° Table à calculer le nombre des jours, etc., etc.

AVEC UN TEXTE EXPLICATIF SUR CHAQUE MATIÈRE INDIQUANT LES LOIS QUI LES RÉGISSENT,

PAR **M. C. LAVOCAT,**
Agent comptable,
ET **M. P.-B. D'ANGERVILLE**, professeur de comptabilité commerciale.

PRIX : POUR PARIS, 5 FR. ; POUR LES DÉPARTEMENS, 6 FR. 25 CENT.

PARIS,
CHEZ L'UN DES AUTEURS, M. LAVOCAT, ÉDITEUR, RUE DES MARAIS-DU-TEMPLE, 13.
ET CHEZ D'URTUBIE, WORMS ET Cie, IMPRIMEURS-LIBRAIRES, RUE SAINT-PIERRE-MONTMARTRE, 17.

1837.

INTRODUCTION.

Nous avons donné au livre que nous présentons aujourd'hui au public le nom de NOUVEAU BARÊME, parce que ce nom bien connu indique suffisamment notre but. Il nous reste à expliquer le plan que nous avons suivi, et à résumer en quelques mots le sommaire des matières qui composent cet ouvrage.

Les tables d'intérêts, qui sont en tête du volume, sont le fruit d'un travail long et consciencieux dont l'idée n'était encore venue à personne. Et cependant de quelle utilité ne seront-elles pas pour tous ceux qui s'occupent d'INTÉRÊTS, d'ESCOMPTE, d'AGIO, de PRIME, de NÉGOCIATION et de CHANGE, mots différens, mais dont la signification est à peu près la même; si ce n'est que l'INTÉRÊT, l'ESCOMPTE, l'AGIO et la NÉGOCIATION veulent toujours dire un rabais ou un ajouté à un principal pour l'avance ou la ouissance de ce principal pendant un temps déterminé, à raison de tant pour 0/0 par an, tandis que le CHANGE et la PRIME ne comportent pas de calcul de temps et se règlent tant pour 0/0 sur la somme à transporter ou à assurer.

Une méthode, aussi simple qu'on la suppose, aussi bien présentée qu'on le voudra, ne sera jamais aussi facile à saisir que ce qui parle aux yeux; l'application surtout sera susceptible d'erreurs. C'est pourquoi toutes les manières de calculer les intérêts, soit par les diviseurs fixes, soit par tout autre procédé ancien ou nouveau, ne vaudront jamais des comptes tout faits qui vous évitent tout travail, toute perte de temps, et ce qui n'est pas moins essentiel, toute crainte de se tromper.

Nos tables d'intérêts représentent tous les taux, ainsi que les fractions de taux depuis 3 pour 0/0, progressivement de 1/2 en 1/2, jusqu'à 10 pour 0/0; les comptes sont faits pour toutes les sommes depuis 25 centimes jusqu'à 30,000 f., pour tous les jours du mois, tous les mois de l'année et pour dix années de suite, d'année en année.

Cet ouvrage réunit un double avantage : non seulement il offre l'intérêt d'une somme quelconque d'après le nombre de jours, mais il fait connaître également la déduction ou remise que la loi accorde aux marchands en gros, et aux maisons de transit, pour coulage des boissons et liquides, à raison de la durée du séjour de ces marchandises en magasin.

Dans le premier cas, les comptes sont faits par francs et centimes, qu'il faut prendre dans le deuxième cas pour des hectolitres et des litres; il n'y a de différence que dans la dénomination des termes.

Il suffit de connaître les chiffres pour se servir de ces tables avec utilité et de la manière la plus expéditive, attendu que tous les nombres y sont rangés dans un ordre progressif. La précision dans la disposition de ces tables ne laisse rien à désirer; cependant, pour en faciliter l'usage, nous allons y ajouter quelques instructions sommairess.

1° Il est superflu d'avertir que c'est toujours la somme passible de l'intérêt que l'on doit d'abord chercher, elle se trouve la plus saillante en tête de chaque page, progressivement depuis 1 franc jusqu'à 100 francs, etc., etc.

2° La première colonne, à laquelle on doit ensuite se porter pour trouver le laps de temps couru ou à courir, présente le nombre de jours, mois et années.

3° Les autres colonnes présentent les différens taux d'intérêts depuis 3 pour 0/0 jusqu'à 10 pour 0/0, de sorte qu'il suffit de suivre une ligne transversale depuis la colonne des jours, mois et années jusqu'à celle dont on désire l'intérêt, pour trouver au premier coup-d'œil le chiffre du compte tout fait. Il est cependant des cas, quoique rares, où l'on sera obligé de recourir à deux tables.

Quoique toutes les fractions décimales réduites au plus faible dénominateur aient été employées dans les calculs, cependant pour ne point surcharger les pages d'une multitude de chiffres qui auraient ajouté peu de chose à la précision des comptes, nous avons cru q 'il suffisait d'employer les francs et les centimes en négligeant les fractions de 100 millièmes de centimes et au dessous, en prenant toutefois pour entier celles au-dessus de 500 millièmes; cette marche ayant été suivie avec la plus scrupuleuse exactitude, il en résulte qu'il n'y aura toujours qu'une très faible fraction de centime négligée ou forcée dans un compte quelconque.

Nous offrons donc avec la plus grande confiance nos tables d'intérêts aux chefs d'administrations, aux banquiers, aux négocians, aux notaires, avoués, huissiers, agens d'affaires, receveurs de contributions, caissiers, commis de banque, propriétaires, et à tous ceux, en un mot, qui, par un côté quelconque, s'occupent d'INTÉRÊTS, d'ESCOMPTE, d'AGIO, de PRIMES, de NÉGOCIATIONS et de CHANGES.

Notre ouvrage est, du reste, aussi complet que possible. Nous ne nous sommes pas contentés de donner un travail considérable pour les comptes d'intérêts, nous y avons ajouté des parties essentielles qui seront du plus grand secours dans une foule de circonstances et dans toutes les conditions.

Ainsi, la justesse des calculs de nos tables d'intérêts peut être vérifiée d'un côté par le TABLEAU DES DIVISEURS FIXES, et d'un autre côté par la TABLE SERVANT A CALCULER LE NOMBRE DE JOURS COMPRIS ENTRE DEUX ÉPOQUES.

Les chefs d'établissemens industriels qui occupent un grand nombre d'ouvriers trouveront dans ce livre des COMPTES FAITS DU PRIX DES JOURNÉES, depuis 50 centimes jusqu'à 10 francs par jour. C'est un avantage que tout le monde appréciera.

Pour l'intelligence des anciens actes dont on a souvent besoin aujourd'hui, nous avons donné la CONCORDANCE DES MOIS DES CALENDRIERS GRÉGORIEN ET RÉPUBLICAIN.

Nous avons aussi fait connaître le NOUVEAU SYSTÈME DES POIDS ET MESURES, leurs noms et leurs valeurs relativement à l'ancien système, ainsi que la VALEUR DES MONNAIES FRANÇAISES ET ÉTRANGÈRES COMPARÉES ENTRE ELLES.

Pour rendre notre NOUVEAU BARÊME véritablement nécessaire à tous, nous l'avons enrichi de TABLES DU MONTANT DES DOUZIÈMES

DE CONTRIBUTIONS, au moyen desquelles chaque contribuable pourra trouver sans embarras et sans erreurs le montant de la somme (ou douzième) qu'il doit payer chaque mois sur le total de la cote à laquelle il est imposé.

Enfin, un travail que nous ne devons pas oublier de mentionner, c'est celui sur les opérations de bourse. A l'aide de cet important travail, les spéculateurs ne seront plus embarrassés pour comprendre les différentes appellations des COURS FRANÇAIS, et pour engager ou placer leurs fonds en parfaite connaissance de cause.

On chercherait vainement dans les autres ouvrages appelés comme le nôtre, BARÊME, COMPTES FAITS, tant de renseignemens qui sont devenus de première nécessité dans un temps où toute l'industrie et tous les capitaux se tournent vers les opérations de finance de toutes sortes.

Nous avons à ajouter que nulle part les matières n'ont été traitées d'une manière plus simple et plus intelligible. Aussi espérons-nous que notre NOUVEAU BARÊME deviendra bientôt le livre indispensable de tout le monde.

BARÊME

des calculs d'intérêts.

VALEUR DES CHIFFRES.

On connait dans le système de la numération trois sortes de *chiffres* : les chiffres *arabes*, dont on se sert communément, les *romains* et les *financiers*.

Les premiers, au nombre de sept, sont les suivans : I, qui vaut un ; V, qui vaut cinq ; X, qui vaut dix ; L, cinquante ; C, cent ; D, cinq cents, et M, mille.

Qu'on se souvienne que tout chiffre placé à la gauche d'un autre plus grand que lui diminue celui-ci de la valeur du premier, ainsi IV ne vaut que 4, XL ne vaut que 40, XC ne vaut que 90, etc

VALEUR DES CHIFFRES ROMAINS.

I.	1	XX.	20	DC	600
II	2	XXX	30	CM	900
III	3	XL.	40	M.	1000
IV	4	LX.	60	MC	1100
V	5	LXIV	64	MM	2000
VI	6	LXX	70	MMD	2500
VII	7	XC.	90	MCL	1150
VIII	8	C	100	MDCCCXXV	1825
IX	9	CC.	200	MD	1500
X	10	CCC	300	MMIX.	2009
XI	11	CD.	400	MCD	1400
XII	12	D	500	DCLXX	670

On exprime les chiffres financiers en lettres italiques de la manière suivante :

VALEUR DES CHIFFRES FINANCIERS.

i ou *j*	1	*x*	10	*lxxx.*	80
ij	2	*xij.*	12	*xc*	90
iij	3	*xb.*	15	*c.*	100
ib	4	*xx.*	20	*ijc*	200
b.	5	*xxb*	25	*ibc*	400
bj	6	*xl.*	40	*bic*	600
bij	7	*l*	50	*bijc*	700
biij	8	*lxb.*	65	*g.*	1000
ix	9	*lxx*	70	*gbc*	1500

TABLEAUX DES INTÉRÊTS.

L'intérêt est le profit que tire un créancier de l'argent qui lui est dû. La loi seule a le droit de fixer le taux des intérêts.

L'intérêt conventionnel ne peut excéder, en matière civile, cinq pour cent ; ni en matière de commerce, six pour cent, le tout sans retenue.

L'intérêt *légal* est, en matière civile, de cinq pour cent, et en matière de commerce de six pour cent, sans retenue.

Voici, à l'égard de l'intérêt, ce que porte la loi qui règle cette matière.

« Art. 1er. L'intérêt conventionnel ne pourra excéder, en matière civile, cinq pour cent ; ni en matière de commerce, six pour cent, sans retenue.

2. L'intérêt *légal* sera, en matière civile, de cinq pour cent ; et, en matière de commerce, de six pour cent, sans retenue.

3. Lorsqu'il sera prouvé que le prêt conventionnel a été fait à un taux excédant celui qui est fixé par l'article 1er, le prêteur sera condamné, par le tribunal saisi de la contestation, à restituer cet excédant s'il l'a reçu, ou à souffrir la réduction sur le principal de la créance, et pourra même être renvoyé devant le tribunal correctionnel, pour y être jugé conformément à l'article suivant.

4. Tout individu qui sera prévenu de se livrer habituellement à l'usure sera traduit devant le tribunal correctionnel, et, en cas de conviction,

condamné a une amende qui ne pourra excéder la moitié des capitaux qu'il aura prêtés à usure.

S'il résulte de la procédure qu'il y a eu escroquerie de la part du prêteur, il sera condamné, outre l'amende ci-dessus, à un emprisonnement qui ne pourra excéder deux ans.

5. Il n'est rien innové aux stipulations d'intérêts par contrats ou autres actes faits jusqu'au jour de la présente loi. »

C'est pour cette raison que tous les ouvrages intitulés *barèmes*, *calculs faits*, etc., etc., se sont toujours bornés à établir les comptes d'intérêts jusqu'à six pour cent inclusivement. Aussi ces comptes incomplets sont aujourd'hui tout à fait insuffisans, depuis surtout que l'esprit d'association a fait naître en France tant de sociétés en commandite et tant d'opérations de toute nature, qui promettent à leurs actionnaires des dividendes bénéficiaires de 7, 8, 9 et 10 pour cent, indépendamment des intérêts assurés annuellement. C'est à ces personnes là que notre travail sera éminemment utile.

Les tables que nous donnons ici sont plus complètes que toutes celles qui ont été publiées jusqu'à ce jour, et d'une intelligence beaucoup plus facile. Donnant l'escompte d'une somme déterminée, d'abord pour tous les jours du mois successivement, ensuite pour les douze mois de l'année et enfin pour dix années, d'année en année, depuis 3 pour cent, 3 et demi pour cent, 4 pour cent, 4 et demi pour cent, 5 pour cent, 5 et demi pour cent, jusqu'à 10 pour cent compris, il suffit d'un simple coup d'œil jeté sur le tableau représentant la somme dont on cherche les intérêts, pour arriver de la manière la plus expéditive à un résultat précis et aussi infaillible qu'une équation algébrique.

Nous donnons 126 tables. La première table commence par 25 centimes, la seconde par 50 centimes, la troisième par 75 centimes, la quatrième par 1 franc; les autres suivent avec progression de 1 franc jusqu'à 100 *francs*; depuis 100 francs avec progression de 100 francs jusqu'à 1,000 *francs*; et depuis 1,000 francs avec progression de 1,000 francs jusqu'à 30,000 *francs*.

Ces tables mettent dans la main de toutes les personnes qui connaissent la valeur des chiffres, la clef de tous les comptes d'intérêts faits ou à faire, pour toutes les affaires de bourse, de banque et de commerce. Elles sont d'autant plus précieuses qu'elles présentent le double avantage d'éviter tout travail, et par conséquent, toute perte de temps, deux choses inestimables dans les opérations de chiffre où l'ennui et le dégoût succèdent si vite à la fatigue et à la contention de l'esprit.

	Intérêts à raison de																													
	3		3 1/2		4		4 1/2		5		5 1/2		6		6 1/2		7		7 1/2		8		8 1/2		9		9 1/2		10	
JOURS.	Fr.	C.	Fr.	C.	Fr.	C.	Fr	C.	Fr.	C.	Fr.	C.	Fr.	C.	Fr.	C.	Fr.	C.	Fr.	C.	Fr.	C.	Fr.	C.	Fr.	C.	Fr.	C.	Fr.	C.
1	»	»	»	»	»	»	»	»	»	»	»	»	»	»	»	»	»	»	»	»	»	»	»	»	»	»	»	»	»	»
2	»	»	»	»	»	»	»	»	»	»	»	»	»	»	»	»	»	»	»	»	»	»	»	»	»	»	»	»	»	»
3	»	»	»	»	»	»	»	»	»	»	»	»	»	»	»	»	»	»	»	»	»	»	»	»	»	»	»	»	»	»
4	»	»	»	»	»	»	»	»	»	»	»	»	»	»	»	»	»	»	»	»	»	»	»	»	»	»	»	»	»	»
5	»	»	»	»	»	»	»	»	»	»	»	»	»	»	»	»	»	»	»	»	»	»	»	»	»	»	»	»	»	»
6	»	»	»	»	»	»	»	»	»	»	»	»	»	»	»	»	»	»	»	»	»	»	»	»	»	»	»	»	»	»
7	»	»	»	»	»	»	»	»	»	»	»	»	»	»	»	»	»	»	»	»	»	»	»	»	»	»	»	»	»	»
8	»	»	»	»	»	»	»	»	»	»	»	»	»	»	»	»	»	»	»	»	»	»	»	»	»	»	»	»	»	»
9	»	»	»	»	»	»	»	»	»	»	»	»	»	»	»	»	»	»	»	»	»	»	»	»	»	»	»	»	»	»
10	»	»	»	»	»	»	»	»	»	»	»	»	»	»	»	»	»	»	»	»	»	»	»	»	»	»	»	»	»	»
11	»	»	»	»	»	»	»	»	»	»	»	»	»	»	»	»	»	»	»	»	»	»	»	»	»	»	»	»	»	»
12	»	»	»	»	»	»	»	»	»	»	»	»	»	»	»	»	»	»	»	»	»	»	»	»	»	»	»	»	»	»
13	»	»	»	»	»	»	»	»	»	»	»	»	»	»	»	»	»	»	»	»	»	»	»	»	»	»	»	»	»	»
14	»	»	»	»	»	»	»	»	»	»	»	»	»	»	»	»	»	»	»	»	»	»	»	»	»	»	»	»	»	»
15	»	»	»	»	»	»	»	»	»	»	»	»	»	»	»	»	»	»	»	»	»	»	»	»	»	»	»	»	»	»
16	»	»	»	»	»	»	»	»	»	»	»	»	»	»	»	»	»	»	»	»	»	»	»	»	»	»	»	»	»	»
17	»	»	»	»	»	»	»	»	»	»	»	»	»	»	»	»	»	»	»	»	»	»	»	»	»	»	»	»	»	»
18	»	»	»	»	»	»	»	»	»	»	»	»	»	»	»	»	»	»	»	»	»	»	»	»	»	»	»	»	»	»
19	»	»	»	»	»	»	»	»	»	»	»	»	»	»	»	»	»	»	»	»	»	»	»	»	»	»	»	»	»	»
20	»	»	»	»	»	»	»	»	»	»	»	»	»	»	»	»	»	»	»	»	»	»	»	»	»	»	»	»	»	»
21	»	»	»	»	»	»	»	»	»	»	»	»	»	»	»	»	»	»	»	»	»	»	»	»	»	»	»	»	»	»
22	»	»	»	»	»	»	»	»	»	»	»	»	»	»	»	»	»	»	»	»	»	»	»	»	»	»	»	»	»	»
23	»	»	»	»	»	»	»	»	»	»	»	»	»	»	»	»	»	»	»	»	»	»	»	»	»	»	»	»	»	»
24	»	»	»	»	»	»	»	»	»	»	»	»	»	»	»	»	»	»	»	»	»	»	»	»	»	»	»	»	»	»
25	»	»	»	»	»	»	»	»	»	»	»	»	»	»	»	»	»	»	»	»	»	»	»	»	»	»	»	»	»	»
26	»	»	»	»	»	»	»	»	»	»	»	»	»	»	»	»	»	»	»	»	»	»	»	»	»	»	»	»	»	»
27	»	»	»	»	»	»	»	»	»	»	»	»	»	»	»	»	»	»	»	»	»	»	»	»	»	»	»	»	»	»
28	»	»	»	»	»	»	»	»	»	»	»	»	»	»	»	»	»	»	»	»	»	»	»	»	»	»	»	»	»	»
29	»	»	»	»	»	»	»	»	»	»	»	»	»	»	»	»	»	»	»	»	»	»	»	»	»	»	»	»	»	»
MOIS.																														
1	»	»	»	»	»	»	»	»	»	»	»	»	»	»	»	»	»	»	»	»	»	»	»	»	»	»	»	»	»	»
2	»	»	»	»	»	»	»	»	»	»	»	»	»	»	»	»	»	»	»	»	»	»	»	»	»	»	»	»	»	»
3	»	»	»	»	»	»	»	»	»	»	»	»	»	»	»	»	»	»	»	»	»	»	»	»	»	»	»	1	»	1
4	»	»	»	»	»	»	»	»	»	»	»	»	»	»	»	1	»	1	»	1	»	1	»	1	»	1	»	1	»	1
5	»	»	»	»	»	»	»	»	»	1	»	1	»	1	»	1	»	1	»	1	»	1	»	1	»	1	»	1	»	1
6	»	»	»	»	»	»	»	1	»	1	»	1	»	1	»	1	»	1	»	1	»	1	»	1	»	1	»	1	»	1
7	»	»	»	1	»	1	»	1	»	1	»	1	»	1	»	1	»	1	»	1	»	1	»	1	»	1	»	1	»	1
8	»	»	»	1	»	1	»	1	»	1	»	1	»	1	»	1	»	1	»	1	»	1	»	1	»	1	»	1	»	2
9	»	1	»	1	»	1	»	1	»	1	»	1	»	1	»	1	»	1	»	1	»	1	»	1	»	2	»	2	»	2
10	»	1	»	1	»	1	»	1	»	1	»	1	»	1	»	1	»	1	»	1	»	2	»	2	»	2	»	2	»	2
11	»	1	»	1	»	1	»	1	»	1	»	1	»	1	»	1	»	2	»	2	»	2	»	2	»	2	»	2	»	2
ANNÉES.																														
1	»	1	»	1	»	1	»	1	»	1	»	1	»	1	»	2	»	2	»	2	»	2	»	2	»	2	»	2	»	2
2	»	1	»	2	»	2	»	2	»	2	»	3	»	3	»	3	»	3	»	4	»	4	»	4	»	4	»	5	»	5
3	»	2	»	3	»	3	»	3	»	4	»	4	»	4	»	5	»	5	»	5	»	6	»	6	»	7	»	7	»	7
4	»	3	»	3	»	4	»	4	»	5	»	5	»	6	»	6	»	7	»	7	»	8	»	8	»	9	»	9	»	10
5	»	4	»	4	»	5	»	6	»	6	»	7	»	7	»	8	»	9	»	9	»	10	»	10	»	11	»	11	»	12
6	»	5	»	5	»	6	»	6	»	7	»	8	»	9	»	10	»	15	»	11	»	12	»	12	»	13	»	14	»	15
7	»	5	»	6	»	7	»	8	»	8	»	9	»	10	»	11	»	12	»	13	»	14	»	14	»	15	»	16	»	17
8	»	6	»	7	»	8	»	9	»	10	»	11	»	12	»	13	»	14	»	15	»	16	»	17	»	18	»	19	»	20
9	»	7	»	8	»	9	»	10	»	11	»	12	»	13	»	15	»	16	»	17	»	18	»	19	»	20	»	21	»	22
10	»	8	»	9	»	10	»	11	»	12	»	14	»	15	»	16	»	17	»	18	»	20	»	21	»	22	»	23	»	25

50 CENTIMES.

Intérêts à raison de

	3		3 1/2		4		4 1/2		5		5 1/2		6		6 1/2		7		7 1/2		8		8 1/2		9		9 1/2		10	
JOURS.	Fr.	C.	Fr.	C.	Fr.	C.	Fr	C.	Fr.	C.	Fr.	C.	Fr.	C.	Fr.	C.	Fr.	C.	Fr.	C.	Fr.	C.	Fr.	C.	Fr.	C.	Fr.	C.	Fr.	C.
1	»	»	»	»	»	»	»	»	»	»	»	»	»	»	»	»	»	»	»	»	»	»	»	»	»	»	»	»	»	»
2	»	»	»	»	»	»	»	»	»	»	»	»	»	»	»	»	»	»	»	»	»	»	»	»	»	»	»	»	»	»
3	»	»	»	»	»	»	»	»	»	»	»	»	»	»	»	»	»	»	»	»	»	»	»	»	»	»	»	»	»	»
4	»	»	»	»	»	»	»	»	»	»	»	»	»	»	»	»	»	»	»	»	»	»	»	»	»	»	»	»	»	»
5	»	»	»	»	»	»	»	»	»	»	»	»	»	»	»	»	»	»	»	»	»	»	»	»	»	»	»	»	»	»
6	»	»	»	»	»	»	»	»	»	»	»	»	»	»	»	»	»	»	»	»	»	»	»	»	»	»	»	»	»	»
7	»	»	»	»	»	»	»	»	»	»	»	»	»	»	»	»	»	»	»	»	»	»	»	»	»	»	»	»	»	»
8	»	»	»	»	»	»	»	»	»	»	»	»	»	»	»	»	»	»	»	»	»	»	»	»	»	»	»	»	»	»
9	»	»	»	»	»	»	»	»	»	»	»	»	»	»	»	»	»	»	»	»	»	»	»	»	»	»	»	»	»	»
10	»	»	»	»	»	»	»	»	»	»	»	»	»	»	»	»	»	»	»	»	»	»	»	»	»	»	»	»	»	»
11	»	»	»	»	»	»	»	»	»	»	»	»	»	»	»	»	»	»	»	»	»	»	»	»	»	»	»	»	»	»
12	»	»	»	»	»	»	»	»	»	»	»	»	»	»	»	»	»	»	»	»	»	»	»	»	»	»	»	»	»	»
13	»	»	»	»	»	»	»	»	»	»	»	»	»	»	»	»	»	»	»	»	»	»	»	»	»	»	»	»	»	»
14	»	»	»	»	»	»	»	»	»	»	»	»	»	»	»	»	»	»	»	»	»	»	»	»	»	»	»	»	»	»
15	»	»	»	»	»	»	»	»	»	»	»	»	»	»	»	»	»	»	»	»	»	»	»	»	»	»	»	»	»	»
16	»	»	»	»	»	»	»	»	»	»	»	»	»	»	»	»	»	»	»	»	»	»	»	»	»	»	»	»	»	»
17	»	»	»	»	»	»	»	»	»	»	»	»	»	»	»	»	»	»	»	»	»	»	»	»	»	»	»	»	»	»
18	»	»	»	»	»	»	»	»	»	»	»	»	»	»	»	»	»	»	»	»	»	»	»	»	»	»	»	»	»	»
19	»	»	»	»	»	»	»	»	»	»	»	»	»	»	»	»	»	»	»	»	»	»	»	»	»	»	»	»	»	»
20	»	»	»	»	»	»	»	»	»	»	»	»	»	»	»	»	»	»	»	»	»	»	»	»	»	»	»	»	»	»
21	»	»	»	»	»	»	»	»	»	»	»	»	»	»	»	»	»	»	»	»	»	»	»	»	»	»	»	»	»	»
22	»	»	»	»	»	»	»	»	»	»	»	»	»	»	»	»	»	»	»	»	»	»	»	»	»	»	»	»	»	»
23	»	»	»	»	»	»	»	»	»	»	»	»	»	»	»	»	»	»	»	»	»	»	»	»	»	»	»	»	»	»
24	»	»	»	»	»	»	»	»	»	»	»	»	»	»	»	»	»	»	»	»	»	»	»	»	»	»	»	»	»	»
25	»	»	»	»	»	»	»	»	»	»	»	»	»	»	»	»	»	»	»	»	»	»	»	»	»	»	»	»	»	»
26	»	»	»	»	»	»	»	»	»	»	»	»	»	»	»	»	»	»	»	»	»	»	»	»	»	»	»	»	»	»
27	»	»	»	»	»	»	»	»	»	»	»	»	»	»	»	»	»	»	»	»	»	»	»	»	»	»	»	»	»	»
28	»	»	»	»	»	»	»	»	»	»	»	»	»	»	»	»	»	»	»	»	»	»	»	»	»	»	»	»	»	»
29	»	»	»	»	»	»	»	»	»	»	»	»	»	»	»	»	»	»	»	»	»	»	»	»	»	»	»	»	»	»
MOIS.																														
1	»	»	»	»	»	»	»	»	»	»	»	»	»	»	»	»	»	»	»	»	»	»	»	»	»	»	»	»	»	»
2	»	»	»	»	»	»	»	»	»	»	»	»	»	»	»	1	»	1	»	1	»	1	»	1	»	1	»	1	»	1
3	»	»	»	»	»	»	»	1	»	1	»	1	»	1	»	1	»	1	»	1	»	1	»	1	»	1	»	1	»	1
4	»	»	»	1	»	1	»	1	»	1	»	1	»	1	»	1	»	1	»	1	»	1	»	1	»	1	»	1	»	2
5	»	1	»	1	»	1	»	1	»	1	»	1	»	1	»	1	»	1	»	1	»	2	»	2	»	2	»	2	»	2
6	»	1	»	1	»	1	»	1	»	1	»	1	»	1	»	2	»	2	»	2	»	2	»	2	»	2	»	2	»	2
7	»	1	»	1	»	1	»	1	»	1	»	2	»	2	»	2	»	2	»	2	»	2	»	2	»	3	»	3	»	3
8	»	1	»	1	»	1	»	1	»	2	»	2	»	2	»	2	»	2	»	2	»	3	»	3	»	3	»	3	»	3
9	»	1	»	1	»	1	»	2	»	2	»	2	»	2	»	2	»	3	»	3	»	3	»	3	»	3	»	3	»	4
10	»	1	»	1	»	2	»	2	»	2	»	2	»	2	»	3	»	3	»	3	»	3	»	3	»	4	»	4	»	4
11	»	1	»	2	»	2	»	2	»	2	»	3	»	3	»	3	»	3	»	3	»	4	»	4	»	4	»	4	»	5
ANNÉES.																														
1	»	1	»	2	»	2	»	2	»	2	»	3	»	3	»	3	»	3	»	3	»	4	»	4	»	4	»	4	»	5
2	»	3	»	3	»	4	»	4	»	5	»	5	»	6	»	6	»	7	»	7	»	8	»	8	»	9	»	9	»	10
3	»	4	»	5	»	6	»	7	»	7	»	8	»	9	»	10	»	10	»	11	»	12	»	12	»	13	»	13	»	15
4	»	6	»	7	»	8	»	9	»	10	»	11	»	12	»	13	»	14	»	15	»	16	»	17	»	18	»	19	»	20
5	»	7	»	9	»	10	»	11	»	12	»	14	»	15	»	16	»	17	»	18	»	20	»	21	»	22	»	23	»	25
6	»	9	»	10	»	12	»	13	»	15	»	16	»	18	»	19	»	21	»	22	»	24	»	25	»	27	»	28	»	30
7	»	10	»	12	»	14	»	15	»	17	»	19	»	21	»	22	»	24	»	26	»	28	»	29	»	31	»	32	»	35
8	»	12	»	14	»	16	»	18	»	20	»	22	»	24	»	26	»	28	»	30	»	32	»	34	»	36	»	38	»	40
9	»	13	»	16	»	18	»	20	»	22	»	25	»	27	»	29	»	31	»	33	»	36	»	38	»	40	»	42	»	45
10	»	15	»	17	»	20	»	22	»	25	»	27	»	30	»	32	»	35	»	37	»	40	»	42	»	45	»	47	»	50

75 CENTIMES.

Intérêts à raison de

	3		3 1/2		4		4 1/2		5		5 1/2		6		6 1/2		7		7 1/2		8		8 1/2		9		9 1/2		10	
JOURS.	Fr.	C.	Fr.	C.	Fr.	C.	Fr.	C.	Fr.	C.	Fr.	C.	Fr.	C.	Fr.	C.	Fr.	C.	Fr.	C.	Fr.	C.	Fr.	C.	Fr.	C.	Fr.	C.	Fr.	C.
1	»	»	»	»	»	»	»	»	»	»	»	»	»	»	»	»	»	»	»	»	»	»	»	»	»	»	»	»	»	»
2	»	»	»	»	»	»	»	»	»	»	»	»	»	»	»	»	»	»	»	»	»	»	»	»	»	»	»	»	»	»
3	»	»	»	»	»	»	»	»	»	»	»	»	»	»	»	»	»	»	»	»	»	»	»	»	»	»	»	»	»	»
4	»	»	»	»	»	»	»	»	»	»	»	»	»	»	»	»	»	»	»	»	»	»	»	»	»	»	»	»	»	»
5	»	»	»	»	»	»	»	»	»	»	»	»	»	»	»	»	»	»	»	»	»	»	»	»	»	»	»	»	»	»
6	»	»	»	»	»	»	»	»	»	»	»	»	»	»	»	»	»	»	»	»	»	»	»	»	»	»	»	»	»	»
7	»	»	»	»	»	»	»	»	»	»	»	»	»	»	»	»	»	»	»	»	»	»	»	»	»	»	»	»	»	»
8	»	»	»	»	»	»	»	»	»	»	»	»	»	»	»	»	»	»	»	»	»	»	»	»	»	»	»	»	»	»
9	»	»	»	»	»	»	»	»	»	»	»	»	»	»	»	»	»	»	»	»	»	»	»	»	»	»	»	»	»	»
10	»	»	»	»	»	»	»	»	»	»	»	»	»	»	»	»	»	»	»	»	»	»	»	»	»	»	»	»	»	»
11	»	»	»	»	»	»	»	»	»	»	»	»	»	»	»	»	»	»	»	»	»	»	»	»	»	»	»	»	»	»
12	»	»	»	»	»	»	»	»	»	»	»	»	»	»	»	»	»	»	»	»	»	»	»	»	»	»	»	»	»	»
13	»	»	»	»	»	»	»	»	»	»	»	»	»	»	»	»	»	»	»	»	»	»	»	»	»	»	»	»	»	»
14	»	»	»	»	»	»	»	»	»	»	»	»	»	»	»	»	»	»	»	»	»	»	»	»	»	»	»	»	»	»
15	»	»	»	»	»	»	»	»	»	»	»	»	»	»	»	»	»	»	»	»	»	»	»	»	»	»	»	»	»	»
16	»	»	»	»	»	»	»	»	»	»	»	»	»	»	»	»	»	»	»	»	»	»	»	»	»	»	»	»	»	»
17	»	»	»	»	»	»	»	»	»	»	»	»	»	»	»	»	»	»	»	»	»	»	»	»	»	»	»	»	»	»
18	»	»	»	»	»	»	»	»	»	»	»	»	»	»	»	»	»	»	»	»	»	»	»	»	»	»	»	»	»	»
19	»	»	»	»	»	»	»	»	»	»	»	»	»	»	»	»	»	»	»	»	»	»	»	»	»	»	»	»	»	»
20	»	»	»	»	»	»	»	»	»	»	»	»	»	»	»	»	»	»	»	»	»	»	»	»	»	»	»	»	»	»
21	»	»	»	»	»	»	»	»	»	»	»	»	»	»	»	»	»	»	»	»	»	»	»	»	»	»	»	»	»	»
22	»	»	»	»	»	»	»	»	»	»	»	»	»	»	»	»	»	»	»	»	»	»	»	»	»	»	»	»	»	»
23	»	»	»	»	»	»	»	»	»	»	»	»	»	»	»	»	»	»	»	»	»	»	»	»	»	»	»	»	»	»
24	»	»	»	»	»	»	»	»	»	»	»	»	»	»	»	»	»	»	»	»	»	»	»	»	»	»	»	»	»	»
25	»	»	»	»	»	»	»	»	»	»	»	»	»	»	»	»	»	»	»	»	»	»	»	»	»	»	»	»	»	1
26	»	»	»	»	»	»	»	»	»	»	»	»	»	»	»	»	»	»	»	»	»	»	»	»	»	»	»	»	»	1
27	»	»	»	»	»	»	»	»	»	»	»	»	»	»	»	»	»	»	»	»	»	»	»	»	»	1	»	1	»	1
28	»	»	»	»	»	»	»	»	»	»	»	»	»	»	»	»	»	»	»	»	»	»	»	»	»	1	»	1	»	1
29	»	»	»	»	»	»	»	»	»	»	»	»	»	»	»	»	»	»	»	»	»	»	»	»	»	1	»	1	»	1
MOIS.																														
1	»	»	»	»	»	»	»	»	»	»	»	»	»	1	»	1	»	1	»	1	»	1	»	1	»	1	»	1	»	1
2	»	»	»	»	»	»	»	1	»	1	»	1	»	1	»	1	»	1	»	1	»	1	»	1	»	1	»	1	»	1
3	»	1	»	1	»	1	»	1	»	1	»	1	»	1	»	1	»	1	»	1	»	1	»	1	»	2	»	2	»	2
4	»	1	»	1	»	1	»	1	»	1	»	1	»	2	»	2	»	2	»	2	»	2	»	2	»	2	»	2	»	2
5	»	1	»	1	»	1	»	1	»	2	»	2	»	2	»	2	»	2	»	2	»	2	»	2	»	3	»	3	»	3
6	»	1	»	1	»	1	»	2	»	2	»	2	»	3	»	2	»	3	»	2	»	3	»	3	»	3	»	3	»	4
7	»	1	»	2	»	2	»	2	»	2	»	2	»	3	»	3	»	3	»	3	»	3	»	3	»	4	»	4	»	4
8	»	1	»	2	»	2	»	2	»	2	»	3	»	3	»	3	»	3	»	4	»	4	»	4	»	4	»	4	»	5
9	»	2	»	2	»	2	»	3	»	3	»	3	»	3	»	4	»	4	»	4	»	4	»	4	»	5	»	5	»	6
10	»	2	»	2	»	2	»	3	»	3	»	3	»	4	»	4	»	4	»	5	»	5	»	5	»	6	»	6	»	6
11	»	2	»	2	»	3	»	3	»	3	»	4	»	4	»	4	»	5	»	5	»	5	»	5	»	6	»	6	»	7
ANNÉES.																														
1	»	2	»	3	»	3	»	3	»	4	»	4	»	4	»	5	»	5	»	5	»	6	»	6	»	7	»	7	»	7
2	»	4	»	5	»	6	»	7	»	7	»	8	»	9	»	10	»	10	»	11	»	12	»	12	»	13	»	14	»	15
3	»	7	»	8	»	9	»	10	»	11	»	12	»	13	»	15	»	16	»	17	»	18	»	19	»	20	»	21	»	22
4	»	9	»	10	»	12	»	13	»	15	»	16	»	18	»	19	»	21	»	22	»	24	»	25	»	27	»	29	»	30
5	»	11	»	13	»	15	»	17	»	19	»	21	»	22	»	24	»	26	»	28	»	30	»	32	»	34	»	36	»	37
6	»	11	»	15	»	18	»	20	»	22	»	24	»	26	»	30	»	31	»	33	»	36	»	38	»	40	»	42	»	45
7	»	16	»	18	»	21	»	23	»	26	»	28	»	31	»	34	»	36	»	38	»	42	»	44	»	47	»	48	»	52
8	»	18	»	20	»	24	»	26	»	30	»	32	»	36	»	38	»	42	»	45	»	48	»	51	»	54	»	58	»	60
9	»	20	»	23	»	27	»	30	»	34	»	37	»	40	»	43	»	47	»	50	»	54	»	57	»	60	»	64	»	67
10	»	22	»	26	»	30	»	34	»	38	»	42	»	45	»	48	»	52	»	56	»	60	»	64	»	68	»	72	»	75

Intérêts à raison de

	3		3 1/2		4		4 1/2		5		5 1/2		6		6 1/2		7		7 1/2		8		8 1/2		9		9 1/2		10	
JOURS.	Fr.	C.	Fr.	C.	Fr.	C.	Fr.	C.	Fr.	C.	Fr.	C.	Fr.	C.	Fr.	C.	Fr.	C.	Fr.	C.	Fr.	C.	Fr.	C.	Fr.	C.	Fr.	C.	Fr.	C.
1	»	»	»	»	»	»	»	»	»	»	»	»	»	»	»	»	»	»	»	»	»	»	»	»	»	»	»	»	»	»
2	»	»	»	»	»	»	»	»	»	»	»	»	»	»	»	»	»	»	»	»	»	»	»	»	»	»	»	»	»	»
3	»	»	»	»	»	»	»	»	»	»	»	»	»	»	»	»	»	»	»	»	»	»	»	»	»	»	»	»	»	»
4	»	»	»	»	»	»	»	»	»	»	»	»	»	»	»	»	»	»	»	»	»	»	»	»	»	»	»	»	»	»
5	»	»	»	»	»	»	»	»	»	»	»	»	»	»	»	»	»	»	»	»	»	»	»	»	»	»	»	»	»	»
6	»	»	»	»	»	»	»	»	»	»	»	»	»	»	»	»	»	»	»	»	»	»	»	»	»	»	»	»	»	»
7	»	»	»	»	»	»	»	»	»	»	»	»	»	»	»	»	»	»	»	»	»	»	»	»	»	»	»	»	»	»
8	»	»	»	»	»	»	»	»	»	»	»	»	»	»	»	»	»	»	»	»	»	»	»	»	»	»	»	»	»	»
9	»	»	»	»	»	»	»	»	»	»	»	»	»	»	»	»	»	»	»	»	»	»	»	»	»	»	»	»	»	»
10	»	»	»	»	»	»	»	»	»	»	»	»	»	»	»	»	»	»	»	»	»	»	»	»	»	»	»	»	»	»
11	»	»	»	»	»	»	»	»	»	»	»	»	»	»	»	»	»	»	»	»	»	»	»	»	»	»	»	»	»	»
12	»	»	»	»	»	»	»	»	»	»	»	»	»	»	»	»	»	»	»	»	»	»	»	»	»	»	»	»	»	»
13	»	»	»	»	»	»	»	»	»	»	»	»	»	»	»	»	»	»	»	»	»	»	»	»	»	»	»	»	»	»
14	»	»	»	»	»	»	»	»	»	»	»	»	»	»	»	»	»	»	»	»	»	»	»	»	»	»	»	»	»	»
15	»	»	»	»	»	»	»	»	»	»	»	»	»	»	»	»	»	»	»	»	»	»	»	»	»	»	»	»	»	»
16	»	»	»	»	»	»	»	»	»	»	»	»	»	»	»	»	»	»	»	»	»	»	»	»	»	»	»	»	»	»
17	»	»	»	»	»	»	»	»	»	»	»	»	»	»	»	»	»	»	»	»	»	»	»	»	»	»	»	»	»	»
18	»	»	»	»	»	»	»	»	»	»	»	»	»	»	»	»	»	»	»	»	»	»	»	»	»	»	»	»	»	»
19	»	»	»	»	»	»	»	»	»	»	»	»	»	»	»	»	»	»	»	»	»	»	»	»	»	»	»	»	»	1
20	»	»	»	»	»	»	»	»	»	»	»	»	»	»	»	»	»	»	»	»	»	»	»	»	»	»	»	»	»	1
21	»	»	»	»	»	»	»	»	»	»	»	»	»	»	»	»	»	»	»	»	»	»	»	»	»	1	»	1	»	1
22	»	»	»	»	»	»	»	»	»	»	»	»	»	»	»	»	»	»	»	»	»	»	»	»	»	1	»	1	»	1
23	»	»	»	»	»	»	»	»	»	»	»	»	»	»	»	»	»	»	»	»	»	1	»	1	»	1	»	1	»	1
24	»	»	»	»	»	»	»	»	»	»	»	»	»	»	»	»	»	»	»	»	»	1	»	1	»	1	»	1	»	1
25	»	»	»	»	»	»	»	»	»	»	»	»	»	»	»	»	»	»	»	»	»	1	»	1	»	1	»	1	»	1
26	»	»	»	»	»	»	»	»	»	»	»	»	»	»	»	»	»	1	»	1	»	1	»	1	»	1	»	1	»	1
27	»	»	»	»	»	»	»	»	»	»	»	»	»	»	»	»	»	1	»	1	»	1	»	1	»	1	»	1	»	1
28	»	»	»	»	»	»	»	»	»	»	»	»	»	»	»	1	»	1	»	1	»	1	»	1	»	1	»	1	»	1
29	»	»	»	»	»	»	»	»	»	»	»	»	»	»	»	1	»	1	»	1	»	1	»	1	»	1	»	1	»	1
MOIS.																														
1	»	»	»	»	»	»	»	»	»	»	»	»	»	»	»	1	»	1	»	1	»	1	»	1	»	1	»	1	»	1
2	»	»	»	1	»	1	»	1	»	1	»	1	»	1	»	1	»	1	»	1	»	1	»	1	»	1	»	1	»	2
3	»	1	»	1	»	1	»	1	»	1	»	1	»	1	»	2	»	2	»	2	»	2	»	2	»	2	»	2	»	2
4	»	1	»	1	»	1	»	1	»	2	»	2	»	2	»	2	»	2	»	2	»	3	»	3	»	3	»	3	»	3
5	»	1	»	1	»	2	»	2	»	2	»	2	»	2	»	3	»	3	»	3	»	3	»	3	»	4	»	4	»	4
6	»	1	»	2	»	2	»	2	»	2	»	3	»	3	»	3	»	3	»	3	»	4	»	4	»	4	»	4	»	5
7	»	2	»	2	»	2	»	3	»	3	»	3	»	3	»	4	»	4	»	4	»	5	»	5	»	5	»	5	»	6
8	»	2	»	2	»	3	»	3	»	3	»	4	»	4	»	4	»	5	»	5	»	5	»	6	»	6	»	6	»	7
9	»	2	»	3	»	3	»	3	»	4	»	4	»	4	»	5	»	5	»	5	»	6	»	6	»	7	»	7	»	7
10	»	2	»	3	»	3	»	4	»	4	»	5	»	5	»	5	»	6	»	6	»	7	»	7	»	7	»	7	»	8
11	»	3	»	3	»	4	»	4	»	5	»	5	»	5	»	6	»	6	»	6	»	7	»	7	»	8	»	8	»	9
ANNÉES.																														
1	»	3	»	3	»	4	»	4	»	5	»	5	»	6	»	6	»	7	»	7	»	8	»	8	»	9	»	9	»	10
2	»	6	»	7	»	8	»	9	»	10	»	11	»	12	»	13	»	14	»	15	»	16	»	17	»	18	»	19	»	20
3	»	9	»	10	»	12	»	13	»	15	»	16	»	18	»	19	»	21	»	22	»	24	»	26	»	27	»	28	»	30
4	»	12	»	14	»	16	»	18	»	20	»	22	»	24	»	26	»	28	»	30	»	32	»	34	»	36	»	38	»	40
5	»	15	»	17	»	20	»	22	»	25	»	27	»	30	»	32	»	35	»	37	»	40	»	42	»	45	»	47	»	50
6	»	18	»	21	»	24	»	27	»	30	»	33	»	36	»	39	»	42	»	45	»	48	»	51	»	54	»	57	»	60
7	»	21	»	24	»	28	»	31	»	35	»	38	»	42	»	45	»	49	»	52	»	56	»	59	»	63	»	66	»	70
8	»	24	»	28	»	32	»	36	»	40	»	44	»	48	»	52	»	56	»	60	»	64	»	68	»	72	»	76	»	80
9	»	27	»	31	»	36	»	40	»	45	»	49	»	54	»	58	»	63	»	67	»	72	»	76	»	81	»	85	»	90
10	»	30	»	35	»	40	»	45	»	50	»	55	»	60	»	65	»	70	»	75	»	80	»	85	»	90	»	95	1	»

2 FRANCS.

Intérêts à raison de

	3		3 1/2		4		4 1/2		5		5 1/2		6		6 1/2		7		7 1/2		8		8 1/2		9		9 1/2		10	
JOURS.	Fr.	C.	Fr.	C.	Fr.	C.	Fr	C	Fr.	C.	Fr.	C	Fr.	C.	Fr.	C	Fr.	C	Fr.	C	Fr.	C.	Fr.	C	Fr.	C	Fr.	C.	Fr.	C.
1	»	»	»	»	»	»	»	»	»	»	»	»	»	»	»	»	»	»	»	»	»	»	»	»	»	»	»	»	»	»
2	»	»	»	»	»	»	»	»	»	»	»	»	»	»	»	»	»	»	»	»	»	»	»	»	»	»	»	»	»	»
3	»	»	»	»	»	»	»	»	»	»	»	»	»	»	»	»	»	»	»	»	»	»	»	»	»	»	»	»	»	»
4	»	»	»	»	»	»	»	»	»	»	»	»	»	»	»	»	»	»	»	»	»	»	»	»	»	»	»	»	»	»
5	»	»	»	»	»	»	»	»	»	»	»	»	»	»	»	»	»	»	»	»	»	»	»	»	»	»	»	»	»	»
6	»	»	»	»	»	»	»	»	»	»	»	»	»	»	»	»	»	»	»	»	»	»	»	»	»	»	»	»	»	»
7	»	»	»	»	»	»	»	»	»	»	»	»	»	»	»	»	»	»	»	»	»	»	»	»	»	»	»	»	»	»
8	»	»	»	»	»	»	»	»	»	»	»	»	»	»	»	»	»	»	»	»	»	»	»	»	»	»	»	»	»	»
9	»	»	»	»	»	»	»	»	»	»	»	»	»	»	»	»	»	»	»	»	»	»	»	»	»	»	»	»	»	»
10	»	»	»	»	»	»	»	»	»	»	»	»	»	»	»	»	»	»	»	»	»	»	»	»	»	»	»	1	»	1
11	»	»	»	»	»	»	»	»	»	»	»	»	»	»	»	»	»	»	»	»	»	»	»	»	»	1	»	1	»	1
12	»	»	»	»	»	»	»	»	»	»	»	»	»	»	»	»	»	»	»	»	»	1	»	1	»	1	»	1	»	1
13	»	»	»	»	»	»	»	»	»	»	»	»	»	»	»	»	»	1	»	1	»	1	»	1	»	1	»	1	»	1
14	»	»	»	»	»	»	»	»	»	»	»	»	»	»	»	1	»	1	»	1	»	1	»	1	»	1	»	1	»	1
15	»	»	»	»	»	»	»	»	»	»	»	»	»	»	»	1	»	1	»	1	»	1	»	1	»	1	»	1	»	1
16	»	»	»	»	»	»	»	»	»	»	»	»	»	1	»	1	»	1	»	1	»	1	»	1	»	1	»	1	»	1
17	»	»	»	»	»	»	»	»	»	»	»	1	»	1	»	1	»	1	»	1	»	1	»	1	»	1	»	1	»	1
18	»	»	»	»	»	»	»	»	»	»	»	1	»	1	»	1	»	1	»	1	»	1	»	1	»	1	»	1	»	1
19	»	»	»	»	»	»	»	»	»	1	»	1	»	1	»	1	»	1	»	1	»	1	»	1	»	1	»	1	»	1
20	»	»	»	»	»	»	»	»	»	1	»	1	»	1	»	1	»	1	»	1	»	1	»	1	»	1	»	1	»	1
21	»	»	»	»	»	»	»	1	»	1	»	1	»	1	»	1	»	1	»	1	»	1	»	1	»	1	»	1	»	1
22	»	»	»	»	»	»	»	1	»	1	»	1	»	1	»	1	»	1	»	1	»	1	»	1	»	1	»	1	»	1
23	»	»	»	»	»	1	»	1	»	1	»	1	»	1	»	1	»	1	»	1	»	1	»	1	»	1	»	1	»	1
24	»	»	»	»	»	1	»	1	»	1	»	1	»	1	»	1	»	1	»	1	»	1	»	1	»	1	»	1	»	1
25	»	»	»	»	»	1	»	1	»	1	»	1	»	1	»	1	»	1	»	1	»	1	»	1	»	1	»	1	»	1
26	»	»	»	1	»	1	»	1	»	1	»	1	»	1	»	1	»	1	»	1	»	1	»	1	»	1	»	1	»	1
27	»	»	»	1	»	1	»	1	»	1	»	1	»	1	»	1	»	1	»	1	»	1	»	1	»	1	»	1	»	1
28	»	»	»	1	»	1	»	1	»	1	»	1	»	1	»	1	»	1	»	1	»	1	»	1	»	1	»	1	»	2
29	»	»	»	1	»	1	»	1	»	1	»	1	»	1	»	1	»	1	»	1	»	1	»	1	»	1	»	1	»	2
MOIS.																														
1	»	»	»	1	»	1	»	1	»	1	»	1	»	1	»	1	»	1	»	1	»	1	»	1	»	1	»	2	»	2
2	»	1	»	1	»	1	»	1	»	2	»	2	»	2	»	2	»	2	»	2	»	3	»	3	»	3	»	3	»	3
3	»	1	»	2	»	2	»	2	»	2	»	3	»	3	»	3	»	3	»	3	»	4	»	4	»	4	»	4	»	5
4	»	2	»	2	»	3	»	3	»	3	»	4	»	4	»	4	»	5	»	5	»	5	»	6	»	6	»	6	»	7
5	»	2	»	3	»	3	»	4	»	4	»	5	»	5	»	5	»	6	»	6	»	7	»	7	»	7	»	8	»	8
6	»	3	»	3	»	4	»	4	»	5	»	5	»	6	»	6	»	7	»	7	»	8	»	8	»	9	»	9	»	10
7	»	3	»	4	»	5	»	5	»	6	»	6	»	7	»	8	»	8	»	8	»	9	»	9	»	10	»	10	»	12
8	»	4	»	5	»	5	»	6	»	7	»	7	»	8	»	9	»	9	»	10	»	11	»	11	»	12	»	12	»	13
9	»	4	»	5	»	6	»	7	»	7	»	8	»	9	»	10	»	10	»	11	»	12	»	12	»	13	»	13	»	15
10	»	5	»	6	»	7	»	7	»	8	»	9	»	10	»	11	»	12	»	12	»	13	»	14	»	15	»	15	»	17
11	»	5	»	6	»	7	»	8	»	9	»	10	»	11	»	12	»	13	»	14	»	15	»	15	»	16	»	17	»	18
ANNÉES.																														
1	»	6	»	7	»	8	»	9	»	10	»	11	»	12	»	13	»	14	»	15	»	16	»	17	»	18	»	19	»	20
2	»	12	»	14	»	16	»	18	»	20	»	22	»	24	»	26	»	28	»	30	»	32	»	34	»	36	»	38	»	40
3	»	18	»	21	»	24	»	27	»	30	»	33	»	36	»	39	»	42	»	45	»	48	»	51	»	54	»	57	»	60
4	»	24	»	28	»	32	»	36	»	40	»	44	»	48	»	52	»	56	»	60	»	64	»	68	»	72	»	76	»	80
5	»	30	»	35	»	40	»	45	»	50	»	55	»	60	»	65	»	70	»	75	»	80	»	85	»	90	»	95	1	»
6	»	36	»	42	»	48	»	54	»	60	»	66	»	72	»	78	»	84	»	90	»	96	1	2	1	8	1	14	1	20
7	»	42	»	49	»	56	»	63	»	70	»	77	»	84	»	91	»	98	1	5	1	12	1	19	1	26	1	33	1	40
8	»	48	»	56	»	64	»	72	»	80	»	88	»	96	1	4	1	12	1	20	1	28	1	36	1	44	1	52	1	60
9	»	54	»	63	»	72	»	81	»	90	»	99	1	8	1	17	1	26	1	35	1	44	1	53	1	62	1	71	1	80
10	»	60	»	70	»	80	»	90	1	»	1	10	1	20	1	30	1	40	1	50	1	60	1	70	1	80	1	90	2	»

3 FRANCS.

Intérêts à raison de

	3		3 1/2		4		4 1/2		5		5 1/2		6		6 1/2		7		7 1/2		8		8 1/2		9		9 1/2		10	
JOURS.	Fr.	C.	Fr.	C.	Fr.	C.	Fr	C.	Fr.	C.	Fr.	C.	Fr.	C.	Fr.	C	Fr.	C.	Fr.	C.	Fr.	C.	Fr.	C	Fr.	C.	Fr.	C.	Fr.	C.
1	»	»	»	»	»	»	»	»	»	»	»	»	»	»	»	»	»	»	»	»	»	»	»	»	»	»	»	»	»	»
2	»	»	»	»	»	»	»	»	»	»	»	»	»	»	»	»	»	»	»	»	»	»	»	»	»	»	»	»	»	»
3	»	»	»	»	»	»	»	»	»	»	»	»	»	»	»	»	»	»	»	»	»	»	»	»	»	»	»	»	»	»
4	»	»	»	»	»	»	»	»	»	»	»	»	»	»	»	»	»	»	»	»	»	»	»	»	»	»	»	»	»	»
5	»	»	»	»	»	»	»	»	»	»	»	»	»	»	»	»	»	»	»	»	»	»	»	»	»	»	»	»	»	»
6	»	»	»	»	»	»	»	»	»	»	»	»	»	»	»	»	»	»	»	»	»	»	»	»	»	»	»	»	»	»
7	»	»	»	»	»	»	»	»	»	»	»	»	»	»	»	»	»	»	»	»	»	»	»	»	»	1	»	1	»	1
8	»	»	»	»	»	»	»	»	»	»	»	»	»	»	»	»	»	»	»	»	»	1	»	1	»	1	»	1	»	1
9	»	»	»	»	»	»	»	»	»	»	»	»	»	»	»	»	»	1	»	1	»	1	»	1	»	1	»	1	»	1
10	»	»	»	»	»	»	»	»	»	»	»	»	»	»	»	1	»	1	»	1	»	1	»	1	»	1	»	1	»	1
11	»	»	»	»	»	»	»	»	»	»	»	1	»	1	»	1	»	1	»	1	»	1	»	1	»	1	»	1	»	1
12	»	»	»	»	»	»	»	»	»	»	»	1	»	1	»	1	»	1	»	1	»	1	»	1	»	1	»	1	»	1
13	»	»	»	»	»	»	»	»	»	1	»	1	»	1	»	1	»	1	»	1	»	1	»	1	»	1	»	1	»	1
14	»	»	»	»	»	»	»	1	»	1	»	1	»	1	»	1	»	1	»	1	»	1	»	1	»	1	»	1	»	1
15	»	»	»	»	»	»	»	1	»	1	»	1	»	1	»	1	»	1	»	1	»	1	»	1	»	1	»	1	»	1
16	»	»	»	»	»	1	»	1	»	1	»	1	»	1	»	1	»	1	»	1	»	1	»	1	»	1	»	1	»	1
17	»	»	»	»	»	1	»	1	»	1	»	1	»	1	»	1	»	1	»	1	»	1	»	1	»	1	»	1	»	1
18	»	»	»	1	»	1	»	1	»	1	»	1	»	1	»	1	»	1	»	1	»	1	»	1	»	1	»	1	»	1
19	»	»	»	1	»	1	»	1	»	1	»	1	»	1	»	1	»	1	»	1	»	1	»	1	»	1	»	1	»	2
20	»	»	»	1	»	1	»	1	»	1	»	1	»	1	»	1	»	1	»	1	»	1	»	1	»	1	»	1	»	2
21	»	1	»	1	»	1	»	1	»	1	»	1	»	1	»	1	»	1	»	1	»	1	»	1	»	2	»	2	»	2
22	»	1	»	1	»	1	»	1	»	1	»	1	»	1	»	1	»	1	»	1	»	1	»	1	»	2	»	2	»	2
23	»	1	»	1	»	1	»	1	»	1	»	1	»	1	»	1	»	1	»	1	»	2	»	2	»	2	»	2	»	2
24	»	1	»	1	»	1	»	1	»	1	»	1	»	1	»	1	»	1	»	1	»	2	»	2	»	2	»	2	»	2
25	»	1	»	1	»	1	»	1	»	1	»	1	»	1	»	1	»	1	»	1	»	2	»	2	»	2	»	2	»	2
26	»	1	»	1	»	1	»	1	»	1	»	1	»	1	»	1	»	2	»	2	»	2	»	2	»	2	»	2	»	2
27	»	1	»	1	»	1	»	1	»	1	»	1	»	1	»	1	»	2	»	2	»	2	»	2	»	2	»	2	»	2
28	»	1	»	1	»	1	»	1	»	1	»	1	»	1	»	2	»	2	»	2	»	2	»	2	»	2	»	2	»	2
29	»	1	»	1	»	1	»	1	»	1	»	1	»	1	»	2	»	2	»	2	»	2	»	2	»	2	»	2	»	2
MOIS.																														
1	»	1	»	1	»	1	»	1	»	1	»	1	»	1	»	2	»	2	»	2	»	2	»	2	»	2	»	2	»	2
2	»	1	»	2	»	2	»	2	»	2	»	3	»	3	»	3	»	3	»	3	»	4	»	4	»	4	»	4	»	5
3	»	2	»	3	»	3	»	3	»	4	»	4	»	4	»	5	»	5	»	6	»	6	»	6	»	7	»	7	»	7
4	»	3	»	3	»	4	»	4	»	5	»	5	»	6	»	6	»	7	»	7	»	8	»	8	»	9	»	9	»	10
5	»	4	»	4	»	5	»	6	»	6	»	7	»	7	»	8	»	9	»	9	»	10	»	10	»	11	»	10	»	12
6	»	4	»	5	»	6	»	7	»	7	»	8	»	9	»	10	»	10	»	11	»	12	»	12	»	13	»	13	»	15
7	»	5	»	6	»	7	»	8	»	9	»	10	»	10	»	11	»	12	»	13	»	14	»	14	»	16	»	16	»	17
8	»	6	»	7	»	8	»	9	»	10	»	11	»	12	»	13	»	14	»	15	»	16	»	16	»	18	»	18	»	20
9	»	7	»	8	»	9	»	10	»	11	»	12	»	13	»	15	»	16	»	17	»	18	»	19	»	20	»	21	»	22
10	»	7	»	9	»	10	»	11	»	12	»	14	»	15	»	16	»	17	»	19	»	20	»	21	»	22	»	23	»	25
11	»	8	»	10	»	11	»	12	»	14	»	15	»	16	»	18	»	19	»	21	»	22	»	23	»	25	»	26	»	27
ANNÉES.																														
1	»	9	»	10	»	12	»	13	»	15	»	16	»	18	»	19	»	21	»	22	»	24	»	25	»	27	»	28	»	30
2	»	18	»	21	»	24	»	27	»	30	»	33	»	36	»	39	»	42	»	45	»	48	»	51	»	54	»	57	»	60
3	»	27	»	31	»	36	»	40	»	45	»	49	»	54	»	58	»	63	»	67	»	72	»	76	»	81	»	85	»	90
4	»	36	»	42	»	48	»	54	»	60	»	66	»	72	»	78	»	84	»	90	»	96	1	2	1	8	1	14	1	20
5	»	45	»	52	»	60	»	67	»	75	»	82	»	90	»	97	1	5	1	12	1	20	1	27	1	35	1	42	1	50
6	»	54	»	62	»	72	»	80	»	90	»	98	1	8	1	16	1	26	1	34	1	44	1	52	1	62	1	70	1	80
7	»	63	»	73	»	84	»	94	1	5	1	15	1	26	1	36	1	47	1	57	1	68	1	78	1	89	1	99	2	10
8	»	72	»	84	»	96	1	8	1	20	1	32	1	44	1	56	1	68	1	80	1	92	2	4	2	16	2	28	2	40
9	»	81	»	94	1	8	1	21	1	35	1	48	1	62	1	75	1	89	2	2	2	16	2	29	2	43	2	56	2	70
10	»	90	1	4	1	20	1	34	1	50	1	64	1	80	1	94	2	10	2	24	2	40	2	54	2	70	2	84	3	»

4 FRANCS,

Intérêts à raison de

	3		3 1/2		4		4 1/2		5		5 1/2		6		6 1/2		7		7 1/2		8		8 1/2		9		9 1/2		10	
	Fr.	C.	Fr.	C.	Fr.	C.	Fr.	C.	Fr.	C.	Fr.	C.	Fr.	C.	Fr.	C.	Fr.	C.	Fr.	C.	Fr.	C.	Fr.	C.	Fr.	C.	Fr.	C.	Fr.	C.
JOURS.																														
1	»	»	»	»	»	»	»	»	»	»	»	»	»	»	»	»	»	»	»	»	»	»	»	»	»	»	»	»	»	»
2	»	»	»	»	»	»	»	»	»	»	»	»	»	»	»	»	»	»	»	»	»	»	»	»	»	»	»	»	»	»
3	»	»	»	»	»	»	»	»	»	»	»	»	»	»	»	»	»	»	»	»	»	»	»	»	»	»	»	»	»	»
4	»	»	»	»	»	»	»	»	»	»	»	»	»	»	»	»	»	»	»	»	»	»	»	»	»	»	»	»	»	»
5	»	»	»	»	»	»	»	»	»	»	»	»	»	»	»	»	»	»	»	»	»	»	»	»	»	»	»	»	»	1
6	»	»	»	»	»	»	»	»	»	»	»	»	»	»	»	»	»	»	»	»	»	1	»	1	»	1	»	1	»	1
7	»	»	»	»	»	»	»	»	»	»	»	»	»	»	»	1	»	1	»	1	»	1	»	1	»	1	»	1	»	1
8	»	»	»	»	»	»	»	»	»	»	»	»	»	1	»	1	»	1	»	1	»	1	»	1	»	1	»	1	»	1
9	»	»	»	»	»	»	»	»	»	»	»	1	»	1	»	1	»	1	»	1	»	1	»	1	»	1	»	1	»	1
10	»	»	»	»	»	»	»	»	»	1	»	1	»	1	»	1	»	1	»	1	»	1	»	1	»	1	»	1	»	1
11	»	»	»	»	»	»	»	1	»	1	»	1	»	1	»	1	»	1	»	1	»	1	»	1	»	1	»	1	»	1
12	»	»	»	»	»	1	»	1	»	1	»	1	»	1	»	1	»	1	»	1	»	1	»	1	»	1	»	1	»	1
13	»	»	»	1	»	1	»	1	»	1	»	1	»	1	»	1	»	1	»	1	»	1	»	1	»	1	»	1	»	1
14	»	»	»	1	»	1	»	1	»	1	»	1	»	1	»	1	»	1	»	1	»	1	»	1	»	1	»	1	»	2
15	»	»	»	1	»	1	»	1	»	1	»	1	»	1	»	1	»	1	»	1	»	1	»	1	»	1	»	1	»	2
16	»	1	»	1	»	1	»	1	»	1	»	1	»	1	»	1	»	1	»	1	»	1	»	1	»	2	»	2	»	2
17	»	1	»	1	»	1	»	1	»	1	»	1	»	1	»	1	»	1	»	1	»	2	»	2	»	2	»	2	»	2
18	»	1	»	1	»	1	»	1	»	1	»	1	»	1	»	1	»	1	»	1	»	2	»	2	»	2	»	2	»	2
19	»	1	»	1	»	1	»	1	»	1	»	1	»	1	»	1	»	1	»	1	»	2	»	2	»	2	»	2	»	2
20	»	1	»	1	»	1	»	1	»	1	»	1	»	1	»	1	»	2	»	2	»	2	»	2	»	2	»	2	»	2
21	»	1	»	1	»	1	»	1	»	1	»	1	»	1	»	2	»	2	»	2	»	2	»	2	»	2	»	2	»	2
22	»	1	»	1	»	1	»	1	»	1	»	1	»	1	»	2	»	2	»	2	»	2	»	2	»	3	»	2	»	2
23	»	1	»	1	»	1	»	1	»	1	»	1	»	2	»	2	»	2	»	2	»	2	»	2	»	2	»	2	»	3
24	»	1	»	1	»	1	»	1	»	1	»	1	»	2	»	2	»	2	»	2	»	2	»	2	»	2	»	2	»	3
25	»	1	»	1	»	1	»	1	»	1	»	2	»	2	»	2	»	2	»	2	»	2	»	2	»	2	»	3	»	3
26	»	1	»	1	»	1	»	1	»	1	»	2	»	2	»	2	»	2	»	2	»	2	»	2	»	3	»	3	»	3
27	»	1	»	1	»	1	»	1	»	1	»	2	»	2	»	2	»	2	»	2	»	2	»	2	»	3	»	3	»	3
28	»	1	»	1	»	1	»	1	»	2	»	2	»	2	»	2	»	2	»	2	»	2	»	3	»	3	»	3	»	3
29	»	1	»	1	»	1	»	1	»	2	»	2	»	2	»	2	»	2	»	2	»	3	»	3	»	3	»	3	»	3
MOIS.																														
1	»	1	»	1	»	1	»	1	»	2	»	2	»	2	»	2	»	2	»	2	»	3	»	3	»	3	»	3	»	3
2	»	2	»	2	»	3	»	3	»	3	»	4	»	4	»	4	»	5	»	5	»	5	»	6	»	6	»	6	»	7
3	»	3	»	3	»	4	»	4	»	5	»	5	»	6	»	6	»	7	»	7	»	8	»	8	»	9	»	9	»	10
4	»	4	»	5	»	5	»	6	»	7	»	7	»	8	»	9	»	9	»	9	»	11	»	11	»	12	»	13	»	13
5	»	5	»	6	»	7	»	7	»	8	»	9	»	10	»	11	»	12	»	12	»	13	»	13	»	15	»	16	»	17
6	»	6	»	7	»	8	»	9	»	10	»	11	»	12	»	13	»	14	»	15	»	16	»	17	»	18	»	19	»	20
7	»	7	»	8	»	9	»	10	»	12	»	13	»	14	»	15	»	16	»	17	»	19	»	20	»	21	»	22	»	23
8	»	8	»	9	»	11	»	12	»	13	»	15	»	16	»	17	»	19	»	20	»	21	»	23	»	24	»	25	»	27
9	»	9	»	10	»	12	»	13	»	15	»	16	»	18	»	19	»	21	»	22	»	24	»	26	»	27	»	28	»	30
10	»	10	»	12	»	13	»	15	»	17	»	18	»	20	»	22	»	23	»	25	»	27	»	28	»	30	»	32	»	33
11	»	11	»	13	»	15	»	16	»	18	»	20	»	22	»	24	»	26	»	27	»	29	»	31	»	33	»	25	»	37
ANNÉES.																														
1	»	12	»	14	»	16	»	18	»	20	»	22	»	24	»	26	»	28	»	30	»	32	»	34	»	36	»	38	»	40
2	»	24	»	28	»	32	»	36	»	40	»	44	»	48	»	52	»	56	»	60	»	64	»	68	»	72	»	76	»	80
3	»	36	»	42	»	48	»	54	»	60	»	66	»	72	»	78	»	84	»	90	»	96	1	2	1	8	1	14	1	20
4	»	48	»	56	»	64	»	72	»	80	»	88	»	96	1	4	1	12	1	20	1	28	1	36	1	44	1	52	1	60
5	»	60	»	70	»	80	»	90	1	»	1	10	1	20	1	30	1	40	1	50	1	60	1	70	1	80	1	90	2	»
6	»	72	»	84	»	96	1	8	1	20	1	32	1	44	1	56	1	68	1	80	1	92	2	4	2	16	2	28	2	40
7	»	84	»	98	1	12	1	26	1	40	1	54	1	68	1	82	1	96	2	10	2	24	2	38	2	52	2	66	2	80
8	»	96	1	12	1	28	1	44	1	60	1	76	1	92	2	8	2	24	2	40	2	56	2	72	2	88	3	4	3	20
9	1	8	1	26	1	44	1	62	1	80	1	98	2	16	2	34	2	52	2	70	2	88	3	6	3	24	3	42	3	60
10	1	20	1	40	1	60	1	80	2	»	2	20	2	40	2	60	2	80	3	»	3	20	3	40	3	60	3	80	4	»

5 FRANCS.

Intérêts à raison de

	3		3 1/2		4		4 1/2		5		5 1/2		6		6 1/2		7		7 1/2		8		8 1/2		9		9 1/2		10	
JOURS.	Fr.	C.	Fr.	C.	Fr.	C.	Fr.	C.	Fr.	C.	Fr.	C.	Fr.	C.	Fr.	C.	Fr.	C.	Fr.	C.	Fr.	C.	Fr.	C.	Fr.	C.	Fr.	C.	Fr.	C.
1	»	»	»	»	»	»	»	»	»	»	»	»	»	»	»	»	»	»	»	»	»	»	»	»	»	»	»	»	»	»
2	»	»	»	»	»	»	»	»	»	»	»	»	»	»	»	»	»	»	»	»	»	»	»	»	»	»	»	»	»	»
3	»	»	»	»	»	»	»	»	»	»	»	»	»	»	»	»	»	»	»	»	»	»	»	»	»	»	»	»	»	»
4	»	»	»	»	»	»	»	»	»	»	»	»	»	»	»	»	»	»	»	»	»	»	»	»	»	»	»	»	»	1
5	»	»	»	»	»	»	»	»	»	»	»	»	»	»	»	»	»	»	»	»	»	1	»	1	»	1	»	1	»	1
6	»	»	»	»	»	»	»	»	»	»	»	»	»	»	»	1	»	1	»	1	»	1	»	1	»	1	»	1	»	1
7	»	»	»	»	»	»	»	»	»	»	»	1	»	1	»	1	»	1	»	1	»	1	»	1	»	1	»	1	»	1
8	»	»	»	»	»	»	»	»	»	1	»	1	»	1	»	1	»	1	»	1	»	1	»	1	»	1	»	1	»	1
9	»	»	»	»	»	»	»	1	»	1	»	1	»	1	»	1	»	1	»	1	»	1	»	1	»	1	»	1	»	1
10	»	»	»	»	»	1	»	1	»	1	»	1	»	1	»	1	»	1	»	1	»	1	»	1	»	1	»	1	»	1
11	»	»	»	1	»	1	»	1	»	1	»	1	»	1	»	1	»	1	»	1	»	1	»	1	»	1	»	1	»	2
12	»	»	»	1	»	1	»	1	»	1	»	1	»	1	»	1	»	1	»	1	»	1	»	1	»	1	»	1	»	2
13	»	1	»	1	»	1	»	1	»	1	»	1	»	1	»	1	»	1	»	1	»	1	»	1	»	2	»	2	»	2
14	»	1	»	1	»	1	»	1	»	1	»	1	»	1	»	1	»	1	»	1	»	2	»	2	»	2	»	2	»	2
15	»	1	»	1	»	1	»	1	»	1	»	1	»	1	»	1	»	1	»	1	»	2	»	2	»	2	»	2	»	2
16	»	1	»	1	»	1	»	1	»	1	»	1	»	1	»	1	»	2	»	2	»	2	»	2	»	2	»	2	»	2
17	»	1	»	1	»	1	»	1	»	1	»	1	»	1	»	2	»	2	»	2	»	2	»	2	»	2	»	2	»	2
18	»	1	»	1	»	1	»	1	»	1	»	1	»	1	»	2	»	2	»	2	»	2	»	2	»	2	»	2	»	2
19	»	1	»	1	»	1	»	1	»	1	»	1	»	2	»	2	»	2	»	2	»	2	»	2	»	2	»	2	»	3
20	»	1	»	1	»	1	»	1	»	1	»	2	»	2	»	2	»	2	»	2	»	2	»	2	»	2	»	2	»	3
21	»	1	»	1	»	1	»	1	»	1	»	2	»	2	»	2	»	2	»	2	»	2	»	2	»	3	»	3	»	3
22	»	1	»	1	»	1	»	1	»	2	»	2	»	2	»	2	»	2	»	2	»	2	»	2	»	3	»	3	»	3
23	»	1	»	1	»	1	»	1	»	2	»	2	»	2	»	2	»	2	»	2	»	3	»	3	»	3	»	3	»	3
24	»	1	»	1	»	1	»	1	»	2	»	2	»	2	»	2	»	2	»	2	»	3	»	3	»	3	»	3	»	3
25	»	1	»	1	»	1	»	2	»	2	»	2	»	2	»	2	»	2	»	2	»	3	»	3	»	3	»	3	»	3
26	»	1	»	1	»	1	»	2	»	2	»	2	»	2	»	2	»	3	»	3	»	3	»	3	»	3	»	3	»	4
27	»	1	»	1	»	1	»	2	»	2	»	2	»	2	»	2	»	3	»	3	»	3	»	3	»	3	»	3	»	4
28	»	1	»	1	»	2	»	2	»	2	»	2	»	2	»	3	»	3	»	3	»	3	»	3	»	3	»	3	»	4
29	»	1	»	1	»	2	»	2	»	2	»	2	»	2	»	3	»	3	»	3	»	3	»	3	»	4	»	4	»	4
MOIS.																														
1	»	1	»	1	»	2	»	2	»	2	»	2	»	2	»	3	»	3	»	3	»	3	»	3	»	4	»	4	»	4
2	»	2	»	3	»	3	»	4	»	4	»	5	»	5	»	5	»	6	»	6	»	7	»	7	»	7	»	8	»	8
3	»	4	»	4	»	5	»	6	»	6	»	7	»	7	»	8	»	9	»	9	»	10	»	10	»	11	»	12	»	12
4	»	5	»	6	»	7	»	7	»	8	»	9	»	10	»	11	»	12	»	13	»	13	»	14	»	15	»	15	»	17
5	»	6	»	7	»	8	»	9	»	10	»	11	»	12	»	13	»	15	»	15	»	17	»	18	»	19	»	19	»	21
6	»	7	»	9	»	10	»	11	»	12	»	14	»	15	»	16	»	17	»	19	»	20	»	21	»	22	»	23	»	25
7	»	9	»	10	»	12	»	13	»	15	»	16	»	17	»	19	»	20	»	22	»	23	»	24	»	26	»	27	»	29
8	»	10	»	12	»	13	»	15	»	17	»	18	»	20	»	22	»	23	»	25	»	27	»	29	»	30	»	32	»	33
9	»	11	»	13	»	15	»	17	»	19	»	21	»	22	»	24	»	26	»	28	»	30	»	32	»	34	»	36	»	37
10	»	12	»	15	»	17	»	19	»	21	»	23	»	25	»	27	»	29	»	31	»	33	»	36	»	37	»	40	»	42
11	»	14	»	16	»	18	»	21	»	23	»	25	»	27	»	30	»	32	»	35	»	37	»	39	»	41	»	43	»	46
ANNÉES.																														
1	»	15	»	17	»	20	»	22	»	25	»	27	»	30	»	32	»	35	»	37	»	40	»	42	»	45	»	47	»	50
2	»	30	»	35	»	40	»	45	»	50	»	55	»	60	»	65	»	70	»	75	»	80	»	85	»	90	»	95	1	»
3	»	45	»	52	»	60	»	67	»	75	»	82	»	90	»	97	1	5	1	12	1	20	1	27	1	35	1	42	1	50
4	»	60	»	70	»	80	»	90	1	»	1	10	1	20	1	30	1	40	1	50	1	60	1	70	1	80	1	90	2	»
5	»	75	»	87	1	»	1	12	1	25	1	37	1	50	1	62	1	75	1	87	2	»	2	12	2	25	2	37	2	50
6	»	90	1	5	1	20	1	35	1	50	1	65	1	80	1	95	2	10	2	25	2	40	2	55	2	70	2	85	3	»
7	1	5	1	22	1	40	1	57	1	75	1	92	2	10	2	27	2	45	2	62	2	80	2	97	3	15	3	32	3	50
8	1	20	1	40	1	60	1	80	2	»	2	20	2	40	2	60	2	80	3	»	3	20	3	40	3	60	3	80	4	»
9	1	35	1	57	1	89	2	2	2	25	2	47	2	70	2	92	3	15	3	37	3	60	3	82	4	5	4	27	4	50
10	1	50	1	75	2	»	2	25	2	50	2	75	3	»	3	25	3	50	3	75	4	»	4	25	4	50	4	75	5	»

6 FRANCS.

Intérêts à raison de

	3		3 1/2		4		4 1/2		5		5 1/2		6		6 1/2		7		7 1/2		8		8 1/2		9		9 1/2		10	
	Fr.	C.	Fr.	C.	Fr.	C.	Fr.	C.	Fr.	C.	Fr.	C.	Fr.	C.	Fr.	C.	Fr.	C.	Fr.	C.	Fr.	C.	Fr.	C.	Fr.	C.	Fr.	C.	Fr.	C.
JOURS.																														
1	»	»	»	»	»	»	»	»	»	»	»	»	»	»	»	»	»	»	»	»	»	»	»	»	»	»	»	»	»	»
2	»	»	»	»	»	»	»	»	»	»	»	»	»	»	»	»	»	»	»	»	»	»	»	»	»	»	»	»	»	»
3	»	»	»	»	»	»	»	»	»	»	»	»	»	»	»	»	»	»	»	»	»	»	»	»	»	»	»	»	»	»
4	»	»	»	»	»	»	»	»	»	»	»	»	»	»	»	»	»	»	»	»	»	1	»	1	»	1	»	1	»	1
5	»	»	»	»	»	»	»	»	»	»	»	»	»	»	»	1	»	1	»	1	»	1	»	1	»	1	»	1	»	1
6	»	»	»	»	»	»	»	»	»	»	»	1	»	1	»	1	»	1	»	1	»	1	»	1	»	1	»	1	»	1
7	»	»	»	»	»	»	»	1	»	1	»	1	»	1	»	1	»	1	»	1	»	1	»	1	»	1	»	1	»	1
8	»	»	»	»	»	1	»	1	»	1	»	1	»	1	»	1	»	1	»	1	»	1	»	1	»	1	»	1	»	1
9	»	»	»	1	»	1	»	1	»	1	»	1	»	1	»	1	»	1	»	1	»	1	»	1	»	1	»	1	»	1
10	»	»	»	1	»	1	»	1	»	1	»	1	»	1	»	1	»	1	»	1	»	1	»	1	»	1	»	1	»	2
11	»	1	»	1	»	1	»	1	»	1	»	1	»	1	»	1	»	1	»	1	»	1	»	1	»	2	»	2	»	2
12	»	1	»	1	»	1	»	1	»	1	»	1	»	1	»	1	»	1	»	1	»	2	»	2	»	2	»	2	»	2
13	»	1	»	1	»	1	»	1	»	1	»	1	»	1	»	1	»	2	»	2	»	2	»	2	»	2	»	2	»	2
14	»	1	»	1	»	1	»	1	»	1	»	1	»	1	»	2	»	2	»	2	»	2	»	2	»	2	»	2	»	2
15	»	1	»	1	»	1	»	1	»	1	»	1	»	1	»	2	»	2	»	2	»	2	»	2	»	2	»	2	»	2
16	»	1	»	1	»	1	»	1	»	1	»	1	»	2	»	2	»	2	»	2	»	2	»	2	»	2	»	2	»	3
17	»	1	»	1	»	1	»	1	»	1	»	2	»	2	»	2	»	2	»	2	»	2	»	2	»	3	»	3	»	3
18	»	1	»	1	»	1	»	1	»	1	»	2	»	2	»	2	»	2	»	2	»	2	»	2	»	3	»	3	»	3
19	»	1	»	1	»	1	»	1	»	2	»	2	»	2	»	2	»	2	»	2	»	3	»	3	»	3	»	3	»	3
20	»	1	»	1	»	1	»	1	»	2	»	2	»	2	»	2	»	2	»	2	»	3	»	3	»	3	»	3	»	3
21	»	1	»	1	»	1	»	2	»	2	»	2	»	2	»	2	»	2	»	2	»	3	»	3	»	3	»	3	»	4
22	»	1	»	1	»	1	»	2	»	2	»	2	»	2	»	2	»	3	»	3	»	3	»	3	»	3	»	3	»	4
23	»	1	»	1	»	1	»	2	»	2	»	2	»	2	»	2	»	3	»	3	»	3	»	3	»	3	»	3	»	4
24	»	1	»	1	»	2	»	2	»	2	»	2	»	2	»	3	»	3	»	3	»	3	»	3	»	4	»	4	»	4
25	»	1	»	1	»	2	»	2	»	2	»	2	»	2	»	3	»	3	»	3	»	3	»	3	»	4	»	4	»	4
26	»	1	»	2	»	2	»	2	»	2	»	2	»	3	»	3	»	3	»	3	»	3	»	3	»	4	»	4	»	4
27	»	1	»	2	»	2	»	2	»	2	»	2	»	3	»	3	»	3	»	3	»	4	»	4	»	4	»	4	»	4
28	»	1	»	2	»	2	»	2	»	2	»	3	»	3	»	3	»	3	»	3	»	4	»	4	»	4	»	4	»	5
29	»	1	»	2	»	2	»	2	»	2	»	3	»	3	»	3	»	3	»	3	»	4	»	4	»	4	»	4	»	5
MOIS.																														
1	»	1	»	2	»	2	»	2	»	2	»	3	»	3	»	3	»	3	»	3	»	4	»	4	»	4	»	4	»	5
2	»	3	»	3	»	4	»	4	»	5	»	5	»	6	»	6	»	7	»	7	»	8	»	8	»	9	»	9	»	10
3	»	4	»	5	»	6	»	7	»	7	»	8	»	9	»	10	»	10	»	11	»	12	»	13	»	13	»	14	»	15
4	»	6	»	7	»	8	»	9	»	10	»	11	»	12	»	13	»	14	»	15	»	16	»	17	»	18	»	19	»	20
5	»	7	»	9	»	10	»	11	»	12	»	14	»	15	»	16	»	17	»	19	»	20	»	21	»	22	»	23	»	25
6	»	9	»	10	»	12	»	13	»	15	»	16	»	18	»	19	»	21	»	22	»	24	»	25	»	27	»	28	»	30
7	»	10	»	12	»	14	»	16	»	17	»	19	»	21	»	23	»	24	»	26	»	28	»	30	»	31	»	33	»	35
8	»	12	»	14	»	16	»	18	»	20	»	22	»	24	»	26	»	28	»	30	»	32	»	34	»	36	»	38	»	40
9	»	13	»	16	»	18	»	20	»	22	»	25	»	27	»	29	»	31	»	34	»	36	»	38	»	40	»	42	»	45
10	»	15	»	17	»	20	»	22	»	25	»	27	»	30	»	32	»	35	»	37	»	40	»	42	»	45	»	47	»	50
11	»	16	»	19	»	22	»	25	»	27	»	30	»	33	»	36	»	38	»	41	»	44	»	47	»	49	»	52	»	55
ANNÉES.																														
1	»	18	»	21	»	24	»	27	»	30	»	33	»	36	»	39	»	42	»	45	»	48	»	51	»	54	»	57	»	60
2	»	36	»	42	»	48	»	54	»	60	»	66	»	72	»	78	»	84	»	90	»	96	1	2	1	8	1	14	1	20
3	»	54	»	63	»	72	»	81	»	90	»	99	1	8	1	17	1	26	1	35	1	44	1	53	1	62	1	71	1	80
4	»	72	»	84	»	96	1	8	1	20	1	32	1	44	1	56	1	68	1	80	1	92	2	4	2	16	2	28	2	40
5	»	90	1	5	1	20	1	35	1	50	1	65	1	80	1	95	2	10	2	25	2	40	2	55	2	70	2	85	3	»
6	1	8	1	26	1	44	1	62	1	80	1	98	2	16	2	34	2	52	2	70	2	88	3	6	3	24	3	42	3	60
7	1	26	1	47	1	68	1	89	2	10	2	31	2	52	2	73	2	94	3	15	3	36	3	57	3	78	3	99	4	20
8	1	44	1	68	1	92	2	16	2	40	2	64	2	88	3	12	3	36	3	60	3	84	4	8	4	32	4	56	4	80
9	1	62	1	89	2	16	2	43	2	70	2	97	3	24	3	51	3	78	4	5	4	32	4	59	4	86	5	13	5	40
10	1	80	2	10	2	40	2	70	3	»	3	30	3	60	3	90	4	20	4	50	4	80	5	10	5	40	5	70	6	»

7 FRANCS.

Intérêts à raison de

	3		3 1/2		4		4 1/2		5		5 1/2		6		6 1/2		7		7 1/2		8		8 1/2		9		9 1/2		10	
JOURS.	Fr.	C.	Fr.	C.	Fr.	C.	Fr.	C.	Fr.	C.	Fr.	C.	Fr.	C.	Fr.	C.	Fr.	C.	Fr.	C.	Fr.	C.	Fr.	C.	Fr.	C.	Fr.	C.	Fr.	C.
1	»	»	»	»	»	»	»	»	»	»	»	»	»	»	»	»	»	»	»	»	»	»	»	»	»	»	»	»	»	»
2	»	»	»	»	»	»	»	»	»	»	»	»	»	»	»	»	»	»	»	»	»	»	»	»	»	»	»	»	»	»
3	»	»	»	»	»	»	»	»	»	»	»	»	»	»	»	»	»	»	»	»	»	»	»	»	»	1	»	1	»	1
4	»	»	»	»	»	»	»	»	»	»	»	»	»	»	»	1	»	1	»	1	»	1	»	1	»	1	»	1	»	1
5	»	»	»	»	»	»	»	»	»	»	»	1	»	1	»	1	»	1	»	1	»	1	»	1	»	1	»	1	»	1
6	»	»	»	»	»	»	»	1	»	1	»	1	»	1	»	1	»	1	»	1	»	1	»	1	»	1	»	1	»	1
7	»	»	»	»	»	»	»	1	»	1	»	1	»	1	»	1	»	1	»	1	»	1	»	1	»	1	»	1	»	1
8	»	»	»	1	»	1	»	1	»	1	»	1	»	1	»	1	»	1	»	1	»	1	»	1	»	1	»	1	»	2
9	»	1	»	1	»	1	»	1	»	1	»	1	»	1	»	1	»	1	»	1	»	1	»	1	»	2	»	2	»	2
10	»	1	»	1	»	1	»	1	»	1	»	1	»	1	»	1	»	1	»	1	»	2	»	2	»	2	»	2	»	2
11	»	1	»	1	»	1	»	1	»	1	»	1	»	1	»	1	»	1	»	1	»	2	»	2	»	2	»	2	»	2
12	»	1	»	1	»	1	»	1	»	1	»	1	»	1	»	2	»	2	»	2	»	2	»	2	»	2	»	2	»	2
13	»	1	»	1	»	1	»	1	»	1	»	1	»	2	»	2	»	2	»	2	»	2	»	2	»	2	»	2	»	3
14	»	1	»	1	»	1	»	1	»	1	»	1	»	2	»	2	»	2	»	2	»	2	»	2	»	2	»	2	»	3
15	»	1	»	1	»	1	»	1	»	1	»	2	»	2	»	2	»	2	»	2	»	2	»	2	»	3	»	3	»	3
16	»	1	»	1	»	1	»	1	»	2	»	2	»	2	»	2	»	2	»	2	»	2	»	2	»	3	»	3	»	3
17	»	1	»	1	»	1	»	1	»	2	»	2	»	2	»	2	»	2	»	2	»	3	»	3	»	3	»	3	»	3
18	»	1	»	1	»	1	»	2	»	2	»	2	»	2	»	2	»	2	»	2	»	3	»	3	»	3	»	3	»	3
19	»	1	»	1	»	1	»	2	»	2	»	2	»	2	»	2	»	3	»	3	»	3	»	3	»	3	»	3	»	4
20	»	1	»	1	»	2	»	2	»	2	»	2	»	2	»	3	»	3	»	3	»	3	»	3	»	3	»	3	»	4
21	»	1	»	1	»	2	»	2	»	2	»	2	»	2	»	3	»	3	»	3	»	3	»	3	»	4	»	4	»	4
22	»	1	»	1	»	2	»	2	»	2	»	2	»	3	»	3	»	3	»	3	»	3	»	3	»	4	»	4	»	4
23	»	1	»	2	»	2	»	2	»	2	»	2	»	3	»	3	»	3	»	3	»	4	»	4	»	4	»	4	»	4
24	»	1	»	2	»	2	»	2	»	2	»	3	»	3	»	3	»	3	»	3	»	4	»	4	»	4	»	4	»	5
25	»	1	»	2	»	2	»	2	»	2	»	3	»	3	»	3	»	3	»	3	»	4	»	4	»	4	»	4	»	5
26	»	2	»	2	»	2	»	2	»	3	»	3	»	3	»	3	»	4	»	4	»	4	»	4	»	5	»	5	»	5
27	»	2	»	2	»	2	»	2	»	3	»	3	»	3	»	3	»	4	»	4	»	4	»	4	»	5	»	5	»	5
28	»	2	»	2	»	2	»	2	»	3	»	3	»	3	»	4	»	4	»	4	»	4	»	4	»	5	»	5	»	5
29	»	2	»	2	»	2	»	3	»	3	»	3	»	3	»	4	»	4	»	4	»	4	»	4	»	5	»	5	»	6
MOIS.																														
1	»	2	»	2	»	2	»	3	»	3	»	3	»	3	»	4	»	4	»	4	»	5	»	5	»	5	»	6	»	6
2	»	3	»	4	»	5	»	5	»	6	»	6	»	7	»	8	»	8	»	9	»	9	»	10	»	10	»	11	»	12
3	»	5	»	6	»	7	»	8	»	9	»	10	»	10	»	11	»	12	»	13	»	14	»	15	»	16	»	17	»	17
4	»	7	»	8	»	9	»	10	»	12	»	13	»	14	»	15	»	16	»	17	»	19	»	20	»	21	»	22	»	23
5	»	9	»	10	»	12	»	13	»	15	»	16	»	17	»	19	»	20	»	22	»	23	»	25	»	26	»	27	»	29
6	»	10	»	12	»	14	»	16	»	17	»	19	»	21	»	23	»	24	»	25	»	28	»	29	»	31	»	33	»	35
7	»	12	»	14	»	16	»	18	»	20	»	22	»	24	»	27	»	29	»	31	»	33	»	35	»	37	»	39	»	41
8	»	14	»	16	»	19	»	21	»	23	»	26	»	28	»	30	»	33	»	35	»	37	»	39	»	42	»	45	»	47
9	»	16	»	18	»	21	»	24	»	26	»	29	»	31	»	34	»	37	»	39	»	42	»	45	»	47	»	49	»	52
10	»	17	»	20	»	23	»	26	»	29	»	32	»	35	»	38	»	41	»	44	»	47	»	50	»	52	»	55	»	58
11	»	19	»	22	»	26	»	29	»	32	»	35	»	38	»	42	»	45	»	48	»	51	»	55	»	58	»	60	»	64
ANNÉES.																														
1	»	21	»	24	»	28	»	31	»	35	»	38	»	42	»	45	»	49	»	52	»	56	»	59	»	63	»	66	»	70
2	»	42	»	49	»	56	»	63	»	70	»	76	»	84	»	91	»	98	1	5	1	12	1	19	1	26	1	33	1	40
3	»	63	»	73	»	84	»	94	1	5	1	14	1	26	1	36	1	47	1	57	1	68	1	78	1	89	1	99	2	10
4	»	84	»	98	1	12	1	25	1	40	1	52	1	68	1	82	1	96	2	10	2	24	2	37	2	52	2	65	2	80
5	1	5	1	22	1	40	1	57	1	75	1	92	2	10	2	27	2	45	2	62	2	80	2	97	3	15	3	32	3	50
6	1	26	1	46	1	68	1	88	2	10	2	28	2	52	2	72	2	94	3	14	3	36	3	76	3	78	3	98	4	20
7	1	47	1	71	1	96	2	19	2	45	2	67	2	94	3	18	3	43	3	67	3	92	4	15	4	41	4	64	4	90
8	1	68	1	96	2	24	2	51	2	80	3	4	3	36	3	64	3	92	4	20	4	48	4	75	5	4	5	31	5	60
9	1	89	2	20	2	52	2	82	3	15	3	44	3	78	4	9	4	41	4	70	5	4	5	34	5	67	5	97	6	30
10	2	10	2	45	2	80	3	15	3	50	3	85	4	20	4	55	4	90	5	25	5	60	5	95	6	30	6	65	7	»

Intérêts à raison de

	3		3 1/2		4		4 1/2		5		5 1/2		6		6 1/2		7		7 1/2		8		8 1/2		9		9 1/2		10	
JOURS.	Fr.	C.	Fr.	C.	Fr.	C.	Fr.	C.	Fr.	C.	Fr.	C.	Fr.	C.	Fr.	C.	Fr.	C.	Fr.	C.	Fr.	C.	Fr.	C.	Fr.	C.	Fr.	C.	Fr.	C.
1	»	»	»	»	»	»	»	»	»	»	»	»	»	»	»	»	»	»	»	»	»	»	»	»	»	»	»	»	»	»
2	»	»	»	»	»	»	»	»	»	»	»	»	»	»	»	»	»	»	»	»	»	»	»	»	»	»	»	»	»	»
3	»	»	»	»	»	»	»	»	»	»	»	»	»	»	»	»	»	»	»	»	»	1	»	1	»	1	»	1	»	1
4	»	»	»	»	»	»	»	»	»	»	»	»	»	1	»	1	»	1	»	1	»	1	»	1	»	1	»	1	»	1
5	»	»	»	»	»	»	»	»	»	1	»	1	»	1	»	1	»	1	»	1	»	1	»	1	»	1	»	1	»	1
6	»	»	»	»	»	1	»	1	»	1	»	1	»	1	»	1	»	1	»	1	»	1	»	1	»	1	»	1	»	1
7	»	»	»	1	»	1	»	1	»	1	»	1	»	1	»	1	»	1	»	1	»	1	»	1	»	1	»	1	»	2
8	»	1	»	1	»	1	»	1	»	1	»	1	»	1	»	1	»	1	»	1	»	1	»	1	»	2	»	2	»	2
9	»	1	»	1	»	1	»	1	»	1	»	1	»	1	»	1	»	1	»	1	»	2	»	2	»	2	»	2	»	2
10	»	1	»	1	»	1	»	1	»	1	»	1	»	1	»	1	»	2	»	2	»	2	»	2	»	2	»	2	»	2
11	»	1	»	1	»	1	»	1	»	1	»	1	»	1	»	2	»	2	»	2	»	2	»	2	»	2	»	2	»	2
12	»	1	»	1	»	1	»	1	»	1	»	1	»	2	»	2	»	2	»	2	»	2	»	2	»	2	»	2	»	3
13	»	1	»	1	»	1	»	1	»	1	»	2	»	2	»	2	»	2	»	2	»	2	»	2	»	3	»	3	»	3
14	»	1	»	1	»	1	»	1	»	2	»	2	»	2	»	2	»	2	»	2	»	2	»	3	»	3	»	3	»	3
15	»	1	»	1	»	1	»	1	»	2	»	2	»	2	»	2	»	2	»	2	»	3	»	3	»	3	»	3	»	3
16	»	1	»	1	»	1	»	2	»	2	»	2	»	2	»	2	»	2	»	2	»	3	»	3	»	3	»	3	»	4
17	»	1	»	1	»	2	»	2	»	2	»	2	»	2	»	2	»	3	»	3	»	3	»	3	»	3	»	3	»	4
18	»	1	»	1	»	2	»	2	»	2	»	2	»	2	»	3	»	3	»	3	»	3	»	3	»	4	»	4	»	4
19	»	1	»	1	»	2	»	2	»	2	»	2	»	3	»	3	»	3	»	3	»	3	»	3	»	4	»	4	»	4
20	»	1	»	2	»	2	»	2	»	2	»	2	»	3	»	3	»	3	»	3	»	4	»	4	»	4	»	4	»	4
21	»	1	»	2	»	2	»	2	»	2	»	3	»	3	»	3	»	3	»	3	»	4	»	4	»	4	»	4	»	5
22	»	1	»	2	»	2	»	2	»	2	»	3	»	3	»	3	»	3	»	4	»	4	»	4	»	4	»	5	»	5
23	»	2	»	2	»	2	»	2	»	3	»	3	»	3	»	3	»	4	»	4	»	4	»	4	»	5	»	5	»	5
24	»	2	»	2	»	2	»	2	»	3	»	3	»	3	»	3	»	4	»	4	»	4	»	4	»	5	»	5	»	5
25	»	2	»	2	»	2	»	2	»	3	»	3	»	3	»	4	»	4	»	4	»	4	»	5	»	5	»	5	»	6
26	»	2	»	2	»	2	»	3	»	3	»	3	»	3	»	4	»	4	»	4	»	5	»	5	»	5	»	5	»	6
27	»	2	»	2	»	2	»	3	»	3	»	3	»	4	»	4	»	4	»	4	»	5	»	5	»	5	»	5	»	6
28	»	2	»	2	»	2	»	3	»	3	»	3	»	4	»	4	»	4	»	5	»	5	»	5	»	6	»	6	»	6
29	»	2	»	2	»	3	»	3	»	3	»	4	»	4	»	4	»	5	»	5	»	5	»	5	»	6	»	6	»	6
MOIS.																														
1	»	2	»	2	»	3	»	3	»	3	»	4	»	4	»	4	»	5	»	5	»	5	»	6	»	6	»	6	»	7
2	»	4	»	5	»	5	»	6	»	7	»	7	»	8	»	9	»	9	»	10	»	11	»	11	»	12	»	13	»	13
3	»	6	»	7	»	8	»	9	»	10	»	11	»	12	»	13	»	14	»	15	»	16	»	17	»	18	»	19	»	20
4	»	8	»	9	»	11	»	12	»	13	»	15	»	16	»	17	»	19	»	20	»	21	»	23	»	24	»	25	»	27
5	»	10	»	12	»	13	»	15	»	17	»	18	»	20	»	22	»	23	»	25	»	27	»	28	»	30	»	32	»	33
6	»	12	»	14	»	16	»	18	»	20	»	22	»	24	»	26	»	28	»	30	»	32	»	34	»	36	»	38	»	40
7	»	14	»	16	»	19	»	21	»	23	»	26	»	28	»	30	»	33	»	35	»	37	»	40	»	42	»	44	»	47
8	»	16	»	19	»	21	»	24	»	27	»	29	»	32	»	35	»	37	»	40	»	43	»	46	»	48	»	51	»	53
9	»	18	»	21	»	24	»	27	»	30	»	33	»	36	»	39	»	42	»	45	»	48	»	51	»	54	»	57	»	60
10	»	20	»	23	»	27	»	30	»	33	»	37	»	40	»	43	»	47	»	50	»	52	»	57	»	60	»	63	»	67
11	»	22	»	26	»	29	»	33	»	37	»	40	»	44	»	48	»	51	»	55	»	59	»	62	»	66	»	70	»	73
ANNÉES.																														
1	»	24	»	28	»	32	»	36	»	40	»	44	»	48	»	52	»	56	»	60	»	64	»	68	»	72	»	76	»	80
2	»	48	»	56	»	64	»	72	»	80	»	88	»	96	1	4	1	12	1	20	1	28	1	36	1	44	1	52	1	60
3	»	72	»	84	»	96	1	8	1	20	1	32	1	44	1	56	1	68	1	80	1	92	2	4	2	16	2	28	2	40
4	»	96	1	12	1	28	1	44	1	60	1	76	1	92	2	8	2	24	2	40	2	56	2	72	2	88	3	4	3	20
5	1	20	1	40	1	60	1	80	2	»	2	20	2	40	2	60	2	80	3	»	3	20	3	40	3	60	3	80	4	»
6	1	44	1	68	1	92	2	16	2	40	2	64	2	88	3	12	3	36	3	60	3	84	4	8	4	32	4	56	4	80
7	1	68	1	96	2	24	2	52	2	80	3	8	3	36	3	64	3	92	4	20	4	48	4	76	5	4	5	32	5	60
8	1	92	2	24	2	56	2	88	3	20	3	52	3	84	4	16	4	48	4	80	5	12	5	44	5	76	6	8	6	40
9	2	16	2	52	2	88	3	24	3	60	3	96	4	32	4	68	5	4	5	40	5	76	6	12	6	48	6	84	7	20
10	2	40	2	80	3	20	3	60	4	»	4	40	4	80	5	20	5	60	6	»	6	40	6	80	7	20	7	60	8	»

9 FRANCS.

Intérêts à raison de

	3		3 1/2		4		4 1/2		5		5 1/2		6		6 1/2		7		7 1/2		8		8 1/2		9		9 1/2		10	
JOURS.	Fr.	C.	Fr.	C.	Fr.	C.	Fr.	C.	Fr.	C.	Fr.	C.	Fr.	C.	Fr.	C.	Fr.	C.	Fr.	C.	Fr.	C.	Fr.	C.	Fr.	C.	Fr.	C.	Fr.	C.
1	»	»	»	»	»	»	»	»	»	»	»	»	»	»	»	»	»	»	»	»	»	»	»	»	»	»	»	»	»	»
2	»	»	»	»	»	»	»	»	»	»	»	»	»	»	»	»	»	»	»	»	»	»	»	»	»	»	»	»	»	»
3	»	»	»	»	»	»	»	»	»	»	»	»	»	»	»	»	»	1	»	1	»	1	»	1	»	1	»	1	»	1
4	»	»	»	»	»	»	»	»	»	»	»	1	»	1	»	1	»	1	»	1	»	1	»	1	»	1	»	1	»	1
5	»	»	»	»	»	»	»	1	»	1	»	1	»	1	»	1	»	1	»	1	»	1	»	1	»	1	»	1	»	1
6	»	»	»	1	»	1	»	1	»	1	»	1	»	1	»	1	»	1	»	1	»	1	»	1	»	1	»	1	»	1
7	»	1	»	1	»	1	»	1	»	1	»	1	»	1	»	1	»	1	»	1	»	1	»	1	»	2	»	2	»	2
8	»	1	»	1	»	1	»	1	»	1	»	1	»	1	»	1	»	1	»	1	»	2	»	2	»	2	»	2	»	2
9	»	1	»	1	»	1	»	1	»	1	»	1	»	1	»	1	»	2	»	2	»	2	»	2	»	2	»	2	»	2
10	»	1	»	1	»	1	»	1	»	1	»	1	»	1	»	2	»	2	»	2	»	2	»	2	»	2	»	2	»	2
11	»	1	»	1	»	1	»	1	»	1	»	2	»	2	»	2	»	2	»	2	»	2	»	2	»	2	»	2	»	3
12	»	1	»	1	»	1	»	1	»	1	»	2	»	2	»	2	»	2	»	2	»	2	»	2	»	3	»	3	»	3
13	»	1	»	1	»	1	»	1	»	2	»	2	»	2	»	2	»	2	»	2	»	3	»	3	»	3	»	3	»	3
14	»	1	»	1	»	1	»	2	»	2	»	2	»	2	»	2	»	2	»	2	»	3	»	3	»	3	»	3	»	3
15	»	1	»	1	»	1	»	2	»	2	»	2	»	2	»	2	»	3	»	3	»	3	»	3	»	3	»	3	»	4
16	»	1	»	1	»	2	»	2	»	2	»	2	»	2	»	3	»	3	»	3	»	3	»	3	»	4	»	4	»	4
17	»	1	»	1	»	2	»	2	»	2	»	2	»	3	»	3	»	3	»	3	»	3	»	3	»	4	»	4	»	4
18	»	1	»	2	»	2	»	2	»	2	»	2	»	3	»	3	»	3	»	3	»	4	»	4	»	4	»	4	»	4
19	»	1	»	2	»	2	»	2	»	2	»	3	»	3	»	3	»	3	»	3	»	4	»	4	»	4	»	4	»	5
20	»	1	»	2	»	2	»	2	»	2	»	3	»	3	»	3	»	3	»	3	»	4	»	4	»	4	»	4	»	5
21	»	2	»	2	»	2	»	2	»	3	»	3	»	3	»	3	»	4	»	4	»	4	»	4	»	5	»	5	»	5
22	»	2	»	2	»	2	»	2	»	3	»	3	»	3	»	4	»	4	»	4	»	4	»	4	»	5	»	5	»	5
23	»	2	»	2	»	2	»	3	»	3	»	3	»	3	»	4	»	4	»	4	»	5	»	5	»	5	»	5	»	6
24	»	2	»	2	»	2	»	3	»	3	»	3	»	4	»	4	»	4	»	4	»	5	»	5	»	5	»	5	»	6
25	»	2	»	2	»	2	»	3	»	3	»	3	»	4	»	4	»	4	»	4	»	5	»	5	»	6	»	6	»	6
26	»	2	»	2	»	3	»	3	»	3	»	4	»	4	»	4	»	5	»	5	»	5	»	5	»	6	»	6	»	6
27	»	2	»	2	»	3	»	3	»	3	»	4	»	4	»	4	»	5	»	5	»	5	»	5	»	6	»	6	»	7
28	»	2	»	2	»	3	»	3	»	3	»	4	»	4	»	5	»	5	»	5	»	6	»	6	»	6	»	6	»	7
29	»	2	»	3	»	3	»	3	»	4	»	4	»	4	»	5	»	5	»	5	»	6	»	6	»	7	»	7	»	7
MOIS.																														
1	»	2	»	3	»	3	»	3	»	4	»	4	»	4	»	5	»	5	»	5	»	6	»	6	»	7	»	7	»	7
2	»	4	»	5	»	6	»	7	»	7	»	8	»	9	»	10	»	10	»	11	»	12	»	13	»	13	»	14	»	15
3	»	7	»	8	»	9	»	10	»	11	»	12	»	13	»	15	»	16	»	17	»	18	»	19	»	20	»	21	»	22
4	»	9	»	10	»	12	»	13	»	15	»	16	»	18	»	19	»	21	»	22	»	24	»	25	»	27	»	28	»	30
5	»	11	»	13	»	15	»	17	»	19	»	21	»	22	»	24	»	26	»	28	»	30	»	32	»	34	»	36	»	37
6	»	13	»	16	»	18	»	20	»	22	»	25	»	27	»	29	»	31	»	34	»	36	»	38	»	40	»	42	»	45
7	»	16	»	18	»	21	»	24	»	26	»	29	»	31	»	34	»	37	»	39	»	42	»	45	»	47	»	50	»	52
8	»	18	»	21	»	24	»	27	»	30	»	33	»	36	»	39	»	42	»	45	»	48	»	51	»	54	»	57	»	60
9	»	20	»	24	»	27	»	30	»	34	»	37	»	40	»	44	»	47	»	51	»	54	»	57	»	61	»	64	»	67
10	»	22	»	26	»	30	»	34	»	37	»	41	»	45	»	49	»	52	»	56	»	60	»	64	»	67	»	71	»	75
11	»	25	»	29	»	33	»	37	»	41	»	45	»	49	»	54	»	58	»	62	»	66	»	70	»	74	»	78	»	82
ANNÉES.																														
1	»	27	»	31	»	36	»	40	»	45	»	49	»	54	»	58	»	63	»	67	»	72	»	76	»	81	»	85	»	90
2	»	54	»	63	»	72	»	81	»	90	»	99	1	8	1	17	1	26	1	35	1	44	1	53	1	62	1	71	1	80
3	»	81	»	94	1	8	1	21	1	35	1	48	1	62	1	75	1	89	2	2	2	16	2	29	2	43	2	56	2	70
4	1	8	1	26	1	44	1	62	1	80	1	98	2	16	2	34	2	52	2	70	2	88	3	6	3	24	3	42	3	60
5	1	35	1	57	1	80	2	2	2	25	2	47	2	70	2	92	3	15	3	37	3	60	3	82	4	5	4	27	4	50
6	1	62	1	88	2	16	2	42	2	70	2	96	3	24	3	50	3	78	4	4	4	32	4	58	4	86	5	12	5	40
7	1	89	2	20	2	52	2	83	3	15	3	46	3	78	4	9	4	41	4	40	5	4	5	35	5	67	5	98	6	30
8	2	16	2	52	2	88	3	24	3	60	3	96	4	32	4	68	5	4	5	38	5	76	6	12	6	48	6	84	7	20
9	2	43	2	83	3	24	3	64	4	5	4	45	4	86	5	26	5	67	6	7	6	48	6	88	7	29	7	69	8	10
10	2	70	3	14	3	60	4	4	4	50	4	95	5	40	5	85	6	30	6	74	7	20	7	64	8	10	8	54	9	»

10 FRANCS.

Intérêts à raison de

	3		3 1/2		4		4 1/2		5		5 1/2		6		6 1/2		7		7 1/2		8		8 1/2		9		9 1/2		10	
	Fr.	C.	Fr.	C.	Fr.	C.	Fr.	C.	Fr.	C.	Fr.	C.	Fr.	C.	Fr.	C.	Fr.	C.	Fr.	C.	Fr.	C.	Fr.	C.	Fr.	C.	Fr.	C.	Fr.	C.
JOURS.																														
1	»	»	»	»	»	»	»	»	»	»	»	»	»	»	»	»	»	»	»	»	»	»	»	»	»	»	»	»	»	»
2	»	»	»	»	»	»	»	»	»	»	»	»	»	»	»	»	»	»	»	»	»	»	»	»	»	»	»	»	»	1
3	»	»	»	»	»	»	»	»	»	»	»	»	»	»	»	1	»	1	»	1	»	1	»	1	»	1	»	1	»	1
4	»	»	»	»	»	»	»	»	»	1	»	1	»	1	»	1	»	1	»	1	»	1	»	1	»	1	»	1	»	1
5	»	»	»	»	»	1	»	1	»	1	»	1	»	1	»	1	»	1	»	1	»	1	»	1	»	1	»	1	»	1
6	»	»	»	1	»	1	»	1	»	1	»	1	»	1	»	1	»	1	»	1	»	1	»	1	»	1	»	1	»	2
7	»	1	»	1	»	1	»	1	»	1	»	1	»	1	»	1	»	1	»	1	»	2	»	2	»	2	»	2	»	2
8	»	1	»	1	»	1	»	1	»	1	»	1	»	1	»	1	»	2	»	2	»	2	»	2	»	2	»	2	»	2
9	»	1	»	1	»	1	»	1	»	1	»	1	»	1	»	2	»	2	»	2	»	2	»	2	»	2	»	2	»	2
10	»	1	»	1	»	1	»	1	»	1	»	2	»	2	»	2	»	2	»	2	»	2	»	2	»	2	»	2	»	3
11	»	1	»	1	»	1	»	1	»	2	»	2	»	2	»	2	»	2	»	2	»	2	»	2	»	3	»	3	»	3
12	»	1	»	1	»	1	»	1	»	2	»	2	»	2	»	2	»	2	»	2	»	3	»	3	»	3	»	3	»	3
13	»	1	»	1	»	1	»	2	»	2	»	2	»	2	»	2	»	3	»	3	»	3	»	3	»	3	»	3	»	4
14	»	1	»	1	»	2	»	2	»	2	»	2	»	2	»	3	»	3	»	3	»	3	»	3	»	3	»	3	»	4
15	»	1	»	1	»	2	»	2	»	2	»	2	»	2	»	3	»	3	»	3	»	3	»	3	»	4	»	4	»	4
16	»	1	»	2	»	2	»	2	»	2	»	2	»	3	»	3	»	3	»	3	»	4	»	4	»	4	»	4	»	4
17	»	1	»	2	»	2	»	2	»	2	»	3	»	3	»	3	»	3	»	3	»	4	»	4	»	4	»	4	»	5
18	»	1	»	2	»	2	»	2	»	2	»	3	»	3	»	3	»	3	»	3	»	4	»	4	»	4	»	4	»	5
19	»	2	»	2	»	2	»	2	»	3	»	3	»	3	»	3	»	4	»	4	»	4	»	4	»	5	»	5	»	5
20	»	2	»	2	»	2	»	2	»	3	»	3	»	3	»	4	»	4	»	4	»	4	»	4	»	5	»	5	»	6
21	»	2	»	2	»	2	»	3	»	3	»	3	»	3	»	4	»	4	»	4	»	5	»	5	»	5	»	5	»	6
22	»	2	»	2	»	2	»	3	»	3	»	3	»	4	»	4	»	4	»	4	»	5	»	5	»	5	»	5	»	6
23	»	2	»	2	»	3	»	3	»	3	»	4	»	4	»	4	»	5	»	5	»	5	»	5	»	6	»	6	»	6
24	»	2	»	2	»	3	»	3	»	3	»	4	»	4	»	4	»	5	»	5	»	5	»	5	»	6	»	6	»	7
25	»	2	»	2	»	3	»	3	»	3	»	4	»	4	»	5	»	5	»	5	»	6	»	6	»	6	»	6	»	7
26	»	2	»	3	»	3	»	3	»	4	»	4	»	4	»	5	»	5	»	5	»	6	»	6	»	6	»	6	»	7
27	»	2	»	3	»	3	»	3	»	4	»	4	»	4	»	5	»	5	»	5	»	6	»	6	»	7	»	7	»	7
28	»	2	»	3	»	3	»	3	»	4	»	4	»	5	»	5	»	5	»	5	»	6	»	6	»	7	»	7	»	8
29	»	2	»	3	»	3	»	4	»	4	»	4	»	5	»	5	»	6	»	6	»	6	»	6	»	7	»	7	»	8
MOIS.																														
1	»	2	»	3	»	3	»	4	»	4	»	5	»	5	»	5	»	6	»	7	»	7	»	7	»	7	»	7	»	8
2	»	5	»	6	»	7	»	7	»	8	»	9	»	10	»	11	»	12	»	13	»	13	»	14	»	15	»	16	»	17
3	»	7	»	9	»	10	»	11	»	12	»	14	»	15	»	16	»	17	»	18	»	20	»	21	»	22	»	23	»	25
4	»	10	»	12	»	13	»	15	»	17	»	18	»	20	»	22	»	23	»	25	»	27	»	28	»	30	»	32	»	33
5	»	12	»	15	»	17	»	19	»	21	»	23	»	25	»	27	»	29	»	32	»	33	»	36	»	37	»	39	»	42
6	»	15	»	17	»	20	»	22	»	25	»	27	»	30	»	32	»	35	»	37	»	40	»	42	»	45	»	47	»	50
7	»	17	»	20	»	23	»	26	»	29	»	32	»	35	»	38	»	41	»	44	»	47	»	49	»	52	»	55	»	58
8	»	20	»	23	»	27	»	30	»	33	»	37	»	40	»	43	»	47	»	50	»	53	»	57	»	60	»	63	»	67
9	»	22	»	26	»	30	»	34	»	37	»	41	»	45	»	49	»	52	»	56	»	60	»	64	»	67	»	71	»	75
10	»	25	»	29	»	33	»	37	»	42	»	46	»	50	»	54	»	58	»	62	»	67	»	70	»	75	»	79	»	83
11	»	27	»	32	»	37	»	41	»	46	»	50	»	55	»	60	»	64	»	69	»	73	»	77	»	82	»	97	»	92
ANNÉES.																														
1	»	30	»	35	»	40	»	45	»	50	»	55	»	60	»	65	»	70	»	75	»	80	»	85	»	90	»	95	1	»
2	»	60	»	70	»	80	»	90	1	»	1	10	1	20	1	30	1	40	1	50	1	60	1	70	1	80	1	90	2	»
3	»	90	1	5	1	20	1	35	1	50	1	65	1	80	1	95	2	10	2	25	2	40	2	85	2	70	2	85	3	»
4	1	20	1	40	1	60	1	80	2	»	2	20	2	40	2	60	2	80	3	»	3	20	3	40	3	60	3	80	4	»
5	1	50	1	75	2	»	2	25	2	50	2	75	3	»	3	25	3	50	3	75	4	»	4	25	4	50	4	75	5	»
6	1	80	2	10	2	40	2	70	3	»	3	30	3	60	3	90	4	20	4	50	4	80	5	10	5	40	5	70	6	»
7	2	10	2	45	2	80	3	15	3	50	3	85	4	20	4	55	4	90	5	25	5	60	5	95	6	30	6	65	7	»
8	2	40	2	80	3	20	3	60	4	»	4	40	4	80	5	20	5	60	6	»	6	40	6	80	7	20	7	60	8	»
9	2	70	3	15	3	60	4	5	4	50	4	95	5	40	5	85	6	80	6	75	7	20	7	65	8	10	8	55	9	»
10	3	»	3	50	4	»	4	50	5	»	5	50	6	»	6	50	7	»	7	50	8	»	8	50	9	»	9	50	10	»

11 FRANCS.

Intérêts à raison de

	3		3 1/2		4		4 1/2		5		5 1/2		6		6 1/2		7		7 1/2		8		8 1/2		9		9 1/2		10	
JOURS.	Fr.	C.	Fr.	C.	Fr.	C	Fr.	C	Fr.	C.	Fr.	C.	Fr.	C.	Fr.	C.	Fr.	C.	Fr.	C	Fr.	C.	Fr.	C.	Fr.	C.	Fr.	C.	Fr.	C
1	»	»	»	»	»	»	»	»	»	»	»	»	»	»	»	»	»	»	»	»	»	»	»	»	»	»	»	»	»	»
2	»	»	»	»	»	»	»	»	»	»	»	»	»	»	»	»	»	»	»	»	»	»	»	»	»	1	»	1	»	1
3	»	»	»	»	»	»	»	»	»	»	»	1	»	1	»	1	»	1	»	1	»	1	»	1	»	1	»	1	»	1
4	»	»	»	»	»	»	»	1	»	1	»	1	»	1	»	1	»	1	»	1	»	1	»	2	»	1	»	1	»	1
5	»	»	»	1	»	1	»	1	»	1	»	1	»	1	»	1	»	1	»	1	»	1	»	1	»	1	»	1	»	2
6	»	1	»	1	»	1	»	1	»	1	»	1	»	1	»	1	»	1	»	1	»	1	»	1	»	2	»	2	»	2
7	»	1	»	1	»	1	»	1	»	1	»	1	»	1	»	1	»	1	»	1	»	2	»	2	»	2	»	2	»	2
8	»	1	»	1	»	1	»	1	»	1	»	1	»	1	»	2	»	2	»	2	»	2	»	2	»	2	»	2	»	2
9	»	1	»	1	»	1	»	1	»	1	»	2	»	2	»	2	»	2	»	2	»	2	»	2	»	2	»	2	»	3
10	»	1	»	1	»	1	»	1	»	2	»	2	»	2	»	2	»	2	»	2	»	2	»	2	»	3	»	3	»	3
11	»	1	»	1	»	1	»	2	»	2	»	2	»	2	»	2	»	2	»	2	»	3	»	3	»	3	»	3	»	3
12	»	1	»	1	»	1	»	2	»	2	»	2	»	2	»	2	»	3	»	3	»	3	»	3	»	3	»	3	»	4
13	»	1	»	1	»	2	»	2	»	2	»	2	»	2	»	3	»	3	»	3	»	3	»	3	»	4	»	4	»	4
14	»	1	»	1	»	2	»	2	»	2	»	2	»	3	»	3	»	3	»	3	»	3	»	3	»	4	»	4	»	4
15	»	1	»	2	»	2	»	2	»	2	»	3	»	3	»	3	»	3	»	3	»	4	»	4	»	4	»	4	»	5
16	»	1	»	2	»	2	»	2	»	2	»	3	»	3	»	3	»	3	»	3	»	4	»	4	»	4	»	4	»	5
17	»	2	»	2	»	2	»	2	»	3	»	3	»	3	»	3	»	4	»	4	»	4	»	4	»	5	»	5	»	5
18	»	2	»	2	»	2	»	2	»	3	»	3	»	3	»	4	»	4	»	4	»	4	»	4	»	5	»	5	»	5
19	»	2	»	2	»	2	»	3	»	3	»	3	»	3	»	4	»	4	»	4	»	5	»	5	»	5	»	5	»	6
20	»	2	»	2	»	2	»	3	»	3	»	3	»	4	»	4	»	4	»	4	»	5	»	5	»	5	»	5	»	6
21	»	2	»	2	»	3	»	3	»	3	»	4	»	4	»	4	»	4	»	4	»	5	»	5	»	5	»	5	»	6
22	»	2	»	2	»	3	»	3	»	3	»	4	»	4	»	4	»	5	»	5	»	5	»	5	»	6	»	6	»	7
23	»	2	»	2	»	3	»	3	»	4	»	4	»	4	»	5	»	5	»	5	»	6	»	6	»	6	»	6	»	7
24	»	2	»	3	»	3	»	3	»	4	»	4	»	4	»	5	»	5	»	5	»	6	»	6	»	7	»	7	»	7
25	»	2	»	3	»	3	»	3	»	4	»	4	»	5	»	5	»	5	»	5	»	6	»	6	»	7	»	7	»	8
26	»	2	»	3	»	3	»	4	»	4	»	4	»	5	»	5	»	6	»	6	»	6	»	6	»	7	»	7	»	8
27	»	2	»	3	»	3	»	4	»	4	»	5	»	5	»	5	»	6	»	6	»	7	»	7	»	7	»	7	»	8
28	»	3	»	3	»	3	»	4	»	4	»	5	»	5	»	6	»	6	»	6	»	7	»	7	»	8	»	8	»	9
29	»	3	»	3	»	4	»	4	»	4	»	5	»	5	»	6	»	6	»	6	»	7	»	7	»	8	»	8	»	9
MOIS.																														
1	»	3	»	3	»	4	»	4	»	5	»	5	»	5	»	6	»	6	»	6	»	7	»	7	»	8	»	8	»	9
2	»	5	»	6	»	7	»	8	»	9	»	10	»	11	»	12	»	13	»	13	»	15	»	15	»	16	»	17	»	18
3	»	8	»	10	»	11	»	12	»	14	»	15	»	16	»	18	»	19	»	21	»	22	»	23	»	25	»	26	»	27
4	»	11	»	13	»	15	»	16	»	18	»	20	»	22	»	24	»	26	»	28	»	29	»	31	»	33	»	34	»	37
5	»	14	»	16	»	18	»	21	»	23	»	25	»	27	»	30	»	32	»	34	»	37	»	39	»	41	»	44	»	46
6	»	16	»	19	»	22	»	25	»	27	»	30	»	33	»	36	»	38	»	41	»	44	»	47	»	49	»	52	»	55
7	»	19	»	22	»	26	»	29	»	32	»	35	»	38	»	42	»	45	»	48	»	51	»	55	»	58	»	64	»	64
8	»	22	»	26	»	29	»	33	»	37	»	40	»	44	»	48	»	51	»	55	»	59	»	62	»	66	»	70	»	75
9	»	25	»	29	»	33	»	37	»	41	»	45	»	49	»	54	»	58	»	62	»	66	»	70	»	74	»	78	»	82
10	»	27	»	32	»	37	»	41	»	46	»	50	»	55	»	60	»	64	»	59	»	73	»	78	»	82	»	87	»	92
11	»	30	»	35	»	40	»	45	»	50	»	55	»	60	»	66	»	71	»	75	»	81	»	86	»	91	»	95	1	1
ANNÉES.																														
1	»	33	»	38	»	44	»	49	»	55	»	60	»	66	»	71	»	77	»	82	»	88	»	93	»	99	1	4	1	10
2	»	66	»	77	»	88	1	99	1	10	1	21	1	82	1	43	1	54	1	65	1	76	1	87	1	98	2	9	2	20
3	»	99	1	15	1	32	1	48	1	65	1	81	1	98	2	14	2	31	2	47	2	64	2	80	2	97	3	13	3	30
4	1	32	1	54	1	76	1	98	2	20	2	42	2	64	2	86	3	8	3	30	3	52	3	74	3	96	4	18	4	40
5	1	65	1	92	2	20	2	47	2	75	3	2	3	30	3	57	3	85	4	12	4	40	4	67	4	95	5	22	5	50
6	1	98	2	30	2	64	2	96	3	30	3	62	3	96	4	28	4	62	4	94	5	28	5	60	5	94	6	26	6	60
7	2	31	2	69	3	8	3	46	3	85	4	23	4	62	5	»	5	39	5	77	6	16	6	54	6	93	7	31	7	70
8	2	64	3	8	3	52	3	96	4	40	4	84	5	28	5	72	6	16	6	60	7	4	7	48	7	92	8	36	8	80
9	2	97	3	46	3	96	4	45	4	95	5	44	5	94	6	43	6	93	7	42	7	92	8	41	8	91	9	40	9	90
10	3	30	3	84	4	40	4	94	5	50	6	4	6	60	7	14	7	70	8	24	8	80	9	34	9	90	10	44	11	»

Intérêts à raison de

	3		3 1/2		4		4 1/2		5		5 1/2		6		6 1/2		7		7 1/2		8		8 1/2		9		9 1/2		10	
JOURS.	Fr.	C.	Fr.	C.	Fr.	C.	Fr.	C.	Fr.	C.	Fr.	C.	Fr.	C.	Fr.	C.	Fr.	C.	Fr.	C.	Fr.	C.	Fr.	C.	Fr.	C.	Fr.	C.	Fr.	C.
1	»	»	»	»	»	»	»	»	»	»	»	»	»	»	»	»	»	»	»	»	»	»	»	»	»	»	»	»	»	»
2	»	»	»	»	»	»	»	»	»	»	»	»	»	»	»	»	»	»	»	»	»	1	»	1	»	1	»	1	»	1
3	»	»	»	»	»	»	»	»	»	»	»	1	»	1	»	1	»	1	»	1	»	1	»	1	»	1	»	1	»	1
4	»	»	»	»	»	1	»	1	»	1	»	1	»	1	»	1	»	1	»	1	»	1	»	1	»	1	»	1	»	1
5	»	»	»	1	»	1	»	1	»	1	»	1	»	1	»	1	»	1	»	1	»	1	»	1	»	1	»	1	»	2
6	»	1	»	1	»	1	»	1	»	1	»	1	»	1	»	1	»	1	»	1	»	2	»	2	»	2	»	2	»	2
7	»	1	»	1	»	1	»	1	»	1	»	1	»	1	»	2	»	2	»	2	»	2	»	2	»	2	»	2	»	2
8	»	1	»	1	»	1	»	1	»	1	»	1	»	2	»	2	»	2	»	2	»	2	»	2	»	2	»	2	»	3
9	»	1	»	1	»	1	»	1	»	1	»	2	»	2	»	2	»	2	»	2	»	2	»	2	»	3	»	3	»	3
10	»	1	»	1	»	1	»	1	»	2	»	2	»	2	»	2	»	2	»	2	»	3	»	3	»	3	»	3	»	3
11	»	1	»	1	»	1	»	2	»	2	»	2	»	2	»	2	»	3	»	3	»	3	»	3	»	3	»	3	»	4
12	»	1	»	1	»	2	»	2	»	2	»	2	»	2	»	3	»	3	»	3	»	3	»	3	»	4	»	4	»	4
13	»	1	»	2	»	2	»	2	»	2	»	2	»	3	»	3	»	3	»	3	»	3	»	3	»	4	»	4	»	4
14	»	1	»	2	»	2	»	2	»	2	»	3	»	3	»	3	»	3	»	3	»	4	»	4	»	4	»	4	»	5
15	»	1	»	2	»	2	»	2	»	2	»	3	»	3	»	3	»	3	»	3	»	4	»	4	»	4	»	4	»	5
16	»	2	»	2	»	2	»	2	»	3	»	3	»	3	»	3	»	4	»	4	»	4	»	4	»	5	»	5	»	5
17	»	2	»	2	»	2	»	3	»	3	»	3	»	3	»	4	»	4	»	4	»	5	»	5	»	5	»	5	»	6
18	»	2	»	2	»	2	»	3	»	3	»	3	»	4	»	4	»	4	»	4	»	5	»	5	»	5	»	5	»	6
19	»	2	»	2	»	3	»	3	»	3	»	3	»	4	»	4	»	4	»	4	»	5	»	5	»	6	»	6	»	6
20	»	2	»	2	»	3	»	3	»	3	»	4	»	4	»	4	»	5	»	5	»	5	»	5	»	6	»	6	»	7
21	»	2	»	2	»	3	»	3	»	3	»	4	»	4	»	5	»	5	»	5	»	6	»	6	»	6	»	6	»	7
22	»	2	»	3	»	3	»	3	»	4	»	4	»	4	»	5	»	5	»	5	»	6	»	6	»	7	»	7	»	7
23	»	2	»	3	»	3	»	3	»	4	»	4	»	5	»	5	»	5	»	5	»	6	»	6	»	7	»	7	»	8
24	»	2	»	3	»	3	»	4	»	4	»	4	»	5	»	5	»	6	»	6	»	6	»	7	»	7	»	7	»	8
25	»	2	»	3	»	3	»	4	»	4	»	5	»	5	»	5	»	6	»	6	»	7	»	7	»	7	»	7	»	8
26	»	3	»	3	»	3	»	4	»	4	»	5	»	5	»	6	»	6	»	6	»	7	»	7	»	8	»	8	»	9
27	»	3	»	3	»	4	»	4	»	4	»	5	»	5	»	6	»	6	»	7	»	7	»	7	»	8	»	8	»	9
28	»	3	»	3	»	4	»	4	»	5	»	5	»	6	»	6	»	7	»	7	»	7	»	7	»	8	»	8	»	9
29	»	3	»	3	»	4	»	4	»	5	»	5	»	6	»	6	»	7	»	7	»	8	»	8	»	9	»	9	»	10
MOIS.																														
1	»	3	»	3	»	4	»	4	»	5	»	5	»	6	»	6	»	7	»	7	»	8	»	8	»	9	»	9	»	10
2	»	6	»	7	»	8	»	9	»	10	»	11	»	12	»	13	»	14	»	15	»	16	»	17	»	18	»	19	»	20
3	»	9	»	10	»	12	»	13	»	15	»	16	»	18	»	19	»	21	»	24	»	24	»	25	»	27	»	28	»	30
4	»	12	»	14	»	16	»	18	»	20	»	22	»	24	»	26	»	28	»	30	»	32	»	34	»	36	»	38	»	40
5	»	15	»	17	»	20	»	22	»	25	»	27	»	30	»	32	»	35	»	37	»	40	»	42	»	45	»	47	»	50
6	»	18	»	21	»	24	»	27	»	30	»	33	»	36	»	39	»	42	»	44	»	48	»	50	»	54	»	56	»	60
7	»	21	»	24	»	28	»	31	»	35	»	38	»	42	»	45	»	49	»	52	»	56	»	58	»	63	»	65	»	70
8	»	24	»	28	»	32	»	36	»	40	»	44	»	48	»	52	»	56	»	59	»	64	»	68	»	72	»	74	»	80
9	»	27	»	31	»	36	»	40	»	45	»	49	»	54	»	58	»	63	»	68	»	72	»	76	»	81	»	85	»	90
10	»	30	»	35	»	40	»	45	»	50	»	55	»	60	»	65	»	70	»	75	»	80	»	85	»	90	»	95	1	»
11	»	33	»	38	»	44	»	49	»	55	»	60	»	66	»	71	»	67	»	82	»	88	»	93	»	99	1	4	1	10
ANNÉES.																														
1	»	36	»	42	»	48	»	54	»	60	»	66	»	72	»	78	»	84	»	90	»	96	1	2	1	8	1	14	1	20
2	»	72	»	84	»	96	1	8	1	20	1	32	1	44	1	56	1	68	1	80	1	92	2	4	2	16	2	28	2	40
3	1	8	1	26	1	44	1	62	1	80	1	98	2	16	2	34	2	52	2	70	2	88	3	6	3	24	3	42	3	60
4	1	44	1	68	1	92	2	16	2	40	2	64	2	88	3	12	3	36	3	60	3	84	4	8	4	32	4	56	4	80
5	1	80	2	10	2	40	2	70	3	»	3	30	3	60	3	90	4	20	4	50	4	80	5	10	5	40	5	70	6	»
6	2	16	2	52	2	88	3	24	3	60	3	96	4	32	4	68	5	4	5	40	5	76	6	12	6	48	6	84	7	20
7	2	52	2	94	3	36	3	78	4	20	4	62	5	4	5	46	5	88	6	30	6	72	7	14	7	56	7	96	8	40
8	2	88	3	36	3	84	4	32	4	80	5	28	5	76	6	24	6	72	7	20	7	68	8	16	8	64	9	12	9	60
9	3	24	3	78	4	32	4	86	5	40	5	94	6	48	7	2	7	56	8	10	8	64	9	18	9	72	10	26	10	80
10	3	60	4	20	4	80	5	40	6	»	6	60	7	20	7	80	8	40	9	»	9	60	10	20	10	80	11	40	12	»

13 FRANCS.

Intérêts à raison de

	3		3 1/2		4		4 1/2		5		5 1/2		6		6 1/2		7		7 1/2		8		8 1/2		9		9 1/2		10	
JOURS.	Fr.	C.	Fr.	C.	Fr.	C.	Fr.	C.	Fr.	C.	Fr.	C.	Fr.	C.	Fr.	C.	Fr.	C.	Fr.	C.	Fr.	C.	Fr.	C.	Fr.	C.	Fr.	C.	Fr.	C.
1	»	»	»	»	»	»	»	»	»	»	»	»	»	»	»	»	»	»	»	»	»	»	»	»	»	»	»	»	»	»
2	»	»	»	»	»	»	»	»	»	»	»	»	»	»	»	»	»	1	»	1	»	1	»	1	»	1	»	1	»	1
3	»	»	»	»	»	»	»	»	»	1	»	1	»	1	»	1	»	1	»	1	»	1	»	1	»	1	»	1	»	1
4	»	»	»	»	»	1	»	1	»	1	»	1	»	1	»	1	»	1	»	1	»	1	»	1	»	1	»	1	»	1
5	»	1	»	1	»	1	»	1	»	1	»	1	»	1	»	1	»	1	»	1	»	1	»	1	»	2	»	2	»	2
6	»	1	»	1	»	1	»	1	»	1	»	1	»	1	»	1	»	2	»	2	»	2	»	2	»	2	»	2	»	2
7	»	1	»	1	»	1	»	1	»	1	»	1	»	2	»	2	»	2	»	2	»	2	»	2	»	2	»	2	»	3
8	»	1	»	1	»	1	»	1	»	1	»	2	»	2	»	2	»	2	»	2	»	2	»	2	»	3	»	3	»	3
9	»	1	»	1	»	1	»	1	»	2	»	2	»	2	»	2	»	2	»	2	»	3	»	3	»	3	»	3	»	3
10	»	1	»	1	»	1	»	2	»	2	»	2	»	2	»	2	»	3	»	3	»	3	»	3	»	3	»	3	»	4
11	»	1	»	1	»	2	»	2	»	2	»	2	»	2	»	3	»	3	»	3	»	3	»	3	»	4	»	4	»	4
12	»	1	»	2	»	2	»	2	»	2	»	2	»	3	»	3	»	3	»	3	»	3	»	4	»	4	»	4	»	4
13	»	1	»	2	»	2	»	2	»	2	»	3	»	3	»	3	»	3	»	3	»	4	»	4	»	4	»	4	»	5
14	»	2	»	2	»	2	»	2	»	3	»	3	»	3	»	3	»	4	»	4	»	4	»	4	»	5	»	5	»	5
15	»	2	»	2	»	2	»	2	»	3	»	3	»	3	»	4	»	4	»	4	»	4	»	4	»	5	»	5	»	5
16	»	2	»	2	»	2	»	3	»	3	»	3	»	3	»	4	»	4	»	4	»	5	»	5	»	5	»	5	»	6
17	»	2	»	2	»	2	»	3	»	3	»	3	»	4	»	4	»	4	»	4	»	5	»	5	»	6	»	6	»	6
18	»	2	»	2	»	3	»	3	»	3	»	4	»	4	»	4	»	5	»	5	»	5	»	5	»	6	»	6	»	6
19	»	2	»	2	»	3	»	3	»	3	»	4	»	4	»	4	»	5	»	5	»	5	»	5	»	6	»	6	»	7
20	»	2	»	3	»	3	»	3	»	4	»	4	»	4	»	5	»	5	»	5	»	6	»	6	»	6	»	6	»	7
21	»	2	»	3	»	3	»	3	»	4	»	4	»	5	»	5	»	5	»	5	»	6	»	6	»	7	»	7	»	8
22	»	2	»	3	»	3	»	4	»	4	»	4	»	5	»	5	»	6	»	6	»	6	»	6	»	7	»	7	»	8
23	»	2	»	3	»	3	»	4	»	4	»	5	»	5	»	5	»	6	»	6	»	7	»	7	»	7	»	8	»	8
24	»	3	»	3	»	3	»	4	»	4	»	5	»	5	»	6	»	6	»	6	»	7	»	7	»	8	»	8	»	9
25	»	3	»	3	»	4	»	4	»	5	»	5	»	5	»	6	»	6	»	6	»	7	»	7	»	8	»	8	»	9
26	»	3	»	3	»	4	»	4	»	5	»	5	»	6	»	6	»	7	»	7	»	8	»	8	»	8	»	9	»	9
27	»	3	»	3	»	4	»	4	»	5	»	5	»	6	»	6	»	7	»	7	»	8	»	8	»	9	»	9	»	10
28	»	3	»	4	»	4	»	5	»	5	»	6	»	6	»	7	»	7	»	7	»	8	»	8	»	9	»	9	»	10
29	»	3	»	4	»	4	»	5	»	5	»	6	»	6	»	7	»	7	»	7	»	8	»	8	»	9	»	9	»	10
MOIS.																														
1	»	3	»	4	»	4	»	5	»	5	»	6	»	6	»	7	»	8	»	8	»	9	»	9	»	10	»	10	»	11
2	»	6	»	8	»	9	»	10	»	11	»	12	»	13	»	14	»	15	»	16	»	17	»	18	»	19	»	20	»	22
3	»	10	»	11	»	13	»	15	»	16	»	18	»	19	»	21	»	23	»	24	»	26	»	28	»	29	»	31	»	32
4	»	13	»	15	»	17	»	19	»	22	»	24	»	26	»	28	»	30	»	32	»	35	»	36	»	39	»	41	»	43
5	»	16	»	19	»	22	»	24	»	27	»	30	»	32	»	35	»	38	»	41	»	43	»	46	»	49	»	51	»	54
6	»	19	»	23	»	26	»	29	»	32	»	36	»	39	»	42	»	45	»	49	»	52	»	55	»	58	»	61	»	65
7	»	23	»	27	»	30	»	34	»	38	»	42	»	45	»	49	»	53	»	57	»	61	»	64	»	68	»	72	»	76
8	»	26	»	30	»	35	»	39	»	43	»	48	»	52	»	56	»	61	»	65	»	69	»	74	»	78	»	82	»	87
9	»	29	»	34	»	39	»	44	»	49	»	54	»	58	»	63	»	68	»	73	»	78	»	83	»	88	»	93	»	97
10	»	32	»	38	»	43	»	49	»	54	»	60	»	65	»	70	»	76	»	81	»	87	»	92	»	97	1	3	1	8
11	»	36	»	42	»	48	»	54	»	60	»	66	»	71	»	77	»	83	»	90	»	95	1	2	1	7	1	14	1	19
ANNÉES.																														
1	»	39	»	45	»	52	»	58	»	65	»	71	»	78	»	84	»	91	»	97	1	4	1	10	1	17	1	23	1	30
2	»	78	»	91	1	4	1	17	1	30	1	43	1	56	1	69	1	82	1	95	2	8	2	21	2	34	2	47	2	60
3	1	17	1	36	1	56	1	75	1	95	2	14	2	34	2	53	2	73	2	92	3	12	3	31	3	51	3	70	3	90
4	1	56	1	82	2	8	2	34	2	60	2	86	3	12	3	38	3	64	3	90	4	16	4	42	4	68	4	94	5	20
5	1	95	2	27	2	60	2	92	3	25	3	57	3	90	4	22	4	55	4	87	5	20	5	52	5	85	6	17	6	50
6	2	34	2	72	3	12	3	50	3	90	4	28	4	68	5	6	5	46	5	84	6	24	6	62	7	2	7	40	7	80
7	2	73	3	18	3	64	4	9	4	55	5	»	5	46	5	91	6	37	6	82	7	28	7	73	8	19	8	64	9	10
8	3	12	3	64	4	16	4	68	5	20	5	72	6	24	6	76	7	28	7	80	8	32	8	84	9	36	9	88	10	40
9	3	51	4	9	4	68	5	26	5	85	6	43	7	2	7	60	8	19	8	77	9	36	9	94	10	53	11	11	11	70
10	3	90	4	54	5	20	5	84	6	50	7	14	7	80	8	44	9	10	9	74	10	40	11	5	11	70	12	34	13	»

14 FRANCS.

Intérêts à raison de

	3		3 1/2		4		4 1/2		5		5 1/2		6		6 1/2		7		7 1/2		8		8 1/2		9		9 1/2		10	
JOURS.	Fr.	C.	Fr.	C.	Fr.	C.	Fr.	C.	Fr.	C.	Fr.	C.	Fr.	C.	Fr.	C.	Fr.	C.	Fr.	C.	Fr.	C.	Fr.	C.	Fr.	C.	Fr.	C.	Fr.	C.
1	»	»	»	»	»	»	»	»	»	»	»	»	»	»	»	»	»	»	»	»	»	»	»	»	»	»	»	»	»	»
2	»	»	»	»	»	»	»	»	»	»	»	»	»	»	»	1	»	1	»	1	»	1	»	1	»	1	»	1	»	1
3	»	»	»	»	»	»	»	1	»	1	»	1	»	1	»	1	»	1	»	1	»	1	»	1	»	1	»	1	»	1
4	»	»	»	1	»	1	»	1	»	1	»	1	»	1	»	1	»	1	»	1	»	1	»	1	»	1	»	1	»	2
5	»	1	»	1	»	1	»	1	»	1	»	1	»	1	»	1	»	1	»	1	»	2	»	2	»	2	»	2	»	2
6	»	1	»	1	»	1	»	1	»	1	»	1	»	1	»	2	»	2	»	2	»	2	»	2	»	2	»	2	»	2
7	»	1	»	1	»	1	»	1	»	1	»	1	»	2	»	2	»	2	»	2	»	2	»	2	»	2	»	2	»	3
8	»	1	»	1	»	1	»	1	»	2	»	2	»	2	»	2	»	2	»	2	»	2	»	2	»	3	»	3	»	3
9	»	1	»	1	»	1	»	2	»	2	»	2	»	2	»	2	»	2	»	2	»	3	»	3	»	3	»	3	»	3
10	»	1	»	1	»	2	»	2	»	2	»	2	»	2	»	3	»	3	»	3	»	3	»	3	»	3	»	3	»	3
11	»	1	»	1	»	2	»	2	»	2	»	2	»	3	»	3	»	3	»	3	»	3	»	3	»	4	»	4	»	4
12	»	1	»	2	»	2	»	2	»	2	»	3	»	3	»	3	»	3	»	3	»	4	»	4	»	4	»	4	»	5
13	»	2	»	2	»	2	»	2	»	3	»	3	»	3	»	3	»	4	»	4	»	4	»	4	»	5	»	5	»	5
14	»	2	»	2	»	2	»	2	»	3	»	3	»	3	»	4	»	4	»	4	»	4	»	4	»	5	»	5	»	5
15	»	2	»	2	»	2	»	3	»	3	»	3	»	3	»	4	»	4	»	4	»	5	»	5	»	5	»	5	»	6
16	»	2	»	2	»	2	»	3	»	3	»	3	»	4	»	4	»	4	»	5	»	5	»	5	»	6	»	6	»	6
17	»	2	»	2	»	3	»	3	»	3	»	4	»	4	»	4	»	5	»	5	»	5	»	5	»	6	»	6	»	7
18	»	2	»	2	»	3	»	3	»	3	»	4	»	4	»	5	»	5	»	5	»	6	»	6	»	6	»	7	»	7
19	»	2	»	3	»	3	»	3	»	4	»	4	»	4	»	5	»	5	»	5	»	6	»	6	»	7	»	7	»	7
20	»	2	»	3	»	3	»	3	»	4	»	4	»	4	»	5	»	5	»	5	»	6	»	6	»	7	»	7	»	8
21	»	2	»	3	»	3	»	4	»	4	»	4	»	5	»	5	»	6	»	6	»	7	»	7	»	7	»	8	»	8
22	»	3	»	3	»	4	»	4	»	4	»	5	»	5	»	6	»	6	»	6	»	7	»	7	»	8	»	8	»	9
23	»	3	»	3	»	4	»	4	»	4	»	5	»	5	»	6	»	6	»	7	»	7	»	7	»	8	»	8	»	9
24	»	3	»	3	»	4	»	4	»	5	»	5	»	6	»	6	»	7	»	7	»	7	»	8	»	8	»	8	»	9
25	»	3	»	3	»	4	»	4	»	5	»	5	»	6	»	6	»	7	»	7	»	8	»	8	»	9	»	9	»	10
26	»	3	»	4	»	4	»	5	»	5	»	6	»	6	»	7	»	7	»	7	»	8	»	8	»	9	»	9	»	10
27	»	3	»	4	»	4	»	5	»	5	»	6	»	6	»	7	»	7	»	7	»	8	»	8	»	9	»	9	»	10
28	»	3	»	4	»	4	»	5	»	5	»	6	»	7	»	7	»	8	»	8	»	9	»	9	»	10	»	10	»	11
29	»	3	»	4	»	5	»	5	»	6	»	6	»	7	»	7	»	8	»	9	»	9	»	9	»	10	»	10	»	11
MOIS.																														
1	»	3	»	4	»	5	»	5	»	6	»	6	»	7	»	8	»	8	»	9	»	9	»	10	»	10	»	11	»	12
2	»	7	»	8	»	9	»	10	»	12	»	13	»	14	»	15	»	16	»	17	»	19	»	20	»	21	»	22	»	23
3	»	10	»	12	»	14	»	16	»	17	»	19	»	21	»	23	»	24	»	26	»	28	»	30	»	31	»	33	»	35
4	»	14	»	16	»	19	»	21	»	23	»	26	»	28	»	30	»	33	»	35	»	37	»	39	»	42	»	44	»	47
5	»	17	»	20	»	23	»	26	»	29	»	32	»	35	»	38	»	41	»	43	»	47	»	44	»	52	»	55	»	58
6	»	21	»	24	»	28	»	31	»	35	»	38	»	42	»	45	»	49	»	52	»	56	»	59	»	63	»	66	»	70
7	»	24	»	29	»	33	»	37	»	41	»	45	»	49	»	53	»	57	»	61	»	65	»	70	»	73	»	78	»	82
8	»	28	»	33	»	37	»	42	»	47	»	51	»	56	»	61	»	65	»	70	»	75	»	80	»	84	»	89	»	93
9	»	31	»	37	»	42	»	47	»	52	»	58	»	63	»	68	»	73	»	79	»	84	»	89	»	94	1	»	1	5
10	»	35	»	41	»	47	»	52	»	58	»	64	»	70	»	76	»	82	»	88	»	93	»	99	1	5	1	10	1	17
11	»	38	»	45	»	51	»	58	»	64	»	71	»	77	»	83	»	90	»	96	1	3	1	90	1	15	1	22	1	28
ANNÉES.																														
1	»	42	»	49	»	56	»	63	»	70	»	77	»	84	»	91	»	98	1	5	1	12	1	19	1	26	1	33	1	40
2	»	84	»	98	1	12	1	26	1	40	1	54	1	68	1	82	1	96	2	10	2	24	2	28	2	52	2	26	2	80
3	1	26	1	47	1	68	1	89	2	10	2	31	2	52	2	73	2	94	3	15	3	36	3	57	3	78	3	99	4	20
4	1	68	1	96	2	24	2	52	2	80	3	8	3	36	3	64	3	92	4	20	4	48	4	76	5	4	5	32	5	60
5	2	10	2	45	2	80	3	15	3	50	3	85	4	20	4	55	4	90	5	25	5	60	5	95	6	30	6	65	7	»
6	2	52	2	94	3	36	3	78	4	20	4	62	5	4	5	46	5	88	6	30	6	72	7	14	7	56	7	98	8	40
7	2	94	3	43	3	92	4	41	4	90	5	39	5	88	6	37	6	86	7	35	7	84	8	33	8	82	9	31	9	80
8	3	36	3	92	4	48	5	4	5	60	6	16	6	72	7	28	7	84	8	40	8	96	9	52	10	8	10	64	11	20
9	3	78	4	41	5	» 4	5	67	6	30	6	93	7	56	8	19	8	82	9	45	10	8	10	71	11	34	11	97	12	60
10	4	20	4	90	5	60	6	30	7		7	70	8	40	9	10	9	80	10	50	11	20	11	90	12	60	13	30	14	»

15 FRANCS.

Intérêts à raison de

	3		3 1/2		4		4 1/2		5		5 1/2		6		6 1/2		7		7 1/2		8		8 1/2		9		9 1/2		10	
JOURS.	Fr.	C.	Fr.	C.	Fr.	C.	Fr.	C.	Fr.	C.	Fr.	C.	Fr.	C.	Fr.	C.	Fr.	C.	Fr.	C.	Fr.	C.	Fr.	C.	Fr.	C.	Fr.	C.	Fr.	C.
1	»	»	»	»	»	»	»	»	»	»	»	»	»	»	»	»	»	»	»	»	»	»	»	»	»	»	»	»	»	»
2	»	»	»	»	»	»	»	»	»	»	»	»	»	»	»	1	»	1	»	1	»	1	»	1	»	1	»	1	»	1
3	»	»	»	»	»	»	»	1	»	1	»	1	»	1	»	1	»	1	»	1	»	1	»	1	»	1	»	1	»	1
4	»	»	»	1	»	1	»	1	»	1	»	1	»	1	»	1	»	1	»	1	»	1	»	1	»	1	»	1	»	2
5	»	1	»	1	»	1	»	1	»	1	»	1	»	1	»	1	»	1	»	1	»	2	»	2	»	2	»	2	»	2
6	»	1	»	1	»	1	»	1	»	1	»	1	»	1	»	2	»	2	»	2	»	2	»	2	»	2	»	2	»	2
7	»	1	»	1	»	1	»	1	»	1	»	2	»	2	»	2	»	2	»	2	»	2	»	2	»	3	»	3	»	3
8	»	1	»	1	»	1	»	1	»	2	»	2	»	2	»	2	»	2	»	2	»	3	»	3	»	3	»	3	»	3
9	»	1	»	1	»	1	»	2	»	2	»	2	»	2	»	2	»	3	»	3	»	3	»	3	»	3	»	3	»	4
10	»	1	»	1	»	2	»	2	»	2	»	2	»	2	»	3	»	3	»	3	»	3	»	3	»	4	»	4	»	4
11	»	1	»	2	»	2	»	2	»	2	»	3	»	3	»	3	»	3	»	3	»	4	»	4	»	4	»	4	»	5
12	»	1	»	2	»	2	»	2	»	2	»	3	»	3	»	3	»	3	»	3	»	4	»	4	»	4	»	4	»	5
13	»	2	»	2	»	2	»	2	»	3	»	3	»	3	»	4	»	4	»	4	»	4	»	4	»	5	»	5	»	5
14	»	2	»	2	»	2	»	2	»	3	»	3	»	3	»	4	»	4	»	4	»	5	»	5	»	5	»	5	»	6
15	»	2	»	2	»	2	»	2	»	3	»	3	»	4	»	4	»	4	»	4	»	5	»	5	»	6	»	6	»	6
16	»	2	»	2	»	3	»	3	»	3	»	4	»	4	»	4	»	5	»	5	»	5	»	5	»	6	»	6	»	7
17	»	2	»	2	»	3	»	3	»	4	»	4	»	4	»	5	»	5	»	5	»	6	»	6	»	6	»	6	»	7
18	»	2	»	3	»	3	»	3	»	4	»	4	»	4	»	5	»	5	»	5	»	6	»	6	»	7	»	7	»	7
19	»	2	»	3	»	3	»	4	»	4	»	4	»	5	»	5	»	6	»	6	»	6	»	6	»	7	»	7	»	8
20	»	2	»	3	»	3	»	4	»	4	»	5	»	5	»	5	»	6	»	6	»	7	»	7	»	7	»	7	»	8
21	»	3	»	3	»	3	»	4	»	4	»	5	»	5	»	6	»	6	»	6	»	7	»	7	»	8	»	8	»	9
22	»	3	»	3	»	4	»	4	»	5	»	5	»	5	»	6	»	6	»	6	»	7	»	7	»	8	»	8	»	9
23	»	3	»	3	»	4	»	4	»	5	»	5	»	6	»	6	»	7	»	7	»	8	»	8	»	9	»	9	»	10
24	»	3	»	3	»	4	»	4	»	5	»	5	»	6	»	6	»	7	»	7	»	8	»	8	»	9	»	9	»	10
25	»	3	»	4	»	4	»	5	»	5	»	6	»	6	»	7	»	7	»	7	»	8	»	8	»	9	»	9	»	10
26	»	3	»	4	»	4	»	5	»	5	»	6	»	6	»	7	»	8	»	8	»	8	»	9	»	10	»	10	»	11
27	»	3	»	4	»	4	»	5	»	6	»	6	»	7	»	7	»	8	»	8	»	9	»	9	»	10	»	10	»	11
28	»	3	»	4	»	4	»	5	»	6	»	6	»	7	»	8	»	8	»	8	»	9	»	9	»	10	»	10	»	12
29	»	4	»	4	»	5	»	5	»	6	»	7	»	7	»	8	»	8	»	8	»	10	»	10	»	11	»	11	»	12
MOIS.																														
1	»	4	»	4	»	5	»	6	»	6	»	7	»	7	»	8	»	9	»	9	»	10	»	10	»	11	»	11	»	12
2	»	7	»	9	»	10	»	11	»	12	»	14	»	15	»	16	»	17	»	19	»	20	»	21	»	22	»	23	»	25
3	»	11	»	13	»	15	»	17	»	19	»	21	»	22	»	24	»	26	»	28	»	30	»	32	»	34	»	36	»	37
4	»	15	»	17	»	20	»	22	»	25	»	27	»	30	»	32	»	35	»	37	»	40	»	42	»	45	»	47	»	50
5	»	19	»	22	»	25	»	28	»	31	»	34	»	37	»	41	»	44	»	47	»	50	»	53	»	56	»	59	»	62
6	»	22	»	26	»	30	»	34	»	37	»	41	»	45	»	49	»	52	»	56	»	60	»	64	»	67	»	71	»	75
7	»	26	»	31	»	35	»	39	»	44	»	48	»	52	»	57	»	61	»	66	»	70	»	74	»	79	»	83	»	87
8	»	30	»	35	»	40	»	45	»	50	»	55	»	60	»	65	»	70	»	75	»	80	»	85	»	90	»	95	1	»
9	»	34	»	39	»	45	»	51	»	56	»	62	»	67	»	73	»	79	»	85	»	90	»	96	1	1	1	7	1	12
10	»	37	»	44	»	50	»	56	»	62	»	69	»	75	»	81	»	87	»	94	1	»	1	6	1	12	1	18	1	25
11	»	41	»	48	»	55	»	62	»	69	»	76	»	82	»	89	»	96	1	3	1	10	1	17	1	24	1	31	1	37
ANNÉES.																														
1	»	45	»	52	»	60	»	67	»	75	»	82	»	90	»	97	1	5	1	12	1	20	1	27	1	35	1	42	1	50
2	»	90	1	5	1	20	1	35	1	50	1	65	1	80	1	95	2	10	2	25	2	40	2	55	2	70	2	85	3	»
3	1	35	1	57	1	80	2	2	2	25	2	47	2	70	2	92	3	15	3	37	3	60	3	82	4	5	4	27	4	50
4	1	80	2	10	2	40	2	70	3	»	3	30	3	60	3	90	4	20	4	50	4	80	5	10	5	40	5	70	6	»
5	2	25	2	62	3	»	3	37	3	75	4	12	4	50	4	87	5	25	5	62	6	»	6	37	6	75	7	12	7	50
6	2	70	3	14	3	60	4	4	4	50	4	94	5	40	5	84	6	30	6	74	7	20	7	64	8	10	8	54	9	»
7	3	15	3	67	4	20	4	72	5	25	5	77	6	30	6	82	7	35	7	87	8	40	8	92	9	45	9	97	10	50
8	3	60	4	20	4	80	5	40	6	»	6	60	7	20	7	80	8	40	9	»	9	60	10	20	10	80	11	40	12	»
9	4	5	4	72	5	40	6	7	6	75	7	42	8	10	8	77	9	45	10	12	10	80	11	47	12	15	12	82	13	50
10	4	50	5	24	6	»	6	74	7	50	8	24	9	»	9	74	10	50	11	24	12	»	12	74	13	50	14	24	15	»

16 FRANCS.

Intérêts à raison de

	3		3 1/2		4		4 1/2		5		5 1/2		6		6 1/2		7		7 1/2		8		8 1/2		9		9 1/2		10	
JOURS.	Fr.	C.	Fr.	C.	Fr.	C	Fr.	C	Fr.	C.	Fr.	C.	Fr.	C.	Fr.	C.	Fr.	C	Fr.	C	Fr.	C.	Fr.	C.	Fr.	C.	Fr.	C.	Fr.	C.
1	»	»	»	»	»	»	»	»	»	»	»	»	»	»	»	»	»	»	»	»	»	»	»	»	»	»	»	»	»	»
2	»	»	»	»	»	»	»	»	»	»	»	»	»	1	»	1	»	1	»	1	»	1	»	1	»	1	»	1	»	1
3	»	»	»	»	»	1	»	1	»	1	»	1	»	1	»	1	»	1	»	1	»	1	»	1	»	1	»	1	»	1
4	»	1	»	1	»	1	»	1	»	1	»	1	»	1	»	1	»	1	»	1	»	1	»	1	»	2	»	2	»	2
5	»	1	»	1	»	1	»	1	»	1	»	1	»	1	»	1	»	2	»	2	»	2	»	2	»	2	»	2	»	2
6	»	1	»	1	»	1	»	1	»	1	»	1	»	2	»	2	»	2	»	2	»	2	»	2	»	2	»	2	»	3
7	»	1	»	1	»	1	»	1	»	2	»	2	»	2	»	2	»	2	»	2	»	2	»	2	»	3	»	3	»	3
8	»	1	»	1	»	1	»	2	»	2	»	2	»	2	»	2	»	2	»	3	»	3	»	3	»	3	»	3	»	4
9	»	1	»	1	»	2	»	2	»	2	»	2	»	2	»	3	»	3	»	3	»	3	»	3	»	4	»	4	»	4
10	»	1		2	»	2	»	2	»	2	»	2	»	3	»	3	»	3	»	4	»	4	»	4	»	4	»	4	»	4
11	»	1	»	2	»	2	»	2	»	2	»	3	»	3	»	3	»	3	»	4	»	4	»	4	»	4	»	4	»	5
12	»	2	»	2	»	2	»	2	»	3	»	3	»	3	»	3	»	4	»	4	»	4	»	4	»	5	»	5	»	5
13	»	2	»	2	»	2	»	3	»	3	»	3	»	3	»	4	»	4	»	4	»	5	»	5	»	5	»	5	»	6
14	»	2	»	2	»	2	»	3	»	3	»	3	»	4		4	»	4	»	4	»	5	»	5	»	6	»	6	»	6
15	»	2	»	2	»	3	»	3	»	3	»	4	»	4	»	4	»	5	»	5	»	5	»	5	»	6	»	6	»	7
16	»	2	»	2	»	3	»	3	»	4	»	4	»	4	»	5	»	5	»	5	»	6	»	6	»	6	»	7	»	7
17	»	2	»	3	»	3	»	3	»	4	»	4	»	5	»	5	»	5	»	5	»	6	»	6	»	7	»	7	»	8
18	»	2	»	3	»	3	»	4	»	4	»	4	»	5	»	5	»	6	»	6	»	6	»	6	»	7	»	7	»	8
19	»	3	»	3	»	3	»	4	»	4	»	5	»	5	»	5	»	6	»	6	»	7	»	7	»	8	»	8	»	8
20	»	3	»	3	»	4	»	4	»	4	»	5	»	5	»	6	»	6	»	6	»	7	»	7	»	8	»	8	»	9
21	»	3	»	3	»	4	»	4	»	5	»	5	»	6	»	6	»	7	»	7	»	7	»	8	»	8	»	9	»	9
22	»	3	»	3	»	4	»	4	»	5	»	5	»	6	»	6	»	7	»	7	»	8	»	8	»	9	»	9	»	10
23	»	3	»	4	»	4	»	5	»	5	»	6	»	6	»	7	»	7	»	7	»	8	»	9	»	9	»	10	»	10
24	»	3	»	4	»	4	»	5	»	5	»	6	»	6	»	7	»	7	»	8	»	9	»	9	»	10	»	10	»	10
25	»	3	»	4	»	4	»	5	»	6	»	6	»	7	»	7	»	8	»	8	»	9	»	9	»	10	»	10	»	11
26	»	3	»	4	»	5	»	5	»	6	»	6	»	7	»	8	»	8	»	8	»	9	»	10	»	10	»	11	»	12
27	»	4	»	4	»	5	»	5	»	6	»	7	»	7	»	8	»	8	»	9	»	10	»	10	»	11	»	12	»	12
28	»	4	»	4	»	5	»	6	»	6	»	7	»	7	»	8	»	9	»	9	»	10	»	10	»	11	»	12	»	12
29	»	4	»	5	»	5	»	6	»	6	»	7	»	8	»	8	»	9	»	9	»	10	»	10	»	12	»	12	»	13
MOIS.																														
1	»	4	»	5	»	5	»	6	»	7	»	7	»	8	»	9	»	9	»	10	»	11	»	11	»	12	»	12	»	13
2	»	8	»	9	»	11	»	12	»	13	»	15	»	16	»	17	»	19	»	20	»	21	»	23	»	24	»	25	»	27
3	»	12	»	14	»	16	»	18	»	20	»	22	»	24	»	26	»	28	»	30	»	32	»	34	»	36	»	38	»	40
4	»	16	»	19	»	21	»	24	»	27	»	29	»	32	»	35	»	37	»	40	»	43	»	45	»	48	»	51	»	53
5	»	20	»	23	»	26	»	30	»	33	»	37	»	40	»	43	»	47	»	50	»	53	»	57	»	60	»	63	»	67
6	»	24	»	28	»	32	»	36	»	40	»	44	»	48	»	52	»	56	»	60	»	64	»	68	»	72	»	76	»	80
7	»	28	»	33	»	37	»	42	»	47	»	51	»	56	»	61	»	65	»	70	»	75	»	79	»	84	»	89	»	93
8	»	32	»	37	»	43	»	48	»	53	»	59	»	64	»	69	»	75	»	80	»	85	»	91	»	96	1	1	1	7
9	»	36	»	42	»	48	»	54	»	60	»	66	»	72	»	78	»	84	»	90	»	96	1	2	1	8	1	14	1	20
10	»	40	»	47	»	53	»	60	»	67	»	73	»	80	»	87	»	93	1	»	1	7	1	13	1	20	1	27	1	33
11	»	44	»	51	»	59	»	66	»	73	»	81	»	88	»	95	1	3	1	10	1	17	1	25	1	32	1	39	1	47
ANNÉES.																														
1	»	48	»	56	»	64	»	72	»	80	»	88	»	96	1	4	1	12	1	20	1	28	1	36	1	44	1	52	1	60
2	»	96	1	12	1	28	1	44	1	60	1	76	1	92	2	8	2	24	2	40	2	56	2	72	2	88	3	4	3	20
3	1	44	1	68	1	92	2	16	2	40	2	64	2	88	3	12	3	36	3	60	3	84	4	8	4	32	4	56	4	80
4	1	92	2	24	2	56	2	88	3	20	3	52	3	84	4	16	4	48	4	80	5	12	5	44	5	76	6	8	6	40
5	2	40	2	80	3	20	3	60	4	»	4	40	4	80	5	20	5	60	6	»	6	40	6	80	7	20	7	60	8	»
6	2	88	3	36	3	84	4	32	4	80	5	28	5	76	6	24	6	72	7	20	7	68	8	16	8	64	9	12	9	60
7	3	32	3	92	4	48	5	4	5	60	6	16	6	72	7	28	7	84	8	40	8	96	9	52	10	8	10	64	11	20
8	3	84	4	48	5	12	5	76	6	40	7	4	7	68	8	32	8	96	9	60	10	24	10	88	11	52	12	16	12	80
9	4	32	5	4	5	76	6	48	7	20	7	92	8	64	9	36	10	8	10	80	11	52	12	24	12	96	13	68	14	40
10	4	80	5	60	6	40	7	20	8	»	8	80	9	60	10	40	11	20	12	»	12	80	13	60	14	40	15	20	16	»

17 FRANCS.

Intérêts à raison de

	3		3 1/2		4		4 1/2		5		5 1/2		6		6 1/2		7		7 1/2		8		8 1/2		9		9 1/2		10	
JOURS.	Fr.	C.	Fr.	C.	Fr.	C.	Fr.	C.	Fr.	C.	Fr.	C.	Fr.	C.	Fr.	C.	Fr.	C.	Fr.	C.	Fr.	C.	Fr.	C.	Fr.	C.	Fr.	C.	Fr.	C.
1	»	»	»	»	»	»	»	»	»	»	»	»	»	»	»	»	»	»	»	»	»	»	»	»	»	»	»	»	»	»
2	»	»	»	»	»	»	»	»	»	»	»	1	»	1	»	1	»	1	»	1	»	1	»	1	»	1	»	1	»	1
3	»	»	»	»	»	1	»	1	»	1	»	1	»	1	»	1	»	1	»	1	»	1	»	1	»	1	»	1	»	1
4	»	1	»	1	»	1	»	1	»	1	»	1	»	1	»	1	»	1	»	1	»	2	»	2	»	2	»	2	»	2
5	»	1	»	1	»	1	»	1	»	1	»	1	»	1	»	2	»	2	»	2	»	2	»	2	»	2	»	2	»	2
6	»	1	»	1	»	1	»	1	»	1	»	2	»	2	»	2	»	2	»	2	»	2	»	2	»	3	»	3	»	3
7	»	1	»	1	»	1	»	1	»	2	»	2	»	2	»	2	»	2	»	2	»	3	»	3	»	3	»	3	»	3
8	»	1	»	1	»	2	»	2	»	2	»	2	»	2	»	2	»	3	»	3	»	3	»	3	»	3	»	3	»	4
9	»	1	»	1	»	2	»	2	»	2	»	2	»	3	»	3	»	3	»	3	»	3	»	3	»	4	»	4	»	4
10	»	1	»	2	»	2	»	2	»	2	»	3	»	3	»	3	»	3	»	3	»	4	»	4	»	4	»	4	»	5
11	»	2	»	2	»	2	»	2	»	3	»	3	»	3	»	3	»	4	»	4	»	4	»	4	»	5	»	5	»	5
12	»	2	»	2	»	2	»	3	»	3	»	3	»	3	»	4	»	4	»	4	»	5	»	5	»	5	»	5	»	6
13	»	2	»	2	»	2	»	3	»	3	»	3	»	4	»	4	»	4	»	4	»	5	»	5	»	6	»	6	»	6
14	»	2	»	2	»	3	»	3	»	3	»	4	»	4	»	4	»	5	»	5	»	5	»	5	»	6	»	6	»	7
15	»	2	»	2	»	3	»	3	»	4	»	4	»	4	»	5	»	5	»	5	»	6	»	6	»	6	»	6	»	7
16	»	2	»	3	»	3	»	3	»	4	»	4	»	5	»	5	»	5	»	5	»	6	»	6	»	7	»	7	»	8
17	»	2	»	3	»	3	»	4	»	4	»	4	»	5	»	5	»	6	»	6	»	6	»	6	»	7	»	7	»	8
18	»	3	»	3	»	3	»	4	»	4	»	5	»	5	»	6	»	6	»	6	»	7	»	7	»	8	»	8	»	8
19	»	3	»	3	»	4	»	4	»	4	»	5	»	5	»	6	»	6	»	6	»	7	»	8	»	8	»	8	»	9
20	»	3	»	3	»	4	»	4	»	5	»	5	»	6	»	6	»	7	»	7	»	8	»	8	»	8	»	8	»	9
21	»	3	»	3	»	4	»	4	»	5	»	5	»	6	»	6	»	7	»	7	»	8	»	8	»	9	»	9	»	10
22	»	3	»	4	»	4	»	5	»	5	»	6	»	6	»	7	»	7	»	7	»	8	»	8	»	9	»	9	»	10
23	»	3	»	4	»	4	»	5	»	5	»	6	»	7	»	7	»	8	»	8	»	9	»	9	»	10	»	10	»	11
24	»	3	»	4	»	5	»	5	»	6	»	6	»	7	»	7	»	8	»	8	»	9	»	9	»	10	»	10	»	11
25	»	3	»	4	»	5	»	5	»	6	»	6	»	7	»	8	»	8	»	8	»	9	»	10	»	11	»	11	»	12
26	»	3	»	4	»	5	»	6	»	6	»	7	»	7	»	8	»	9	»	9	»	10	»	10	»	11	»	11	»	12
27	»	3	»	4	»	5	»	6	»	6	»	7	»	8	»	8	»	9	»	9	»	10	»	10	»	11	»	11	»	13
28	»	3	»	5	»	5	»	6	»	7	»	7	»	8	»	9	»	9	»	9	»	11	»	11	»	12	»	12	»	13
29	»	4	»	5	»	5	»	6	»	7	»	8	»	8	»	9	»	10	»	10	»	11	»	11	»	12	»	13	»	14
MOIS.																														
1	»	4	»	5	»	6	»	6	»	7	»	8	»	8	»	9	»	10	»	11	»	11	»	12	»	13	»	13	»	14
2	»	8	»	10	»	11	»	13	»	14	»	16	»	17	»	18	»	20	»	21	»	23	»	24	»	25	»	27	»	28
3	»	13	»	15	»	17	»	19	»	21	»	23	»	25	»	28	»	30	»	32	»	34	»	36	»	38	»	40	»	42
4	»	17	»	20	»	23	»	25	»	28	»	31	»	34	»	37	»	40	»	43	»	45	»	48	»	51	»	53	»	57
5	»	21	»	25	»	28	»	32	»	35	»	39	»	42	»	46	»	50	»	53	»	57	»	60	»	64	»	67	»	71
6	»	25	»	30	»	34	»	38	»	42	»	47	»	51	»	55	»	59	»	64	»	68	»	72	»	76	»	80	»	85
7	»	30	»	35	»	40	»	45	»	50	»	55	»	59	»	64	»	69	»	75	»	79	»	85	»	89	»	95	»	99
8	»	34	»	40	»	45	»	51	»	57	»	62	»	68	»	74	»	79	»	86	»	91	»	96	1	2	1	8	1	13
9	»	38	»	45	»	51	»	57	»	64	»	70	»	76	»	83	»	89	»	96	1	2	1	8	1	13	1	21	1	27
10	»	42	»	50	»	57	»	64	»	71	»	78	»	85	»	92	»	99	1	7	1	13	1	21	1	27	1	35	1	42
11	»	47	»	55	»	62	»	70	»	78	»	86	»	93	1	01	1	9	1	17	1	25	1	32	1	40	1	48	1	56
ANNÉES.																														
1	»	51	»	59	»	68	»	76	»	85	»	93	1	2	1	10	1	19	1	27	1	36	1	44	1	53	1	61	1	70
2	1	2	1	19	1	36	1	53	1	70	1	87	2	4	2	21	2	38	2	55	2	72	2	89	3	6	3	23	3	40
3	1	53	1	78	2	4	2	29	2	55	2	80	3	6	3	31	3	57	3	82	4	8	4	33	4	59	4	84	5	10
4	2	4	2	38	2	72	3	6	3	40	3	74	4	8	4	42	4	76	5	10	5	44	5	78	6	12	6	46	6	80
5	2	55	2	97	3	40	3	82	4	25	4	67	5	10	5	52	5	95	6	37	6	80	7	22	7	65	8	7	8	50
6	3	6	3	56	4	8	4	58	5	10	5	60	6	12	6	62	7	14	7	64	8	16	8	66	9	18	9	68	10	20
7	3	57	4	16	4	76	5	35	5	95	6	54	7	14	7	73	8	33	8	92	9	52	10	11	10	71	11	30	11	90
8	4	8	4	76	5	44	6	12	6	80	7	48	8	16	8	84	9	52	10	20	10	88	11	56	12	24	12	92	13	60
9	4	59	5	35	6	12	6	88	7	65	8	41	9	18	9	94	10	71	11	47	12	24	13	»	13	77	14	53	15	30
10	5	10	5	94	6	80	7	64	8	50	9	34	10	20	11	4	11	90	12	74	13	60	14	44	15	30	16	14	17	»

Intérêts à raison de

	3	3 1/2	4	4 1/2	5	5 1/2	6	6 1/2	7	7 1/2	8	8 1/2	9	9 1/2	10
	Fr. C.	Fr. C.	Fr. C.	Fr. C.	Fr. C.	Fr. C.	Fr. C.	Fr. C.	Fr. C	Fr. C.	Fr. C.	Fr. C.	Fr. C.	Fr. C.	Fr. C.
JOURS.															
1	» »	» »	» »	» »	» »	» »	» »	» »	» »	» »	» »	» »	» »	» »	» »
2	» »	» »	» »	» »	» »	» 1	» 1	» 1	» 1	» 1	» 1	» 1	» 1	» 1	» 1
3	» »	» 1	» 1	» 1	» 1	» 1	» 1	» 1	» 1	» 1	» 1	» 1	» 1	» 1	» 1
4	» 1	» 1	» 1	» 1	» 1	» 1	» 1	» 1	» 1	» 1	» 2	» 2	» 2	» 2	» 2
5	» 1	» 1	» 1	» 1	» 1	» 1	» 1	» 2	» 2	» 2	» 2	» 2	» 2	» 2	» 2
6	» 1	» 1	» 1	» 1	» 1	» 2	» 2	» 2	» 2	» 2	» 2	» 2	» 3	» 3	» 3
7	» 1	» 1	» 1	» 2	» 2	» 2	» 2	» 2	» 2	» 2	» 3	» 3	» 3	» 3	» 3
8	» 1	» 1	» 2	» 2	» 2	» 2	» 2	» 3	» 3	» 3	» 3	» 4	» 4	» 4	» 4
9	» 1	» 2	» 2	» 2	» 2	» 2	» 3	» 3	» 3	» 3	» 4	» 4	» 4	» 4	» 4
10	» 1	» 2	» 2	» 2	» 2	» 3	» 3	» 3	» 3	» 3	» 4	» 4	» 4	» 4	» 5
11	» 2	» 2	» 2	» 3	» 3	» 3	» 3	» 4	» 4	» 4	» 4	» 5	» 5	» 5	» 5
12	» 2	» 2	» 2	» 3	» 3	» 3	» 4	» 4	» 4	» 4	» 5	» 5	» 5	» 5	» 6
13	» 2	» 2	» 3	» 3	» 3	» 4	» 4	» 4	» 3	» 5	» 5	» 5	» 6	» 6	» 6
14	» 2	» 2	» 3	» 3	» 3	» 4	» 4	» 5	» 5	» 5	» 6	» 6	» 6	» 6	» 7
15	» 2	» 3	» 3	» 3	» 4	» 4	» 4	» 5	» 5	» 5	» 6	» 6	» 7	» 7	» 7
16	» 2	» 3	» 3	» 4	» 4	» 4	» 5	» 5	» 6	» 6	» 6	» 6	» 7	» 7	» 8
17	» 3	» 3	» 3	» 4	» 4	» 5	» 5	» 6	» 6	» 6	» 7	» 7	» 8	» 8	» 8
18	» 3	» 3	» 4	» 4	» 4	» 5	» 5	» 6	» 6	» 6	» 7	» 7	» 8	» 8	» 9
19	» 3	» 3	» 4	» 4	» 5	» 5	» 6	» 6	» 7	» 7	» 8	» 8	» 9	» 9	» 9
20	» 3	» 3	» 4	» 4	» 5	» 5	» 6	» 6	» 7	» 7	» 8	» 8	» 9	» 9	» 10
21	» 3	» 4	» 4	» 5	» 5	» 6	» 6	» 7	» 7	» 7	» 8	» 9	» 9	» 9	» 10
22	» 3	» 4	» 4	» 5	» 5	» 6	» 7	» 7	» 8	» 8	» 9	» 9	» 10	» 10	» 11
23	» 3	» 4	» 5	» 5	» 6	» 6	» 7	» 7	» 8	» 8	» 9	» 9	» 10	» 10	» 11
24	» 4	» 4	» 5	» 5	» 6	» 7	» 7	» 8	» 8	» 9	» 10	» 10	» 11	» 11	» 12
25	» 4	» 4	» 5	» 6	» 6	» 7	» 7	» 8	» 9	» 10	» 10	» 10	» 11	» 11	» 12
26	» 4	» 5	» 5	» 6	» 6	» 7	» 8	» 8	» 9	» 10	» 10	» 11	» 12	» 12	» 13
27	» 4	» 5	» 5	» 6	» 7	» 7	» 8	» 9	» 9	» 11	» 11	» 11	» 12	» 12	» 13
28	» 4	» 5	» 6	» 6	» 7	» 8	» 8	» 9	» 10	» 11	» 11	» 12	» 13	» 13	» 14
29	» 4	» 5	» 6	» 7	» 7	» 8	» 9	» 9	» 10	» 12	» 12	» 13	» 13	» 14	» 14
MOIS.															
1	» 4	» 5	» 6	» 7	» 7	» 8	» 9	» 10	» 10	» 11	» 12	» 13	» 13	» 14	» 15
2	» 9	» 10	» 12	» 13	» 15	» 16	» 18	» 19	» 21	» 22	» 24	» 25	» 27	» 28	» 30
3	» 13	» 16	» 18	» 20	» 22	» 25	» 27	» 29	» 31	» 34	» 36	» 38	» 40	» 42	» 45
4	» 18	» 21	» 24	» 27	» 30	» 33	» 36	» 39	» 42	» 45	» 48	» 51	» 54	» 57	» 60
5	» 22	» 26	» 30	» 34	» 37	» 41	» 45	» 49	» 52	» 56	» 60	» 64	» 67	» 71	» 75
6	» 27	» 31	» 36	» 40	» 45	» 49	» 54	» 58	» 63	» 67	» 72	» 76	» 81	» 85	» 90
7	» 31	» 37	» 42	» 47	» 52	» 58	» 63	» 68	» 73	» 79	» 84	» 89	» 94	» 99	1 5
8	» 36	» 42	» 48	» 54	» 60	» 66	» 72	» 78	» 84	» 90	» 96	1 2	1 8	1 14	1 20
9	» 40	» 47	» 54	» 61	» 67	» 74	» 81	» 88	» 94	1 1	1 8	1 15	1 21	1 28	1 35
10	» 45	» 52	» 60	» 67	» 75	» 82	» 90	» 97	1 5	1 12	1 20	1 27	1 35	1 42	1 50
11	» 49	» 58	» 66	» 74	» 82	» 91	» 99	1 7	1 15	1 24	1 32	1 40	1 48	1 56	1 65
ANNÉES.															
1	» 54	» 63	» 72	» 81	» 90	» 99	1 8	1 17	1 26	1 35	1 44	1 53	1 62	1 71	1 80
2	1 8	1 26	1 44	1 62	1 80	1 98	2 16	2 34	2 52	2 70	2 88	3 6	3 24	3 42	3 60
3	1 62	1 89	2 16	2 43	2 70	2 97	3 24	3 51	3 78	4 5	4 32	4 59	4 86	5 13	5 40
4	2 16	2 52	2 88	3 24	3 60	3 96	4 32	4 68	5 4	5 40	5 76	6 12	6 48	6 84	7 20
5	2 70	3 15	3 60	4 05	4 50	4 95	5 40	5 85	6 30	6 75	7 20	7 65	8 10	8 55	9 »
6	3 24	3 78	4 32	4 86	5 40	5 94	6 48	7 2	7 56	8 10	8 64	9 18	9 72	10 26	10 80
7	3 78	4 41	5 4	5 67	6 30	6 93	7 56	8 19	8 82	9 45	10 8	10 71	11 34	11 97	12 60
8	4 32	5 4	5 76	6 48	7 20	7 92	8 64	9 36	10 8	10 80	11 52	12 24	12 96	13 68	14 40
9	4 86	5 67	6 48	7 29	8 10	8 91	9 72	10 53	11 34	12 15	12 96	13 77	14 58	15 39	16 20
10	5 40	6 30	7 20	8 10	9 »	9 90	10 80	11 70	12 60	13 50	14 40	15 30	16 20	17 10	18 »

19 FRANCS.

Intérêts à raison de

	3		3 1/2		4		4 1/2		5		5 1/2		6		6 1/2		7		7 1/2		8		8 1/2		9		9 1/2		10	
JOURS.	Fr.	C.	Fr.	C.	Fr.	C.	Fr.	C.	Fr.	C.	Fr.	C.	Fr.	C.	Fr.	C.	Fr.	C.	Fr.	C.	Fr.	C.	Fr.	C.	Fr.	C.	Fr.	C.	Fr.	C.
1	»	»	»	»	»	»	»	»	»	»	»	»	»	»	»	»	»	»	»	»	»	»	»	»	»	»	»	»	»	1
2	»	»	»	»	»	»	»	»	»	1	»	1	»	1	»	1	»	1	»	1	»	1	»	1	»	1	»	1	»	1
3	»	»	»	1	»	1	»	1	»	1	»	1	»	1	»	1	»	1	»	1	»	1	»	1	»	1	»	1	»	2
4	»	1	»	1	»	1	»	1	»	1	»	1	»	1	»	1	»	1	»	1	»	2	»	2	»	2	»	2	»	2
5	»	1	»	1	»	1	»	1	»	1	»	1	»	2	»	2	»	2	»	2	»	2	»	2	»	2	»	3	»	3
6	»	1	»	1	»	1	»	1	»	2	»	2	»	2	»	2	»	2	»	2	»	3	»	3	»	3	»	3	»	3
7	»	1	»	1	»	1	»	2	»	2	»	2	»	2	»	2	»	3	»	3	»	3	»	3	»	3	»	3	»	4
8	»	1	»	1	»	2	»	2	»	2	»	2	»	3	»	3	»	3	»	3	»	3	»	3	»	4	»	4	»	4
9	»	1	»	2	»	2	»	2	»	2	»	3	»	3	»	3	»	3	»	3	»	4	»	4	»	4	»	4	»	5
10	»	2	»	2	»	2	»	2	»	3	»	3	»	3	»	3	»	4	»	4	»	4	»	4	»	5	»	5	»	5
11	»	2	»	2	»	2	»	3	»	3	»	3	»	3	»	4	»	4	»	4	»	5	»	5	»	5	»	6	»	6
12	»	2	»	2	»	3	»	3	»	3	»	3	»	4	»	4	»	4	»	4	»	5	»	5	»	6	»	6	»	6
13	»	2	»	3	»	3	»	3	»	3	»	4	»	4	»	4	»	5	»	5	»	5	»	5	»	6	»	6	»	7
14	»	2	»	3	»	3	»	3	»	4	»	4	»	4	»	5	»	5	»	5	»	6	»	6	»	7	»	7	»	7
15	»	2	»	3	»	3	»	4	»	4	»	4	»	5	»	5	»	6	»	6	»	6	»	6	»	7	»	7	»	8
16	»	3	»	3	»	3	»	4	»	4	»	5	»	5	»	5	»	6	»	6	»	7	»	7	»	8	»	8	»	8
17	»	3	»	3	»	4	»	4	»	4	»	5	»	5	»	6	»	6	»	6	»	7	»	7	»	8	»	8	»	9
18	»	3	»	3	»	4	»	4	»	5	»	5	»	6	»	6	»	7	»	7	»	8	»	8	»	9	»	9	»	9
19	»	3	»	4	»	4	»	5	»	5	»	6	»	6	»	7	»	7	»	7	»	8	»	8	»	9	»	9	»	10
20	»	3	»	4	»	4	»	5	»	5	»	6	»	6	»	7	»	7	»	7	»	8	»	9	»	9	»	10	»	11
21	»	3	»	4	»	4	»	5	»	6	»	6	»	7	»	7	»	8	»	8	»	9	»	9	»	10	»	10	»	11
22	»	3	»	4	»	5	»	5	»	6	»	6	»	7	»	8	»	8	»	8	»	9	»	10	»	10	»	11	»	12
23	»	4	»	4	»	5	»	5	»	6	»	7	»	7	»	8	»	8	»	9	»	10	»	10	»	11	»	11	»	12
24	»	4	»	4	»	5	»	6	»	6	»	7	»	8	»	8	»	9	»	9	»	10	»	10	»	11	»	12	»	13
25	»	4	»	5	»	5	»	6	»	7	»	7	»	8	»	9	»	9	»	10	»	11	»	11	»	12	»	12	»	13
26	»	4	»	5	»	5	»	6	»	7	»	8	»	8	»	9	»	10	»	10	»	11	»	11	»	12	»	13	»	14
27	»	4	»	5	»	6	»	6	»	7	»	8	»	9	»	9	»	10	»	11	»	11	»	12	»	13	»	13	»	14
28	»	4	»	5	»	6	»	7	»	7	»	8	»	9	»	10	»	10	»	11	»	12	»	12	»	13	»	14	»	15
29	»	5	»	5	»	6	»	7	»	8	»	8	»	9	»	10	»	11	»	12	»	12	»	13	»	14	»	15	»	15
MOIS.																														
1	»	5	»	6	»	6	»	7	»	8	»	9	»	9	»	10	»	11	»	12	»	13	»	13	»	14	»	15	»	16
2	»	9	»	11	»	13	»	14	»	16	»	17	»	19	»	21	»	22	»	24	»	25	»	27	»	28	»	30	»	32
3	»	14	»	17	»	19	»	21	»	24	»	26	»	28	»	31	»	33	»	36	»	38	»	40	»	43	»	45	»	47
4	»	19	»	22	»	25	»	28	»	32	»	35	»	38	»	41	»	44	»	47	»	51	»	53	»	57	»	60	»	63
5	»	24	»	28	»	32	»	36	»	40	»	44	»	47	»	51	»	55	»	59	»	63	»	68	»	71	»	75	»	79
6	»	28	»	33	»	38	»	43	»	47	»	52	»	57	»	62	»	66	»	71	»	76	»	81	»	85	»	90	»	95
7	»	33	»	39	»	44	»	50	»	55	»	61	»	66	»	72	»	78	»	83	»	89	»	94	1	»	1	5	1	11
8	»	38	»	44	»	51	»	57	»	63	»	70	»	76	»	82	»	89	»	95	1	1	1	8	1	14	1	20	1	27
9	»	43	»	50	»	57	»	64	»	71	»	78	»	86	»	93	1	»	1	7	1	14	1	21	1	28	1	35	1	42
10	»	47	»	55	»	63	»	71	»	79	»	87	»	95	1	3	1	11	1	18	1	27	1	34	1	42	1	50	1	58
11	»	52	»	61	»	69	»	78	»	87	»	96	1	4	1	13	1	22	1	30	1	39	1	47	1	57	1	65	1	74
ANNÉES.																														
1	»	57	»	66	»	76	»	85	»	95	1	4	1	14	1	23	1	33	1	42	1	52	1	61	1	71	1	80	1	90
2	1	14	1	33	1	52	1	71	1	90	2	9	2	28	2	47	2	66	2	85	3	4	3	23	3	42	3	61	3	80
3	1	71	1	99	2	28	2	56	2	85	3	13	3	42	3	70	3	99	4	27	4	56	4	84	5	13	5	41	5	70
4	2	28	2	66	3	4	3	42	3	80	4	18	4	56	4	94	5	32	5	70	6	8	6	46	6	84	7	22	7	60
5	2	85	3	32	3	80	4	27	4	75	5	22	5	70	6	17	6	65	7	12	7	60	8	7	8	55	9	2	9	50
6	3	42	3	98	4	56	5	12	5	70	6	26	6	84	7	40	7	98	8	54	9	12	9	68	10	26	10	82	11	40
7	3	99	4	65	5	32	5	98	6	65	7	31	7	98	8	64	9	31	9	97	10	64	11	30	11	97	12	63	13	30
8	4	56	5	32	6	8	6	84	7	60	8	36	9	12	9	88	10	64	11	40	12	16	12	92	13	68	14	44	15	20
9	5	13	5	98	6	84	7	69	8	55	9	40	10	26	11	11	11	97	12	82	13	68	14	53	15	39	16	24	17	10
10	5	70	6	64	7	60	8	54	9	50	10	44	11	40	12	34	13	30	14	24	15	20	16	14	17	10	18	4	19	»

20 FRANCS.

Intérêts à raison de

	3		3 1/2		4		4 1/2		5		5 1/2		6		6 1/2		7		7 1/2		8		8 1/2		9		9 1/2		10	
JOURS.	Fr.	C.	Fr.	C.	Fr.	C.	Fr.	C.	Fr.	C.	Fr.	C.	Fr.	C.	Fr.	C.	Fr.	C.	Fr.	C.	Fr.	C.	Fr.	C.	Fr.	C.	Fr.	C.	Fr.	C.
1	»	»	»	»	»	»	»	»	»	»	»	»	»	»	»	»	»	»	»	»	»	»	»	»	»	»	»	»	»	1
2	»	»	»	»	»	»	»	»	»	1	»	1	»	1	»	1	»	1	»	1	»	1	»	1	»	1	»	1	»	1
3	»	»	»	1	»	1	»	1	»	1	»	1	»	1	»	1	»	1	»	1	»	1	»	1	»	1	»	1	»	2
4	»	1	»	1	»	1	»	1	»	1	»	1	»	1	»	1	»	2	»	2	»	2	»	2	»	2	»	2	»	2
5	»	1	»	1	»	1	»	1	»	1	»	2	»	2	»	2	»	2	»	2	»	2	»	2	»	2	»	2	»	3
6	»	1	»	1	»	1	»	1	»	2	»	2	»	2	»	2	»	2	»	2	»	3	»	3	»	3	»	3	»	3
7	»	1	»	1	»	2	»	2	»	2	»	2	»	2	»	3	»	3	»	3	»	3	»	3	»	3	»	3	»	4
8	»	1	»	2	»	2	»	2	»	2	»	2	»	3	»	3	»	3	»	3	»	4	»	4	»	4	»	4	»	4
9	»	1	»	2	»	2	»	2	»	2	»	3	»	3	»	3	»	3	»	3	»	4	»	4	»	4	»	4	»	5
10	»	2	»	2	»	2	»	2	»	3	»	3	»	3	»	4	»	4	»	4	»	4	»	4	»	5	»	5	»	6
11	»	2	»	2	»	2	»	3	»	3	»	3	»	4	»	4	»	4	»	4	»	5	»	5	»	5	»	5	»	6
12	»	2	»	2	»	3	»	3	»	3	»	4	»	4	»	4	»	5	»	5	»	5	»	5	»	6	»	6	»	7
13	»	2	»	3	»	3	»	3	»	4	»	4	»	4	»	5	»	5	»	5	»	6	»	6	»	6	»	6	»	7
14	»	2	»	3	»	3	»	3	»	4	»	4	»	5	»	5	»	5	»	5	»	6	»	6	»	7	»	7	»	7
15	»	2	»	3	»	3	»	4	»	4	»	5	»	5	»	5	»	6	»	6	»	7	»	7	»	7	»	7	»	8
16	»	3	»	3	»	4	»	4	»	4	»	5	»	5	»	6	»	6	»	6	»	7	»	7	»	8	»	8	»	8
17	»	3	»	3	»	4	»	4	»	5	»	5	»	6	»	6	»	7	»	7	»	8	»	8	»	8	»	8	»	9
18	»	3	»	3	»	4	»	4	»	5	»	5	»	6	»	6	»	7	»	7	»	8	»	8	»	9	»	9	»	9
19	»	3	»	4	»	4	»	5	»	5	»	6	»	6	»	7	»	7	»	7	»	8	»	8	»	9	»	9	»	10
20	»	3	»	4	»	4	»	5	»	6	»	6	»	7	»	7	»	8	»	8	»	9	»	9	»	10	»	10	»	11
21	»	3	»	4	»	5	»	5	»	6	»	6	»	7	»	8	»	8	»	8	»	9	»	9	»	10	»	10	»	11
22	»	4	»	4	»	5	»	5	»	6	»	7	»	7	»	8	»	9	»	9	»	10	»	10	»	11	»	11	»	12
23	»	4	»	4	»	5	»	6	»	6	»	7	»	8	»	8	»	9	»	9	»	10	»	10	»	11	»	11	»	12
24	»	4	»	5	»	5	»	6	»	7	»	7	»	8	»	9	»	9	»	9	»	11	»	11	»	12	»	12	»	13
25	»	4	»	5	»	6	»	6	»	7	»	8	»	8	»	9	»	10	»	10	»	11	»	11	»	12	»	12	»	14
26	»	4	»	5	»	6	»	6	»	7	»	8	»	9	»	9	»	10	»	10	»	12	»	12	»	13	»	13	»	14
27	»	4	»	5	»	6	»	7	»	7	»	8	»	9	»	10	»	10	»	10	»	12	»	12	»	13	»	13	»	15
28	»	5	»	5	»	6	»	7	»	8	»	9	»	9	»	10	»	11	»	11	»	12	»	12	»	14	»	14	»	16
29	»	5	»	6	»	6	»	7	»	8	»	9	»	10	»	10	»	11	»	12	»	13	»	14	»	14	»	15	»	16
MOIS.																														
1	»	5	»	6	»	7	»	7	»	8	»	9	»	10	»	11	»	12	»	12	»	13	»	14	»	15	»	15	»	17
2	»	10	»	12	»	13	»	15	»	17	»	18	»	20	»	22	»	23	»	25	»	27	»	28	»	30	»	32	»	35
3	»	15	»	17	»	20	»	22	»	25	»	27	»	30	»	32	»	35	»	37	»	40	»	42	»	45	»	47	»	50
4	»	20	»	23	»	27	»	30	»	33	»	37	»	40	»	43	»	47	»	50	»	53	»	57	»	60	»	63	»	67
5	»	25	»	29	»	33	»	37	»	42	»	46	»	50	»	54	»	58	»	60	»	67	»	70	»	75	»	79	»	83
6	»	30	»	35	»	40	»	45	»	50	»	55	»	60	»	65	»	70	»	75	»	80	»	95	»	90	»	95	1	»
7	»	35	»	41	»	47	»	52	»	58	»	64	»	70	»	76	»	82	»	88	»	93	»	99	1	5	1	10	1	17
8	»	40	»	47	»	53	»	60	»	67	»	73	»	80	»	87	»	93	1	»	1	7	1	13	1	20	1	27	1	33
9	»	45	»	52	»	60	»	67	»	75	»	82	»	90	»	97	1	5	1	12	1	20	1	27	1	35	1	42	1	50
10	»	50	»	58	»	67	»	75	»	83	»	92	1	»	1	8	1	17	1	25	1	33	1	42	1	50	1	58	1	67
11	»	55	»	64	»	73	»	82	»	92	1	1	1	10	1	19	1	28	1	37	1	47	1	55	1	65	1	74	1	83
ANNÉES.																														
1	»	60	»	70	»	80	»	90	1	»	1	10	1	20	1	30	1	40	1	50	1	60	1	70	1	80	1	90	2	»
2	1	20	1	40	1	60	1	80	2	»	2	20	2	40	2	60	2	80	3	»	3	20	3	40	3	60	3	80	4	»
3	1	80	2	10	2	40	2	70	3	»	3	30	3	60	3	90	4	20	4	50	4	80	5	10	5	40	5	70	6	»
4	2	40	2	80	3	20	3	60	4	»	4	40	4	80	5	20	5	60	6	»	6	40	6	80	7	20	7	60	8	»
5	3	»	3	50	4	»	4	50	5	»	5	50	6	»	6	50	7	»	7	50	8	»	8	50	9	»	9	50	10	»
6	3	60	4	20	4	80	5	40	6	»	6	60	7	20	7	80	8	40	9	»	9	60	10	20	10	80	11	40	12	»
7	4	20	4	90	5	60	6	30	7	»	7	70	8	40	9	10	9	80	10	50	11	20	11	90	12	60	13	30	14	»
8	4	80	5	60	6	40	7	20	8	»	8	80	9	60	10	40	11	20	12	»	12	80	13	60	14	40	15	20	16	»
9	5	40	6	30	7	20	8	10	9	»	9	90	10	80	11	70	12	60	13	50	14	40	15	30	16	20	17	10	18	»
10	6	»	7	»	8	»	9	»	10	»	11	»	12	»	13	»	14	»	15	»	16	»	17	»	18	»	19	»	20	»

21 FRANCS.

Intérêts à raison de

	3		3 1/2		4		4 1/2		5		5 1/2		6		6 1/2		7		7 1/2		8		8 1/2		9		9 1/2		10	
JOURS.	Fr.	C.	Fr.	C.	Fr.	C.	Fr.	C.	Fr.	C.	Fr.	C.	Fr.	C.	Fr.	C.	Fr.	C.	Fr.	C.	Fr.	C.	Fr.	C.	Fr.	C.	Fr.	C.	Fr.	C.
1	»	»	»	»	»	»	»	»	»	»	»	»	»	»	»	»	»	»	»	»	»	»	»	»	»	1	»	1	»	1
2	»	»	»	»	»	»	»	1	»	1	»	1	»	1	»	1	»	1	»	1	»	1	»	1	»	1	»	1	»	1
3	»	1	»	1	»	1	»	1	»	1	»	1	»	1	»	1	»	1	»	1	»	1	»	1	»	2	»	2	»	2
4	»	1	»	1	»	1	»	1	»	1	»	1	»	1	»	2	»	2	»	2	»	2	»	2	»	2	»	2	»	2
5	»	1	»	1	»	1	»	1	»	1	»	2	»	2	»	2	»	2	»	2	»	2	»	2	»	3	»	3	»	3
6	»	1	»	1	»	1	»	2	»	2	»	2	»	2	»	2	»	2	»	2	»	3	»	2	»	3	»	3	»	3
7	»	1	»	1	»	2	»	2	»	2	»	2	»	2	»	3	»	3	»	3	»	3	»	3	»	4	»	4	»	4
8	»	1	»	2	»	2	»	2	»	2	»	3	»	3	»	3	»	3	»	3	»	4	»	4	»	4	»	4	»	5
9	»	2	»	2	»	2	»	2	»	3	»	3	»	3	»	3	»	4	»	4	»	4	»	4	»	5	»	5	»	5
10	»	2	»	2	»	2	»	3	»	3	»	3	»	3	»	4	»	4	»	4	»	5	»	5	»	5	»	5	»	6
11	»	2	»	2	»	3	»	3	»	3	»	4	»	4	»	4	»	4	»	4	»	5	»	5	»	6	»	6	»	6
12	»	2	»	3	»	3	»	3	»	3	»	4	»	4	»	5	»	5	»	5	»	6	»	6	»	6	»	6	»	7
13	»	2	»	3	»	3	»	3	»	4	»	4	»	5	»	5	»	5	»	6	»	6	»	6	»	7	»	7	»	8
14	»	2	»	3	»	3	»	4	»	4	»	4	»	5	»	5	»	6	»	6	»	7	»	7	»	7	»	7	»	8
15	»	3	»	3	»	3	»	4	»	4	»	5	»	5	»	6	»	6	»	6	»	7	»	7	»	8	»	8	»	9
16	»	3	»	3	»	4	»	4	»	5	»	5	»	6	»	6	»	7	»	7	»	7	»	7	»	8	»	8	»	9
17	»	3	»	3	»	4	»	4	»	5	»	5	»	6	»	6	»	7	»	7	»	8	»	8	»	9	»	9	»	10
18	»	3	»	4	»	4	»	5	»	5	»	6	»	6	»	7	»	7	»	7	»	8	»	8	»	9	»	9	»	10
19	»	3	»	4	»	4	»	5	»	6	»	6	»	7	»	7	»	8	»	8	»	9	»	9	»	10	»	10	»	11
20	»	3	»	4	»	5	»	5	»	6	»	6	»	7	»	8	»	8	»	8	»	9	»	9	»	10	»	10	»	12
21	»	4	»	4	»	5	»	6	»	6	»	6	»	7	»	8	»	9	»	9	»	10	»	10	»	11	»	11	»	12
22	»	4	»	4	»	5	»	6	»	6	»	7	»	8	»	8	»	9	»	9	»	10	»	10	»	12	»	12	»	13
23	»	4	»	5	»	5	»	6	»	7	»	7	»	8	»	9	»	9	»	9	»	11	»	11	»	12	»	12	»	13
24	»	4	»	5	»	6	»	6	»	7	»	7	»	8	»	9	»	10	»	10	»	11	»	11	»	13	»	13	»	14
25	»	4	»	5	»	6	»	7	»	7	»	8	»	9	»	9	»	10	»	10	»	12	»	12	»	13	»	13	»	15
26	»	5	»	5	»	6	»	7	»	8	»	8	»	9	»	10	»	11	»	11	»	12	»	12	»	14	»	14	»	15
27	»	5	»	6	»	6	»	7	»	8	»	9	»	9	»	10	»	11	»	11	»	13	»	13	»	14	»	14	»	16
28	»	5	»	6	»	7	»	7	»	8	»	9	»	10	»	11	»	11	»	11	»	13	»	13	»	15	»	15	»	16
29	»	5	»	6	»	7	»	8	»	8	»	9	»	10	»	11	»	12	»	12	»	14	»	14	»	15	»	16	»	17
MOIS.																														
1	»	5	»	6	»	7	»	8	»	9	»	10	»	10	»	11	»	12	»	13	»	14	»	15	»	16	»	17	»	17
2	»	10	»	12	»	14	»	16	»	17	»	19	»	21	»	23	»	24	»	26	»	28	»	30	»	31	»	33	»	35
3	»	16	»	18	»	21	»	24	»	26	»	29	»	31	»	34	»	37	»	39	»	42	»	45	»	47	»	50	»	52
4	»	21	»	24	»	28	»	31	»	35	»	38	»	42	»	45	»	49	»	52	»	56	»	59	»	63	»	66	»	70
5	»	26	»	31	»	35	»	39	»	44	»	48	»	52	»	57	»	61	»	66	»	70	»	74	»	79	»	83	»	87
6	»	31	»	37	»	42	»	47	»	52	»	58	»	63	»	68	»	73	»	79	»	84	»	89	»	94	»	99	1	5
7	»	37	»	43	»	49	»	55	»	61	»	67	»	73	»	80	»	86	»	92	»	98	1	4	1	10	1	16	1	22
8	»	42	»	49	»	56	»	63	»	70	»	77	»	84	»	91	»	98	1	5	1	12	1	19	1	20	1	33	1	40
9	»	47	»	55	»	63	»	71	»	79	»	87	»	94	1	2	1	10	1	18	1	26	1	34	1	42	1	50	1	57
10	»	52	»	61	»	70	»	79	»	87	»	96	1	5	1	14	1	22	1	31	1	40	1	49	1	57	1	66	1	75
11	»	58	»	67	»	77	»	87	»	96	1	6	1	15	1	25	1	35	1	44	1	54	1	64	1	73	1	83	1	92
ANNÉES.																														
1	»	63	»	73	»	84	»	94	1	5	1	15	1	26	1	36	1	47	1	57	1	68	1	78	1	89	1	99	2	10
2	1	26	1	47	1	68	1	89	2	10	2	31	2	52	2	73	2	94	3	15	3	36	3	57	3	78	3	99	4	20
3	1	89	2	20	2	52	2	83	3	15	3	46	3	78	4	9	4	41	4	72	5	4	5	35	5	67	5	98	6	30
4	2	52	2	94	3	36	3	78	4	20	4	62	5	4	5	46	5	88	6	30	6	72	7	14	7	56	7	98	8	40
5	3	15	3	67	4	20	4	72	5	25	5	77	6	30	6	82	7	35	7	87	8	40	8	92	9	45	9	97	10	50
6	3	78	4	40	5	4	5	66	6	30	6	92	7	56	8	18	8	82	9	44	10	8	10	70	11	34	11	96	12	60
7	4	41	5	14	5	88	6	61	7	35	8	8	8	82	9	55	10	29	11	2	11	76	12	49	13	23	13	96	14	70
8	5	4	5	68	6	72	7	56	8	40	9	24	10	8	10	92	11	76	12	60	13	44	14	28	15	12	15	96	16	80
9	5	67	6	61	7	56	8	50	9	45	10	39	11	34	12	28	13	23	14	17	15	12	16	6	17	1	17	95	18	90
10	6	30	7	34	8	40	9	44	10	50	11	54	12	60	13	64	14	70	15	74	16	80	17	84	18	90	19	94	21	»

22 FRANCS.

Intérêts à raison de

	3		3 1/2		4		4 1/2		5		5 1/2		6	
	Fr.	C.	Fr.	C.	Fr.	C.	Fr	C.	Fr.	C.	Fr.	C.	Fr.	C.
JOURS.														
1	»	»	»	»	»	»	»	»	»	»	»	»	»	»
2	»	»	»	»	»	»	»	1	»	1	»	1	»	1
3	»	1	»	1	»	1	»	1	»	1	»	1	»	1
4	»	1	»	1	»	1	»	1	»	1	»	1	»	1
5	»	1	»	1	»	1	»	1	»	2	»	2	»	2
6	»	1	»	1	»	1	»	2	»	2	»	2	»	2
7	»	1	»	1	»	2	»	2	»	2	»	2	»	3
8	»	1	»	2	»	2	»	2	»	2	»	3	»	3
9	»	2	»	2	»	2	»	2	»	3	»	3	»	3
10	»	2	»	2	»	2	»	3	»	3	»	3	»	4
11	»	2	»	2	»	3	»	3	»	3	»	4	»	4
12	»	2	»	3	»	3	»	3	»	4	»	4	»	4
13	»	2	»	3	»	3	»	4	»	4	»	4	»	5
14	»	3	»	3	»	3	»	4	»	4	»	5	»	5
15	»	3	»	3	»	4	»	4	»	5	»	5	»	5
16	»	3	»	3	»	4	»	4	»	5	»	5	»	6
17	»	3	»	4	»	4	»	5	»	5	»	6	»	6
18	»	3	»	4	»	4	»	5	»	5	»	6	»	7
19	»	3	»	4	»	5	»	5	»	6	»	6	»	7
20	»	4	»	4	»	5	»	5	»	6	»	7	»	7
21	»	4	»	4	»	5	»	6	»	6	»	7	»	8
22	»	4	»	5	»	5	»	6	»	7	»	7	»	8
23	»	4	»	5	»	6	»	6	»	7	»	8	»	8
24	»	4	»	5	»	6	»	7	»	7	»	8	»	9
25	»	5	»	5	»	6	»	7	»	8	»	8	»	9
26	»	5	»	6	»	6	»	7	»	8	»	9	»	10
27	»	5	»	6	»	7	»	7	»	8	»	9	»	10
28	»	5	»	6	»	7	»	8	»	9	»	9	»	10
29	»	5	»	6	»	7	»	8	»	9	»	10	»	11
MOIS.														
1	»	5	»	6	»	7	»	8	»	9	»	10	»	11
2	»	11	»	13	»	15	»	16	»	18	»	20	»	22
3	»	16	»	19	»	22	»	25	»	27	»	30	»	33
4	»	22	»	26	»	29	»	33	»	37	»	40	»	44
5	»	27	»	32	»	37	»	41	»	46	»	50	»	55
6	»	33	»	38	»	44	»	49	»	55	»	60	»	66
7	»	38	»	45	»	51	»	58	»	64	»	71	»	77
8	»	44	»	51	»	59	»	66	»	73	»	81	»	88
9	»	49	»	58	»	66	»	74	»	82	»	91	»	99
10	»	55	»	64	»	73	»	82	»	92	1	1	1	10
11	»	60	»	71	»	81	»	91	1	1	1	11	1	21
ANNÉES.														
1	»	66	»	77	»	88	»	99	1	10	1	21	1	32
2	1	32	1	54	1	76	1	98	2	20	2	42	2	64
3	1	98	2	31	2	64	2	97	3	30	3	63	3	96
4	2	64	3	8	3	52	3	96	4	40	4	84	5	28
5	3	30	3	85	4	40	4	95	5	50	6	5	6	60
6	3	96	4	62	5	28	5	94	6	60	7	26	7	92
7	4	62	5	39	6	16	6	93	7	70	8	47	9	24
8	5	28	6	16	7	4	7	92	8	80	9	68	10	56
9	5	74	6	93	7	92	8	91	9	90	10	90	11	88
10	6	60	7	70	8	80	9	90	11	»	12	10	13	20

	6 1/2		7		7 1/2		8		8 1/2		9		9 1/2		10	
	Fr.	C.	Fr.	C.	Fr.	C.	Fr.	C.	Fr.	C.	Fr.	C.	Fr.	C.	Fr.	C.
JOURS.																
1	»	»	»	»	»	»	»	»	»	»	»	1	»	1	»	1
2	»	1	»	1	»	1	»	1	»	1	»	1	»	1	»	1
3	»	1	»	1	»	1	»	1	»	1	»	2	»	2	»	2
4	»	2	»	2	»	2	»	2	»	2	»	2	»	2	»	2
5	»	2	»	2	»	2	»	2	»	2	»	3	»	3	»	3
6	»	2	»	3	»	3	»	3	»	3	»	3	»	3	»	4
7	»	3	»	3	»	3	»	3	»	3	»	4	»	4	»	4
8	»	3	»	3	»	3	»	4	»	4	»	4	»	4	»	5
9	»	4	»	4	»	4	»	4	»	4	»	5	»	5	»	5
10	»	4	»	4	»	4	»	5	»	5	»	5	»	5	»	6
11	»	4	»	5	»	5	»	5	»	6	»	6	»	6	»	7
12	»	5	»	5	»	5	»	6	»	6	»	7	»	7	»	7
13	»	5	»	6	»	6	»	6	»	6	»	7	»	7	»	8
14	»	6	»	6	»	6	»	7	»	7	»	8	»	8	»	9
15	»	6	»	6	»	6	»	7	»	7	»	8	»	8	»	9
16	»	6	»	7	»	7	»	8	»	8	»	9	»	9	»	10
17	»	7	»	7	»	7	»	8	»	8	»	9	»	9	»	10
18	»	7	»	8	»	8	»	9	»	9	»	10	»	10	»	11
19	»	8	»	8	»	8	»	9	»	10	»	10	»	10	»	12
20	»	8	»	9	»	9	»	10	»	10	»	11	»	11	»	12
21	»	8	»	9	»	9	»	10	»	10	»	12	»	12	»	13
22	»	9	»	9	»	9	»	11	»	12	»	12	»	12	»	15
23	»	9	»	10	»	10	»	11	»	11	»	13	»	13	»	14
24	»	10	»	10	»	10	»	12	»	11	»	13	»	13	»	15
25	»	10	»	11	»	11	»	12	»	12	»	14	»	14	»	15
26	»	10	»	11	»	11	»	13	»	13	»	14	»	14	»	16
27	»	11	»	12	»	12	»	13	»	14	»	15	»	15	»	16
28	»	11	»	12	»	12	»	14	»	14	»	15	»	15	»	17
29	»	12	»	13	»	13	»	14	»	15	»	16	»	17	»	18
MOIS.																
1	»	12	»	13	»	14	»	15	»	16	»	16	»	17	»	18
2	»	24	»	26	»	28	»	29	»	31	»	33	»	35	»	37
3	»	36	»	38	»	41	»	44	»	47	»	49	»	52	»	55
4	»	48	»	51	»	55	»	59	»	62	»	66	»	70	»	73
5	»	60	»	64	»	69	»	73	»	78	»	82	»	87	»	92
6	»	71	»	77	»	82	»	88	»	93	»	99	1	4	1	10
7	»	83	»	90	»	96	1	3	1	9	1	35	1	22	1	28
8	»	95	1	3	1	10	1	17	1	25	1	12	1	39	1	47
9	1	7	1	15	1	24	1	32	1	40	1	48	1	50	1	65
10	1	19	1	28	1	37	1	47	1	55	1	65	1	74	1	83
11	1	31	1	41	1	52	1	61	1	72	1	84	1	92	2	2
ANNÉES.																
1	1	43	1	54	1	65	1	76	1	67	1	98	2	9	2	20
2	2	86	3	8	3	30	3	52	3	74	3	96	4	18	4	40
3	4	29	4	62	4	95	5	28	5	61	5	94	6	27	6	60
4	5	72	6	16	6	60	7	4	7	48	7	92	8	36	8	80
5	7	15	7	70	8	25	8	80	9	35	9	90	10	45	11	»
6	8	58	9	24	9	90	10	56	11	22	13	88	12	54	13	20
7	10	1	10	78	11	55	12	32	13	9	11	86	14	63	15	40
8	11	44	12	32	13	20	14	8	14	96	15	84	16	72	17	60
9	12	87	13	86	14	85	15	84	16	83	17	82	18	81	19	80
10	14	30	15	40	16	50	17	60	18	70	19	80	20	90	22	»

Intérêts à raison de

	3		3 1/2		4		4 1/2		5		5 1/2		6		6 1/2		7		7 1/2		8		8 1/2		9		9 1/2		10	
JOURS.	Fr.	C.	Fr.	C.	Fr.	C.	Fr.	C.	Fr.	C.	Fr.	C.	Fr.	C.	Fr.	C.	Fr.	C.	Fr.	C.	Fr.	C.	Fr.	C.	Fr.	C.	Fr.	C.	Fr.	C.
1	»	»	»	»	»	»	»	»	»	»	»	»	»	»	»	»	»	»	»	»	»	1	»	1	»	1	»	1	»	1
2	»	»	»	»	»	1	»	1	»	1	»	1	»	1	»	1	»	1	»	1	»	1	»	1	»	1	»	1	»	1
3	»	1	»	1	»	1	»	1	»	1	»	1	»	1	»	1	»	1	»	1	»	2	»	2	»	2	»	2	»	2
4	»	1	»	1	»	1	»	1	»	1	»	1	»	2	»	2	»	2	»	2	»	2	»	2	»	2	»	2	»	3
5	»	1	»	1	»	1	»	1	»	2	»	2	»	2	»	2	»	2	»	2	»	3	»	3	»	3	»	3	»	3
6	»	1	»	1	»	2	»	2	»	2	»	2	»	2	»	2	»	3	»	3	»	3	»	3	»	3	»	3	»	4
7	»	1	»	2	»	2	»	2	»	2	»	2	»	3	»	3	»	3	»	3	»	4	»	3	»	4	»	4	»	4
8	»	2	»	2	»	2	»	2	»	3	»	3	»	3	»	3	»	4	»	4	»	4	»	3	»	5	»	5	»	5
9	»	2	»	2	»	2	»	3	»	3	»	3	»	3	»	4	»	4	»	4	»	5	»	5	»	5	»	5	»	6
10	»	2	»	2	»	3	»	3	»	3	»	4	»	4	»	4	»	4	»	4	»	5	»	5	»	6	»	6	»	6
11	»	2	»	2	»	3	»	3	»	4	»	4	»	4	»	5	»	5	»	5	»	6	»	6	»	6	»	6	»	7
12	»	2	»	3	»	3	»	3	»	4	»	4	»	5	»	5	»	5	»	5	»	6	»	6	»	7	»	7	»	8
13	»	2	»	3	»	3	»	4	»	4	»	5	»	5	»	5	»	6	»	6	»	7	»	7	»	7	»	7	»	8
14	»	3	»	3	»	4	»	4	»	4	»	5	»	5	»	6	»	6	»	6	»	7	»	7	»	8	»	8	»	9
15	»	3	»	3	»	4	»	4	»	5	»	5	»	6	»	6	»	7	»	7	»	8	»	8	»	9	»	9	»	10
16	»	3	»	4	»	4	»	5	»	5	»	6	»	6	»	7	»	7	»	7	»	8	»	8	»	9	»	9	»	10
17	»	3	»	4	»	4	»	5	»	5	»	6	»	7	»	7	»	8	»	8	»	9	»	9	»	10	»	10	»	11
18	»	3	»	4	»	5	»	5	»	6	»	6	»	7	»	7	»	8	»	8	»	9	»	9	»	10	»	10	»	11
19	»	4	»	4	»	5	»	5	»	6	»	7	»	7	»	8	»	8	»	8	»	10	»	10	»	11	»	11	»	12
20	»	4	»	4	»	5	»	6	»	6	»	7	»	8	»	8	»	9	»	9	»	10	»	10	»	11	»	11	»	13
21	»	4	»	5	»	5	»	6	»	7	»	7	»	8	»	9	»	9	»	9	»	11	»	11	»	12	»	12	»	13
22	»	4	»	5	»	6	»	6	»	7	»	8	»	8	»	9	»	10	»	10	»	11	»	11	»	13	»	13	»	14
23	»	4	»	5	»	6	»	7	»	7	»	8	»	9	»	10	»	10	»	10	»	12	»	12	»	13	»	13	»	15
24	»	5	»	5	»	6	»	7	»	8	»	8	»	9	»	10	»	11	»	11	»	12	»	12	»	14	»	14	»	15
25	»	5	»	6	»	6	»	7	»	8	»	9	»	10	»	10	»	11	»	11	»	13	»	13	»	14	»	14	»	16
26	»	5	»	6	»	7	»	7	»	8	»	9	»	10	»	11	»	12	»	12	»	13	»	3	»	15	»	15	»	17
27	»	5	»	6	»	7	»	8	»	9	»	9	»	10	»	11	»	12	»	12	»	14	»	14	»	16	»	16	»	17
28	»	5	»	6	»	7	»	8	»	9	»	10	»	11	»	12	»	13	»	12	»	14	»	14	»	16	»	17	»	18
29	»	6	»	6	»	7	»	8	»	9	»	10	»	11	»	12	»	13	»	14	»	15	»	16	»	17	»	18	»	19
MOIS.																														
1	»	6	»	7	»	8	»	9	»	10	»	11	»	11	»	12	»	13	»	14	»	15	»	16	»	17	»	18	»	19
2	»	11	»	13	»	15	»	17	»	19	»	21	»	23	»	25	»	27	»	28	»	31	»	32	»	34	»	36	»	38
3	»	17	»	20	»	23	»	26	»	29	»	32	»	34	»	37	»	40	»	43	»	46	»	49	»	52	»	55	»	57
4	»	28	»	27	»	31	»	34	»	38	»	42	»	46	»	50	»	54	»	58	»	61	»	65	»	69	»	72	»	77
5	»	29	»	34	»	38	»	43	»	48	»	53	»	57	»	62	»	67	»	72	»	77	»	81	»	86	»	91	»	96
6	»	34	»	40	»	46	»	52	»	57	»	63	»	69	»	75	»	80	»	86	»	92	»	98	1	3	1	9	1	15
7	»	40	»	47	»	54	»	60	»	67	»	74	»	80	»	87	»	94	1	1	1	7	1	14	1	21	1	27	1	34
8	»	46	»	54	»	61	»	69	»	77	»	84	»	92	1	»	1	7	1	15	1	23	1	30	1	38	1	46	1	53
9	»	52	»	60	»	69	»	78	»	86	»	95	1	3	1	12	1	21	1	29	1	38	1	47	1	55	1	64	1	72
10	»	57	»	67	»	77	»	86	»	96	1	5	1	15	1	25	1	34	1	44	1	53	1	63	1	72	1	92	1	92
11	»	63	»	74	»	84	»	95	1	5	1	16	1	26	1	37	1	48	1	58	1	69	1	79	1	90	2	»	2	11
ANNÉES.																														
1	»	69	»	80	»	92	1	3	1	15	1	26	1	38	1	49	1	61	1	72	1	84	1	95	2	7	2	18	2	30
2	1	38	1	61	1	84	2	7	2	30	2	53	2	76	2	99	3	22	3	45	3	68	3	91	4	14	4	37	4	60
3	2	7	2	41	2	76	3	10	3	45	3	79	4	14	4	48	4	83	5	17	5	52	5	86	6	21	6	55	6	90
4	2	76	3	22	3	68	4	14	4	60	5	6	5	52	5	98	6	44	6	90	7	36	7	82	8	28	8	74	9	20
5	3	45	4	2	4	60	5	17	5	75	6	32	6	90	7	47	8	5	8	62	9	20	9	77	10	35	10	92	11	50
6	4	14	4	82	5	52	6	20	6	90	7	58	8	28	8	96	9	66	10	34	11	4	11	72	12	42	13	10	13	80
7	4	83	5	63	6	44	7	24	8	5	8	85	9	66	10	46	11	27	12	7	12	68	13	68	14	49	15	29	16	10
8	5	52	6	44	7	36	8	23	9	20	10	12	11	4	11	96	12	88	13	80	14	72	15	64	16	56	17	48	18	40
9	6	21	7	24	8	28	9	31	10	35	11	38	12	42	13	45	14	49	15	52	16	56	17	59	18	63	19	66	20	70
10	6	90	8	4	9	20	10	84	11	50	12	64	13	80	14	94	16	10	17	24	18	40	19	54	20	70	21	84	23	»

24 FRANCS.

Intérêts à raison de

	3		3 1/2		4		4 1/2		5		5 1/2		6		6 1/2		7		7 1/2		8		8 1/2		9		9 1/2		10	
JOURS.	Fr.	C.	Fr.	C.	Fr.	C.	Fr.	C.	Fr.	C.	Fr.	C.	Fr.	C.	Fr.	C.	Fr.	C.	Fr.	C.	Fr.	C.	Fr.	C.	Fr.	C.	Fr.	C.	Fr.	C.
1	»	»	»	»	»	»	»	»	»	»	»	»	»	»	»	»	»	»	»	»	»	1	»	1	»	1	»	1	»	1
2	»	»	»	»	»	1	»	1	»	1	»	1	»	1	»	1	»	1	»	1	»	1	»	1	»	1	»	1	»	1
3	»	1	»	1	»	1	»	1	»	1	»	1	»	1	»	1	»	1	»	1	»	2	»	2	»	2	»	2	»	2
4	»	1	»	1	»	1	»	1	»	1	»	1	»	2	»	2	»	2	»	2	»	2	»	2	»	2	»	2	»	3
5	»	1	»	1	»	1	»	1	»	2	»	2	»	2	»	2	»	2	»	3	»	3	»	3	»	3	»	3	»	3
6	»	1	»	1	»	2	»	2	»	2	»	2	»	2	»	3	»	3	»	3	»	3	»	3	»	4	»	4	»	4
7	»	1	»	2	»	2	»	2	»	2	»	3	»	3	»	3	»	3	»	3	»	4	»	4	»	4	»	4	»	5
8	»	2	»	2	»	2	»	2	»	3	»	3	»	3	»	3	»	4	»	4	»	4	»	4	»	5	»	5	»	5
9	»	2	»	2	»	2	»	3	»	3	»	3	»	4	»	4	»	4	»	4	»	5	»	5	»	5	»	6	»	6
10	»	2	»	2	»	3	»	3	»	3	»	4	»	4	»	4	»	5	»	5	»	5	»	5	»	6	»	6	»	7
11	»	2	»	3	»	3	»	3	»	4	»	4	»	4	»	5	»	5	»	5	»	6	»	6	»	7	»	7	»	7
12	»	2	»	3	»	3	»	4	»	4	»	4	»	5	»	5	»	6	»	6	»	6	»	6	»	7	»	7	»	8
13	»	3	»	3	»	3	»	4	»	4	»	5	»	5	»	6	»	6	»	6	»	7	»	7	»	8	»	8	»	9
14	»	3	»	3	»	4	»	4	»	5	»	5	»	6	»	6	»	7	»	7	»	7	»	7	»	8	»	8	»	9
15	»	3	»	3	»	4	»	4	»	5	»	5	»	6	»	6	»	7	»	7	»	8	»	8	»	9	»	9	»	10
16	»	3	»	3	»	4	»	5	»	5	»	6	»	6	»	7	»	7	»	8	»	9	»	9	»	10	»	10	»	11
17	»	3	»	4	»	5	»	5	»	6	»	6	»	7	»	7	»	8	»	8	»	9	»	9	»	10	»	10	»	11
18	»	4	»	4	»	5	»	5	»	6	»	7	»	7	»	8	»	8	»	8	»	10	»	10	»	11	»	11	»	12
19	»	4	»	4	»	5	»	6	»	6	»	7	»	8	»	8	»	9	»	9	»	10	»	10	»	11	»	11	»	13
20	»	4	»	5	»	5	»	6	»	7	»	7	»	8	»	9	»	9	»	9	»	11	»	11	»	12	»	12	»	13
21	»	4	»	5	»	6	»	6	»	7	»	8	»	8	»	9	»	10	»	10	»	11	»	11	»	13	»	13	»	14
22	»	4	»	5	»	6	»	7	»	7	»	8	»	9	»	10	»	10	»	10	»	12	»	12	»	13	»	13	»	15
23	»	5	»	5	»	6	»	7	»	8	»	8	»	9	»	10	»	11	»	11	»	12	»	12	»	14	»	14	»	15
24	»	5	»	6	»	6	»	7	»	8	»	9	»	10	»	10	»	11	»	11	»	13	»	13	»	14	»	14	»	16
25	»	5	»	6	»	7	»	7	»	8	»	9	»	10	»	11	»	12	»	12	»	13	»	13	»	15	»	16	»	17
26	»	5	»	6	»	7	»	8	»	9	»	10	»	10	»	11	»	12	»	12	»	14	»	14	»	16	»	16	»	17
27	»	5	»	6	»	7	»	8	»	9	»	10	»	11	»	12	»	13	»	13	»	14	»	14	»	16	»	16	»	19
28	»	6	»	7	»	7	»	8	»	9	»	10	»	11	»	12	»	13	»	13	»	15	»	14	»	17	»	17	»	18
29	»	6	»	7	»	8	»	9	»	10	»	11	»	12	»	13	»	14	»	15	»	15	»	16	»	17	»	10	»	19
MOIS.																														
1	»	6	»	7	»	8	»	9	»	10	»	11	»	12	»	13	»	14	»	15	»	16	»	17	»	18	»	10	»	20
2	»	12	»	14	»	16	»	18	»	20	»	22	»	24	»	26	»	28	»	30	»	32	»	34	»	36	»	38	»	40
3	»	18	»	21	»	24	»	27	»	30	»	33	»	36	»	39	»	42	»	45	»	48	»	56	»	54	»	57	»	60
4	»	24	»	28	»	32	»	36	»	40	»	44	»	48	»	52	»	56	»	60	»	64	»	68	»	72	»	76	»	80
5	»	30	»	35	»	40	»	45	»	50	»	55	»	60	»	65	»	70	»	75	»	80	»	85	»	90	»	95	1	»
6	»	36	»	42	»	48	»	54	»	60	»	66	»	72	»	78	»	84	»	90	»	96	1	2	1	08	1	14	1	25
7	»	42	»	49	»	56	»	63	»	70	»	77	»	84	»	91	»	98	1	5	1	12	1	19	1	26	1	33	1	40
8	»	48	»	56	»	64	»	72	»	80	»	88	»	96	1	4	1	12	1	20	1	28	1	36	1	44	1	52	1	60
9	»	54	»	63	»	72	»	81	»	90	»	99	1	8	1	17	1	26	1	35	1	44	1	53	1	62	1	71	1	80
10	»	60	»	70	»	80	»	90	1	»	1	10	1	20	1	30	1	40	1	50	1	60	1	70	1	80	1	90	2	»
11	»	66	»	77	»	88	»	99	1	10	1	21	1	32	1	43	1	54	1	65	1	76	1	87	1	98	2	9	2	20
ANNÉES.																														
1	»	72	»	84	»	96	1	8	1	20	1	32	1	44	1	56	1	68	1	80	1	92	2	4	2	16	2	28	2	40
2	1	44	1	68	1	92	2	16	2	40	2	64	2	88	3	12	3	36	3	60	3	84	4	8	4	32	4	56	4	80
3	2	16	2	52	2	88	3	24	3	60	3	96	4	32	4	68	5	4	5	40	5	76	6	12	6	48	6	84	7	20
4	2	88	3	36	3	84	4	32	4	80	5	28	5	76	6	24	6	72	7	20	7	68	8	16	8	64	9	12	9	60
5	3	60	4	20	4	80	5	40	6	»	6	60	7	20	7	80	8	40	9	»	9	60	10	20	10	80	11	40	12	»
6	4	32	5	4	5	76	6	48	7	20	7	92	8	64	9	36	10	8	10	80	11	52	12	24	12	96	13	68	14	40
7	5	4	5	88	6	72	7	56	8	40	9	24	10	8	10	92	11	76	12	60	13	44	14	28	15	12	15	90	16	80
8	5	76	6	72	7	68	8	64	9	60	10	56	11	52	12	48	13	44	14	40	15	36	16	32	17	28	18	24	19	20
9	6	48	7	56	8	64	9	72	10	80	11	88	12	96	14	4	15	12	16	20	17	28	18	36	19	44	20	52	21	60
10	7	20	8	40	9	60	10	80	12	»	13	20	14	40	15	60	16	80	18	»	19	20	20	40	21	60	22	80	24	»

25 FRANCS.

Intérêts à raison de

	3		3 1/2		4		4 1/2		5		5 1/2		6	
JOURS.	Fr.	C.	Fr.	C.	Fr.	C.	Fr.	C.	Fr.	C.	Fr.	C	Fr.	C.
1	»	»	»	»	»	»	»	»	»	»	»	»	»	»
2	»	»	»	»	»	1	»	1	»	1	»	1	»	1
3	»	1	»	1	»	1	»	1	»	1	»	1	»	1
4	»	1	»	1	»	1	»	1	»	1	»	2	»	2
5	»	1	»	1	»	1	»	2	»	2	»	2	»	2
6	»	1	»	1	»	2	»	2	»	2	»	2	»	2
7	»	1	»	2	»	2	»	2	»	2	»	3	»	3
8	»	2	»	2	»	2	»	2	»	3	»	3	»	3
9	»	2	»	2	»	2	»	3	»	3	»	3	»	4
10	»	2	»	2	»	3	»	3	»	3	»	4	»	4
11	»	2	»	3	»	3	»	3	»	4	»	4	»	5
12	»	2	»	3	»	3	»	4	»	4	»	5	»	5
13	»	3	»	3	»	4	»	4	»	5	»	5	»	5
14	»	3	»	3	»	4	»	4	»	5	»	5	»	6
15	»	3	»	4	»	4	»	5	»	5	»	6	»	6
16	»	3	»	4	»	4	»	5	»	6	»	6	»	7
17	»	4	»	4	»	5	»	5	»	6	»	6	»	7
18	»	4	»	4	»	5	»	6	»	6	»	7	»	7
19	»	4	»	5	»	5	»	6	»	7	»	7	»	8
20	»	4	»	5	»	6	»	6	»	7	»	8	»	8
21	»	4	»	5	»	6	»	7	»	7	»	8	»	9
22	»	5	»	5	»	6	»	7	»	8	»	8	»	9
23	»	5	»	6	»	6	»	7	»	8	»	9	»	10
24	»	5	»	6	»	7	»	7	»	8	»	9	»	10
25	»	5	»	6	»	7	»	8	»	9	»	10	»	10
26	»	5	»	6	»	7	»	8	»	9	»	10	»	11
27	»	6	»	7	»	7	»	8	»	9	»	10	»	11
28	»	6	»	7	»	8	»	9	»	10	»	11	»	12
29	»	6	»	7	»	8	»	9	»	10	»	11	»	12
MOIS.														
1	»	6	»	7	»	8	»	9	»	10	»	11	»	12
2	»	12	»	15	»	17	»	19	»	21	»	23	»	25
3	»	19	»	22	»	25	»	28	»	31	»	34	»	37
4	»	25	»	29	»	33	»	37	»	42	»	46	»	50
5	»	31	»	36	»	42	»	47	»	52	»	57	»	62
6	»	37	»	44	»	50	»	56	»	62	»	69	»	75
7	»	44	»	51	»	58	»	66	»	73	»	80	»	87
8	»	50	»	58	»	67	»	75	»	83	»	92	1	»
9	»	56	»	66	»	75	»	84	»	94	1	3	1	12
10	»	62	»	73	»	83	»	94	1	4	1	15	1	25
11	»	69	»	80	»	92	1	03	1	15	1	26	1	37
ANNÉES.														
1	»	75	»	87	1	»	1	12	1	25	1	37	1	50
2	1	50	1	75	2	»	2	25	2	50	2	75	3	»
3	2	25	2	62	3	»	3	37	3	75	4	12	4	50
4	3	»	3	50	4	»	4	50	5	»	5	50	6	»
5	3	75	4	37	5	»	5	62	6	25	6	87	7	50
6	4	50	5	24	6	»	6	74	7	50	8	24	9	»
7	5	25	6	12	7	»	7	87	8	75	9	62	10	50
8	6	»	7	»	8	»	9	»	10	»	11	»	12	»
9	6	75	7	87	9	»	10	12	11	25	12	37	13	50
10	7	50	8	74	10	»	11	24	12	50	13	74	15	»

	6 1/2		7		7 1/2		8		8 1/2		9		9 1/2		10	
JOURS.	Fr.	C.	Fr.	C.	Fr	C.	Fr.	C.	Fr.	C.	Fr.	C.	Fr.	C.	Fr.	C.
1	»	»	»	»	»	»	»	1	»	1	»	1	»	1	»	1
2	»	1	»	1	»	1	»	1	»	1	»	1	»	1	»	1
3	»	1	»	1	»	1	»	2	»	2	»	2	»	2	»	2
4	»	2	»	2	»	2	»	2	»	2	»	2	»	2	»	3
5	»	2	»	2	»	3	»	3	»	3	»	3	»	3	»	3
6	»	3	»	3	»	3	»	3	»	3	»	4	»	4	»	4
7	»	3	»	3	»	3	»	4	»	4	»	4	»	4	»	5
8	»	4	»	4	»	4	»	4	»	4	»	4	»	5	»	6
9	»	4	»	4	»	4	»	5	»	5	»	6	»	5	»	6
10	»	5	»	5	»	5	»	6	»	6	»	7	»	6	»	7
11	»	5	»	5	»	5	»	6	»	6	»	6	»	7	»	8
12	»	5	»	6	»	6	»	7	»	7	»	7	»	7	»	8
13	»	6	»	6	»	6	»	7	»	7	»	8	»	8	»	9
14	»	6	»	7	»	7	»	8	»	8	»	9	»	9	»	10
15	»	7	»	7	»	7	»	8	»	8	»	9	»	10	»	10
16	»	7	»	8	»	8	»	9	»	9	»	10	»	10	»	11
17	»	8	»	8	»	8	»	9	»	9	»	11	»	11	»	12
18	»	8	»	9	»	9	»	10	»	10	»	11	»	11	»	12
19	»	9	»	9	»	9	»	11	»	10	»	12	»	12	»	13
20	»	9	»	10	»	10	»	11	»	10	»	12	»	12	»	14
21	»	9	»	10	»	10	»	12	»	12	»	13	»	13	»	15
22	»	10	»	11	»	11	»	12	»	12	»	14	»	14	»	15
23	»	10	»	11	»	11	»	13	»	13	»	14	»	14	»	16
24	»	11	»	12	»	12	»	13	»	14	»	15	»	15	»	17
25	»	11	»	12	»	12	»	14	»	15	»	16	»	16	»	17
26	»	12	»	13	»	13	»	14	»	16	»	16	»	17	»	18
27	»	12	»	13	»	13	»	15	»	17	»	17	»	17	»	19
28	»	13	»	14	»	14	»	16	»	17	»	17	»	18	»	19
29	»	13	»	14	»	15	»	16	»	17	»	18	»	19	»	20
MOIS.																
1	»	14	»	15	»	16	»	17	»	18	»	19	»	20	»	21
2	»	27	»	29	»	32	»	33	»	35	»	37	»	40	»	42
3	»	41	»	44	»	47	»	50	»	53	»	56	»	59	»	62
4	»	54	»	58	»	62	»	67	»	70	»	75	»	79	»	83
5	»	68	»	73	»	78	»	83	»	89	»	94	»	99	1	4
6	»	81	»	87	»	94	1	»	1	6	1	12	1	18	1	25
7	»	95	1	2	1	9	1	17	1	24	1	31	1	38	1	46
8	1	8	1	17	1	25	1	33	1	42	1	50	1	58	1	67
9	1	22	1	31	1	41	1	50	1	59	1	69	1	78	1	87
10	1	35	1	46	1	56	1	67	1	77	1	87	1	98	2	8
11	1	49	1	60	1	72	1	83	1	95	2	6	2	18	2	29
ANNÉES.																
1	1	62	1	75	1	87	2	»	2	12	2	25	2	37	2	50
2	3	25	3	50	3	75	4	»	4	25	4	50	4	75	5	»
3	4	87	5	25	5	62	6	»	6	37	6	75	7	12	7	50
4	6	50	7	»	7	50	8	»	8	50	9	»	9	50	10	»
5	8	12	8	75	9	37	10	»	10	62	11	25	11	87	12	50
6	9	74	10	50	11	24	12	»	12	74	13	50	14	24	15	»
7	11	37	12	25	13	12	14	»	14	87	15	75	16	62	17	50
8	13	»	14	»	15	»	16	»	17	»	18	»	19	»	20	»
9	14	62	15	75	16	87	18	»	19	12	20	25	21	37	22	50
10	16	24	17	50	18	74	20	»	21	24	22	50	23	74	25	»

Intérêts à raison de

	3		3 1/2		4		4 1/2		5		5 1/2		6		6 1/2		7		7 1/2		8		8 1/2		9		9 1/2		10	
JOURS.	Fr.	C.	Fr.	C.	Fr.	C.	Fr.	C.	Fr.	C.	Fr.	C.	Fr.	C.	Fr.	C.	Fr.	C.	Fr.	C.	Fr.	C.	Fr.	C.	Fr.	C.	Fr.	C.	Fr.	C.
1	»	»	»	»	»	»	»	»	»	»	»	»	»	»	»	»	»	1	»	1	»	1	»	1	»	1	»	1	»	1
2	»	»	»	1	»	1	»	1	»	1	»	1	»	1	»	1	»	1	»	1	»	1	»	1	»	1	»	1	»	1
3	»	1	»	1	»	1	»	1	»	1	»	1	»	1	»	1	»	2	»	2	»	2	»	2	»	2	»	2	»	2
4	»	1	»	1	»	1	»	1	»	1	»	2	»	2	»	2	»	2	»	2	»	2	»	3	»	3	»	3	»	3
5	»	1	»	1	»	1	»	2	»	2	»	2	»	2	»	2	»	3	»	3	»	3	»	3	»	3	»	3	»	4
6	»	1	»	2	»	2	»	2	»	2	»	2	»	3	»	3	»	3	»	3	»	3	»	3	»	4	»	4	»	4
7	»	2	»	2	»	2	»	2	»	3	»	3	»	3	»	3	»	4	»	4	»	4	»	4	»	5	»	5	»	5
8	»	2	»	2	»	2	»	3	»	3	»	3	»	3	»	4	»	4	»	4	»	5	»	5	»	5	»	5	»	6
9	»	2	»	2	»	3	»	3	»	3	»	4	»	4	»	4	»	5	»	5	»	5	»	5	»	6	»	6	»	6
10	»	2	»	3	»	3	»	3	»	4	»	4	»	4	»	5	»	5	»	5	»	6	»	6	»	6	»	7	»	7
11	»	2	»	3	»	3	»	4	»	4	»	4	»	5	»	5	»	6	»	6	»	6	»	6	»	7	»	7	»	8
12	»	3	»	3	»	3	»	4	»	4	»	5	»	5	»	6	»	6	»	6	»	7	»	8	»	8	»	8	»	9
13	»	3	»	3	»	4	»	4	»	5	»	5	»	6	»	6	»	7	»	7	»	8	»	8	»	8	»	9	»	9
14	»	3	»	4	»	4	»	5	»	5	»	6	»	6	»	7	»	7	»	7	»	8	»	9	»	9	»	9	»	10
15	»	3	»	4	»	4	»	5	»	5	»	6	»	6	»	7	»	8	»	8	»	9	»	9	»	10	»	10	»	11
16	»	3	»	4	»	5	»	5	»	6	»	6	»	7	»	8	»	8	»	8	»	9	»	9	»	10	»	10	»	12
17	»	4	»	4	»	5	»	6	»	6	»	7	»	7	»	8	»	9	»	9	»	10	»	10	»	11	»	11	»	12
18	»	4	»	5	»	5	»	6	»	6	»	7	»	8	»	8	»	9	»	9	»	10	»	10	»	12	»	12	»	13
19	»	4	»	5	»	5	»	6	»	7	»	8	»	8	»	9	»	10	»	10	»	11	»	11	»	12	»	12	»	14
20	»	4	»	5	»	6	»	6	»	7	»	8	»	9	»	9	»	10	»	10	»	12	»	12	»	13	»	13	»	14
21	»	5	»	5	»	6	»	7	»	8	»	8	»	9	»	10	»	11	»	11	»	12	»	13	»	14	»	14	»	15
22	»	5	»	6	»	6	»	7	»	8	»	9	»	10	»	10	»	11	»	11	»	13	»	13	»	14	»	15	»	16
23	»	5	»	6	»	7	»	7	»	8	»	9	»	10	»	11	»	12	»	12	»	13	»	14	»	15	»	16	»	17
24	»	5	»	6	»	7	»	8	»	9	»	10	»	10	»	11	»	12	»	12	»	14	»	14	»	16	»	16	»	17
25	»	5	»	6	»	7	»	8	»	9	»	10	»	11	»	12	»	13	»	13	»	14	»	15	»	16	»	17	»	18
26	»	6	»	7	»	8	»	8	»	9	»	10	»	11	»	12	»	13	»	13	»	15	»	16	»	17	»	18	»	19
27	»	6	»	7	»	8	»	9	»	10	»	11	»	12	»	13	»	14	»	14	»	16	»	16	»	18	»	18	»	19
28	»	6	»	7	»	8	»	9	»	10	»	11	»	12	»	13	»	14	»	15	»	16	»	17	»	18	»	19	»	20
29	»	6	»	7	»	8	»	9	»	10	»	12	»	13	»	14	»	15	»	16	»	17	»	18	»	19	»	20	»	21
MOIS.																														
1	»	6	»	8	»	9	»	10	»	11	»	12	»	13	»	14	»	15	»	16	»	17	»	18	»	19	»	21	»	22
2	»	13	»	15	»	17	»	19	»	22	»	24	»	26	»	28	»	30	»	32	»	35	»	37	»	39	»	41	»	43
3	»	19	»	23	»	26	»	29	»	32	»	36	»	39	»	42	»	45	»	48	»	52	»	55	»	58	»	61	»	65
4	»	26	»	30	»	35	»	39	»	43	»	48	»	52	»	56	»	61	»	65	»	69	»	74	»	78	»	82	»	87
5	»	32	»	38	»	43	»	49	»	54	»	60	»	65	»	70	»	76	»	81	»	87	»	92	»	97	1	3	1	8
6	»	39	»	45	»	52	»	58	»	65	»	71	»	78	»	84	»	91	»	97	1	4	1	10	1	17	1	23	1	30
7	»	45	»	53	»	61	»	68	»	76	»	83	»	91	»	99	1	6	1	14	1	21	1	29	1	36	1	44	1	52
8	»	52	»	61	»	69	»	78	»	87	»	95	1	4	1	13	1	21	1	30	1	39	1	47	1	56	1	65	1	73
9	»	58	»	68	»	78	»	88	»	97	1	7	1	17	1	27	1	36	1	46	1	56	1	66	1	75	1	85	1	95
10	»	65	»	76	»	87	»	97	1	8	1	19	1	30	1	41	1	52	1	63	1	73	1	84	1	95	2	5	2	17
11	»	71	»	83	»	95	1	7	1	19	1	31	1	43	1	55	1	67	1	78	1	91	2	2	2	14	2	26	2	38
ANNÉES.																														
1	»	78	»	91	1	4	1	17	1	30	1	43	1	56	1	69	1	82	1	95	2	8	2	21	2	34	2	47	2	60
2	1	56	1	82	2	8	2	34	2	60	2	86	3	12	3	38	3	64	3	90	4	16	4	42	4	68	4	94	5	20
3	2	34	2	73	3	12	3	51	3	90	4	29	4	68	5	7	5	46	5	85	6	24	6	63	7	2	7	41	7	80
4	3	12	3	64	4	16	4	68	5	20	5	72	6	24	6	76	7	28	7	80	8	32	8	84	9	36	9	88	10	40
5	3	90	4	55	5	20	5	85	6	50	7	15	7	80	8	45	9	10	9	75	10	40	11	5	11	70	12	35	13	»
6	4	68	5	46	6	24	7	2	7	80	8	58	9	36	10	14	10	92	11	70	12	48	13	20	14	4	14	82	15	60
7	5	46	6	37	7	28	8	19	9	10	10	1	10	92	11	83	12	74	13	65	14	56	15	47	16	38	17	29	18	20
8	6	24	7	28	8	32	9	36	10	40	11	44	12	48	13	52	14	56	15	60	16	64	17	68	18	72	19	70	20	80
9	7	2	8	19	9	36	10	53	11	70	12	87	14	4	15	21	16	38	17	55	18	72	19	89	21	6	22	23	23	40
10	7	80	9	10	10	40	11	70	13	»	14	30	15	60	16	90	18	20	19	50	20	80	22	10	23	40	24	70	26	»

27 FRANCS.

Intérêts à raison de

	3		3 1/2		4		4 1/2		5		5 1/2		6		6 1/2		7		7 1/2		8		8 1/2		9		9 1/2		10	
JOURS.	Fr.	C.	Fr.	C.	Fr.	C.	Fr.	C.	Fr.	C.	Fr.	C.	Fr.	C.	Fr.	C.	Fr.	C.	Fr.	C.	Fr.	C.	Fr.	C.	Fr.	C.	Fr.	C.	Fr.	C.
1	»	»	»	»	»	»	»	»	»	»	»	»	»	»	»	»	»	1	»	1	»	1	»	1	»	1	»	1	»	1
2	»	»	»	1	»	1	»	1	»	1	»	1	»	1	»	1	»	1	»	1	»	1	»	1	»	1	»	1	»	1
3	»	1	»	1	»	1	»	1	»	1	»	1	»	1	»	1	»	2	»	2	»	2	»	2	»	2	»	2	»	2
4	»	1	»	1	»	1	»	1	»	1	»	2	»	2	»	2	»	2	»	2	»	2	»	2	»	3	»	3	»	3
5	»	1	»	1	»	1	»	2	»	2	»	2	»	2	»	2	»	3	»	3	»	3	»	3	»	3	»	4	»	4
6	»	1	»	2	»	2	»	2	»	2	»	3	»	3	»	3	»	3	»	3	»	4	»	4	»	4	»	4	»	4
7	»	2	»	2	»	2	»	2	»	3	»	3	»	3	»	3	»	4	»	4	»	4	»	4	»	5	»	5	»	5
8	»	2	»	2	»	2	»	3	»	3	»	3	»	4	»	4	»	4	»	4	»	5	»	5	»	5	»	5	»	6
9	»	2	»	2	»	3	»	3	»	3	»	4	»	4	»	4	»	5	»	5	»	5	»	5	»	6	»	6	»	7
10	»	2	»	3	»	3	»	3	»	4	»	4	»	4	»	5	»	5	»	5	»	6	»	6	»	7	»	7	»	7
11	»	2	»	3	»	3	»	4	»	4	»	5	»	5	»	5	»	6	»	6	»	7	»	7	»	7	»	7	»	8
12	»	3	»	3	»	4	»	4	»	4	»	5	»	5	»	6	»	6	»	6	»	7	»	7	»	8	»	8	»	9
13	»	3	»	3	»	4	»	4	»	5	»	5	»	6	»	6	»	7	»	7	»	8	»	8	»	9	»	9	»	10
14	»	3	»	4	»	4	»	5	»	5	»	6	»	6	»	7	»	7	»	7	»	8	»	8	»	9	»	10	»	10
15	»	3	»	4	»	4	»	5	»	6	»	6	»	7	»	7	»	8	»	8	»	9	»	9	»	10	»	10	»	11
16	»	4	»	4	»	5	»	5	»	6	»	7	»	7	»	8	»	8	»	9	»	10	»	10	»	11	»	11	»	12
17	»	4	»	4	»	5	»	6	»	6	»	7	»	8	»	8	»	9	»	9	»	10	»	10	»	11	»	11	»	13
18	»	4	»	5	»	5	»	6	»	7	»	7	»	8	»	9	»	9	»	10	»	11	»	11	»	12	»	12	»	13
19	»	4	»	5	»	6	»	6	»	7	»	8	»	9	»	9	»	10	»	11	»	11	»	12	»	13	»	13	»	14
20	»	4	»	5	»	6	»	7	»	7	»	8	»	9	»	10	»	10	»	11	»	12	»	12	»	13	»	14	»	15
21	»	5	»	6	»	6	»	7	»	8	»	9	»	9	»	10	»	11	»	12	»	13	»	13	»	14	»	15	»	16
22	»	5	»	6	»	7	»	7	»	8	»	9	»	10	»	11	»	12	»	12	»	13	»	13	»	15	»	15	»	16
23	»	5	»	6	»	7	»	8	»	9	»	9	»	10	»	11	»	12	»	13	»	14	»	14	»	16	»	16	»	17
24	»	5	»	6	»	7	»	8	»	9	»	10	»	11	»	12	»	13	»	13	»	14	»	14	»	16	»	17	»	18
25	»	6	»	7	»	7	»	8	»	9	»	10	»	11	»	12	»	13	»	14	»	15	»	15	»	17	»	17	»	19
26	»	6	»	7	»	8	»	9	»	10	»	11	»	12	»	13	»	14	»	14	»	16	»	16	»	18	»	18	»	19
27	»	6	»	7	»	8	»	9	»	10	»	11	»	12	»	13	»	14	»	15	»	16	»	17	»	18	»	19	»	20
28	»	6	»	7	»	8	»	9	»	10	»	12	»	13	»	14	»	15	»	15	»	17	»	17	»	19	»	20	»	21
29	»	7	»	8	»	9	»	10	»	11	»	12	»	13	»	14	»	15	»	16	»	17	»	18	»	20	»	21	»	22
MOIS.																														
1	»	7	»	8	»	9	»	10	»	11	»	12	»	13	»	15	»	16	»	17	»	18	»	19	»	20	»	21	»	22
2	»	13	»	16	»	18	»	20	»	22	»	25	»	27	»	29	»	31	»	34	»	36	»	38	»	40	»	42	»	45
3	»	20	»	24	»	27	»	30	»	34	»	37	»	40	»	44	»	47	»	51	»	54	»	57	»	61	»	64	»	67
4	»	27	»	31	»	36	»	40	»	45	»	49	»	54	»	58	»	63	»	67	»	72	»	76	»	81	»	85	»	90
5	»	34	»	39	»	45	»	51	»	56	»	62	»	67	»	73	»	79	»	84	»	90	»	96	1	1	1	7	1	12
6	»	40	»	47	»	54	»	61	»	67	»	74	»	81	»	88	»	94	1	1	1	8	1	15	1	21	1	28	1	35
7	»	47	»	55	»	63	»	71	»	79	»	87	»	94	1	2	1	10	1	18	1	26	1	34	1	42	1	50	1	57
8	»	54	»	63	»	72	»	81	»	90	»	99	1	8	1	17	1	26	1	35	1	44	1	53	1	62	1	71	1	80
9	»	61	»	71	»	81	»	91	1	1	1	11	1	21	1	32	1	42	1	52	1	62	1	72	1	82	1	92	2	2
10	»	67	»	79	»	90	1	1	1	12	1	24	1	35	1	46	1	57	1	69	1	80	[illegible]	91	2	2	2	13	2	25
11	»	74	»	87	»	99	1	11	1	24	1	36	1	48	1	61	1	73	1	86	1	98	2	10	2	23	2	35	2	47
ANNÉES.																														
1	»	81	»	94	1	8	1	21	1	35	1	48	1	62	1	75	1	89	2	2	2	16	2	29	2	43	2	56	2	70
2	1	62	1	89	2	16	2	43	2	70	2	97	3	24	3	51	3	78	4	5	4	32	4	59	4	86	5	13	5	40
3	2	43	2	83	3	24	3	64	4	5	4	45	4	86	5	26	5	67	6	7	6	48	6	88	7	29	7	69	8	10
4	3	24	3	78	4	32	4	86	5	40	5	94	6	48	7	2	7	56	8	10	8	64	9	18	9	72	10	26	10	80
5	4	5	4	72	5	40	6	7	6	75	7	42	8	10	8	77	9	45	10	12	10	80	11	47	12	15	12	82	13	50
6	4	86	5	06	6	48	7	28	8	10	8	90	9	72	10	52	11	34	12	14	12	96	13	76	14	58	15	38	16	20
7	5	67	6	61	7	56	8	50	9	45	10	39	11	34	12	28	13	23	14	17	15	12	16	6	17	1	17	95	18	90
8	6	48	7	56	8	64	9	72	10	80	11	88	12	96	14	4	15	12	16	20	17	28	18	36	19	44	20	52	21	60
9	7	29	8	50	9	72	10	93	12	15	13	36	14	58	15	79	17	1	18	22	19	44	20	65	21	87	23	8	24	30
10	8	10	9	44	10	80	12	14	13	50	14	84	16	20	17	54	18	90	20	24	21	60	22	94	24	30	25	64	27	»

Intérêts à raison de

	3		3 1/2		4		4 1/2		5		5 1/2		6		6 1/2		7		7 1/2		8		8 1/2		9		9 1/2		10	
JOURS.	Fr.	C.	Fr.	C.	Fr.	C.	Fr.	C.	Fr.	C.	Fr.	C.	Fr.	C.	Fr.	C.	Fr.	C.	Fr.	C.	Fr.	C.	Fr.	C.	Fr.	C.	Fr.	C.	Fr.	C.
1	»	»	»	»	»	»	»	»	»	»	»	»	»	»	»	1	»	1	»	1	»	1	»	1	»	1	»	1	»	1
2	»	»	»	1	»	1	»	1	»	1	»	1	»	1	»	1	»	1	»	1	»	1	»	1	»	1	»	1	»	2
3	»	1	»	1	»	1	»	1	»	1	»	1	»	1	»	2	»	2	»	2	»	2	»	2	»	2	»	2	»	2
4	»	1	»	1	»	1	»	1	»	2	»	2	»	2	»	2	»	2	»	2	»	2	»	2	»	3	»	3	»	3
5	»	1	»	1	»	2	»	2	»	2	»	2	»	2	»	3	»	3	»	3	»	3	»	3	»	3	»	3	»	4
6	»	1	»	2	»	2	»	2	»	2	»	3	»	3	»	3	»	3	»	4	»	4	»	4	»	4	»	4	»	5
7	»	2	»	2	»	2	»	2	»	3	»	3	»	3	»	4	»	4	»	4	»	4	»	5	»	5	»	5	»	5
8	»	2	»	2	»	2	»	3	»	3	»	3	»	4	»	4	»	4	»	4	»	5	»	5	»	6	»	6	»	6
9	»	2	»	2	»	3	»	3	»	3	»	4	»	4	»	5	»	5	»	5	»	6	»	6	»	6	»	7	»	7
10	»	2	»	3	»	3	»	3	»	4	»	4	»	5	»	5	»	5	»	5	»	6	»	6	»	7	»	7	»	8
11	»	3	»	3	»	3	»	4	»	4	»	5	»	5	»	6	»	6	»	6	»	7	»	7	»	8	»	8	»	9
12	»	3	»	3	»	4	»	4	»	5	»	5	»	6	»	6	»	7	»	7	»	7	»	8	»	8	»	8	»	9
13	»	3	»	4	»	4	»	5	»	5	»	6	»	6	»	7	»	7	»	7	»	8	»	8	»	9	»	9	»	10
14	»	3	»	4	»	4	»	5	»	5	»	6	»	7	»	7	»	8	»	8	»	9	»	9	»	10	»	10	»	11
15	»	3	»	4	»	5	»	5	»	6	»	6	»	7	»	8	»	8	»	9	»	9	»	10	»	10	»	10	»	12
16	»	4	»	4	»	5	»	6	»	6	»	7	»	7	»	8	»	9	»	9	»	10	»	10	»	11	»	11	»	12
17	»	4	»	5	»	5	»	6	»	7	»	7	»	8	»	9	»	9	»	9	»	11	»	11	»	12	»	12	»	13
18	»	4	»	5	»	6	»	6	»	7	»	8	»	8	»	9	»	10	»	10	»	11	»	11	»	13	»	13	»	14
19	»	4	»	5	»	6	»	7	»	7	»	8	»	9	»	10	»	10	»	11	»	12	»	12	»	13	»	14	»	15
20	»	5	»	5	»	6	»	7	»	8	»	9	»	9	»	10	»	11	»	11	»	12	»	13	»	14	»	14	»	16
21	»	5	»	6	»	7	»	7	»	8	»	9	»	10	»	11	»	11	»	12	»	13	»	13	»	15	»	15	»	16
22	»	5	»	6	»	7	»	8	»	9	»	9	»	10	»	11	»	12	»	12	»	14	»	14	»	15	»	16	»	17
23	»	5	»	6	»	7	»	8	»	9	»	10	»	11	»	12	»	13	»	13	»	14	»	15	»	16	»	16	»	18
24	»	6	»	7	»	7	»	8	»	9	»	10	»	11	»	12	»	13	»	13	»	15	»	16	»	17	»	17	»	19
25	»	6	»	7	»	8	»	9	»	10	»	11	»	12	»	13	»	14	»	14	»	16	»	17	»	17	»	17	»	19
26	»	6	»	7	»	8	»	9	»	10	»	11	»	12	»	13	»	14	»	14	»	16	»	17	»	18	»	18	»	20
27	»	6	»	7	»	8	»	9	»	10	»	12	»	13	»	14	»	15	»	16	»	17	»	18	»	19	»	19	»	21
28	»	7	»	8	»	9	»	10	»	11	»	12	»	13	»	14	»	15	»	16	»	17	»	18	»	20	»	21	»	22
29	»	7	»	8	»	9	»	10	»	11	»	12	»	14	»	15	»	16	»	17	»	18	»	19	»	20	»	22	»	23
MOIS.																														
1	»	7	»	8	»	9	»	10	»	12	»	13	»	14	»	15	»	16	»	17	»	19	»	19		21	»	22	»	23
2	»	14	»	16	»	19	»	21	»	23	»	26	»	28	»	30	»	33	»	35	»	37	»	40	»	42	»	44	»	47
3	»	21	»	24	»	28	»	31	»	35	»	38	»	42	»	45	»	49	»	52	»	56	»	59	»	63	»	66	»	70
4	»	28	»	33	»	37	»	42	»	47	»	51	»	56	»	61	»	65	»	70	»	75	»	79	»	84	»	89	»	93
5	»	35	»	41	»	47	»	52	»	58	»	64	»	70	»	76	»	82	»	88	»	93	»	99	1	5	1	10	1	17
6	»	42	»	49	»	56	»	63	»	70	»	77	»	84	»	91	»	98	1	5	1	12	1	19	1	26	1	33	1	40
7	»	49	»	57	»	65	»	73	»	82	»	90	»	98	1	6	1	14	1	22	1	31	1	38	1	47	1	55	1	63
8	»	56	»	65	»	75	»	84	»	93	1	3	1	12	1	24	1	34	1	40	1	49	1	59	1	68	1	77	1	87
9	»	63	»	73	»	84	»	94	1	5	1	15	1	26	1	36	1	47	1	57	1	68	1	78	1	89	1	99	2	10
10	»	70	»	82	»	93	1	5	1	17	1	28	1	40	1	52	1	63	1	75	1	87	1	98	2	10	2	22	2	33
11	»	77	»	90	1	3	1	15	1	28	1	41	1	54	1	67	1	80	1	93	2	5	2	18	2	31	2	43	2	57
ANNÉES.																														
1	»	84	»	98	1	12	1	26	1	40	1	54	1	68	1	82	1	06	2	10	2	24	2	38	2	52	2	66	2	80
2	1	68	1	96	2	24	2	52	2	80	3	8	3	36	3	64	3	92	4	20	4	48	4	76	5	4	5	22	5	60
3	2	52	2	94	3	36	3	78	4	20	4	62	5	4	5	40	5	88	6	30	6	72	7	14	7	56	7	98	8	40
4	3	36	3	92	4	48	5	4	5	60	6	16	6	72	7	28	7	84	8	40	8	96	9	52	10	8	10	64	11	20
5	4	20	4	90	5	60	6	30	7	»	7	70	8	40	9	10	9	80	10	50	11	20	11	90	12	60	13	30	14	»
6	5	4	5	88	6	72	7	56	8	40	9	24	10	8	10	92	11	76	12	60	13	44	14	28	15	12	15	96	16	80
7	5	88	6	86	7	84	8	82	9	80	10	78	11	76	12	74	13	72	14	70	15	68	16	66	17	64	18	62	19	60
8	6	72	7	84	8	96	10	8	11	20	12	32	13	44	14	56	15	68	16	80	17	92	19	4	20	16	21	28	22	40
9	7	56	8	82	10	8	11	34	12	60	13	86	15	12	16	38	17	64	18	90	20	16	21	42	22	68	23	94	25	20
10	8	40	9	80	11	20	12	60	14	»	15	40	16	80	18	20	19	60	21	»	22	40	23	80	25	20	26	60	28	»

29 FRANCS.

Intérêts à raison de

	3		3 1/2		4		4 1/2		5		5 1/2		6		6 1/2		7		7 1/2		8		8 1/2		9		9 1/2		10	
JOURS.	Fr.	C.	Fr.	C	Fr.	C	Fr.	C.	Fr.	C.	Fr.	C	Fr.	C.	Fr.	C	Fr.	C.	Fr	C	Fr.	C	Fr.	C.	Fr.	C.	Fr.	C.	Fr.	C.
1	»	»	»	»	»	»	»	»	»	»	»	»	»	»	»	1	»	1	»	1	»	1	»	1	»	1	»	1	»	1
2	»	»	»	1	»	1	»	1	»	1	»	1	»	1	»	1	»	1	»	1	»	1	»	1	»	1	»	1	»	2
3	»	1	»	1	»	1	»	1	»	1	»	1	»	1	»	2	»	2	»	2	»	2	»	2	»	2	»	2	»	2
4	»	1	»	1	»	1	»	1	»	2	»	2	»	2	»	2	»	2	»	2	»	3	»	3	»	3	»	3	»	3
5	»	1	»	1	»	2	»	2	»	2	»	2	»	2	»	3	»	3	»	3	»	3	»	3	»	4	»	4	»	4
6	»	1	»	2	»	2	»	2	»	3	»	3	»	3	»	3	»	3	»	3	»	4	»	4	»	4	»	4	»	5
7	»	2	»	2	»	2	»	3	»	3	»	3	»	3	»	4	»	4	»	4	»	5	»	5	»	5	»	5	»	6
8	»	2	»	2	»	3	»	3	»	3	»	4	»	4	»	4	»	5	»	5	»	5	»	5	»	6	»	5	»	6
9	»	2	»	3	»	3	»	3	»	4	»	4	»	4	»	5	»	5	»	5	»	6	»	6	»	7	»	6	»	7
10	»	2	»	3	»	3	»	4	»	4	»	4	»	5	»	5	»	6	»	6	»	6	»	6	»	7	»	7	»	8
11	»	3	»	3	»	4	»	4	»	4	»	5	»	5	»	6	»	6	»	6	»	7	»	7	»	8	»	7	»	9
12	»	3	»	3	»	4	»	4	»	5	»	5	»	6	»	6	»	7	»	7	»	8	»	8	»	9	»	8	»	10
13	»	3	»	4	»	4	»	5	»	5	»	6	»	6	»	7	»	7	»	8	»	8	»	9	»	9	»	9	»	10
14	»	3	»	4	»	5	»	5	»	6	»	6	»	7	»	7	»	8	»	8	»	9	»	6	»	10	»	9	»	11
15	»	4	»	4	»	5	»	5	»	6	»	7	»	7	»	8	»	8	»	9	»	10	»	10	»	11	»	10	»	12
16	»	4	»	5	»	5	»	6	»	6	»	7	»	8	»	8	»	9	»	9	»	10	»	10	»	12	»	11	»	13
17	»	4	»	5	»	5	»	6	»	7	»	8	»	8	»	9	»	10	»	10	»	11	»	11	»	12	»	12	»	14
18	»	4	»	5	»	6	»	7	»	7	»	8	»	9	»	9	»	10	»	10	»	12	»	12	»	13	»	12	»	14
19	»	5	»	5	»	6	»	7	»	8	»	8	»	9	»	10	»	11	»	11	»	12	»	13	»	14	»	13	»	15
20	»	5	»	6	»	6	»	7	»	8	»	9	»	10	»	10	»	11	»	11	»	13	»	13	»	14	»	14	»	16
21	»	5	»	6	»	7	»	8	»	8	»	9	»	10	»	11	»	12	»	12	»	14	»	14	»	15	»	14	»	17
22	»	5	»	6	»	7	»	8	»	9	»	10	»	11	»	12	»	12	»	12	»	14	»	14	»	16	»	15	»	18
23	»	6	»	6	»	7	»	8	»	9	»	10	»	11	»	12	»	13	»	13	»	15	»	15	»	17	»	16	»	19
24	»	6	»	7	»	8	»	9	»	10	»	11	»	12	»	13	»	14	»	14	»	15	»	15	»	17	»	17	»	19
25	»	6	»	7	»	8	»	9	»	10	»	11	»	12	»	13	»	14	»	15	»	16	»	16	»	18	»	17	»	20
26	»	6	»	7	»	8	»	9	»	10	»	12	»	13	»	14	»	15	»	15	»	17	»	17	»	19	»	18	»	21
27	»	7	»	8	»	9	»	10	»	11	»	12	»	13	»	14	»	15	»	16	»	17	»	18	»	20	»	19	»	22
28	»	7	»	8	»	9	»	10	»	11	»	12	»	14	»	15	»	16	»	17	»	18	»	19	»	20	»	20	»	23
29	»	7	»	8	»	9	»	11	»	12	»	13	»	14	»	15	»	16	»	18	»	19	»	20		21	»	21	»	23
MOIS.																														
1	»	7	»	8	»	10	»	11	»	12	»	13	»	14	»	16	»	17	»	18	»	19	»	21	»	22	»	23	»	24
2	»	14	»	17	»	19	»	22	»	24	»	27	»	29	»	31	»	34	»	36	»	39	»	41	»	43	»	46	»	48
3	»	22	»	25	»	29	»	33	»	36	»	40	»	43	»	47	»	51	»	54	»	58	»	62	»	65	»	69	»	72
4	»	29	»	34	»	39	»	43	»	48	»	53	»	58	»	63	»	68	»	73	»	77	»	82	»	87	»	91	»	97
5	»	36	»	42	»	48	»	54	»	60	»	66	»	72	»	79	»	85	»	90	»	97	1	8	1	9	1	14	1	21
6	»	43	»	51	»	58	»	65	»	72	»	80	»	87	»	94	1	1	1	9	1	16	1	23	1	30	1	37	1	45
7	»	51	»	59	»	68	»	76	»	85	»	93	1	1	1	10	1	18	1	27	1	35	1	44	1	52	1	61	1	69
8	»	58	»	68	»	77	»	87	»	97	1	6	1	16	1	26	1	35	1	45	1	55	1	64	1	74	1	84	1	93
9	»	65	»	76	»	87	»	98	1	9	1	20	1	30	1	41	1	52	1	63	1	74	1	85	1	96	1	99	2	17
10	»	72	»	85	»	97	1	9	1	21	1	33	1	45	1	57	1	69	1	82	1	93	2	6	2	17	2	34	3	42
11	»	80	»	93	1	6	1	20	1	33	1	46	1	59	1	73	1	86	1	99	2	13	2	27	2	39	2	53	2	66
ANNÉES.																														
1	»	87	1	1	1	16	1	30	1	45	1	59	1	74	1	88	2	3	2	17	2	32	2	46	2	61	2	75	2	90
2	1	74	2	3	2	32	2	61	2	90	3	19	3	48	3	77	4	6	4	35	4	64	4	93	5	22	5	51	5	80
3	2	61	3	4	3	48	3	91	4	35	4	78	5	22	5	65	6	9	6	52	6	96	7	39	7	83	8	26	8	70
4	3	48	4	6	4	64	5	22	5	80	6	38	6	96	7	54	8	12	8	70	9	28	9	86	10	44	11	2	11	60
5	4	35	5	7	5	80	6	52	7	25	7	97	8	70	9	42	10	15	10	87	11	60	12	32	13	5	13	77	14	50
6	5	22	6	8	6	96	7	82	8	70	9	56	10	44	11	30	12	18	13	4	13	92	14	78	15	66	16	52	17	40
7	6	9	7	10	8	12	9	13	10	15	11	16	12	18	13	19	14	21	15	22	16	24	17	25	18	27	19	28	20	30
8	6	96	8	12	9	28	10	44	11	60	12	76	13	92	15	8	16	24	17	40	18	56	19	72	20	88	22	4	23	20
9	7	83	9	13	10	44	11	74	13	5	14	35	15	66	16	96	18	27	19	57	20	88	22	18	23	49	24	79	26	10
10	8	70	10	14	11	60	13	4	14	50	15	94	17	40	18	84	20	30	21	74	23	20	24	64	26	10	27	54	29	»

Intérêts à raison de

	3		3 1/2		4		4 1/2		5		5 1/2		6		6 1/2		7		7 1/2		8		8 1/2		9		9 1/2		10	
	Fr.	C.	Fr.	C.	Fr.	C.	Fr	C.	Fr.	C.	Fr.	C.	Fr.	C.	Fr.	C.	Fr.	C.	Fr.	C.	Fr.	C.	Fr.	C	Fr.	C	Fr.	C.	Fr.	C.
JOURS.																														
1	»	»	»	»	»	»	»	»	»	»	»	»	»	»	»	1	»	1	»	1	»	1	»	1	»	1	»	1	»	1
2	»	»	»	1	»	1	»	1	»	1	»	1	»	1	»	1	»	1	»	1	»	1	»	1	»	1	»	1	»	2
3	»	1	»	1	»	1	»	1	»	1	»	1	»	1	»	2	»	2	»	2	»	2	»	2	»	2	»	2	»	2
4	»	1	»	1	»	1	»	1	»	2	»	2	»	2	»	2	»	2	»	2	»	3	»	3	»	3	»	3	»	3
5	»	1	»	1	»	2	»	2	»	2	»	2	»	2	»	3	»	3	»	3	»	3	»	3	»	4	»	4	»	4
6	»	1	»	2	»	2	»	2	»	2	»	3	»	3	»	3	»	3	»	4	»	4	»	4	»	4	»	5	»	5
7	»	2	»	2	»	2	»	3	»	3	»	3	»	3	»	4	»	4	»	4	»	5	»	5	»	5	»	6	»	6
8	»	2	»	2	»	3	»	3	»	3	»	4	»	4	»	4	»	5	»	5	»	5	»	6	»	6	»	7	»	7
9	»	2	»	3	»	3	»	3	»	4	»	4	»	4	»	5	»	5	»	6	»	6	»	6	»	7	»	7	»	7
10	»	2	»	3	»	3	»	4	»	4	»	5	»	5	»	5	»	6	»	6	»	7	»	7	»	7	»	8	»	8
11	»	3	»	3	»	4	»	4	»	5	»	5	»	5	»	6	»	6	»	7	»	7	»	8	»	8	»	9	»	9
12	»	3	»	3	»	4	»	4	»	5	»	5	»	6	»	6	»	7	»	7	»	8	»	8	»	9	»	9	»	10
13	»	3	»	4	»	4	»	5	»	5	»	6	»	6	»	7	»	8	»	8	»	9	»	9	»	10	»	10	»	11
14	»	3	»	4	»	5	»	5	»	6	»	6	»	7	»	8	»	8	»	9	»	9	»	10	»	10	»	11	»	12
15	»	4	»	4	»	5	»	6	»	6	»	7	»	7	»	8	»	9	»	9	»	10	»	11	»	11	»	12	»	12
16	»	4	»	5	»	5	»	6	»	7	»	7	»	8	»	9	»	9	»	10	»	11	»	11	»	12	»	13	»	13
17	»	4	»	5	»	6	»	6	»	7	»	8	»	8	»	9	»	10	»	11	»	11	»	12	»	13	»	13	»	14
18	»	4	»	5	»	6	»	7	»	7	»	8	»	9	»	10	»	10	»	11	»	12	»	13	»	13	»	14	»	15
19	»	5	»	6	»	6	»	7	»	8	»	9	»	9	»	10	»	11	»	12	»	13	»	13	»	14	»	15	»	16
20	»	5	»	6	»	7	»	7	»	8	»	9	»	10	»	11	»	12	»	13	»	13	»	14	»	15	»	16	»	17
21	»	5	»	6	»	7	»	8	»	9	»	10	»	10	»	11	»	12	»	13	»	14	»	15	»	16	»	17	»	17
22	»	5	»	6	»	7	»	8	»	9	»	10	»	11	»	12	»	13	»	14	»	15	»	16	»	16	»	18	»	18
23	»	6	»	7	»	8	»	9	»	10	»	11	»	11	»	12	»	13	»	15	»	15	»	17	»	17	»	19	»	19
24	»	6	»	7	»	8	»	9	»	10	»	11	»	12	»	13	»	14	»	15	»	16	»	17	»	18	»	20	»	20
25	»	6	»	7	»	8	»	9	»	10	»	11	»	12	»	14	»	15	»	16	»	17	»	18	»	19	»	21	»	21
26	»	6	»	8	»	9	»	10	»	11	»	12	»	13	»	14	»	15	»	17	»	17	»	19	»	19	»	21	»	22
27	»	7	»	8	»	9	»	10	»	11	»	12	»	13	»	15	»	16	»	17	»	18	»	19	»	20	»	22	»	22
28	»	7	»	8	»	9	»	10	»	12	»	13	»	14	»	15	»	16	»	18	»	19	»	20	»	21	»	22	»	23
29	»	7	»	8	»	10	»	11	»	12	»	13	»	14	»	16	»	17	»	18	»	19	»	21	»	22	»	23	»	24
MOIS.																														
1	»	7	»	9	»	10	»	11	»	12	»	14	»	15	»	16	»	17	»	19	»	20	»	21	»	22	»	23	»	25
2	»	15	»	17	»	20	»	22	»	25	»	27	»	30	»	32	»	35	»	37	»	40	»	42	»	45	»	47	»	50
3	»	22	»	26	»	30	»	34	»	37	»	41	»	45	»	49	»	52	»	56	»	60	»	64	»	67	»	71	»	75
4	»	30	»	35	»	40	»	45	»	50	»	55	»	60	»	65	»	70	»	75	»	80	»	85	»	90	»	95	1	»
5	»	37	»	44	»	50	»	56	»	62	»	69	»	75	»	81	»	87	»	94	1	»	1	6	1	12	1	18	1	25
6	»	45	»	52	»	60	»	67	»	75	»	82	»	90	»	97	1	5	1	12	1	20	1	27	1	35	1	42	1	50
7	»	52	»	61	»	70	»	79	»	87	»	96	1	5	1	14	1	22	1	31	1	40	1	49	1	57	1	66	1	75
8	»	60	»	70	»	80	»	90	1	»	1	10	1	20	1	30	1	40	1	50	1	60	1	70	1	80	1	90	2	»
9	»	67	»	79	»	90	1	1	1	12	1	24	1	35	1	46	1	57	1	69	1	80	1	91	2	2	2	13	2	25
10	»	75	»	87	1	»	1	12	1	25	1	37	1	50	1	62	1	75	1	87	2	»	2	12	2	25	2	37	2	50
11	»	82	»	96	1	10	1	24	1	37	1	51	1	65	1	79	1	92	2	6	2	20	2	34	2	47	2	64	2	75
ANNÉES.																														
1	»	90	1	5	1	20	1	35	1	50	1	65	1	80	1	95	2	10	2	25	2	40	2	55	2	70	2	85	3	»
2	1	80	2	10	2	40	2	70	3	»	3	30	3	60	3	90	4	20	4	50	4	80	5	10	5	40	5	70	6	»
3	2	70	3	15	3	60	4	5	4	50	4	95	5	40	5	85	6	30	6	75	7	20	7	65	8	10	8	55	9	»
4	3	60	4	20	4	80	5	40	6	»	6	60	7	20	7	80	8	40	9	»	9	60	10	20	10	80	11	40	12	»
5	4	50	5	25	6	»	6	75	7	50	8	25	9	»	9	75	10	50	11	25	12	»	12	75	13	50	14	25	15	»
6	5	40	6	30	7	20	8	10	9	»	9	90	10	80	11	70	12	60	13	50	14	40	15	30	16	20	17	10	18	»
7	6	30	7	35	8	40	9	45	10	50	11	55	12	60	13	65	14	70	15	75	16	80	17	85	18	90	19	95	21	»
8	7	20	8	40	9	60	10	80	12	»	13	20	14	40	15	60	16	80	18	»	19	20	20	40	21	60	22	80	24	»
9	8	10	9	45	10	80	12	15	13	50	14	85	16	20	17	55	18	90	20	25	21	60	22	95	24	30	25	65	27	»
10	9	»	10	50	12	»	13	50	15	»	16	50	18	»	19	50	21	»	22	50	24	»	25	50	27	»	28	50	30	»

Intérêts à raison de

	3		3 1/2		4		4 1/2		5		5 1/2		6	
JOURS.	Fr.	C.	Fr.	C.	Fr.	C.	Fr.	C.	Fr.	C.	Fr.	C.	Fr.	C.
1	»	»	»	»	»	»	»	»	»	»	»	»	»	1
2	»	1	»	1	»	1	»	1	»	1	»	1	»	1
3	»	1	»	1	»	1	»	1	»	1	»	1	»	2
4	»	1	»	1	»	1	»	2	»	2	»	2	»	2
5	»	1	»	2	»	2	»	2	»	2	»	2	»	3
6	»	2	»	2	»	2	»	2	»	3	»	3	»	3
7	»	2	»	2	»	2	»	3	»	3	»	3	»	4
8	»	2	»	2	»	3	»	3	»	3	»	4	»	4
9	»	2	»	3	»	3	»	3	»	4	»	4	»	5
10	»	3	»	3	»	3	»	4	»	4	»	5	»	5
11	»	3	»	3	»	4	»	4	»	5	»	5	»	6
12	»	3	»	4	»	4	»	5	»	5	»	6	»	6
13	»	3	»	4	»	4	»	5	»	6	»	6	»	7
14	»	4	»	4	»	5	»	5	»	6	»	7	»	7
15	»	4	»	5	»	5	»	6	»	6	»	7	»	8
16	»	4	»	5	»	6	»	6	»	7	»	8	»	8
17	»	4	»	5	»	6	»	7	»	7	»	8	»	9
18	»	5	»	5	»	6	»	7	»	8	»	9	»	9
19	»	5	»	6	»	7	»	7	»	8	»	9	»	10
20	»	5		6	»	7	»	8	»	9	»	9	»	10
21	»	5	»	6	»	7	»	8	»	9	»	10	»	11
22	»	6	»	7	»	8	»	9	»	9	»	10	»	11
23	»	6	»	7	»	8	»	9	»	10	»	11	»	12
24	»	6	»	7	»	8	»	9	»	10	»	11	»	12
25	»	6	»	8	»	9	»	10	»	11	»	12	»	13
26	»	7	»	8	»	9	»	10	»	11	»	12	»	13
27	»	7	»	8	»	9	»	10	»	12	»	13	»	14
28	»	7	»	8	»	10	»	11	»	12	»	13	»	14
29	»	7	»	9	»	10	»	11	»	12	»	14	»	15
MOIS.														
1	»	8	»	9	»	10	»	12	»	13	»	14	»	15
2	»	15	»	18	»	21	»	23	»	26	»	28	»	31
3	»	23	»	27	»	31	»	35	»	39	»	43	»	46
4	»	31	»	36	»	41	»	46	»	52	»	57	»	62
5	»	39	»	45	»	52	»	58	»	65	»	71	»	77
6	»	46	»	54	»	62	»	70	»	77	»	85	»	93
7	»	54	»	63	»	72	»	81	»	90	»	99	1	8
8	»	62	»	72	»	83	»	93	1	3	1	14	1	24
9	»	70	»	81	»	93	1	5	1	16	1	28	1	39
10	»	77	»	90	1	3	1	16	1	29	1	42	1	55
11	»	85	»	99	1	14	1	28	1	42	1	56	1	70
ANNÉES.														
1	»	93	1	8	1	24	1	39	1	55	1	70	1	86
2	1	86	2	17	2	48	2	79	3	10	3	41	3	72
3	2	79	3	25	3	72	4	18	4	65	5	11	5	58
4	3	72	4	34	4	96	5	58	6	20	6	82	7	44
5	4	65	5	42	6	20	6	97	7	75	8	52	9	30
6	5	58	6	50	7	44	8	36	9	30	10	22	11	16
7	6	51	7	59	8	68	9	76	10	85	11	93	13	2
8	7	44	8	68	9	92	11	16	12	40	13	64	14	88
9	8	37	9	76	11	16	12	55	13	95	15	34	16	74
10	9	30	10	85	12	40	13	94	15	50	17	5	18	60

	6 1/2		7		7 1/2		8		8 1/2		9		9 1/2		10	
JOURS.	Fr.	C.	Fr.	C.	Fr.	C.	Fr.	C.	Fr.	C.	Fr.	C.	Fr.	C.	Fr.	C.
1	»	1	»	1	»	1	»	1	»	1	»	1	»	1	»	1
2	»	1	»	1	»	1	»	1	»	1	»	2	»	2	»	2
3	»	2	»	2	»	2	»	2	»	2	»	2	»	3	»	3
4	»	2	»	2	»	3	»	3	»	3	»	3	»	3	»	3
5	»	3	»	3	»	3	»	3	»	4	»	4	»	4	»	4
6	»		»	4	»	4	»	4	»	4	»	5	»	5	»	5
7	»	4	»	4	»	5	»	5	»	5	»	5	»	6	»	6
8	»	4	»	5	»	6	»	6	»	6	»	6	»	6	»	7
9	»	5	»	5	»	6	»	6	»	6	»	7	»	7	»	8
10	»	6	»	6	»	7	»	7	»	6	»	8	»	8	»	9
11	»	6	»	7	»	8	»	8	»	8	»	9	»	9	»	9
12	»	7	»	7	»	8	»	8	»	9	»	9	»	10	»	10
13	»	7	»	8	»	9	»	9	»	9	»	10	»	11	»	11
14	»	8	»	8	»	10	»	10	»	10	»	11	»	11	»	12
15	»	8	»	9	»	10	»	10	»	11	»	12	»	12	»	13
16	»	9	»	10	»	11	»	11	»	12	»	12	»	13	»	14
17	»	10	»	10	»	12	»	12	»	13	»	13	»	14	»	15
18	»	10	»	11	»	12	»	12	»	13	»	14	»	15	»	15
19	»	11	»	11	»	13	»	13	»	14	»	15	»	15	»	16
20	»	11	»	12	»	14	»	14	»	15	»	15	»	16	»	17
21	»	12	»	13	»	14	»	14	»	16	»	16	»	17	»	18
22	»	12	»	13	»	15	»	15	»	17	»	17	»	18	»	19
23	»	13	»	14	»	16	»	16	»	18	»	18	»	19	»	20
24	»	13	»	14	»	17	»	17	»	18	»	19	»	20	»	21
25	»	14	»	15	»	17	»	17	»	19	»	19	»	21	»	22
26	»	15	»	16	»	18	»	18	»	19	»	20	»	21	»	22
27	»	15	»	16	»	19	»	19	»	20	»	21	»	22	»	23
28	»	16	»	17	»	19	»	19	»	20	»	22	»	23	»	24
29	»	16	»	17	»	19	»	20	»	21	»	22	»	24	»	25
MOIS.																
1	»	17	»	18	»	19	»	21	»	22	»	23	»	25	»	26
2	»	34	»	36	»	39	»	41	»	44	»	46	»	49	»	52
3	»	50	»	54	»	58	»	62	»	66	»	70	»	74	»	77
4	»	67	»	72	»	77	»	83	»	87	»	93	»	98	1	3
5	»	84	»	90	»	97	1	3	1	10	1	16	1	23	1	29
6	1	1	1	8	1	16	1	24	1	32	1	39	1	47	1	55
7	1	18	1	27	1	35	1	45	1	53	1	63	1	71	1	81
8	1	34	1	45	1	55	1	65	1	76	1	86	1	96	2	7
9	1	51	1	63	1	74	1	86	1	98	2	9	2	21	2	32
10	1	68	1	81	1	93	2	7	2	19	2	32	2	45	2	58
11	1	85	1	99	2	13	2	27	2	42	2	56	2	70	2	84
ANNÉES.																
1	2	1	2	17	2	32	2	48	2	63	2	79	2	94	3	10
2	4	3	4	34	4	65	4	96	5	27	5	58	5	89	6	20
3	6	4	6	51	6	97	7	44	7	90	8	37	8	83	9	30
4	8	6	8	68	9	30	9	92	10	54	11	16	11	78	12	40
5	10	7	10	85	11	62	12	40	13	17	13	95	14	72	15	50
6	12	8	13	2	13	94	14	88	15	80	16	74	17	66	18	60
7	14	10	15	19	16	27	17	36	18	44	19	53	20	61	21	70
8	16	12	17	36	18	60	19	84	21	8	22	32	23	56	24	80
9	18	13	19	53	20	92	22	32	23	71	25	11	26	50	27	90
10	20	15	21	70	23	25	24	80	26	35	27	90	29	45	31	»

Intérêts à raison de

	3	3 1/2	4	4 1/2	5	5 1/2	6	6 1/2	7	7 1/2	8	8 1/2	9	9 1/2	10
JOURS.	Fr. C.	Fr. C.	Fr. C.	Fr. C.	Fr. C.	Fr. C.	Fr. C.	Fr. C.	Fr. C.	Fr. C.	Fr. C.	Fr. C.	Fr. C.	Fr. C.	Fr. C.
1	» »	» »	» »	» »	» »	» »	» 1	» 1	» 1	» 1	» 1	» 1	» 1	» 1	» 1
2	» 1	» 1	» 1	» 1	» 1	» 1	» 1	» 1	» 1	» 1	» 1	» 1	» 2	» 2	» 2
3	» 1	» 1	» 1	» 1	» 1	» 1	» 2	» 2	» 2	» 2	» 2	» 2	» 2	» 2	» 3
4	» 1	» 1	» 1	» 2	» 2	» 2	» 2	» 2	» 2	» 3	» 3	» 3	» 3	» 4	» 4
5	» 1	» 2	» 2	» 2	» 2	» 2	» 3	» 3	» 3	» 4	» 4	» 4	» 4	» 4	» 4
6	» 2	» 2	» 2	» 2	» 3	» 3	» 3	» 3	» 4	» 4	» 4	» 4	» 5	» 5	» 5
7	» 2	» 2	» 2	» 3	» 3	» 3	» 4	» 4	» 4	» 4	» 5	» 5	» 6	» 6	» 6
8	» 2	» 2	» 3	» 3	» 4	» 4	» 4	» 5	» 5	» 5	» 6	» 6	» 6	» 7	» 7
9	» 2	» 3	» 3	» 4	» 4	» 4	» 5	» 5	» 6	» 6	» 6	» 7	» 7	» 8	» 8
10	» 3	» 3	» 4	» 4	» 4	» 5	» 5	» 6	» 6	» 7	» 7	» 8	» 8	» 8	» 9
11	» 3	» 3	» 4	» 4	» 5	» 5	» 6	» 6	» 7	» 7	» 8	» 8	» 9	» 9	» 10
12	» 3	» 4	» 4	» 5	» 5	» 6	» 6	» 7	» 7	» 8	» 9	» 9	» 10	» 10	» 11
13	» 3	» 4	» 5	» 5	» 6	» 6	» 7	» 8	» 8	» 9	» 9	» 10	» 10	» 11	» 12
14	» 4	» 4	» 5	» 6	» 6	» 7	» 7	» 8	» 9	» 9	» 10	» 11	» 11	» 12	» 12
15	» 4	» 5	» 5	» 6	» 7	» 7	» 8	» 9	» 9	» 10	» 11	» 11	» 12	» 13	» 13
16	» 4	» 5	» 6	» 6	» 7	» 8	» 9	» 9	» 10	» 11	» 11	» 12	» 13	» 13	» 14
17	» 5	» 5	» 6	» 7	» 8	» 8	» 9	» 10	» 11	» 11	» 12	» 13	» 14	» 15	» 15
18	» 5	» 6	» 6	» 7	» 8	» 9	» 10	» 10	» 11	» 12	» 13	» 13	» 14	» 15	» 16
19	» 5	» 6	» 7	» 8	» 8	» 9	» 10	» 11	» 12	» 13	» 14	» 14	» 15	» 16	» 17
20	» 5	» 6	» 7	» 8	» 9	» 10	» 11	» 12	» 12	» 13	» 14	» 15	» 16	» 17	» 18
21	» 6	» 7	» 7	» 8	» 9	» 10	» 11	» 12	» 13	» 14	» 15	» 15	» 17	» 17	» 19
22	» 6	» 7	» 8	» 9	» 10	» 11	» 12	» 13	» 14	» 15	» 16	» 17	» 18	» 18	» 20
23	» 6	» 7	» 8	» 9	» 10	» 11	» 12	» 13	» 14	» 15	» 16	» 17	» 18	» 19	» 20
24	» 6	» 7	» 9	» 10	» 11	» 12	» 13	» 14	» 15	» 16	» 17	» 18	» 19	» 20	» 21
25	» 7	» 8	» 9	» 10	» 11	» 12	» 13	» 14	» 16	» 17	» 18	» 19	» 20	» 21	» 22
26	7	» 8	» 9	» 10	» 12	» 13	» 14	» 15	» 16	» 17	» 18	» 19	» 21	» 22	» 23
27	» 7	» 8	» 10	» 11	» 12	» 13	» 14	» 16	» 17	» 18	» 19	» 20	» 22	» 23	» 24
28	» 7	» 9	» 10	» 11	» 12	» 14	» 15	» 16	» 17	» 19	» 20	» 21	» 22	» 23	» 25
29	» 8	» 9	» 10	» 12	» 13	» 14	» 15	» 17	» 18	» 19	» 21	» 22	» 23	» 25	» 26
MOIS.															
1	» 8	» 9	» 11	» 12	» 13	» 15	» 16	» 17	» 19	» 20	» 21	» 23	» 24	» 25	» 27
2	» 16	» 19	» 21	» 24	» 27	» 29	» 32	» 35	» 37	» 40	» 43	» 45	» 48	» 51	» 53
3	» 24	» 28	» 32	» 36	» 40	» 44	» 48	» 52	» 56	» 60	» 64	» 68	» 72	» 76	» 80
4	» 32	» 37	» 43	» 48	» 53	» 59	» 64	» 69	» 75	» 80	» 85	» 91	» 96	1 1	1 7
5	» 40	» 47	» 53	» 60	» 67	» 73	» 80	» 87	» 93	1 »	1 7	1 13	1 20	1 27	1 33
6	» 48	» 56	» 64	» 72	» 80	» 88	» 96	1 4	1 12	1 20	1 28	1 36	1 44	1 52	1 60
7	» 56	» 65	» 75	» 84	» 93	1 3	1 12	1 21	1 31	1 40	1 49	1 59	1 68	1 77	1 87
8	» 64	» 75	» 85	» 96	1 7	1 17	1 28	1 39	1 49	1 60	1 71	1 81	1 92	2 3	2 13
9	» 72	» 84	» 96	1 8	1 20	1 32	1 44	1 56	1 68	1 80	1 92	2 4	2 16	2 28	2 40
10	» 80	» 93	1 7	1 20	1 33	1 47	1 60	1 73	1 87	2 »	2 13	2 27	2 40	2 53	2 67
11	» 88	1 3	1 17	1 32	1 47	1 61	1 76	1 91	2 5	2 20	2 35	2 49	2 64	2 79	2 93
ANNÉES.															
1	» 96	1 12	1 28	1 44	1 60	1 76	1 92	2 8	2 24	2 40	2 56	2 72	2 88	3 4	3 20
2	1 92	2 24	2 56	2 88	3 20	3 52	3 84	4 16	4 48	4 80	5 12	5 44	5 76	6 8	6 40
3	2 88	3 36	3 84	4 32	4 80	5 28	5 76	6 24	6 72	7 20	7 68	8 16	8 64	9 12	9 60
4	3 84	4 48	5 12	5 76	6 40	7 4	7 68	8 32	8 96	9 60	10 24	10 88	11 52	12 16	12 80
5	4 80	5 60	6 40	7 20	8 »	8 80	9 60	10 40	11 20	12 »	12 80	13 60	14 40	15 20	16 »
6	5 76	6 72	7 68	8 64	9 60	10 56	11 52	12 48	13 44	14 40	15 36	16 32	17 28	18 24	19 20
7	6 72	7 84	8 96	10 8	11 20	12 32	13 44	14 56	15 68	16 80	17 92	19 4	20 16	21 28	22 40
8	7 68	8 96	10 24	11 52	12 80	14 8	15 36	16 64	17 92	19 20	20 48	21 76	23 4	24 32	25 60
9	8 64	10 8	11 52	12 96	14 40	15 84	17 28	18 72	20 16	21 60	23 4	24 48	25 92	27 36	28 80
10	9 60	11 20	12 80	14 40	16 »	17 60	19 20	20 80	22 40	24 »	25 60	27 20	28 80	30 40	32 »

33 FRANCS.

Intérêts à raison de

	3		3 1/2		4		4 1/2		5		5 1/2		6		6 1/2		7		7 1/2		8		8 1/2		9		9 1/2		10	
JOURS.	Fr.	C.	Fr.	C.	Fr.	C.	Fr	C.	Fr.	C.	Fr.	C.	Fr.	C.	Fr.	C.	Fr.	C.	Fr.	C.	Fr.	C.	Fr.	C	Fr.	C.	Fr.	C.	Fr.	C.
1	»	»	»	»	»	»	»	»	»	»	»	1	»	1	»	1	»	1	»	1	»	1	»	1	»	1	»	1	»	1
2	»	1	»	1	»	1	»	1	»	1	»	1	»	1	»	1	»	1	»	1	»	1	»	1	»	2	»	2	»	2
3	»	1	»	1	»	1	»	1	»	1	»	2	»	2	»	2	»	2	»	2	»	2	»	2	»	2	»	3	»	3
4	»	1	»	1	»	1	»	2	»	2	»	2	»	2	»	2	»	3	»	3	»	3	»	3	»	3	»	4	»	4
5	»	1	»	2	»	2	»	2	»	2	»	3	»	3	»	3	»	3	»	4	»	4	»	4	»	4	»	5	»	5
6	»	2	»	2	»	2	»	2	»	3	»	3	»	3	»	4	»	4	»	4	»	4	»	5	»	5	»	5	»	5
7	»	2	»	2	»	3	»	3	»	3	»	4	»	4	»	4	»	4	»	5	»	5	»	5	»	6	»	7	»	6
8	»	2	»	3	»	3	»	3	»	4	»	4	»	4	»	5	»	5	»	6	»	6	»	6	»	7	»	7	»	7
9	»	2	»	3	»	3	»	4	»	4	»	5	»	5	»	5	»	6	»	7	»	7	»	8	»	7	»	8	»	8
10	»	3	»	3	»	4	»	4	»	5	»	5	»	5	»	6	»	6	»	7	»	7	»	8	»	8	»	9	»	9
11	»	3	»	4	»	4	»	5	»	5	»	6	»	6	»	7	»	7	»	8	»	8	»	9	»	9	»	10	»	10
12	»	3	»	4	»	4	»	5	»	5	»	6	»	7	»	7	»	8	»	9	»	9	»	9	»	10	»	11	»	11
13	»	4	»	4	»	5	»	5	»	6	»	7	»	7	»	8	»	8	»	9	»	10	»	10	»	11	»	12	»	12
14	»	4	»	4	»	5	»	6	»	6	»	7	»	8	»	8	»	9	»	10	»	10	»	11	»	12	»	12	»	13
15	»	4	»	5	»	5	»	6	»	7	»	8	»	8	»	9	»	10	»	11	»	11	»	11	»	12	»	13	»	14
16	»	4	»	5	»	6	»	7	»	7	»	8	»	9	»	10	»	10	»	11	»	12	»	12	»	13	»	14	»	15
17	»	5	»	5	»	6	»	7	»	8	»	9	»	9	»	10	»	11	»	12	»	12	»	13	»	14	»	15	»	16
18	»	5	»	6	»	7	»	7	»	8	»	9	»	10	»	11	»	12	»	12	»	13	»	14	»	14	»	16	»	16
19	»	5	»	6	»	7	»	8	»	9	»	10	»	10	»	11	»	12	»	13	»	14	»	15	»	16	»	17	»	17
20	»	5	»	6	»	7	»	8	»	9	»	10	»	11	»	12	»	13	»	14	»	15	»	16	»	16	»	18	»	18
21	»	6	»	7	»	8	»	9	»	10	»	11	»	12	»	13	»	13	»	14	»	15	»	16	»	17	»	18	»	19
22	»	6	»	7	»	8	»	9	»	10	»	11	»	12	»	13	»	14	»	15	»	16	»	17	»	18	»	19	»	20
23	»	6	»	7	»	8	»	9	»	11	»	12	»	13	»	14	»	15	»	16	»	17	»	18	»	19	»	20	»	21
24	»	7	»	8	»	9	»	10	»	11	»	12	»	13	»	14	»	15	»	17	»	18	»	19	»	20	»	21	»	22
25	»	7	»	8	»	9	»	10	»	11	»	13	»	14	»	15	»	16	»	17	»	18	»	20	»	21	»	22	»	23
26	»	7	»	8	»	10	»	11	»	12	»	13	»	14	»	15	»	17	»	18	»	19	»	21	»	21	»	22	»	24
27	»	7	»	9	»	10	»	11	»	12	»	14	»	15	»	16	»	17	»	19	»	20	»	22	»	22	»	23	»	25
28	»	8	»	9	»	10	»	12	»	13	»	14	»	15	»	17	»	18	»	19	»	21	»	22	»	23	»	24	»	26
29	»	8	»	9	»	11	»	12	»	13	»	15	»	16	»	17	»	19	»	20	»	21	»	23	»	24	»	25	»	27
MOIS.																														
1	»	8	»	10	»	11	»	12	»	14	»	15	»	16	»	18	»	19	»	21	»	22	»	23	»	25	»	26	»	27
2	»	16	»	19	»	22	»	25	»	27	»	30	»	33	»	36	»	38	»	41	»	44	»	47	»	49	»	52	»	55
3	»	25	»	29	»	33	»	37	»	41	»	45	»	49	»	54	»	58	»	62	»	66	»	70	»	74	»	78	»	82
4	»	33	»	38	»	44	»	49	»	55	»	60	»	66	»	71	»	77	»	82	»	88	»	93	»	99	1	4	1	10
5	»	41	»	48	»	55	»	62	»	69	»	76	»	82	»	89	»	96	1	3	1	10	1	17	1	24	1	31	1	37
6	»	49	»	58	»	66	»	74	»	82	»	94	»	99	1	7	1	15	1	24	1	32	1	40	1	48	1	58	1	65
7	»	58	»	67	»	77	»	87	»	96	1	6	1	15	1	23	1	35	1	44	1	54	1	64	1	73	1	83	1	92
8	»	66	»	77	»	88	»	99	1	10	1	21	1	32	1	43	1	54	1	65	1	76	1	87	1	98	2	09	2	20
9	»	74	»	87	»	99	1	11	1	24	1	36	1	48	1	61	1	73	1	85	1	98	2	10	2	23	2	35	2	47
10	»	82	»	96	1	10	1	24	1	37	1	51	1	65	1	79	1	92	2	16	2	20	2	34	2	47	2	61	2	75
11	»	91	1	6	1	21	1	36	1	51	1	66	1	81	1	97	2	12	2	27	2	42	2	57	2	72	2	87	3	2
ANNÉES.																														
1	»	99	1	15	1	32	1	48	1	65	1	81	1	98	2	14	2	31	2	47	2	64	2	80	2	97	3	13	3	30
2	1	98	2	31	2	64	2	97	3	30	3	63	3	96	4	29	4	62	4	95	5	28	5	61	5	94	6	27	6	60
3	2	97	3	46	3	96	4	45	4	95	5	44	5	94	6	43	6	93	7	42	7	92	8	41	8	91	9	40	9	90
4	3	96	4	62	5	28	5	94	6	60	7	26	7	92	8	58	9	24	9	90	10	56	11	22	11	88	12	54	13	20
5	4	95	5	77	6	60	7	42	8	25	9	7	9	90	10	72	11	55	12	37	13	20	14	2	14	85	15	67	16	50
6	5	94	6	92	7	92	8	90	9	90	10	88	11	88	12	86	13	86	14	84	15	84	16	82	17	82	18	80	19	80
7	6	93	8	8	9	24	10	39	11	55	12	70	13	86	15	1	16	17	17	32	18	48	19	63	20	79	21	94	23	10
8	7	92	9	24	10	56	11	88	13	20	14	52	15	84	17	16	18	48	19	80	21	12	22	44	23	76	25	8	26	40
9	8	91	10	39	11	88	13	36	14	85	16	33	17	82	19	30	20	70	22	27	23	76	25	24	26	73	28	21	29	70
10	9	90	11	54	13	20	14	84	16	50	18	14	19	80	21	44	23	10	24	74	26	40	28	4	29	70	31	34	33	»

Intérêts à raison de

	3		3 1/2		4		4 1/2		5		5 1/2		6		6 1/2		7		7 1/2		8		8 1/2		9		9 1/2		10	
	Fr.	C.	Fr.	C.	Fr.	C	Fr.	C	Fr.	C.	Fr.	C.	Fr.	C.	Fr.	C	Fr.	C.	Fr.	C	Fr.	C.	Fr.	C	Fr.	C.	Fr.	C	Fr.	C
JOURS.																														
1	»	»	»	»	»	»	»	»	»	»	»	1	»	1	»	1	»	1	»	1	»	1	»	1	»	1	»	1	»	1
2	»	1	»	1	»	1	»	1	»	1	»	1	»	1	»	1	»	1	»	1	»	2	»	2	»	2	»	2	»	2
3	»	1	»	1	»	1	»	1	»	1	»	2	»	2	»	2	»	2	»	2	»	2	»	2	»	3	»	3	»	3
4	»	1	»	1	»	2	»	2	»	2	»	2	»	2	»	2	»	3	»	3	»	3	»	3	»	3	»	3	»	4
5	»	1	»	2	»	2	»	2	»	2	»	3	»	3	»	3	»	3	»	4	»	4	»	4	»	4	»	5	»	5
6	»	2	»	2	»	2	»	3	»	3	»	3	»	3	»	4	»	4	»	4	»	5	»	5	»	5	»	6	»	6
7	»	2	»	2	»	3	»	3	»	3	»	4	»	4	»	4	»	5	»	5	»	5	»	5	»	6	»	6	»	7
8	»	2	»	3	»	3	»	3	»	4	»	4	»	5	»	5	»	5	»	5	»	6	»	6	»	7	»	7	»	8
9	»	3	»	3	»	3	»	4	»	4	»	5	»	5	»	6	»	6	»	6	»	7	»	7	»	8	»	8	»	8
10	»	3	»	3	»	4	»	4	»	5	»	5	»	6	»	6	»	7	»	7	»	8	»	8	»	8	»	9	»	9
11	»	3	»	4	»	4	»	5	»	5	»	6	»	6	»	7	»	7	»	8	»	8	»	9	»	9	»	10	»	10
12	»	3	»	4	»	5	»	5	»	6	»	6	»	7	»	7	»	8	»	8	»	9	»	9	»	10	»	10	»	11
13	»	4	»	4	»	5	»	6	»	6	»	7	»	7	»	8	»	9	»	9	»	10	»	10	»	11	»	11	»	12
14	»	4	»	5	»	5	»	6	»	7	»	7	»	8	»	9	»	9	»	9	»	11	»	11	»	12	»	12	»	13
15	»	4	»	5	»	6	»	6	»	7	»	8	»	8	»	9	»	10	»	10	»	11	»	12	»	13	»	13	»	14
16	»	5	»	5	»	6	»	7	»	8	»	8	»	9	»	10	»	11	»	11	»	12	»	13	»	14	»	15	»	15
17	»	5	»	6	»	6	»	7	»	8	»	9	»	10	»	10	»	11	»	12	»	13	»	13	»	14	»	15	»	16
18	»	5	»	6	»	7	»	8	»	8	»	9	»	10	»	11	»	12	»	12	»	14	»	14	»	15	»	16	»	17
19	»	5	»	6	»	7	»	8	»	9	»	10	»	11	»	12	»	13	»	14	»	14	»	15	»	16	»	17	»	18
20	»	6	»	7	»	8	»	8	»	9	»	10	»	11	»	12	»	13	»	14	»	15	»	16	»	17	»	18	»	19
21	»	6	»	7	»	8	»	9	»	10	»	11	»	12	»	13	»	14	»	15	»	16	»	17	»	18	»	19	»	20
22	»	6	»	7	»	8	»	9	»	10	»	11	»	12	»	14	»	15	»	16	»	17	»	18	»	19	»	20	»	21
23	»	7	»	8	»	9	»	10	»	11	»	12	»	13	»	14	»	15	»	16	»	17	»	18	»	20	»	21	»	22
24	»	7	»	8	»	9	»	10	»	11	»	12	»	14	»	15	»	16	»	17	»	18	»	19	»	20	»	22	»	23
25	»	7	»	8	»	9	»	11	»	12	»	13	»	14	»	15	»	17	»	18	»	19	»	20	»	21	»	23	»	24
26	»	7	»	9	»	10	»	11	»	12	»	14	»	15	»	16	»	17	»	19	»	20	»	21	»	22	»	23	»	25
27	»	8	»	9	»	10	»	11	»	13	»	14	»	15	»	17	»	18	»	20	»	20	»	22	»	23	»	24	»	25
28	»	8	»	9	»	11	»	12	»	13	»	15	»	16	»	17	»	19	»	20	»	21	»	22	»	24	»	25	»	26
29	»	8	»	10	»	11	»	12	»	14	»	15	»	16	»	18	»	19	»	21	»	22	»	23	»	25	»	26	»	27
MOIS.																														
1	»	8	»	10	»	11	»	13	»	14	»	16	»	17	»	18	»	20	»	21	»	23	»	24	»	25	»	27	»	28
2	»	17	»	20	»	23	»	25	»	28	»	31	»	34	»	37	»	40	»	43	»	45	»	48	»	51	»	53	»	57
3	»	25	»	30	»	34	»	39	»	42	»	47	»	51	»	55	»	59	»	64	»	68	»	72	»	76	»	81	»	85
4	»	34	»	40	»	45	»	51	»	57	»	62	»	68	»	74	»	79	»	85	»	91	»	96	1	2	1	8	1	13
5	»	42	»	50	»	57	»	64	»	71	»	78	»	85	»	92	»	99	1	7	1	13	1	21	1	27	1	35	1	42
6	»	51	»	59	»	68	»	76	»	85	»	93	1	2	1	10	1	19	1	27	1	36	1	44	1	53	1	61	1	70
7	»	59	»	69	»	79	»	89	»	99	1	9	1	19	1	29	1	39	1	48	1	59	1	68	1	78	1	88	1	98
8	»	68	»	79	»	91	1	2	1	13	1	25	1	36	1	47	1	58	1	70	1	81	1	93	2	4	2	15	2	27
9	»	76	»	89	1	2	1	15	1	27	1	40	1	53	1	66	1	78	1	91	2	4	2	17	2	29	2	42	2	55
10	»	85	»	99	1	13	1	27	1	42	1	56	1	70	1	84	1	98	2	12	2	27	2	40	2	55	2	69	2	83
11	»	93	1	10	1	25	1	40	1	56	1	71	1	89	2	3	2	18	2	35	2	49	2	65	2	80	2	96	3	12
ANNÉES.																														
1	1	2	1	19	1	36	1	53	1	70	1	87	1	4	2	21	2	38	2	55	2	72	2	89	3	6	3	23	3	40
2	2	4	2	38	2	72	3	6	3	40	3	74	4	8	4	42	4	76	5	10	5	44	5	78	6	12	6	46	6	80
3	3	6	3	57	4	8	4	59	5	10	5	61	6	12	6	63	7	14	7	65	8	16	8	67	9	18	9	69	10	20
4	4	8	4	76	5	44	6	12	6	80	7	48	8	16	8	84	9	52	10	20	10	88	11	56	12	24	12	92	13	60
5	5	10	5	95	6	80	7	65	8	50	9	35	10	20	11	5	11	90	12	75	13	60	14	45	15	30	16	15	17	»
6	6	12	7	14	8	16	9	18	10	20	11	22	12	24	13	26	14	28	15	30	16	32	17	34	18	36	19	38	20	40
7	7	14	8	33	9	52	10	71	11	90	13	9	14	28	15	47	16	66	17	85	19	4	20	23	21	42	22	61	23	80
8	8	16	9	52	10	88	12	24	13	60	14	96	16	32	17	68	19	4	20	40	21	76	23	12	24	48	25	84	27	20
9	9	18	10	71	12	24	13	77	15	30	16	83	18	36	19	89	21	42	22	95	24	48	26	1	27	54	29	7	30	60
10	10	20	11	90	13	60	15	30	17	»	18	70	20	40	22	10	23	80	25	50	27	20	28	90	30	60	32	30	34	»

Intérêts à raison de

	3		3 1/2		4		4 1/2		5		5 1/2		6	
JOURS.	Fr.	C.	Fr.	C.	Fr.	C.	Fr.	C.	Fr.	C.	Fr.	C.	Fr.	C.
1	»	»	»	»	»	»	»	»	»	»	»	1	»	1
2	»	1	»	1	»	1	»	1	»	1	»	1	»	1
3	»	1	»	1	»	1	»	1	»	1	»	2	»	2
4	»	1	»	1	»	2	»	2	»	2	»	2	»	2
5	»	1	»	2	»	2	»	2	»	2	»	3	»	3
6	»	2	»	2	»	2	»	3	»	3	»	3	»	3
7	»	2	»	2	»	3	»	3	»	3	»	4	»	4
8	»	2	»	3	»	3	»	3	»	4	»	4	»	5
9	»	3	»	3	»	3	»	4	»	4	»	5	»	5
10	»	3	»	3	»	4	»	4	»	5	»	5	»	6
11	»	3	»	4	»	4	»	5	»	5	»	6	»	6
12	»	3	»	4	»	5	»	5	»	6	»	6	»	7
13	»	4	»	4	»	5	»	6	»	6	»	7	»	8
14	»	4	»	5	»	5	»	6	»	7	»	7	»	8
15	»	4	»	5	»	6	»	7	»	7	»	8	»	9
16	»	5	»	5	»	6	»	7	»	8	»	9	»	9
17	»	5	»	6	»	7	»	7	»	8	»	9	»	10
18	»	5	»	6	»	7	»	8	»	9	»	10	»	10
19	»	6	»	6	»	7	»	8	»	9	»	10	»	11
20	»	6	»	7	»	8	»	9	»	10	»	11	»	12
21	»	6	»	7	»	8	»	9	»	10	»	11	»	12
22	»	6	»	7	»	9	»	10	»	11	»	12	»	13
23	»	7	»	8	»	9	»	10	»	11	»	12	»	13
24	»	7	»	8	»	9	»	10	»	12	»	13	»	14
25	»	7	»	9	»	10	»	11	»	12	»	13	»	15
26	»	8	»	9	»	10	»	11	»	13	»	14	»	15
27	»	8	»	9	»	10	»	12	»	13	»	14	»	16
28	»	8	»	10	»	11	»	12	»	14	»	15	»	16
29	»	8	»	10	»	11	»	13	»	14	»	16	»	17
MOIS.														
1	»	9	»	10	»	12	»	13	»	15	»	16	»	17
2	»	17	»	20	»	23	»	26	»	29	»	32	»	35
3	»	26	»	31	»	35	»	39	»	44	»	48	»	52
4	»	35	»	41	»	47	»	52	»	58	»	64	»	70
5	»	44	»	51	»	58	»	66	»	73	»	80	»	87
6	»	52	»	61	»	70	»	79	»	87	»	96	1	5
7	»	61	»	71	»	82	»	92	1	2	1	12	1	22
8	»	70	»	82	»	93	1	5	1	17	1	28	1	40
9	»	79	»	92	1	5	1	18	1	31	1	44	1	57
10	»	87	1	2	1	17	1	31	1	46	1	60	1	75
11	»	96	1	12	1	28	1	44	1	60	1	76	1	92
ANNÉES.														
1	1	5	1	22	1	40	1	57	1	75	1	92	2	10
2	2	10	2	45	2	80	3	15	3	50	3	85	4	20
3	3	15	3	67	4	20	4	72	5	25	5	77	6	30
4	4	20	4	90	5	60	6	30	7	»	7	70	8	40
5	5	25	6	12	7	»	7	87	8	75	9	62	10	50
6	6	30	7	35	8	40	9	44	10	50	11	54	12	60
7	7	35	8	47	9	80	11	2	12	25	13	47	14	70
8	8	40	9	80	11	20	12	60	14	»	15	40	16	80
9	9	45	11	2	12	60	14	17	15	75	17	32	18	90
10	10	50	12	24	14	»	15	74	17	50	19	25	21	»

	6 1/2		7		7 1/2		8		8 1/2		9		9 1/2		10	
JOURS.	Fr.	C.	Fr.	C.	Fr.	C.	Fr.	C.	Fr.	C.	Fr.	C.	Fr.	C.	Fr.	C.
1	»	1	»	1	»	1	»	1	»	1	»	1	»	1	»	1
2	»	1	»	1	»	1	»	2	»	2	»	2	»	2	»	2
3	»	2	»	2	»	2	»	2	»	2	»	3	»	3	»	3
4	»	3	»	3	»	3	»	3	»	3	»	3	»	3	»	4
5	»	3	»	3	»	4	»	4	»	4	»	4	»	4	»	5
6	»	4	»	4	»	4	»	5	»	5	»	5	»	5	»	6
7	»	4	»	5	»	5	»	5	»	6	»	6	»	6	»	7
8	»	5	»	5	»	6	»	6	»	6	»	7	»	7	»	8
9	»	6	»	6	»	6	»	7	»	7	»	8	»	8	»	9
10	»	6	»	7	»	7	»	8	»	8	»	9	»	9	»	10
11	»	7	»	7	»	7	»	9	»	9	»	10	»	10	»	11
12	»	8	»	8	»	8	»	9	»	9	»	10	»	11	»	12
13	»	8	»	9	»	9	»	10	»	10	»	11	»	12	»	13
14	»	9	»	10	»	10	»	11	»	11	»	12	»	13	»	14
15	»	9	»	10	»	10	»	12	»	12	»	13	»	14	»	15
16	»	10	»	11	»	11	»	12	»	12	»	14	»	15	»	16
17	»	11	»	12	»	12	»	13	»	13	»	15	»	16	»	17
18	»	11	»	12	»	13	»	14	»	14	»	16	»	17	»	17
19	»	12	»	13	»	13	»	15	»	15	»	17	»	18	»	18
20	»	13	»	14	»	14	»	16	»	16	»	17	»	19	»	19
21	»	13	»	14	»	15	»	16	»	17	»	18	»	20	»	20
22	»	14	»	15	»	16	»	17	»	18	»	19	»	20	»	21
23	»	15	»	16	»	17	»	18	»	19	»	20	»	21	»	22
24	»	15	»	16	»	18	»	19	»	20	»	21	»	22	»	23
25	»	16	»	17	»	19	»	19	»	21	»	22	»	23	»	24
26	»	16	»	18	»	20	»	20	»	22	»	23	»	24	»	25
27	»	17	»	18	»	20	»	21	»	22	»	24	»	25	»	26
28	»	18	»	19	»	21	»	22	»	23	»	24	»	26	»	27
29	»	18	»	20	»	22	»	23	»	24	»	25	»	27	»	28
MOIS.																
1	»	19	»	20	»	22	»	23	»	25	»	26	»	28	»	29
2	»	38	»	41	»	43	»	47	»	49	»	52	»	55	»	58
3	»	57	»	61	»	66	»	70	»	74	»	79	»	83	»	87
4	»	76	»	82	»	88	»	93	»	99	1	5	1	10	1	17
5	»	95	1	2	1	9	1	17	1	24	1	31	1	39	1	46
6	1	14	1	22	1	31	1	40	1	49	1	57	1	66	1	75
7	1	33	1	43	1	53	1	63	1	74	1	84	1	94	2	4
8	1	52	1	63	1	75	1	87	1	98	2	10	2	22	2	33
9	1	71	1	84	1	97	2	10	2	23	2	36	2	49	2	62
10	1	90	1	4	2	19	2	33	2	48	2	62	2	77	2	92
11	2	9	1	25	2	40	2	57	2	72	2	89	2	4	3	21
ANNÉES.																
1	2	27	2	45	2	62	2	80	2	97	3	15	3	32	3	50
2	4	55	4	90	5	25	5	60	5	95	6	30	6	65	7	»
3	6	82	7	35	7	87	8	40	8	92	9	45	9	97	10	50
4	9	10	9	80	10	50	11	20	11	90	12	60	13	30	14	»
5	11	37	12	25	13	12	14	»	14	87	15	75	16	62	17	50
6	13	64	14	70	15	74	16	80	17	84	18	90	19	94	21	»
7	15	92	17	15	18	37	19	60	20	82	22	5	23	27	24	50
8	18	20	19	60	21	»	22	40	23	80	25	20	26	60	28	»
9	20	47	22	5	23	62	25	20	26	77	28	35	29	92	31	50
10	22	74	24	50	26	24	28	»	29	74	31	50	33	24	35	»

Intérêts à raison de

	3		3 1/2		4		4 1/2		5		5 1/2		6		6 1/2		7		7 1/2		8		8 1/2		9		9 1/2		10	
	Fr.	C.	Fr.	C.	Fr.	C.	Fr.	C.	Fr.	C.	Fr.	C.	Fr.	C.	Fr.	C.	Fr.	C.	Fr.	C.	Fr.	C.	Fr.	C.	Fr.	C.	Fr.	C.	Fr.	C.
JOURS.																														
1	»	»	»	»	»	»	»	»	»	»	»	1	»	1	»	1	»	1	»	1	»	1	»	1	»	1	»	1	»	1
2	»	1	»	1	»	1	»	1	»	1	»	1	»	1	»	1	»	1	»	1	»	2	»	2	»	2	»	2	»	2
3	»	1	»	1	»	1	»	1	»	1	»	2	»	2	»	2	»	2	»	2	»	2	»	3	»	3	»	3	»	3
4	»	1	»	1	»	2	»	2	»	2	»	2	»	2	»	3	»	3	»	3	»	3	»	4	»	4	»	4	»	4
5	»	1	»	2	»	2	»	2	»	2	»	3	»	3	»	3	»	3	»	4	»	4	»	4	»	4	»	4	»	5
6	»	2	»	2	»	2	»	3	»	3	»	3	»	4	»	4	»	4	»	4	»	5	»	5	»	5	»	5	»	6
7	»	2	»	2	»	3	»	3	»	3	»	4	»	4	»	5	»	5	»	5	»	6	»	6	»	6	»	6	»	7
8	»	2	»	3	»	3	»	4	»	4	»	4	»	5	»	5	»	6	»	6	»	6	»	7	»	7	»	7	»	8
9	»	3	»	3	»	4	»	4	»	4	»	5	»	5	»	6	»	6	»	7	»	7	»	8	»	8	»	8	»	9
10	»	3	»	3	»	4	»	4	»	5	»	5	»	6	»	6	»	7	»	7	»	8	»	8	»	9	»	9	»	10
11	»	3	»	4	»	4	»	5	»	5	»	6	»	7	»	7	»	8	»	8	»	9	»	9	»	10	»	10	»	11
12	»	4	»	4	»	5	»	5	»	6	»	7	»	7	»	8	»	8	»	9	»	10	»	10	»	11	»	11	»	12
13	»	4	»	5	»	5	»	6	»	6	»	7	»	8	»	8	»	9	»	10	»	10	»	11	»	12	»	12	»	13
14	»	4	»	5	»	6	»	6	»	7	»	8	»	8	»	9	»	10	»	11	»	11	»	12	»	13	»	13	»	14
15	»	4	»	5	»	6	»	7	»	7	»	8	»	9	»	10	»	10	»	11	»	12	»	13	»	13	»	14	»	15
16	»	5	»	6	»	6	»	7	»	8	»	9	»	10	»	10	»	11	»	12	»	13	»	13	»	14	»	15	»	16
17	»	5	»	6	»	7	»	8	»	8	»	9	»	10	»	11	»	12	»	13	»	14	»	15	»	15	»	16	»	17
18	»	5	»	6	»	7	»	8	»	9	»	10	»	11	»	12	»	13	»	13	»	14	»	15	»	16	»	17	»	18
19	»	6	»	7	»	8	»	9	»	9	»	10	»	11	»	12	»	13	»	14	»	15	»	16	»	17	»	18	»	19
20	»	6	»	7	»	8	»	9	»	10	»	11	»	12	»	13	»	14	»	15	»	16	»	17	»	18	»	19	»	20
21	»	6	»	7	»	8	»	9	»	10	»	12	»	13	»	14	»	15	»	15	»	17	»	17	»	19	»	20	»	21
22	»	7	»	8	»	9	»	10	»	11	»	12	»	13	»	14	»	15	»	16	»	18	»	18	»	20	»	21	»	22
23	»	7	»	8	»	9	»	10	»	11	»	13	»	14	»	15	»	16	»	17	»	18	»	19	»	21	»	22	»	23
24	»	7	»	8	»	10	»	11	»	12	»	13	»	14	»	16	»	17	»	18	»	19	»	20	»	22	»	23	»	24
25	»	7	»	9	»	10	»	11	»	12	»	14	»	15	»	16	»	17	»	19	»	20	»	21	»	22	»	24	»	25
26	»	8	»	9	»	10	»	12	»	13	»	14	»	16	»	17	»	18	»	19	»	21	»	22	»	23	»	24	»	26
27	»	8	»	9	»	11	»	12	»	13	»	15	»	16	»	18	»	19	»	20	»	22	»	23	»	24	»	25	»	27
28	»	8	»	10	»	11	»	13	»	14	»	15	»	17	»	18	»	20	»	21	»	22	»	24	»	25	»	26	»	28
29	»	9	»	10	»	12	»	13	»	14	»	16	»	17	»	19	»	20	»	22	»	23	»	25	»	26	»	27	»	29
MOIS.																														
1	»	9	»	10	»	12	»	13	»	15	»	16	»	18	»	19	»	21	»	22	»	24	»	25	»	27	»	28	»	30
2	»	18	»	21	»	24	»	27	»	30	»	33	»	36	»	39	»	42	»	45	»	48	»	51	»	54	»	57	»	60
3	»	27	»	31	»	36	»	40	»	45	»	49	»	54	»	58	»	63	»	67	»	72	»	76	»	81	»	85	»	90
4	»	36	»	42	»	48	»	54	»	60	»	66	»	72	»	78	»	84	»	90	»	96	1	2	1	8	1	14	1	20
5	»	45	»	52	»	60	»	67	»	75	»	82	»	90	»	97	1	5	1	12	1	20	1	27	1	35	1	42	1	50
6	»	54	»	63	»	72	»	81	»	90	»	99	1	8	1	17	1	26	1	35	1	44	1	53	1	62	1	71	1	80
7	»	63	»	73	»	84	»	94	1	5	1	15	1	26	1	36	1	47	1	57	1	68	1	78	1	89	1	99	2	10
8	»	72	»	84	»	96	1	8	1	20	1	32	1	44	1	56	1	68	1	80	1	92	2	4	2	16	2	28	2	40
9	»	81	»	94	1	8	1	21	1	35	1	48	1	62	1	75	1	89	2	2	2	16	2	29	2	43	2	56	2	70
10	»	90	1	5	1	20	1	35	1	50	1	65	1	80	1	95	2	10	2	25	2	40	2	55	2	70	2	85	3	»
11	»	99	1	15	1	32	1	48	1	65	1	81	1	98	2	14	2	31	2	47	2	64	2	80	2	97	3	13	3	30
ANNÉES.																														
1	1	8	1	26	1	44	1	62	1	80	1	98	2	16	2	34	2	52	2	70	2	88	3	6	3	24	3	42	3	60
2	2	16	2	52	2	88	3	24	3	60	3	96	4	32	4	68	5	4	5	40	5	76	6	12	6	48	6	84	7	20
3	3	24	3	78	4	32	4	86	5	40	5	94	6	48	7	2	7	56	8	10	8	64	9	18	9	72	10	26	10	80
4	4	32	5	4	5	76	6	48	7	20	7	92	8	64	9	36	10	8	10	80	11	52	12	24	12	96	13	68	14	40
5	5	40	6	30	7	20	8	10	9	»	9	90	10	80	11	70	12	60	13	50	14	40	15	30	16	20	17	10	18	»
6	6	48	7	56	8	64	9	72	10	80	11	88	12	96	14	4	15	12	16	20	17	28	18	36	19	44	20	52	21	60
7	7	56	8	82	10	8	11	34	12	60	13	86	15	12	16	38	17	64	18	90	20	16	21	42	22	68	23	94	25	20
8	8	64	10	8	11	52	12	96	14	40	15	84	17	28	18	72	20	16	21	60	23	4	24	48	25	92	27	36	28	80
9	9	72	11	34	12	96	14	58	16	20	17	82	19	44	21	6	22	68	24	30	25	92	27	54	29	16	30	78	32	40
10	10	80	12	60	14	40	16	20	18	»	19	80	21	60	23	40	25	20	27	»	28	80	30	60	32	40	34	20	36	»

37 FRANCS.

Intérêts à raison de

	3		3 1/2		4		4 1/2		5		5 1/2		6		6 1/2		7		7 1/2		8		8 1/2		9		9 1/2		10	
JOURS.	Fr.	C.	Fr.	C.	Fr.	C.	Fr	C	Fr.	C.	Fr.	C	Fr.	C.	Fr.	C	Fr.	C	Fr.	C.	Fr.	C.	Fr.	C	Fr.	C.	Fr.	C	Fr.	C.
1	»	»	»	»	»	»	»	»	»	1	»	1	»	1	»	1	»	1	»	1	»	1	»	1	»	1	»	1	»	1
2	»	1	»	1	»	1	»	1	»	1	»	1	»	1	»	1	»	1	»	2	»	2	»	2	»	2	»	2	»	2
3	»	1	»	1	»	1	»	1	»	2	»	2	»	2	»	2	»	2	»	2	»	2	»	2	»	3	»	3	»	3
4	»	1	»	1	»	2	»	2	»	2	»	2	»	2	»	3	»	3	»	3	»	3	»	4	»	4	»	4	»	4
5	»	2	»	2	»	2	»	2	»	3	»	3	»	3	»	3	»	4	»	4	»	4	»	4	»	5	»	5	»	5
6	»	2	»	2	»	2	»	3	»	3	»	3	»	4	»	4	»	4	»	4	»	5	»	5	»	6	»	6	»	6
7	»	2	»	3	»	3	»	3	»	4	»	4	»	4	»	5	»	5	»	5	»	6	»	6	»	6	»	7	»	7
8	»	2	»	3	»	3	»	4	»	4	»	5	»	5	»	5	»	6	»	6	»	7	»	7	»	7	»	8	»	8
9	»	3	»	3	»	4	»	4	»	5	»	5	»	5	»	6	»	6	»	7	»	7	»	8	»	8	»	9	»	9
10	»	3	»	4	»	4	»	5	»	5	»	6	»	6	»	7	»	7	»	7	»	8	»	9	»	9	»	10	»	10
11	»	3	»	4	»	5	»	5	»	6	»	6	»	7	»	7	»	8	»	8	»	9	»	10	»	10	»	11	»	11
12	»	4	»	4	»	5	»	6	»	6	»	7	»	7	»	8	»	9	»	9	»	10	»	11	»	11	»	12	»	12
13	»	4	»	5	»	5	»	6	»	7	»	7	»	8	»	9	»	9	»	10	»	11	»	11	»	12	»	13	»	13
14	»	4	»	5	»	6	»	6	»	7	»	8	»	9	»	9	»	10	»	10	»	12	»	12	»	13	»	14	»	14
15	»	5	»	5	»	6	»	7	»	8	»	8	»	9	»	10	»	11	»	11	»	12	»	13	»	14	»	15	»	15
16	»	5	»	6	»	7	»	7	»	8	»	9	»	10	»	11	»	12	»	12	»	13	»	14	»	15	»	15	»	16
17	»	5	»	6	»	7	»	8	»	9	»	10	»	10	»	11	»	12	»	13	»	14	»	15	»	16	»	17	»	17
18	»	6	»	6	»	7	»	8	»	9	»	10	»	11	»	12	»	13	»	14	»	15	»	16	»	17	»	18	»	18
19	»	6	»	7	»	8	»	9	»	10	»	11	»	12	»	13	»	14	»	15	»	16	»	17	»	18	»	19	»	20
20	»	6	»	7	»	8	»	9	»	10	»	11	»	12	»	13	»	14	»	15	»	16	»	17	»	18	»	19	»	21
21	»	6	»	8	»	9	»	10	»	11	»	12	»	13	»	14	»	15	»	16	»	17	»	18	»	19	»	20	»	22
22	»	7	»	8	»	9	»	10	»	11	»	12	»	14	»	14	»	16	»	17	»	18	»	19	»	20	»	21	»	23
23	»	7	»	8	»	9	»	11	»	12	»	13	»	14	»	15	»	17	»	18	»	19	»	20	»	21	»	22	»	24
24	»	7	»	9	»	10	»	11	»	12	»	14	»	15	»	16	»	17	»	18	»	20	»	21	»	22	»	23	»	25
25	»	8	»	9	»	10	»	12	»	13	»	14	»	15	»	17	»	18	»	19	»	21	»	22	»	23	»	24	»	26
26	»	8	»	9	»	11	»	12	»	13	»	15	»	16	»	17	»	19	»	20	»	21	»	22	»	24	»	25	»	27
27	»	8	»	10	»	11	»	12	»	14	»	15	»	17	»	18	»	19	»	21	»	22	»	23	»	25	»	26	»	28
28	»	9	»	10	»	12	»	13	»	14	»	16	»	17	»	19	»	20	»	22	»	23	»	24	»	26	»	27	»	29
29	»	9	»	10	»	12	»	13	»	15	»	16	»	18	»	19	»	21	»	23	»	24	»	25	»	27	»	28	»	30
MOIS.																														
1	»	9	»	11	»	12	»	14	»	15	»	17	»	18	»	20	»	22	»	23	»	25	»	26	»	28	»	29	»	31
2	»	18	»	22	»	25	»	28	»	31	»	34	»	37	»	40	»	43	»	47	»	49	»	53	»	55	»	59	»	62
3	»	28	»	32	»	37	»	42	»	46	»	51	»	55	»	60	»	65	»	69	»	74	»	79	»	83	»	88	»	92
4	»	37	»	43	»	49	»	55	»	62	»	68	»	74	»	80	»	86	»	91	»	99	1	4	1	11	1	17	1	23
5	»	46	»	54	»	62	»	69	»	77	»	85	»	92	1	»	1	8	1	16	1	23	1	31	1	39	1	46	1	54
6	»	55	»	65	»	74	»	83	»	92	1	2	1	11	1	20	1	29	1	39	1	48	1	57	1	66	1	75	1	85
7	»	65	»	76	»	86	»	97	1	8	1	19	1	29	1	40	1	51	1	62	1	73	1	83	1	94	2	5	2	16
8	»	74	»	86	»	99	1	11	1	23	1	36	1	48	1	60	1	73	1	85	1	97	2	10	2	22	2	34	2	47
9	»	83	»	97	1	11	1	25	1	39	1	53	1	66	1	80	1	94	2	8	2	22	2	36	2	50	2	64	2	77
10	»	92	1	8	1	23	1	39	1	54	1	70	1	85	2	»	2	16	2	31	2	47	2	62	2	77	2	93	3	8
11	1	2	1	19	1	36	1	53	1	70	1	87	2	3	2	20	2	37	2	55	2	71	2	89	3	5	3	23	3	39
ANNÉES.																														
1	1	11	1	29	1	48	1	66	1	85	2	3	2	22	2	40	2	59	2	77	2	96	3	14	3	33	3	51	3	70
2	2	22	2	59	2	96	3	33	3	70	4	7	4	44	4	81	5	18	5	55	5	92	6	29	6	66	7	3	7	40
3	3	33	3	88	4	44	4	99	5	55	6	10	6	66	7	21	7	77	8	32	8	88	9	43	9	99	10	54	11	10
4	4	44	5	18	5	92	6	66	7	40	8	14	8	88	9	62	10	36	11	10	11	84	12	58	13	32	14	6	14	80
5	5	55	6	47	7	40	8	32	9	25	10	17	11	10	12	2	12	95	13	87	14	80	15	72	16	65	17	57	18	50
6	6	66	7	76	8	88	9	98	11	10	12	20	13	32	14	42	15	54	16	65	17	76	18	86	19	98	21	8	22	20
7	7	77	9	6	10	36	11	65	12	95	14	24	15	54	16	83	18	13	19	42	20	72	22	1	23	31	24	60	25	90
8	8	88	10	36	11	84	13	32	14	80	16	28	17	76	19	24	20	72	22	20	23	68	25	16	26	64	28	12	29	60
9	9	99	11	65	13	32	14	98	16	65	18	31	19	98	21	64	23	31	24	97	26	64	28	30	29	97	31	63	33	30
10	11	10	12	95	14	80	16	65	18	50	20	34	22	20	24	4	25	90	27	74	29	60	31	»	33	30	35	14	37	»

Intérêts à raison de

	3		3 1/2		4		4 1/2		5		5 1/2		6		6 1/2		7		7 1/2		8		8 1/2		9		9 1/2		10	
JOURS.	Fr.	C.	Fr.	C.	Fr.	C.	Fr.	C.	Fr.	C.	Fr.	C.	Fr.	C.	Fr.	C.	Fr.	C.	Fr.	C.	Fr.	C.	Fr.	C.	Fr.	C.	Fr.	C.	Fr.	C.
1	»	»	»	»	»	»	»	»	»	1	»	1	»	1	»	1	»	1	»	1	»	1	»	1	»	1	»	1	»	1
2	»	1	»	1	»	1	»	1	»	1	»	1	»	1	»	1	»	1	»	1	»	2	»	2	»	2	»	2	»	2
3	»	1	»	1	»	1	»	1	»	2	»	2	»	2	»	2	»	2	»	2	»	3	»	3	»	3	»	3	»	3
4	»	1	»	1	»	2	»	2	»	2	»	2	»	3	»	3	»	3	»	3	»	3	»	3	»	4	»	4	»	4
5	»	2	»	2	»	2	»	2	»	3	»	3	»	3	»	3	»	4	»	4	»	4	»	4	»	5	»	5	»	5
6	»	2	»	2	»	2	»	3	»	3	»	3	»	4	»	4	»	4	»	5	»	5	»	5	»	6	»	6	»	6
7	»	2	»	3	»	3	»	3	»	4	»	4	»	4	»	5	»	5	»	6	»	6	»	6	»	7	»	7	»	7
8	»	3	»	3	»	3	»	4	»	4	»	5	»	5	»	5	»	6	»	6	»	7	»	7	»	8	»	8	»	8
9	»	3	»	3	»	4	»	4	»	5	»	5	»	6	»	6	»	7	»	7	»	8	»	8	»	9	»	9	»	9
10	»	3	»	4	»	4	»	5	»	5	»	6	»	6	»	7	»	7	»	8	»	8	»	9	»	9	»	10	»	11
11	»	3	»	4	»	5	»	5	»	6	»	6	»	7	»	8	»	8	»	9	»	9	»	10	»	10	»	11	»	12
12	»	4	»	4	»	5	»	6	»	6	»	7	»	8	»	8	»	9	»	10	»	10	»	11	»	11	»	12	»	13
13	»	4	»	5	»	5	»	6	»	7	»	8	»	8	»	9	»	10	»	10	»	11	»	12	»	12	»	13	»	14
14	»	4	»	5	»	6	»	7	»	7	»	8	»	9	»	10	»	10	»	11	»	12	»	12	»	13	»	14	»	15
15	»	5	»	6	»	6	»	7	»	8	»	9	»	9	»	10	»	11	»	12	»	13	»	13	»	14	»	15	»	16
16	»	5	»	6	»	7	»	8	»	8	»	9	»	10	»	11	»	12	»	13	»	14	»	14	»	15	»	16	»	17
17	»	5	»	6	»	7	»	8	»	9	»	10	»	11	»	12	»	13	»	13	»	14	»	15	»	16	»	17	»	18
18	»	6	»	7	»	8	»	9	»	9	»	10	»	11	»	12	»	13	»	14	»	15	»	16	»	17	»	18	»	19
19	»	6	»	7	»	8	»	9	»	10	»	11	»	12	»	13	»	14	»	15	»	16	»	17	»	18	»	19	»	10
20	»	6	»	7	»	8	»	9	»	11	»	12	»	13	»	14	»	15	»	16	»	17	»	18	»	19	»	20	»	21
21	»	7	»	8	»	9	»	10	»	11	»	12	»	13	»	14	»	16	»	17	»	18	»	19	»	19	»	21	»	22
22	»	7	»	8	»	9	»	10	»	12	»	13	»	14	»	15	»	16	»	18	»	19	»	20	»	21	»	22	»	23
23	»	7	»	8	»	10	»	11	»	12	»	13	»	15	»	16	»	17	»	18	»	19	»	20	»	22	»	23	»	24
24	»	8	»	9	»	10	»	11	»	13	»	14	»	15	»	16	»	18	»	19	»	20	»	21	»	23	»	24	»	25
25	»	8	»	9	»	11	»	12	»	13	»	15	»	16	»	17	»	18	»	20	»	21	»	22	»	24	»	25	»	26
26	»	8	»	10	»	11	»	12	»	14	»	15	»	16	»	18	»	19	»	21	»	22	»	23	»	25	»	26	»	27
27	»	9	»	10	»	11	»	13	»	14	»	16	»	17	»	19	»	20	»	22	»	23	»	24	»	26	»	27	»	28
28	»	9	»	10	»	12	»	13	»	15	»	16	»	18	»	19	»	21	»	23	»	24	»	26	»	27	»	28	»	30
29	»	9	»	11	»	12	»	14	»	15	»	17	»	18	»	20	»	21	»	23	»	24	»	27	»	28	»	29	»	31
MOIS.																														
1	»	9	»	11	»	13	»	14	»	16	»	17	»	19	»	21	»	22	»	24	»	25	»	27	»	28	»	30	»	32
2	»	19	»	22	»	25	»	28	»	32	»	35	»	38	»	41	»	44	»	47	»	51	»	53	»	57	»	60	»	63
3	»	28	»	33	»	38	»	43	»	47	»	52	»	57	»	62	»	66	»	71	»	76	»	81	»	85	»	90	»	95
4	»	38	»	44	»	51	»	57	»	63	»	70	»	76	»	82	»	89	»	95	1	1	1	8	1	14	1	20	1	27
5	»	47	»	55	»	63	»	71	»	79	»	87	»	95	1	3	1	11	1	18	1	27	1	34	1	42	1	50	1	58
6	»	57	»	66	»	76	»	85	»	95	1	4	1	14	1	23	1	33	1	42	1	52	1	64	1	71	1	80	1	90
7	»	66	»	78	»	89	1	»	1	11	1	22	1	33	1	44	1	55	1	67	1	77	1	89	1	99	2	11	2	22
8	»	76	»	89	1	1	1	14	1	27	1	39	1	52	1	65	1	77	1	90	2	3	2	15	2	28	2	41	2	53
9	»	85	1	»	1	14	1	28	1	42	1	57	1	71	1	85	1	99	2	14	2	28	2	42	2	56	2	71	2	85
10	»	95	1	11	1	27	1	42	1	58	1	74	1	90	2	6	2	22	2	38	2	53	2	69	2	85	3	1	3	17
11	1	4	1	22	1	30	1	57	1	74	1	92	2	9	2	26	2	44	2	61	2	79	2	96	3	13	3	31	3	48
ANNÉES.																														
1	1	14	1	33	1	51	1	71	1	90	2	9	2	28	2	47	2	66	2	85	3	4	3	23	3	42	3	61	3	80
2	2	28	2	66	3	4	3	42	3	80	4	18	4	56	4	94	5	32	5	70	6	8	6	46	6	84	7	22	7	60
3	3	42	3	99	4	56	5	13	5	70	6	27	6	84	7	41	7	98	8	55	9	12	9	69	10	26	10	83	11	40
4	4	56	5	32	6	8	6	84	7	60	8	36	9	12	9	88	10	64	11	40	12	16	12	92	13	68	14	44	15	20
5	5	70	6	65	7	60	8	55	9	50	10	45	11	40	12	35	13	30	14	25	15	20	16	15	17	10	18	5	19	»
6	6	84	7	98	9	12	10	26	11	40	12	54	13	68	14	82	15	96	17	10	18	24	19	38	20	52	21	66	22	80
7	7	98	9	31	10	64	11	97	13	30	14	63	15	96	17	29	18	62	19	95	21	28	22	61	23	94	25	27	26	60
8	9	12	10	64	12	16	13	68	15	20	16	72	18	24	19	76	21	28	22	80	24	32	25	84	27	36	28	88	30	40
9	10	26	11	97	13	68	15	39	17	10	18	81	20	52	22	23	23	94	25	65	27	36	29	7	30	78	32	49	34	20
10	11	40	13	30	15	20	17	10	19	»	20	90	22	80	24	70	26	60	28	50	30	40	32	30	34	20	36	10	38	»

39 FRANCS.

Intérêts à raison de

	3		3 1/2		4		4 1/2		5		5 1/2		6		6 1/2		7		7 1/2		8		8 1/2		9		9 1/2		10	
JOURS.	Fr.	C.	Fr.	C.	Fr.	C.	Fr.	C.	Fr.	C.	Fr.	C.	Fr.	C.	Fr.	C.	Fr.	C.	Fr.	C.	Fr.	C.	Fr.	C.	Fr.	C.	Fr.	C.	Fr.	C.
1	»	»	»	»	»	»	»	»	»	1	»	1	»	1	»	1	»	1	»	1	»	1	»	1	»	1	»	1	»	1
2	»	1	»	1	»	1	»	1	»	1	»	1	»	1	»	1	»	2	»	2	»	2	»	2	»	2	»	2	»	2
3	»	1	»	1	»	1	»	1	»	2	»	2	»	2	»	2	»	2	»	3	»	3	»	3	»	3	»	3	»	3
4	»	1	»	2	»	2	»	2	»	2	»	2	»	3	»	3	»	3		3	»	3	»	3	»	4	»	4	»	4
5	»	2	»	2	»	2	»	2	»	3	»	3	»	3	»	4	»	4	»	4	»	4	»	4	»	5	»	5	»	5
6	»	2	»	2	»	3	»	3	»	3	»	4	»	4	»	4	»	5	»	5	»	5	»	6	»	6	»	6	»	6
7	»	2	»	3	»	3	»	3	»	4	»	4	»	5	»	5	»	5	»	6	»	6	»	6	»	7	»	7	»	8
8	»	3	»	3	»	3	»	4	»	4	»	5	»	5	»	6	»	6	»	6	»	7	»	7	»	8	»	8	»	9
9	»	3	»	3	»	4	»	4	»	5	»	5	»	6	»	6	»	7	»	7	»	8	»	8	»	9	»	9	»	10
10	»	3	»	4	»	4	»	5	»	5	»	6	»	6	»	7	»	8	»	8	»	9	»	9	»	10	»	10	»	11
11	»	4	»	4	»	5	»	5	»	6	»	7	»	7	»	8	»	8	»	9	»	10	»	10	»	11	»	11	»	12
12	»	4	»	5	»	5	»	6	»	6	»	7	»	8	»	8	»	9	»	10	»	10	»	11	»	12	»	12	»	13
13	»	4	»	5	»	6	»	6	»	7	»	8	»	8	»	9	»	10	»	11	»	11	»	12	»	13	»	13	»	14
14	»	5	»	5	»	6	»	7	»	8	»	8	»	9	»	10	»	11	»	11	»	12	»	13	»	14	»	14	»	15
15	»	5	»	6	»	6	»	7	»	8	»	9	»	10	»	11	»	11	»	12	»	13	»	13	»	15	»	15	»	16
16	»	5	»	0	»	7	»	8	»	9	»	10	»	10	»	11	»	12	»	13	»	14	»	15	»	16	»	16	»	17
17	»	6	»	0	»	7	»	8	»	0	»	10	»	11	»	12	»	13	»	13	»	15	»	15	»	17	»	17	»	18
18	»	6	»	7	»	8	»	9	»	10	»	11	»	12	»	13	»	14	»	15	»	16	»	17	»	18	»	18	»	19
19	»	6	»	7	»	8	»	9	»	10	»	11	»	12		13	»	14	»	15	»	16	»	18	»	19	»	19	»	21
20	»	6	»	8	»	9	»	10	»	11	»	12	»	13	»	14	»	15	»	17	»	17	»	19	»	19	»	20	»	22
21	»	7	»	8	»	9	»	10	»	11	»	13	»	14	»	15	»	16	»	17	»	18	»	19	»	20	»	21	»	23
22	»	7	»	8	»	10	»	11	»	12	»	13	»	14	»	15	»	17	»	18	»	19	»	21	»	21	»	22	»	24
23	»	7	»	9	»	10	»	11	»	12	»	14	»	15	»	16	»	17	»	19	»	20	»	22	»	22	»	23	»	25
24	»	8	»	9	»	10	»	12	»	13	»	14	»	16	»	17	»	18	»	19	»	21	»	22	»	23	»	24	»	26
25	»	8	»	9	»	11	»	12	»	14	»	15	»	16	»	18	»	19	»	20	»	22	»	23	»	24	»	25	»	27
26	»	8	»	10	»	11	»	13	»	14	»	15	»	17	»	18	»	20	»	21	»	23	»	24	»	25	»	26	»	28
27	»	9	»	10	»	12	»	13	»	15	»	16	»	18	»	19	»	20	»	22	»	23	»	25	»	26	»	28	»	29
28	»	9	»	11	»	12	»	14	»	15	»	17	»	18	»	20	»	21	»	23	»	24	»	26	»	27	»	29	»	30
29	»	9	»	11	»	13	»	14	»	16	»	17	»	19	»	20	»	22	»	24	»	25	»	27	»	28	»	30	»	31
MOIS.																														
1	»	10	»	11	»	13	»	15	»	16	»	18	»	19	»	21	»	23	»	24	»	26	»	28	»	29	»	31	»	32
2	»	19	»	23	»	20	»	29	»	32	»	36	»	39	»	42	»	45	»	49	»	52	»	55	»	58	»	61	»	65
3	»	29	»	34	»	39	»	44	»	49	»	54	»	58	»	63	»	68	»	73	»	78	»	83	»	88	»	93	»	97
4	»	39	»	45	»	52	»	58	»	65	»	71	»	78	»	84	»	91	»	97	1	4	1	10	1	17	1	23	1	30
5	»	49	»	57	»	65	»	73	»	81	»	89	»	97	1	6	1	14	1	22	1	30	1	38	1	46	1	54	1	62
6	»	58	»	68	»	78	»	88	»	97	1	7	1	17	1	27	1	36	1	47	1	56	1	66	1	75	1	85	1	95
7	»	68	»	80	»	91	1	2	1	14	1	25	1	36	1	48	1	59	1	71	1	82	1	93	2	5	2	16	2	27
8	»	78	»	91	1	4	1	17	1	30	1	43	1	56	1	69	1	82	1	95	2	8	2	21	2	34	2	47	2	60
9	»	88	1	2	1	17	1	32	1	46	1	61	1	75	1	90	1	5	2	19	2	34	2	49	2	63	2	78	2	92
10	»	97	1	14	1	30	1	40	1	62	1	79	1	95	2	11	2	27	2	44	2	60	2	76	2	92	3	8	3	25
11	1	7	1	25	1	43	1	61	1	79	1	97	2	14	2	32	2	50	2	68	2	86	3	4	3	22	3	40	3	57
ANNÉES.																														
1	1	17	1	36	1	56	1	75	1	95	2	14	2	34	2	53	2	73	2	92	3	12	3	31	3	51	3	70	3	90
2	2	34	2	73	3	12	3	51	3	90	4	29	4	68	2	7	5	46	5	85	6	24	6	63	7	2	7	41	7	80
3	3	51	4	9	4	68	5	26	5	85	6	43	7	2	7	60	8	19	8	77	9	36	9	94	10	53	11	11	11	70
4	4	68	5	46	6	24	7	2	7	80	8	58	9	36	10	14	10	92	11	70	12	48	13	26	14	4	14	82	15	60
5	5	85	6	82	7	80	8	77	9	75	10	72	11	70	12	67	13	65	14	62	15	60	16	57	17	55	18	52	19	50
6	7	2	8	18	9	36	10	52	11	70	12	86	14	4	15	20	16	38	17	54	18	72	19	88	21	6	22	22	23	40
7	8	19	9	55	10	92	12	28	13	65	15	1	16	38	17	74	19	11	20	47	21	84	23	20	24	57	25	93	27	30
8	9	36	10	92	12	48	14	4	15	60	17	16	18	72	20	28	21	84	23	40	24	96	26	52	28	8	29	64	31	20
9	10	53	12	28	14	4	15	79	17	55	19	30	21	6	22	81	24	57	26	32	28	8	29	83	31	59	33	34	35	10
10	11	70	13	64	15	60	17	54	19	50	21	44	23	40	25	54	27	30	29	24	31	20	33	14	35	10	37	4	39	»

40 FRANCS.

Intérêts à raison de

	3		3 1/2		4		4 1/2		5		5 1/2		6		6 1/2	
JOURS.	Fr.	C.	Fr.	C.	Fr.	C.	Fr.	C.	Fr.	C.	Fr.	C.	Fr.	C.	Fr.	C.
1	»	»	»	»	»	»	»	»	»	1	»	1	»	1	»	1
2	»	1	»	1	»	1	»	1	»	1	»	1	»	1	»	1
3	»	1	»	1	»	1	»	1	»	2	»	2	»	2	»	2
4	»	1	»	2	»	2	»	2	»	2	»	2	»	3	»	3
5	»	2	»	2	»	2	»	2	»	3	»	3	»	3	»	4
6	»	2	»	2	»	3	»	3	»	3	»	4	»	4	»	4
7	»	2	»	3	»	3	»	3	»	4	»	4	»	5	»	5
8	»	3	»	3	»	4	»	4	»	4	»	5	»	5	»	6
9	»	3	»	3	»	4	»	4	»	5	»	5	»	6	»	6
10	»	3	»	4	»	4	»	5	»	6	»	6	»	7	»	7
11	»	4	»	4	»	5	»	5	»	6	»	7	»	7	»	8
12	»	4	»	5	»	5	»	6	»	7	»	7	»	8	»	9
13	»	4	»	5	»	6	»	6	»	7	»	8	»	9	»	9
14	»	5	»	5	»	6	»	7	»	8	»	9	»	9	»	10
15	»	5	»	6	»	7	»	7	»	8	»	9	»	10	»	11
16	»	5	»	6	»	7	»	8	»	9	»	10	»	11	»	12
17	»	6	»	7	»	8	»	8	»	9	»	10	»	11	»	12
18	»	6	»	7	»	8	»	9	»	10	»	11	»	12	»	13
19	»	6	»	7	»	8	»	9	»	11	»	12	»	13	»	14
20	»	7	»	8	»	9	»	10	»	11	»	12	»	13	»	14
21	»	7	»	8	»	9	»	10	»	12	»	13	»	14	»	15
22	»	7	»	9	»	10	»	11	»	12	»	13	»	15	»	16
23	»	8	»	9	»	10	»	11	»	13	»	14	»	15	»	17
24	»	8	»	9	»	11	»	12	»	13	»	15	»	16	»	17
25	»	8	»	10	»	11	»	12	»	14	»	15	»	17	»	18
26	»	9	»	10	»	12	»	13	»	14	»	16	»	17	»	19
27	»	9	»	10	»	12	»	13	»	15	»	16	»	18	»	19
28	»	9	»	11	»	12	»	14	»	16	»	17	»	19	»	20
29	»	10	»	11	»	13	»	14	»	16	»	18	»	19	»	21
MOIS.																
1	»	10	»	12	»	13	»	15	»	17	»	18	»	20	»	22
2	»	20	»	23	»	27	»	30	»	33	»	37	»	40	»	43
3	»	30	»	35	»	40	»	45	»	50	»	55	»	60	»	65
4	»	40	»	47	»	53	»	60	»	67	»	73	»	80	»	87
5	»	50	»	58	»	67	»	75	»	83	»	92	1	»	1	8
6	»	60	»	70	»	80	»	90	1	»	1	10	1	20	1	30
7	»	70	»	82	»	93	1	5	1	17	1	28	1	40	1	52
8	»	80	»	93	1	7	1	20	1	33	1	47	1	60	1	73
9	»	90	1	5	1	20	1	35	1	50	1	65	1	80	1	95
10	1	»	1	17	1	33	1	50	1	67	1	83	2	»	2	17
11	1	10	1	28	1	47	1	65	1	83	2	2	2	20	2	38
ANNÉES.																
1	1	20	1	40	1	60	1	80	2	»	2	20	2	40	2	60
2	2	40	2	80	3	20	3	60	4	»	4	40	4	80	5	20
3	3	60	4	20	4	80	5	40	6	»	6	60	7	20	7	80
4	4	80	5	60	6	40	7	20	8	»	8	80	9	60	10	40
5	6	»	7	»	8	»	9	»	10	»	11	»	12	»	13	»
6	7	20	8	40	9	60	10	80	12	»	13	20	14	40	15	60
7	8	40	9	80	11	20	12	60	14	»	15	40	16	80	18	20
8	9	60	11	20	12	80	14	40	16	»	17	60	19	20	20	80
9	10	80	12	60	14	40	16	20	18	»	19	80	21	60	23	40
10	12	»	14	»	16	»	18	»	20	»	22	»	24	»	26	»

	7		7 1/2		8		8 1/2		9		9 1/2		10	
JOURS.	Fr.	C.	Fr.	C.	Fr.	C.	Fr.	C.	Fr.	C.	Fr.	C.	Fr.	C.
1	»	1	»	1	»	1	»	1	»	1	»	1	»	1
2	»	2	»	2	»	2	»	2	»	2	»	2	»	2
3	»	2	»	3	»	3	»	3	»	3	»	3	»	3
4	»	3	»	3	»	4	»	4	»	4	»	4	»	4
5	»	4	»	4	»	4	»	4	»	5	»	5	»	6
6	»	5	»	5	»	5	»	6	»	6	»	6	»	7
7	»	5	»	6	»	6	»	6	»	7	»	7	»	8
8	»	6	»	7	»	7	»	7	»	8	»	8	»	9
9	»	7	»	7	»	8	»	8	»	9	»	9	»	10
10	»	8	»	8	»	9	»	9	»	10	»	10	»	11
11	»	9	»	9	»	10	»	10	»	11	»	12	»	12
12	»	9	»	10	»	11	»	11	»	12	»	13	»	13
13	»	10	»	11	»	12	»	12	»	13	»	13	»	14
14	»	11	»	11	»	12	»	13	»	14	»	15	»	16
15	»	12	»	12	»	13	»	14	»	15	»	15	»	17
16	»	12	»	13	»	14	»	15	»	16	»	17	»	18
17	»	13	»	13	»	15	»	16	»	17	»	17	»	19
18	»	14	»	14	»	16	»	17	»	18	»	18	»	20
19	»	15	»	15	»	17	»	18	»	19	»	19	»	21
20	»	16	»	16	»	18	»	19	»	20	»	21	»	22
21	»	16	»	17	»	19	»	20	»	21	»	22	»	23
22	»	17	»	17	»	20	»	21	»	22	»	23	»	24
23	»	18	»	18	»	20	»	22	»	23	»	24	»	26
24	»	19	»	19	»	21	»	23	»	24	»	25	»	27
25	»	19	»	20	»	22	»	24	»	25	»	26	»	28
26	»	20	»	21	»	23	»	25	»	26	»	27	»	29
27	»	21	»	22	»	24	»	25	»	27	»	28	»	30
28	»	22	»	23	»	25	»	26	»	28	»	29	»	31
29	»	23	»	24	»	26	»	27	»	29	»	30	»	32
MOIS.														
1	»	23	»	25	»	27	»	28	»	30	»	32	»	33
2	»	47	»	50	»	53	»	57	»	60	»	64	»	67
3	»	70	»	75	»	80	»	85	»	90	»	95	1	»
4	»	93	1	»	1	7	1	13	1	20	1	27	1	33
5	1	17	1	25	1	33	1	42	1	50	1	58	1	67
6	1	40	1	50	1	60	1	70	1	80	1	90	2	»
7	1	63	1	75	1	87	1	98	2	10	2	22	2	33
8	1	87	2	»	2	13	2	27	2	40	2	53	2	67
9	2	10	2	25	2	40	2	55	2	70	2	85	3	»
10	2	33	2	50	2	67	2	83	3	»	3	17	3	33
11	2	57	2	75	2	93	3	12	3	30	3	48	3	37
ANNÉES.														
1	2	80	3	»	3	20	3	40	3	60	3	80	4	»
2	5	60	6	»	6	40	6	80	7	20	7	60	8	»
3	8	40	9	»	9	60	10	20	10	80	11	40	12	»
4	11	20	12	»	12	80	13	60	14	40	15	20	16	»
5	14	»	15	»	16	»	17	»	18	»	19	»	20	»
6	16	80	18	»	19	20	20	40	21	60	22	80	24	»
7	19	60	21	»	22	40	23	80	25	20	26	60	28	»
8	22	40	24	»	25	60	27	20	28	80	30	40	32	»
9	25	20	27	»	28	80	30	60	32	40	34	20	36	»
10	28	»	30	»	32	»	34	»	36	»	38	»	40	»

Intérêts à raison de

	3		3 1/2		4		4 1/2		5		5 1/2		6		6 1/2		7		7 1/2		8		8 1/2		9		9 1/2		10	
JOURS.	Fr.	C.	Fr.	C.	Fr.	C.	Fr.	C.	Fr.	C.	Fr.	C.	Fr.	C.	Fr.	C.	Fr.	C.	Fr.	C.	Fr.	C.	Fr.	C.	Fr.	C.	Fr.	C.	Fr.	C.
1	»	»	»	»	»	»	»	1	»	1	»	1	»	1	»	1	»	1	»	1	»	1	»	1	»	1	»	1	»	1
2	»	1	»	1	»	1	»	1	»	1	»	1	»	1	»	1	»	2	»	2	»	2	»	2	»	2	»	2	»	2
3	»	1	»	1	»	1	»	2	»	2	»	2	»	2	»	2	»	2	»	2	»	3	»	3	»	3	»	3	»	3
4	»	1	»	2	»	2	»	2	»	2	»	3	»	3	»	3	»	3	»	4	»	4	»	4	»	4	»	5	»	5
5	»	2	»	2	»	2	»	3	»	3	»	3	»	3	»	4	»	4	»	4	»	5	»	5	»	5	»	6	»	6
6	»	2	»	2	»	3	»	3	»	3	»	4	»	4	»	4	»	5	»	5	»	5	»	6	»	6	»	7	»	7
7	»	2	»	3	»	3	»	4	»	4	»	4	»	5	»	5	»	6	»	6	»	6	»	7	»	7	»	8	»	8
8	»	3	»	3	»	4	»	4	»	5	»	5	»	6	»	6	»	6	»	7	»	7	»	8	»	8	»	9	»	9
9	»	3	»	4	»	4	»	5	»	5	»	6	»	6	»	7	»	7	»	8	»	8	»	9	»	9	»	9	»	10
10	»	3	»	4	»	5	»	5	»	6	»	6	»	7	»	7	»	8	»	9	»	9	»	9	»	10	»	10	»	11
11	»	4	»	4	»	5	»	6	»	6	»	7	»	8	»	8	»	9	»	9	»	10	»	10	»	11	»	11	»	13
12	»	4	»	5	»	5	»	6	»	7	»	8	»	8	»	9	»	10	»	10	»	11	»	11	»	12	»	12	»	14
13	»	4	»	5	»	6	»	7	»	7	»	8	»	9	»	10	»	10	»	11	»	12	»	12	»	13	»	14	»	15
14	»	5	»	6	»	6	»	7	»	8	»	9	»	10	»	10	»	11	»	12	»	13	»	13	»	14	»	15	»	16
15	»	5	»	6	»	7	»	8	»	9	»	9	»	10	»	11	»	12	»	13	»	14	»	14	»	15	»	16	»	17
16	»	5	»	6	»	7	»	8	»	9	»	10	»	11	»	12	»	13	»	14	»	15	»	15	»	16	»	17	»	18
17	»	6	»	7	»	8	»	9	»	10	»	11	»	12	»	13	»	14	»	15	»	15	»	16	»	17	»	18	»	19
18	»	6	»	7	»	8	»	9	»	10	»	11	»	12	»	13	»	14	»	15	»	16	»	17	»	18	»	19	»	20
19	»	6	»	8	»	9	»	10	»	11	»	12	»	13	»	14	»	15	»	16	»	17	»	18	»	19	»	20	»	22
20	»	7	»	8	»	9	»	10	»	11	»	13	»	14	»	15	»	16	»	17	»	18	»	19	»	20	»	21	»	23
21	»	7	»	8	»	10	»	11	»	12	»	13	»	14	»	16	»	17	»	18	»	19	»	19	»	22	»	22	»	24
22	»	8	»	9	»	10	»	11	»	13	»	14	»	15	»	16	»	18	»	19	»	20	»	21	»	23	»	23	»	25
23	»	8	»	9	»	10	»	12	»	13	»	14	»	16	»	17	»	18	»	19	»	21	»	22	»	24	»	24	»	26
24	»	8	»	10	»	11	»	12	»	14	»	15	»	16	»	18	»	19	»	20	»	22	»	23	»	25	»	25	»	27
25	»	9	»	10	»	11	»	13	»	14	»	16	»	17	»	19	»	20	»	21	»	23	»	24	»	26	»	27	»	28
26	»	9	»	10	»	12	»	13	»	15	»	16	»	18	»	19	»	21	»	22	»	24	»	27	»	27	»	28	»	30
27	»	9	»	11	»	12	»	14	»	15	»	17	»	18	»	20	»	22	»	23	»	25	»	26	»	28	»	29	»	31
28	»	10	»	11	»	13	»	14	»	16	»	18	»	19	»	21	»	22	»	24	»	26	»	27	»	29	»	30	»	32
29	»	10	»	12	»	13	»	15	»	17	»	18	»	20	»	21	»	23	»	25	»	26	»	28	»	30	»	31	»	33
MOIS.																														
1	»	10	»	12	»	14	»	15	»	17	»	19	»	20	»	22	»	24	»	26	»	27	»	29	»	31	»	32	»	34
2	»	20	»	24	»	27	»	31	»	34	»	38	»	41	»	44	»	48	»	51	»	55	»	58	»	61	»	65	»	68
3	»	31	»	36	»	41	»	46	»	51	»	56	»	61	»	67	»	72	»	77	»	82	»	87	»	92	»	97	1	2
4	»	41	»	48	»	55	»	61	»	68	»	75	»	82	»	89	»	96	1	3	1	9	1	16	1	23	1	29	1	37
5	»	51	»	60	»	68	»	77	»	85	»	94	1	2	1	11	1	20	1	28	1	37	1	45	1	54	1	62	1	71
6	»	61	»	72	»	82	»	92	1	2	1	13	1	23	1	33	1	43	1	54	1	64	1	74	1	84	1	94	2	5
7	»	72	»	84	»	96	1	8	1	20	1	32	1	43	1	55	1	67	1	80	1	91	2	4	2	15	2	28	2	39
8	»	82	»	96	1	9	1	23	1	37	1	50	1	64	1	78	1	91	2	5	2	19	2	32	2	46	2	60	2	73
9	»	92	1	8	1	23	1	38	1	54	1	69	1	84	2	»	2	15	2	31	2	46	2	64	2	77	2	92	3	7
10	1	2	1	20	1	37	1	54	1	71	1	88	2	5	2	22	2	39	2	57	2	73	2	91	3	7	3	25	3	42
11	1	13	1	32	1	50	1	69	1	86	2	7	2	25	2	44	2	63	2	82	3	1	3	19	3	38	3	57	3	76
ANNÉES.																														
1	1	23	1	43	1	64	1	84	2	5	2	25	2	46	2	66	2	87	3	7	3	28	3	48	3	69	3	89	4	10
2	2	46	2	87	3	28	3	69	4	10	4	51	4	92	5	33	5	74	6	15	6	76	6	97	7	38	7	79	8	20
3	3	69	4	30	4	92	5	53	6	15	6	76	7	38	7	99	8	61	9	22	9	84	10	45	11	7	11	68	12	30
4	4	92	5	74	6	56	7	38	8	20	9	2	9	84	10	66	11	48	12	30	13	12	13	94	14	76	15	58	16	40
5	6	15	7	17	8	20	9	22	10	25	11	27	12	30	13	32	14	35	15	37	16	40	17	42	18	45	19	47	20	50
6	7	38	8	60	9	84	11	6	12	30	13	52	14	76	15	98	17	22	18	44	19	68	20	90	22	14	23	36	24	60
7	8	61	10	4	11	48	12	91	14	35	15	78	17	22	18	65	20	9	21	52	22	96	24	39	25	83	27	26	28	70
8	9	84	11	48	13	12	14	76	16	40	18	4	19	68	21	32	22	96	24	60	26	24	27	88	29	52	31	16	32	80
9	11	7	12	91	14	76	16	60	18	45	20	29	22	14	23	98	25	83	27	67	29	52	31	36	33	21	35	5	36	90
10	12	30	14	34	16	40	18	44	20	50	22	54	24	60	26	64	28	70	30	74	32	80	34	84	36	90	38	94	41	»

Intérêts à raison de

	3		3 1/2		4		4 1/2		5		5 1/2		6	
	Fr.	C.	Fr.	C.	Fr.	C	Fr.	C	Fr.	C.	Fr.	C.	Fr.	C.
JOURS.														
1	»	»	»	»	»	»	»	1	»	1	»	1	»	1
2	»	1	»	1	»	1	»	1	»	1	»	1	»	1
3	»	1	»	1	»	1	»	2	»	2	»	2	»	2
4	»	1	»	2	»	2	»	2	»	2	»	3	»	3
5	»	2	»	2	»	2	»	3	»	3	»	3	»	3
6	»	2	»	2	»	3	»	3	»	3	»	4	»	4
7	»	2	»	3	»	3	»	4	»	4	»	4	»	5
8	»	3	»	3	»	4	»	4	»	5	»	5	»	6
9	»	3	»	4	»	4	»	5	»	5	»	6	»	6
10	»	3	»	4	»	5	»	5	»	6	»	6	»	7
11	»	4	»	4	»	5	»	5	»	6	»	7	»	8
12	»	4	»	5	»	6	»	6	»	7	»	8	»	8
13	»	5	»	5	»	6	»	6	»	8	»	8	»	9
14	»	5	»	6	»	7	»	7	»	8	»	9	»	10
15	»	5	»	6	»	7	»	7	»	9	»	10	»	10
16	»	6	»	7	»	7	»	8	»	9	»	10	»	11
17	»	6	»	7	»	8	»	8	»	10	»	11	»	12
18	»	6	»	7	»	8	»	9	»	10	»	12	»	13
19	»	7	»	8	»	9	»	9	»	11	»	12	»	13
20	»	7	»	8	»	9	»	10	»	12	»	13	»	14
21	»	7	»	9	»	10	»	10	»	12	»	13	»	15
22	»	8	»	9	»	10	»	11	»	13	»	14	»	15
23	»	8	»	9	»	11	»	12	»	13	»	15	»	16
24	»	8	»	10	»	11	»	12	»	14	»	15	»	17
25	»	9	»	10	»	12	»	13	»	15	»	16	»	17
26	»	9	»	11	»	12	»	13	»	15	»	17	»	18
27	»	9	»	11	»	13	»	14	»	16	»	17	»	19
28	»	10	»	11	»	13	»	14	»	16	»	18	»	20
29	»	10	»	12	»	14	»	15	»	17	»	19	»	20
MOIS.														
1	»	10	»	12	»	14	»	16	»	17	»	19	»	21
2	»	21	»	24	»	28	»	31	»	35	»	38	»	42
3	»	31	»	37	»	42	»	47	»	52	»	58	»	63
4	»	42	»	49	»	56	»	63	»	70	»	77	»	84
5	»	52	»	61	»	70	»	79	»	87	»	96	1	5
6	»	63	»	73	»	84	»	94	1	5	1	15	1	26
7	»	73	»	86	»	98	1	10	1	22	1	35	1	47
8	»	84	»	98	1	12	1	26	1	40	1	54	1	68
9	»	94	1	10	1	26	1	42	1	57	1	73	1	89
10	1	5	1	22	1	40	1	57	1	75	1	92	2	10
11	1	15	1	33	1	54	1	73	1	92	2	12	2	31
ANNÉES.														
1	1	26	1	47	1	68	1	89	2	10	2	31	2	52
2	2	52	2	94	3	36	3	78	4	20	4	62	5	4
3	3	78	4	41	5	4	5	67	6	30	6	93	7	56
4	5	4	5	88	6	72	7	56	8	40	9	24	10	8
5	6	30	7	35	8	40	9	45	10	50	11	55	12	60
6	7	56	8	82	10	8	11	34	12	60	13	86	15	12
7	8	82	10	29	11	76	13	23	14	70	16	17	17	64
8	10	8	11	76	13	44	15	12	16	80	18	48	20	16
9	11	34	13	23	15	12	17	1	18	90	20	79	22	68
10	12	60	14	70	16	80	18	90	21	»	23	10	25	20

	6 1/2		7		7 1/2		8		8 1/2		9		9 1/2		10	
	Fr.	C.	Fr.	C	Fr.	C.	Fr.	C.	Fr.	C	Fr.	C.	Fr.	C.	Fr.	C
JOURS.																
1	»	1	»	1	»	1	»	1	»	1	»	1	»	1	»	1
2	»	2	»	2	»	2	»	2	»	2	»	2	»	2	»	2
3	»	2	»	2	»	2	»	3	»	3	»	3	»	3	»	3
4	»	3	»	3	»	4	»	4	»	4	»	4	»	5	»	5
5	»	4	»	4	»	4	»	5	»	5	»	5	»	6	»	6
6	»	5	»	5	»	5	»	6	»	6	»	6	»	6	»	7
7	»	5	»	6	»	6	»	7	»	7	»	7	»	7	»	8
8	»	6	»	7	»	7	»	7	»	8	»	8	»	9	»	9
9	»	7	»	7	»	8	»	8	»	9	»	9	»	10	»	10
10	»	8	»	8	»	9	»	9	»	9	»	10	»	10	»	12
11	»	8	»	9	»	9	»	10	»	10	»	12	»	12	»	13
12	»	9	»	10	»	10	»	11	»	11	»	13	»	13	»	14
13	»	10	»	11	»	11	»	12	»	12	»	14	»	14	»	15
14	»	11	»	11	»	12	»	13	»	14	»	15	»	15	»	16
15	»	11	»	12	»	13	»	14	»	15	»	16	»	16	»	17
16	»	12	»	13	»	14	»	15	»	16	»	17	»	17	»	19
17	»	13	»	14	»	15	»	16	»	17	»	18	»	18	»	20
18	»	14	»	15	»	16	»	17	»	18	»	19	»	19	»	21
19	»	14	»	16	»	17	»	18	»	19	»	20	»	20	»	22
20	»	15	»	16	»	18	»	19	»	20	»	21	»	21	»	23
21	»	16	»	17	»	18	»	20	»	21	»	22	»	22	»	24
22	»	17	»	18	»	19	»	21	»	22	»	23	»	24	»	26
23	»	17	»	19	»	20	»	21	»	23	»	24	»	25	»	27
24	»	18	»	20	»	21	»	22	»	24	»	25	»	26	»	28
25	»	19	»	20	»	22	»	23	»	25	»	26	»	27	»	29
26	»	20	»	21	»	23	»	24	»	26	»	27	»	28	»	30
27	»	20	»	22	»	24	»	25	»	27	»	28	»	29	»	31
28	»	21	»	23	»	25	»	26	»	27	»	29	»	31	»	33
29	»	22	»	24	»	26	»	27	»	28	»	30	»	32	»	34
MOIS.																
1	»	23	»	24	»	26	»	28	»	30	»	31	»	33	»	35
2	»	45	»	49	»	52	»	56	»	59	»	63	»	66	»	70
3	»	68	»	73	»	79	»	84	»	89	»	94	»	99	1	5
4	»	91	»	98	1	5	1	12	1	19	1	26	1	33	1	40
5	1	14	1	22	1	31	1	40	1	49	1	57	1	66	1	75
6	1	36	1	47	1	57	1	68	1	78	1	89	1	99	2	10
7	1	59	1	71	1	84	1	96	2	8	2	20	2	32	2	45
8	1	82	1	96	2	10	2	24	2	38	2	52	2	66	2	80
9	2	5	2	20	2	36	2	52	2	68	2	83	2	99	3	15
10	2	27	2	45	2	62	2	80	2	97	3	15	3	32	3	50
11	2	50	2	69	2	89	3	8	3	27	3	46	3	65	3	85
ANNÉES.																
1	2	73	2	94	3	15	3	36	3	57	3	78	3	99	4	20
2	5	46	5	88	6	30	6	72	7	14	7	56	7	98	8	40
3	8	19	8	82	9	45	10	8	10	71	11	34	11	97	12	60
4	10	92	11	76	12	60	13	44	14	28	15	12	15	96	16	80
5	13	65	14	70	15	75	16	80	17	85	18	90	19	95	21	»
6	16	38	17	64	18	90	20	16	21	42	22	68	23	94	25	20
7	19	11	20	58	22	5	23	52	24	99	26	46	27	93	29	40
8	21	84	23	52	25	20	26	88	28	56	30	24	31	92	33	60
9	24	57	26	46	28	35	30	24	32	13	34	2	35	91	37	80
10	27	30	29	40	31	50	33	60	35	70	37	80	39	90	42	»

43 FRANCS.

Intérêts à raison de

	3		3 1/2		4		4 1/2		5		5 1/2		6	
JOURS.	Fr.	C.	Fr.	C.	Fr.	C.	Fr.	C.	Fr.	C.	Fr.	C.	Fr.	C.
1	»	»	»	»	»	»	»	1	»	1	»	1	»	1
2	»	1	»	1	»	1	»	1	»	1	»	1	»	1
3	»	1	»	1	»	1	»	2	»	2	»	2	»	2
4	»	1	»	2	»	2	»	2	»	2	»	3	»	3
5	»	2	»	2	»	2	»	3	»	3	»	3	»	4
6	»	2	»	3	»	3	»	3	»	4	»	4	»	4
7	»	3	»	3	»	3	»	4	»	4	»	5	»	5
8	»	3	»	3	»	4	»	4	»	5	»	5	»	6
9	»	3	»	4	»	4	»	5	»	5	»	6	»	6
10	»	4	»	4	»	5	»	5	»	6	»	7	»	7
11	»	4	»	5	»	5	»	6	»	7	»	7	»	8
12	»	4	»	5	»	6	»	6	»	7	»	8	»	9
13	»	5	»	5	»	6	»	7	»	8	»	9	»	9
14	»	5	»	6	»	7	»	8	»	8	»	9	»	10
15	»	5	»	6	»	7	»	8	»	9	»	10	»	11
16	»	6	»	7	»	8	»	9	»	10	»	10	»	11
17	»	6	»	7	»	8	»	9	»	10	»	11	»	12
18	»	6	»	8	»	9	»	10	»	11	»	12	»	13
19	»	7	»	8	»	9	»	10	»	11	»	12	»	14
20	»	7	»	8	»	10	»	11	»	12	»	13	»	14
21	»	8	»	9	»	10	»	11	»	13	»	14	»	15
22	»	8	»	9	»	11	»	12	»	13	»	14	»	16
23	»	8	»	10	»	11	»	12	»	14	»	15	»	16
24	»	9	»	10	»	11	»	13	»	14	»	16	»	17
25	»	9	»	10	»	12	»	13	»	15	»	16	»	18
26	»	9	»	11	»	12	»	14	»	15	»	17	»	19
27	»	10	»	11	»	13	»	15	»	16	»	18	»	19
28	»	10	»	12	»	13	»	15	»	17	»	18	»	20
29	»	10	»	12	»	14	»	16	»	17	»	19	»	21
MOIS.														
1	»	11	»	13	»	14	»	16	»	18	»	20	»	21
2	»	21	»	25	»	29	»	32	»	36	»	39	»	43
3	»	32	»	38	»	43	»	48	»	54	»	59	»	64
4	»	43	»	50	»	57	»	64	»	72	»	79	»	86
5	»	54	»	63	»	72	»	84	»	90	»	99	1	7
6	»	64	»	75	»	86	»	97	1	7	1	18	1	29
7	»	75	»	88	1	»	1	13	1	25	1	38	1	50
8	»	86	1	»	1	15	1	29	1	43	1	58	1	72
9	»	97	1	13	1	29	1	45	1	61	1	77	1	93
10	1	7	1	25	1	43	1	61	1	79	1	97	2	15
11	1	18	1	38	1	58	1	77	1	97	2	17	2	36
ANNÉES.														
1	1	29	1	50	1	72	1	93	2	15	2	36	2	58
2	2	58	3	1	3	44	3	87	4	30	4	73	5	16
3	3	87	4	51	5	16	5	80	6	45	7	9	7	74
4	5	16	6	2	6	88	7	74	8	60	9	46	10	32
5	6	45	7	52	8	60	9	67	10	75	11	82	12	90
6	7	74	9	2	10	32	11	60	12	90	14	18	15	48
7	9	3	10	53	12	4	13	54	15	5	16	55	18	6
8	10	32	12	4	13	76	15	48	17	20	18	92	20	64
9	11	61	13	54	15	48	17	41	19	35	21	28	23	22
10	12	90	15	4	17	20	19	34	21	50	23	64	25	80

	6 1/2		7		7 1/2		8		8 1/2		9		9 1/2		10	
JOURS.	Fr.	C.	Fr.	C.	Fr.	C.	Fr.	C.	Fr.	C.	Fr.	C.	Fr.	C.	Fr.	C.
1	»	1	»	1	»	1	»	1	»	1	»	1	»	1	»	1
2	»	2	»	2	»	2	»	2	»	2	»	2	»	2	»	2
3	»	2	»	3	»	3	»	3	»	3	»	3	»	4	»	4
4	»	3	»	3	»	4	»	4	»	4	»	4	»	4	»	5
5	»	4	»	4	»	5	»	5	»	5	»	5	»	6	»	6
6	»	5	»	5	»	6	»	6	»	6	»	6	»	7	»	7
7	»	5	»	6	»	7	»	7	»	8	»	8	»	8	»	8
8	»	6	»	7	»	8	»	8	»	9	»	9	»	10	»	10
9	»	7	»	8	»	8	»	9	»	10	»	10	»	10	»	11
10	»	8	»	8	»	9	»	10	»	11	»	11	»	11	»	12
11	»	9	»	9	»	10	»	11	»	11	»	12	»	12	»	13
12	»	9	»	10	»	11	»	11	»	12	»	13	»	13	»	14
13	»	10	»	11	»	12	»	12	»	13	»	14	»	15	»	16
14	»	11	»	12	»	12	»	13	»	14	»	15	»	15	»	17
15	»	12	»	13	»	13	»	14	»	15	»	16	»	17	»	18
16	»	12	»	13	»	14	»	15	»	16	»	17	»	18	»	19
17	»	13	»	14	»	15	»	16	»	17	»	18	»	19	»	20
18	»	14	»	15	»	16	»	17	»	18	»	19	»	20	»	21
19	»	15	»	16	»	17	»	18	»	19	»	20	»	21	»	23
20	»	16	»	17	»	18	»	19	»	20	»	21	»	22	»	24
21	»	16	»	18	»	19	»	20	»	21	»	23	»	24	»	25
22	»	17	»	18	»	20	»	21	»	22	»	24	»	25	»	26
23	»	18	»	19	»	21	»	22	»	23	»	25	»	26	»	27
24	»	19	»	20	»	22	»	23	»	24	»	26	»	27	»	29
25	»	19	»	21	»	23	»	24	»	26	»	27	»	28	»	30
26	»	20	»	22	»	24	»	25	»	27	»	28	»	29	»	31
27	»	21	»	23	»	25	»	26	»	28	»	29	»	31	»	32
28	»	22	»	23	»	26	»	27	»	29	»	30	»	32	»	33
29	»	23	»	24	»	26	»	28	»	30	»	31	»	33	»	35
MOIS.																
1	»	23	»	25	»	27	»	29	»	30	»	32	»	34	»	36
2	»	47	»	50	»	54	»	57	»	61	»	65	»	68	»	72
3	»	70	»	75	»	81	»	86	»	91	»	97	1	2	1	7
4	»	93	1	»	1	7	1	15	1	21	1	29	1	36	1	43
5	1	16	1	25	1	35	1	43	1	54	1	61	1	71	1	79
6	1	40	1	50	1	61	1	72	1	83	1	93	2	4	2	15
7	1	63	1	76	1	88	2	1	2	13	2	26	2	38	2	51
8	1	86	2	1	2	15	2	29	2	44	2	58	2	72	2	87
9	2	10	2	26	2	42	2	58	2	74	2	90	3	6	3	22
10	2	33	2	51	2	68	2	87	3	4	3	22	3	40	3	58
11	2	56	2	76	2	96	3	15	3	35	3	55	3	74	3	94
ANNÉES.																
1	2	79	3	1	3	22	3	44	3	65	3	87	4	8	4	30
2	5	59	6	2	6	45	6	88	7	31	7	74	8	17	8	60
3	8	38	9	3	9	67	10	32	10	96	11	61	12	25	12	90
4	11	18	12	4	12	90	13	76	14	62	15	48	16	34	17	20
5	13	97	15	5	16	12	17	20	18	27	19	35	20	42	21	50
6	16	76	18	6	19	34	20	64	21	92	23	22	24	50	25	80
7	19	56	21	7	22	57	24	8	25	58	27	9	28	59	30	10
8	22	36	24	8	25	80	27	52	29	24	30	96	32	68	34	40
9	25	15	27	9	29	2	30	96	32	89	34	83	36	76	38	70
10	27	94	30	10	32	24	34	40	36	54	38	70	40	84	43	»

44 FRANCS.

Intérêts à raison de

	3		3 1/2		4		4 1/2		5		5 1/2		6		6 1/2		7		7 1/2		8		8 1/2		9		9 1/2		10	
JOURS.	Fr.	C.	Fr.	C.	Fr.	C.	Fr.	C.	Fr.	C.	Fr.	C.	Fr.	C.	Fr.	C.	Fr.	C.	Fr.	C.	Fr.	C.	Fr.	C.	Fr.	C.	Fr.	C.	Fr.	C.
1	»	»	»	»	»	»	»	1	»	1	»	1	»	1	»	1	»	1	»	1	»	1	»	1	»	1	»	1	»	1
2	»	1	»	1	»	1	»	1	»	1	»	1	»	1	»	2	»	2	»	2	»	2	»	2	»	2	»	2	»	2
3	»	1	»	1	»	1	»	2	»	2	»	2	»	2	»	2	»	3	»	3	»	3	»	3	»	3	»	4	»	4
4	»	1	»	2	»	2	»	2	»	2	»	3	»	3	»	3	»	3	»	4	»	4	»	4	»	4	»	4	»	5
5	»	2	»	2	»	2	»	3	»	3	»	3	»	4	»	4	»	4	»	5	»	5	»	5	»	5	»	5	»	6
6	»	2	»	3	»	3	»	3	»	4	»	4	»	4	»	5	»	5	»	6	»	6	»	6	»	7	»	7	»	7
7	»	3	»	3	»	3	»	4	»	4	»	5	»	5	»	6	»	6	»	6	»	7	»	7	»	8	»	8	»	9
8	»	3	»	3	»	4	»	4	»	5	»	5	»	6	»	6	»	7	»	7	»	8	»	8	»	9	»	9	»	10
9	»	3	»	4	»	4	»	5	»	5	»	6	»	7	»	7	»	8	»	8	»	9	»	9	»	10	»	10	»	11
10	»	4	»	4	»	5	»	5	»	6	»	7	»	7	»	8	»	9	»	9	»	10	»	10	»	11	»	11	»	12
11	»	4	»	5	»	5	»	6	»	7	»	7	»	8	»	9	»	9	»	10	»	11	»	11	»	12	»	12	»	13
12	»	4	»	5	»	6	»	7	»	7	»	8	»	9	»	10	»	10	»	11	»	12	»	12	»	13	»	14	»	15
13	»	5	»	6	»	6	»	7	»	8	»	9	»	10	»	10	»	11	»	12	»	13	»	13	»	14	»	15	»	16
14	»	5	»	6	»	7	»	8	»	9	»	9	»	10	»	11	»	12	»	13	»	14	»	14	»	15	»	16	»	17
15	»	5	»	6	»	7	»	8	»	9	»	10	»	11	»	12	»	13	»	14	»	15	»	15	»	16	»	17	»	18
16	»	6	»	7	»	8	»	9	»	10	»	11	»	12	»	13	»	14	»	15	»	16	»	16	»	18	»	19	»	20
17	»	6	»	7	»	8	»	9	»	10	»	11	»	12	»	14	»	15	»	16	»	17	»	17	»	19	»	20	»	21
18	»	7	»	8	»	9	»	10	»	11	»	12	»	13	»	14	»	15	»	17	»	18	»	18	»	20	»	21	»	22
19	»	7	»	8	»	9	»	10	»	12	»	13	»	14	»	15	»	16	»	18	»	19	»	19	»	21	»	22	»	23
20	»	7	»	9	»	10	»	11	»	12	»	13	»	15	»	16	»	17	»	19	»	20	»	20	»	22	»	23	»	24
21	»	8	»	9	»	10	»	12	»	13	»	14	»	15	»	17	»	18	»	19	»	21	»	21	»	23	»	24	»	26
22	»	8	»	9	»	11	»	12	»	13	»	15	»	16	»	17	»	19	»	20	»	22	»	22	»	24	»	25	»	27
23	»	8	»	10	»	11	»	13	»	14	»	16	»	17	»	18	»	20	»	21	»	22	»	23	»	25	»	27	»	28
24	»	9	»	10	»	12	»	13	»	15	»	16	»	18	»	19	»	21	»	22	»	23	»	24	»	26	»	28	»	29
25	»	9	»	11	»	12	»	14	»	15	»	17	»	18	»	20	»	21	»	23	»	24	»	25	»	27	»	29	»	31
26	»	10	»	11	»	13	»	14	»	16	»	17	»	19	»	21	»	22	»	24	»	25	»	26	»	29	»	30	»	32
27	»	10	»	12	»	13	»	15	»	16	»	18	»	20	»	21	»	23	»	25	»	26	»	27	»	30	»	31	»	33
28	»	10	»	12	»	14	»	15	»	17	»	19	»	21	»	22	»	24	»	26	»	27	»	28	»	31	»	32	»	34
29	»	11	»	13	»	14	»	16	»	18	»	19	»	21	»	23	»	25	»	27	»	28	»	29	»	32	»	34	»	35
MOIS.																														
1	»	11	»	13	»	15	»	16	»	18	»	20	»	22	»	24	»	26	»	28	»	29	»	31	»	33	»	34	»	37
2	»	22	»	26	»	29	»	33	»	37	»	40	»	44	»	48	»	51	»	55	»	59	»	62	»	66	»	70	»	73
3	»	33	»	38	»	44	»	49	»	55	»	60	»	66	»	71	»	77	»	82	»	88	»	93	»	99	1	4	1	10
4	»	44	»	51	»	59	»	66	»	73	»	81	»	88	»	95	1	3	1	10	1	17	1	25	1	32	1	39	1	47
5	»	55	»	64	»	73	»	82	»	92	1	1	1	10	1	19	1	28	1	37	1	47	1	55	1	65	1	74	1	83
6	»	66	»	77	»	88	»	99	1	10	1	21	1	32	1	43	1	54	1	65	1	76	1	87	1	98	2	9	2	20
7	»	77	»	90	1	3	1	15	1	28	1	41	1	54	1	67	1	80	1	93	2	5	2	18	2	31	2	43	2	57
8	»	88	1	3	1	17	1	32	1	47	1	61	1	76	1	91	2	5	2	20	2	35	2	49	2	64	2	79	2	93
9	»	99	1	15	1	32	1	48	1	65	1	81	1	98	2	14	2	31	2	47	2	64	2	80	2	97	3	13	3	30
10	1	10	1	28	1	47	1	65	1	83	2	2	2	20	2	38	2	57	2	75	2	93	3	12	3	30	3	48	3	77
11	1	21	1	41	1	61	1	81	2	2	2	22	2	42	2	62	2	82	3	2	3	23	3	43	4	63	3	82	4	3
ANNÉES.																														
1	1	32	1	54	1	76	1	98	2	20	2	42	2	64	2	86	3	8	3	30	3	52	3	74	3	96	4	18	4	40
2	2	64	3	8	3	52	3	96	4	40	4	84	5	28	5	72	6	16	6	60	7	4	7	48	7	92	8	36	8	80
3	3	96	4	62	5	28	5	94	6	60	7	26	7	92	8	58	9	24	9	90	10	56	11	22	11	88	12	54	13	20
4	5	28	6	16	7	4	7	92	8	80	9	68	10	56	11	44	12	32	13	20	14	8	14	96	15	84	16	72	17	60
5	6	60	7	70	8	80	9	90	11	»	12	10	13	20	14	30	15	40	16	50	17	60	18	70	19	80	20	90	22	»
6	7	92	9	24	10	56	11	88	13	20	14	52	15	84	17	16	18	48	19	80	21	12	22	44	23	76	25	8	26	40
7	9	24	10	78	12	32	13	86	15	40	16	94	18	48	20	2	21	56	23	10	24	64	26	18	27	72	29	26	30	80
8	10	56	12	32	14	8	15	84	17	60	19	36	21	12	22	88	24	64	26	40	28	16	29	92	31	68	33	44	35	20
9	11	88	13	86	15	84	17	82	19	80	21	78	23	76	25	74	27	72	29	70	31	68	33	66	35	64	37	62	39	60
10	13	20	15	40	17	60	19	80	22	»	24	20	26	40	28	60	30	80	33	»	35	20	37	40	39	60	41	80	44	»

Intérêts à raison de

	3		3 1/2		4		4 1/2		5		5 1/2		6		6 1/2		7		7 1/2		8		8 1/2		9		9 1/2		10	
	Fr.	C.	Fr.	C.	Fr.	C.	Fr	C.	Fr.	C.	Fr.	C.	Fr.	C.	Fr.	C	Fr.	C.	Fr.	C.	Fr.	C.	Fr.	C	Fr.	C.	Fr.	C.	Fr.	C.
JOURS.																														
1	»	»	»	»	»	»	»	1	»	1	»	1	»	1	»	1	»	1	»	1	»	1	»	1	»	1	»	1	»	1
2	»	1	»	1	»	1	»	1	»	1	»	1	»	1	»	2	»	2	»	2	»	2	»	2	»	2	»	2	»	2
3	»	1	»	1	»	1	»	2	»	2	»	2	»	2	»	2	»	3	»	3	»	3	»	3	»	3	»	4	»	4
4	»	1	»	2	»	2	»	2	»	2	»	3	»	3	»	3	»	3	»	5	»	4	»	4	»	4	»	5	»	5
5	»	2	»	2	»	2	»	3	»	3	»	3	»	4	»	4	»	4	»	5	»	5	»	5	»	6	»	6	»	6
6	»	2	»	3	»	3	»	3	»	4	»	4	»	4	»	5	»	5	»	6	»	6	»	6	»	7	»	7	»	7
7	»	3	»	3	»	3	»	4	»	4	»	5	»	5	»	6	»	6	»	7	»	7	»	7	»	8	»	8	»	9
8	»	3	»	3	»	4	»	4	»	5	»	5	»	6	»	6	»	7	»	7	»	8	»	8	»	9	»	9	»	10
9	»	3	»	4	»	4	»	5	»	6	»	6	»	7	»	7	»	8	»	8	»	9	»	9	»	10	»	10	»	11
10	»	4	»	4	»	5	»	6	»	6	»	7	»	7	»	8	»	9	»	9	»	10	»	10	»	11	»	11	»	12
11	»	4	»	5	»	5	»	6	»	7	»	8	»	8	»	9	»	10	»	10	»	11	»	11	»	12	»	12	»	14
12	»	4	»	5	»	6	»	7	»	7	»	8	»	9	»	10	»	10	»	11	»	12	»	12	»	13	»	13	»	15
13	»	5	»	6	»	6	»	7	»	8	»	9	»	10	»	11	»	11	»	12	»	13	»	15	»	15	»	15	»	16
14	»	5	»	6	»	7	»	8	»	9	»	10	»	10	»	11	»	12	»	13	»	14	»	16	»	16	»	17	»	17
15	»	6	»	7	»	7	»	8	»	9	»	10	»	11	»	12	»	13	»	14	»	15	»	17	»	17	»	18	»	19
16	»	6	»	7	»	8	»	9	»	10	»	11	»	12	»	13	»	14	»	15	»	16	»	18	»	18	»	19	»	20
17	»	6	»	7	»	8	»	10	»	11	»	12	»	13	»	14	»	15	»	16	»	17	»	19	»	19	»	20	»	21
18	»	7	»	8	»	9	»	10	»	11	»	12	»	13	»	15	»	16	»	17	»	18	»	19	»	20	»	21	»	22
19	»	7	»	8	»	9	»	11	»	12	»	13	»	14	»	15	»	17	»	18	»	19	»	20	»	21	»	22	»	24
20	»	7	»	9	»	10	»	11	»	12	»	14	»	15	»	16	»	17	»	19	»	20	»	21	»	22	»	23	»	25
21	»	8	»	9	»	10	»	12	»	13	»	14	»	16	»	17	»	18	»	20	»	21	»	22	»	24	»	25	»	26
22	»	8	»	10	»	11	»	12	»	14	»	15	»	16	»	18	»	19	»	21	»	22	»	23	»	25	»	26	»	27
23	»	9	»	10	»	11	»	13	»	14	»	16	»	17	»	19	»	20	»	22	»	23	»	24	»	26	»	27	»	29
24	»	9	»	10	»	12	»	13	»	15	»	16	»	18	»	19	»	21	»	23	»	24	»	25	»	27	»	28	»	30
25	»	9	»	11	»	12	»	14	»	16	»	17	»	19	»	20	»	22	»	24	»	25	»	26	»	28	»	30	»	31
26	»	10	»	11	»	13	»	15	»	16	»	18	»	19	»	21	»	23	»	25	»	26	»	27	»	29	»	31	»	32
27	»	10	»	12	»	13	»	15	»	17	»	19	»	20	»	22	»	24	»	26	»	27	»	28	»	30		32	»	34
28	»	10	»	12	»	14	»	16	»	17	»	19	»	21	»	23	»	24	»	26	»	28	»	29	»	31	»	33	»	35
29	»	11	»	13	»	14	»	16	»	18	»	20	»	22	»	24	»	25	»	27	»	29	»	30	»	33	»	34	»	36
MOIS.																														
1	»	11	»	13	»	15	»	17	»	19	»	21	»	22	»	24	»	26	»	28	»	30	»	32	»	34	»	36	»	37
2	»	22	»	26	»	30	»	34	»	37	»	41	»	45	»	49	»	52	»	56	»	60	»	64	»	67	»	71	»	75
3	»	34	»	39	»	45	»	51	»	56	»	62	»	67	»	73	»	79	»	84	»	90	»	96	1	1	1	7	1	12
4	»	45	»	52	»	60	»	67	»	75	»	82	»	90	»	97	1	5	1	12	1	20	1	27	1	35	1	42	1	50
5	»	56	»	66	»	75	»	84	»	94	1	3	1	12	1	22	1	31	1	41	1	50	1	59	1	69	1	78	1	87
6	»	67	»	79	»	90	1	1	1	12	1	24	1	35	1	46	1	57	1	69	1	80	1	91	2	2	2	13	2	25
7	»	79	»	92	1	5	1	18	1	31	1	44	1	57	1	71	1	84	1	97	2	10	2	25	2	36	2	49	2	62
8	»	90	1	5	1	20	1	35	1	50	1	65	1	80	1	95	2	10	2	25	2	40	2	55	2	70	2	85	3	»
9	1	1	1	18	1	35	1	52	1	69	1	86	2	2	2	19	2	36	2	53	2	70	2	87	3	4	3	21	3	37
10	1	12	1	31	1	50	1	69	1	87	2	6	2	25	2	44	2	62	2	81	3	»	3	19	3	37	3	56	3	75
11	1	24	1	44	1	65	1	86	2	6	2	27	2	47	2	68	2	89	3	9	3	30	3	51	3	71	3	92	4	12
ANNÉES.																														
1	1	35	1	57	1	80	2	2	2	25	2	47	2	70	2	92	3	15	3	37	3	60	3	82	4	5	4	27	4	50
2	2	70	3	15	3	60	4	5	4	50	4	95	5	40	5	85	6	30	6	75	7	20	7	65	8	10	8	55	9	»
3	4	5	4	72	5	40	6	7	6	75	7	42	8	10	8	77	9	45	10	12	10	80	11	47	12	15	12	82	13	50
4	5	40	6	30	7	20	8	10	9	»	9	90	10	80	11	70	12	60	13	50	14	40	15	30	16	20	17	10	18	»
5	6	75	7	87	9	»	10	12	11	25	12	37	13	50	14	62	15	75	16	87	18	»	19	12	20	25	21	37	22	50
6	8	10	9	44	10	80	12	14	13	50	14	84	16	20	17	54	18	90	20	24	21	60	22	94	24	30	25	64	27	»
7	9	45	11	2	12	60	14	17	15	75	17	32	18	90	20	47	22	5	23	62	25	20	26	77	28	35	29	92	31	50
8	10	80	12	60	14	40	16	20	18	»	19	80	21	60	23	40	25	20	27	»	28	80	30	60	32	40	34	20	36	»
9	12	15	14	17	16	20	18	22	20	25	22	27	24	30	26	32	28	35	30	37	32	40	34	42	36	45	38	47	40	50
10	13	50	15	74	18	»	20	24	22	50	24	74	27	»	29	24	31	50	33	74	36	»	38	24	40	50	42	74	45	»

Intérêts à raison de

	3		3 1/2		4		4 1/2		5		5 1/2		6		6 1/2		7		7 1/2		8		8 1/2		9		9 1/2		10	
	Fr.	C.	Fr.	C.	Fr.	C.	Fr.	C.	Fr.	C.	Fr.	C.	Fr.	C.	Fr.	C.	Fr.	C.	Fr.	C.	Fr.	C.	Fr.	C.	Fr.	C.	Fr.	C.	Fr.	C.
JOURS.																														
1	»	»	»	»	»	1	»	1	»	1	»	1	»	1	»	1	»	1	»	1	»	1	»	1	»	1	»	1	»	1
2	»	1	»	1	»	1	»	1	»	1	»	1	»	2	»	2	»	2	»	2	»	2	»	2	»	2	»	3	»	3
3	»	1	»	1	»	2	»	2	»	2	»	2	»	2	»	2	»	3	»	3	»	3	»	3	»	3	»	4	»	4
4	»	2	»	2	»	2	»	2	»	3	»	3	»	3	»	3	»	4	»	4	»	4	»	5	»	5	»	5	»	5
5	»	2	»	2	»	3	»	3	»	3	»	4	»	4	»	4	»	4	»	5	»	5	»	6	»	6	»	6	»	6
6	»	2	»	3	»	3	»	3	»	4	»	4	»	5	»	5	»	5	»	6	»	6	»	7	»	7	»	7	»	8
7	»	3	»	3	»	4	»	4	»	4	»	5	»	5	»	6	»	6	»	7	»	7	»	8	»	8	»	8	»	9
8	»	3	»	4	»	4	»	5	»	5	»	6	»	6	»	7	»	7	»	8	»	8	»	9	»	9	»	9	»	10
9	»	3	»	4	»	5	»	5	»	6	»	6	»	7	»	7	»	8	»	9	»	9	»	10	»	10	»	11	»	11
10	»	4	»	4	»	5	»	6	»	6	»	7	»	8	»	8	»	9	»	10	»	10	»	11	»	11	»	12	»	13
11	»	4	»	5	»	6	»	6	»	7	»	8	»	8	»	9	»	10	»	11	»	11	»	12	»	13	»	13	»	14
12	»	5	»	5	»	6	»	7	»	8	»	8	»	9	»	10	»	11	»	12	»	12	»	13	»	14	»	14	»	15
13	»	5	»	6	»	7	»	7	»	8	»	9	»	10	»	11	»	12	»	13	»	13	»	14	»	15	»	15	»	17
14	»	5	»	6	»	7	»	8	»	9	»	10	»	11	»	12	»	13	»	14	»	14	»	15	»	16	»	16	»	18
15	»	6	»	7	»	8	»	9	»	10	»	11	»	11	»	12	»	13	»	15	»	15	»	16	»	17	»	17	»	19
16	»	6	»	7	»	8	»	9	»	10	»	11	»	12	»	13	»	14	»	15	»	16	»	17	»	18	»	18	»	20
17	»	7	»	8	»	9	»	10	»	11	»	12	»	13	»	14	»	15	»	16	»	17	»	18	»	20	»	20	»	22
18	»	7	»	8	»	9	»	10	»	11	»	13	»	14	»	15	»	16	»	17	»	18	»	19	»	21	»	21	»	23
19	»	7	»	8	»	10	»	11	»	12	»	13	»	15	»	16	»	17	»	18	»	19	»	20	»	22	»	23	»	24
20	»	8	»	9	»	10	»	11	»	13	»	14	»	15	»	17	»	18	»	19	»	20	»	21	»	23	»	24	»	26
21	»	8	»	9	»	11	»	12	»	13	»	15	»	16	»	17	»	19	»	20	»	21	»	22	»	24	»	25	»	27
22	»	8	»	10	»	11	»	13	»	14	»	15	»	17	»	18	»	20	»	21	»	22	»	23	»	25	»	26	»	28
23	»	9	»	10	»	12	»	13	»	15	»	16	»	18	»	19	»	21	»	22	»	24	»	24	»	26	»	27	»	29
24	»	9	»	11	»	12	»	14	»	15	»	17	»	18	»	20	»	21	»	23	»	25	»	26	»	28	»	29	»	31
25	»	10	»	11	»	13	»	14	»	16	»	18	»	19	»	21	»	22	»	24	»	26	»	27	»	29	»	30	»	32
26	»	10	»	12	»	13	»	15	»	17	»	18	»	20	»	22	»	23	»	25	»	27	»	28	»	30	»	31	»	33
27	»	10	»	12	»	14	»	16	»	17	»	19	»	21	»	22	»	24	»	26	»	28	»	29	»	31	»	33	»	34
28	»	11	»	13	»	14	»	16	»	18	»	20	»	21	»	23	»	25	»	27	»	29	»	30	»	32	»	34	»	36
29	»	11	»	13	»	15	»	17	»	19	»	20	»	22	»	24	»	26	»	28	»	30	»	31	»	33	»	35	»	37
MOIS.																														
1	»	11	»	13	»	15	»	17	»	19	»	21	»	23	»	25	»	27	»	28	»	31	»	32	»	34	»	36	»	38
2	»	23	»	27	»	31	»	34	»	38	»	42	»	46	»	50	»	54	»	58	»	61	»	65	»	69	»	72	»	77
3	»	34	»	40	»	46	»	52	»	57	»	63	»	69	»	75	»	80	»	86	»	92	»	98	1	3	1	9	1	15
4	»	46	»	54	»	61	»	69	»	77	»	84	»	92	1	»	1	7	1	15	1	23	1	30	1	38	1	46	1	53
5	»	57	»	67	»	77	»	86	»	96	1	5	1	15	1	25	1	34	1	44	1	53	1	63	1	72	1	82	1	92
6	»	69	»	80	»	92	1	3	1	15	1	26	1	38	1	49	1	61	1	72	1	84	1	95	2	7	2	18	2	30
7	»	80	»	94	1	7	1	21	1	34	1	48	1	61	1	74	1	88	2	1	2	15	2	28	2	41	2	55	2	68
8	»	92	1	7	1	23	1	38	1	53	1	69	1	84	1	99	2	15	2	30	2	45	2	61	2	76	2	91	3	7
9	1	3	1	21	1	38	1	55	1	72	1	90	2	7	2	24	2	41	2	59	2	76	2	93	3	10	3	27	3	45
10	1	15	1	34	1	53	1	72	1	92	2	11	2	30	2	49	2	68	2	87	3	7	3	25	3	45	3	64	3	83
11	1	26	1	48	1	69	1	90	2	11	2	32	2	53	2	74	2	95	3	17	3	37	3	59	3	79	4	1	4	22
ANNÉES.																														
1	1	38	1	61	1	84	2	7	2	30	2	53	2	76	2	99	3	22	3	45	3	68	3	91	4	14	4	37	4	60
2	2	76	3	22	3	68	4	14	4	60	5	6	5	52	5	98	6	44	6	90	7	36	7	82	8	28	8	74	9	20
3	4	14	4	83	5	52	6	21	6	90	7	59	8	28	8	97	9	66	10	35	11	4	11	73	12	42	13	11	13	80
4	5	52	6	44	7	36	8	28	9	20	10	12	11	4	11	96	12	88	13	80	14	72	15	64	16	56	17	48	18	40
5	6	90	8	5	9	20	10	35	11	50	12	65	13	80	14	95	16	10	17	25	18	40	19	55	20	70	21	85	23	»
6	8	28	9	66	11	4	12	42	13	80	15	18	16	56	17	94	19	32	20	70	22	8	23	46	24	84	26	22	27	60
7	9	66	11	27	12	88	14	49	16	10	17	71	19	32	20	93	22	54	24	15	25	76	27	37	28	98	30	59	32	20
8	11	4	12	88	14	72	16	56	18	40	20	24	22	8	23	92	25	76	27	60	29	44	31	28	33	12	34	96	36	80
9	12	42	14	49	16	56	18	63	20	70	22	77	24	84	26	91	28	98	31	5	33	12	35	19	37	26	39	33	41	40
10	13	80	16	10	18	40	20	70	23	»	25	30	27	60	29	90	32	20	34	50	36	80	39	10	41	40	43	70	46	»

47 FRANCS.

Intérêts à raison de

	3		3 1/2		4		4 1/2		5		5 1/2		6	
	Fr.	C.	Fr.	C.	Fr.	C	Fr.	C.	Fr.	C.	Fr.	C.	Fr.	C.
JOURS.														
1	»	»	»	»	»	1	»	1	»	1	»	1	»	1
2	»	1	»	1	»	1	»	1	»	1	»	1	»	2
3	»	1	»	1	»	2	»	2	»	2	»	2	»	2
4	»	2	»	2	»	2	»	2	»	3	»	3	»	3
5	»	2	»	2	»	3	»	3	»	3	»	4	»	4
6	»	2	»	3	»	3	»	4	»	4	»	4	»	5
7	»	3	»	3	»	4	»	4	»	5	»	5	»	5
8	»	3	»	4	»	4	»	5	»	5	»	6	»	6
9	»	4	»	4	»	5	»	5	»	6	»	6	»	7
10	»	4	»	5	»	5	»	6	»	7	»	7	»	8
11	»	4	»	5	»	6	»	6	»	7	»	8	»	9
12	»	5	»	5	»	6	»	7	»	8	»	9	»	9
13	»	5	»	6	»	7	»	8	»	8	»	9	»	10
14	»	5	»	6	»	7	»	8	»	9	»	10	»	11
15	»	6	»	7	»	8	»	9	»	10	»	10	»	12
16	»	6	»	7	»	8	»	9	»	11	»	11	»	13
17	»	7	»	8	»	9	»	10	»	11	»	12	»	13
18	»	7	»	8	»	9	»	11	»	12	»	13	»	14
19	»	7	»	9	»	10	»	11	»	12	»	14	»	15
20	»	8	»	9	»	10	»	12	»	13	»	14	»	16
21	»	8	»	10	»	11	»	12	»	14	»	15	»	16
22	»	9	»	10	»	11	»	13	»	14	»	16	»	17
23	»	9	»	11	»	12	»	14	»	15	»	17	»	18
24	»	9	»	11	»	13	»	14	»	16	»	17	»	19
25	»	10	»	11	»	13	»	15	»	16	»	18	»	20
26	»	10	»	12	»	14	»	15	»	17	»	19	»	20
27	»	11	»	12	»	14	»	16	»	18	»	19	»	21
28	»	11	»	13	»	15	»	16	»	18	»	20	»	22
29	»	11	»	13	»	15	»	17	»	19	»	21	»	23
MOIS.														
1	»	12	»	14	»	16	»	18	»	20	»	22	»	23
2	»	23	»	27	»	31	»	35	»	39	»	43	»	47
3	»	35	»	41	»	47	»	53	»	59	»	65	»	70
4	»	47	»	55	»	63	»	70	»	78	»	86	»	94
5	»	59	»	69	»	78	»	88	»	98	1	8	1	17
6	»	70	»	82	»	94	1	6	1	17	1	29	1	41
7	»	82	»	96	1	10	1	23	1	37	1	51	1	64
8	»	94	1	10	1	25	1	41	1	57	1	72	1	88
9	1	6	1	23	1	41	1	59	1	76	1	94	2	11
10	1	17	1	37	1	57	1	76	1	96	2	15	2	35
11	1	29	1	51	1	72	1	94	2	15	2	37	2	58
ANNÉES.														
1	1	41	1	64	1	88	2	11	2	35	2	58	2	82
2	2	82	3	29	3	76	4	23	4	70	5	17	5	64
3	4	23	4	93	5	64	6	34	7	5	7	75	8	46
4	5	64	6	58	7	52	8	46	9	40	10	34	11	28
5	7	5	8	22	9	40	10	57	11	75	12	92	14	10
6	8	46	9	86	11	28	12	68	14	10	15	50	16	92
7	9	87	11	51	13	16	14	80	16	45	18	9	19	74
8	11	28	13	16	15	4	16	92	18	80	20	68	22	56
9	12	69	14	80	16	92	19	3	21	15	23	26	25	38
10	14	10	16	44	18	80	21	14	23	50	25	84	28	20

	6 1/2		7		7 1/2		8		8 1/2		9		9 1/2		10	
	Fr.	C.	Fr.	C.	Fr.	C	Fr.	C.	Fr.	C.	Fr.	C.	Fr.	C.	Fr.	C
JOURS.																
1	»	1	»	1	»	1	»	1	»	1	»	1	»	1	»	1
2	»	2	»	2	»	2	»	2	»	2	»	2	»	2	»	3
3	»	3	»	3	»	3	»	3	»	3	»	4	»	4	»	4
4	»	3	»	4	»	4	»	4	»	4	»	5	»	5	»	5
5	»	4	»	5	»	5	»	5	»	5	»	6	»	6	»	7
6	»	5	»	5	»	6	»	6	»	6	»	7	»	7	»	8
7	»	6	»	6	»	6	»	7	»	7	»	9	»	9	»	9
8	»	7	»	7	»	7	»	8	»	8	»	8	»	11	»	10
9	»	8	»	8	»	8	»	9	»	9	»	11	»	12	»	12
10	»	8	»	9	»	9	»	10	»	11	»	12	»	13	»	13
11	»	9	»	10	»	11	»	11	»	12	»	13	»	15	»	14
12	»	10	»	11	»	13	»	13	»	13	»	14	»	16	»	16
13	»	11	»	12	»	14	»	14	»	14	»	15	»	17	»	17
14	»	12	»	13	»	15	»	15	»	15	»	16	»	18	»	18
15	»	13	»	14	»	16	»	16	»	16	»	18	»	19	»	20
16	»	14	»	15	»	17	»	17	»	17	»	19	»	20	»	21
17	»	14	»	16	»	18	»	18	»	19	»	20	»	21	»	22
18	»	15	»	16	»	19	»	19	»	20	»	21	»	22	»	23
19	»	16	»	17	»	20	»	20	»	21	»	22	»	23	»	25
20	»	17	»	18	»	20	»	21	»	22	»	23	»	24	»	26
21	»	18	»	19	»	21	»	22	»	23	»	25	»	26	»	27
22	»	19	»	20	»	22	»	23	»	24	»	26	»	28	»	29
23	»	20	»	21	»	23	»	24	»	25	»	27	»	29	»	30
24	»	20	»	22	»	24	»	25	»	26	»	28	»	30	»	31
25	»	21	»	23	»	25	»	26	»	27	»	29	»	31	»	33
26	»	22	»	24	»	26	»	27	»	29	»	31	»	32	»	34
27	»	23	»	25	»	27	»	28	»	30	»	32	»	33	»	35
28	»	24	»	26	»	28	»	29	»	31	»	33	»	35	»	37
29	»	25	»	26	»	29	»	30	»	32	»	34	»	36	»	38
MOIS.																
1	»	25	»	27	»	30	»	31	»	33	»	35	»	37	»	39
2	»	51	»	55	»	58	»	63	»	66	»	70	»	74	»	78
3	»	76	»	82	»	88	»	94	1	»	1	6	1	12	1	17
4	1	2	1	10	1	18	1	25	1	33	1	44	1	48	1	57
5	1	27	1	37	1	47	1	57	1	66	1	76	1	86	1	96
6	1	53	1	64	1	76	1	88	2	»	2	11	2	23	2	35
7	1	78	1	92	2	6	2	19	2	33	2	47	2	60	2	74
8	2	4	2	19	2	35	2	51	2	66	2	82	2	98	3	13
9	2	29	2	47	2	64	2	82	3	»	3	17	3	35	3	52
10	2	55	2	74	2	94	2	13	3	33	3	52	3	72	3	92
11	2	80	3	2	3	23	3	45	3	66	3	88	4	9	4	31
ANNÉES.																
1	3	5	3	29	3	52	3	76	3	99	4	23	4	46	4	70
2	6	11	6	58	7	5	7	52	7	99	8	46	8	93	9	40
3	9	16	9	87	10	57	11	28	11	98	12	69	13	39	14	10
4	12	22	13	16	14	10	15	4	15	98	16	92	17	86	18	80
5	15	27	16	45	17	62	18	80	19	97	21	15	22	32	23	50
6	18	32	19	74	21	14	22	56	23	96	25	38	26	78	28	20
7	21	38	23	3	24	67	26	32	27	96	29	61	31	25	32	90
8	24	44	26	32	28	20	30	8	31	95	33	84	35	72	37	60
9	27	49	29	61	31	72	33	84	35	95	38	7	40	48	42	30
10	30	54	32	90	35	24	37	60	39	94	42	30	44	64	47	»

Intérêts à raison de

	3		3 1/2		4		4 1/2		5		5 1/2		6		6 1/2		7		7 1/2		8		8 1/2		9		9 1/2		10	
JOURS.	Fr.	C.	Fr.	C.	Fr.	C.	Fr.	C.	Fr.	C.	Fr.	C.	Fr.	C.	Fr.	C.	Fr.	C.	Fr.	C.	Fr.	C.	Fr.	C.	Fr.	C.	Fr.	C.	Fr.	C.
1	»	»	»	»	»	1	»	1	»	1	»	1	»	1	»	1	»	1	»	1	»	1	»	1	»	1	»	1	»	1
2	»	1	»	1	»	1	»	1	»	1	»	1	»	2	»	2	»	2	»	2	»	2	»	2	»	2	»	3	»	3
3	»	1	»	1	»	2	»	2	»	2	»	2	»	2	»	3	»	3	»	3	»	3	»	3	»	4	»	4	»	4
4	»	2	»	2	»	2	»	2	»	3	»	3	»	3	»	3	»	4	»	4	»	4	»	4	»	5	»	5	»	5
5	»	2	»	2	»	3	»	3	»	3	»	4	»	4	»	4	»	5	»	5	»	5	»	5	»	6	»	6	»	7
6	»	2	»	3	»	3	»	4	»	4	»	4	»	5	»	5	»	6	»	6	»	6	»	6	»	7	»	7	»	8
7	»	3	»	3	»	4	»	4	»	5	»	5	»	6	»	6	»	7	»	7	»	7	»	8	»	8	»	8	»	9
8	»	3	»	4	»	4	»	5	»	5	»	6	»	6	»	7	»	7	»	8	»	9	»	9	»	10	»	10	»	11
9	»	4	»	4	»	5	»	5	»	6	»	7	»	7	»	8	»	8	»	9	»	10	»	10	»	11	»	11	»	12
10	»	4	»	5	»	5	»	6	»	7	»	7	»	8	»	9	»	9	»	10	»	11	»	11	»	12	»	12	»	13
11	»	4	»	5	»	6	»	7	»	7	»	8	»	9	»	10	»	10	»	11	»	12	»	12	»	13	»	14	»	15
12	»	5	»	6	»	6	»	7	»	8	»	9	»	10	»	10	»	11	»	12	»	13	»	13	»	14	»	15	»	16
13	»	5	»	6	»	7	»	8	»	9	»	10	»	10	»	11	»	12	»	13	»	14	»	15	»	16	»	16	»	17
14	»	6	»	7	»	7	»	8	»	9	»	10	»	11	»	12	»	13	»	14	»	15	»	16	»	17	»	17	»	18
15	»	6	»	7	»	8	»	9	»	10	»	11	»	12	»	13	»	14	»	15	»	16	»	17	»	18	»	19	»	20
16	»	6	»	7	»	9	»	10	»	11	»	12	»	13	»	14	»	15	»	16	»	17	»	18	»	19	»	20	»	21
17	»	7	»	8	»	9	»	10	»	11	»	12	»	14	»	15	»	16	»	17	»	18	»	19	»	20	»	21	»	23
18	»	7	»	8	»	10	»	11	»	12	»	13	»	14	»	16	»	17	»	18	»	19	»	21	»	22	»	22	»	24
19	»	8	»	9	»	10	»	11	»	13	»	14	»	15	»	16	»	18	»	19	»	20	»	22	»	23	»	23	»	25
20	»	8	»	9	»	11	»	12	»	13	»	15	»	16	»	17	»	19	»	20	»	21	»	23	»	24	»	24	»	27
21	»	8	»	10	»	11	»	13	»	14	»	15	»	17	»	18	»	20	»	21	»	22	»	24	»	25	»	26	»	28
22	»	9	»	10	»	12	»	13	»	15	»	16	»	18	»	19	»	21	»	22	»	23	»	25	»	26	»	27	»	29
23	»	9	»	11	»	12	»	14	»	15	»	17	»	18	»	20	»	21	»	23	»	25	»	27	»	28	»	28	»	31
24	»	10	»	11	»	13	»	15	»	16	»	18	»	19	»	21	»	22	»	24	»	26	»	28	»	29	»	29	»	32
25	»	10	»	12	»	13	»	15	»	17	»	18	»	20	»	22	»	23	»	25	»	27	»	29	»	30	»	31	»	33
26	»	10	»	12	»	14	»	15	»	17	»	19	»	21	»	23	»	24	»	26	»	28	»	30	»	31	»	32	»	35
27	»	11	»	13	»	14	»	16	»	18	»	20	»	22	»	23	»	25	»	27	»	29	»	31	»	32	»	33	»	36
28	»	11	»	13	»	15	»	17	»	19	»	21	»	22	»	24	»	26	»	28	»	30	»	32	»	34	»	35	»	37
29	»	12	»	14	»	15	»	17	»	19	»	21	»	23	»	25	»	27	»	29	»	31	»	33	»	35	»	37	»	39
MOIS.																														
1	»	12	»	14	»	16	»	18	»	20	»	22	»	24	»	26	»	28	»	30	»	32	»	34	»	36	»	38	»	40
2	»	24	»	28	»	32	»	36	»	40	»	44	»	48	»	52	»	56	»	60	»	64	»	68	»	72	»	76	»	80
3	»	36	»	42	»	48	»	54	»	60	»	66	»	72	»	78	»	84	»	90	»	96	1	2	1	8	1	14	1	20
4	»	48	»	56	»	64	»	72	»	80	»	88	»	96	1	4	1	12	1	20	1	28	1	36	1	44	1	52	1	60
5	»	60	»	70	»	80	»	90	1	»	1	10	1	20	1	30	1	40	1	50	1	60	1	70	1	80	1	90	2	»
6	»	72	»	84	»	96	1	8	1	20	1	32	1	44	1	56	1	68	1	80	1	92	2	4	2	16	2	28	2	40
7	»	84	»	98	1	12	1	26	1	40	1	54	1	68	1	82	1	96	2	10	2	24	2	38	2	52	2	66	2	80
8	»	96	1	12	1	28	1	44	1	60	1	76	1	92	2	8	2	24	2	40	2	56	2	72	2	88	3	4	3	20
9	1	8	1	26	1	44	1	62	1	80	1	98	2	16	2	34	2	52	2	70	2	88	3	6	3	24	3	42	3	60
10	1	20	1	40	1	60	1	80	2	»	2	20	2	40	2	60	2	80	3	»	3	20	3	40	3	60	3	80	4	»
11	1	32	1	54	1	76	1	98	2	20	2	42	3	64	2	86	3	8	3	30	3	52	3	74	3	96	4	18	4	40
ANNÉES.																														
1	1	44	1	68	1	92	2	16	2	40	2	64	2	88	3	12	3	36	3	60	3	84	4	8	4	32	4	56	4	80
2	2	88	3	36	3	84	4	32	4	80	5	28	5	76	6	24	6	72	7	20	7	68	8	16	8	64	9	12	9	60
3	4	32	5	4	5	76	6	48	7	20	7	92	8	64	9	36	10	8	10	80	11	52	12	24	12	96	13	68	14	40
4	5	76	6	72	7	68	8	64	9	60	10	56	11	52	12	48	13	44	14	40	15	36	16	32	17	28	18	24	19	20
5	7	20	8	40	9	60	10	80	12	»	13	20	14	40	15	60	16	80	18	»	19	20	20	40	21	60	22	80	24	»
6	8	64	10	8	11	52	12	96	14	40	15	84	17	28	18	72	20	16	21	60	23	4	24	48	25	92	27	36	28	80
7	10	8	11	76	13	44	15	12	16	80	18	48	20	16	21	84	23	52	25	20	26	88	28	56	30	24	31	92	33	60
8	11	52	13	44	15	36	17	28	19	20	21	12	23	4	24	96	26	88	28	80	30	72	32	64	34	56	36	48	38	40
9	12	96	15	12	17	28	19	44	21	60	23	76	25	92	28	8	30	24	32	40	34	56	36	72	38	88	41	4	43	20
10	14	40	16	80	19	20	21	60	24	»	26	40	28	80	31	20	33	60	36	»	38	40	40	80	43	20	45	60	48	»

49 FRANCS.

Intérêts à raison de

	3		3 1/2		4		4 1/2		5		5 1/2		6		6 1/2		7		7 1/2		8		8 1/2		9		9 1/2		10	
JOURS.	Fr.	C.	Fr.	C.	Fr.	C.	Fr.	C.	Fr.	C.	Fr.	C.	Fr.	C.	Fr.	C.	Fr.	C.	Fr.	C.	Fr.	C.	Fr.	C.	Fr.	C.	Fr.	C.	Fr.	C.
1	»	»	»	»	»	1	»	1	»	1	»	1	»	1	»	1	»	1	»	1	»	1	»	1	»	1	»	1	»	1
2	»	1	»	1	»	1	»	1	»	1	»	1	»	2	»	2	»	2	»	2	»	2	»	2	»	2	»	3	»	3
3	»	1	»	1	»	2	»	2	»	2	»	2	»	2	»	3	»	3	»	3	»	3	»	3	»	4	»	4	»	4
4	»	2	»	2	»	2	»	2	»	3	»	3	»	3	»	4	»	4	»	4	»	4	»	5	»	5	»	5	»	5
5	»	2	»	2	»	3	»	3	»	3	»	4	»	4	»	4	»	5	»	5	»	5	»	6	»	6	»	7	»	7
6	»	2	»	3	»	3	»	4	»	4	»	4	»	5	»	5	»	6	»	6	»	7	»	7	»	7	»	8	»	8
7	»	3	»	3	»	4	»	4	»	5	»	5	»	6	»	6	»	7	»	7	»	8	»	8	»	9	»	9	»	10
8	»	3	»	4	»	4	»	5	»	5	»	6	»	7	»	7	»	8	»	8	»	9	»	9	»	10	»	10	»	11
9	»	4	»	4	»	5	»	6	»	6	»	7	»	7	»	8	»	9	»	9	»	10	»	10	»	11	»	11	»	12
10	»	4	»	5	»	5	»	6	»	7	»	7	»	8	»	9	»	10	»	10	»	11	»	11	»	12	»	12	»	14
11	»	4	»	5	»	6	»	7	»	7	»	8	»	9	»	10	»	10	»	11	»	12	»	12	»	13	»	13	»	15
12	»	5	»	6	»	7	»	7	»	8	»	9	»	10	»	11	»	11	»	12	»	13	»	13	»	15	»	15	»	16
13	»	5	»	6	»	7	»	8	»	9	»	10	»	11	»	12	»	12	»	13	»	14	»	14	»	16	»	16	»	18
14	»	6	»	7	»	8	»	9	»	10	»	10	»	11	»	12	»	13	»	14	»	15	»	16	»	17	»	17	»	19
15	»	6	»	7	»	8	»	9	»	10	»	11	»	12	»	13	»	14	»	15	»	16	»	17	»	18	»	18	»	20
16	»	7	»	8	»	9	»	10	»	11	»	12	»	13	»	14	»	15	»	16	»	17	»	18	»	20	»	20	»	22
17	»	7	»	8	»	9	»	10	»	12	»	13	»	14	»	15	»	16	»	17	»	19	»	19	»	21	»	21	»	23
18	»	7	»	9	»	10	»	11	»	12	»	13	»	15	»	16	»	17	»	18	»	20	»	20	»	22	»	23	»	24
19	»	8	»	9	»	10	»	12	»	13	»	14	»	16	»	17	»	18	»	19	»	21	»	22	»	23	»	24	»	26
20	»	8	»	10	»	11	»	12	»	14	»	15	»	16	»	18	»	19	»	20	»	22	»	23	»	25	»	25	»	27
21	»	9	»	10	»	11	»	13	»	14	»	16	»	17	»	19	»	20	»	21	»	23	»	24	»	26	»	27	»	29
22	»	9	»	10	»	12	»	13	»	15	»	16	»	18	»	19	»	21	»	23	»	24	»	25	»	27	»	28	»	30
23	»	9	»	11	»	13	»	14	»	16	»	17	»	19	»	20	»	22	»	24	»	25	»	26	»	28	»	29	»	31
24	»	10	»	11	»	13	»	15	»	16	»	18	»	20	»	21	»	23	»	25	»	26	»	28	»	29	»	30	»	33
25	»	10	»	12	»	14	»	15	»	17	»	19	»	20	»	22	»	24	»	26	»	27	»	29	»	31	»	31	»	34
26	»	11	»	12	»	14	»	16	»	18	»	19	»	21	»	23	»	25	»	27	»	28	»	30	»	32	»	33	»	35
27	»	11	»	13	»	15	»	17	»	18	»	20	»	22	»	24	»	26	»	28	»	29	»	31	»	33	»	34	»	37
28	»	11	»	13	»	15	»	17	»	19	»	21	»	23	»	25	»	27	»	29	»	30	»	32	»	34	»	36	»	38
29	»	12	»	14	»	16	»	18	»	20	»	22	»	24	»	26	»	28	»	30	»	32	»	34	»	36	»	37	»	39
MOIS.																														
1	»	12	»	14	»	16	»	18	»	20	»	22	»	24	»	27	»	29	»	30	»	33	»	34	»	37	»	38	»	41
2	»	24	»	29	»	33	»	37	»	41	»	45	»	49	»	53	»	57	»	62	»	65	»	70	»	73	»	78	»	82
3	»	37	»	43	»	49	»	55	»	61	»	67	»	73	»	80	»	86	»	92	»	96	1	4	1	10	1	16	1	22
4	»	49	»	57	»	65	»	73	»	82	»	90	»	98	1	6	1	14	1	22	1	31	1	38	1	47	1	55	1	63
5	»	61	»	71	»	82	»	92	1	2	1	12	1	22	1	33	1	43	1	53	1	63	1	74	1	84	1	94	2	4
6	»	73	»	86	»	98	1	10	1	22	1	35	1	47	1	59	1	71	1	84	1	96	2	8	2	20	2	32	2	45
7	»	86	1	»	1	14	1	29	1	43	1	57	1	71	1	86	2	»	2	14	2	29	2	43	2	57	2	72	2	86
8	»	98	1	14	1	31	1	47	1	63	1	80	1	96	2	12	2	29	2	45	2	61	2	78	2	94	3	10	3	27
9	1	10	1	29	1	47	1	65	1	84	2	2	2	20	2	39	2	57	2	76	2	94	3	12	3	31	3	49	3	67
10	1	22	1	43	1	63	1	84	2	4	2	25	2	45	2	65	2	86	3	6	3	27	3	47	3	67	3	88	4	8
11	1	35	1	57	1	80	2	2	2	25	2	47	2	69	2	92	3	14	3	37	3	59	3	82	4	4	4	27	4	49
ANNÉES.																														
1	1	47	1	71	1	96	2	20	2	45	2	69	2	94	3	18	3	43	3	67	3	92	4	16	4	41	4	65	4	90
2	2	94	3	43	3	92	4	41	4	90	5	39	5	88	6	37	6	86	7	35	7	84	8	33	8	82	9	31	9	80
3	4	41	5	14	5	88	6	61	7	35	8	8	8	82	9	55	10	20	11	2	11	76	12	49	13	23	13	96	14	70
4	5	88	6	86	7	84	8	82	9	80	10	78	11	76	12	74	13	72	14	70	15	68	16	66	17	64	18	62	19	60
5	7	35	8	57	9	80	11	2	12	25	13	47	14	70	15	92	17	15	18	37	19	60	20	82	22	5	23	27	24	50
6	8	82	10	28	11	76	13	22	14	70	16	16	17	64	19	10	20	58	22	4	23	52	24	98	26	46	27	92	29	40
7	10	29	12	»	13	72	15	43	17	15	18	86	20	58	22	29	24	1	25	72	27	44	29	15	30	87	32	58	34	30
8	11	76	13	72	15	68	17	64	19	60	21	56	23	52	25	48	27	44	29	40	31	36	33	32	35	28	37	24	39	20
9	13	23	15	43	17	64	19	84	22	5	24	25	26	46	28	66	30	87	33	7	35	28	37	48	39	69	41	89	44	10
10	14	70	17	14	19	60	22	4	24	50	26	94	29	40	31	84	34	30	36	74	39	20	41	64	44	10	46	54	49	»

50 FRANCS.

Intérêts à raison de

	3		3 1/2		4		4 1/2		5		5 1/2		6	
	Fr.	C.	Fr.	C.	Fr.	C.	Fr.	C.	Fr.	C.	Fr.	C.	Fr.	C.
JOURS.														
1	»	»	»	»	»	1	»	1	»	1	»	1	»	1
2	»	1	»	1	»	1	»	1	»	1	»	2	»	2
3	»	1	»	1	»	2	»	2	»	2	»	2	»	2
4	»	2	»	2	»	2	»	2	»	3	»	4	»	3
5	»	2	»	2	»	3	»	3	»	3	»	5	»	4
6	»	2	»	3	»	3	»	4	»	4	»	5	»	5
7	»	3	»	3	»	4	»	4	»	5	»	6	»	6
8	»	3	»	4	»	4	»	5	»	6	»	7	»	7
9	»	4	»	4	»	5	»	6	»	6	»	8	»	7
10	»	4	»	5	»	6	»	6	»	7	»	8	»	8
11	»	5	»	5	»	6	»	7	»	8	»	9	»	9
12	»	5	»	6	»	7	»	7	»	8	»	10	»	10
13	»	5	»	6	»	7	»	8	»	9	»	11	»	11
14	»	6	»	7	»	8	»	9	»	10	»	11	»	12
15	»	6	»	7	»	8	»	9	»	10	»	12	»	12
16	»	7	»	8	»	9	»	10	»	11	»	13	»	13
17	»	7	»	8	»	9	»	11	»	12	»	14	»	14
18	»	7	»	9	»	10	»	11	»	12	»	15	»	15
19	»	8	»	9	»	11	»	12	»	13	»	15	»	16
20	»	8	»	10	»	11	»	12	»	14	»	16	»	17
21	»	9	»	10	»	12	»	13	»	15	»	17	»	17
22	»	9	»	11	»	12	»	14	»	15	»	18	»	18
23	»	10	»	11	»	13	»	14	»	16	»	18	»	19
24	»	10	»	12	»	13	»	15	»	17	»	19	»	20
25	»	10	»	12	»	14	»	16	»	17	»	20	»	21
26	»	11	»	13	»	14	»	16	»	18	»	20	»	22
27	»	11	»	13	»	15	»	17	»	19	»	21	»	22
28	»	12	»	14	»	16	»	17	»	19	»	21	»	23
29	»	12	»	14	»	16	»	18	»	20	»	22	»	24
MOIS.														
1	»	12	»	15	»	17	»	19	»	21	»	23	»	25
2	»	25	»	29	»	33	»	37	»	42	»	46	»	50
3	»	37	»	44	»	50	»	56	»	62	»	69	»	75
4	»	50	»	58	»	67	»	75	»	83	»	92	1	»
5	»	62	»	73	»	83	»	94	1	4	1	15	1	25
6	»	75	»	87	1	»	1	12	1	25	1	37	1	50
7	»	87	1	2	1	17	1	31	1	46	1	60	1	75
8	1	»	1	17	1	33	1	50	1	67	1	83	2	»
9	1	12	1	31	1	50	1	69	1	87	2	6	2	25
10	1	25	1	46	1	67	1	87	2	8	2	29	2	50
11	1	37	1	60	1	83	2	6	2	29	2	52	2	75
ANNÉES.														
1	1	50	1	75	2	»	2	25	2	50	2	75	3	»
2	3	»	3	50	4	»	4	50	5	»	5	50	6	»
3	4	50	5	25	6	»	6	75	7	50	8	25	9	»
4	6	»	7	»	8	»	9	»	10	»	11	»	12	»
5	7	50	8	75	10	»	11	25	12	50	13	75	15	
6	9	»	10	50	12	»	13	50	15	»	16	50	18	»
7	10	50	12	25	14	»	15	75	17	50	19	25	21	»
8	12	»	14	»	16	»	18	»	20	»	22	»	24	»
9	13	50	15	75	18	»	20	25	22	50	24	75	27	»
10	15	»	17	50	20	»	22	50	25	»	27	50	30	»

	6 1/2		7		7 1/2		8		8 1/2		9		9 1/2		10	
	Fr.	C.	Fr.	C.	Fr.	C.	Fr.	C.	Fr.	C.	Fr.	C.	Fr.	C.	Fr.	C.
JOURS.																
1	»	1	»	1	»	1	»	1	»	1	»	1	»	1	»	1
2	»	2	»	2	»	2	»	2	»	2	»	2	»	3	»	3
3	»	3	»	3	»	3	»	3	»	3	»	4	»	4	»	4
4	»	4	»	4	»	4	»	4	»	5	»	5	»	6	»	6
5	»	5	»	5	»	5	»	6	»	6	»	6	»	7	»	7
6	»	5	»	6	»	6	»	7	»	7	»	7	»	8	»	8
7	»	6	»	7	»	7	»	8	»	8	»	9	»	9	»	10
8	»	7	»	8	»	8	»	9	»	9	»	10	»	10	»	11
9	»	8	»	9	»	9	»	10	»	10	»	11	»	11	»	12
10	»	9	»	10	»	10	»	11	»	11	»	12	»	13	»	14
11	»	10	»	11	»	11	»	12	»	13	»	14	»	15	»	15
12	»	11	»	12	»	11	»	13	»	14	»	15	»	16	»	17
13	»	12	»	13	»	13	»	14	»	15	»	16	»	17	»	18
14	»	13	»	14	»	15	»	16	»	16	»	17	»	18	»	19
15	»	14	»	15	»	16	»	17	»	18	»	19	»	20	»	21
16	»	14	»	16	»	17	»	18	»	19	»	20	»	21	»	22
17	»	15	»	17	»	18	»	19	»	20	»	21	»	22	»	24
18	»	16	»	17	»	19	»	20	»	21	»	22	»	23	»	25
19	»	17	»	18	»	20	»	21	»	22	»	24	»	25	»	26
20	»	18	»	19	»	21	»	22	»	23	»	25	»	26	»	28
21	»	19	»	20	»	22	»	23	»	24	»	26	»	27	»	29
22	»	20	»	21	»	23	»	24	»	25	»	27	»	29	»	31
23	»	21	»	22	»	24	»	26	»	27	»	29	»	30	»	32
24	»	22	»	23	»	25	»	27	»	28	»	30	»	31	»	33
25	»	23	»	24	»	26	»	28	»	29	»	31	»	32	»	35
26	»	23	»	25	»	27	»	29	»	31	»	32	»	34	»	36
27	»	24	»	26	»	28	»	30	»	32	»	34	»	35	»	37
28	»	25	»	27	»	29	»	31	»	33	»	35	»	36	»	39
29	»	26	»	28	»	30	»	32	»	34	»	36	»	38	»	40
MOIS.																
1	»	27	»	29	»	31	»	33	»	35	»	37	»	40	»	42
2	»	54	»	58	»	62	»	67	»	70	»	75	»	79	»	83
3	»	81	»	87	»	94	1	»	1	6	1	12	1	18	1	25
4	1	8	1	17	1	25	1	33	1	42	1	50	1	58	1	67
5	1	35	1	46	1	56	1	67	1	77	1	87	1	98	2	8
6	1	62	1	75	1	87	2	»	2	12	2	25	2	37	2	50
7	1	90	2	4	2	19	2	33	2	48	2	62	2	77	2	92
8	2	17	2	33	2	50	2	67	2	83	3	»	3	17	3	33
9	2	44	2	62	2	81	3	»	3	19	3	37	3	56	3	75
10	2	71	2	92	3	13	3	33	3	54	3	75	3	95	4	17
11	2	98	3	21	3	43	3	67	3	89	4	12	4	35	4	58
ANNÉES.																
1	3	25	3	50	3	75	4	»	4	25	4	50	4	75	5	»
2	6	50	7	»	7	50	8	»	8	50	9	»	9	50	10	»
3	9	75	10	50	11	25	12	»	12	75	13	50	14	25	15	»
4	13	»	14	»	15	»	16	»	17	»	18	»	19	»	20	»
5	16	25	17	50	18	75	20	»	21	25	22	50	23	75	25	»
6	19	50	21	»	22	50	24	»	25	50	27	»	28	50	30	»
7	22	75	24	50	26	25	28	»	29	75	31	50	33	25	35	»
8	26	»	28	»	30	»	32	»	34	»	36	»	38	»	40	»
9	29	25	31	50	33	75	36	»	38	25	40	50	42	75	45	»
10	32	50	35	»	37	50	40	»	42	50	45	»	47	50	50	»

Intérêts à raison de

	3		3 1/2		4		4 1/2		5		5 1/2		6		6 1/2		7		7 1/2		8		8 1/2		9		9 1/2		10	
JOURS.	Fr.	C.	Fr.	C.	Fr.	C.	Fr.	C.	Fr.	C.	Fr.	C.	Fr.	C.	Fr.	C.	Fr.	C.	Fr.	C.	Fr.	C.	Fr.	C.	Fr.	C.	Fr.	C.	Fr.	C.
1	»	»	»	»	»	1	»	1	»	1	»	1	»	1	»	1	»	1	»	1	»	1	»	1	»	1	»	1	»	1
2	»	1	»	1	»	1	»	1	»	1	»	2	»	2	»	2	»	2	»	2	»	2	»	2	»	3	»	3	»	3
3	»	1	»	1	»	2	»	2	»	2	»	2	»	3	»	3	»	3	»	3	»	3	»	4	»	4	»	4	»	4
4	»	2	»	2	»	2	»	3	»	3	»	3	»	3	»	4	»	4	»	4	»	5	»	5	»	5	»	5	»	6
5	»	2	»	2	»	3	»	3	»	4	»	4	»	4	»	5	»	5	»	5	»	6	»	6	»	6	»	6	»	7
6	»	3	»	3	»	3	»	4	»	4	»	5	»	5	»	6	»	6	»	6	»	7	»	7	»	8	»	8	»	8
7	»	3	»	3	»	4	»	4	»	5	»	5	»	6	»	6	»	7	»	7	»	8	»	8	»	9	»	9	»	10
8	»	3	»	4	»	5	»	5	»	6	»	6	»	7	»	7	»	8	»	8	»	9	»	9	»	10	»	10	»	11
9	»	4	»	4	»	5	»	6	»	6	»	7	»	8	»	8	»	9	»	9	»	10	»	10	»	11	»	12	»	13
10	»	4	»	5	»	6	»	6	»	7	»	8	»	8	»	9	»	10	»	10	»	11	»	12	»	13	»	13	»	14
11	»	5	»	5	»	6	»	7	»	8	»	9	»	9	»	10	»	11	»	11	»	12	»	13	»	14	»	15	»	16
12	»	5	»	6	»	7	»	8	»	8	»	9	»	10	»	11	»	12	»	13	»	14	»	14	»	15	»	16	»	17
13	»	6	»	6	»	7	»	8	»	9	»	10	»	11	»	12	»	13	»	14	»	15	»	15	»	17	»	17	»	18
14	»	6	»	7	»	8	»	9	»	10	»	11	»	12	»	13	»	14	»	15	»	16	»	17	»	18	»	18	»	20
15	»	6	»	7	»	8	»	10	»	11	»	12	»	13	»	14	»	15	»	16	»	17	»	18	»	19	»	20	»	21
16	»	7	»	8	»	9	»	10	»	11	»	12	»	14	»	15	»	16	»	17	»	18	»	19	»	20	»	21	»	23
17	»	7	»	8	»	10	»	11	»	12	»	13	»	14	»	16	»	17	»	18	»	19	»	20	»	22	»	32	»	24
18	»	8	»	9	»	10	»	11	»	13	»	14	»	15	»	17	»	18	»	19	»	20	»	21	»	23	»	23	»	25
19	»	8	»	9	»	11	»	12	»	13	»	15	»	16	»	17	»	19	»	21	»	22	»	22	»	24	»	25	»	27
20	»	8	»	10	»	11	»	13	»	14	»	16	»	17	»	18	»	20	»	22	»	23	»	24	»	25	»	26	»	28
21	»	9	»	10	»	12	»	13	»	15	»	16	»	18	»	19	»	21	»	23	»	24	»	25	»	27	»	28	»	30
22	»	9	»	11	»	12	»	14	»	16	»	17	»	19	»	20	»	22	»	23	»	25	»	26	»	28	»	29	»	31
23	»	10	»	11	»	13	»	15	»	16	»	18	»	20	»	21	»	23	»	24	»	26	»	28	»	29	»	31	»	33
24	»	10	»	12	»	14	»	15	»	17	»	19	»	20	»	22	»	24	»	25	»	27	»	29	»	31	»	32	»	34
25	»	11	»	12	»	14	»	16	»	18	»	19	»	21	»	23	»	25	»	26	»	28	»	30	»	32	»	33	»	35
26	»	11	»	13	»	15	»	17	»	18	»	20	»	22	»	24	»	26	»	27	»	29	»	31	»	33	»	35	»	37
27	»	11	»	13	»	15	»	17	»	19	»	21	»	23	»	25	»	27	»	28	»	31	»	32	»	34	»	36	»	38
28	»	12	»	14	»	16	»	18	»	20	»	22	»	24	»	26	»	28	»	29	»	32	»	34	»	36	»	35	»	40
29	»	12	»	14	»	16	»	18	»	21	»	23	»	25	»	27	»	29	»	30	»	33	»	35	»	37	»	39	»	41
MOIS.																														
1	»	13	»	15	»	17	»	19	»	21	»	23	»	25	»	28	»	30	»	32	»	34	»	36	»	38	»	40	»	42
2	»	25	»	30	»	34	»	38	»	42	»	47	»	51	»	55	»	59	»	64	»	68	»	72	»	76	»	80	»	85
3	»	38	»	45	»	51	»	57	»	64	»	70	»	76	»	83	»	89	»	96	1	2	1	8	1	15	1	21	1	27
4	»	51	»	59	»	68	»	76	»	85	»	93	1	2	1	10	1	19	1	27	1	36	1	44	1	53	1	64	1	70
5	»	64	»	74	»	85	»	96	1	6	1	17	1	27	1	38	1	49	1	59	1	70	1	81	1	91	2	2	2	12
6	»	76	»	89	1	2	1	15	1	27	1	40	1	53	1	66	1	78	1	91	2	4	2	17	2	29	2	42	2	55
7	»	89	1	4	1	19	1	34	1	49	1	64	1	78	1	93	2	8	2	23	2	38	2	53	2	68	2	83	2	97
8	1	2	1	19	1	36	1	53	1	70	1	87	2	4	2	21	2	38	2	55	2	72	2	89	3	6	3	23	3	40
9	1	15	1	34	1	53	1	72	1	91	2	10	2	29	2	49	2	68	2	87	3	6	3	25	3	44	3	63	3	82
10	1	27	1	49	1	70	1	91	2	12	2	34	2	55	2	76	2	97	3	19	3	40	3	61	3	82	4	3	4	25
11	1	40	1	64	1	87	2	10	2	34	2	57	2	80	3	4	3	27	3	51	3	74	3	97	4	21	4	44	4	67
ANNÉES.																														
1	1	53	1	78	2	4	2	29	2	55	2	80	3	6	3	31	3	57	3	82	4	8	4	33	4	59	4	84	5	10
2	3	6	3	57	4	8	4	59	5	10	5	61	6	12	6	63	7	14	7	65	8	16	8	67	9	18	9	69	10	20
3	4	59	5	35	6	12	6	88	7	65	8	41	9	18	9	94	10	71	11	47	12	24	13	»	13	77	14	53	15	30
4	6	12	7	14	8	16	9	18	10	20	11	22	12	24	13	26	14	28	15	30	16	32	17	34	18	36	19	38	20	40
5	7	65	8	92	10	20	11	47	12	75	14	2	15	30	16	57	17	85	19	12	20	40	21	67	22	95	24	22	25	50
6	9	18	10	70	12	24	13	76	15	30	16	82	18	36	19	88	21	42	22	94	24	48	26	»	27	54	29	6	30	60
7	10	71	12	49	14	28	16	6	17	85	19	63	21	42	23	20	24	99	26	77	28	56	30	34	32	13	33	91	35	70
8	12	24	14	28	16	32	18	36	20	40	22	44	24	48	26	52	28	56	30	60	32	64	34	68	36	72	38	76	40	80
9	13	77	16	6	18	36	20	65	22	95	25	24	27	54	29	83	32	13	34	42	36	72	39	1	41	31	43	60	45	90
10	15	30	17	84	20	40	22	94	25	50	28	4	30	60	33	14	35	70	38	24	40	80	43	34	45	90	48	44	51	»

Intérêts à raison de

	3		3 1/2		4		4 1/2		5		5 1/2		6		6 1/2		7		7 1/2		8		8 1/2		9		9 1/2		10	
JOURS.	Fr.	C.	Fr.	C.	Fr.	C.	Fr.	C.	Fr.	C.	Fr.	C.	Fr.	C.	Fr.	C.	Fr.	C.	Fr.	C.	Fr.	C.	Fr.	C.	Fr.	C.	Fr.	C.	Fr.	C.
1	»	»	»	1	»	1	»	1	»	1	»	1	»	1	»	1	»	1	»	1	»	1	»	1	»	1	»	1	»	1
2	»	1	»	1	»	1	»	1	»	1	»	2	»	2	»	2	»	2	»	2	»	2	»	3	»	3	»	3	»	3
3	»	1	»	2	»	2	»	2	»	2	»	2	»	3	»	3	»	3	»	3	»	3	»	4	»	4	»	4	»	4
4	»	2	»	2	»	2	»	3	»	3	»	3	»	3	»	4	»	4	»	4	»	5	»	5	»	5	»	6	»	6
5	»	2	»	3	»	3	»	3	»	4	»	4	»	4	»	5	»	5	»	5	»	6	»	6	»	6	»	7	»	7
6	»	3	»	3	»	3	»	4	»	4	»	5	»	5	»	6	»	6	»	6	»	7	»	7	»	8	»	8	»	9
7	»	3	»	4	»	4	»	5	»	5	»	6	»	6	»	7	»	7	»	8	»	8	»	8	»	9	»	9	»	10
8	»	3	»	4	»	5	»	5	»	6	»	6	»	7	»	8	»	8	»	9	»	9	»	9	»	10	»	10	»	12
9	»	4	»	5	»	5	»	6	»	6	»	7	»	8	»	8	»	9	»	10	»	10	»	10	»	12	»	12	»	13
10	»	4	»	5	»	6	»	6	»	7	»	8	»	9	»	9	»	10	»	11	»	12	»	12	»	13	»	13	»	14
11	»	5	»	6	»	6	»	7	»	8	»	9	»	10	»	10	»	11	»	12	»	13	»	13	»	14	»	14	»	16
12	»	5	»	6	»	7	»	8	»	9	»	10	»	10	»	11	»	12	»	13	»	14	»	14	»	15	»	16	»	17
13	»	6	»	7	»	8	»	8	»	9	»	10	»	11	»	12	»	13	»	14	»	15	»	15	»	17	»	17	»	19
14	»	6	»	7	»	8	»	9	»	10	»	11	»	12	»	13	»	14	»	15	»	16	»	16	»	18	»	19	»	20
15	»	6	»	8	»	9	»	10	»	11	»	12	»	13	»	14	»	15	»	16	»	17	»	17	»	19	»	20	»	22
16	»	7	»	8	»	9	»	10	»	12	»	13	»	14	»	15	»	16	»	17	»	18	»	18	»	21	»	21	»	23
17	»	7	»	9	»	10	»	11	»	12	»	14	»	15	»	16	»	17	»	18	»	20	»	20	»	22	»	22	»	25
18	»	8	»	9	»	10	»	12	»	13	»	14	»	16	»	17	»	18	»	19	»	21	»	21	»	23	»	24	»	26
19	»	8	»	10	»	11	»	12	»	14	»	15	»	16	»	18	»	19	»	21	»	22	»	22	»	25	»	25	»	27
20	»	9	»	10	»	12	»	13	»	14	»	16	»	17	»	19	»	20	»	22	»	23	»	23	»	26	»	26	»	29
21	»	9	»	11	»	12	»	14	»	15	»	17	»	18	»	20	»	21	»	23	»	24	»	25	»	27	»	27	»	30
22	»	10	»	11	»	13	»	14	»	16	»	17	»	19	»	21	»	22	»	24	»	25	»	26	»	29	»	29	»	32
23	»	10	»	12	»	13	»	15	»	17	»	18	»	20	»	22	»	23	»	25	»	27	»	28	»	30	»	31	»	33
24	»	10	»	12	»	14	»	16	»	17	»	19	»	21	»	23	»	24	»	26	»	28	»	30	»	31	»	32	»	35
25	»	11	»	13	»	14	»	16	»	18	»	20	»	22	»	23	»	25	»	27	»	29	»	31	»	32	»	34	»	36
26	»	11	»	13	»	15	»	17	»	19	»	21	»	23	»	24	»	26	»	28	»	30	»	32	»	34	»	36	»	38
27	»	12	»	14	»	16	»	18	»	19	»	21	»	23	»	25	»	27	»	29	»	31	»	33	»	35	»	37	»	39
28	»	12	»	14	»	16	»	18	»	20	»	22	»	24	»	26	»	28	»	30	»	32	»	34	»	36	»	38	»	40
29	»	13	»	15	»	17	»	19	»	21	»	23	»	25	»	27	»	29	»	31	»	34	»	35	»	38	»	40	»	42
MOIS.																														
1	»	13	»	15	»	17	»	19	»	22	»	24	»	26	»	28	»	30	»	32	»	35	»	37	»	39	»	41	»	43
2	»	26	»	30	»	35	»	39	»	43	»	48	»	52	»	56	»	61	»	65	»	69	»	74	»	78	»	82	»	87
3	»	39	»	45	»	52	»	58	»	65	»	71	»	78	»	84	»	91	»	97	1	4	1	10	1	17	1	23	1	30
4	»	52	»	61	»	69	»	78	»	87	»	95	1	4	1	13	1	21	1	30	1	39	1	47	1	56	1	65	1	73
5	»	65	»	76	»	87	»	97	1	8	1	19	1	30	1	41	1	52	1	63	1	73	1	84	1	95	2	5	2	17
6	»	78	»	91	1	4	1	17	1	30	1	43	1	56	1	69	1	82	1	95	2	8	2	21	2	34	2	47	2	60
7	»	91	1	6	1	21	1	36	1	52	1	67	1	82	1	97	2	12	2	27	2	43	2	57	2	73	2	88	3	3
8	1	4	1	21	1	39	1	56	1	73	1	91	2	8	2	26	2	43	2	60	2	77	2	95	3	12	3	29	3	47
9	1	17	1	36	1	56	1	75	1	95	2	14	2	34	2	53	2	73	2	92	3	12	3	32	3	51	3	70	3	90
10	1	30	1	52	1	73	1	95	2	17	2	38	2	60	2	82	3	3	3	25	3	47	3	68	3	90	4	11	4	33
11	1	43	1	67	1	91	2	14	2	38	2	62	2	86	3	10	3	34	3	58	3	81	4	5	4	29	4	52	4	77
ANNÉES.																														
1	1	56	1	82	2	8	2	34	2	60	2	86	3	12	3	38	3	64	3	90	4	16	4	42	4	68	4	94	5	20
2	3	12	3	64	4	16	4	68	5	20	5	72	6	24	6	76	7	28	7	80	8	32	8	84	9	36	9	88	10	40
3	4	68	5	46	6	24	7	2	7	80	8	58	9	36	10	14	10	92	11	70	12	48	13	26	14	4	14	82	15	60
4	6	24	7	28	8	32	9	36	10	40	11	44	12	48	13	52	14	56	15	60	16	64	17	68	18	72	19	76	20	80
5	7	80	9	10	10	40	11	70	13	»	14	30	15	60	16	90	18	20	19	50	20	80	22	10	23	40	24	70	26	»
6	9	36	10	92	12	48	14	4	15	60	17	16	18	72	20	28	21	84	23	40	24	96	26	52	28	8	29	64	31	20
7	10	92	12	74	14	56	16	38	18	20	20	2	21	84	23	66	25	48	27	30	29	12	30	94	32	76	34	58	36	40
8	12	48	14	56	16	64	18	72	20	80	22	88	24	96	27	4	29	12	31	20	33	28	35	36	37	44	39	52	41	60
9	14	4	16	38	18	72	21	6	23	40	25	74	28	8	30	42	32	76	35	10	37	44	39	78	42	12	44	46	46	80
10	15	60	18	20	20	80	23	40	26	»	28	60	31	20	33	80	36	40	39	»	41	60	44	20	46	80	49	40	52	»

Intérêts à raison de

	3		3 1/2		4		4 1/2		5		5 1/2		6		6 1/2		7		7 1/2		8		8 1/2		9		9 1/2		10	
JOURS.	Fr.	C.	Fr.	C.	Fr.	C.	Fr.	C.	Fr.	C.	Fr.	C.	Fr.	C.	Fr.	C.	Fr.	C.	Fr.	C.	Fr.	C.	Fr.	C.	Fr.	C.	Fr.	C.	Fr.	C.
1	»	»	»	1	»	1	»	1	»	1	»	1	»	1	»	1	»	1	»	1	»	1	»	1	»	1	»	1	»	1
2	»	1	»	1	»	1	»	1	»	1	»	2	»	2	»	2	»	2	»	2	»	2	»	3	»	3	»	3	»	3
3	»	1	»	2	»	2	»	2	»	2	»	2	»	3	»	3	»	3	»	3	»	4	»	4	»	4	»	4	»	4
4	»	2	»	2	»	2	»	3	»	3	»	3	»	4	»	4	»	4	»	4	»	5	»	5	»	5	»	5	»	6
5	»	2	»	3	»	3	»	3	»	4	»	4	»	4	»	5	»	5	»	5	»	6	»	6	»	7	»	7	»	7
6	»	3	»	3	»	4	»	4	»	4	»	5	»	5	»	6	»	6	»	6	»	7	»	7	»	8	»	8	»	9
7	»	3	»	4	»	4	»	5	»	5	»	6	»	6	»	7	»	7	»	7	»	8	»	8	»	9	»	9	»	10
8	»	4	»	4	»	5	»	5	»	6	»	6	»	7	»	8	»	8	»	8	»	9	»	10	»	11	»	11	»	12
9	»	4	»	5	»	5	»	6	»	7	»	7	»	8	»	9	»	9	»	9	»	11	»	11	»	12	»	12	»	13
10	»	4	»	5	»	6	»	7	»	7	»	8	»	9	»	10	»	10	»	10	»	12	»	12	»	13	»	14	»	15
11	»	5	»	6	»	6	»	7	»	8	»	9	»	10	»	11	»	11	»	12	»	13	»	14	»	15	»	15	»	16
12	»	5	»	6	»	7	»	8	»	9	»	10	»	11	»	11	»	12	»	13	»	14	»	15	»	16	»	16	»	18
13	»	6	»	7	»	8	»	9	»	10	»	11	»	11	»	12	»	13	»	14	»	15	»	16	»	17	»	17	»	19
14	»	6	»	7	»	8	»	9	»	10	»	11	»	12	»	13	»	14	»	15	»	16	»	17	»	19	»	19	»	21
15	»	7	»	8	»	9	»	10	»	11	»	12	»	13	»	14	»	15	»	16	»	18	»	19	»	20	»	20	»	22
16	»	7	»	8	»	9	»	11	»	12	»	13	»	14	»	15	»	16	»	17	»	19	»	20	»	21	»	22	»	24
17	»	8	»	9	»	10	»	11	»	13	»	14	»	15	»	16	»	18	»	19	»	20	»	21	»	23	»	23	»	25
18	»	8	»	9	»	11	»	12	»	13	»	15	»	16	»	17	»	19	»	20	»	21	»	22	»	24	»	25	»	26
19	»	8	»	10	»	11	»	13	»	14	»	15	»	17	»	18	»	20	»	21	»	22	»	23	»	25	»	26	»	28
20	»	9	»	10	»	12	»	13	»	15	»	16	»	18	»	19	»	21	»	22	»	24	»	25	»	26	»	27	»	29
21	»	9	»	11	»	12	»	14	»	15	»	17	»	19	»	20	»	22	»	23	»	25	»	26	»	28	»	29	»	31
22	»	10	»	11	»	13	»	15	»	16	»	18	»	19	»	21	»	23	»	24	»	26	»	27	»	29	»	30	»	32
23	»	10	»	12	»	14	»	15	»	17	»	19	»	20	»	22	»	24	»	25	»	27	»	29	»	30	»	32	»	34
24	»	11	»	12	»	14	»	16	»	18	»	19	»	21	»	23	»	25	»	26	»	28	»	30	»	32	»	33	»	35
25	»	11	»	13	»	15	»	17	»	18	»	20	»	22	»	24	»	26	»	27	»	29	»	31	»	33	»	35	»	37
26	»	11	»	13	»	15	»	17	»	19	»	21	»	23	»	25	»	27	»	29	»	31	»	32	»	34	»	36	»	38
27	»	12	»	14	»	16	»	18	»	20	»	22	»	24	»	26	»	28	»	30	»	32	»	34	»	36	»	38	»	40
28	»	12	»	14	»	16	»	19	»	21	»	23	»	25	»	27	»	29	»	31	»	33	»	35	»	37	»	39	»	41
29	»	13	»	15	»	17	»	19	»	21	»	23	»	26	»	28	»	30	»	32	»	34	»	36	»	38	»	40	»	43
MOIS.																														
1	»	13	»	15	»	18	»	20	»	22	»	24	»	26	»	29	»	31	»	33	»	35	»	38	»	40	»	42	»	44
2	»	26	»	31	»	35	»	40	»	44	»	49	»	53	»	57	»	62	»	66	»	71	»	75	»	79	»	84	»	88
3	»	40	»	46	»	53	»	60	»	66	»	72	»	79	»	86	»	93	»	99	1	6	1	13	1	19	1	26	1	33
4	»	53	»	62	»	71	»	79	»	88	»	97	1	6	1	15	1	24	1	33	1	41	1	50	1	59	1	67	1	77
5	»	66	»	77	»	88	»	99	1	10	1	21	1	32	1	44	1	55	1	65	1	77	1	87	1	99	2	9	2	21
6	»	79	»	93	1	6	1	19	1	32	1	46	1	59	1	72	1	85	1	99	2	12	2	25	2	38	2	51	2	65
7	»	93	1	8	1	24	1	39	1	55	1	70	1	85	2	1	2	16	2	32	2	47	2	63	2	78	2	94	3	9
8	1	6	1	24	1	41	1	59	1	77	1	94	2	12	2	30	2	47	2	65	2	83	3	»	3	18	3	36	3	53
9	1	19	1	39	1	59	1	79	1	99	2	19	2	38	2	58	2	78	2	98	3	18	3	38	3	58	3	78	3	97
10	1	32	1	55	1	77	1	99	2	21	2	43	2	65	2	87	3	9	3	32	3	53	3	76	3	97	4	20	4	42
11	1	46	1	70	1	94	2	19	2	43	2	67	2	91	3	16	3	40	3	64	3	89	4	13	4	37	4	62	4	86
ANNÉES.																														
1	1	59	1	85	2	12	2	38	2	65	2	91	3	18	3	44	3	71	3	97	4	24	4	50	4	77	5	3	5	30
2	3	18	3	71	4	24	4	77	5	30	5	83	6	36	6	89	7	42	7	95	8	48	9	1	9	54	10	7	10	60
3	4	77	5	56	6	36	7	15	7	95	8	74	9	54	10	33	11	13	11	92	12	72	13	51	14	31	15	10	15	90
4	6	36	7	42	8	48	9	54	10	60	11	66	12	72	13	78	14	84	15	90	16	96	18	2	19	8	20	14	21	20
5	7	95	9	27	10	60	11	92	13	25	14	57	15	90	17	22	18	55	19	87	21	20	22	52	23	85	25	17	26	50
6	9	54	11	12	12	72	14	30	15	90	17	48	19	8	20	66	22	26	23	84	25	44	27	2	28	62	30	20	31	80
7	11	13	12	98	14	84	16	69	18	55	20	40	22	26	24	11	25	97	27	82	29	68	31	53	33	39	35	24	37	10
8	12	72	14	84	16	96	19	8	21	20	23	32	25	44	27	56	29	68	31	80	33	92	36	4	38	16	40	28	42	40
9	14	31	16	69	19	8	21	46	23	85	26	23	28	62	31	»	33	39	35	77	38	16	40	54	42	93	45	31	47	70
10	15	90	18	54	21	20	23	84	26	50	29	14	31	80	34	44	37	10	39	74	42	40	45	4	47	70	50	34	53	»

Intérêts à raison de

	3		3 1/2		4		4 1/2		5		5 1/2		6	
JOURS.	Fr.	C.	Fr.	C.	Fr.	C.	Fr.	C.	Fr.	C.	Fr.	C.	Fr.	C.
1	»	»	»	1	»	1	»	1	»	1	»	1	»	1
2	»	1	»	1	»	1	»	1	»	1	»	2	»	2
3	»	1	»	2	»	2	»	2	»	2	»	2	»	3
4	»	2	»	2	»	2	»	3	»	3	»	3	»	4
5	»	2	»	3	»	3	»	3	»	4	»	4	»	4
6	»	3	»	3	»	4	»	4	»	4	»	4	»	5
7	»	3	»	4	»	4	»	5	»	5	»	6	»	6
8	»	4	»	4	»	5	»	5	»	6	»	7	»	7
9	»	4	»	5	»	5	»	6	»	7	»	7	»	8
10	»	4	»	5	»	6	»	7	»	7	»	8	»	9
11	»	5	»	6	»	7	»	7	»	8	»	9	»	10
12	»	5	»	6	»	7	»	8	»	9	»	10	»	11
13	»	6	»	7	»	8	»	9	»	10	»	11	»	12
14	»	6	»	7	»	8	»	9	»	10	»	12	»	13
15	»	7	»	8	»	9	»	10	»	11	»	12	»	13
16	»	7	»	8	»	10	»	11	»	12	»	13	»	14
17	»	8	»	9	»	10	»	11	»	13	»	14	»	15
18	»	8	»	9	»	11	»	12	»	13	»	15	»	16
19	»	9	»	10	»	11	»	13	»	14	»	16	»	17
20	»	9	»	10	»	12	»	13	»	15	»	16	»	18
21	»	9	»	11	»	13	»	14	»	16	»	17	»	19
22	»	10	»	12	»	13	»	15	»	16	»	18	»	20
23	»	10	»	12	»	14	»	16	»	17	»	19	»	21
24	»	11	»	13	»	14	»	16	»	18	»	20	»	22
25	»	11	»	13	»	15	»	17	»	19	»	21	»	22
26	»	12	»	14	»	16	»	18	»	19	»	21	»	23
27	»	12	»	14	»	16	»	18	»	20	»	22	»	24
28	»	13	»	15	»	17	»	19	»	21	»	23	»	25
29	»	13	»	15	»	17	»	20	»	22	»	24	»	26
MOIS.														
1	»	13	»	16	»	18	»	20	»	22	»	25	»	27
2	»	27	»	31	»	36	»	40	»	45	»	49	»	54
3	»	40	»	47	»	54	»	61	»	67	»	74	»	81
4	»	54	»	63	»	72	»	81	»	90	»	99	1	8
5	»	67	»	79	»	90	1	10	1	12	1	24	1	35
6	»	81	»	94	1	8	1	21	1	35	1	48	1	62
7	»	94	1	10	1	26	1	42	1	57	1	73	1	89
8	1	8	1	26	1	44	1	62	1	80	1	98	2	16
9	1	21	1	42	1	62	1	82	2	2	2	23	2	43
10	1	35	1	57	1	80	2	2	2	25	2	47	2	70
11	1	48	1	73	1	98	2	23	2	47	2	72	2	97
ANNÉES.														
1	1	62	1	89	2	16	2	43	2	70	2	97	3	24
2	3	24	3	78	4	32	4	86	5	40	5	94	6	48
3	4	86	5	67	6	48	7	29	8	10	8	91	9	72
4	6	48	7	56	8	64	9	72	10	80	11	88	12	96
5	8	10	9	45	10	80	12	15	13	50	14	85	16	20
6	9	72	11	34	12	96	14	58	16	20	17	82	19	44
7	11	34	13	23	15	12	17	1	18	90	20	79	22	68
8	12	96	15	12	17	28	19	44	21	60	23	76	25	92
9	14	58	17	1	19	44	21	87	24	30	26	73	29	16
10	16	20	18	90	21	60	24	30	27	»	29	70	32	40

	6 1/2		7		7 1/2		8		8 1/2		9		9 1/2		10	
JOURS.	Fr.	C.	Fr.	C.	Fr.	C.	Fr.	C.	Fr.	C.	Fr.	C.	Fr.	C.	Fr.	C.
1	»	1	»	1	»	1	»	1	»	1	»	1	»	1	»	1
2	»	2	»	2	»	2	»	2	»	2	»	3	»	3	»	3
3	»	3	»	3	»	3	»	4	»	4	»	4	»	4	»	4
4	»	4	»	4	»	4	»	5	»	5	»	5	»	6	»	6
5	»	5	»	5	»	5	»	6	»	6	»	7	»	7	»	7
6	»	6	»	6	»	6	»	7	»	7	»	8	»	8	»	9
7	»	7	»	7	»	7	»	8	»	8	»	9	»	9	»	10
8	»	8	»	8	»	8	»	10	»	10	»	11	»	11	»	12
9	»	9	»	9	»	10	»	11	»	11	»	12	»	13	»	13
10	»	10	»	10	»	11	»	12	»	12	»	13	»	14	»	15
11	»	11	»	12	»	12	»	13	»	14	»	15	»	15	»	16
12	»	12	»	13	»	13	»	14	»	15	»	16	»	17	»	18
13	»	13	»	14	»	15	»	16	»	17	»	18	»	18	»	19
14	»	14	»	15	»	16	»	17	»	18	»	19	»	19	»	21
15	»	15	»	16	»	17	»	18	»	19	»	20	»	21	»	22
16	»	16	»	17	»	18	»	19	»	20	»	22	»	22	»	24
17	»	17	»	18	»	19	»	20	»	21	»	23	»	23	»	25
18	»	18	»	19	»	20	»	22	»	23	»	24	»	24	»	27
19	»	19	»	20	»	21	»	23	»	24	»	26	»	25	»	28
20	»	19	»	21	»	22	»	24	»	25	»	27	»	27	»	30
21	»	20	»	22	»	23	»	25	»	27	»	28	»	28	»	31
22	»	21	»	23	»	24	»	26	»	28	»	30	»	30	»	33
23	»	22	»	24	»	26	»	28	»	29	»	31	»	31	»	34
24	»	23	»	25	»	27	»	29	»	30	»	32	»	34	»	36
25	»	24	»	26	»	28	»	30	»	32	»	34	»	35	»	37
26	»	25	»	27	»	29	»	31	»	33	»	35	»	37	»	39
27	»	26	»	28	»	30	»	32	»	34	»	36	»	38	»	40
28	»	27	»	29	»	31	»	34	»	36	»	38	»	39	»	42
29	»	28	»	30	»	32	»	35	»	37	»	39	»	41	»	43
MOIS.																
1	»	29	»	31	»	34	»	36	»	38	»	40	»	42	»	45
2	»	58	»	63	»	67	»	72	»	76	»	81	»	85	»	90
3	»	88	»	94	1	1	1	8	1	15	1	21	1	28	1	35
4	1	17	1	26	1	35	1	44	1	53	1	62	1	71	1	80
5	1	46	1	57	1	69	1	80	1	91	2	2	2	13	2	25
6	1	75	1	89	2	2	2	16	2	29	2	43	2	56	2	70
7	2	5	2	20	2	36	2	52	2	68	2	83	2	99	3	15
8	2	34	2	52	2	70	2	88	3	6	3	24	3	42	3	60
9	2	63	2	83	3	4	3	24	3	44	3	64	3	84	4	5
10	2	92	3	15	3	37	3	60	3	82	4	5	4	27	4	56
11	3	22	3	46	3	71	3	96	4	21	4	45	4	70	4	95
ANNÉES.																
1	3	51	3	78	4	5	4	32	4	59	4	86	5	13	5	40
2	7	2	7	56	8	10	8	64	9	18	9	72	10	26	10	80
3	10	53	11	34	12	15	12	96	13	77	14	58	15	39	16	20
4	14	4	15	12	16	20	17	28	18	36	19	44	20	52	21	60
5	17	55	18	90	20	25	21	60	22	95	24	30	25	65	27	»
6	21	6	22	68	24	30	25	92	27	54	29	16	30	78	32	40
7	24	57	26	46	28	35	30	24	32	13	34	2	35	91	37	80
8	28	8	30	24	32	40	34	56	36	72	38	88	41	4	43	20
9	31	59	34	2	36	45	38	88	41	31	43	74	46	17	48	60
10	35	10	37	80	40	50	43	20	45	90	48	60	51	30	54	»

Intérêts à raison de

	3		3 1/2		4		4 1/2		5		5 1/2		6		6 1/2		7		7 1/2		8		8 1/2		9		9 1/2		10	
JOURS.	Fr.	C.	Fr.	C.	Fr.	C.	Fr.	C.	Fr.	C.	Fr.	C.	Fr.	C.	Fr.	C.	Fr.	C.	Fr.	C.	Fr.	C.	Fr.	C.	Fr.	C.	Fr.	C.	Fr.	C.
1	»	»	»	1	»	1	»	1	»	1	»	1	»	1	»	1	»	1	»	1	»	1	»	1	»	1	»	2	»	2
2	»	1	»	1	»	1	»	1	»	2	»	2	»	2	»	2	»	2	»	2	»	2	»	2	»	3	»	3	»	3
3	»	1	»	2	»	2	»	2	»	2	»	3	»	3	»	3	»	3	»	3	»	4	»	4	»	4	»	4	»	5
4	»	2	»	2	»	2	»	3	»	3	»	3	»	4	»	4	»	4	»	4	»	5	»	5	»	5	»	5	»	6
5	»	2	»	3	»	3	»	3	»	4	»	4	»	5	»	5	»	5	»	5	»	6	»	6	»	7	»	7	»	8
6	»	3	»	3	»	4	»	4	»	5	»	5	»	5	»	6	»	6	»	6	»	7	»	7	»	8	»	8	»	9
7	»	3	»	4	»	4	»	5	»	5	»	6	»	6	»	7	»	7	»	7	»	9	»	9	»	10	»	10	»	11
8	»	4	»	4	»	5	»	5	»	6	»	7	»	7	»	8	»	9	»	9	»	10	»	10	»	11	»	11	»	12
9	»	4	»	5	»	5	»	6	»	7	»	8	»	8	»	9	»	10	»	10	»	11	»	11	»	12	»	13	»	14
10	»	5	»	5	»	6	»	7	»	8	»	8	»	9	»	10	»	11	»	11	»	12	»	12	»	14	»	14	»	15
11	»	5	»	6	»	7	»	8	»	8	»	9	»	10	»	11	»	12	»	12	»	13	»	14	»	15	»	16	»	17
12	»	5	»	6	»	7	»	8	»	9	»	10	»	11	»	12	»	13	»	14	»	15	»	15	»	16	»	17	»	18
13	»	6	»	7	»	8	»	9	»	10	»	11	»	12	»	13	»	14	»	15	»	16	»	16	»	18	»	19	»	20
14	»	6	»	7	»	9	»	10	»	11	»	12	»	13	»	14	»	15	»	16	»	17	»	17	»	19	»	20	»	21
15	»	7	»	8	»	9	»	10	»	11	»	13	»	14	»	15	»	16	»	17	»	18	»	19	»	21	»	22	»	23
16	»	7	»	9	»	10	»	11	»	12	»	13	»	15	»	16	»	17	»	18	»	20	»	20	»	22	»	23	»	24
17	»	8	»	9	»	10	»	12	»	13	»	14	»	16	»	17	»	18	»	19	»	21	»	21	»	23	»	24	»	26
18	»	8	»	10	»	11	»	12	»	14	»	15	»	16	»	18	»	19	»	21	»	22	»	23	»	25	»	25	»	27
19	»	9	»	10	»	12	»	13	»	15	»	16	»	17	»	19	»	20	»	22	»	23	»	24	»	26	»	27	»	29
20	»	9	»	11	»	12	»	14	»	15	»	17	»	18	»	20	»	21	»	23	»	24	»	25	»	27	»	28	»	31
21	»	10	»	11	»	13	»	14	»	16	»	18	»	19	»	21	»	22	»	24	»	26	»	27	»	29	»	30	»	32
22	»	10	»	12	»	13	»	15	»	17	»	18	»	20	»	22	»	24	»	25	»	27	»	28	»	30	»	31	»	34
23	»	11	»	12	»	14	»	16	»	18	»	19	»	21	»	23	»	25	»	26	»	28	»	29	»	32	»	32	»	35
24	»	11	»	13	»	14	»	16	»	18	»	20	»	22	»	24	»	26	»	27	»	29	»	31	»	33	»	34	»	37
25	»	11	»	13	»	15	»	17	»	19	»	21	»	23	»	25	»	27	»	29	»	31	»	32	»	34	»	35	»	38
26	»	12	»	14	»	15	»	18	»	20	»	22	»	24	»	26	»	28	»	30	»	32	»	34	»	36	»	38	»	40
27	»	12	»	14	»	16	»	19	»	21	»	23	»	25	»	27	»	29	»	31	»	33	»	35	»	37	»	39	»	41
28	»	13	»	15	»	17	»	19	»	21	»	24	»	26	»	28	»	30	»	32	»	34	»	36	»	38	»	40	»	43
29	»	13	»	16	»	18	»	20	»	22	»	24	»	27	»	29	»	31	»	33	»	35	»	37	»	40	»	42	»	44
MOIS.																														
1	»	14	»	16	»	18	»	21	»	23	»	25	»	27	»	30	»	32	»	34	»	37	»	39	»	41	»	44	»	46
2	»	27	»	32	»	37	»	41	»	46	»	50	»	55	»	60	»	64	»	69	»	73	»	78	»	82	»	87	»	92
3	»	41	»	48	»	55	»	62	»	69	»	76	»	82	»	89	»	96	1	3	1	10	1	17	1	24	1	31	1	37
4	»	55	»	64	»	73	»	82	»	92	1	1	1	10	1	19	1	28	1	37	1	47	1	55	1	65	1	74	1	83
5	»	69	»	80	»	92	1	3	1	15	1	26	1	37	1	49	1	60	1	72	1	83	1	95	2	6	2	18	2	29
6	»	82	»	96	1	10	1	24	1	37	1	51	1	65	1	79	1	92	2	6	2	20	2	34	2	47	2	61	2	75
7	»	96	1	12	1	28	1	44	1	60	1	76	1	92	2	9	2	25	2	40	2	57	2	72	2	89	3	4	3	21
8	1	10	1	28	1	47	1	65	1	84	2	2	2	20	2	38	2	57	2	75	2	93	3	12	3	30	3	48	3	67
9	1	24	1	44	1	65	1	86	2	6	2	27	2	47	2	68	2	89	3	9	3	30	3	51	3	71	3	92	4	12
10	1	37	1	60	1	83	2	6	2	29	2	52	2	75	2	98	3	21	3	43	3	67	3	89	4	12	4	35	4	58
11	1	51	1	76	2	2	2	27	2	52	2	77	3	2	3	28	3	53	3	78	4	3	4	29	4	54	4	79	5	4
ANNÉES.																														
1	1	65	1	92	2	20	2	47	2	75	3	2	3	30	3	57	3	85	4	12	4	40	4	67	4	95	5	22	5	50
2	3	30	3	85	4	40	4	95	5	50	6	5	6	60	7	15	7	70	8	25	8	80	9	35	9	90	10	45	11	»
3	4	95	5	77	6	60	7	42	8	25	9	7	9	90	10	72	11	55	12	37	13	20	14	2	14	85	15	67	16	50
4	6	60	7	70	8	80	9	90	11	»	12	10	13	20	14	30	15	40	16	50	17	60	18	70	19	80	20	90	22	»
5	8	25	9	62	11	»	12	37	13	75	15	12	16	50	17	87	19	25	20	62	22	»	23	37	24	75	26	12	27	50
6	9	90	11	54	13	20	14	84	16	50	18	14	19	80	21	44	23	10	24	74	26	40	28	4	29	70	31	34	33	»
7	11	55	13	47	15	40	17	32	19	25	21	17	23	10	25	2	26	95	28	87	30	80	32	72	34	65	36	57	38	50
8	13	20	15	40	17	60	19	80	22	»	24	20	26	40	28	60	30	80	33	»	35	20	37	40	39	60	41	80	44	»
9	14	85	17	32	19	80	22	27	24	75	27	22	29	70	32	17	34	65	37	12	39	60	42	7	44	55	47	2	49	50
10	16	50	19	24	22	»	24	74	27	50	30	24	33	»	35	74	38	50	41	24	44	»	46	74	49	50	52	24	55	»

56 FRANCS.

Intérêts à raison de

	3		3 1/2		4		4 1/2		5		5 1/2		6		6 1/2		7		7 1/2		8		8 1/2		9		9 1/2		10	
JOURS.	Fr.	C.	Fr.	C.	Fr.	C.	Fr.	C.	Fr.	C.	Fr.	C.	Fr.	C.	Fr.	C.	Fr.	C.	Fr.	C.	Fr.	C.	Fr.	C.	Fr.	C.	Fr.	C.	Fr.	C.
1	»	»	»	1	»	1	»	1	»	1	»	1	»	1	»	1	»	1	»	1	»	1	»	1	»	1	»	1	»	2
2	»	1	»	1	»	1	»	1	»	2	»	2	»	2	»	2	»	2	»	2	»	2	»	2	»	3	»	3	»	3
3	»	1	»	2	»	2	»	2	»	2	»	3	»	3	»	3	»	3	»	3	»	4	»	4	»	4	»	5	»	5
4	»	2	»	2	»	2	»	3	»	3	»	3	»	4	»	4	»	4	»	4	»	5	»	5	»	6	»	6	»	6
5	»	2	»	3	»	3	»	4	»	4	»	4	»	5	»	5	»	5	»	5	»	6	»	6	»	7	»	7	»	8
6	»	3	»	3	»	4	»	4	»	5	»	5	»	6	»	6	»	7	»	7	»	7	»	7	»	8	»	8	»	9
7	»	3	»	4	»	4	»	5	»	5	»	6	»	7	»	7	»	8	»	8	»	9	»	9	»	10	»	10	»	11
8	»	4	»	4	»	5	»	6	»	6	»	7	»	7	»	8	»	9	»	9	»	10	»	10	»	11	»	11	»	12
9	»	4	»	5	»	6	»	6	»	7	»	8	»	8	»	9	»	10	»	10	»	11	»	12	»	13	»	13	»	14
10	»	5	»	5	»	6	»	7	»	8	»	9	»	9	»	10	»	11	»	11	»	12	»	13	»	14	»	15	»	16
11	»	5	»	6	»	7	»	8	»	9	»	9	»	10	»	11	»	12	»	13	»	14	»	14	»	15	»	16	»	17
12	»	6	»	7	»	7	»	8	»	9	»	10	»	11	»	12	»	13	»	14	»	15	»	16	»	17	»	18	»	19
13	»	6	»	7	»	8	»	9	»	10	»	11	»	12	»	13	»	14	»	15	»	16	»	17	»	18	»	19	»	20
14	»	7	»	8	»	9	»	10	»	11	»	12	»	13	»	14	»	15	»	16	»	17	»	18	»	20	»	21	»	22
15	»	7	»	8	»	9	»	10	»	12	»	13	»	14	»	15	»	16	»	18	»	19	»	20	»	21	»	22	»	23
16	»	7	»	9	»	10	»	11	»	12	»	14	»	15	»	16	»	17	»	19	»	20	»	21	»	22	»	23	»	25
17	»	8	»	9	»	11	»	12	»	13	»	15	»	16	»	17	»	19	»	20	»	21	»	22	»	24	»	25	»	26
18	»	8	»	10	»	11	»	13	»	14	»	15	»	17	»	18	»	20	»	21	»	22	»	23	»	25	»	26	»	28
19	»	9	»	10	»	12	»	13	»	15	»	16	»	18	»	19	»	21	»	22	»	24	»	26	»	27	»	28	»	30
20	»	9	»	11	»	12	»	14	»	16	»	17	»	19	»	20	»	22	»	23	»	25	»	27	»	28	»	29	»	31
21	»	10	»	11	»	13	»	15	»	16	»	18	»	20	»	21	»	23	»	24	»	26	»	28	»	29	»	31	»	33
22	»	10	»	12	»	14	»	15	»	17	»	19	»	21	»	22	»	24	»	25	»	27	»	29	»	31	»	32	»	34
23	»	11	»	13	»	14	»	16	»	18	»	20	»	21	»	23	»	25	»	26	»	29	»	30	»	32	»	34	»	36
24	»	11	»	13	»	15	»	17	»	19	»	21	»	22	»	24	»	26	»	28	»	30	»	32	»	34	»	36	»	37
25	»	12	»	14	»	16	»	17	»	19	»	21	»	23	»	25	»	27	»	29	»	31	»	33	»	35	»	37	»	39
26	»	12	»	15	»	16	»	18	»	20	»	22	»	24	»	26	»	28	»	30	»	32	»	34	»	36	»	38	»	40
27	»	13	»	15	»	17	»	19	»	21	»	23	»	25	»	27	»	29	»	31	»	34	»	36	»	38	»	40	»	42
28	»	13	»	15	»	17	»	20	»	22	»	24	»	26	»	28	»	30	»	33	»	35	»	37	»	39	»	41	»	44
29	»	14	»	16	»	18	»	20	»	23	»	25	»	27	»	29	»	32	»	34	»	36	»	39	»	41	»	43	»	45
MOIS.																														
1	»	14	»	16	»	19	»	21	»	23	»	26	»	28	»	30	»	33	»	35	»	37	»	40	»	42	»	44	»	47
2	»	28	»	33	»	37	»	42	»	47	»	51	»	56	»	61	»	65	»	70	»	75	»	79	»	84	»	89	»	93
3	»	42	»	49	»	56	»	63	»	70	»	77	»	84	»	91	»	98	1	5	1	12	1	19	1	26	1	33	1	40
4	»	56	»	65	»	75	»	84	»	93	1	3	1	12	1	21	1	31	1	40	1	49	1	59	1	68	1	77	1	87
5	»	70	»	82	»	93	1	5	1	17	1	28	1	40	1	52	1	63	1	75	1	87	1	98	2	10	2	22	2	33
6	»	84	»	98	1	12	1	26	1	40	1	54	1	68	1	82	1	96	2	10	2	24	2	38	2	52	2	66	2	80
7	»	98	1	14	1	31	1	47	1	63	1	80	1	96	2	12	2	29	2	45	2	61	2	78	2	94	3	10	3	27
8	1	12	1	31	1	49	1	68	1	87	2	5	2	24	2	43	2	61	2	80	2	99	3	17	3	36	3	55	3	73
9	1	26	1	47	1	68	1	89	2	10	2	31	2	52	2	73	2	94	3	15	3	36	3	57	3	78	3	99	4	20
10	1	40	1	63	1	87	2	10	2	33	2	57	2	80	3	3	3	27	3	50	3	73	3	97	4	20	4	43	4	67
11	1	54	1	80	2	5	2	31	2	57	2	82	3	8	3	34	3	59	3	85	4	11	4	36	4	62	4	88	5	13
ANNÉES.																														
1	1	68	1	96	2	24	2	52	2	80	3	8	3	36	3	64	3	92	4	20	4	48	4	76	5	4	5	32	5	60
2	3	36	3	92	4	48	5	4	5	60	6	16	6	72	7	28	7	84	8	40	8	96	9	52	10	8	10	64	11	20
3	5	4	5	88	6	72	7	56	8	40	9	24	10	8	10	92	11	76	12	60	13	44	14	28	15	12	15	96	16	80
4	6	72	7	84	8	96	10	8	11	20	12	32	13	44	14	56	15	68	16	80	17	92	19	4	20	16	21	28	22	40
5	8	40	9	80	11	20	12	60	14	»	15	40	16	80	18	20	19	60	21	»	22	40	23	80	25	20	26	60	28	»
6	10	8	11	76	13	44	15	12	16	80	18	48	20	16	21	84	23	52	25	20	26	88	28	56	30	24	31	92	33	60
7	11	76	13	72	15	68	17	64	19	60	21	56	23	52	25	48	27	44	29	40	31	36	33	32	35	28	37	24	39	20
8	13	44	15	68	17	92	20	16	22	40	24	64	26	88	29	12	31	36	33	60	35	84	38	8	40	32	42	56	44	80
9	15	12	17	64	20	16	22	68	25	20	27	72	30	24	32	76	35	28	37	80	40	32	42	84	45	36	47	88	50	40
10	16	80	19	60	22	40	25	20	28	»	30	80	33	60	36	40	39	20	42	»	44	80	47	60	50	40	53	20	56	»

Intérêts à raison de

	3		3 1/2		4		4 1/2		5		5 1/2		6		6 1/2		7		7 1/2		8		8 1/2		9		9 1/2		10	
JOURS.	Fr.	C.	Fr.	C.	Fr.	C.	Fr.	C.	Fr.	C.	Fr.	C.	Fr.	C.	Fr.	C.	Fr.	C.	Fr.	C.	Fr.	C.	Fr.	C.	Fr.	C.	Fr.	C.	Fr.	C.
1	»	»	»	1	»	1	»	1	»	1	»	1	»	1	»	1	»	1	»	1	»	1	»	1	»	1	»	2	»	2
2	»	1	»	1	»	1	»	1	»	2	»	2	»	2	»	2	»	2	»	2	»	3	»	3	»	3	»	3	»	3
3	»	1	»	2	»	2	»	2	»	2	»	3	»	3	»	3	»	3	»	3	»	4	»	4	»	4	»	4	»	5
4	»	2	»	2	»	3	»	3	»	3	»	3	»	4	»	4	»	4	»	5	»	5	»	5	»	6	»	6	»	6
5	»	2	»	3	»	3	»	4	»	4	»	4	»	5	»	5	»	6	»	6	»	6	»	7	»	7	»	7	»	8
6	»	3	»	3	»	4	»	4	»	5	»	5	»	6	»	6	»	7	»	7	»	8	»	8	»	9	»	9	»	9
7	»	3	»	4	»	4	»	5	»	6	»	6	»	7	»	7	»	8	»	8	»	9	»	9	»	10	»	10	»	11
8	»	4	»	4	»	5	»	6	»	6	»	7	»	8	»	8	»	9	»	9	»	10	»	10	»	11	»	12	»	13
9	»	4	»	5	»	6	»	6	»	7	»	8	»	9	»	9	»	10	»	10	»	11	»	12	»	13	»	13	»	14
10	»	5	»	6	»	6	»	7	»	8	»	9	»	9	»	10	»	11	»	12	»	13	»	13	»	14	»	15	»	16
11	»	5	»	6	»	7	»	8	»	9	»	10	»	10	»	11	»	12	»	13	»	14	»	14	»	16	»	16	»	17
12	»	6	»	7	»	8	»	9	»	9	»	10	»	11	»	12	»	13	»	14	»	15	»	16	»	17	»	18	»	19
13	»	6	»	7	»	8	»	9	»	10	»	11	»	12	»	13	»	14	»	15	»	16	»	17	»	19	»	19	»	21
14	»	7	»	8	»	9	»	10	»	11	»	12	»	13	»	14	»	16	»	17	»	18	»	19	»	20	»	21	»	22
15	»	7	»	8	»	9	»	11	»	12	»	13	»	14	»	15	»	17	»	18	»	19	»	20	»	21	»	22	»	24
16	»	8	»	9	»	10	»	11	»	13	»	14	»	15	»	16	»	18	»	19	»	20	»	21	»	23	»	24	»	25
17	»	8	»	9	»	11	»	12	»	13	»	15	»	16	»	17	»	19	»	20	»	22	»	23	»	24	»	25	»	27
18	»	9	»	10	»	11	»	13	»	14	»	16	»	17	»	19	»	20	»	21	»	23	»	24	»	26	»	27	»	28
19	»	9	»	11	»	12	»	14	»	15	»	17	»	18	»	20	»	21	»	22	»	24	»	25	»	27	»	28	»	30
20	»	9	»	11	»	13	»	14	»	16	»	17	»	19	»	21	»	22	»	23	»	25	»	26	»	28	»	30	»	32
21	»	10	»	12	»	13	»	15	»	17	»	18	»	20	»	22	»	23	»	25	»	27	»	28	»	30	»	31	»	33
22	»	10	»	12	»	14	»	16	»	17	»	19	»	21	»	23	»	24	»	26	»	28	»	29	»	31	»	32	»	35
23	»	11	»	13	»	15	»	16	»	18	»	20	»	22	»	24	»	25	»	27	»	29	»	31	»	33	»	34	»	36
24	»	11	»	13	»	15	»	17	»	19	»	21	»	23	»	25	»	27	»	29	»	30	»	32	»	34	»	36	»	38
25	»	12	»	14	»	16	»	18	»	20	»	22	»	24	»	26	»	28	»	30	»	32	»	34	»	36	»	38	»	40
26	»	12	»	14	»	16	»	19	»	21	»	23	»	25	»	27	»	29	»	31	»	33	»	35	»	37	»	39	»	41
27	»	13	»	15	»	17	»	19	»	21	»	24	»	26	»	28	»	30	»	32	»	34	»	36	»	38	»	40	»	43
28	»	13	»	16	»	18	»	20	»	22	»	24	»	27	»	29	»	31	»	33	»	35	»	37	»	40	»	42	»	44
29	»	14	»	16	»	18	»	21	»	23	»	25	»	28	»	30	»	32	»	35	»	37	»	39	»	41	»	44	»	46
MOIS.																														
1	»	14	»	17	»	19	»	21	»	24	»	26	»	28	»	31	»	33	»	36	»	38	»	40	»	43	»	45	»	47
2	»	28	»	33	»	38	»	43	»	47	»	52	»	57	»	62	»	66	»	71	»	76	»	81	»	85	»	90	»	95
3	»	43	»	50	»	57	»	64	»	71	»	78	»	85	»	93	1	»	1	7	1	14	1	21	1	28	1	35	1	42
4	»	57	»	66	»	76	»	85	»	95	1	4	1	14	1	23	1	33	1	42	1	52	1	61	1	71	1	80	1	90
5	»	71	»	83	»	95	1	7	1	19	1	31	1	42	1	54	1	66	1	78	1	90	2	2	2	14	2	26	2	37
6	»	85	1	»	1	14	1	28	1	42	1	57	1	71	1	85	1	99	2	14	2	28	2	42	2	56	2	70	2	85
7	1	»	1	16	1	33	1	50	1	66	1	83	1	99	2	16	2	33	2	49	2	66	2	83	2	99	3	16	3	32
8	1	14	1	33	1	52	1	71	1	90	2	9	2	28	2	47	2	66	2	85	3	4	3	23	3	42	3	61	3	80
9	1	28	1	50	1	71	1	92	2	14	2	35	2	56	2	78	2	99	3	21	3	42	3	63	3	85	4	6	4	27
10	1	42	1	66	1	90	2	14	2	37	2	61	2	85	3	9	3	32	3	56	3	80	4	4	4	27	4	51	4	75
11	1	57	1	83	2	9	2	35	2	61	2	87	3	13	3	40	3	66	3	92	4	18	4	44	4	70	4	96	5	22
ANNÉES.																														
1	1	71	1	99	2	28	2	56	2	85	3	13	3	42	3	70	3	99	4	27	4	56	4	84	5	13	5	41	5	70
2	3	42	3	99	4	56	5	13	5	70	6	27	6	84	7	41	7	98	8	55	9	12	9	69	10	26	10	83	11	40
3	5	13	5	98	6	84	7	69	8	55	9	40	10	26	11	11	11	97	12	82	13	68	14	53	15	39	16	24	17	10
4	6	84	7	98	9	12	10	26	11	40	12	54	13	68	14	82	15	96	17	10	18	24	19	38	20	52	21	66	22	80
5	8	55	9	97	11	40	12	82	14	25	15	67	17	10	18	52	19	95	21	37	22	80	24	22	25	65	27	7	28	50
6	10	26	11	97	13	68	15	38	17	10	18	80	20	52	22	22	23	95	25	64	27	36	29	6	30	78	32	48	34	20
7	11	97	13	96	15	96	17	95	19	95	21	94	23	94	25	93	27	93	29	92	31	92	33	91	35	91	37	90	39	90
8	13	68	15	96	18	24	20	52	22	80	25	8	27	36	29	64	31	92	34	20	36	48	38	76	41	4	43	31	45	60
9	15	39	17	95	20	52	23	8	25	65	28	21	30	78	33	34	35	91	38	47	41	4	43	60	46	17	48	73	51	30
10	17	10	19	94	22	80	25	64	28	50	31	34	34	20	37	4	39	90	42	74	45	60	48	44	51	30	54	14	57	»

58 FRANCS.

Intérêts à raison de

	3		3 1/2		4		4 1/2		5		5 1/2		6		6 1/2		7		7 1/2		8		8 1/2		9		9 1/2		10	
JOURS.	Fr.	C.	Fr.	C.	Fr.	C.	Fr.	C.	Fr.	C.	Fr.	C.	Fr.	C.	Fr.	C.	Fr.	C.	Fr.	C.	Fr.	C.	Fr.	C.	Fr.	C.	Fr.	C.	Fr.	C.
1	»	»	»	1	»	1	»	1	»	1	»	1	»	1	»	1	»	1	»	1	»	1	»	1	»	1	»	2	»	2
2	»	1	»	1	»	1	»	1	»	2	»	2	»	2	»	2	»	2	»	2	»	3	»	3	»	3	»	3	»	3
3	»	1	»	2	»	2	»	2	»	2	»	3	»	3	»	3	»	3	»	3	»	4	»	4	»	4	»	4	»	5
4	»	2	»	2	»	3	»	3	»	3	»	4	»	4	»	4	»	5	»	5	»	5	»	5	»	6	»	6	»	6
5	»	2	»	3	»	3	»	4	»	4	»	4	»	5	»	5	»	6	»	6	»	6	»	6	»	7	»	7	»	8
6	»	3	»	3	»	4	»	4	»	5	»	5	»	6	»	6	»	7	»	7	»	8	»	8	»	9	»	9	»	10
7	»	3	»	4	»	5	»	5	»	6	»	6	»	7	»	7	»	8	»	8	»	9	»	9	»	10	»	10	»	11
8	»	4	»	5	»	5	»	6	»	6	»	7	»	8	»	8	»	9	»	9	»	10	»	11	»	12	»	12	»	13
9	»	4	»	5	»	6	»	7	»	7	»	8	»	9	»	9	»	10	»	11	»	12	»	12	»	13	»	13	»	14
10	»	5	»	6	»	6	»	7	»	8	»	9	»	10	»	10	»	11	»	12	»	13	»	13	»	14	»	15	»	16
11	»	5	»	6	»	7	»	8	»	9	»	10	»	11	»	12	»	12	»	13	»	14	»	15	»	16	»	17	»	18
12	»	6	»	7	»	8	»	9	»	10	»	11	»	12	»	13	»	14	»	14	»	15	»	16	»	17	»	18	»	19
13	»	6	»	7	»	8	»	9	»	10	»	12	»	13	»	14	»	15	»	16	»	17	»	18	»	19	»	19	»	21
14	»	7	»	8	»	9	»	10	»	11	»	12	»	14	»	15	»	16	»	17	»	18	»	19	»	20	»	21	»	23
15	»	7	»	8	»	10	»	11	»	12	»	13	»	14	»	16	»	17	»	18	»	19	»	20	»	22	»	23	»	24
16	»	8	»	9	»	10	»	12	»	13	»	14	»	15	»	17	»	18	»	19	»	21	»	22	»	23	»	24	»	26
17	»	8	»	10	»	11	»	12	»	14	»	15	»	16	»	18	»	19	»	20	»	22	»	23	»	25	»	26	»	27
18	»	9	»	10	»	12	»	13	»	14	»	16	»	17	»	19	»	20	»	21	»	23	»	24	»	26	»	27	»	29
19	»	9	»	11	»	12	»	14	»	15	»	17	»	18	»	20	»	21	»	22	»	24	»	26	»	28	»	29	»	31
20	»	10	»	11	»	13	»	14	»	16	»	18	»	19	»	21	»	23	»	24	»	26	»	27	»	29	»	30	»	32
21	»	10	»	12	»	14	»	15	»	17	»	19	»	20	»	22	»	24	»	25	»	27	»	28	»	30	»	32	»	33
22	»	11	»	12	»	14	»	16	»	18	»	19	»	21	»	23	»	25	»	26	»	28	»	30	»	32	»	33	»	35
23	»	11	»	13	»	15	»	17	»	19	»	20	»	22	»	24	»	26	»	27	»	29	»	31	»	33	»	35	»	37
24	»	12	»	14	»	15	»	17	»	19	»	21	»	23	»	25	»	27	»	29	»	31	»	32	»	35	»	37	»	39
25	»	12	»	14	»	16	»	18	»	20	»	22	»	24	»	26	»	28	»	30	»	32	»	34	»	36	»	38	»	40
26	»	13	»	15	»	17	»	19	»	21	»	23	»	25	»	27	»	29	»	31	»	34	»	35	»	38	»	40	»	42
27	»	13	»	15	»	17	»	20	»	22	»	24	»	26	»	28	»	30	»	32	»	35	»	37	»	39	»	41	»	43
28	»	14	»	16	»	18	»	20	»	23	»	25	»	27	»	29	»	32	»	33	»	36	»	38	»	41	»	43	»	45
29	»	14	»	16	»	19	»	21	»	23	»	26	»	28	»	30	»	33	»	35	»	37	»	39	»	42	»	44	»	47
MOIS.																														
1	»	14	»	17	»	19	»	22	»	24	»	27	»	29	»	31	»	34	»	36	»	39	»	41	»	43	»	46	»	48
2	»	29	»	34	»	39	»	43	»	48	»	53	»	58	»	63	»	68	»	73	»	77	»	82	»	87	»	91	»	97
3	»	43	»	51	»	58	»	65	»	72	»	80	»	87	»	94	1	1	1	9	1	16	1	23	1	30	1	37	1	45
4	»	58	»	68	»	77	»	87	»	97	1	6	1	16	1	26	1	35	1	45	1	55	1	64	1	74	1	84	1	93
5	»	72	»	85	»	97	1	9	1	21	1	33	1	45	1	57	1	69	1	82	1	93	2	5	2	17	2	30	2	42
6	»	87	1	1	1	16	1	30	1	45	1	59	1	74	1	88	2	3	2	17	2	32	2	46	2	61	2	75	2	90
7	1	1	1	18	1	35	1	52	1	69	1	86	2	3	2	20	2	37	2	53	2	71	2	87	3	4	3	21	3	38
8	1	16	1	35	1	55	1	74	1	93	2	13	2	32	2	51	2	71	2	90	3	9	3	29	3	48	3	67	3	87
9	1	30	1	52	1	74	1	96	2	17	2	33	2	61	2	83	3	4	3	26	3	48	3	70	3	91	4	12	4	35
10	1	45	1	69	1	93	2	17	2	42	2	66	2	90	3	14	3	38	3	62	3	87	4	10	4	35	4	59	4	83
11	1	59	1	86	2	13	2	39	2	66	2	92	3	19	3	46	3	72	3	99	4	25	4	52	4	78	5	5	5	32
ANNÉES.																														
1	1	74	2	3	2	32	2	61	2	90	3	19	3	48	3	77	4	6	4	35	4	64	4	93	5	22	5	51	5	80
2	3	48	4	6	4	64	5	22	5	80	6	38	6	96	7	54	8	12	8	70	9	28	9	86	10	44	11	2	11	60
3	5	22	6	9	6	96	7	83	8	70	9	57	10	44	11	31	12	18	13	5	13	92	14	79	15	66	16	53	17	40
4	6	96	8	12	9	28	10	44	11	60	12	76	13	92	15	8	16	24	17	40	18	56	19	72	20	88	22	4	23	20
5	8	70	10	15	11	60	13	5	14	50	15	95	17	40	18	85	20	30	21	75	23	20	24	65	26	10	27	55	29	»
6	10	44	12	18	13	92	15	66	17	40	19	14	20	88	22	62	24	36	26	10	27	84	29	58	31	32	33	6	34	80
7	12	18	14	21	16	24	18	27	20	30	22	33	24	36	26	39	28	42	30	45	32	48	34	51	36	54	38	57	40	60
8	13	92	16	24	18	56	20	88	23	20	25	52	27	84	30	16	32	48	34	80	37	12	39	44	41	76	44	8	46	40
9	15	66	18	27	20	88	23	49	26	10	28	71	31	32	33	93	36	54	39	15	41	76	44	37	46	98	49	59	52	20
10	17	40	20	30	23	20	26	10	29	»	31	90	34	80	37	70	40	60	43	50	46	40	49	30	52	20	55	10	58	»

Intérêts à raison de

	3		3 1/2		4		4 1/2		5		5 1/2		6		6 1/2		7		7 1/2		8		8 1/2		9		9 1/2		10	
JOURS.	Fr.	C.	Fr.	C.	Fr.	C.	Fr.	C.	Fr.	C.	Fr.	C.	Fr.	C.	Fr.	C.	Fr.	C.	Fr.	C.	Fr.	C.	Fr.	C.	Fr.	C.	Fr.	C.	Fr.	C.
1	»	»	»	1	»	1	»	1	»	1	»	1	»	1	»	1	»	1	»	1	»	1	»	1	»	1	»	2	»	2
2	»	1	»	1	»	1	»	1	»	2	»	2	»	2	»	2	»	2	»	3	»	3	»	3	»	3	»	3	»	3
3	»	1	»	2	»	2	»	2	»	2	»	3	»	3	»	3	»	3	»	3	»	4	»	4	»	4	»	4	»	5
4	»	2	»	2	»	3	»	3	»	3	»	4	»	4	»	4	»	5	»	5	»	5	»	5	»	6	»	6	»	7
5	»	2	»	3	»	3	»	4	»	4	»	5	»	5	»	5	»	6	»	6	»	7	»	7	»	7	»	7	»	8
6	»	3	»	3	»	4	»	4	»	5	»	5	»	6	»	6	»	7	»	7	»	8	»	8	»	9	»	9	»	10
7	»	3	»	4	»	5	»	5	»	6	»	6	»	7	»	7	»	8	»	8	»	9	»	9	»	10	»	10	»	11
8	»	4	»	5	»	5	»	6	»	7	»	7	»	8	»	9	»	9	»	9	»	10	»	11	»	12	»	12	»	13
9	»	4	»	5	»	6	»	7	»	7	»	8	»	9	»	10	»	10	»	11	»	12	»	12	»	13	»	13	»	15
10	»	5	»	6	»	7	»	7	»	8	»	9	»	10	»	11	»	11	»	12	»	13	»	13	»	15	»	15	»	16
11	»	5	»	6	»	7	»	8	»	9	»	10	»	11	»	12	»	13	»	13	»	14	»	15	»	16	»	16	»	18
12	»	6	»	7	»	8	»	9	»	10	»	11	»	12	»	13	»	14	»	14	»	16	»	16	»	18	»	19	»	20
13	»	6	»	7	»	9	»	10	»	11	»	12	»	13	»	14	»	15	»	16	»	17	»	17	»	19	»	20	»	21
14	»	7	»	8	»	9	»	10	»	11	»	13	»	14	»	15	»	16	»	17	»	18	»	28	»	21	»	21	»	23
15	»	7	»	9	»	10	»	11	»	12	»	14	»	15	»	16	»	17	»	18	»	20	»	20	»	22	»	22	»	25
16	»	8	»	9	»	10	»	12	»	13	»	14	»	16	»	17	»	18	»	19	»	21	»	21	»	24	»	24	»	26
17	»	8	»	10	»	11	»	13	»	14	»	15	»	17	»	18	»	20	»	21	»	22	»	23	»	25	»	25	»	28
18	»	9	»	10	»	12	»	13	»	15	»	16	»	18	»	19	»	21	»	22	»	24	»	24	»	27	»	27	»	39
19	»	9	»	11	»	12	»	14	»	16	»	17	»	19	»	20	»	22	»	23	»	25	»	25	»	28	»	28	»	31
20	»	10	»	11	»	13	»	15	»	16	»	18	»	20	»	21	»	23	»	24	»	26	»	28	»	29	»	31	»	33
21	»	10	»	12	»	14	»	15	»	17	»	19	»	21	»	22	»	24	»	26	»	28	»	28	»	31	»	32	»	34
22	»	11	»	13	»	14	»	16	»	18	»	20	»	22	»	23		25	»	27	»	29	»	29	»	32	»	33	»	36
23	»	11	»	13	»	15	»	17	»	19	»	21	»	23	»	25	»	27	»	28	»	30	»	32	»	34	»	36	»	38
24	»	12	»	14	»	16	»	18	»	20	»	22	»	24	»	26		28	»	29	»	31	»	33	»	35	»	37	»	39
25	»	12	»	14	»	16	»	18	»	20	»	23	»	25	»	27	»	29	»	31	»	33	»	34	»	37	»	39	»	41
26	»	13	»	15	»	17	»	19	»	21	»	23	»	26	»	28	»	30	»	32	»	34	»	36	»	38	»	40	»	43
27	»	13	»	15	»	18	»	20	»	22	»	24	»	27	»	29	»	31	»	33	»	35	»	37	»	40	»	42	»	44
28	»	14	»	16	»	18	»	21	»	23	»	25	»	28	»	30	»	32	»	34	»	37	»	39	»	41	»	43	»	46
29	»	14	»	17	»	19	»	21	»	24	»	26	»	29	»	31	»	33	»	35	»	38	»	40	»	45	»	45	»	48
MOIS.																														
1	»	15	»	17	»	20	»	22	»	25	»	27	»	29	»	32	»	34	»	37	»	39	»	42	»	44	»	47	»	49
2	»	29	»	34	»	39	»	44	»	49	»	54	»	59	»	64	»	69	»	73	»	79	»	83	»	88	»	93	»	98
3	»	44	»	52	»	59	»	66	»	74	»	81	»	88	»	96	1	3	1	11	1	18	1	25	1	33	1	40	1	57
4	»	59	»	69	»	98	»	88	»	98	1	8	1	18	1	28	1	38	1	48	1	57	1	67	1	77	1	86	1	97
5	»	74	»	86	»	98	1	11	1	23	1	35	1	47	1	60	1	72	1	84	1	97	2	9	2	21	2	34	2	46
6	»	88	1	3	1	18	1	33	1	47	1	62	1	77	1	92	2	6	2	21	2	36	2	51	2	65	2	80	2	95
7	1	3	1	20	1	38	1	55	1	72	1	89	2	6	2	24	2	41	2	58	2	75	3	10	3	10	3	27	3	41
8	1	18	1	38	1	57	1	77	1	97	2	16	2	36	2	56	2	75	2	95	3	15	3	34	3	54	3	74	3	93
9	1	33	1	55	1	77	1	99	2	21	2	43	2	65	2	88	3	10	3	32	3	54	3	76	3	98	4	20	4	42
10	1	47	1	72	1	97	2	21	2	46	2	70	2	95	3	20	3	44	3	69	4	93	4	18	4	42	4	67	4	92
11	1	62	1	89	2	16	2	43	2	70	2	97	3	24	3	52	3	79	4	5	4	33	4	59	4	87	5	13	5	41
ANNÉES.																														
1	1	77	2	6	2	36	2	65	2	95	3	24	3	54	3	83	4	13	4	42	4	72	5	1	5	31	5	60	5	90
2	3	54	4	13	4	72	5	31	5	90	6	49	7	8	7	67	8	26	8	85	9	44	10	3	10	62	11	21	11	80
3	5	31	6	19	7	8	7	96	8	85	9	73	10	62	11	50	12	39	13	27	14	16	15	4	15	93	16	81	17	70
4	7	8	8	26	9	44	10	62	11	80	12	98	14	16	15	34	16	52	17	70	18	88	20	6	21	24	22	42	23	60
5	8	85	10	32	11	80	13	27	14	75	16	22	17	70	19	17	20	65	22	12	23	60	25	7	26	55	28	2	29	50
6	10	62	12	38	14	16	15	92	17	70	19	46	21	24	23	»	24	78	26	54	28	32	30	8	31	86	33	62	35	40
7	12	39	14	45	16	52	18	58	20	65	22	71	24	78	26	74	28	91	30	97	33	4	35	10	37	17	39	23	41	30
8	14	16	16	52	18	88	21	24	23	60	25	96	28	32	30	68	33	4	35	40	37	76	40	12	42	48	44	84	47	20
9	15	93	18	58	21	24	23	89	26	55	29	20	31	86	34	51	37	17	39	82	42	46	45	13	47	79	50	44	53	10
10	17	70	20	64	23	60	26	54	29	50	32	44	35	40	38	34	41	30	44	24	47	20	50	14	53	10	56	4	59	»

60 FRANCS.

Intérêts à raison de

	3		3 1/2		4		4 1/2		5		5 1/2		6		6 1/2		7		7 1/2		8		8 1/2		9		9 1/2		10	
	Fr.	C.	Fr.	C.	Fr.	C.	Fr.	C.	Fr.	C.	Fr.	C.	Fr.	C.	Fr.	C.	Fr.	C.	Fr.	C.	Fr.	C.	Fr.	C.	Fr.	C.	Fr.	C.	Fr.	C.
JOURS.																														
1	»	»	»	1	»	1	»	1	»	1	»	1	»	1	»	1	»	1	»	1	»	1	»	1	»	1	»	2	»	2
2	»	1	»	1	»	1	»	1	»	2	»	2	»	2	»	2	»	2	»	3	»	3	»	3	»	3	»	3	»	3
3	»	1	»	2	»	2	»	2	»	2	»	3	»	3	»	3	»	3	»	4	»	4	»	4	»	4	»	4	»	5
4	»	2	»	2	»	3	»	3	»	3	»	4	»	4	»	4	»	5	»	5	»	5	»	6	»	6	»	6	»	7
5	»	2	»	3	»	3	»	4	»	4	»	5	»	5	»	5	»	7	»	6	»	7	»	7	»	7	»	7	»	8
6	»	3	»	3	»	4	»	4	»	5	»	5	»	6	»	6	»	8	»	7	»	8	»	8	»	9	»	9	»	10
7	»	3	»	4	»	5	»	5	»	6	»	6	»	7	»	8	»	9	»	8	»	9	»	9	»	10	»	10	»	12
8	»	4	»	5	»	5	»	6	»	7	»	7	»	8	»	9	»	10	»	10	»	11	»	11	»	12	»	12	»	13
9	»	4	»	5	»	6	»	7	»	7	»	8	»	9	»	10	»	11	»	11	»	12	»	12	»	13	»	13	»	15
10	»	5	»	6	»	7	»	7	»	8	»	9	»	10	»	11	»	12	»	12	»	13	»	14	»	15	»	15	»	17
11	»	5	»	6	»	7	»	8	»	9	»	10	»	11	»	12	»	13	»	14	»	15	»	15	»	16	»	16	»	18
12	»	6	»	7	»	8	»	9	»	10	»	11	»	12	»	13	»	14	»	15	»	16	»	17	»	18	»	18	»	20
13	»	6	»	8	»	9	»	10	»	11	»	12	»	13	»	14	»	15	»	16	»	17	»	18	»	19	»	19	»	22
14	»	7	»	8	»	9	»	10	»	12	»	13	»	14	»	15	»	16	»	17	»	19	»	20	»	21	»	21	»	23
15	»	7	»	9	»	10	»	11	»	12	»	14	»	15	»	16	»	17	»	18	»	20	»	21	»	22	»	22	»	25
16	»	8	»	9	»	11	»	12	»	13	»	15	»	16	»	17	»	19	»	20	»	21	»	22	»	24	»	24	»	27
17	»	8	»	10	»	11	»	13	»	14	»	16	»	17	»	18	»	20	»	21	»	23	»	24	»	25	»	25	»	28
18	»	9	»	10	»	12	»	13	»	15	»	16	»	18	»	19	»	21	»	22	»	24	»	25	»	27	»	27	»	30
19	»	9	»	11	»	13	»	14	»	16	»	17	»	19	»	21	»	22	»	23	»	25	»	26	»	28	»	28	»	32
20	»	10	»	12	»	13	»	15	»	17	»	18	»	20	»	22	»	23	»	25	»	27	»	29	»	30	»	30	»	33
21	»	10	»	12	»	14	»	16	»	18	»	19	»	21	»	23	»	24	»	26	»	28	»	30	»	31	»	32	»	35
22	»	11	»	13	»	15	»	16	»	18	»	20	»	22	»	24	»	26	»	27	»	29	»	31	»	33	»	33	»	37
23	»	11	»	14	»	15	»	17	»	19	»	21	»	23	»	25	»	27	»	28	»	31	»	32	»	34	»	35	»	38
24	»	12	»	14	»	16	»	18	»	20	»	22	»	24	»	26	»	28	»	30	»	32	»	34	»	36	»	37	»	40
25	»	12	»	15	»	17	»	19	»	21	»	23	»	25	»	27	»	29	»	31	»	33	»	35	»	37	»	39	»	42
26	»	13	»	15	»	17	»	19	»	22	»	24	»	26	»	28	»	30	»	32	»	35	»	36	»	39	»	41	»	43
27	»	13	»	16	»	18	»	20	»	22	»	25	»	27	»	29	»	31	»	33	»	36	»	38	»	40	»	43	»	45
28	»	14	»	16	»	19	»	21	»	23	»	26	»	28	»	30	»	33	»	34	»	37	»	39	»	42	»	45	»	47
29	»	14	»	17	»	19	»	22	»	24	»	27	»	29	»	31	»	34	»	36	»	39	»	41	»	43	»	46	»	48
MOIS.																														
1	»	15	»	17	»	20	»	22	»	25	»	27	»	30	»	32	»	35	»	37	»	40	»	42	»	45	»	47	»	50
2	»	30	»	35	»	40	»	45	»	50	»	55	»	60	»	65	»	70	»	75	»	80	»	85	»	90	»	95	1	»
3	»	45	»	52	»	60	»	67	»	75	»	82	»	90	»	97	»	5	1	12	1	20	1	27	1	35	1	42	1	50
4	»	60	»	70	»	80	»	90	1	»	1	10	1	20	1	30	1	40	1	50	1	60	1	70	1	80	1	90	2	»
5	»	75	»	87	1	»	1	12	1	25	1	37	1	50	1	62	1	75	1	87	2	»	2	12	2	25	2	37	2	50
6	»	90	1	5	1	20	1	35	1	50	1	65	1	80	1	95	2	10	2	25	2	40	2	55	2	70	2	85	3	»
7	1	5	1	22	1	40	1	57	1	75	1	92	2	10	2	27	2	45	2	62	2	80	2	97	3	15	3	32	3	50
8	1	20	1	40	1	60	1	80	2	»	2	20	2	40	2	60	2	80	3	»	3	20	3	40	3	60	3	80	4	»
9	1	35	1	57	1	80	2	2	2	25	2	47	2	70	2	92	3	10	3	37	3	60	3	82	4	5	4	27	4	50
10	1	50	1	75	2	»	2	25	2	50	2	75	3	»	3	25	3	50	3	75	4	»	4	25	4	50	4	75	5	»
11	1	65	1	92	2	20	2	47	2	75	3	2	3	30	3	57	3	85	4	12	4	40	4	67	4	95	5	22	5	50
ANNÉES.																														
1	1	80	2	10	2	40	2	70	3	»	3	30	3	60	3	90	4	20	4	50	4	80	5	10	5	40	5	70	6	»
2	3	60	4	20	4	80	5	40	6	»	6	60	7	20	7	80	8	40	9	»	9	60	10	20	10	80	11	40	12	»
3	5	40	6	30	7	20	8	10	9	»	9	90	10	80	11	70	12	60	13	50	14	40	15	30	16	20	17	10	18	»
4	7	20	8	40	9	60	10	80	12	»	13	20	14	40	15	60	16	80	18	»	19	20	20	40	21	60	22	80	24	»
5	9	»	10	50	12	»	13	50	15	»	16	50	18	»	19	50	21	»	22	50	24	»	25	50	27	»	28	50	30	»
6	10	80	12	60	14	40	16	20	18	»	19	80	21	60	23	40	25	20	27	»	28	80	30	60	32	40	34	20	36	»
7	12	60	14	70	16	80	18	90	21	»	23	10	25	20	27	30	29	40	31	50	33	60	35	70	37	80	39	90	42	»
8	14	40	16	80	19	20	21	60	24	»	26	40	28	80	31	20	33	60	36	»	38	40	40	80	43	20	45	60	48	»
9	16	20	18	90	21	60	24	30	27	»	29	70	32	40	35	10	37	80	40	50	43	20	45	90	48	60	51	30	54	»
10	18	»	21	»	24	»	27	»	30	»	33	»	36	»	39	»	42	»	45	»	48	»	51	»	54	»	57	»	60	»

Intérêts à raison de

	3		3 1/2		4		4 1/2		5		5 1/2		6		6 1/2		7		7 1/2		8		8 1/2		9		9 1/2		10	
JOURS.	Fr.	C.	Fr.	C.	Fr.	C.	Fr.	C.	Fr.	C.	Fr.	C.	Fr.	C.	Fr.	C.	Fr.	C.	Fr.	C.	Fr.	C.	Fr.	C.	Fr.	C.	Fr.	C.	Fr.	C.
1	»	1	»	1	»	1	»	1	»	1	»	1	»	1	»	1	»	1	»	1	»	1	»	2	»	2	»	2	»	2
2	»	1	»	1	»	1	»	2	»	2	»	2	»	2	»	2	»	2	»	3	»	3	»	3	»	3	»	3	»	3
3	»	2	»	2	»	2	»	2	»	3	»	3	»	3	»	3	»	4	»	4	»	4	»	4	»	5	»	5	»	5
4	»	2	»	2	»	3	»	3	»	3	»	4	»	4	»	4	»	5	»	5	»	5	»	5	»	6	»	6	»	7
5	»	3	»	3	»	3	»	4	»	4	»	5	»	5	»	6	»	6	»	6	»	7	»	7	»	8	»	8	»	8
6	»	3	»	4	»	4	»	5	»	5	»	6	»	6	»	7	»	7	»	7	»	8	»	8	»	9	»	9	»	10
7	»	4	»	4	»	5	»	5	»	6	»	7	»	7	»	8	»	8	»	8	»	11	»	10	»	11	»	11	»	12
8	»	4	»	5	»	5	»	6	»	7	»	7	»	8	»	9	»	9	»	10	»	12	»	11	»	12	»	12	»	14
9	»	5	»	5	»	6	»	7	»	8	»	8	»	9	»	10	»	11	»	11	»	14	»	13	»	14	»	14	»	15
10	»	5	»	6	»	7	»	8	»	8	»	9	»	10	»	11	»	12	»	12	»	15	»	14	»	15	»	16	»	17
11	»	6	»	7	»	7	»	8	»	9	»	10	»	11	»	12	»	13	»	14	»	16	»	16	»	17	»	18	»	19
12	»	6	»	7	»	8	»	9	»	10	»	11	»	12	»	13	»	14	»	15	»	17	»	17	»	18	»	19	»	20
13	»	7	»	8	»	9	»	10	»	11	»	12	»	13	»	14	»	15	»	16	»	18	»	19	»	20	»	21	»	22
14	»	7	»	8	»	9	»	11	»	12	»	13	»	14	»	15	»	17	»	18	»	19	»	20	»	21	»	22	»	24
15	»	8	»	9	»	10	»	11	»	13	»	14	»	15	»	17	»	18	»	19	»	20	»	21	»	23	»	24	»	25
16	»	8	»	9	»	11	»	12	»	14	»	15	»	16	»	18	»	19	»	20	»	22	»	23	»	24	»	25	»	27
17	»	9	»	10	»	12	»	13	»	14	»	16	»	17	»	19	»	20	»	21	»	23	»	24	»	26	»	27	»	29
18	»	9	»	11	»	12	»	14	»	15	»	17	»	18	»	20	»	21	»	22	»	24	»	25	»	27	»	29	»	30
19	»	10	»	11	»	13	»	14	»	16	»	18	»	19	»	21	»	23	»	24	»	26	»	27	»	29	»	30	»	32
20	»	10	»	12	»	14	»	15	»	17	»	19	»	20	»	22	»	24	»	25	»	27	»	28	»	30	»	32	»	34
21	»	11	»	12	»	14	»	16	»	18	»	20	»	21	»	23	»	25	»	26	»	28	»	29	»	32	»	34	»	36
22	»	11	»	13	»	15	»	17	»	19	»	21	»	22	»	24	»	26	»	28	»	30	»	32	»	34	»	35	»	37
23	»	12	»	14	»	16	»	18	»	19	»	21	»	23	»	25	»	27	»	29	»	31	»	33	»	35	»	37	»	39
24	»	12	»	14	»	16	»	18	»	20	»	22	»	24	»	26	»	28	»	31	»	33	»	35	»	37	»	38	»	41
25	»	13	»	15	»	17	»	19	»	21	»	23	»	25	»	28	»	30	»	32	»	34	»	36	»	38	»	40	»	42
26	»	13	»	15	»	18	»	20	»	22	»	24	»	26	»	29	»	31	»	33	»	35	»	37	»	40	»	42	»	44
27	»	14	»	16	»	18	»	21	»	23	»	25	»	27	»	30	»	32	»	34	»	37	»	39	»	41	»	43	»	46
28	»	14	»	17	»	19	»	21	»	24	»	26	»	28	»	31	»	33	»	35	»	38	»	40	»	43	»	45	»	47
29	»	15	»	17	»	20	»	22	»	25	»	27	»	29	»	32	»	34	»	36	»	39	»	41	»	44	»	47	»	49
MOIS.																														
1	»	15	»	18	»	20	»	23	»	25	»	28	»	30	»	33	»	36	»	38	»	41	»	43	»	46	»	48	»	51
2	»	30	»	36	»	41	»	46	»	51	»	56	»	61	»	66	»	71	»	77	»	81	»	87	»	91	»	97	1	2
3	»	46	»	53	»	61	»	69	»	76	»	84	»	91	»	99	1	7	1	14	1	22	1	30	1	37	1	45	1	52
4	»	61	»	71	»	81	»	91	1	2	1	12	1	22	1	32	1	42	1	52	1	63	1	72	1	83	1	93	2	3
5	»	76	»	89	1	2	1	14	1	27	1	40	1	52	1	65	1	78	1	91	2	3	2	16	2	29	2	41	2	54
6	»	91	1	7	1	22	1	37	1	52	1	68	1	83	1	98	2	13	2	29	2	44	2	59	2	74	2	89	3	5
7	1	7	1	25	1	42	1	60	1	78	1	96	2	13	2	31	2	49	2	67	2	85	3	2	3	20	3	38	3	56
8	1	22	1	42	1	63	1	83	2	3	2	24	2	44	2	64	2	85	3	5	3	25	3	46	3	66	3	86	4	7
9	1	37	1	60	1	83	2	6	2	29	2	52	2	74	2	97	3	20	3	43	3	66	3	89	4	12	4	35	4	57
10	1	52	1	78	2	3	2	29	2	54	2	80	3	5	3	30	3	56	3	81	4	7	4	32	4	57	4	83	5	8
11	1	68	1	96	2	24	2	52	2	80	3	8	3	35	3	63	3	91	4	20	4	47	4	76	5	3	5	32	5	59
ANNÉES.																														
1	1	83	2	13	2	44	2	74	3	5	3	35	3	66	3	96	4	27	4	57	4	88	5	18	5	49	5	79	6	10
2	3	66	4	27	4	88	5	49	6	10	6	71	7	32	7	93	8	54	9	15	9	76	10	37	10	98	11	59	12	20
3	5	49	6	40	7	32	8	23	9	15	10	6	10	98	11	89	12	81	13	72	14	64	15	55	16	47	17	38	18	30
4	7	32	8	54	9	76	10	98	12	20	13	42	14	64	15	86	17	8	18	30	19	52	20	74	21	96	23	18	24	40
5	9	15	10	67	12	20	13	72	15	25	16	77	18	30	19	82	21	35	22	87	24	40	25	92	27	45	28	97	30	50
6	10	98	12	80	14	64	16	46	18	30	20	13	21	96	23	78	25	62	27	44	29	28	31	10	32	94	34	77	36	60
7	12	81	14	94	17	8	19	21	21	35	23	48	25	62	27	75	29	89	32	2	34	16	36	29	38	43	40	56	42	70
8	14	64	17	8	19	52	21	96	24	40	26	84	29	28	31	72	34	16	36	60	39	4	41	48	43	92	46	36	48	80
9	16	47	19	21	21	96	24	70	27	45	30	19	32	94	35	68	38	43	41	17	43	92	46	66	49	41	52	15	54	90
10	18	30	21	34	24	40	27	44	30	50	33	54	36	60	39	64	42	70	45	74	48	80	51	84	54	90	57	94	61	»

62 FRANCS.

Intérêts à raison de

	3		3 1/2		4		4 1/2		5		5 1/2		6		6 1/2		7		7 1/2		8		8 1/2		9		9 1/2		10	
JOURS.	Fr.	C.	Fr.	C.	Fr.	C.	Fr.	C.	Fr.	C.	Fr.	C.	Fr.	C.	Fr.	C.	Fr.	C.	Fr.	C.	Fr.	C.	Fr.	C.	Fr.	C.	Fr.	C.	Fr.	C.
1	»	1	»	1	»	1	»	1	»	1	»	1	»	1	»	1	»	1	»	1	»	1	»	2	»	2	»	2	»	2
2	»	1	»	1	»	1	»	2	»	2	»	2	»	2	»	2	»	2	»	3	»	3	»	3	»	3	»	3	»	3
3	»	2	»	2	»	2	»	2	»	3	»	3	»	3	»	3	»	4	»	4	»	4	»	4	»	5	»	5	»	5
4	»	2	»	2	»	3	»	3	»	3	»	4	»	4	»	4	»	5	»	5	»	6	»	6	»	6	»	7	»	7
5	»	3	»	3	»	3	»	4	»	4	»	5	»	5	»	6	»	6	»	6	»	7	»	7	»	8	»	8	»	9
6	»	3	»	4	»	4	»	5	»	5	»	6	»	6	»	7	»	7	»	7	»	8	»	8	»	9	»	9	»	10
7	»	4	»	4	»	5	»	5	»	6	»	7	»	7	»	8	»	8	»	9	»	10	»	10	»	11	»	11	»	12
8	»	4	»	5	»	6	»	6	»	7	»	8	»	8	»	9	»	10	»	10	»	11	»	11	»	12	»	12	»	14
9	»	5	»	5	»	6	»	7	»	8	»	9	»	9	»	10	»	11	»	11	»	12	»	12	»	14	»	14	»	15
10	»	5	»	6	»	7	»	8	»	9	»	9	»	10	»	11	»	12	»	13	»	14	»	14	»	15	»	15	»	17
11	»	6	»	7	»	8	»	9	»	9	»	10	»	11	»	12	»	13	»	14	»	15	»	15	»	17	»	17	»	19
12	»	6	»	7	»	8	»	9	»	10	»	11	»	12	»	13	»	14	»	15	»	17	»	17	»	19	»	19	»	21
13	»	7	»	8	»	9	»	10	»	11	»	12	»	13	»	15	»	16	»	17	»	18	»	18	»	20	»	21	»	22
14	»	7	»	8	»	10	»	11	»	12	»	13	»	14	»	16	»	17	»	18	»	19	»	20	»	22	»	22	»	24
15	»	8	»	9	»	10	»	12	»	13	»	14	»	15	»	17	»	18	»	19	»	21	»	21	»	23	»	24	»	26
16	»	8	»	10	»	11	»	12	»	14	»	15	»	17	»	18	»	19	»	20	»	22	»	22	»	25	»	25	»	28
17	»	9	»	10	»	12	»	13	»	15	»	16	»	18	»	19	»	20	»	21	»	23	»	24	»	26	»	26	»	29
18	»	9	»	11	»	12	»	14	»	15	»	17	»	19	»	20	»	22	»	23	»	25	»	25	»	28	»	28	»	31
19	»	10	»	11	»	13	»	15	»	16	»	18	»	20	»	21	»	23	»	24	»	26	»	27	»	29	»	30	»	33
20	»	10	»	12	»	14	»	15	»	17	»	19	»	21	»	22	»	24	»	26	»	28	»	28	»	31	»	32	»	34
21	»	11	»	13	»	14	»	16	»	18	»	20	»	22	»	24	»	25	»	27	»	29	»	31	»	33	»	33	»	36
22	»	11	»	13	»	15	»	17	»	19	»	21	»	23	»	25	»	27	»	28	»	30	»	32	»	34	»	35	»	38
23	»	12	»	14	»	16	»	18	»	20	»	22	»	24	»	26	»	28	»	29	»	32	»	34	»	36	»	37	»	40
24	»	12	»	14	»	17	»	19	»	21	»	23	»	25	»	27	»	29	»	31	»	33	»	35	»	37	»	39	»	41
25	»	13	»	15	»	17	»	19	»	22	»	24	»	26	»	28	»	30	»	32	»	34	»	36	»	39	»	41	»	43
26	»	13	»	16	»	18	»	20	»	22	»	25	»	27	»	29	»	31	»	33	»	36	»	38	»	40	»	42	»	45
27	»	14	»	16	»	19	»	21	»	23	»	26	»	28	»	30	»	33	»	34	»	37	»	40	»	42	»	44	»	46
28	»	14	»	17	»	19	»	22	»	24	»	27	»	29	»	31	»	34	»	36	»	39	»	41	»	43	»	46	»	48
29	»	15	»	17	»	20	»	22	»	25	»	27	»	30	»	32	»	35	»	37	»	40	»	42	»	45	»	47	»	50
MOIS.																														
1	»	15	»	18	»	21	»	23	»	26	»	28	»	31	»	34	»	36	»	39	»	41	»	44	»	46	»	49	»	52
2	»	31	»	36	»	41	»	46	»	52	»	57	»	62	»	67	»	72	»	77	»	83	»	87	»	93	»	98	1	3
3	»	46	»	54	»	62	»	70	»	77	»	85	»	93	1	1	1	8	1	16	1	24	1	32	1	39	1	47	1	55
4	»	62	»	72	»	83	»	93	1	3	1	14	1	24	1	34	1	45	1	55	1	65	1	76	1	86	1	96	2	7
5	»	77	»	90	1	3	1	16	1	29	1	42	1	55	1	68	1	81	1	93	2	7	2	19	2	32	2	45	2	58
6	»	93	1	8	1	24	1	39	1	55	1	70	1	86	2	1	2	17	2	32	2	48	2	63	2	79	2	94	3	10
7	1	8	1	27	1	45	1	63	1	81	1	99	2	17	2	35	2	53	2	73	2	89	3	8	3	25	3	44	3	62
8	1	24	1	45	1	65	1	86	2	7	2	27	2	48	2	69	2	89	3	10	3	31	3	51	3	72	3	93	4	13
9	1	39	1	63	1	86	2	9	2	32	2	56	2	79	3	2	3	25	3	49	3	72	3	95	4	18	4	41	4	65
10	1	55	1	81	2	7	2	32	2	58	2	84	3	10	3	36	3	62	3	88	4	13	4	39	4	65	4	90	5	17
11	1	70	1	99	2	27	2	56	2	84	3	13	3	41	3	69	3	98	4	26	4	55	4	88	5	11	5	40	5	68
ANNÉES.																														
1	1	86	2	17	2	48	2	79	3	10	3	41	3	72	4	3	4	34	4	65	4	96	5	27	5	58	5	89	6	20
2	3	72	4	34	4	96	5	58	6	20	6	82	7	44	8	6	8	68	9	30	9	92	10	54	11	16	11	78	12	40
3	5	58	6	51	7	44	8	37	9	30	10	23	11	16	12	9	13	2	13	95	14	88	15	81	16	74	17	67	18	60
4	7	44	8	68	9	92	11	16	12	40	13	64	14	88	16	12	17	36	18	60	19	84	21	8	22	32	23	56	24	80
5	9	30	10	85	12	40	13	95	15	50	17	5	18	60	20	15	21	70	23	25	24	80	26	35	27	90	29	45	31	»
6	11	16	13	2	14	88	16	74	18	60	20	46	22	32	24	18	26	4	27	90	29	76	31	62	33	48	35	34	37	20
7	13	2	15	19	17	36	19	53	21	70	23	87	26	4	28	21	30	38	32	55	34	72	36	89	39	6	41	23	43	40
8	14	88	17	36	19	84	22	32	24	80	27	28	29	76	32	24	34	72	37	20	39	68	42	16	44	64	47	12	49	60
9	16	74	19	53	22	32	25	11	27	90	30	69	33	48	36	27	39	6	41	85	44	64	47	43	50	22	53	1	55	80
10	18	60	21	70	24	80	27	90	31	»	34	10	37	20	40	30	43	40	46	50	49	60	52	70	55	80	58	90	62	»

63 FRANCS.

Intérêts à raison de

	3		3 1/2		4		4 1/2		5		5 1/2		6		6 1/2		7		7 1/2		8		8 1/2		9		9 1/2		10	
JOURS.	Fr.	C.	Fr.	C.	Fr.	C.	Fr.	C.	Fr.	C.	Fr.	C.	Fr.	C.	Fr.	C.	Fr.	C.	Fr.	C.	Fr.	C.	Fr.	C.	Fr.	C.	Fr.	C.	Fr.	C.
1	»	1	»	1	»	1	»	1	»	1	»	1	»	1	»	1	»	1	»	1	»	1	»	2	»	2	»	2	»	2
2	»	1	»	1	»	1	»	2	»	2	»	2	»	2	»	2	»	2	»	2	»	3	»	3	»	3	»	3	»	4
3	»	2	»	2	»	2	»	2	»	3	»	3	»	3	»	3	»	4	»	4	»	4	»	4	»	5	»	5	»	5
4	»	2	»	2	»	3	»	3	»	3	»	4	»	4	»	5	»	5	»	5	»	6	»	6	»	6	»	7	»	7
5	»	3	»	3	»	3	»	4	»	4	»	5	»	5	»	6	»	6	»	6	»	7	»	7	»	8	»	8	»	9
6	»	3	»	4	»	4	»	5	»	5	»	6	»	6	»	7	»	7	»	7	»	8	»	8	»	9	»	9	»	10
7	»	4	»	4	»	5	»	6	»	6	»	7	»	7	»	8	»	9	»	9	»	10	»	10	»	11	»	11	»	12
8	»	4	»	5	»	6	»	6	»	7	»	8	»	8	»	9	»	10	»	10	»	11	»	11	»	13	»	13	»	14
9	»	5	»	6	»	6	»	7	»	8	»	9	»	9	»	10	»	11	»	12	»	13	»	13	»	14	»	15	»	16
10	»	5	»	6	»	7	»	8	»	9	»	10	»	10	»	11	»	12	»	13	»	14	»	15	»	16	»	16	»	17
11	»	6	»	7	»	8	»	9	»	10	»	11	»	12	»	13	»	13	»	14	»	15	»	16	»	17	»	18	»	19
12	»	6	»	7	»	8	»	9	»	10	»	12	»	13	»	14	»	15	»	16	»	17	»	18	»	19	»	20	»	21
13	»	7	»	8	»	9	»	10	»	11	»	13	»	14	»	15	»	16	»	17	»	18	»	19	»	20	»	21	»	23
14	»	7	»	9	»	10	»	11	»	12	»	13	»	15	»	16	»	17	»	18	»	20	»	20	»	22	»	23	»	24
15	»	8	»	9	»	10	»	12	»	13	»	14	»	16	»	17	»	18	»	19	»	21	»	21	»	24	»	25	»	26
16	»	8	»	10	»	11	»	13	»	14	»	16	»	17	»	18	»	20	»	21	»	22	»	23	»	25	»	26	»	28
17	»	9	»	10	»	12	»	13	»	15	»	16	»	18	»	19	»	21	»	22	»	24	»	25	»	27	»	29	»	30
18	»	9	»	11	»	13	»	14	»	16	»	17	»	19	»	20	»	22	»	23	»	25	»	26	»	28	»	30	»	31
19	»	10	»	12	»	13	»	15	»	17	»	18	»	20	»	22	»	23	»	25	»	27	»	28	»	30	»	31	»	33
20	»	10	»	12	»	14	»	16	»	17	»	19	»	21	»	23	»	24	»	26	»	28	»	29	»	31	»	33	»	35
21	»	11	»	13	»	15	»	17	»	18	»	20	»	22	»	24	»	26	»	27	»	29	»	32	»	33	»	34	»	37
22	»	12	»	13	»	15	»	17	»	19	»	21	»	23	»	25	»	27	»	29	»	31	»	33	»	35	»	36	»	38
23	»	12	»	14	»	16	»	18	»	20	»	22	»	24	»	26	»	28	»	30	»	32	»	34	»	36	»	38	»	40
24	»	13	»	15	»	17	»	19	»	21	»	23	»	25	»	27	»	29	»	31	»	34	»	36	»	38	»	40	»	42
25	»	13	»	15	»	17	»	20	»	22	»	24	»	26	»	28	»	31	»	32	»	35	»	36	»	39	»	41	»	44
26	»	14	»	16	»	18	»	20	»	23	»	25	»	27	»	30	»	32	»	33	»	36	»	38	»	41	»	43	»	45
27	»	14	»	17	»	19	»	21	»	24	»	26	»	28	»	31	»	33	»	35	»	38	»	39	»	43	»	44	»	47
28	»	15	»	17	»	20	»	22	»	24	»	27	»	29	»	32	»	34	»	37	»	39	»	42	»	44	»	46	»	49
29	»	15	»	18	»	20	»	23	»	25	»	28	»	30	»	33	»	36	»	39	»	41	»	43	»	46	»	48	»	51
MOIS.																														
1	»	16	»	18	»	21	»	24	»	26	»	29	»	31	»	34	»	37	»	39	»	42	»	45	»	47	»	50	»	52
2	»	31	»	37	»	42	»	47	»	52	»	58	»	63	»	68	»	73	»	79	»	84	»	89	»	94	»	99	1	5
3	»	47	»	55	»	63	»	71	»	79	»	87	»	94	1	2	1	10	1	18	1	26	1	34	1	42	1	50	1	57
4	»	63	»	73	»	84	»	94	1	5	1	15	1	26	1	36	1	47	1	57	1	68	1	78	1	89	1	99	2	10
5	»	79	»	92	1	5	1	18	1	31	1	44	1	57	1	71	1	84	1	97	2	10	2	23	2	36	2	49	2	62
6	»	94	1	10	1	26	1	42	1	57	1	73	1	89	2	5	2	20	2	36	2	52	2	68	2	83	2	99	3	15
7	1	10	1	29	1	47	1	65	1	84	2	2	2	20	2	39	2	57	2	76	2	94	3	12	3	31	3	49	3	67
8	1	26	1	47	1	68	1	89	2	10	2	31	2	52	2	73	2	94	3	15	3	36	3	57	3	78	3	99	4	20
9	1	42	1	65	1	89	2	13	2	36	2	60	2	83	3	7	3	31	3	54	3	78	4	2	4	25	4	49	4	72
10	1	57	1	84	2	10	2	36	2	62	2	89	3	15	3	41	3	67	3	94	4	20	4	46	4	72	4	99	5	25
11	1	73	2	2	2	31	2	60	2	89	3	18	3	46	3	75	4	4	4	33	4	62	4	91	5	20	5	49	5	77
ANNÉES.																														
1	1	89	2	20	2	52	2	83	3	15	3	46	3	78	4	9	4	41	4	72	5	4	5	35	5	67	5	98	6	30
2	3	78	4	41	5	4	5	67	6	30	6	93	7	56	8	19	8	82	9	45	10	8	10	71	11	34	11	97	12	60
3	5	67	6	61	7	56	8	50	9	45	10	39	11	34	12	28	13	23	14	17	15	12	16	6	17	1	17	96	18	90
4	7	56	8	82	10	8	11	34	12	60	13	86	15	12	16	38	17	64	18	90	20	16	21	42	22	68	23	94	25	20
5	9	45	11	2	12	60	14	17	15	75	17	32	18	90	20	47	22	5	23	62	25	20	26	77	28	35	29	92	31	50
6	11	34	13	22	15	12	17	»	18	90	20	78	22	68	24	56	26	46	28	34	30	24	32	12	34	2	35	90	37	80
7	13	23	15	43	17	64	19	84	22	5	24	25	26	46	28	66	30	87	33	7	35	28	37	48	39	69	41	89	44	10
8	15	12	17	64	20	16	22	68	25	20	27	72	30	24	32	76	35	28	37	80	40	32	42	84	45	36	47	88	50	40
9	17	1	19	84	22	68	25	51	28	35	31	18	34	2	36	85	39	69	42	52	45	36	48	19	51	3	53	86	56	70
10	18	90	22	4	25	20	28	34	31	50	34	64	37	80	40	94	44	10	47	24	50	40	53	54	57	70	59	84	63	»

Intérêts à raison de

	3		3 1/2		4		4 1/2		5		5 1/2		6		6 1/2		7		7 1/2		8		8 1/2		9		9 1/2		10	
JOURS.	Fr.	C.	Fr.	C.	Fr.	C.	Fr.	C.	Fr.	C.	Fr.	C.	Fr.	C.	Fr.	C.	Fr.	C.	Fr.	C.	Fr.	C.	Fr.	C.	Fr.	C.	Fr.	C.	Fr.	C.
1	»	1	»	1	»	1	»	1	»	1	»	1	»	1	»	1	»	1	»	1	»	1	»	2	»	2	»	2	»	2
2	»	1	»	1	»	1	»	2	»	2	»	2	»	2	»	2	»	2	»	3	»	3	»	3	»	3	»	3	»	4
3	»	2	»	2	»	2	»	2	»	3	»	3	»	3	»	3	»	4	»	4	»	4	»	5	»	5	»	5	»	5
4	»	2	»	2	»	3	»	3	»	4	»	4	»	4	»	5	»	5	»	5	»	6	»	6	»	6	»	6	»	7
5	»	3	»	3	»	4	»	4	»	4	»	5	»	5	»	6	»	6	»	6	»	7	»	7	»	8	»	8	»	9
6	»	3	»	4	»	4	»	5	»	5	»	6	»	6	»	7	»	7	»	8	»	9	»	9	»	10	»	10	»	11
7	»	4	»	4	»	5	»	6	»	6	»	7	»	7	»	8	»	9	»	9	»	10	»	10	»	11	»	11	»	12
8	»	4	»	5	»	6	»	6	»	7	»	8	»	9	»	9	»	10	»	10	»	11	»	12	»	13	»	13	»	14
9	»	5	»	6	»	6	»	7	»	8	»	9	»	10	»	10	»	11	»	12	»	13	»	13	»	14	»	14	»	16
10	»	5	»	6	»	7	»	8	»	9	»	10	»	11	»	12	»	12	»	13	»	14	»	15	»	16	»	16	»	18
11	»	6	»	7	»	8	»	9	»	10	»	11	»	12	»	13	»	14	»	14	»	16	»	17	»	18	»	19	»	20
12	»	6	»	7	»	9	»	10	»	11	»	12	»	13	»	14	»	15	»	16	»	17	»	18	»	19	»	20	»	21
13	»	7	»	8	»	9	»	10	»	12	»	13	»	14	»	15	»	16	»	17	»	18	»	19	»	21	»	21	»	23
14	»	7	»	9	»	10	»	11	»	12	»	14	»	15	»	16	»	17	»	18	»	20	»	21	»	22	»	22	»	25
15	»	8	»	9	»	11	»	12	»	13	»	15	»	16	»	17	»	19	»	20	»	21	»	22	»	24	»	24	»	27
16	»	9	»	10	»	11	»	13	»	14	»	16	»	17	»	18	»	20	»	21	»	23	»	24	»	26	»	27	»	28
17	»	9	»	11	»	12	»	14	»	15	»	17	»	18	»	20	»	21	»	22	»	24	»	25	»	27	»	28	»	30
18	»	10	»	11	»	13	»	14	»	16	»	18	»	19	»	21	»	22	»	24	»	26	»	27	»	29	»	29	»	32
19	»	10	»	12	»	14	»	15	»	17	»	19	»	20	»	22	»	24	»	25	»	27	»	28	»	30	»	31	»	34
20	»	11	»	12	»	14	»	16	»	18	»	20	»	21	»	23	»	25	»	26	»	28	»	29	»	32	»	33	»	36
21	»	11	»	13	»	15	»	17	»	19	»	21	»	22	»	24	»	26	»	28	»	30	»	32	»	34	»	35	»	37
22	»	12	»	14	»	16	»	18	»	20	»	22	»	23	»	25	»	27	»	29	»	31	»	33	»	35	»	37	»	39
23	»	12	»	14	»	16	»	18	»	20	»	22	»	25	»	27	»	29	»	31	»	33	»	35	»	37	»	39	»	41
24	»	13	»	15	»	17	»	19	»	21	»	23	»	26	»	28	»	30	»	32	»	34	»	36	»	38	»	40	»	43
25	»	13	»	16	»	18	»	20	»	22	»	24	»	27	»	29	»	31	»	33	»	36	»	38	»	40	»	42	»	44
26	»	14	»	16	»	18	»	21	»	23	»	25	»	28	»	30	»	32	»	34	»	37	»	39	»	42	»	44	»	46
27	»	14	»	17	»	19	»	22	»	24	»	26	»	29	»	31	»	34	»	36	»	38	»	40	»	43	»	45	»	48
28	»	15	»	17	»	20	»	22	»	25	»	27	»	30	»	32	»	35	»	37	»	40	»	42	»	45	»	47	»	50
29	»	15	»	18	»	21	»	23	»	26	»	28	»	31	»	34	»	36	»	39	»	41	»	43	»	46	»	49	»	52
MOIS.																														
1	»	16	»	19	»	21	»	24	»	27	»	29	»	32	»	35	»	37	»	40	»	43	»	45	»	48	»	51	»	53
2	»	32	»	37	»	43	»	48	»	53	»	59	»	64	»	69	»	75	»	80	»	85	»	91	»	96	1	1	1	7
3	»	48	»	56	»	64	»	72	»	80	»	88	»	96	1	4	1	12	1	20	1	28	1	36	1	44	1	52	1	60
4	»	64	»	75	»	85	»	96	1	7	1	17	1	28	1	39	1	49	1	60	1	71	1	81	1	92	2	3	2	13
5	»	80	»	93	1	7	1	20	1	33	1	47	1	60	1	73	1	87	2	»	2	13	2	27	2	40	2	53	2	67
6	»	96	1	12	1	28	1	44	1	60	1	76	1	92	2	8	2	24	2	40	2	56	2	72	2	88	3	4	3	20
7	1	12	1	31	1	49	1	68	1	87	2	5	2	24	2	43	2	61	2	80	2	99	3	17	3	36	3	55	3	73
8	1	28	1	49	1	71	1	92	2	13	2	35	2	56	2	77	2	99	3	20	3	41	3	63	3	84	4	5	4	27
9	1	44	1	68	1	92	2	16	2	40	2	64	2	88	3	12	3	36	3	60	3	84	4	8	4	32	4	56	4	80
10	1	60	1	87	2	13	2	40	2	67	2	93	3	20	3	47	3	73	4	»	4	27	4	53	4	80	5	7	5	33
11	1	76	2	5	2	35	2	64	2	93	3	23	3	52	3	81	4	11	4	40	4	69	4	99	5	28	5	57	5	87
ANNÉES.																														
1	1	92	2	24	2	56	2	88	3	20	3	52	3	84	4	16	4	48	4	80	5	12	5	44	5	76	6	8	6	40
2	3	84	4	48	5	12	5	76	6	40	7	4	7	68	8	32	8	96	9	60	10	24	10	88	11	52	12	16	12	80
3	5	76	6	72	7	68	8	64	9	60	10	56	11	52	12	48	13	44	14	40	15	36	16	32	17	28	18	24	19	20
4	7	68	8	96	10	24	11	52	12	80	14	8	15	36	16	64	17	92	19	20	20	48	21	76	23	4	24	32	25	60
5	9	60	11	20	12	80	14	40	16	»	17	60	19	20	20	80	22	40	24	»	25	60	27	20	28	80	30	40	32	»
6	11	52	13	44	15	36	17	28	19	20	21	12	23	4	24	96	26	88	28	80	30	72	32	64	34	56	36	48	38	40
7	13	44	15	68	17	92	20	16	22	40	24	64	26	88	29	12	31	36	33	60	35	84	38	8	40	32	42	56	44	80
8	15	36	17	92	20	48	23	4	25	60	28	16	30	72	33	28	35	84	38	40	40	96	43	52	46	8	48	64	51	20
9	17	28	20	16	23	4	25	92	28	80	31	68	34	56	37	44	40	32	43	20	46	8	48	96	51	84	54	72	57	60
10	19	20	22	40	25	60	28	80	32	»	35	20	38	40	41	60	44	80	48	»	51	20	54	40	57	60	60	80	64	»

Intérêts à raison de

	3		3 1/2		4		4 1/2		5		5 1/2		6		6 1/2		7		7 1/2		8		8 1/2		9		9 1/2		10	
JOURS.	Fr.	C.	Fr.	C.	Fr.	C.	Fr.	C.	Fr.	C.	Fr.	C.	Fr.	C.	Fr.	C.	Fr.	C.	Fr.	C.	Fr.	C.	Fr.	C.	Fr.	C.	Fr.	C.	Fr.	C.
1	»	1	»	1	»	1	»	1	»	1	»	1	»	1	»	1	»	1	»	1	»	1	»	2	»	2	»	2	»	2
2	»	1	»	1	»	1	»	2	»	2	»	2	»	2	»	2	»	3	»	3	»	3	»	3	»	3	»	3	»	4
3	»	2	»	2	»	2	»	2	»	3	»	3	»	3	»	4	»	4	»	4	»	4	»	4	»	5	»	5	»	5
4	»	2	»	3	»	3	»	3	»	4	»	4	»	4	»	5	»	5	»	5	»	6	»	6	»	6	»	6	»	7
5	»	3	»	3	»	4	»	4	»	5	»	5	»	5	»	6	»	6	»	6	»	7	»	7	»	8	»	8	»	9
6	»	3	»	4	»	4	»	5	»	5	»	6	»	6	»	7	»	8	»	8	»	9	»	9	»	10	»	10	»	11
7	»	4	»	4	»	5	»	6	»	6	»	7	»	8	»	8	»	9	»	9	»	10	»	10	»	11	»	11	»	13
8	»	4	»	5	»	6	»	6	»	7	»	8	»	9	»	9	»	10	»	11	»	12	»	12	»	13	»	13	»	14
9	»	5	»	6	»	6	»	7	»	8	»	9	»	10	»	11	»	11	»	12	»	13	»	14	»	15	»	15	»	16
10	»	5	»	6	»	7	»	8	»	9	»	10	»	11	»	12	»	13	»	13	»	14	»	15	»	16	»	17	»	18
11	»	6	»	7	»	8	»	9	»	10	»	11	»	12	»	13	»	14	»	14	»	16	»	17	»	18	»	19	»	20
12	»	6	»	8	»	9	»	10	»	11	»	12	»	13	»	14	»	15	»	16	»	17	»	18	»	19	»	20	»	22
13	»	7	»	8	»	9	»	11	»	12	»	13	»	14	»	15	»	16	»	17	»	19	»	20	»	21	»	22	»	23
14	»	8	»	9	»	10	»	11	»	13	»	14	»	15	»	16	»	18	»	19	»	20	»	21	»	23	»	23	»	25
15	»	8	»	9	»	11	»	12	»	14	»	15	»	16	»	18	»	19	»	20	»	22	»	23	»	24	»	25	»	27
16	»	9	»	10	»	12	»	13	»	14	»	16	»	17	»	19	»	20	»	21	»	23	»	24	»	26	»	27	»	29
17	»	9	»	11	»	12	»	14	»	15	»	17	»	18	»	20	»	21	»	22	»	25	»	26	»	28	»	29	»	31
18	»	10	»	11	»	13	»	15	»	16	»	18	»	19	»	21	»	23	»	25	»	26	»	27	»	29	»	30	»	32
19	»	10	»	12	»	14	»	15	»	17	»	19	»	21	»	22	»	24	»	26	»	27	»	28	»	31	»	32	»	34
20	»	11	»	13	»	14	»	16	»	18	»	20	»	22	»	23	»	25	»	27	»	29	»	30	»	32	»	34	»	36
21	»	11	»	13	»	15	»	17	»	19	»	21	»	23	»	25	»	27	»	28	»	30	»	31	»	34	»	36	»	38
22	»	12	»	14	»	16	»	18	»	20	»	22	»	24	»	26	»	28	»	30	»	32	»	33	»	36	»	38	»	40
23	»	12	»	15	»	17	»	19	»	21	»	23	»	25	»	27	»	29	»	31	»	33	»	35	»	37	»	40	»	42
24	»	13	»	15	»	17	»	19	»	22	»	24	»	26	»	28	»	30	»	32	»	35	»	37	»	39	»	41	»	43
25	»	14	»	16	»	18	»	20	»	23	»	25	»	27	»	29	»	32	»	34	»	36	»	39	»	41	»	43	»	45
26	»	14	»	16	»	19	»	21	»	23	»	26	»	29	»	31	»	33	»	35	»	38	»	40	»	42	»	45	»	47
27	»	15	»	17	»	19	»	22	»	24	»	27	»	29	»	32	»	34	»	35	»	39	»	41	»	44	»	47	»	49
28	»	15	»	18	»	20	»	23	»	25	»	28	»	30	»	33	»	35	»	37	»	40	»	42	»	45	»	49	»	51
29	»	16	»	18	»	21	»	24	»	26	»	29	»	31	»	34	»	37	»	39	»	41	»	45	»	47	»	50	»	53
MOIS.																														
1	»	16	»	19	»	22	»	24	»	27	»	30	»	32	»	35	»	38	»	41	»	43	»	46	»	49	»	51	»	54
2	»	32	»	38	»	43	»	49	»	54	»	60	»	65	»	70	»	76	»	81	»	87	»	92	1	97	1	3	1	8
3	»	49	»	57	»	65	»	73	»	81	»	89	»	97	1	6	1	14	1	22	1	30	1	38	1	46	1	54	1	62
4	»	65	»	76	»	87	»	97	1	8	1	19	1	30	1	41	1	52	1	63	1	73	1	84	1	95	2	5	2	17
5	»	81	»	95	1	8	1	22	1	35	1	49	1	62	1	76	1	90	2	3	2	17	2	30	2	44	2	57	2	71
6	»	97	1	14	1	30	1	46	1	62	1	79	1	95	2	11	2	27	2	44	2	60	2	76	2	92	3	8	3	25
7	1	14	1	33	1	52	1	71	1	90	2	9	2	27	2	46	2	65	2	85	3	3	3	23	3	41	3	61	3	79
8	1	30	1	52	1	73	1	95	2	17	2	38	2	60	2	82	3	3	3	25	3	47	3	68	3	90	4	12	4	33
9	1	46	1	71	1	95	2	19	2	44	2	68	2	92	3	17	3	41	3	66	3	90	4	14	4	39	4	63	4	87
10	1	62	1	90	2	17	2	44	2	71	2	98	3	25	3	52	3	79	4	7	4	33	4	61	4	87	5	15	5	42
11	1	79	2	9	2	38	2	68	2	98	3	28	3	57	3	87	4	17	4	47	4	77	5	6	5	36	5	66	5	96
ANNÉES.																														
1	1	95	2	27	2	60	2	92	3	25	3	57	3	90	4	22	4	55	4	87	5	20	5	52	5	85	6	17	6	50
2	3	90	4	55	5	20	5	85	6	50	7	15	7	80	8	45	9	10	9	75	10	40	11	5	11	70	12	35	13	»
3	5	85	6	82	7	80	8	77	9	75	10	72	11	70	12	67	13	65	14	62	15	60	16	57	17	55	18	52	19	50
4	7	80	9	10	10	40	11	70	13	»	14	30	15	60	16	90	18	20	19	50	20	80	22	10	23	40	24	70	26	»
5	9	75	11	37	13	»	14	62	16	25	17	87	19	50	21	12	22	75	24	37	26	»	27	62	29	25	30	87	32	50
6	11	70	13	64	15	60	17	54	19	50	21	44	23	40	25	34	27	30	29	24	31	20	33	14	35	10	37	4	39	»
7	13	65	15	92	18	20	20	47	22	75	25	2	27	30	29	57	31	85	34	12	36	40	38	67	40	95	43	22	45	50
8	15	60	18	20	20	80	23	40	26	»	28	60	31	20	33	80	36	40	39	»	41	60	44	20	46	80	49	40	52	»
9	17	55	20	47	23	40	26	32	29	25	32	17	35	18	38	2	40	95	43	87	46	80	49	72	52	65	55	57	58	50
10	19	50	22	74	26	»	29	24	32	50	35	74	39	»	42	24	45	50	48	74	52	»	55	24	58	50	61	74	65	»

Intérêts à raison de

	3		3 1/2		4		4 1/2		5		5 1/2		6		6 1/2		7		7 1/2		8		8 1/2		9		9 1/2		10	
JOURS.	Fr.	C.	Fr.	C.	Fr.	C.	Fr.	C.	Fr.	C.	Fr.	C.	Fr.	C.	Fr.	C.	Fr.	C.	Fr.	C.	Fr.	C.	Fr.	C.	Fr.	C.	Fr.	C.	Fr.	C.
1	»	1	»	1	»	1	»	1	»	1	»	1	»	1	»	1	»	1	»	1	»	1	»	2	»	2	»	2	»	2
2	»	1	»	1	»	1	»	2	»	2	»	2	»	2	»	2	»	3	»	3	»	3	»	3	»	3	»	3	»	4
3	»	2	»	2	»	2	»	2	»	3	»	3	»	3	»	4	»	4	»	4	»	4	»	4	»	5	»	5	»	5
4	»	2	»	3	»	3	»	3	»	4	»	4	»	4	»	5	»	5	»	5	»	6	»	6	»	7	»	7	»	7
5	»	3	»	3	»	4	»	4	»	5	»	5	»	5	»	6	»	6	»	6	»	7	»	7	»	8	»	8	»	9
6	»	3	»	4	»	4	»	5	»	5	»	6	»	7	»	7	»	8	»	8	»	9	»	9	»	10	»	10	»	11
7	»	4	»	4	»	5	»	6	»	6	»	7	»	8	»	8	»	9	»	9	»	10	»	10	»	12	»	12	»	13
8	»	4	»	5	»	6	»	7	»	7	»	8	»	9	»	10	»	10	»	10	»	12	»	12	»	13	»	14	»	15
9	»	5	»	6	»	7	»	7	»	8	»	9	»	10	»	11	»	12	»	12	»	13	»	13	»	14	»	15	»	16
10	»	5	»	6	»	7	»	8	»	9	»	10	»	11	»	12	»	13	»	14	»	15	»	15	»	16	»	17	»	18
11	»	6	»	7	»	8	»	9	»	10	»	11	»	12	»	13	»	14	»	15	»	16	»	17	»	18	»	19	»	20
12	»	7	»	8	»	9	»	10	»	11	»	12	»	13	»	14	»	15	»	16	»	18	»	19	»	20	»	21	»	22
13	»	7	»	8	»	10	»	11	»	12	»	13	»	14	»	15	»	17	»	18	»	19	»	20	»	21	»	22	»	24
14	»	8	»	9	»	10	»	12	»	13	»	14	»	15	»	17	»	18	»	19	»	21	»	21	»	23	»	24	»	26
15	»	8	»	10	»	11	»	12	»	14	»	15	»	16	»	18	»	19	»	20	»	22	»	23	»	25	»	26	»	27
16	»	9	»	10	»	12	»	13	»	15	»	16	»	18	»	19	»	21	»	21	»	23	»	24	»	26	»	28	»	29
17	»	9	»	11	»	12	»	14	»	16	»	17	»	19	»	20	»	22	»	23	»	25	»	26	»	28	»	29	»	31
18	»	10	»	12	»	13	»	15	»	16	»	18	»	20	»	21	»	23	»	24	»	26	»	28	»	30	»	31	»	33
19	»	10	»	12	»	14	»	16	»	17	»	19	»	21	»	23	»	24	»	26	»	28	»	30	»	31	»	32	»	35
20	»	11	»	13	»	15	»	16	»	18	»	20	»	22	»	24	»	26	»	27	»	29	»	31	»	33	»	35	»	37
21	»	12	»	13	»	15	»	17	»	19	»	21	»	23	»	25	»	27	»	29	»	31	»	32	»	35	»	36	»	38
22	»	12	»	14	»	16	»	18	»	20	»	22	»	24	»	26	»	28	»	30	»	32	»	34	»	36	»	38	»	40
23	»	13	»	15	»	17	»	19	»	21	»	23	»	25	»	27	»	30	»	32	»	34	»	36	»	38	»	40	»	42
24	»	13	»	15	»	18	»	20	»	22	»	24	»	26	»	29	»	31	»	33	»	35	»	32	»	40	»	42	»	44
25	»	14	»	16	»	18	»	21	»	23	»	25	»	27	»	30	»	32	»	35	»	37	»	39	»	41	»	44	»	46
26	»	14	»	17	»	19	»	21	»	24	»	26	»	29	»	31	»	33	»	36	»	38	»	40	»	43	»	45	»	48
27	»	15	»	17	»	20	»	22	»	25	»	27	»	30	»	32	»	35	»	37	»	40	»	42	»	45	»	47	»	49
28	»	15	»	18	»	21	»	23	»	26	»	28	»	31	»	33	»	36	»	38	»	41	»	44	»	46	»	49	»	51
29	»	16	»	19	»	21	»	24	»	27	»	29	»	32	»	35	»	37	»	40	»	43	»	46	»	48	»	50	»	53
MOIS.																														
1	»	16	»	19	»	22	»	25	»	27	»	30	»	33	»	36	»	38	»	41	»	44	»	47	»	49	»	52	»	55
2	»	33	»	38	»	44	»	49	»	55	»	60	»	66	»	71	»	74	»	82	»	88	»	93	1	99	1	4	1	10
3	»	49	»	58	»	66	»	74	»	82	»	91	1	99	1	7	1	16	1	24	1	32	1	40	1	48	1	56	1	65
4	»	66	»	77	»	88	»	99	1	10	1	21	1	32	1	43	1	54	1	65	1	76	1	87	1	98	2	9	2	20
5	»	82	»	96	1	10	1	24	1	37	1	51	1	65	1	79	1	92	2	6	2	20	2	34	2	47	2	61	2	75
6	»	99	1	15	1	32	1	48	1	65	1	81	1	98	2	14	2	31	2	47	2	64	2	80	2	97	3	13	3	30
7	1	15	1	35	1	54	1	73	1	92	2	12	2	31	2	50	2	69	2	89	3	8	3	27	3	46	3	65	3	85
8	1	32	1	54	1	76	1	98	2	20	2	42	2	64	2	86	3	8	3	30	3	52	3	74	3	96	4	18	4	40
9	1	48	1	73	1	98	2	23	2	47	2	72	2	97	3	22	3	46	3	71	3	96	4	21	4	45	4	70	4	95
10	1	65	1	92	2	20	2	47	2	75	3	2	3	30	3	57	3	85	4	12	4	40	4	67	4	95	5	22	5	50
11	1	81	2	12	2	42	2	72	3	2	3	33	3	63	3	93	4	23	4	54	4	84	5	14	5	44	5	74	6	5
ANNÉES.																														
1	1	98	2	31	2	64	2	97	3	30	3	63	3	96	4	29	4	62	4	95	5	28	5	61	5	94	6	27	6	60
2	3	96	4	62	5	28	5	94	6	60	7	26	7	92	8	58	9	24	9	90	10	56	11	22	11	88	12	54	13	20
3	5	94	6	93	7	92	8	91	9	90	10	89	11	88	12	87	13	86	14	85	15	84	16	83	17	82	18	81	19	80
4	7	92	9	24	10	56	11	88	13	20	14	52	15	84	17	16	18	48	19	80	21	12	22	44	23	76	25	8	26	40
5	9	90	11	55	13	20	14	85	16	50	18	15	19	80	21	45	23	10	24	75	26	40	28	5	29	70	31	35	33	»
6	11	88	13	86	15	84	17	82	19	80	21	78	23	76	25	74	27	72	29	70	31	68	33	66	35	64	37	62	39	60
7	13	86	16	17	18	48	20	79	23	10	25	41	27	72	30	3	32	34	34	65	36	96	39	27	41	58	43	89	46	20
8	15	84	18	48	21	12	23	76	26	40	29	4	31	68	34	32	36	96	39	60	42	24	44	88	47	52	50	16	52	80
9	17	82	20	79	23	76	26	73	29	70	32	67	35	64	38	61	41	58	44	55	47	52	50	49	53	46	56	43	59	40
10	19	80	23	10	26	40	29	70	33	»	36	30	39	60	42	90	46	20	49	50	52	80	56	10	59	40	62	70	66	»

67 FRANCS.

Intérêts à raison de

	3	3 1/2	4	4 1/2	5	5 1/2	6	6 1/2	7	7 1/2	8	8 1/2	9	9 1/2	10
JOURS.	Fr. C.	Fr. C.	Fr. C.	Fr. C.	Fr. C.	Fr. C.	Fr. C.	Fr. C.	Fr. C.	Fr. C.	Fr. C.	Fr. C.	Fr. C.	Fr. C.	Fr. C.
1	» 1	» 1	» 1	» 1	» 1	» 1	» 1	» 1	» 1	» 1	» 1	» 2	» 2	» 2	» 2
2	» 1	» 1	» 1	» 2	» 2	» 2	» 2	» 2	» 3	» 3	» 3	» 3	» 3	» 4	» 4
3	» 2	» 2	» 2	» 3	» 3	» 3	» 3	» 4	» 4	» 4	» 4	» 4	» 5	» 5	» 6
4	» 2	» 3	» 3	» 3	» 4	» 4	» 4	» 5	» 5	» 6	» 6	» 6	» 7	» 7	» 7
5	» 3	» 3	» 4	» 4	» 5	» 5	» 6	» 6	» 7	» 7	» 7	» 7	» 8	» 8	» 9
6	» 3	» 4	» 4	» 5	» 6	» 6	» 7	» 7	» 8	» 8	» 9	» 9	» 10	» 10	» 11
7	» 4	» 5	» 5	» 6	» 7	» 7	» 8	» 8	» 9	» 9	» 10	» 11	» 12	» 12	» 13
8	» 4	» 5	» 6	» 7	» 7	» 8	» 9	» 10	» 10	» 11	» 12	» 12	» 13	» 14	» 15
9	» 5	» 6	» 7	» 8	» 8	» 9	» 10	» 11	» 12	» 12	» 13	» 14	» 15	» 16	» 17
10	» 6	» 7	» 7	» 8	» 9	» 10	» 11	» 12	» 13	» 14	» 15	» 16	» 17	» 18	» 19
11	» 6	» 7	» 8	» 9	» 10	» 11	» 12	» 13	» 14	» 15	» 16	» 17	» 18	» 19	» 20
12	» 7	» 8	» 9	» 10	» 11	» 12	» 13	» 15	» 16	» 17	» 18	» 19	» 20	» 21	» 12
13	» 7	» 8	» 10	» 11	» 12	» 13	» 15	» 16	» 17	» 18	» 19	» 20	» 22	» 23	» 24
14	» 8	» 9	» 10	» 12	» 13	» 14	» 16	» 17	» 18	» 19	» 21	» 22	» 23	» 24	» 26
15	» 8	» 10	» 11	» 13	» 14	» 15	» 17	» 18	» 20	» 21	» 22	» 23	» 25	» 26	» 28
16	» 9	» 10	» 12	» 13	» 15	» 16	» 18	» 19	» 21	» 22	» 24	» 25	» 27	» 28	» 30
17	» 9	» 11	» 13	» 14	» 16	» 17	» 19	» 21	» 22	» 23	» 25	» 26	» 28	» 30	» 32
18	» 10	» 12	» 13	» 15	» 17	» 18	» 20	» 22	» 23	» 25	» 27	» 28	» 30	» 31	» 33
19	» 11	» 12	» 14	» 16	» 18	» 19	» 21	» 23	» 25	» 26	» 28	» 30	» 32	» 33	» 35
20	» 11	» 13	» 15	» 17	» 19	» 20	» 22	» 24	» 26	» 28	» 30	» 31	» 33	» 35	» 47
21	» 12	» 14	» 16	» 18	» 20	» 21	» 23	» 25	» 27	» 29	» 31	» 33	» 35	» 37	» 39
22	» 12	» 14	» 16	» 18	» 20	» 23	» 25	» 27	» 29	» 31	» 33	» 35	» 37	» 39	» 41
23	» 13	» 15	» 17	» 19	» 21	» 24	» 26	» 28	» 30	» 32	» 34	» 37	» 39	» 41	» 43
24	» 13	» 16	» 18	» 20	» 22	» 25	» 27	» 29	» 31	» 33	» 36	» 39	» 40	» 42	» 45
25	» 14	» 16	» 19	» 21	» 23	» 26	» 28	» 30	» 33	» 34	» 37	» 40	» 42	» 44	» 47
26	» 15	» 17	» 19	» 22	» 24	» 27	» 29	» 31	» 34	» 36	» 39	» 41	» 44	» 46	» 48
27	» 15	» 18	» 20	» 23	» 25	» 28	» 30	» 33	» 35	» 37	» 40	» 42	» 45	» 47	» 50
28	» 16	» 18	» 21	» 23	» 26	» 29	» 31	» 34	» 36	» 39	» 42	» 44	» 47	» 49	» 52
29	» 16	» 19	» 22	» 24	» 27	» 30	» 32	» 35	» 38	» 40	» 43	» 46	» 49	» 51	» 54
MOIS.															
1	» 17	» 20	» 22	» 25	» 28	» 31	» 33	» 36	» 39	» 42	» 45	» 47	» 50	» 53	» 56
2	» 33	» 39	» 45	» 50	» 56	» 61	» 67	» 73	» 78	» 84	» 89	» 95	1 »	1 6	1 12
3	» 50	» 59	» 67	» 75	» 84	» 92	1 »	1 9	1 17	1 26	1 34	1 42	1 51	1 59	1 67
4	» 67	» 78	» 89	1 »	1 12	1 23	1 34	1 45	1 56	1 67	1 79	1 89	2 1	2 12	2 23
5	» 84	» 98	1 12	1 26	1 40	1 54	1 67	1 81	1 95	2 10	2 23	2 38	2 51	2 66	2 79
6	1 »	1 17	1 34	1 51	1 67	1 84	2 1	2 18	2 34	2 51	2 68	2 85	3 1	3 18	3 35
7	1 17	1 37	1 56	1 76	1 95	2 15	2 34	2 54	2 74	2 93	3 13	3 32	3 52	3 71	3 91
8	1 34	1 56	1 79	2 1	2 23	2 46	2 68	2 90	3 13	3 35	3 57	3 80	4 2	4 24	4 47
9	1 51	1 76	2 1	2 26	2 51	2 76	3 1	3 27	3 52	3 77	4 2	4 27	4 52	4 77	5 2
10	1 67	1 95	2 23	2 51	2 79	3 7	3 35	3 63	3 91	4 18	4 47	4 74	5 2	5 30	5 58
11	1 84	2 15	2 46	2 76	3 7	3 38	3 68	3 99	4 30	4 61	4 91	5 22	5 53	5 83	6 14
ANNÉES.															
1	2 1	2 34	2 68	3 1	3 35	3 68	4 2	4 35	4 69	5 2	5 36	5 69	6 3	6 36	6 70
2	4 2	4 69	5 36	6 3	6 70	7 37	8 4	8 71	9 38	10 5	10 72	11 39	12 6	12 73	13 40
3	6 3	7 3	8 4	9 4	10 5	11 5	12 6	13 6	14 7	15 7	16 8	17 8	18 9	19 9	20 10
4	8 4	9 38	10 72	12 6	13 40	14 74	16 8	17 42	18 76	20 10	21 44	22 78	24 12	25 46	26 80
5	10 5	11 72	13 40	15 7	16 75	18 42	20 10	21 77	23 45	25 12	26 80	28 47	30 15	31 82	33 50
6	12 6	14 6	16 8	18 8	20 10	22 10	24 12	26 12	28 14	30 14	32 16	34 16	36 18	38 18	40 20
7	14 7	16 41	18 76	21 10	23 45	25 79	28 14	30 48	32 83	35 17	37 52	39 86	42 21	44 55	46 90
8	16 8	18 76	21 44	24 12	26 80	29 48	32 16	34 84	37 52	40 20	42 88	45 56	48 24	50 92	53 60
9	18 9	21 10	24 12	27 13	30 15	33 16	36 18	39 19	42 21	45 22	48 24	51 25	54 27	57 28	60 30
10	20 10	23 44	26 80	30 14	33 50	36 84	40 20	43 54	46 90	50 24	53 60	56 94	60 30	63 64	67 »

Intérêts à raison de

	3		3 1/2		4		4 1/2		5		5 1/2		6		6 1/2		7		7 1/2		8		8 1/2		9		9 1/2		10	
JOURS.	Fr.	C.	Fr.	C.	Fr.	C.	Fr.	C.	Fr.	C.	Fr.	C.	Fr.	C.	Fr.	C.	Fr.	C.	Fr.	C.	Fr.	C.	Fr.	C.	Fr.	C.	Fr.	C.	Fr.	C.
1	»	1	»	1	»	1	»	1	»	1	»	1	»	1	»	1	»	1	»	2	»	2	»	2	»	2	»	2	»	2
2	»	1	»	1	»	2	»	2	»	2	»	2	»	2	»	2	»	3	»	3	»	3	»	3	»	3	»	4	»	4
3	»	2	»	2	»	2	»	3	»	3	»	3	»	3	»	4	»	4	»	5	»	5	»	5	»	5	»	5	»	6
4	»	2	»	3	»	3	»	3	»	4	»	4	»	5	»	5	»	5	»	6	»	6	»	6	»	7	»	7	»	8
5	»	3	»	3	»	4	»	4	»	5	»	5	»	6	»	6	»	7	»	7	»	8	»	8	»	8	»	8	»	9
6	»	3	»	4	»	5	»	5	»	6	»	6	»	7	»	7	»	8	»	8	»	9	»	9	»	10	»	10	»	11
7	»	4	»	5	»	5	»	6	»	7	»	7	»	8	»	9	»	9	»	10	»	11	»	11	»	12	»	12	»	13
8	»	5	»	5	»	6	»	7	»	8	»	8	»	9	»	10	»	11	»	11	»	12	»	13	»	14	»	14	»	15
9	»	5	»	6	»	7	»	8	»	8	»	9	»	10	»	11	»	12	»	13	»	14	»	14	»	15	»	16	»	17
10	»	6	»	7	»	8	»	8	»	9	»	10	»	11	»	12	»	13	»	14	»	15	»	16	»	17	»	17	»	19
11	»	6	»	7	»	8	»	9	»	10	»	11	»	12	»	14	»	15	»	16	»	17	»	18	»	19	»	19	»	21
12	»	7	»	8	»	9	»	10	»	11	»	12	»	14	»	15	»	16	»	17	»	18	»	19	»	20	»	21	»	23
13	»	7	»	9	»	10	»	11	»	12	»	14	»	15	»	16	»	17	»	18	»	20	»	21	»	22	»	23	»	25
14	»	8	»	9	»	11	»	12	»	13	»	15	»	16	»	17	»	19	»	20	»	21	»	22	»	24	»	25	»	26
15	»	8	»	10	»	11	»	13	»	14	»	16	»	17	»	18	»	20	»	21	»	23	»	24	»	25	»	26	»	28
16	»	9	»	11	»	12	»	14	»	15	»	17	»	18	»	20	»	21	»	22	»	24	»	25	»	27	»	29	»	30
17	»	10	»	11	»	13	»	14	»	16	»	18	»	19	»	21	»	22	»	24	»	26	»	27	»	29	»	30	»	32
18	»	10	»	12	»	14	»	15	»	17	»	19	»	20	»	22	»	24	»	25	»	27	»	29	»	31	»	32	»	34
19	»	11	»	13	»	14	»	16	»	18	»	20	»	22	»	23	»	25	»	27	»	29	»	30	»	32	»	34	»	36
20	»	11	»	13	»	15	»	17	»	19	»	21	»	23	»	25	»	26	»	28	»	30	»	32	»	34	»	36	»	38
21	»	12	»	14	»	16	»	18	»	20	»	22	»	24	»	26	»	28	»	30	»	32	»	34	»	36	»	38	»	40
22	»	12	»	15	»	17	»	19	»	21	»	23	»	25	»	27	»	29	»	31	»	33	»	35	»	37	»	40	»	42
23	»	13	»	15	»	17	»	20	»	22	»	24	»	26	»	28	»	30	»	32	»	35	»	37	»	39	»	41	»	43
24	»	14	»	16	»	18	»	20	»	23	»	25	»	27	»	29	»	32	»	35	»	36	»	38	»	41	»	43	»	45
25	»	14	»	17	»	19	»	21	»	24	»	26	»	28	»	31	»	33	»	36	»	38	»	40	»	42	»	45	»	47
26	»	15	»	17	»	20	»	22	»	25	»	27	»	29	»	32	»	34	»	37	»	39	»	41	»	44	»	47	»	49
27	»	15	»	18	»	20	»	23	»	25	»	28	»	31	»	33	»	36	»	39	»	41	»	43	»	46	»	49	»	51
28	»	16	»	19	»	21	»	24	»	26	»	29	»	32	»	34	»	37	»	40	»	42	»	45	»	48	»	50	»	53
29	»	16	»	19	»	22	»	25	»	27	»	30	»	33	»	36	»	38	»	41	»	44	»	47	»	49	»	52	»	55
MOIS.																														
1	»	17	»	20	»	23	»	25	»	28	»	31	»	34	»	37	»	40	»	43	»	45	»	48	»	51	»	53	»	57
2	»	34	»	40	»	45	»	51	»	57	»	62	»	68	»	74	»	79	»	85	»	91	»	96	1	2	1	8	1	13
3	»	51	»	59	»	68	»	76	»	85	»	93	1	2	1	10	1	19	1	27	1	36	1	44	1	53	1	61	1	70
4	»	68	»	79	»	91	1	2	1	13	1	25	1	36	1	47	1	59	1	70	1	81	1	93	2	4	2	15	2	27
5	»	85	»	99	1	13	1	27	1	42	1	56	1	70	1	84	1	98	2	12	2	27	2	40	2	55	2	69	2	83
6	1	2	1	19	1	36	1	53	1	70	1	87	2	4	2	21	2	38	2	55	2	72	2	89	3	6	3	23	3	40
7	1	19	1	39	1	59	1	78	1	98	2	18	2	38	2	58	2	78	2	98	3	17	3	37	3	57	3	76	3	97
8	1	36	1	59	1	81	2	4	2	27	2	49	2	72	2	95	3	17	3	40	3	63	3	85	4	8	4	31	4	53
9	1	53	1	78	2	4	2	29	2	55	2	80	3	6	3	31	3	57	3	82	4	8	4	33	4	59	4	84	5	10
10	1	70	1	98	2	27	2	55	2	83	3	12	3	40	3	68	3	97	4	25	4	53	4	82	5	10	5	38	5	67
11	1	87	2	18	2	49	2	80	3	12	3	43	3	74	4	5	4	36	4	67	4	99	5	29	5	61	5	92	6	23
ANNÉES.																														
1	2	4	2	38	2	72	3	6	3	40	3	74	4	8	4	42	4	76	5	10	5	44	5	78	6	12	6	46	6	80
2	4	8	4	76	5	44	6	12	6	80	7	48	8	16	8	84	9	52	10	20	10	88	11	56	12	24	12	92	13	60
3	6	12	7	14	8	16	9	18	10	20	11	22	12	24	13	26	14	28	15	30	16	32	17	34	18	36	19	38	20	40
4	8	16	9	52	10	88	12	24	13	60	14	96	16	32	17	68	19	4	20	40	21	76	23	12	24	48	25	84	27	20
5	10	20	11	90	13	60	15	30	17	»	18	70	20	40	22	10	23	80	25	50	27	20	28	90	30	60	32	30	34	»
6	12	24	14	28	16	32	18	36	20	40	22	44	24	48	26	52	28	56	30	60	32	64	34	68	36	72	38	76	40	80
7	14	28	16	66	19	4	21	42	23	80	26	18	28	56	30	94	33	32	35	70	38	8	40	46	42	84	45	22	47	60
8	16	32	19	4	21	76	24	48	27	20	29	92	32	64	35	36	38	8	40	80	43	52	46	24	48	96	51	68	54	40
9	18	36	21	42	24	48	27	54	30	60	33	66	36	72	39	78	42	84	45	90	48	96	52	2	55	8	58	14	61	20
10	20	40	23	80	27	20	30	60	34	»	37	40	40	80	44	20	47	60	51	»	54	40	57	80	61	20	64	60	68	»

69 FRANCS.

Intérêts à raison de

	3		3 1/2		4		4 1/2		5		5 1/2		6	
JOURS.	Fr.	C.	Fr.	C.	Fr.	C.	Fr.	C.	Fr.	C.	Fr.	C	Fr.	C.
1	»	1	»	1	»	1	»	1	»	1	»	1	»	1
2	»	1	»	1	»	2	»	2	»	2	»	2	»	2
3	»	2	»	2	»	2	»	3	»	3	»	3	»	3
4	»	2	»	3	»	3	»	3	»	4	»	4	»	5
5	»	3	»	3	»	4	»	4	»	5	»	5	»	6
6	»	3	»	4	»	5	»	5	»	6	»	6	»	7
7	»	4	»	5	»	5	»	6	»	7	»	7	»	8
8	»	5	»	5	»	6	»	7	»	8	»	8	»	9
9	»	5	»	6	»	7	»	8	»	9	»	9	»	10
10	»	6	»	7	»	8	»	9	»	10	»	11	»	11
11	»	6	»	7	»	8	»	9	»	11	»	12	»	13
12	»	7	»	8	»	9	»	10	»	11	»	13	»	14
13	»	7	»	9	»	10	»	11	»	12	»	14	»	15
14	»	8	»	9	»	11	»	12	»	13	»	15	»	16
15	»	9	»	10	»	11	»	13	»	14	»	16	»	17
16	»	9	»	11	»	12	»	14	»	15	»	17	»	18
17	»	10	»	11	»	13	»	15	»	16	»	18	»	20
18	»	10	»	12	»	14	»	16	»	17	»	19	»	21
19	»	11	»	13	»	15	»	16	»	18	»	20	»	22
20	»	11	»	13	»	15	»	17	»	19	»	21	»	23
21	»	12	»	14	»	16	»	18	»	20	»	22	»	24
22	»	13	»	15	»	17	»	19	»	21	»	23	»	25
23	»	13	»	15	»	18	»	20	»	22	»	24	»	26
24	»	14	»	16	»	18	»	21	»	23	»	25	»	28
25	»	14	»	17	»	19	»	22	»	24	»	26	»	29
26	»	15	»	17	»	20	»	22	»	25	»	27	»	30
27	»	16	»	18	»	21	»	23	»	26	»	28	»	31
28	»	16	»	19	»	21	»	24	»	27	»	30	»	32
29	»	17	»	19	»	22	»	25	»	28	»	31	»	33
MOIS.														
1	»	17	»	20	»	23	»	26	»	29	»	32	»	34
2	»	34	»	40	»	46	»	52	»	57	»	63	»	69
3	»	52	»	60	»	69	»	78	»	86	»	95	1	3
4	»	69	»	80	»	92	1	3	1	15	1	26	1	38
5	»	86	1	1	1	15	1	29	1	44	1	58	1	72
6	1	3	1	21	1	38	1	55	1	72	1	90	2	7
7	1	21	1	41	1	61	1	81	2	1	2	21	2	41
8	1	38	1	61	1	84	2	7	2	30	2	53	2	76
9	1	55	1	81	2	7	2	33	2	59	2	85	3	10
10	1	72	2	1	2	30	2	59	2	87	3	16	3	45
11	1	90	2	21	2	53	2	85	3	16	3	48	3	79
ANNÉES.														
1	2	7	2	41	2	76	3	10	3	45	3	79	4	14
2	4	14	4	83	5	52	6	21	6	90	7	59	8	28
3	6	21	7	24	8	28	9	31	10	35	11	38	12	42
4	8	28	9	66	11	4	12	42	13	80	15	18	16	56
5	10	35	12	7	13	80	15	52	17	25	18	97	20	70
6	12	42	14	48	16	56	18	62	20	70	22	76	24	84
7	14	49	16	90	19	32	21	73	24	15	26	56	28	98
8	16	56	19	32	22	8	24	83	27	60	30	36	33	12
9	18	63	21	73	24	84	27	94	31	5	34	15	37	26
10	20	70	24	14	27	60	31	4	34	50	37	94	41	40

	6 1/2		7		7 1/2		8		8 1/2		9		9 1/2		10	
JOURS.	Fr.	C	Fr.	C.	Fr.	C.	Fr.	C.	Fr.	C.	Fr.	C.	Fr.	C.	Fr.	C.
1	»	1	»	1	»	2	»	2	»	2	»	2	»	2	»	2
2	»	2	»	3	»	3	»	3	»	3	»	3	»	4	»	4
3	»	4	»	4	»	4	»	5	»	5	»	5	»	5	»	6
4	»	5	»	5	»	5	»	6	»	6	»	7	»	7	»	8
5	»	6	»	7	»	7	»	8	»	8	»	9	»	9	»	10
6	»	7	»	8	»	8	»	9	»	9	»	10	»	10	»	11
7	»	9	»	9	»	9	»	11	»	11	»	12	»	12	»	13
8	»	10	»	11	»	11	»	12	»	13	»	14	»	14	»	15
9	»	11	»	12	»	12	»	14	»	15	»	16	»	16	»	17
10	»	12	»	13	»	14	»	15	»	16	»	17	»	18	»	19
11	»	14	»	15	»	15	»	17	»	18	»	19	»	20	»	21
12	»	15	»	16	»	17	»	18	»	19	»	21	»	22	»	23
13	»	16	»	17	»	18	»	20	»	21	»	22	»	23	»	25
14	»	17	»	19	»	20	»	21	»	22	»	24	»	25	»	27
15	»	19	»	20	»	21	»	23	»	24	»	26	»	27	»	29
16	»	20	»	21	»	23	»	25	»	26	»	28	»	29	»	31
17	»	21	»	23	»	24	»	26	»	27	»	29	»	31	»	33
18	»	22	»	24	»	26	»	28	»	29	»	31	»	32	»	34
19	»	24	»	25	»	27	»	20	»	31	»	33	»	34	»	36
20	»	25	»	27	»	29	»	31	»	32	»	34	»	36	»	38
21	»	26	»	28	»	30	»	32	»	34	»	36	»	38	»	40
22	»	27	»	30	»	32	»	34	»	36	»	38	»	40	»	42
23	»	29	»	31	»	33	»	35	»	37	»	40	»	42	»	44
24	»	30	»	32	»	35	»	37	»	39	»	41	»	44	»	46
25	»	31	»	34	»	36	»	38	»	41	»	43	»	46	»	48
26	»	32	»	35	»	37	»	40	»	43	»	45	»	47	»	50
27	»	34	»	36	»	39	»	41	»	44	»	47	»	49	»	52
28	»	35	»	38	»	41	»	43	»	45	»	48	»	51	»	54
29	»	36	»	39	»	42	»	44	»	47	»	50	»	53	»	56
MOIS.																
1	»	37	»	40	»	43	»	46	»	49	»	52	»	55	»	57
2	»	75	»	80	»	86	»	92	»	98	1	3	1	9	1	15
3	1	12	1	21	1	29	1	38	1	47	1	55	1	64	1	72
4	1	49	1	61	1	72	1	84	1	95	2	7	2	18	2	30
5	1	87	2	1	2	16	2	30	2	44	2	59	2	73	2	87
6	2	24	2	41	2	59	2	76	2	93	3	10	3	27	3	45
7	2	62	2	82	3	2	3	22	3	42	3	62	3	82	4	2
8	2	99	3	22	3	45	3	68	3	91	4	14	4	37	4	60
9	3	36	3	62	3	88	4	14	4	40	4	66	4	92	5	17
10	3	74	4	2	4	31	4	60	4	89	5	17	5	46	5	75
11	4	11	4	43	4	74	5	6	5	38	5	69	6	1	6	32
ANNÉES.																
1	4	48	4	83	5	17	5	52	5	86	6	21	6	55	6	90
2	8	97	9	66	10	35	11	4	11	73	12	42	13	11	13	80
3	13	45	14	49	15	52	16	56	17	59	18	63	19	66	20	70
4	17	94	19	32	20	70	22	8	23	46	24	84	26	22	27	60
5	22	42	24	15	25	87	27	60	29	32	31	5	32	77	34	50
6	26	90	28	98	31	4	33	12	35	18	39	26	39	32	41	40
7	31	39	33	81	36	22	38	64	41	5	43	47	45	88	48	30
8	35	88	38	64	41	40	44	16	46	92	49	68	52	44	55	20
9	40	36	43	47	46	57	49	68	52	78	55	89	58	99	62	10
10	44	84	48	80	51	74	55	20	58	64	62	10	65	54	69	»

70 FRANCS.

	Intérêts à raison de																													
	3		3 1/2		4		4 1/2		5		5 1/2		6		6 1/2		7		7 1/2		8		8 1/2		9		9 1/2		10	
JOURS.	Fr.	C.	Fr.	C.	Fr.	C.	Fr.	C.	Fr.	C.	Fr.	C.	Fr.	C.	Fr.	C.	Fr.	C.	Fr.	C.	Fr.	C.	Fr.	C.	Fr.	C.	Fr.	C.	Fr.	C.
1	»	1	»	1	»	1	»	1	»	1	»	1	»	1	»	1	»	1	»	2	»	2	»	2	»	2	»	2	»	2
2	»	1	»	1	»	2	»	2	»	2	»	2	»	2	»	3	»	3	»	3	»	3	»	3	»	3	»	3	»	4
3	»	2	»	2	»	2	»	3	»	3	»	3	»	3	»	4	»	4	»	4	»	5	»	5	»	5	»	5	»	6
4	»	2	»	3	»	3	»	3	»	4	»	4	»	5	»	5	»	5	»	5	»	6	»	6	»	7	»	7	»	8
5	»	3	»	3	»	4	»	4	»	5	»	5	»	6	»	6	»	7	»	7	»	8	»	8	»	9	»	9	»	10
6	»	3	»	4	»	5	»	5	»	6	»	6	»	7	»	8	»	8	»	8	»	9	»	9	»	10	»	10	»	12
7	»	4	»	5	»	5	»	6	»	7	»	7	»	8	»	9	»	10	»	10	»	11	»	11	»	12	»	13	»	14
8	»	5	»	5	»	6	»	7	»	8	»	9	»	9	»	10	»	11	»	11	»	12	»	13	»	14	»	15	»	16
9	»	5	»	6	»	7	»	8	»	9	»	10	»	10	»	11	»	12	»	13	»	14	»	15	»	16	»	16	»	17
10	»	6	»	7	»	8	»	9	»	10	»	11	»	12	»	13	»	14	»	15	»	16	»	16	»	17	»	18	»	19
11	»	6	»	7	»	9	»	10	»	11	»	12	»	13	»	14	»	15	»	16	»	17	»	18	»	19	»	20	»	21
12	»	7	»	8	»	9	»	10	»	12	»	13	»	14	»	15	»	16	»	17	»	19	»	20	»	21	»	22	»	23
13	»	8	»	9	»	10	»	11	»	13	»	14	»	15	»	16	»	18	»	19	»	20	»	21	»	23	»	24	»	25
14	»	8	»	10	»	11	»	12	»	14	»	15	»	16	»	18	»	19	»	20	»	22	»	22	»	24	»	25	»	27
15	»	9	»	10	»	12	»	13	»	15	»	16	»	17	»	19	»	20	»	21	»	23	»	24	»	26	»	27	»	29
16	»	9	»	11	»	12	»	14	»	16	»	17	»	19	»	20	»	22	»	23	»	25	»	26	»	28	»	29	»	31
17	»	10	»	12	»	13	»	15	»	17	»	18	»	20	»	21	»	23	»	25	»	26	»	28	»	30	»	31	»	33
18	»	10	»	12	»	14	»	16	»	17	»	19	»	21	»	23	»	24	»	26	»	28	»	30	»	31	»	32	»	35
19	»	11	»	13	»	15	»	17	»	18	»	20	»	22	»	24	»	26	»	28	»	30	»	31	»	33	»	35	»	37
20	»	12	»	14	»	16	»	17	»	19	»	21	»	23	»	25	»	27	»	30	»	31	»	32	»	35	»	37	»	39
21	»	12	»	14	»	16	»	18	»	20	»	22	»	24	»	27	»	29	»	31	»	33	»	34	»	37	»	39	»	41
22	»	13	»	15	»	17	»	19	»	21	»	24	»	26	»	28	»	30	»	32	»	34	»	35	»	38	»	40	»	43
23	»	13	»	16	»	18	»	20	»	22	»	25	»	27	»	29	»	31	»	33	»	36	»	38	»	40	»	42	»	45
24	»	14	»	16	»	19	»	21	»	23	»	26	»	28	»	30	»	33	»	35	»	37	»	40	»	42	»	44	»	47
25	»	15	»	17	»	19	»	22	»	24	»	27	»	29	»	32	»	34	»	36	»	39	»	41	»	44	»	46	»	49
26	»	15	»	18	»	20	»	23	»	25	»	28	»	30	»	33	»	35	»	37	»	40	»	43	»	45	»	48	»	51
27	»	16	»	18	»	21	»	24	»	26	»	29	»	31	»	34	»	37	»	39	»	42	»	45	»	47	»	50	»	52
28	»	16	»	19	»	22	»	24	»	27	»	30	»	33	»	35	»	38	»	41	»	44	»	47	»	49	»	52	»	54
29	»	17	»	20	»	23	»	25	»	28	»	31	»	34	»	37	»	39	»	42	»	45	»	49	»	51	»	54	»	56
MOIS.																														
1	»	17	»	20	»	23	»	26	»	29	»	32	»	35	»	38	»	41	»	43	»	47	»	49	»	52	»	55	»	58
2	»	35	»	41	»	47	»	52	»	58	»	64	»	70	»	76	»	82	»	88	»	93	»	99	1	5	1	10	1	17
3	»	52	»	61	»	70	»	79	»	87	»	96	1	5	1	14	1	22	1	31	1	40	1	49	1	57	1	66	1	75
4	»	70	»	82	»	93	1	5	1	17	1	28	1	40	1	52	1	63	1	75	1	87	1	98	2	10	2	22	2	33
5	»	87	1	2	1	17	1	31	1	46	1	60	1	75	1	90	2	4	2	19	2	33	2	48	2	62	2	77	2	92
6	1	5	1	22	1	40	1	57	1	75	1	92	2	10	2	27	2	45	2	62	2	80	2	97	3	15	3	32	3	50
7	1	22	1	43	1	63	1	84	2	4	2	25	2	45	2	65	2	86	3	6	3	27	3	47	3	67	3	88	4	8
8	1	40	1	63	1	87	2	10	2	33	2	57	2	80	3	3	3	27	3	50	3	73	3	97	4	20	4	43	4	67
9	1	57	1	84	2	10	2	36	2	62	2	89	3	15	3	41	3	67	3	94	4	20	4	46	4	72	4	98	5	25
10	1	75	2	4	2	33	2	62	2	92	3	21	3	50	3	79	4	8	4	37	4	67	4	96	5	25	5	54	5	83
11	1	92	2	25	2	57	2	89	3	21	3	53	3	85	4	17	4	49	4	82	5	13	5	46	5	77	6	10	6	42
ANNÉES.																														
1	2	10	2	45	2	80	3	15	3	50	3	85	4	20	4	55	4	90	5	25	5	60	5	95	6	30	6	65	7	»
2	4	20	4	90	5	60	6	30	7	»	7	70	8	40	9	10	9	80	10	50	11	20	11	90	12	60	13	30	14	»
3	6	30	7	35	8	40	9	45	10	50	11	55	12	60	13	65	14	70	15	75	16	80	17	85	18	90	19	95	21	»
4	8	40	9	80	11	20	12	60	14	»	15	40	16	80	18	20	19	60	21	»	22	40	23	80	25	20	26	60	28	»
5	10	50	12	25	14	»	15	75	17	50	19	25	21	»	22	75	24	50	26	25	28	»	29	75	31	50	33	25	35	»
6	12	60	14	70	16	80	18	90	21	»	23	10	25	20	27	30	29	40	31	50	33	60	35	70	37	80	39	90	42	»
7	14	70	17	15	19	60	22	5	24	50	26	95	29	40	31	85	34	30	36	75	39	20	41	65	44	10	46	55	49	»
8	16	80	19	60	22	40	25	20	28	»	30	80	33	60	36	40	39	20	42	»	44	80	47	60	50	40	53	20	56	»
9	18	90	22	5	25	20	28	35	31	50	34	65	37	80	40	95	44	10	47	25	50	40	53	55	56	70	59	85	63	»
10	21	»	24	50	28	»	31	50	35	»	38	50	42	»	45	50	49	»	52	50	56	»	59	50	63	»	66	50	70	»

Intérêts à raison de

	3		3 1/2		4		4 1/2		5		5 1/2		6		6 1/2		7		7 1/2		8		8 1/2		9		9 1/2		10	
JOURS.	Fr.	C.	Fr.	C	Fr.	C.	Fr.	C.	Fr.	C.	Fr.	C	Fr.	C.	Fr.	C.	Fr.	C.	Fr.	C.	Fr.	C.	Fr.	C.	Fr.	C.	Fr.	C.	Fr.	C.
1	»	1	»	1	»	1	»	1	»	1	»	1	»	1	»	1	»	1	»	2	»	2	»	2	»	2	»	2	»	2
2	»	1	»	1	»	2	»	2	»	2	»	2	»	2	»	3	»	3	»	3	»	3	»	4	»	4	»	4	»	4
3	»	2	»	2	»	2	»	3	»	3	»	3	»	4	»	4	»	4	»	6	»	5	»	5	»	5	»	5	»	6
4	»	2	»	3	»	3	»	4	»	4	»	4	»	5	»	5	»	6	»	7	»	6	»	6	»	7	»	7	»	8
5	»	3	»	3	»	4	»	4	»	5	»	5	»	6	»	6	»	7	»	8	»	8	»	8	»	9	»	9	»	10
6	»	4	»	4	»	5	»	5	»	6	»	7	»	7	»	8	»	8	»	9	»	9	»	10	»	11	»	11	»	12
7	»	4	»	5	»	6	»	6	»	7	»	8	»	8	»	9	»	10	»	12	»	11	»	11	»	12	»	13	»	14
8	»	5	»	6	»	6	»	7	»	8	»	9	»	9	»	10	»	11	»	13	»	13	»	13	»	14	»	15	»	16
9	»	5	»	6	»	7	»	8	»	9	»	10	»	11	»	12	»	12	»	15	»	14	»	15	»	16	»	17	»	18
10	»	6	»	7	»	8	»	9	»	10	»	11	»	12	»	13	»	14	»	16	»	16	»	17	»	18	»	19	»	20
11	»	7	»	8	»	9	»	10	»	11	»	12	»	13	»	14	»	15	»	18	»	17	»	18	»	20	»	21	»	22
12	»	7	»	8	»	9	»	11	»	12	»	13	»	14	»	15	»	17	»	19	»	19	»	20	»	21	»	22	»	24
13	»	8	»	9	»	10	»	12	»	13	»	14	»	15	»	17	»	18	»	20	»	21	»	22	»	23	»	24	»	26
14	»	8	»	10	»	11	»	12	»	14	»	15	»	17	»	18	»	19	»	22	»	22	»	23	»	25	»	26	»	28
15	»	9	»	10	»	12	»	13	»	15	»	16	»	18	»	19	»	21	»	23	»	24	»	25	»	27	»	28	»	30
16	»	9	»	11	»	13	»	14	»	16	»	17	»	19	»	21	»	22	»	24	»	25	»	26	»	28	»	30	»	32
17	»	10	»	12	»	13	»	15	»	17	»	18	»	20	»	22	»	23	»	26	»	27	»	29	»	30	»	32	»	34
18	»	11	»	12	»	14	»	16	»	18	»	20	»	21	»	23	»	25	»	27	»	28	»	30	»	32	»	33	»	35
19	»	11	»	13	»	15	»	17	»	19	»	21	»	22	»	24	»	26	»	28	»	30	»	32	»	34	»	35	»	37
20	»	12	»	14	»	16	»	18	»	20	»	22	»	24	»	26	»	28	»	30	»	32	»	33	»	35	»	37	»	39
21	»	12	»	14	»	17	»	19	»	21	»	23	»	25	»	27	»	29	»	31	»	33	»	35	»	37	»	39	»	41
22	»	13	»	15	»	17	»	20	»	22	»	24	»	26	»	28	»	30	»	32	»	35	»	37	»	39	»	41	»	43
23	»	14	»	16	»	18	»	20	»	23	»	25	»	27	»	29	»	32	»	34	»	36	»	38	»	41	»	42	»	45
24	»	14	»	17	»	19	»	21	»	24	»	26	»	28	»	31	»	33	»	35	»	38	»	40	»	43	»	45	»	47
25	»	15	»	17	»	20	»	22	»	25	»	27	»	30	»	32	»	35	»	37	»	39	»	41	»	44	»	47	»	49
26	»	15	»	18	»	21	»	23	»	26	»	28	»	31	»	33	»	36	»	39	»	41	»	43	»	46	»	49	»	51
27	»	16	»	19	»	21	»	24	»	27	»	29	»	32	»	35	»	37	»	40	»	43	»	45	»	48	»	51	»	53
28	»	17	»	19	»	22	»	25	»	28	»	30	»	33	»	36	»	39	»	42	»	44	»	47	»	50	»	52	»	55
29	»	17	»	20	»	23	»	26	»	29	»	31	»	34	»	37	»	40	»	44	»	46	»	48	»	51	»	54	»	57
MOIS.																														
1	»	18	»	21	»	24	»	27	»	30	»	33	»	35	»	38	»	41	»	45	»	47	»	51	»	53	»	57	»	59
2	»	35	»	41	»	47	»	53	»	59	»	65	»	71	»	77	»	83	»	88	»	95	1	»	1	6	1	12	1	18
3	»	53	»	62	»	71	»	80	»	89	»	98	1	6	1	15	1	24	1	33	1	42	1	51	1	60	1	69	1	77
4	»	71	»	83	»	95	1	6	1	18	1	30	1	42	1	54	1	66	1	78	1	89	2	1	2	13	2	24	2	37
5	»	89	1	4	1	18	1	33	1	48	1	63	1	77	1	92	2	7	2	22	2	37	2	51	2	66	2	81	2	96
6	1	6	1	24	1	42	1	60	1	77	1	95	2	13	2	31	2	48	2	66	2	84	3	2	3	19	3	37	3	55
7	1	24	1	45	1	66	1	86	2	7	2	28	2	48	2	69	2	90	3	11	3	31	3	52	3	73	3	93	4	14
8	1	42	1	66	1	89	2	13	2	37	2	60	2	84	3	8	3	31	3	55	3	79	4	2	4	26	4	50	4	73
9	1	60	1	86	2	13	2	40	2	66	2	93	3	19	3	46	3	73	3	99	4	26	4	53	4	79	5	6	5	32
10	1	77	2	7	2	37	2	66	2	96	3	25	3	55	3	85	4	14	4	44	4	73	5	3	5	32	5	62	5	92
11	1	95	2	28	2	60	2	93	3	25	3	58	3	90	4	23	4	56	4	88	5	21	5	53	5	86	6	18	6	51
ANNÉES.																														
1	2	13	2	48	2	84	3	19	3	55	3	90	4	26	4	61	4	97	5	32	5	68	6	3	6	39	6	74	7	10
2	4	26	4	97	5	68	6	39	7	10	7	81	8	52	9	23	9	94	9	75	11	36	12	7	12	78	13	49	14	20
3	6	39	7	45	8	52	9	58	10	65	11	71	12	78	13	84	14	91	15	97	17	4	18	10	19	17	20	23	21	30
4	8	52	9	94	11	36	12	78	14	20	15	62	17	4	18	46	19	88	21	30	22	72	24	14	25	56	26	98	28	40
5	10	65	12	42	14	20	15	97	17	75	19	52	21	30	23	7	24	85	26	62	28	40	30	17	31	95	33	72	35	50
6	12	78	14	90	17	4	19	16	21	30	23	42	25	56	27	68	29	82	31	94	34	8	36	20	38	34	40	46	42	60
7	14	91	17	39	19	88	22	36	24	85	27	33	29	82	32	30	34	79	37	27	39	76	42	24	44	73	47	21	49	70
8	17	4	19	88	22	72	25	56	28	40	31	24	34	8	36	92	39	76	42	60	45	44	48	28	51	12	53	96	56	80
9	19	17	22	36	25	56	28	75	31	95	35	14	38	34	41	53	44	73	47	92	51	12	54	31	57	51	60	70	63	90
10	21	30	24	84	28	40	31	94	35	50	39	4	42	60	46	14	49	70	53	25	56	80	60	34	63	90	67	44	71	»

Intérêts à raison de

	3		3 1/2		4		4 1/2		5		5 1/2		6		6 1/2		7		7 1/2		8		8 1/2		9		9 1/2		10	
JOURS.	Fr.	C.	Fr.	C.	Fr.	C.	Fr.	C.	Fr.	C.	Fr.	C.	Fr.	C.	Fr.	C.	Fr.	C.	Fr.	C.	Fr.	C.	Fr.	C.	Fr.	C.	Fr.	C.	Fr.	C.
1	»	1	»	1	»	1	»	1	»	1	»	1	»	1	»	1	»	1	»	2	»	2	»	3	»	2	»	2	»	2
2	»	1	»	1	»	2	»	2	»	2	»		»	2	»	3	»	3	»	3	»	3	»		»	4	»	4	»	4
3	»	2	»	2	»	2	»	3	»	3	»	3	»	4	»	4	»	4	»	5	»	5	»	5	»	5	»	5	»	6
4	»	2	»	3	»	3	»	4	»	4	»	4	»	5	»	5	»	6	»	6	»	6	»	6	»	7	»	7	»	8
5	»	3	»	3	»	4	»	4	»	5	»	5	»	6	»	6	»	7	»	7	»	8	»	8	»	9	»	9	»	10
6	»	4	»	4	»	5	»	5	»	6	»	7	»	7	»	8	»	8	»	8	»	10	»	10	»	11	»	11	»	12
7	»	4	»	5	»	6	»	6	»	7	»	8	»	8	»	9	»	10	»	10	»	11	»	12	»	13	»	13	»	14
8	»	5	»	6	»	6	»	7	»	8	»	9	»	10	»	10	»	11	»	12	»	13	»	13	»	14	»	15	»	16
9	»	5	»	6	»	7	»	8	»	9	»	10	»	11	»	12	»	13	»	13	»	14	»	15	»	16	»	17	»	18
10	»	6	»	7	»	8	»	9	»	10	»	11	»	12	»	13	»	14	»	15	»	16	»	17	»	18	»	19	»	20
11	»	7	»	8	»	9	»	10	»	11	»	12	»	13	»	14	»	15	»	16	»	18	»	19	»	20	»	21	»	22
12	»	7	»	8	»	10	»	11	»	12	»	13	»	14	»	16	»	17	»	18	»	19	»	20	»	22	»	23	»	24
13	»	8	»	9	»	10	»	12	»	13	»	14	»	16	»	17	»	18	»	19	»	21	»	21	»	23	»	24	»	26
14	»	8	»	10	»	11	»	13	»	14	»	15	»	17	»	18	»	20	»	21	»	22	»	23	»	25	»	26	»	28
15	»	9	»	10	»	12	»	13	»	15	»	16	»	18	»	19	»	21	»	22	»	24	»	25	»	27	»	28	»	30
16	»	10	»	11	»	13	»	14	»	16	»	18	»	19	»	21	»	22	»	24	»	26	»	27	»	29	»	30	»	32
17	»	10	»	12	»	14	»	15	»	17	»	19	»	20	»	22	»	24	»	25	»	27	»	29	»	31	»	32	»	34
18	»	11	»	13	»	14	»	16	»	18	»	20	»	22	»	23	»	25	»	27	»	29	»	30	»	32	»	34	»	36
19	»	11	»	13	»	15	»	17	»	19	»	21	»	23	»	25	»	27	»	28	»	30	»	32	»	34	»	36	»	38
20	»	12	»	14	»	16	»	18	»	20	»	22	»	24	»	26	»	28	»	30	»	32	»	34	»	36	»	38	»	40
21	»	13	»	15	»	17	»	19	»	21	»	23	»	25	»	27	»	29	»	31	»	34	»	36	»	38	»	40	»	42
22	»	13	»	15	»	18	»	20	»	22	»	24	»	26	»	29	»	31	»	32	»	35	»	38	»	40	»	42	»	44
23	»	14	»	16	»	18	»	21	»	23	»	25	»	28	»	30	»	32	»	34	»	37	»	39	»	41	»	44	»	46
24	»	14	»	17	»	19	»	22	»	24	»	26	»	29	»	31	»	34	»	36	»	38	»	40	»	43	»	45	»	48
25	»	15	»	17	»	20	»	22	»	25	»	27	»	30	»	32	»	35	»	37	»	40	»	42	»	45	»	47	»	50
26	»	16	»	18	»	21	»	23	»	26	»	29	»	31	»	34	»	36	»	39	»	42	»	44	»	47	»	49	»	52
27	»	16	»	19	»	22	»	24	»	27	»	30	»	32	»	35	»	38	»	40	»	43	»	46	»	49	»	51	»	54
28	»	17	»	20	»	22	»	25	»	28	»	31	»	34	»	36	»	39	»	42	»	45	»	48	»	50	»	53	»	56
29	»	17	»	20	»	23	»	26	»	29	»	32	»	35	»	38	»	41	»	43	»	46	»	49	»	52	»	55	»	58
MOIS.																														
1	»	18	»	21	»	24	»	27	»	30	»	33	»	36	»	39	»	42	»	45	»	48	»	51	»	54	»	57	»	60
2	»	36	»	42	»	48	»	54	»	60	»	66	»	72	»	78	»	84	»	90	»	96	1	2	1	8	1	14	1	20
3	»	54	»	63	»	72	»	81	»	90	»	99	1	8	1	17	1	26	1	35	1	44	1	53	1	62	1	71	1	80
4	»	72	»	84	»	96	1	8	1	20	1	32	1	44	1	56	1	68	1	80	1	92	2	4	2	16	2	28	2	40
5	»	90	1	5	1	20	1	35	1	50	1	65	1	80	1	95	2	10	2	25	2	40	2	55	2	70	2	85	3	»
6	1	8	1	26	1	44	1	62	1	80	1	98	2	16	2	34	2	52	2	70	2	88	3	6	3	24	3	42	3	60
7	1	26	1	47	1	68	1	89	2	10	2	31	2	52	2	73	2	94	3	15	3	36	3	57	3	78	3	99	4	20
8	1	44	1	68	1	92	2	16	2	40	2	64	2	88	3	12	3	36	3	60	3	84	4	8	4	32	4	56	4	80
9	1	62	1	89	2	16	2	43	2	70	2	97	3	24	3	51	3	78	4	5	4	32	4	59	4	86	5	13	5	40
10	1	80	2	10	2	40	2	70	3	»	3	30	3	60	3	90	4	20	4	50	4	80	5	10	5	40	5	70	6	»
11	1	98	2	31	2	64	2	97	3	30	3	63	3	96	4	29	4	62	4	95	5	28	5	61	5	94	6	27	6	60
ANNÉES.																														
1	2	16	2	52	2	88	3	24	3	60	3	96	4	32	4	68	5	4	5	40	5	76	6	12	6	48	6	84	7	20
2	4	32	5	4	5	76	6	48	7	20	7	92	8	64	9	36	10	8	10	80	11	52	12	24	12	96	13	68	14	40
3	6	48	7	56	8	64	9	72	10	80	11	88	12	96	14	4	15	12	16	20	17	28	18	36	19	44	20	52	21	60
4	8	64	10	8	11	52	12	96	14	40	15	84	17	28	18	72	20	16	21	60	23	4	24	48	25	92	27	36	28	80
5	10	80	12	60	14	40	16	20	18	»	19	80	21	60	23	40	25	20	27	»	28	80	30	60	32	40	34	20	36	»
6	12	96	15	12	17	28	19	44	21	60	23	76	25	92	28	8	30	24	32	40	34	56	36	72	38	88	41	4	43	20
7	15	12	17	64	20	16	22	68	25	20	27	72	30	24	32	76	35	28	37	80	40	32	42	84	45	36	47	88	50	40
8	17	28	20	16	23	4	25	92	28	80	31	68	34	56	37	44	40	32	43	20	46	8	48	96	51	84	54	72	57	60
9	19	44	22	68	25	92	29	16	32	40	35	64	38	88	42	12	45	36	48	60	51	84	55	8	58	32	61	56	64	80
10	21	60	25	20	28	80	32	40	36	»	39	60	43	20	46	80	50	40	54	»	57	60	61	20	64	80	68	40	72	»

73 FRANCS.

Intérêts à raison de

	3		3 1/2		4		4 1/2		5		5 1/2		6		6 1/2		7		7 1/2		8		8 1/2		9		9 1/2		10	
JOURS.	Fr.	C.	Fr.	C.	Fr.	C.	Fr.	C.	Fr.	C.	Fr.	C.	Fr.	C.	Fr.	C.	Fr.	C.	Fr.	C.	Fr.	C.	Fr.	C.	Fr.	C.	Fr.	C.	Fr.	C.
1	»	1	»	1	»	1	»	1	»	1	»	1	»	1	»	1	»	1	»	2	»	2	»	2	»	2	»	2	»	2
2	»	1	»	1	»	2	»	2	»	2	»	2	»	2	»	3	»	3	»	3	»	3	»	4	»	4	»	4	»	4
3	»	2	»	2	»	2	»	3	»	3	»	3	»	4	»	4	»	4	»	4	»	5	»	5	»	5	»	5	»	6
4	»	2	»	3	»	3	»	4	»	4	»	4	»	5	»	5	»	6	»	6	»	6	»	6	»	7	»	7	»	8
5	»	3	»	4	»	4	»	5	»	5	»	6	»	6	»	7	»	7	»	7	»	8	»	8	»	9	»	9	»	10
6	»	4	»	4	»	5	»	5	»	6	»	7	»	7	»	8	»	9	»	9	»	10	»	10	»	11	»	11	»	12
7	»	4	»	5	»	6	»	6	»	7	»	8	»	9	»	9	»	10	»	10	»	11	»	12	»	13	»	13	»	14
8	»	5	»	6	»	6	»	7	»	8	»	9	»	10	»	11	»	11	»	12	»	13	»	14	»	15	»	15	»	16
9	»	5	»	6	»	7	»	8	»	9	»	10	»	11	»	12	»	13	»	14	»	15	»	15	»	16	»	17	»	18
10	»	6	»	7	»	8	»	9	»	10	»	11	»	12	»	13	»	14	»	15	»	16	»	17	»	18	»	19	»	20
11	»	7	»	8	»	9	»	10	»	11	»	12	»	13	»	14	»	16	»	17	»	18	»	19	»	20	»	21	»	22
12	»	7	»	9	»	10	»	11	»	12	»	13	»	15	»	16	»	17	»	18	»	19	»	20	»	22	»	23	»	24
13	»	8	»	9	»	11	»	12	»	13	»	14	»	16	»	17	»	18	»	19	»	21	»	22	»	24	»	25	»	26
14	»	9	»	10	»	11	»	13	»	14	»	16	»	17	»	18	»	20	»	21	»	23	»	25	»	26	»	27	»	28
15	»	9	»	11	»	12	»	14	»	15	»	17	»	18	»	20	»	21	»	22	»	24	»	26	»	27	»	28	»	30
16	»	10	»	11	»	13	»	15	»	16	»	18	»	19	»	21	»	23	»	24	»	26	»	27	»	29	»	30	»	32
17	»	10	»	12	»	14	»	16	»	17	»	19	»	21	»	22	»	24	»	26	»	28	»	29	»	31	»	32	»	34
18	»	11	»	13	»	15	»	16	»	18	»	20	»	22	»	24	»	26	»	27	»	29	»	31	»	33	»	34	»	36
19	»	12	»	13	»	15	»	17	»	19	»	21	»	23	»	25	»	27	»	29	»	31	»	33	»	35	»	37	»	39
20	»	12	»	14	»	16	»	18	»	20	»	22	»	24	»	26	»	28	»	30	»	32	»	34	»	36	»	39	»	41
21	»	13	»	15	»	17	»	19	»	21	»	23	»	26	»	28	»	30	»	32	»	34	»	36	»	38	»	41	»	43
22	»	13	»	16	»	18	»	20	»	22	»	25	»	27	»	29	»	31	»	34	»	36	»	38	»	40	»	42	»	45
23	»	14	»	16	»	19	»	21	»	23	»	26	»	28	»	30	»	33	»	35	»	37	»	39	»	42	»	45	»	47
24	»	15	»	17	»	19	»	22	»	24	»	27	»	29	»	32	»	34	»	37	»	39	»	41	»	44	»	47	»	49
25	»	15	»	18	»	20	»	23	»	25	»	28	»	30	»	33	»	35	»	38	»	41	»	43	»	46	»	49	»	51
26	»	16	»	18	»	21	»	24	»	26	»	29	»	32	»	34	»	37	»	39	»	42	»	45	»	47	»	51	»	53
27	»	16	»	19	»	22	»	25	»	27	»	30	»	33	»	36	»	38	»	41	»	44	»	47	»	49	»	52	»	55
28	»	17	»	20	»	23	»	26	»	28	»	31	»	34	»	37	»	40	»	42	»	45	»	49	»	51	»	54	»	57
29	»	18	»	21	»	24	»	26	»	29	»	32	»	35	»	88	»	41	»	44	»	47	»	51	»	53	»	56	»	59
MOIS.																														
1	»	18	»	21	»	24	»	27	»	30	»	33	»	36	»	40	»	43	»	45	»	49	»	52	»	55	»	57	»	61
2	»	36	»	43	»	49	»	55	»	61	»	67	»	73	»	79	»	85	»	91	»	97	1	4	1	9	1	16	1	22
3	»	55	»	64	»	73	»	82	»	91	1	»	1	9	1	19	1	28	1	37	1	46	1	55	1	64	1	73	1	82
4	»	73	»	85	»	97	1	9	1	22	1	34	1	46	1	58	1	70	1	82	1	95	2	6	2	19	2	31	2	43
5	»	91	1	6	1	22	1	37	1	52	1	67	1	82	1	98	2	13	2	28	2	43	2	59	2	74	2	89	3	4
6	1	9	1	28	1	46	1	64	1	82	2	1	2	19	2	37	2	55	2	74	2	92	3	10	3	28	3	46	3	65
7	1	28	1	49	1	70	1	92	2	13	2	34	2	55	2	77	2	98	3	19	3	41	3	62	3	83	4	5	4	26
8	1	46	1	70	1	95	2	19	2	43	2	68	2	92	3	16	3	41	3	65	3	89	4	14	4	38	4	62	4	87
9	1	64	1	92	2	19	2	46	2	74	3	1	3	28	3	56	3	83	4	11	4	38	4	65	4	93	5	20	5	47
10	1	82	2	13	2	43	2	74	3	4	3	35	3	65	3	95	4	26	4	56	4	87	5	17	5	47	5	78	6	8
11	2	1	2	34	2	68	3	1	3	35	3	68	4	1	4	35	4	68	5	2	5	35	5	69	6	2	6	36	6	69
ANNÉES.																														
1	2	19	2	55	2	92	3	28	3	65	4	1	4	38	4	74	5	11	5	47	5	84	6	20	6	57	6	93	7	30
2	4	38	5	11	5	84	6	57	7	30	8	3	8	76	9	49	10	22	10	95	11	68	12	41	13	14	13	87	14	60
3	6	57	7	66	8	76	9	85	10	95	12	4	13	14	14	23	15	33	16	42	17	52	18	61	19	71	20	80	21	90
4	8	76	10	22	11	68	13	14	14	60	16	6	17	52	18	98	20	44	21	90	23	36	24	82	26	28	27	74	29	20
5	10	95	12	77	14	60	16	42	18	25	20	7	21	90	23	72	25	55	27	37	29	20	31	2	32	85	34	67	36	50
6	13	14	15	32	17	52	19	70	21	90	24	8	26	28	28	46	30	66	32	84	35	4	37	22	39	42	41	60	43	50
7	15	33	17	88	20	44	22	99	25	55	28	10	30	66	33	21	35	77	38	32	40	88	43	43	45	99	48	54	51	10
8	17	52	20	44	23	36	26	28	29	20	32	12	35	4	37	96	40	88	43	80	46	72	49	64	52	56	55	48	58	40
9	19	71	22	99	26	28	29	56	32	85	36	13	39	42	42	70	45	99	49	27	52	56	55	84	59	13	62	41	65	70
10	21	90	25	54	29	20	32	84	36	50	40	14	43	80	47	44	51	10	54	74	58	40	62	4	65	70	69	34	73	»

Intérêts à raison de

	3		3 1/2		4		4 1/2		5		5 1/2		6		6 1/2	
	Fr.	C.	Fr.	C.	Fr.	C.	Fr.	C.	Fr.	C.	Fr.	C.	Fr.	C.	Fr.	C.
JOURS.																
1	»	1	»	1	»	1	»	1	»	1	»	1	»	1	»	1
2	»	1	»	1	»	2	»	2	»	2	»	2	»	2	»	3
3	»	2	»	2	»	2	»	3	»	3	»	3	»	4	»	4
4	»	2	»	3	»	3	»	4	»	4	»	5	»	5	»	5
5	»	3	»	4	»	4	»	5	»	5	»	6	»	6	»	7
6	»	4	»	4	»	5	»	6	»	6	»	7	»	7	»	8
7	»	4	»	5	»	6	»	6	»	7	»	8	»	9	»	9
8	»	5	»	6	»	7	»	7	»	8	»	9	»	10	»	11
9	»	6	»	6	»	7	»	8	»	9	»	10	»	11	»	12
10	»	6	»	7	»	8	»	9	»	10	»	11	»	12	»	13
11	»	7	»	8	»	9	»	10	»	11	»	12	»	14	»	15
12	»	7	»	9	»	10	»	11	»	12	»	14	»	15	»	16
13	»	8	»	9	»	11	»	12	»	13	»	15	»	16	»	17
14	»	9	»	10	»	12	»	13	»	14	»	16	»	17	»	19
15	»	9	»	11	»	12	»	14	»	15	»	17	»	18	»	20
16	»	10	»	12	»	13	»	15	»	16	»	18	»	20	»	21
17	»	10	»	12	»	14	»	16	»	17	»	19	»	21	»	23
18	»	11	»	13	»	15	»	17	»	18	»	20	»	22	»	24
19	»	12	»	14	»	16	»	18	»	20	»	21	»	23	»	25
20	»	12	»	14	»	16	»	18	»	21	»	23	»	25	»	27
21	»	13	»	15	»	17	»	19	»	22	»	24	»	26	»	28
22	»	14	»	16	»	18	»	20	»	23	»	25	»	27	»	29
23	»	14	»	17	»	19	»	21	»	24	»	26	»	28	»	31
24	»	15	»	17	»	20	»	22	»	25	»	27	»	30	»	32
25	»	15	»	18	»	21	»	23	»	26	»	28	»	31	»	33
26	»	16	»	19	»	21	»	24	»	27	»	29	»	32	»	35
27	»	17	»	19	»	22	»	25	»	28	»	31	»	33	»	36
28	»	17	»	20	»	23	»	26	»	29	»	32	»	35	»	37
29	»	18	»	21	»	24	»	27	»	30	»	33	»	36	»	39
MOIS.																
1	»	18	»	22	»	25	»	28	»	31	»	34	»	37	»	40
2	»	37	»	43	»	49	»	55	»	62	»	68	»	74	»	80
3	»	55	»	65	»	74	»	83	»	92	1	2	1	11	1	20
4	»	74	»	86	»	99	1	11	1	23	1	36	1	48	1	60
5	»	92	1	8	1	23	1	39	1	54	1	70	1	85	2	»
6	1	11	1	29	1	48	1	66	1	85	2	3	2	22	2	40
7	1	29	1	51	1	73	1	94	2	16	2	37	2	59	2	81
8	1	48	1	73	1	97	2	22	2	47	2	71	2	96	3	21
9	1	66	1	94	2	22	2	50	2	77	3	5	3	33	3	61
10	1	85	2	16	2	47	2	77	3	8	3	39	3	70	4	1
11	2	3	2	37	2	71	3	5	3	39	3	73	4	7	4	41
ANNÉES.																
1	2	22	2	59	2	96	3	33	3	70	4	7	4	44	4	81
2	4	44	5	18	5	92	6	66	7	40	8	14	8	88	9	62
3	6	66	7	77	8	88	9	99	11	10	12	21	13	32	14	43
4	8	88	10	36	11	84	13	32	14	80	16	28	17	76	19	24
5	11	10	12	95	14	80	16	65	18	50	20	35	22	20	24	5
6	13	32	15	54	17	76	19	98	22	20	24	42	26	64	28	86
7	15	54	18	13	20	72	23	31	25	90	28	49	31	8	33	67
8	17	76	20	72	23	68	26	64	29	60	32	56	35	52	38	48
9	19	98	23	31	26	64	29	97	33	30	36	63	39	96	43	29
10	22	20	25	90	29	60	33	30	37	»	40	70	44	40	48	10

	7		7 1/2		8		8 1/2		9		9 1/2		10	
	Fr.	C.	Fr.	C.	Fr.	C.	Fr.	C.	Fr.	C.	Fr.	C.	Fr.	C.
JOURS.														
1	»	1	»	2	»	2	»	2	»	2	»	2	»	2
2	»	3	»	3	»	3	»	4	»	4	»	4	»	4
3	»	4	»	5	»	5	»	5	»	6	»	6	»	6
4	»	6	»	6	»	7	»	7	»	7	»	8	»	8
5	»	7	»	7	»	8	»	8	»	9	»	9	»	10
6	»	9	»	9	»	10	»	10	»	11	»	11	»	12
7	»	10	»	11	»	12	»	12	»	13	»	13	»	14
8	»	12	»	12	»	13	»	14	»	15	»	15	»	16
9	»	13	»	14	»	15	»	16	»	17	»	17	»	18
10	»	14	»	15	»	16	»	17	»	18	»	19	»	21
11	»	16	»	17	»	18	»	19	»	20	»	21	»	23
12	»	17	»	18	»	20	»	21	»	22	»	23	»	25
13	»	19	»	20	»	21	»	22	»	24	»	25	»	27
14	»	20	»	21	»	23	»	24	»	26	»	27	»	29
15	»	22	»	23	»	25	»	26	»	28	»	29	»	31
16	»	23	»	24	»	26	»	28	»	30	»	31	»	33
17	»	24	»	26	»	28	»	29	»	31	»	33	»	35
18	»	26	»	28	»	30	»	31	»	33	»	35	»	37
19	»	27	»	29	»	31	»	33	»	35	»	37	»	39
20	»	29	»	31	»	33	»	35	»	37	»	39	»	41
21	»	30	»	33	»	35	»	37	»	39	»	41	»	43
22	»	32	»	34	»	36	»	38	»	41	»	43	»	45
23	»	33	»	35	»	38	»	40	»	43	»	45	»	47
24	»	35	»	37	»	39	»	41	»	44	»	47	»	49
25	»	36	»	38	»	41	»	43	»	46	»	49	»	51
26	»	37	»	41	»	43	»	45	»	48	»	51	»	53
27	»	39	»	42	»	44	»	47	»	50	»	53	»	55
28	»	40	»	43	»	46	»	49	»	52	»	55	»	58
29	»	42	»	45	»	48	»	53	»	54	»	57	»	60
MOIS.														
1	»	43	»	47	»	49	»	53	»	55	»	59	»	62
2	»	86	»	92	»	99	1	4	1	11	1	17	1	23
3	1	29	1	39	1	48	1	57	1	66	1	75	1	85
4	1	73	1	85	1	97	2	10	2	22	2	34	2	47
5	2	16	2	34	2	47	2	62	2	77	2	93	3	8
6	2	59	2	77	2	96	3	14	3	33	3	51	3	70
7	3	2	3	24	3	45	3	67	3	88	4	10	4	32
8	3	45	3	70	3	95	4	19	4	44	4	69	4	93
9	3	88	4	16	4	44	4	72	4	99	5	27	5	55
10	4	32	4	63	4	93	5	24	5	55	5	85	6	17
11	4	75	5	8	5	43	5	76	6	10	6	44	6	78
ANNÉES.														
1	5	18	5	55	5	92	6	29	6	66	7	3	7	40
2	10	36	11	10	11	84	12	58	13	32	14	6	14	80
3	15	54	16	65	17	76	18	87	19	98	21	9	22	20
4	20	72	22	20	23	68	25	16	26	64	28	12	29	60
5	25	90	27	75	29	60	31	45	33	30	35	15	37	»
6	31	8	33	30	35	52	37	74	39	96	42	18	44	40
7	36	26	38	85	41	44	44	3	46	62	49	21	51	80
8	41	44	44	40	47	36	50	32	53	28	56	24	59	20
9	46	62	49	95	53	28	56	61	59	94	63	27	66	60
10	51	80	55	50	59	20	62	90	66	60	70	30	74	»

Intérêts à raison de

	3		3 1/2		4		4 1/2		5		5 1/2		6		6 1/2		7		7 1/2		8		8 1/2		9		9 1/2		10	
JOURS.	Fr.	C.	Fr.	C.	Fr.	C.	Fr.	C.	Fr.	C.	Fr.	C.	Fr.	C.	Fr.	C.	Fr.	C.	Fr.	C.	Fr.	C.	Fr.	C.	Fr.	C.	Fr.	C.	Fr.	C.
1	»	1	»	1	»	1	»	1	»	1	»	1	»	1	»	1	»	1	»	2	»	2	»	2	»	2	»	2	»	2
2	»	1	»	1	»	2	»	2	»	2	»	2	»	2	»	3	»	3	»	3	»	3	»	4	»	4	»	4	»	4
3	»	2	»	2	»	2	»	3	»	3	»	3	»	4	»	4	»	4	»	4	»	5	»	5	»	6	»	6	»	6
4	»	2	»	3	»	3	»	4	»	4	»	5	»	5	»	5	»	6	»	6	»	7	»	7	»	7	»	7	»	8
5	»	3	»	4	»	4	»	5	»	5	»	6	»	6	»	7	»	7	»	7	»	8	»	8	»	9	»	9	»	10
6	»	4	»	4	»	5	»	6	»	6	»	7	»	7	»	8	»	9	»	9	»	10	»	10	»	11	»	11	»	12
7	»	4	»	5	»	6	»	7	»	7	»	8	»	9	»	9	»	10	»	11	»	12	»	12	»	13	»	14	»	15
8	»	5	»	6	»	7	»	7	»	8	»	9	»	10	»	11	»	12	»	12	»	13	»	14	»	15	»	16	»	17
9	»	6	»	7	»	7	»	8	»	9	»	10	»	11	»	12	»	13	»	14	»	15	»	16	»	17	»	18	»	19
10	»	6	»	7	»	8	»	9	»	10	»	11	»	12	»	14	»	15	»	16	»	17	»	18	»	19	»	20	»	21
11	»	7	»	8	»	9	»	10	»	11	»	13	»	14	»	15	»	16	»	17	»	18	»	19	»	21	»	22	»	23
12	»	7	»	9	»	10	»	11	»	12	»	14	»	15	»	16	»	17	»	18	»	20	»	21	»	22	»	23	»	25
13	»	8	»	9	»	11	»	12	»	14	»	15	»	16	»	18	»	19	»	20	»	22	»	23	»	24	»	25	»	27
14	»	9	»	10	»	12	»	13	»	15	»	16	»	17	»	19	»	20	»	21	»	23	»	24	»	26	»	28	»	29
15	»	9	»	11	»	12	»	14	»	16	»	17	»	19	»	20	»	22	»	23	»	25	»	26	»	28	»	30	»	31
16	»	10	»	12	»	13	»	15	»	17	»	18	»	20	»	22	»	23	»	25	»	27	»	28	»	30	»	31	»	33
17	»	11	»	12	»	14	»	16	»	18	»	19	»	21	»	23	»	25	»	26	»	28	»	30	»	32	»	31	»	35
18	»	11	»	13	»	15	»	17	»	19	»	21	»	22	»	24	»	26	»	28	»	30	»	32	»	34	»	34	»	37
19	»	12	»	14	»	16	»	18	»	20	»	22	»	24	»	26	»	28	»	30	»	32	»	34	»	36	»	36	»	40
20	»	12	»	15	»	17	»	19	»	21	»	23	»	25	»	27	»	29	»	31	»	33	»	35	»	37	»	38	»	42
21	»	13	»	15	»	17	»	20	»	22	»	24	»	26	»	28	»	31	»	33	»	35	»	37	»	39	»	41	»	44
22	»	14	»	16	»	18	»	21	»	23	»	25	»	27	»	30	»	32	»	35	»	37	»	39	»	41	»	43	»	46
23	»	14	»	17	»	19	»	22	»	24	»	26	»	29	»	31	»	34	»	36	»	38	»	40	»	43	»	45	»	48
24	»	15	»	17	»	20	»	22	»	25	»	27	»	30	»	32	»	35	»	37	»	40	»	42	»	45	»	47	»	50
25	»	16	»	18	»	21	»	23	»	26	»	29	»	31	»	34	»	36	»	39	»	42	»	44	»	47	»	49	»	52
26	»	16	»	19	»	22	»	24	»	27	»	30	»	32	»	35	»	38	»	41	»	43	»	45	»	49	»	51	»	54
27	»	17	»	20	»	22	»	25	»	28	»	31	»	34	»	37	»	39	»	42	»	45	»	47	»	51	»	52	»	56
28	»	17	»	20	»	23	»	26	»	29	»	32	»	35	»	38	»	41	»	43	»	47	»	49	»	52	»	55	»	58
29	»	18	»	21	»	24	»	27	»	30	»	33	»	36	»	39	»	42	»	46	»	48	»	51	»	54	»	56	»	60
MOIS.																														
1	»	19	»	22	»	25	»	28	»	31	»	34	»	37	»	41	»	44	»	47	»	50	»	53	»	56	»	59	»	62
2	»	37	»	44	»	50	»	56	»	62	»	69	»	75	»	81	»	87	»	94	1	»	1	6	1	12	1	18	1	25
3	»	56	»	66	»	75	»	84	»	94	1	3	1	12	1	22	1	31	1	41	1	50	1	59	1	69	1	78	1	87
4	»	75	»	87	1	»	1	12	1	25	1	37	1	50	1	62	1	75	1	87	2	»	2	12	2	25	2	37	2	50
5	»	94	1	9	1	25	1	41	1	56	1	72	1	87	2	3	2	19	2	34	2	50	2	66	2	81	2	97	3	12
6	1	12	1	31	1	50	1	69	1	87	2	6	2	25	2	44	2	62	2	81	3	»	3	19	3	37	3	56	3	75
7	1	31	1	53	1	75	1	97	2	19	2	41	2	62	2	84	3	6	3	28	3	50	3	72	3	94	4	16	4	37
8	1	50	1	75	2	»	2	25	2	50	2	75	3	»	3	25	3	50	3	75	4	»	4	25	4	50	4	75	5	»
9	1	69	1	97	2	25	2	53	2	81	3	9	3	37	3	66	3	94	4	22	4	50	4	78	5	6	5	34	5	62
10	1	87	2	19	2	50	2	81	3	12	3	44	3	75	4	6	4	37	4	69	5	»	5	31	5	62	5	93	6	25
11	2	6	2	41	2	75	3	9	3	44	3	78	4	12	4	47	4	81	5	15	5	50	5	84	6	19	6	53	6	87
ANNÉES.																														
1	2	25	2	62	3	»	3	37	3	75	4	12	4	50	4	87	5	25	5	62	6	»	6	37	6	75	7	12	7	50
2	4	50	5	25	6	»	6	75	7	50	8	25	9	»	9	75	10	50	11	25	12	»	12	75	13	50	14	25	15	»
3	6	75	7	87	9	»	10	12	11	25	12	37	13	50	14	62	15	75	16	87	18	»	19	12	20	25	21	37	22	50
4	9	»	10	50	12	»	13	50	15	»	16	50	18	»	19	50	21	»	22	50	24	»	25	50	27	»	28	50	30	»
5	11	25	13	12	15	»	16	87	18	75	20	62	22	50	24	37	26	25	28	12	30	»	31	87	33	75	35	62	37	50
6	13	50	15	74	18	»	20	24	22	50	24	74	27	»	29	24	31	50	33	74	36	»	38	24	40	50	42	74	45	»
7	15	75	18	37	21	»	23	62	26	25	28	87	31	50	34	12	36	75	49	37	42	»	44	62	47	25	49	87	52	50
8	18	»	21	»	24	»	27	»	30	»	33	»	36	»	39	»	42	»	45	»	48	»	51	»	54	»	57	»	60	»
9	20	25	23	62	27	»	30	37	33	75	37	12	40	50	43	87	47	25	50	62	54	»	57	37	60	75	64	12	67	50
10	22	50	26	25	30	»	33	75	37	50	41	25	45	»	48	75	52	50	56	25	60	»	63	75	67	50	71	25	75	»

Intérêts à raison de

	3		3 1/2		4		4 1/2		5		5 1/2		6		6 1/2		7		7 1/2		8		8 1/2		9		9 1/2		10	
JOURS.	Fr.	C.	Fr.	C.	Fr.	C.	Fr.	C.	Fr.	C.	Fr.	C.	Fr.	C.	Fr.	C.	Fr.	C.	Fr.	C.	Fr.	C.	Fr.	C.	Fr.	C.	Fr.	C.	Fr.	C.
1	»	1	»	1	»	1	»	1	»	1	»	1	»	1	»	1	»	1	»	2	»	2	»	2	»	2	»	2	»	2
2	»	1	»	1	»	2	»	2	»	2	»	2	»	3	»	3	»	3	»	3	»	3	»	4	»	4	»	4	»	4
3	»	2	»	2	»	3	»	3	»	3	»	3	»	4	»	4	»	4	»	5	»	5	»	5	»	6	»	6	»	6
4	»	3	»	3	»	3	»	4	»	4	»	5	»	5	»	5	»	6	»	6	»	7	»	7	»	8	»	8	»	8
5	»	3	»	4	»	4	»	5	»	5	»	6	»	6	»	7	»	7	»	7	»	8	»	8	»	9	»	10	»	11
6	»	4	»	4	»	5	»	6	»	6	»	7	»	8	»	8	»	9	»	9	»	10	»	10	»	11	»	12	»	13
7	»	4	»	5	»	6	»	7	»	7	»	8	»	9	»	10	»	10	»	11	»	12	»	12	»	13	»	14	»	15
8	»	5	»	6	»	7	»	8	»	8	»	9	»	10	»	11	»	12	»	13	»	14	»	14	»	15	»	16	»	17
9	»	6	»	7	»	8	»	9	»	9	»	10	»	11	»	12	»	13	»	14	»	15	»	16	»	17	»	18	»	19
10	»	6	»	7	»	8	»	9	»	11	»	12	»	13	»	14	»	15	»	16	»	17	»	18	»	19	»	20	»	21
11	»	7	»	8	»	9	»	10	»	12	»	13	»	14	»	15	»	16	»	17	»	19	»	20	»	21	»	22	»	23
12	»	8	»	9	»	10	»	11	»	13	»	14	»	15	»	16	»	18	»	19	»	20	»	21	»	23	»	24	»	25
13	»	8	»	10	»	11	»	12	»	14	»	15	»	16	»	18	»	19	»	20	»	22	»	23	»	25	»	26	»	27
14	»	9	»	10	»	12	»	13	»	15	»	16	»	18	»	19	»	21	»	22	»	24	»	25	»	27	»	28	»	30
15	»	9	»	11	»	13	»	14	»	16	»	17	»	19	»	21	»	22	»	23	»	25	»	26	»	28	»	30	»	32
16	»	10	»	12	»	14	»	15	»	17	»	19	»	20	»	22	»	24	»	25	»	27	»	28	»	30	»	32	»	34
17	»	11	»	13	»	14	»	16	»	18	»	20	»	21	»	23	»	25	»	27	»	29	»	30	»	32	»	34	»	36
18	»	11	»	13	»	15	»	17	»	19	»	21	»	22	»	25	»	27	»	28	»	30	»	32	»	34	»	36	»	38
19	»	12	»	14	»	16	»	18	»	20	»	22	»	23	»	26	»	28	»	30	»	32	»	34	»	36	»	38	»	40
20	»	13	»	15	»	17	»	19	»	21	»	23	»	24	»	27	»	30	»	32	»	34	»	36	»	38	»	40	»	42
21	»	13	»	16	»	18	»	20	»	22	»	24	»	25	»	29	»	31	»	33	»	35	»	37	»	40	»	42	»	44
22	»	14	»	16	»	19	»	21	»	23	»	26	»	27	»	30	»	33	»	35	»	37	»	39	»	42	»	44	»	46
23	»	15	»	17	»	19	»	22	»	24	»	27	»	29	»	32	»	34	»	36	»	39	»	41	»	44	»	46	»	49
24	»	15	»	18	»	20	»	23	»	25	»	28	»	30	»	33	»	35	»	37	»	41	»	43	»	46	»	48	»	51
25	»	16	»	18	»	21	»	24	»	26	»	29	»	32	»	34	»	37	»	39	»	42	»	45	»	47	»	50	»	53
26	»	16	»	19	»	22	»	25	»	27	»	30	»	33	»	36	»	38	»	41	»	44	»	47	»	49	»	52	»	55
27	»	17	»	20	»	23	»	26	»	28	»	31	»	34	»	37	»	40	»	43	»	46	»	49	»	51	»	54	»	57
28	»	18	»	21	»	24	»	27	»	30	»	32	»	35	»	38	»	41	»	45	»	47	»	51	»	53	»	57	»	59
29	»	18	»	21	»	24	»	28	»	31	»	34	»	37	»	40	»	43	»	45	»	49	»	53	»	55	»	59	»	61
MOIS.																														
1	»	19	»	22	»	25	»	28	»	32	»	35	»	38	»	41	»	44	»	47	»	51	»	53	»	57	»	60	»	63
2	»	38	»	44	»	51	»	57	»	63	»	70	»	76	»	82	»	89	»	95	1	1	1	8	1	14	1	20	1	27
3	»	57	»	66	»	76	»	85	»	95	1	4	1	14	1	23	1	33	1	42	1	52	1	61	1	73	1	80	1	90
4	»	76	»	89	1	1	1	14	1	27	1	39	1	52	1	65	1	77	1	90	2	3	2	15	2	28	2	41	2	51
5	»	95	1	11	1	27	1	42	1	58	1	74	1	90	2	6	2	22	2	38	2	53	2	69	2	85	3	»	3	17
6	1	14	1	33	1	52	1	71	1	90	2	9	2	28	2	47	2	66	2	85	3	4	3	23	3	42	3	61	3	80
7	1	33	1	55	1	77	1	99	2	22	2	44	2	66	2	88	3	10	3	32	3	55	3	76	3	99	4	21	4	43
8	1	52	1	77	2	3	2	28	2	53	2	79	3	4	3	29	3	55	3	80	4	5	4	31	4	56	4	81	5	7
9	1	71	1	99	2	28	2	56	2	85	3	13	3	42	3	70	3	99	4	27	4	56	4	84	5	13	5	41	5	70
10	1	90	2	22	2	53	2	85	3	17	3	48	3	80	4	12	4	43	4	75	5	7	5	38	5	70	6	2	6	33
11	2	9	2	44	2	79	3	13	3	48	3	83	4	18	4	53	4	88	5	23	5	57	5	92	6	27	6	61	6	97
ANNÉES.																														
1	2	28	2	66	3	4	3	42	3	80	4	18	4	56	4	94	5	32	5	70	6	8	6	46	6	84	7	22	7	60
2	4	56	5	32	6	8	6	84	7	60	8	36	9	22	9	88	10	64	11	40	12	16	12	92	13	68	14	44	15	20
3	6	84	7	98	9	12	10	26	11	40	12	54	13	68	14	82	15	96	17	10	18	24	19	38	20	52	21	66	22	80
4	9	12	10	64	12	16	13	68	15	20	16	72	18	24	19	76	21	28	22	80	24	32	25	84	27	36	28	88	30	40
5	11	40	13	30	15	20	17	10	19	»	20	90	22	80	24	70	26	60	28	50	30	40	32	30	34	20	36	10	38	»
6	13	68	15	96	18	24	20	52	22	80	25	8	27	36	29	64	31	92	34	20	36	48	38	76	41	4	43	32	45	60
7	15	96	18	62	21	28	23	94	26	60	29	26	31	92	34	58	37	24	39	90	42	56	45	22	47	88	50	54	53	20
8	18	24	21	28	24	32	27	36	30	40	33	44	36	48	39	52	42	56	45	60	48	64	51	68	54	72	57	76	60	80
9	20	52	23	94	27	36	30	78	34	20	37	62	41	4	44	46	47	88	51	30	54	70	58	14	61	56	64	98	68	40
10	22	80	26	60	30	40	34	20	38	»	41	80	45	60	49	40	53	20	57	»	60	80	64	60	68	40	72	20	76	»

77 FRANCS.

Intérêts à raison de

	3		3 1/2		4		4 1/2		5		5 1/2		6		6 1/2		7		7 1/2		8		8 1/2		9		9 1/2		10	
JOURS.	Fr.	C.	Fr.	C.	Fr.	C.	Fr.	C.	Fr.	C.	Fr.	C.	Fr.	C.	Fr.	C.	Fr.	C.	Fr.	C.	Fr.	C.	Fr.	C.	Fr.	C.	Fr.	C.	Fr.	C.
1	»	1	»	1	»	1	»	1	»	1	»	1	»	1	»	1	»	1	»	2	»	2	»	2	»	2	»	2	»	2
2	»	1	»	1	»	2	»	2	»	2	»	2	»	3	»	3	»	3	»	3	»	3	»	4	»	4	»	4	»	4
3	»	2	»	2	»	3	»	3	»	4	»	4	»	4	»	4	»	4	»	5	»	5	»	5	»	6	»	6	»	6
4	»	3	»	3	»	3	»	4	»	4	»	5	»	5	»	6	»	6	»	6	»	7	»	7	»	8	»	8	»	9
5	»	3	»	4	»	4	»	5	»	5	»	6	»	6	»	7	»	7	»	7	»	9	»	9	»	10	»	10	»	11
6	»	4	»	4	»	5	»	6	»	6	»	7	»	8	»	8	»	9	»	9	»	10	»	10	»	12	»	12	»	13
7	»	4	»	5	»	6	»	7	»	7	»	8	»	9	»	10	»	10	»	11	»	12	»	12	»	13	»	14	»	15
8	»	5	»	6	»	7	»	8	»	9	»	9	»	10	»	11	»	12	»	13	»	14	»	14	»	15	»	17	»	17
9	»	6	»	7	»	8	»	9	»	10	»	11	»	12	»	13	»	13	»	14	»	15	»	16	»	17	»	19	»	19
10	»	6	»	7	»	9	»	10	»	11	»	12	»	13	»	14	»	15	»	16	»	17	»	18	»	19	»	21	»	21
11	»	7	»	8	»	9	»	11	»	12	»	13	»	14	»	15	»	16	»	17	»	19	»	20	»	21	»	23	»	24
12	»	8	»	9	»	10	»	12	»	13	»	14	»	15	»	17	»	18	»	19	»	21	»	22	»	23	»	25	»	26
13	»	8	»	10	»	11	»	13	»	14	»	15	»	17	»	18	»	19	»	20	»	22	»	23	»	25	»	27	»	28
14	»	9	»	10	»	12	»	13	»	15	»	16	»	18	»	19	»	21	»	22	»	24	»	25	»	27	»	28	»	30
15	»	10	»	11	»	13	»	14	»	16	»	18	»	19	»	21	»	22	»	23	»	26	»	27	»	29	»	30	»	32
16	»	10	»	12	»	14	»	15	»	17	»	19	»	21	»	22	»	24	»	25	»	27	»	29	»	31	»	32	»	34
17	»	11	»	13	»	15	»	16	»	18	»	20	»	22	»	24	»	25	»	27	»	29	»	31	»	33	»	34	»	36
18	»	12	»	13	»	15	»	17	»	19	»	21	»	23	»	25	»	27	»	29	»	31	»	33	»	35	»	30	»	38
19	»	12	»	14	»	16	»	19	»	20	»	22	»	24	»	26	»	28	»	30	»	33	»	35	»	37	»	38	»	41
20	»	13	»	15	»	17	»	19	»	21	»	24	»	26	»	28	»	30	»	32	»	34	»	36	»	38	»	40	»	43
21	»	13	»	16	»	18	»	20	»	22	»	25	»	27	»	29	»	31	»	33	»	36	»	38	»	40	»	42	»	45
22	»	14	»	16	»	19	»	21	»	24	»	26	»	28	»	31	»	33	»	35	»	38	»	40	»	42	»	45	»	47
23	»	15	»	17	»	20	»	22	»	25	»	27	»	30	»	32	»	34	»	37	»	39	»	42	»	44	»	47	»	49
24	»	15	»	18	»	21	»	23	»	26	»	28	»	31	»	33	»	36	»	38	»	41	»	44	»	46	»	49	»	51
25	»	16	»	19	»	21	»	24	»	27	»	29	»	32	»	35	»	37	»	40	»	43	»	45	»	48	»	51	»	53
26	»	17	»	19	»	22	»	25	»	28	»	31	»	33	»	36	»	39	»	42	»	44	»	47	»	50	»	53	»	56
27	»	17	»	20	»	23	»	26	»	29	»	32	»	35	»	38	»	40	»	43	»	46	»	49	»	52	»	55	»	58
28	»	18	»	21	»	24	»	27	»	30	»	33	»	26	»	39	»	42	»	45	»	48	»	51	»	54	»	57	»	60
29	»	19	»	22	»	25	»	28	»	31	»	34	»	37	»	40	»	43	»	47	»	50	»	53	»	56	»	59	»	62
MOIS.																														
1	»	19	»	22	»	26	»	29	»	32	»	35	»	38	»	42	»	45	»	48	»	51	»	55	»	58	»	61	»	64
2	»	38	»	45	»	51	»	58	»	64	»	71	»	77	»	83	»	90	»	96	1	3	1	9	1	15	1	22	1	28
3	»	58	»	67	»	77	»	87	»	96	1	6	1	15	1	25	1	35	1	44	1	54	1	64	1	73	1	83	1	92
4	»	77	»	90	1	3	1	15	1	28	1	41	1	54	1	67	1	80	1	93	2	5	2	18	2	31	2	43	2	57
5	»	96	1	12	1	28	1	44	1	60	1	76	1	92	2	9	2	25	2	40	2	57	2	72	2	89	3	4	3	21
6	1	15	1	35	1	54	1	73	1	92	2	12	2	31	2	50	2	69	2	89	3	8	3	27	3	46	3	65	3	85
7	1	35	1	57	1	80	2	2	2	25	2	47	2	69	2	92	3	14	3	37	3	59	3	82	4	4	4	27	4	49
8	1	54	1	80	2	5	2	31	2	57	2	82	3	8	3	34	3	59	3	85	4	11	4	36	4	62	4	88	5	13
9	1	73	2	2	2	31	2	60	2	89	3	18	3	46	3	75	4	4	4	33	4	62	4	91	5	20	5	49	5	77
10	1	92	2	25	2	57	2	89	3	21	3	53	3	85	4	17	4	49	4	82	5	13	5	46	5	77	6	10	6	42
11	2	12	2	47	2	82	3	18	3	53	3	88	4	23	4	59	4	94	5	29	5	65	6	»	6	35	6	71	7	6
ANNÉES.																														
1	2	31	2	69	3	8	3	46	3	85	4	23	4	62	5	»	5	39	5	77	6	16	6	54	6	93	7	31	7	70
2	4	62	5	39	6	16	6	93	7	70	8	47	9	24	10	1	10	78	11	55	12	32	13	9	13	86	14	63	15	40
3	6	93	8	8	9	24	10	39	11	55	12	70	13	86	15	1	16	17	17	32	18	48	19	63	20	79	21	94	23	10
4	9	24	10	78	12	32	13	86	15	40	16	94	18	48	20	2	21	56	23	10	24	64	26	18	27	72	29	26	30	80
5	11	55	13	47	15	40	17	32	19	25	21	17	23	10	25	2	26	95	28	87	30	80	32	72	34	65	36	57	38	50
6	13	86	16	16	18	48	20	78	23	10	25	40	27	72	30	3	32	34	34	64	36	96	39	26	41	58	43	88	46	20
7	16	17	18	86	21	56	24	25	26	95	29	64	32	34	35	3	37	73	40	42	43	12	45	81	48	51	51	20	53	90
8	18	48	21	56	24	64	27	72	30	80	33	88	36	96	40	4	43	12	46	20	49	28	52	36	55	44	58	52	61	60
9	20	79	24	25	27	72	31	18	34	65	38	11	41	58	45	4	48	51	51	97	55	44	58	90	62	37	65	83	69	30
10	23	10	26	94	30	80	34	64	38	50	42	34	46	20	50	4	53	90	57	74	61	60	65	44	69	30	73	14	77	»

Intérêts à raison de

	3		3 1/2		4		4 1/2		5		5 1/2		6		6 1/2		7		7 1/2		8		8 1/2		9		9 1/2		10	
JOURS.	Fr.	C.	Fr.	C.	Fr.	C.	Fr.	C.	Fr.	C.	Fr.	C.	Fr.	C.	Fr.	C.	Fr.	C.	Fr.	C.	Fr.	C.	Fr.	C.	Fr.	C.	Fr.	C.	Fr.	C.
1	»	1	»	1	»	1	»	1	»	1	»	1	»	1	»	1	»	2	»	2	»	2	»	2	»	2	»	2	»	2
2	»	1	»	2	»	2	»	2	»	2	»	2	»	3	»	3	»	3	»	3	»	3	»	4	»	4	»	4	»	4
3	»	2	»	2	»	3	»	3	»	3	»	4	»	4	»	4	»	5	»	5	»	5	»	6	»	6	»	6	»	6
4	»	3	»	3	»	3	»	4	»	4	»	5	»	5	»	6	»	6	»	7	»	7	»	8	»	8	»	8	»	9
5	»	3	»	4	»	4	»	5	»	5	»	6	»	6	»	7	»	8	»	9	»	9	»	9	»	10	»	10	»	11
6	»	4	»	5	»	5	»	6	»	6	»	7	»	8	»	8	»	9	»	10	»	10	»	11	»	12	»	12	»	13
7	»	5	»	5	»	6	»	7	»	8	»	8	»	9	»	10	»	11	»	11	»	12	»	13	»	14	»	14	»	15
8	»	5	»	6	»	7	»	8	»	9	»	10	»	10	»	11	»	12	»	13	»	14	»	15	»	16	»	16	»	17
9	»	6	»	7	»	8	»	9	»	10	»	11	»	12	»	13	»	14	»	15	»	16	»	17	»	18	»	18	»	19
10	»	6	»	8	»	9	»	10	»	11	»	12	»	13	»	14	»	15	»	16	»	17	»	18	»	19	»	20	»	22
11	»	7	»	8	»	10	»	11	»	12	»	13	»	14	»	15	»	17	»	18	»	19	»	20	»	21	»	22	»	24
12	»	8	»	9	»	10	»	12	»	13	»	14	»	16	»	17	»	18	»	19	»	21	»	22	»	23	»	24	»	26
13	»	8	»	10	»	11	»	13	»	14	»	15	»	17	»	18	»	20	»	21	»	23	»	24	»	25	»	26	»	28
14	»	9	»	11	»	12	»	14	»	15	»	17	»	18	»	20	»	21	»	22	»	24	»	25	»	27	»	28	»	30
15	»	10	»	11	»	13	»	15	»	16	»	18	»	19	»	21	»	23	»	24	»	26	»	27	»	29	»	30	»	32
16	»	10	»	12	»	14	»	16	»	17	»	19	»	21	»	23	»	24	»	25	»	28	»	29	»	31	»	32	»	35
17	»	11	»	13	»	15	»	17	»	18	»	20	»	22	»	24	»	26	»	27	»	29	»	31	»	33	»	35	»	37
18	»	12	»	14	»	16	»	18	»	19	»	21	»	23	»	25	»	27	»	28	»	31	»	33	»	35	»	37	»	39
19	»	12	»	14	»	16	»	19	»	21	»	23	»	25	»	27	»	29	»	30	»	33	»	35	»	37	»	39	»	41
20	»	13	»	15	»	17	»	19	»	22	»	24	»	26	»	28	»	30	»	32	»	35	»	37	»	39	»	41	»	43
21	»	14	»	16	»	18	»	20	»	23	»	25	»	27	»	30	»	32	»	34	»	36	»	39	»	41	»	43	»	45
22	»	14	»	17	»	19	»	21	»	24	»	26	»	29	»	31	»	33	»	35	»	38	»	40	»	43	»	45	»	48
23	»	15	»	17	»	20	»	22	»	25	»	27	»	30	»	32	»	35	»	37	»	39	»	42	»	45	»	48	»	50
24	»	16	»	18	»	21	»	23	»	26	»	29	»	31	»	34	»	36	»	38	»	40	»	44	»	47	»	51	»	52
25	»	16	»	19	»	22	»	24	»	27	»	30	»	32	»	35	»	38	»	40	»	43	»	46	»	49	»	51	»	54
26	»	17	»	20	»	23	»	25	»	28	»	31	»	34	»	37	»	39	»	42	»	45	»	48	»	51	»	53	»	56
27	»	18	»	20	»	23	»	26	»	29	»	32	»	35	»	38	»	41	»	44	»	47	»	50	»	53	»	55	»	58
28	»	18	»	21	»	24	»	27	»	30	»	33	»	26	»	39	»	42	»	46	»	49	»	52	»	55	»	57	»	61
29	»	19	»	22	»	25	»	28	»	31	»	35	»	38	»	41	»	44	»	47	»	50	»	53	»	57	»	59	»	63
MOIS.																														
1	»	19	»	23	»	26	»	29	»	32	»	36	»	39	»	42	»	45	»	49	»	52	»	55	»	58	»	61	»	65
2	»	39	»	45	»	52	»	58	»	65	»	71	»	78	»	84	»	91	»	97	1	4	1	10	1	17	1	23	1	30
3	»	58	»	68	»	78	»	88	»	97	1	7	1	17	1	27	1	36	1	46	1	56	1	66	1	75	1	85	1	95
4	»	78	»	91	1	4	1	17	1	30	1	43	1	56	1	69	1	82	1	95	2	8	2	21	2	34	2	47	2	60
5	»	97	1	14	1	30	1	46	1	62	1	79	1	99	2	11	2	27	2	44	2	60	2	76	2	92	3	8	3	25
6	1	17	1	36	1	56	1	75	1	95	2	14	2	34	2	53	2	73	2	92	3	12	3	31	3	51	3	70	3	90
7	1	36	1	59	1	82	2	5	2	27	2	50	2	73	2	96	3	18	3	41	3	64	3	87	4	9	4	32	4	55
8	1	56	1	82	2	8	2	34	2	60	2	86	3	12	3	38	3	64	3	90	4	16	4	42	4	68	4	94	5	20
9	1	75	2	5	2	34	2	63	2	92	3	22	3	51	3	80	4	9	4	39	4	68	4	97	5	26	5	55	5	85
10	1	95	2	27	2	60	2	93	3	25	3	57	3	90	4	22	4	55	4	87	5	20	5	53	5	85	6	18	6	50
11	2	14	2	50	2	86	3	22	3	57	3	93	4	29	4	65	5	»	5	36	5	72	6	8	6	43	6	79	7	15
ANNÉES.																														
1	2	34	2	73	3	12	3	51	3	90	4	29	4	68	5	7	5	46	5	85	6	24	6	63	7	2	7	41	7	80
2	4	68	5	46	6	24	7	2	7	80	8	58	9	36	10	14	10	92	11	70	12	48	13	26	14	4	14	82	15	60
3	7	2	8	19	9	36	10	53	11	70	12	87	14	4	15	21	16	38	17	55	18	72	19	89	21	6	22	23	23	40
4	9	36	10	92	12	48	14	4	15	60	17	16	18	72	20	28	21	84	23	40	24	96	26	52	28	8	29	64	31	20
5	11	70	13	65	15	60	17	55	19	50	21	45	23	40	25	35	27	30	29	25	31	20	33	15	35	10	37	5	39	»
6	14	4	16	38	18	72	21	6	23	40	25	74	28	8	30	42	32	76	35	10	37	44	39	78	42	12	44	46	46	80
7	16	38	19	11	21	84	24	57	27	30	30	3	32	76	35	49	38	22	40	95	43	68	46	41	49	14	51	87	54	60
8	18	72	21	84	24	96	28	8	31	20	34	32	37	44	40	56	43	68	46	80	49	92	53	4	56	16	59	28	62	40
9	21	6	24	57	28	8	31	59	35	10	38	61	42	12	45	63	49	14	52	65	56	16	59	67	63	18	66	69	70	20
10	23	40	27	30	31	20	35	40	39	»	42	90	46	80	50	70	54	60	58	50	62	40	66	30	70	20	74	10	78	»

79 FRANCS.

Intérêts à raison de

	3		3 1/2		4		4 1/2		5		5 1/2		6		6 1/2		7		7 1/2		8		8 1/2		9		9 1/2		10	
JOURS.	Fr.	C.	Fr.	C.	Fr.	C.	Fr.	C.	Fr.	C.	Fr.	C.	Fr.	C.	Fr.	C.	Fr.	C.	Fr.	C.	Fr.	C.	Fr.	C.	Fr.	C.	Fr.	C.	Fr.	C.
1	»	1	»	1	»	1	»	1	»	1	»	1	»	1	»	1	»	2	»	2	»	2	»	2	»	2	»	2	»	2
2	»	1	»	2	»	2	»	2	»	2	»	2	»	3	»	3	»	3	»	4	»	4	»	4	»	4	»	4	»	4
3	»	2	»	2	»	3	»	3	»	3	»	4	»	4	»	4	»	5	»	5	»	5	»	6	»	6	»	6	»	7
4	»	3	»	3	»	4	»	4	»	4	»	5	»	5	»	6	»	6	»	7	»	7	»	7	»	8	»	8	»	9
5	»	3	»	4	»	4	»	5	»	5	»	6	»	7	»	7	»	8	»	9	»	9	»	9	»	10	»	10	»	11
6	»	4	»	5	»	5	»	6	»	7	»	7	»	8	»	9	»	9	»	10	»	11	»	11	»	12	»	12	»	13
7	»	5	»	5	»	6	»	7	»	8	»	8	»	9	»	10	»	11	»	11	»	12	»	13	»	14	»	14	»	15
8	»	5	»	6	»	7	»	8	»	9	»	10	»	11	»	11	»	12	»	13	»	14	»	15	»	16	»	17	»	18
9	»	6	»	7	»	8	»	9	»	10	»	11	»	12	»	13	»	14	»	15	»	16	»	17	»	18	»	19	»	20
10	»	7	»	8	»	9	»	10	»	11	»	12	»	13	»	14	»	15	»	16	»	18	»	19	»	20	»	21	»	22
11	»	7	»	8	»	10	»	11	»	12	»	13	»	14	»	16	»	17	»	18	»	19	»	20	»	22	»	23	»	24
12	»	8	»	9	»	11	»	12	»	13	»	14	»	16	»	17	»	18	»	19	»	21	»	22	»	24	»	25	»	26
13	»	9	»	10	»	11	»	13	»	14	»	16	»	17	»	19	»	20	»	21		23	»	24	»	26	»	27	»	29
14	»	9	»	11	»	12	»	14	»	15	»	17	»	18	»	20	»	22	»	23	»	25	»	26	»	28	»	29	»	31
15	»	10	»	12	»	13	»	15	»	16	»	18	»	20	»	21	»	23	»	24	»	26	»	28	»	30	»	31	»	33
16	»	11	»	12	»	14	»	16	»	18	»	19	»	21	»	23	»	25	»	26	»	28	»	30	»	32	»	33	»	35
17	»	11	»	14	»	15	»	17	»	19	»	21	»	22	»	24	»	26	»	27	»	30	»	32	»	34	»	35	»	37
18	»	12	»	14	»	16	»	18	»	20	»	22	»	24	»	26	»	28	»	29	»	32	»	34	»	36	»	37	»	39
19	»	13	»	15	»	17	»	19	»	21	»	23	»	25	»	27	»	29	»	31	»	33	»	35	»	38	»	40	»	42
20	»	13	»	15	»	18	»	20	»	22	»	24	»	26	»	29	»	31	»	32	»	35	»	37	»	39	»	42	»	44
21	»	14	»	16	»	18	»	21	»	23	»	25	»	28	»	30	»	32	»	34	»	37	»	39	»	41	»	44	»	46
22	»	14	»	17	»	19	»	22	»	24	»	27	»	29	»	31	»	34	»	36	»	39	»	41	»	43	»	45	»	48
23	»	15	»	18	»	20	»	23	»	25	»	28	»	30	»	31	»	35	»	37	»	40	»	43	»	45	»	47	»	50
24	»	16	»	18	»	21	»	24	»	26	»	29	»	32	»	33	»	37	»	39	»	42	»	45	»	47	»	50	»	53
25	»	16	»	19	»	22	»	25	»	27	»	30	»	33	»	34	»	38	»	41	»	44	»	47	»	49	»	52	»	55
26	»	17	»	20	»	23	»	26	»	29	»	31	»	34	»	37	»	40	»	43	»	46	»	49	»	51	»	54	»	57
27	»	18	»	21	»	24	»	27	»	30	»	33	»	36	»	39	»	41	»	45	»	47	»	50	»	53	»	56	»	59
28	»	18	»	22	»	25	»	28	»	31	»	34	»	27	»	40	»	43	»	46	»	49	»	52	»	55	»	58	»	61
29	»	19	»	22	»	25	»	29	»	32	»	35	»	38	»	41	»	45	»	48	»	51	»	54	»	57	»	60	»	64
MOIS.																														
1	»	20	»	23	»	26	»	30	»	33	»	36	»	39	»	43	»	46	»	49	»	53	»	56	»	59	»	63	»	66
2	»	39	»	46	»	53	»	59	»	66	»	72	»	79	»	86	»	92	»	99	1	5	1	12	1	18	1	25	1	32
3	»	59	»	69	»	79	»	88	»	99	1	9	1	18	1	28	1	38	1	48	1	58	1	68	1	78	1	87	1	97
4	»	79	»	92	1	5	1	18	1	32	1	45	1	58	1	71	1	84	1	97	2	11	2	23	2	37	2	50	2	69
5	»	99	1	15	1	32	1	48	1	65	1	81	1	97	2	14	2	30	2	47	2	63	2	80	2	96	3	13	3	23
6	1	18	1	38	1	58	1	78	1	97	2	17	2	37	2	57	2	76	2	96	3	16	3	36	3	55	3	75	3	95
7	1	38	1	61	1	84	2	7	2	30	2	53	2	76	3	»	3	23	3	45	3	69	3	92	4	15	4	37	4	61
8	1	58	1	84	2	11	2	37	2	63	2	90	3	16	3	42	3	69	3	95	4	21	4	48	4	74	5	»	5	27
9	1	78	2	7	2	37	2	67	2	96	3	26	3	55	3	85	4	15	4	44	4	74	5	4	5	33	5	63	5	92
10	1	97	2	30	2	63	2	96	3	29	3	62	3	95	4	28	4	61	4	93	5	27	5	59	5	92	6	25	6	58
11	2	17	2	53	2	90	3	26	3	62	3	98	4	34	4	71	5	7	5	43	5	79	6	16	6	52	6	88	7	24
ANNÉES.																														
1	2	37	2	76	3	16	3	55	3	95	4	34	4	74	5	13	5	53	5	92	6	32	6	71	7	11	7	50	7	90
2	4	74	5	53	6	32	7	11	7	90	8	69	9	48	10	27	11	6	11	85	12	64	13	43	14	22	15	1	15	80
3	7	11	8	29	9	48	10	66	11	85	13	3	14	22	15	40	16	69	17	77	18	96	20	14	21	33	22	51	23	70
4	9	48	11	6	12	64	14	22	15	80	17	38	18	96	20	54	22	12	23	70	25	28	26	86	28	44	30	2	31	60
5	11	85	13	82	15	80	17	77	19	75	21	72	23	70	25	67	27	65	29	62	31	60	33	57	35	55	37	52	39	50
6	14	22	16	58	18	96	21	32	23	70	26	6	28	44	30	80	33	18	35	54	37	92	40	28	42	66	45	2	47	40
7	16	59	19	35	22	12	24	88	27	65	30	41	33	18	35	94	38	71	41	47	44	24	47	»	49	77	52	53	55	30
8	18	96	22	12	25	28	28	44	31	60	34	76	37	92	41	8	44	24	47	40	50	56	53	72	56	88	60	4	63	20
9	21	33	24	88	28	44	31	99	35	55	39	10	42	66	46	21	49	77	53	32	56	88	60	43	63	99	67	54	71	10
10	23	70	27	64	31	60	35	54	39	50	43	44	47	40	51	34	55	30	59	24	63	20	67	14	71	10	75	4	79	»

Intérêts à raison de

	3		3 1/2		4		4 1/2		5		5 1/2		6		6 1/2		7		7 1/2		8		8 1/2		9		9 1/2		10	
JOURS.	Fr.	C.	Fr.	C.	Fr.	C.	Fr.	C.	Fr.	C.	Fr.	C.	Fr.	C.	Fr.	C.	Fr.	C.	Fr.	C.	Fr.	C.	Fr.	C.	Fr.	C.	Fr.	C.	Fr.	C.
1	»	1	»	1	»	1	»	1	»	1	»	1	»	1	»	1	»	2	»	2	»	2	»	2	»	2	»	2	»	2
2	»	1	»	2	»	2	»	2	»	2	»	2	»	3	»	3	»	3	»	3	»	4	»	4	»	4	»	4	»	4
3	»	2	»	2	»	3	»	3	»	3	»	4	»	4	»	4	»	5	»	5	»	5	»	6	»	6	»	6	»	7
4	»	3	»	3	»	4	»	4	»	4	»	5	»	5	»	6	»	6	»	8	»	7	»	7	»	8	»	8	»	9
5	»	3	»	4	»	4	»	5	»	5	»	6	»	7	»	7	»	8	»	9	»	9	»	9	»	10	»	10	»	11
6	»	4	»	5	»	5	»	6	»	6	»	7	»	8	»	9	»	9	»	10	»	11	»	11	»	12	»	12	»	13
7	»	5	»	5	»	6	»	7	»	7	»	9	»	9	»	10	»	11	»	11	»	12	»	13	»	14	»	15	»	16
8	»	5	»	6	»	7	»	8	»	9	»	10	»	11	»	12	»	12	»	13	»	14	»	15	»	16	»	17	»	18
9	»	6	»	7	»	8	»	9	»	10	»	11	»	12	»	13	»	14	»	15	»	16	»	17	»	18	»	19	»	20
10	»	7	»	8	»	9	»	10	»	11	»	12	»	13	»	14	»	16	»	17	»	18	»	19	»	20	»	21	»	22
11	»	7	»	9	»	10	»	11	»	12	»	13	»	15	»	16	»	17	»	19	»	20	»	21	»	22	»	23	»	24
12	»	8	»	9	»	11	»	12	»	13	»	15	»	16	»	17	»	19	»	20	»	21	»	23	»	24	»	25	»	27
13	»	9	»	10	»	12	»	13	»	14	»	16	»	17	»	19	»	20	»	22	»	23	»	24	»	26	»	27	»	20
14	»	9	»	11	»	12	»	14	»	16	»	17	»	19	»	20	»	22	»	23	»	25	»	26	»	28	»	29	»	31
15	»	10	»	12	»	13	»	15	»	17	»	18	»	20	»	22	»	23	»	25	»	27	»	28	»	30	»	31	»	33
16	»	11	»	12	»	14	»	16	»	18	»	20	»	21	»	23	»	25	»	26	»	28	»	30	»	32	»	34	»	36
17	»	11	»	13	»	15	»	17	»	19	»	21	»	23	»	25	»	26	»	28	»	30	»	32	»	34	»	36	»	38
18	»	12	»	14	»	16	»	18	»	20	»	22	»	24	»	26	»	28	»	30	»	32	»	34	»	36	»	38	»	40
19	»	13	»	15	»	17	»	19	»	21	»	23	»	25	»	27	»	30	»	32	»	34	»	36	»	38	»	40	»	42
20	»	13	»	16	»	18	»	20	»	22	»	24	»	27	»	29	»	31	»	33	»	36	»	38	»	40	»	42	»	44
21	»	14	»	16	»	19	»	21	»	23	»	26	»	28	»	30	»	33	»	35	»	37	»	39	»	42	»	44	»	47
22	»	15	»	17	»	20	»	22	»	24	»	27	»	29	»	32	»	34	»	36	»	39	»	42	»	44	»	46	»	49
23	»	15	»	18	»	20	»	23	»	26	»	28	»	31	»	33	»	36	»	38	»	41	»	44	»	46	»	48	»	51
24	»	16	»	19	»	21	»	24	»	27	»	29	»	32	»	35	»	37	»	40	»	43	»	45	»	48	»	50	»	53
25	»	17	»	19	»	22	»	25	»	28	»	31	»	33	»	36	»	39	»	41	»	44	»	47	»	50	»	53	»	56
26	»	17	»	20	»	23	»	26	»	29	»	32	»	35	»	38	»	40	»	43	»	46	»	49	»	52	»	55	»	58
27	»	18	»	21	»	24	»	27	»	30	»	33	»	36	»	39	»	42	»	45	»	48	»	51	»	54	»	57	»	60
28	»	19	»	22	»	25	»	28	»	31	»	34	»	27	»	40	»	44	»	47	»	50	»	53	»	56	»	59	»	62
29	»	19	»	23	»	26	»	29	»	32	»	35	»	39	»	42	»	45	»	49	»	52	»	55	»	58	»	61	»	64
MOIS.																														
1	»	20	»	23	»	27	»	30	»	33	»	37	»	40	»	43	»	47	»	50	»	53	»	57	»	60	»	63	»	67
2	»	40	»	47	»	53	»	60	»	67	»	73	»	80	»	87	»	93	1	»	1	7	1	13	1	20	1	27	1	33
3	»	60	»	70	»	80	»	90	1	»	1	10	1	20	1	30	1	40	1	50	1	60	1	70	1	80	1	90	2	»
4	»	80	»	93	1	7	1	20	1	33	1	47	1	60	1	73	1	87	2	»	2	13	2	27	2	40	2	53	2	67
5	1	»	1	17	1	33	1	50	1	67	1	83	2	»	2	17	2	33	2	50	2	67	2	83	3	»	3	17	3	33
6	1	20	1	40	1	60	1	80	2	»	2	20	2	40	2	60	2	80	3	»	3	20	3	40	3	60	3	80	4	»
7	1	40	1	63	1	87	2	10	2	33	2	57	2	80	3	3	3	27	3	50	3	73	3	97	4	20	4	43	4	67
8	1	60	1	87	2	13	2	40	2	67	2	93	3	20	3	47	3	73	4	»	4	27	4	53	4	80	5	7	5	33
9	1	80	2	10	2	40	2	70	3	»	3	30	3	60	3	90	4	20	4	50	4	80	5	10	5	40	5	70	6	»
10	2	»	2	33	2	67	3	»	3	33	3	67	4	»	4	33	4	67	5	»	5	33	5	67	6	»	6	33	6	67
11	2	20	2	57	2	93	3	30	3	67	4	3	4	40	4	77	5	13	5	50	5	87	6	23	6	60	6	97	7	33
ANNÉES.																														
1	2	40	2	80	3	20	3	60	4	»	4	40	4	80	5	20	5	60	6	»	6	40	6	80	7	20	7	60	8	»
2	4	80	5	60	6	40	7	20	8	»	8	80	9	60	10	40	11	20	12	»	12	80	13	60	14	40	15	20	16	»
3	7	20	8	40	9	60	10	80	12	»	13	20	14	40	15	60	16	80	18	»	19	20	20	40	21	60	22	80	24	»
4	9	60	11	20	12	80	14	40	16	»	17	60	19	20	20	80	22	40	24	»	25	60	27	20	28	80	30	40	32	»
5	12	»	14	»	16	»	18	»	20	»	22	»	24	»	26	»	28	»	30	»	32	»	34	»	36	»	38	»	40	»
6	14	40	16	80	19	20	21	60	24	»	26	40	28	80	31	20	33	60	36	»	38	40	40	80	43	20	45	60	48	»
7	16	80	19	60	22	40	25	20	28	»	30	80	33	60	36	40	39	20	42	»	44	80	47	60	50	40	53	20	56	»
8	19	20	22	40	25	60	28	80	32	»	35	20	38	40	41	60	44	80	48	»	51	20	54	40	57	60	60	80	64	»
9	21	60	25	20	28	80	32	40	36	»	39	60	43	20	46	80	50	40	54	»	57	60	61	20	64	80	68	40	72	»
10	24	»	28	»	32	»	36	»	40	»	44	»	48	»	52	»	56	»	60	»	64	»	68	»	72	»	76	»	80	»

Intérêts à raison de

	3		3 1/2		4		4 1/2		5		5 1/2		6		6 1/2		7		7 1/2		8		8 1/2		9		9 1/2		10	
JOURS.	Fr.	C.	Fr.	C.	Fr.	C.	Fr.	C.	Fr.	C.	Fr.	C.	Fr.	C.	Fr.	C.	Fr.	C.	Fr.	C.	Fr.	C.	Fr.	C.	Fr.	C.	Fr.	C.	Fr.	C.
1	»	1	»	1	»	1	»	1	»	1	»	1	»	1	»	1	»	2	»	2	»	2	»	2	»	2	»	2	»	2
2	»	1	»	2	»	2	»	2	»	2	»	2	»	3	»	3	»	3	»	4	»	4	»	4	»	4	»	4	»	4
3	»	2	»	2	»	3	»	3	»	3	»	4	»	4	»	4	»	5	»	5	»	5	»	6	»	6	»	6	»	7
4	»	3	»	3	»	4	»	4	»	4	»	5	»	5	»	6	»	6	»	7	»	7	»	8	»	8	»	8	»	9
5	»	3	»	4	»	4	»	5	»	6	»	6	»	7	»	7	»	8	»	8	»	9	»	9	»	10	»	10	»	11
6	»	4	»	5	»	5	»	6	»	7	»	7	»	8	»	9	»	9	»	10	»	11	»	11	»	12	»	13	»	13
7	»	5	»	6	»	6	»	7	»	8	»	9	»	9	»	10	»	11	»	12	»	13	»	13	»	14	»	15	»	16
8	»	5	»	6	»	7	»	8	»	9	»	10	»	11	»	12	»	13	»	13	»	14	»	15	»	16	»	17	»	18
9	»	6	»	7	»	8	»	9	»	10	»	11	»	12	»	13	»	14	»	15	»	16	»	17	»	18	»	19	»	20
10	»	7	»	8	»	9	»	10	»	11	»	12	»	13	»	15	»	16	»	17	»	18	»	19	»	20	»	21	»	22
11	»	7	»	9	»	10	»	11	»	12	»	14	»	15	»	16	»	17	»	19	»	20	»	21	»	22	»	23	»	25
12	»	8	»	9	»	11	»	12	»	13	»	15	»	16	»	18	»	19	»	20	»	22	»	23	»	24	»	25	»	27
13	»	9	»	10	»	12	»	13	»	15	»	16	»	18	»	19	»	20	»	22	»	23	»	25	»	26	»	28	»	29
14	»	9	»	11	»	13	»	14	»	16	»	17	»	19	»	20	»	22	»	24	»	25	»	27	»	28	»	30	»	31
15	»	10	»	12	»	13	»	15	»	17	»	19	»	20	»	22	»	24	»	25	»	27	»	28	»	30	»	32	»	34
16	»	11	»	13	»	14	»	16	»	18	»	20	»	22	»	23	»	25	»	27	»	29	»	30	»	32	»	34	»	36
17	»	11	»	13	»	15	»	17	»	19	»	21	»	23	»	25	»	27	»	28	»	31	»	32	»	34	»	36	»	38
18	»	12	»	14	»	16	»	18	»	20	»	22	»	24	»	26	»	28	»	30	»	32	»	34	»	36	»	38	»	40
19	»	13	»	15	»	17	»	19	»	21	»	24	»	26	»	28	»	30	»	32	»	34	»	36	»	38	»	40	»	43
20	»	13	»	16	»	18	»	20	»	22	»	25	»	27	»	29	»	31	»	34	»	36	»	38	»	40	»	42	»	45
21	»	14	»	17	»	19	»	21	»	24	»	26	»	28	»	31	»	33	»	36	»	38	»	40	»	43	»	45	»	47
22	»	15	»	17	»	20	»	22	»	25	»	27	»	30	»	32	»	35	»	37	»	40	»	42	»	45	»	47	»	49
23	»	16	»	18	»	21	»	23	»	26	»	28	»	31	»	34	»	36	»	39	»	41	»	44	»	47	»	49	»	52
24	»	16	»	19	»	22	»	24	»	27	»	30	»	32	»	35	»	38	»	41	»	43	»	46	»	49	»	51	»	54
25	»	17	»	20	»	22	»	25	»	28	»	31	»	34	»	37	»	39	»	42	»	45	»	47	»	51	»	53	»	56
26	»	18	»	20	»	23	»	26	»	29	»	32	»	35	»	38	»	41	»	44	»	47	»	49	»	53	»	55	»	58
27	»	18	»	21	»	24	»	27	»	30	»	33	»	36	»	39	»	43	»	46	»	49	»	51	»	55	»	57	»	61
28	»	19	»	22	»	25	»	28	»	31	»	35	»	28	»	41	»	44	»	47	»	50	»	53	»	57	»	59	»	63
29	»	20	»	23	»	26	»	29	»	33	»	36	»	39	»	42	»	46	»	49	»	52	»	55	»	59	»	62	»	65
MOIS.																														
1	»	20	»	24	»	27	»	30	»	34	»	37	»	40	»	44	»	47	»	51	»	54	»	57	»	61	»	64	»	67
2	»	40	»	47	»	54	»	61	»	67	»	74	»	81	»	88	»	94	1	1	1	8	1	15	1	21	1	28	1	35
3	»	61	»	71	»	81	»	91	1	1	1	11	1	21	1	32	1	42	1	52	1	62	1	72	1	82	1	92	2	2
4	»	81	»	94	1	8	1	21	1	35	1	48	1	62	1	75	1	89	2	2	2	16	2	29	2	43	2	56	2	70
5	1	1	1	18	1	35	1	52	1	69	1	86	2	2	2	19	2	36	2	53	2	70	2	87	3	4	3	21	3	37
6	1	21	1	42	1	62	1	82	2	2	2	23	2	43	2	63	2	83	3	4	3	24	3	44	3	64	3	85	4	5
7	1	42	1	65	1	89	2	13	2	36	2	60	2	83	3	7	3	31	3	54	3	78	4	2	4	25	4	49	4	72
8	1	62	1	89	2	16	2	43	2	70	2	97	3	24	3	51	3	78	4	5	4	32	4	59	4	86	5	13	5	40
9	1	82	2	13	2	43	2	73	3	4	3	34	3	64	3	95	4	25	4	56	4	86	5	16	5	47	6	77	6	7
10	2	2	2	36	2	70	3	4	3	37	3	71	4	5	4	39	4	72	5	6	5	40	5	74	6	7	6	41	6	75
11	2	23	2	60	2	97	3	34	3	71	4	8	4	45	4	83	5	20	5	57	5	94	6	31	6	68	7	5	7	42
ANNÉES.																														
1	2	43	2	83	3	24	3	64	4	5	4	45	4	86	5	26	5	67	6	7	6	48	6	88	7	29	7	69	8	10
2	4	86	5	67	6	48	7	29	8	10	8	91	9	72	10	53	11	34	12	15	12	96	13	77	14	58	15	39	16	20
3	7	29	8	50	9	72	10	93	12	15	13	36	14	58	15	79	17	1	18	22	19	44	20	65	21	87	23	8	24	30
4	9	72	11	34	12	96	14	58	16	20	17	82	19	44	21	6	22	68	24	30	25	92	27	54	29	16	30	78	32	40
5	12	15	14	17	16	20	18	22	20	25	22	27	24	30	26	32	28	35	30	37	32	40	34	42	36	45	38	47	40	50
6	14	58	17	»	19	44	21	86	24	30	26	72	29	16	31	58	34	2	36	44	38	88	41	30	43	74	46	16	48	60
7	17	1	19	84	22	68	25	51	28	35	31	18	34	2	36	85	39	69	42	52	45	36	48	19	51	3	53	86	56	70
8	19	44	22	98	25	92	29	16	32	40	35	64	38	88	42	12	45	36	48	60	51	84	55	8	58	32	61	56	64	80
9	21	87	25	51	29	16	32	80	36	45	40	9	43	74	47	38	51	3	54	67	58	32	61	96	65	61	69	25	72	90
10	24	30	28	34	32	40	36	44	40	50	44	54	48	60	52	64	56	70	60	74	64	80	68	84	72	90	76	94	81	»

Intérêts à raison de

	3		3 1/2		4		4 1/2		5		5 1/2		6		6 1/2		7		7 1/2		8		8 1/2		9		9 1/2		10	
JOURS.	Fr.	C.	Fr.	C.	Fr.	C.	Fr	C.	Fr.	C.	Fr.	C.	Fr.	C.	Fr.	C.	Fr.	C.	Fr.	C.	Fr.	C.	Fr.	C	Fr.	C.	Fr.	C.	Fr.	C.
1	»	1	»	1	»	1	»	1	»	1	»	1	»	1	»	1	»	2	»	2	»	2	»	2	»	2	»	2	»	2
2	»	1	»	2	»	2	»	2	»	2	»	3	»	3	»	3	»	3	»	4	»	4	»	4	»	4	»	4	»	5
3	»	2	»	2	»	3	»	3	»	3	»	4	»	4	»	4	»	5	»	5	»	5	»	6	»	6	»	7	»	7
4	»	3	»	3	»	4	»	4	»	5	»	5	»	5	»	6	»	6	»	7	»	7	»	8	»	8	»	9	»	9
5	»	3	»	4	»	5	»	5	»	6	»	6	»	7	»	7	»	8	»	9	»	9	»	10	»	10	»	11	»	11
6	»	4	»	5	»	5	»	6	»	7	»	8	»	8	»	9	»	10	»	10	»	11	»	11	»	12	»	13	»	14
7	»	5	»	6	»	6	»	7	»	8	»	9	»	10	»	10	»	11	»	12	»	13	»	13	»	14	»	15	»	16
8	»	5	»	6	»	7	»	8	»	9	»	10	»	11	»	12	»	13	»	14	»	15	»	15	»	16	»	17	»	18
9	»	6	»	7	»	8	»	9	»	10	»	11	»	12	»	13	»	14	»	15	»	16		17	»	18	»	19	»	20
10	»	7	»	8	»	9	»	10	»	11	»	13	»	14	»	15	»	16	»	17	»	18	»	19	»	20	»	21	»	23
11	»	8	»	9	»	10	»	11	»	13	»	14	»	15	»	16	»	17	»	19	»	20	»	21	»	23	»	24	»	25
12	»	8	»	10	»	11	»	12	»	14	»	15	»	16	»	18	»	19	»	21	»	22	»	23	»	25	»	26	»	27
13	»	9	»	10	»	12	»	13	»	15	»	16	»	18	»	19	»	21	»	22	»	24	»	25	»	27	»	28	»	30
14	»	10	»	11	»	13	»	14	»	16	»	18	»	19	»	21	»	22	»	24	»	26	»	27	»	29	»	30	»	32
15	»	10	»	12	»	14	»	15	»	17	»	19	»	20	»	22	»	24	»	26	»	27	»	29	»	31	»	32	»	34
16	»	11	»	13	»	15	»	16	»	18	»	20	»	22	»	24	»	26	»	28	»	29	»	31	»	33	»	34	»	36
17	»	12	»	14	»	15	»	17	»	19	»	21	»	23	»	25	»	27	»	29	»	31	»	32	»	35	»	36	»	39
18	»	12	»	14	»	16	»	18	»	20	»	23	»	25	»	27	»	29	»	30	»	33	»	34	»	37	»	38	»	41
19	»	13	»	15	»	17	»	19	»	22	»	24	»	26	»	28	»	30	»	32	»	35	»	36	»	39	»	41	»	43
20	»	14	»	16	»	18	»	20	»	23	»	25	»	27	»	30	»	32	»	34	»	36	»	38	»	41	»	43	»	46
21	»	14	»	17	»	19	»	22	»	24	»	26	»	29	»	31	»	33	»	36	»	38	»	41	»	43	»	46	»	48
22	»	15	»	18	»	20	»	23	»	25	»	28	»	30	»	33	»	35	»	38	»	40	»	43	»	45	»	48	»	50
23	»	16	»	18	»	21	»	24	»	26	»	29	»	31	»	34	»	37	»	39	»	42	»	45	»	47	»	50	»	52
24	»	16	»	19	»	22	»	25	»	27	»	30	»	33	»	36	»	38	»	41	»	44	»	47	»	49	»	52	»	55
25	»	17	»	20	»	23	»	26	»	28	»	31	»	34	»	37	»	40	»	42	»	46	»	49	»	51	»	54	»	57
26	»	18	»	21	»	24	»	27	»	30	»	33	»	36	»	38	»	41	»	45	»	47	»	51	»	53	»	57	»	59
27	»	18	»	22	»	25	»	28	»	31	»	34	»	37	»	40	»	43	»	47	»	49	»	53	»	55	»	59	»	61
28	»	19	»	22	»	26	»	29	»	32	»	35	»	38	»	41	»	45	»	48	»	51	»	55	»	57	»	61	»	64
29	»	20	»	23	»	26	»	30	»	33	»	36	»	40	»	43	»	46	»	49	»	53	»	56	»	59	»	63	»	66
MOIS.																														
1	»	20	»	24	»	27	»	31	»	34	»	38	»	41	»	44	»	48	»	51	»	55		58	»	61	»	65	»	68
2	»	41	»	48	»	55	»	61	»	68	»	75	»	82	»	89	»	96	1	3	1	9	1	16	1	23	1	29	1	37
3	»	61	»	72	»	82	»	92	1	2	1	13	1	23	1	33	1	43	1	54	1	64	1	74	1	84	1	94	2	6
4	»	82	»	96	1	9	1	23	1	37	1	50	1	64	1	78	1	91	2	5	2	19	2	32	2	46	2	60	2	73
5	1	2	1	20	1	37	1	54	1	71	1	88	2	5	2	22	2	39	2	57	2	73	2	91	3	7	3	25	3	42
6	1	23	1	43	1	64	1	84	2	5	2	25	2	46	2	66	2	87	3	7	3	28	3	48	3	69	3	89	4	10
7	1	43	1	67	1	91	2	15	2	39	2	63	2	87	3	11	3	35	3	58	3	83	4	6	4	30	4	54	4	78
8	1	64	1	91	2	19	2	46	2	73	3	1	3	28	3	55	3	83	4	10	4	37	4	65	4	92	5	19	5	47
9	1	84	2	15	2	46	2	77	3	7	3	38	3	69	4	»	4	30	4	61	4	92	5	23	5	53	5	84	6	15
10	2	5	2	39	2	73	3	7	3	42	3	76	4	10	4	44	4	78	5	12	5	47	5	80	6	15	6	49	6	83
11	2	25	2	63	3	1	3	38	3	76	4	13	4	51	4	89	5	26	5	64	6	1	6	39	6	76	7	14	7	52
ANNÉES.																														
1	2	46	2	87	3	28	3	69	4	10	4	51	4	92	5	33	5	74	6	15	6	56	6	97	7	38	7	79	8	20
2	4	92	5	74	6	56	7	38	8	20	9	2	9	84	10	66	11	48	12	30	13	12	13	94	14	76	15	58	16	40
3	7	38	8	61	9	84	11	7	12	30	13	53	14	76	15	99	17	22	18	45	19	68	20	91	22	14	23	37	24	60
4	9	84	11	48	13	12	14	76	16	40	18	4	19	68	21	32	22	96	24	60	26	24	27	88	29	52	31	16	32	80
5	12	30	14	35	16	40	18	45	20	50	22	55	24	60	26	65	28	70	30	75	32	80	34	85	36	90	38	95	41	»
6	14	76	17	22	19	68	22	14	24	60	27	6	29	52	31	98	34	44	36	90	39	36	41	82	44	28	46	74	49	20
7	17	22	20	9	22	96	25	83	28	70	31	57	34	44	37	31	40	18	43	5	45	82	48	79	51	66	54	53	57	40
8	19	68	22	96	26	24	29	52	32	80	36	8	39	36	42	64	45	92	49	20	52	48	55	76	59	4	62	32	65	60
9	22	14	25	83	29	52	33	21	36	90	40	59	44	28	47	97	51	66	55	35	59	4	62	73	66	42	70	11	73	80
10	24	60	28	70	32	80	36	90	41	»	45	10	49	20	53	30	57	40	61	50	65	60	69	70	73	80	77	90	82	»

Intérêts à raison de

	3		3 1/2		4		4 1/2		5		5 1/2		6		6 1/2		7		7 1/2		8		8 1/2		9		9 1/2		10	
JOURS.	Fr.	C.	Fr.	C.	Fr.	C.	Fr.	C.	Fr.	C.	Fr.	C.	Fr.	C.	Fr.	C.	Fr.	C.	Fr.	C.	Fr.	C.	Fr.	C.	Fr.	C.	Fr.	C.	Fr.	C.
1	»	1	»	1	»	1	»	1	»	1	»	1	»	1	»	1	»	2	»	2	»	2	»	2	»	2	»	2	»	2
2	»	1	»	2	»	2	»	2	»	2	»	3	»	3	»	3	»	3	»	4	»	4	»	4	»	4	»	4	»	5
3	»	2	»	2	»	3	»	3	»	3	»	4	»	4	»	4	»	5	»	5	»	6	»	6	»	6	»	6	»	7
4	»	3	»	3	»	4	»	4	»	5	»	5	»	6	»	6	»	6	»	7	»	7	»	8	»	8	»	9	»	9
5	»	3	»	4	»	5	»	5	»	6	»	6	»	7	»	7	»	8	»	9	»	9	»	10	»	10	»	11	»	12
6	»	4	»	5	»	6	»	6	»	7	»	8	»	8	»	9	»	10	»	11	»	11	»	12	»	12	»	13	»	14
7	»	5	»	6	»	6	»	7	»	8	»	9	»	10	»	10	»	11	»	12	»	13	»	13	»	15	»	15	»	16
8	»	6	»	6	»	7	»	8	»	9	»	10	»	11	»	12	»	13	»	13	»	15	»	15	»	17	»	17	»	18
9	»	6	»	7	»	8	»	9	»	10	»	11	»	12	»	13	»	15	»	15	»	17	»	17	»	19	»	19	»	21
10	»	7	»	8	»	9	»	10	»	12	»	13	»	14	»	15	»	16	»	17	»	18	»	19	»	21	»	22	»	23
11	»	8	»	9	»	10	»	11	»	13	»	14	»	15	»	16	»	18	»	19	»	20	»	21	»	23	»	24	»	25
12	»	8	»	10	»	11	»	12	»	14	»	15	»	17	»	18	»	19	»	21	»	22	»	23	»	25	»	26	»	28
13	»	9	»	10	»	12	»	13	»	15	»	16	»	18	»	19	»	21	»	22	»	24	»	25	»	27	»	28	»	30
14	»	10	»	11	»	13	»	15	»	16	»	18	»	19	»	21	»	23	»	24	»	26	»	28	»	29	»	31	»	32
15	»	10	»	12	»	14	»	16	»	17	»	19	»	21	»	22	»	24	»	26	»	28	»	30	»	31	»	33	»	35
16	»	11	»	13	»	15	»	17	»	18	»	20	»	22	»	24	»	26	»	28	»	30	»	32	»	33	»	35	»	37
17	»	12	»	14	»	16	»	18	»	20	»	22	»	24	»	25	»	27	»	30	»	31	»	34	»	35	»	38	»	39
18	»	12	»	15	»	17	»	19	»	21	»	23	»	25	»	27	»	29	»	32	»	33	»	36	»	37	»	40	»	41
19	»	13	»	15	»	18	»	20	»	22	»	24	»	26	»	28	»	31	»	33	»	35	»	38	»	39	»	42	»	44
20	»	14	»	16	»	18	»	21	»	23	»	25	»	28	»	30	»	32	»	34	»	37	»	39	»	41	»	44	»	46
21	»	15	»	17	»	19	»	22	»	24	»	27	»	29	»	31	»	34	»	35	»	39	»	41	»	44	»	46	»	48
22	»	15	»	18	»	20	»	23	»	25	»	28	»	30	»	33	»	36	»	38	»	41	»	43	»	46	»	48	»	51
23	»	16	»	19	»	21	»	24	»	27	»	29	»	32	»	34	»	37	»	41	»	42	»	45	»	48	»	51	»	53
24	»	17	»	19	»	22	»	25	»	28	»	30	»	33	»	36	»	39	»	41	»	44	»	47	»	50	»	53	»	55
25	»	17	»	20	»	23	»	26	»	29	»	32	»	35	»	37	»	40	»	43	»	46	»	49	»	52	»	55	»	58
26	»	18	»	21	»	24	»	27	»	30	»	33	»	36	»	39	»	42	»	45	»	48	»	51	»	54	»	57	»	60
27	»	19	»	22	»	25	»	28	»	31	»	34	»	37	»	40	»	44	»	47	»	50	»	53	»	56	»	59	»	62
28	»	19	»	23	»	26	»	29	»	32	»	36	»	39	»	42	»	45	»	49	»	52	»	55	»	60	»	61	»	65
29	»	20	»	23	»	27	»	30	»	33	»	37	»	40	»	43	»	47	»	50	»	53	»	57	»	60	»	63	»	67
MOIS.																														
1	»	21	»	24	»	28	»	31	»	35	»	38	»	41	»	45	»	48	»	52	»	55	»	59	»	62	»	66	»	69
2	»	41	»	48	»	55	»	62	»	69	»	76	»	83	»	90	»	97	1	3	1	11	1	17	1	24	1	31	1	38
3	»	62	»	73	»	83	»	93	1	4	1	14	1	24	1	35	1	45	1	56	1	66	1	76	1	87	1	97	2	7
4	»	83	»	97	1	11	1	24	1	38	1	52	1	66	1	80	1	94	2	8	2	21	2	35	2	49	2	62	2	77
5	1	4	1	21	1	38	1	56	1	73	1	90	2	7	2	25	2	42	2	59	2	77	2	94	3	11	3	29	3	46
6	1	24	1	45	1	66	1	87	2	7	2	28	2	49	2	70	2	90	3	11	3	32	3	53	3	73	3	94	4	15
7	1	45	1	69	1	94	2	18	2	42	2	66	2	90	3	15	3	39	3	63	3	87	4	12	4	36	4	60	4	84
8	1	66	1	94	2	21	2	49	2	77	3	4	3	32	3	60	3	87	4	15	4	43	4	70	4	98	5	26	5	53
9	1	87	2	18	2	49	2	80	3	11	3	42	3	73	4	5	4	36	4	67	4	98	5	29	5	60	5	91	6	22
10	2	7	2	42	2	77	3	11	3	46	3	80	4	15	4	50	4	84	5	19	5	53	5	88	6	22	6	57	6	92
11	2	28	2	66	3	4	3	42	3	80	4	18	4	56	4	95	5	33	5	70	6	9	6	46	6	85	7	22	7	61
ANNÉES.																														
1	2	49	2	90	3	32	3	73	4	15	4	56	4	98	5	39	5	81	6	22	6	64	7	5	7	47	7	88	8	30
2	4	98	5	81	6	64	7	47	8	30	9	13	9	96	10	79	11	62	12	45	13	28	14	11	14	94	15	77	16	60
3	7	47	8	71	9	96	11	20	12	45	13	69	14	94	16	18	17	43	18	67	19	92	21	16	22	41	23	65	24	90
4	9	96	11	62	13	28	14	94	16	60	18	26	19	92	21	58	23	24	24	90	26	56	28	22	29	88	31	54	33	20
5	12	45	14	52	16	60	18	67	20	75	22	82	24	90	26	97	29	5	31	12	33	20	35	27	37	35	39	42	41	50
6	14	94	17	42	19	92	22	40	24	90	27	39	29	88	32	36	34	86	37	34	39	84	42	32	44	82	47	30	49	80
7	17	43	20	33	23	24	26	14	29	5	31	95	34	86	37	76	40	67	43	57	46	48	49	38	52	29	55	19	58	10
8	19	92	23	24	26	56	29	88	33	20	36	52	39	84	43	16	46	48	49	80	53	12	56	44	59	76	63	8	66	40
9	22	41	26	14	29	88	33	61	37	35	41	8	44	82	48	55	52	29	56	2	59	76	63	49	67	23	70	96	74	70
10	24	90	29	5	33	20	37	34	41	50	45	64	49	80	53	94	58	10	62	24	66	40	70	54	75	70	78	84	83	»

84 FRANCS.

Intérêts à raison de

	3		3 1/2		4		4 1/2		5		5 1/2		6	
	Fr.	C.	Fr.	C.	Fr.	C.	Fr.	C.	Fr.	C.	Fr.	C.	Fr.	C.
JOURS.														
1	»	1	»	1	»	1	»	1	»	1	»	1	»	1
2	»	1	»	2	»	2	»	2	»	2	»	3	»	3
3	»	2	»	2	»	3	»	3	»	3	»	4	»	4
4	»	3	»	3	»	4	»	4	»	5	»	5	»	6
5	»	3	»	4	»	5	»	5	»	6	»	6	»	7
6	»	4	»	5	»	6	»	6	»	7	»	8	»	8
7	»	5	»	6	»	7	»	7	»	8	»	9	»	10
8	»	6	»	7	»	7	»	8	»	9	»	10	»	11
9	»	6	»	7	»	8	»	9	»	10	»	12	»	13
10	»	7	»	8	»	9	»	10	»	12	»	13	»	14
11	»	8	»	9	»	10	»	12	»	13	»	14	»	15
12	»	8	»	10	»	11	»	13	»	14	»	15	»	17
13	»	9	»	11	»	12	»	14	»	15	»	17	»	18
14	»	10	»	11	»	13	»	15	»	16	»	18	»	20
15	»	10	»	12	»	14	»	16	»	17	»	19	»	21
16	»	11	»	13	»	15	»	17	»	19	»	21	»	22
17	»	12	»	14	»	16	»	18	»	20	»	22	»	24
18	»	13	»	15	»	17	»	19	»	21	»	23	»	25
19	»	13	»	16	»	18	»	20	»	22	»	24	»	27
20	»	14	»	16	»	19	»	21	»	23	»	26	»	28
21	»	15	»	17	»	20	»	22	»	24	»	27	»	29
22	»	15	»	18	»	21	»	23	»	26	»	28	»	31
23	»	16	»	19	»	21	»	24	»	27	»	30	»	32
24	»	17	»	20	»	22	»	25	»	28	»	31	»	34
25	»	17	»	20	»	23	»	26	»	29	»	32	»	35
26	»	18	»	21	»	24	»	27	»	30	»	33	»	36
27	»	19	»	22	»	25	»	28	»	31	»	35	»	38
28	»	20	»	23	»	26	»	29	»	33	»	36	»	39
29	»	20	»	24	»	27	»	30	»	34	»	37	»	41
MOIS.														
1	»	21	»	24	»	28	»	31	»	35	»	38	»	42
2	»	42	»	49	»	56	»	63	»	70	»	77	»	84
3	»	63	»	73	»	84	»	94	1	5	1	15	1	26
4	»	84	»	98	1	12	1	26	1	40	1	54	1	68
5	1	5	1	22	1	40	1	57	1	75	1	92	2	10
6	1	26	1	47	1	68	1	89	2	10	2	31	2	52
7	1	47	1	71	1	96	2	20	2	45	2	69	2	94
8	1	68	1	96	2	24	2	52	2	80	3	8	3	36
9	1	89	2	20	2	52	2	83	3	15	3	46	3	78
10	2	10	2	45	2	80	3	15	3	50	3	85	4	20
11	2	31	2	69	3	8	3	46	3	85	4	23	4	62
ANNÉES.														
1	2	52	2	94	3	36	3	78	4	20	4	62	5	4
2	5	4	5	88	6	72	7	56	8	40	9	24	10	8
3	7	56	8	82	10	8	11	34	12	60	13	86	15	12
4	10	8	11	76	13	44	15	12	16	80	18	48	20	16
5	12	60	14	70	16	80	18	90	21	»	23	10	25	20
6	15	12	17	64	20	16	22	68	25	20	27	72	30	24
7	17	64	20	58	23	52	26	46	29	40	32	34	35	28
8	20	16	23	52	26	88	30	24	33	60	36	96	40	32
9	22	68	26	46	30	24	34	2	37	80	41	58	45	36
10	25	20	29	40	33	60	37	80	42	»	46	20	50	40

	6 1/2		7		7 1/2		8		8 1/2		9		9 1/2		10	
	Fr.	C.	Fr.	C.	Fr.	C.	Fr.	C.	Fr.	C.	Fr.	C.	Fr.	C.	Fr.	C.
JOURS.																
1	»	2	»	2	»	2	»	2	»	2	»	2	»	2	»	2
2	»	3	»	3	»	4	»	4	»	4	»	4	»	4	»	5
3	»	5	»	5	»	5	»	6	»	6	»	6	»	6	»	7
4	»	6	»	7	»	7	»	7	»	8	»	8	»	9	»	9
5	»	8	»	8	»	9	»	9	»	10	»	10	»	11	»	12
6	»	9	»	10	»	11	»	11	»	12	»	13	»	13	»	14
7	»	11	»	11	»	12	»	13	»	14	»	15	»	15	»	16
8	»	12	»	13	»	14	»	15	»	15	»	17	»	18	»	19
9	»	14	»	15	»	16	»	17	»	17	»	19	»	19	»	21
10	»	15	»	16	»	17	»	19	»	20	»	21	»	22	»	23
11	»	17	»	18	»	19	»	21	»	22	»	23	»	25	»	26
12	»	18	»	20	»	21	»	22	»	24	»	25	»	27	»	28
13	»	20	»	21	»	23	»	24	»	26	»	27	»	29	»	30
14	»	21	»	23	»	24	»	26	»	28	»	29	»	31	»	33
15	»	23	»	24	»	26	»	28	»	30	»	31	»	33	»	35
16	»	24	»	26	»	28	»	30	»	32	»	34	»	36	»	37
17	»	26	»	28	»	30	»	32	»	34	»	36	»	38	»	40
18	»	27	»	29	»	32	»	34	»	36	»	38	»	40	»	42
19	»	29	»	31	»	34	»	35	»	38	»	40	»	42	»	44
20	»	30	»	33	»	35	»	37	»	40	»	42	»	44	»	47
21	»	32	»	34	»	37	»	39	»	42	»	44	»	46	»	49
22	»	33	»	36	»	39	»	41	»	44	»	46	»	49	»	51
23	»	35	»	38	»	40	»	43	»	45	»	48	»	51	»	54
24	»	36	»	39	»	42	»	45	»	47	»	50	»	53	»	56
25	»	38	»	41	»	43	»	47	»	49	»	52	»	55	»	58
26	»	39	»	42	»	45	»	49	»	51	»	55	»	57	»	61
27	»	41	»	44	»	47	»	50	»	53	»	57	»	59	»	63
28	»	42	»	46	»	49	»	52	»	55	»	59	»	62	»	65
29	»	44	»	47	»	51	»	54	»	57	»	61	»	64	»	68
MOIS.																
1	»	45	»	49	»	52	»	56	»	59	»	63	»	67	»	70
2	»	91	»	98	1	5	1	12	1	19	1	26	1	33	1	40
3	1	36	1	47	1	57	1	68	1	78	1	89	1	99	2	10
4	1	82	1	96	2	10	2	24	2	38	2	52	2	66	2	80
5	2	27	2	45	2	62	2	80	2	97	3	15	3	32	3	50
6	2	73	2	94	3	15	3	36	3	57	3	78	3	99	4	20
7	3	18	3	43	3	67	3	92	4	16	4	41	4	65	4	90
8	3	64	3	92	4	20	4	48	4	76	5	4	5	32	5	60
9	4	9	4	41	4	72	5	4	5	35	5	67	5	98	6	30
10	4	55	4	90	5	25	5	60	5	95	6	30	6	65	7	»
11	5	»	5	39	5	77	6	16	6	54	6	93	7	31	7	70
ANNÉES.																
1	5	46	5	88	6	30	6	72	7	14	7	56	7	98	8	40
2	10	92	11	76	12	60	13	44	14	28	15	12	15	96	16	80
3	16	38	17	64	18	90	20	16	21	42	22	68	23	94	25	20
4	21	84	23	52	25	20	26	88	28	56	30	24	31	92	33	60
5	27	30	29	40	31	50	33	60	35	70	37	80	39	90	42	»
6	32	76	35	28	37	80	40	32	42	84	45	36	47	88	50	40
7	38	22	41	16	44	10	47	4	49	98	52	92	55	86	58	80
8	43	68	47	4	50	40	53	76	57	12	60	48	63	84	67	20
9	49	14	52	92	56	70	60	48	64	26	68	4	71	82	75	60
10	54	60	58	80	63	»	67	20	71	40	75	60	79	80	84	»

85 FRANCS.

Intérêts à raison de

	3		3 1/2		4		4 1/2		5		5 1/2		6		6 1/2		7		7 1/2		8		8 1/2		9		9 1/2		10	
JOURS.	Fr.	C.	Fr.	C.	Fr.	C.	Fr.	C.	Fr.	C.	Fr.	C.	Fr.	C.	Fr.	C.	Fr.	C.	Fr.	C.	Fr.	C.	Fr.	C.	Fr.	C.	Fr.	C.	Fr.	C.
1	»	1	»	1	»	1	»	1	»	1	»	1	»	1	»	2	»	2	»	2	»	2	»	2	»	2	»	2	»	2
2	»	1	»	2	»	2	»	2	»	2	»	3	»	3	»	3	»	3	»	4	»	4	»	4	»	4	»	4	»	5
3	»	2	»	2	»	3	»	3	»	4	»	4	»	4	»	5	»	5	»	5	»	6	»	6	»	6	»	7	»	7
4	»	3	»	3	»	4	»	4	»	5	»	5	»	6	»	6	»	7	»	7	»	8	»	8	»	8	»	9	»	9
5	»	4	»	4	»	5	»	5	»	6	»	6	»	7	»	8	»	8	»	9	»	9	»	10	»	11	»	11	»	12
6	»	4	»	5	»	6	»	6	»	7	»	8	»	8	»	9	»	10	»	11	»	11	»	12	»	13	»	13	»	14
7	»	5	»	6	»	7	»	7	»	8	»	9	»	10	»	11	»	12	»	13	»	13	»	14	»	15	»	16	»	17
8	»	6	»	7	»	8	»	8	»	9	»	10	»	11	»	12	»	13	»	14	»	15	»	16	»	17	»	18	»	19
9	»	6	»	7	»	8	»	10	»	11	»	12	»	13	»	14	»	15	»	16	»	17	»	18	»	19	»	20	»	21
10	»	7	»	8	»	9	»	11	»	12	»	13	»	14	»	15	»	17	»	18	»	19	»	20	»	21	»	22	»	24
11	»	8	»	9	»	10	»	12	»	13	»	14	»	16	»	17	»	18	»	19	»	21	»	22	»	23	»	25	»	26
12	»	8	»	10	»	11	»	13	»	14	»	16	»	17	»	18	»	20	»	21	»	23	»	24	»	25	»	27	»	28
13	»	9	»	11	»	12	»	14	»	15	»	17	»	18	»	20	»	21	»	23	»	25	»	26	»	28	»	29	»	31
14	»	10	»	12	»	13	»	15	»	17	»	18	»	20	»	21	»	23	»	25	»	26	»	28	»	30	»	32	»	33
15	»	11	»	12	»	14	»	16	»	18	»	19	»	21	»	23	»	25	»	26	»	28	»	30	»	32	»	34	»	35
16	»	11	»	13	»	15	»	17	»	19	»	21	»	23	»	25	»	26	»	28	»	30	»	32	»	34	»	36	»	38
17	»	12	»	14	»	16	»	18	»	20	»	22	»	24	»	26	»	28	»	30	»	32	»	34	»	36	»	38	»	40
18	»	13	»	15	»	17	»	19	»	21	»	23	»	25	»	28	»	30	»	32	»	34	»	36	»	38	»	40	»	42
19	»	13	»	16	»	18	»	20	»	22	»	25	»	27	»	29	»	31	»	34	»	36	»	38	»	40	»	42	»	45
20	»	14	»	17	»	19	»	21	»	24	»	26	»	28	»	31	»	33	»	36	»	38	»	40	»	42	»	45	»	47
21	»	15	»	17	»	20	»	22	»	25	»	27	»	30	»	32	»	35	»	37	»	40	»	42	»	45	»	47	»	50
22	»	16	»	18	»	21	»	23	»	26	»	29	»	31	»	34	»	36	»	39	»	42	»	44	»	47	»	49	»	52
23	»	16	»	19	»	22	»	24	»	27	»	30	»	33	»	35	»	38	»	41	»	43	»	46	»	49	»	51	»	54
24	»	17	»	20	»	23	»	25	»	28	»	31	»	34	»	37	»	40	»	43	»	45	»	48	»	51	»	53	»	57
25	»	18	»	21	»	24	»	27	»	30	»	32	»	35	»	38	»	41	»	45	»	47	»	51	»	53	»	57	»	59
26	»	18	»	21	»	25	»	28	»	31	»	34	»	37	»	40	»	43	»	46	»	49	»	53	»	55	»	58	»	61
27	»	19	»	22	»	25	»	29	»	32	»	35	»	38	»	41	»	45	»	47	»	51	»	54	»	57	»	60	»	64
28	»	20	»	23	»	26	»	30	»	33	»	36	»	40	»	43	»	46	»	49	»	53	»	56	»	59	»	62	»	66
29	»	21	»	24	»	27	»	31	»	34	»	38	»	41	»	45	»	48	»	51	»	55	»	58	»	62	»	65	»	68
MOIS.																														
1	»	21	»	25	»	28	»	32	»	35	»	37	»	42	»	46	»	50	»	53	»	57	»	60	»	64	»	67	»	71
2	»	42	»	50	»	57	»	64	»	71	»	78	»	85	»	92	»	99	1	7	1	13	1	21	1	27	1	35	1	42
3	»	64	»	74	»	85	»	96	1	6	1	17	1	27	1	38	1	49	1	59	1	70	1	81	1	91	2	2	2	12
4	»	85	»	99	1	13	1	27	1	42	1	56	1	70	1	84	1	98	2	12	2	27	2	40	2	55	2	69	2	83
5	1	6	1	24	1	42	1	59	1	77	1	95	2	12	2	30	2	48	2	66	2	83	3	1	3	19	3	36	3	54
6	1	27	1	49	1	70	1	91	2	12	2	34	2	55	2	76	2	97	3	19	3	40	3	61	3	82	4	3	4	25
7	1	49	1	74	1	98	2	23	2	48	2	73	2	97	3	22	3	47	3	72	3	97	4	21	4	46	4	71	4	96
8	1	70	1	98	2	27	2	55	2	83	3	12	3	40	3	68	3	97	4	25	4	53	4	82	5	10	5	38	5	67
9	1	91	2	23	2	55	2	87	3	19	3	51	3	82	4	14	4	46	4	78	5	10	5	42	5	74	6	6	6	37
10	2	12	2	48	2	83	3	19	3	54	3	90	4	25	4	60	4	96	5	31	5	67	6	2	6	37	6	73	7	8
11	2	34	2	73	3	12	3	51	3	90	4	29	4	67	5	6	5	45	5	85	6	23	6	63	7	1	7	41	7	79
ANNÉES.																														
1	2	55	2	97	3	40	3	82	4	25	4	67	5	10	5	52	5	95	6	37	6	80	7	22	7	65	8	7	8	50
2	5	10	5	95	6	80	7	65	8	50	9	35	10	20	11	5	11	90	12	75	13	60	14	45	15	30	16	15	17	»
3	7	65	8	92	10	20	11	47	12	75	14	2	15	30	16	57	17	85	19	12	20	40	21	67	22	95	24	22	25	50
4	10	20	11	90	13	60	15	30	17	»	18	70	20	40	22	10	23	80	25	50	27	20	28	90	30	60	32	30	34	»
5	12	75	14	87	17	»	19	12	21	25	23	37	25	50	27	62	29	75	31	87	34	»	36	12	38	25	40	37	42	50
6	15	30	17	84	20	40	22	94	25	50	28	4	30	60	33	14	35	70	38	24	40	80	43	34	45	90	48	44	51	»
7	17	85	20	82	23	80	26	77	29	75	32	72	35	70	38	67	41	65	44	62	47	60	50	57	53	55	56	52	59	50
8	20	40	23	80	27	20	30	60	34	»	37	40	40	80	44	20	47	60	51	»	54	40	57	80	61	20	64	60	68	»
9	22	95	26	77	30	60	34	42	38	25	42	7	45	90	49	72	53	55	57	37	61	20	65	2	68	85	72	67	76	50
10	25	50	29	74	34	»	38	24	42	50	46	74	51	»	55	24	59	50	63	74	68	»	72	24	76	50	80	74	85	»

Intérêts à raison de

	3		3 1/2		4		4 1/2		5		5 1/2		6		6 1/2		7		7 1/2		8		8 1/2		9		9 1/2		10	
JOURS.	Fr.	C.	Fr.	C.	Fr.	C.	Fr	C.	Fr.	C.	Fr.	C.	Fr.	C.	Fr.	C.	Fr.	C.	Fr.	C.	Fr.	C.	Fr.	C	Fr.	C.	Fr.	C	Fr.	C.
1	»	1	»	1	»	1	»	1	»	1	»	1	»	1	»	2	»	2	»	2	»	2	»	2	»	2	»	2	»	2
2	»	1	»	2	»	2	»	2	»	2	»	3	»	3	»	3	»	3	»	4	»	4	»	4	»	4	»	5	»	5
3	»	2	»	3	»	3	»	3	»	4	»	4	»	4	»	5	»	5	»	6	»	6	»	6	»	6	»	7	»	7
4	»	3	»	3	»	4	»	4	»	5	»	5	»	6	»	6	»	7	»	7	»	8	»	8	»	9	»	9	»	10
5	»	4	»	4	»	5	»	5	»	6	»	7	»	7	»	8	»	8	»	9	»	10	»	10	»	11	»	11	»	12
6	»	4	»	5	»	6	»	6	»	7	»	8	»	9	»	9	»	10	»	11	»	11	»	12	»	13	»	13	»	14
7	»	5	»	5	»	7	»	8	»	8	»	9	»	10	»	11	»	12	»	13	»	13	»	14	»	15	»	16	»	17
8	»	6	»	7	»	8	»	9	»	10	»	11	»	11	»	12	»	13	»	14	»	15	»	16	»	17	»	18	»	19
9	»	6	»	8	»	9	»	10	»	11	»	12	»	13	»	14	»	15	»	16	»	17	»	18	»	19	»	20	»	21
10	»	7	»	8	»	10	»	11	»	12	»	13	»	14	»	16	»	17	»	18	»	19	»	20	»	21	»	22	»	24
11	»	8	»	9	»	11	»	12	»	13	»	14	»	16	»	17	»	18	»	19	»	21	»	22	»	24	»	25	»	26
12	»	9	»	10	»	11	»	13	»	14	»	16	»	17	»	19	»	20	»	21	»	23	»	24	»	26	»	27	»	29
13	»	9	»	11	»	12	»	14	»	16	»	17	»	19	»	20	»	22	»	23	»	25	»	26	»	28	»	30	»	31
14	»	10	»	12	»	13	»	15	»	17	»	18	»	20	»	22	»	23	»	25	»	27	»	28	»	30	»	32	»	33
15	»	11	»	13	»	14	»	16	»	18	»	20	»	21	»	23	»	25	»	27	»	29	»	30	»	32	»	34	»	36
16	»	11	»	13	»	15	»	17	»	19	»	21	»	23	»	25	»	27	»	29	»	31	»	32	»	34	»	36	»	38
17	»	12	»	14	»	16	»	18	»	20	»	22	»	24	»	26	»	28	»	30	»	32	»	34	»	37	»	38	»	41
18	»	13	»	15	»	17	»	19	»	21	»	23	»	26	»	28	»	30	»	32	»	34	»	36	»	39	»	40	»	43
19	»	14	»	16	»	18	»	20	»	23	»	25	»	27	»	30	»	32	»	34	»	36	»	38	»	41	»	43	»	45
20	»	14	»	17	»	19	»	21	»	24	»	26	»	29	»	33	»	83	»	36	»	38	»	40	»	43	»	45	»	48
21	»	15	»	18	»	20	»	23	»	25	»	28	»	30	»	33	»	35	»	38	»	40	»	43	»	45	»	47	»	50
22	»	16	»	18	»	21	»	24	»	26	»	29	»	32	»	34	»	37	»	39	»	42	»	45	»	47	»	50	»	53
23	»	16	»	19	»	22	»	25	»	27	»	30	»	33	»	36	»	38	»	41	»	44	»	47	»	49	»	52	»	55
24	»	17	»	20	»	23	»	26	»	29	»	32	»	34	»	37	»	40	»	43	»	46	»	49	»	52	»	55	»	57
25	»	18	»	21	»	24	»	27	»	30	»	33	»	36	»	39	»	42	»	45	»	48	»	51	»	54	»	57	»	60
26	»	19	»	22	»	25	»	28	»	31	»	34	»	37	»	40	»	43	»	47	»	50	»	53	»	56	»	59	»	62
27	»	19	»	23	»	26	»	29	»	32	»	35	»	39	»	42	»	45	»	49	»	52	»	55	»	58	»	61	»	64
28	»	20	»	23	»	27	»	30	»	33	»	37	»	40	»	43	»	47	»	51	»	54	»	57	»	60	»	63	»	67
29	»	21	»	24	»	28	»	31	»	35	»	38	»	42	»	45	»	48	»	52	»	55	»	59	»	62	»	66	»	69
MOIS.																														
1	»	21	»	25	»	29	»	32	»	36	»	39	»	43	»	47	»	50	»	54	»	57	»	61	»	64	»	68	»	72
2	»	43	»	50	»	57	»	64	»	72	»	79	»	86	»	93	1	»	1	7	1	15	1	21	1	29	1	36	1	43
3	»	64	»	75	»	86	»	97	1	7	1	18	1	29	1	40	1	50	1	61	1	72	1	83	1	93	2	4	2	15
4	»	86	1	»	1	15	1	29	1	43	1	58	1	72	1	86	2	1	2	15	2	29	2	44	2	58	2	72	2	87
5	1	7	1	25	1	43	1	61	1	79	1	97	2	15	2	33	2	51	2	68	2	87	3	5	3	22	3	40	3	58
6	1	29	1	50	1	72	1	93	2	15	2	36	2	58	2	79	3	1	3	22	3	44	3	66	3	87	4	8	4	30
7	1	50	1	76	2	1	2	26	2	51	2	76	3	1	3	26	3	51	3	77	4	1	4	27	4	51	4	77	5	2
8	1	72	2	1	2	29	2	58	2	87	3	15	3	44	3	73	4	1	4	30	4	59	4	87	5	16	5	45	5	73
9	1	93	2	26	2	58	2	90	3	22	3	55	3	87	4	19	4	51	4	84	5	16	5	48	5	80	6	12	6	45
10	2	15	2	51	2	87	3	22	3	58	3	94	4	30	4	66	5	2	5	38	5	73	6	9	6	45	6	80	7	17
11	2	36	2	76	3	15	3	55	3	94	4	34	4	73	5	12	5	52	5	91	6	31	6	70	7	9	7	49	7	88
ANNÉES.																														
1	2	58	3	1	3	44	3	87	4	30	4	73	5	16	5	59	6	2	6	45	6	88	7	31	7	74	8	17	8	60
2	5	16	6	2	6	88	7	74	8	60	9	46	10	32	11	18	12	4	12	90	13	76	14	62	15	48	16	34	17	20
3	7	74	9	3	10	32	11	61	12	90	14	19	15	48	16	77	18	6	19	35	20	64	21	93	23	22	24	51	25	80
4	10	32	12	4	13	76	15	48	17	20	18	92	20	64	22	36	24	8	25	80	27	52	29	24	30	96	32	68	34	40
5	12	90	15	5	17	20	19	35	21	50	23	65	25	80	27	95	30	10	32	25	34	40	36	55	38	70	40	85	43	»
6	15	48	18	6	20	64	23	22	25	80	28	38	30	96	33	54	36	12	38	70	41	28	43	86	46	44	49	2	51	60
7	18	6	21	7	24	8	27	9	30	10	33	11	36	12	39	13	42	14	45	15	48	16	51	17	54	18	57	19	60	20
8	20	64	24	8	27	52	30	96	34	40	37	84	41	28	44	72	48	16	51	60	55	4	58	48	61	92	65	36	68	80
9	23	22	27	9	30	96	34	83	38	70	42	57	46	44	50	31	54	18	58	5	61	92	65	79	69	66	73	53	77	40
10	25	80	30	10	34	40	38	70	43	»	47	30	51	60	55	90	60	20	64	50	68	80	73	10	77	40	81	70	86	»

Intérêts à raison de

	3		3 1/2		4		4 1/2		5		5 1/2		6		6 1/2		7		7 1/2		8		8 1/2		9		9 1/2		10	
	Fr.	C.	Fr.	C.	Fr.	C.	Fr.	C.	Fr.	C.	Fr.	C.	Fr.	C.	Fr.	C.	Fr.	C.	Fr.	C.	Fr.	C.	Fr.	C.	Fr.	C.	Fr.	C.	Fr.	C.
JOURS.																														
1	»	1	»	1	»	1	»	1	»	1	»	1	»	1	»	2	»	2	»	2	»	2	»	2	»	2	»	2	»	2
2	»	1	»	2	»	2	»	2	»	2	»	3	»	3	»	3	»	3	»	4	»	4	»	4	»	4	»	5	»	5
3	»	2	»	3	»	3	»	3	»	4	»	4	»	4	»	5	»	5	»	6	»	6	»	6	»	7	»	7	»	7
4	»	3	»	3	»	4	»	4	»	5	»	5	»	6	»	6	»	7	»	7	»	8	»	8	»	9	»	9	»	10
5	»	4	»	4	»	5	»	5	»	6	»	7	»	7	»	8	»	8	»	9	»	10	»	10	»	11	»	11	»	12
6	»	4	»	5	»	6	»	7	»	7	»	8	»	9	»	9	»	10	»	11	»	12	»	12	»	13	»	14	»	14
7	»	5	»	6	»	7	»	8	»	8	»	9	»	10	»	11	»	12	»	13	»	14	»	14	»	15	»	16	»	17
8	»	6	»	7	»	8	»	9	»	10	»	11	»	12	»	13	»	14	»	15	»	15	»	16	»	17	»	18	»	19
9	»	7	»	8	»	9	»	10	»	11	»	12	»	13	»	14	»	15	»	16	»	17	»	19	»	20	»	21	»	22
10	»	7	»	8	»	10	»	11	»	12	»	13	»	14	»	16	»	17	»	18	»	19	»	21	»	22	»	23	»	24
11	»	8	»	9	»	11	»	12	»	13	»	15	»	16	»	17	»	19	»	20	»	21	»	23	»	24	»	25	»	27
12	»	9	»	10	»	12	»	13	»	14	»	16	»	17	»	19	»	20	»	22	»	23	»	25	»	26	»	27	»	29
13	»	9	»	11	»	13	»	14	»	16	»	17	»	19	»	20	»	22	»	24	»	25	»	27	»	28	»	30	»	31
14	»	10	»	12	»	14	»	15	»	17	»	19	»	20	»	22	»	24	»	26	»	27	»	29	»	30	»	32	»	34
15	»	11	»	13	»	14	»	16	»	18	»	20	»	22	»	24	»	25	»	27	»	29	»	31	»	33	»	34	»	36
16	»	12	»	14	»	15	»	17	»	19	»	21	»	23	»	25	»	27	»	29	»	31	»	32	»	35	»	36	»	39
17	»	12	»	14	»	16	»	18	»	21	»	23	»	25	»	27	»	29	»	30	»	33	»	34	»	37	»	38	»	41
18	»	13	»	15	»	17	»	20	»	22	»	24	»	26	»	28	»	30	»	32	»	35	»	37	»	39	»	40	»	43
19	»	14	»	16	»	18	»	21	»	23	»	25	»	28	»	30	»	32	»	34	»	37	»	39	»	41	»	42	»	46
20	»	14	»	17	»	19	»	22	»	24	»	27	»	29	»	31	»	34	»	36	»	39	»	41	»	43	»	44	»	48
21	»	15	»	18	»	20	»	23	»	25	»	28	»	30	»	33	»	36	»	38	»	41	»	43	»	46	»	48	»	51
22	»	16	»	19	»	21	»	24	»	27	»	29	»	32	»	35	»	37	»	40	»	43	»	45	»	48	»	51	»	53
23	»	17	»	19	»	22	»	25	»	28	»	31	»	33	»	36	»	39	»	42	»	44	»	47	»	50	»	53	»	56
24	»	17	»	20	»	23	»	26	»	29	»	32	»	35	»	38	»	41	»	44	»	46	»	49	»	52	»	55	»	58
25	»	18	»	21	»	24	»	27	»	30	»	33	»	36	»	39	»	42	»	46	»	48	»	51	»	54	»	57	»	60
26	»	19	»	22	»	25	»	28	»	31	»	35	»	38	»	41	»	44	»	47	»	50	»	53	»	57	»	59	»	63
27	»	20	»	23	»	26	»	29	»	33	»	36	»	39	»	42	»	46	»	49	»	52	»	55	»	59	»	62	»	65
28	»	20	»	24	»	27	»	30	»	34	»	37	»	41	»	44	»	47	»	51	»	54	»	57	»	61	»	64	»	68
29	»	21	»	25	»	28	»	32	»	35	»	39	»	42	»	46	»	49	»	52	»	56	»	60	»	63	»	67	»	70
MOIS.																														
1	»	22	»	25	»	29	»	33	»	36	»	40	»	44	»	47	»	51	»	54	»	58	»	62	»	65	»	69	»	72
2	»	43	»	51	»	58	»	65	»	72	»	80	»	87	»	94	1	1	1	9	1	16	1	23	1	30	1	37	1	45
3	»	65	»	76	»	87	»	98	1	9	1	20	1	30	1	41	1	52	1	63	1	74	1	85	1	96	2	7	2	17
4	»	87	1	1	1	16	1	30	1	45	1	59	1	74	1	88	2	3	2	17	2	32	2	46	2	61	2	75	2	90
5	1	9	1	27	1	45	1	63	1	81	1	99	2	17	2	36	2	54	2	72	2	90	3	8	3	26	3	44	3	62
6	1	30	1	52	1	74	1	96	2	17	2	39	2	61	2	83	3	4	3	26	3	48	3	70	3	91	4	13	4	35
7	1	52	1	78	2	3	2	28	2	54	2	79	3	4	3	30	3	55	3	81	4	6	4	32	4	57	4	82	5	7
8	1	74	2	3	2	32	2	61	2	90	3	19	3	48	3	77	4	6	4	35	4	64	4	93	5	22	5	51	5	80
9	1	96	2	28	2	61	2	94	3	26	3	59	3	91	4	24	4	57	4	89	5	22	5	55	5	87	6	20	6	52
10	2	17	2	54	2	90	3	26	3	62	3	99	4	35	4	71	5	7	5	44	5	80	6	16	6	52	6	88	7	25
11	2	39	2	79	3	19	3	59	3	99	4	39	4	78	5	18	5	58	5	98	6	38	6	78	7	18	7	58	7	97
ANNÉES.																														
1	2	61	3	4	3	48	3	91	4	35	4	78	5	22	5	65	6	9	6	52	6	96	7	39	7	83	8	26	8	70
2	5	22	6	9	6	96	7	83	8	70	9	57	10	44	11	31	12	18	13	5	13	92	14	79	15	66	16	53	17	40
3	7	83	9	13	10	44	11	74	13	5	14	35	15	66	16	96	18	27	19	57	20	88	22	18	23	49	24	79	26	10
4	10	44	12	18	13	92	15	66	17	40	19	14	20	88	22	62	24	36	26	10	27	84	29	58	31	32	33	6	34	80
5	13	5	15	22	17	40	19	57	21	75	23	92	26	10	28	27	30	45	32	62	34	80	36	97	39	15	41	33	43	50
6	15	66	18	26	20	88	23	49	26	10	28	70	31	32	33	92	36	54	39	14	41	76	44	36	46	98	49	58	52	20
7	18	27	21	31	24	36	27	40	30	45	33	49	36	54	39	58	42	63	45	67	48	72	51	76	54	81	57	85	60	90
8	20	88	24	36	27	84	31	32	34	80	38	28	41	76	45	24	48	72	52	20	55	68	59	16	62	64	66	12	69	60
9	23	49	27	40	31	32	35	23	39	15	43	6	46	98	50	89	54	81	58	72	62	64	66	55	70	47	74	38	78	30
10	26	10	30	44	34	80	39	15	43	50	47	85	52	20	56	55	60	90	65	24	69	60	73	94	78	30	82	64	87	»

Intérêts à raison de

	3		3 1/2		4		4 1/2		5		5 1/2		6		6 1/2		7		7 1/2		8		8 1/2		9		9 1/2		10	
	Fr.	C.	Fr.	C.	Fr.	C.	Fr.	C.	Fr.	C.	Fr.	C.	Fr.	C.	Fr.	C.	Fr.	C.	Fr.	C.	Fr.	C.	Fr.	C.	Fr.	C.	Fr.	C.	Fr.	C.
JOURS.																														
1	»	1	»	1	»	1	»	1	»	1	»	1	»	1	»	2	»	2	»	2	»	2	»	2	»	2	»	2	»	2
2	»	1	»	2	»	2	»	2	»	2	»	3	»	3	»	3	»	3	»	4	»	4	»	4	»	4	»	5	»	5
3	»	2	»	3	»	3	»	3	»	4	»	4	»	4	»	5	»	5	»	6	»	6	»	6	»	7	»	7	»	7
4	»	3	»	3	»	4	»	4	»	5	»	5	»	6	»	6	»	7	»	7	»	8	»	8	»	9	»	9	»	10
5	»	4	»	4	»	5	»	5	»	6	»	7	»	7	»	8	»	9	»	9	»	10	»	10	»	11	»	11	»	12
6	»	4	»	5	»	6	»	7	»	7	»	8	»	9	»	10	»	10	»	11	»	12	»	12	»	13	»	14	»	15
7	»	5	»	6	»	7	»	8	»	9	»	9	»	10	»	11	»	12	»	13	»	14	»	15	»	15	»	16	»	17
8	»	6	»	7	»	8	»	9	»	10	»	11	»	12	»	13	»	14	»	15	»	16	»	17	»	18	»	19	»	20
9	»	7	»	8	»	9	»	10	»	11	»	12	»	13	»	14	»	15	»	17	»	18	»	19	»	20	»	21	»	22
10	»	7	»	9	»	10	»	11	»	12	»	13	»	15	»	16	»	17	»	19	»	20	»	21	»	22	»	23	»	24
11	»	8	»	9	»	11	»	12	»	13	»	15	»	16	»	17	»	19	»	20	»	22	»	23	»	24	»	25	»	27
12	»	9	»	10	»	12	»	13	»	15	»	16	»	18	»	19	»	21	»	22	»	23	»	25	»	26	»	27	»	29
13	»	10	»	11	»	13	»	14	»	16	»	17	»	19	»	21	»	22	»	24	»	25	»	27	»	29	»	30	»	32
14	»	10	»	12	»	14	»	15	»	17	»	19	»	21	»	22	»	24	»	26	»	27	»	29	»	31	»	32	»	34
15	»	11	»	13	»	15	»	16	»	18	»	20	»	22	»	24	»	26	»	28	»	29	»	31	»	33	»	35	»	37
16	»	12	»	14	»	16	»	18	»	20	»	22	»	23	»	25	»	27	»	30	»	31	»	34	»	35	»	37	»	39
17	»	12	»	15	»	17	»	19	»	21	»	23	»	25	»	27	»	29	»	31	»	33	»	36	»	37	»	39	»	42
18	»	13	»	15	»	18	»	20	»	22	»	24	»	26	»	29	»	31	»	33	»	35	»	38	»	40	»	42	»	44
19	»	14	»	16	»	19	»	21	»	23	»	26	»	28	»	30	»	33	»	35	»	37	»	40	»	42	»	44	»	46
20	»	15	»	17	»	20	»	22	»	24	»	27	»	29	»	32	»	34	»	37	»	39	»	42	»	44	»	46	»	49
21	»	15	»	18	»	21	»	23	»	26	»	28	»	31	»	33	»	36	»	39	»	41	»	44	»	46	»	49	»	51
22	»	16	»	19	»	22	»	24	»	27	»	30	»	32	»	35	»	38	»	41	»	43	»	46	»	48	»	51	»	54
23	»	17	»	20	»	22	»	25	»	28	»	31	»	34	»	37	»	39	»	42	»	45	»	47	»	51	»	53	»	56
24	»	18	»	21	»	23	»	26	»	29	»	32	»	35	»	38	»	41	»	44	»	47	»	49	»	53	»	55	»	59
25	»	18	»	21	»	24	»	27	»	31	»	34	»	37	»	40	»	43	»	46	»	49	»	51	»	55	»	58	»	61
26	»	19	»	22	»	25	»	29	»	32	»	35	»	38	»	41	»	44	»	48	»	51	»	54	»	57	»	60	»	64
27	»	20	»	23	»	26	»	30	»	33	»	36	»	40	»	43	»	46	»	50	»	53	»	56	»	59	»	63	»	66
28	»	21	»	24	»	27	»	31	»	34	»	38	»	41	»	44	»	48	»	51	»	55	»	58	»	62	»	65	»	68
29	»	21	»	25	»	28	»	32	»	35	»	39	»	43	»	46	»	50	»	53	»	57	»	60	»	64	»	67	»	71
MOIS.																														
1	»	22	»	26	»	29	»	33	»	37	»	40	»	44	»	48	»	51	»	55	»	59	»	62	»	66	»	70	»	73
2	»	44	»	51	»	59	»	66	»	73	»	81	»	88	»	95	1	3	1	10	1	17	1	25	1	32	1	39	1	47
3	»	66	»	77	»	88	»	99	1	10	1	21	1	32	1	43	1	54	1	65	1	76	1	87	1	98	2	9	2	20
4	»	88	1	3	1	17	1	32	1	47	1	61	1	76	1	91	2	5	2	20	2	35	2	49	2	64	2	79	2	93
5	1	10	1	28	1	47	1	65	1	83	2	2	2	20	2	38	2	57	2	75	2	93	3	12	3	30	3	48	3	67
6	1	32	1	54	1	76	1	98	2	20	2	42	2	64	2	86	3	8	3	30	3	52	3	74	3	96	4	18	4	40
7	1	54	1	80	2	5	2	31	2	57	2	82	3	8	3	34	3	59	3	85	4	11	4	36	4	62	4	88	5	13
8	1	76	2	5	2	35	2	64	2	93	3	23	3	52	3	81	4	11	4	40	4	69	4	99	5	28	5	57	5	87
9	1	98	2	31	2	64	2	97	3	30	3	63	3	96	4	29	4	62	4	95	5	28	5	61	5	94	6	27	6	60
10	2	20	2	57	2	93	3	30	3	67	4	3	4	40	4	77	5	13	5	50	5	87	6	23	6	60	6	97	7	33
11	2	42	2	82	3	23	3	63	4	3	4	44	4	84	5	24	5	65	6	5	6	45	6	86	7	26	7	66	8	7
ANNÉES.																														
1	2	64	3	8	3	52	3	96	4	40	4	84	5	28	5	72	6	16	6	60	7	4	7	48	7	92	8	36	8	80
2	5	28	6	16	7	4	7	92	8	80	9	68	10	56	11	44	12	32	13	20	14	8	14	96	15	84	16	72	17	60
3	7	92	9	24	10	56	11	88	13	20	14	52	15	84	17	16	18	48	19	80	21	12	22	44	23	76	25	8	26	40
4	10	56	12	32	14	8	15	84	17	60	19	36	21	12	22	88	24	64	26	40	28	16	29	92	31	68	33	44	35	20
5	13	20	15	40	17	60	19	80	22	»	24	20	26	40	28	60	30	80	33	»	35	20	37	40	39	60	41	80	44	»
6	15	84	18	48	21	12	23	76	26	40	29	4	31	68	34	32	36	96	39	60	42	24	44	88	47	52	50	16	52	80
7	18	48	21	56	24	64	27	72	30	80	33	88	36	96	40	4	43	12	46	20	49	28	52	36	55	44	58	52	61	60
8	21	12	24	64	28	16	31	68	35	20	38	72	42	24	45	76	49	28	52	80	56	32	59	84	63	36	66	88	70	40
9	23	76	27	72	31	68	35	64	39	60	43	56	47	52	51	48	55	44	59	40	63	36	67	32	71	28	75	24	79	20
10	26	40	30	80	35	20	39	60	44	»	48	40	52	80	57	20	61	60	66	»	70	40	74	80	79	20	83	60	88	»

Intérêts à raison de

	3		3 1/2		4		4 1/2		5		5 1/2		6		6 1/2		7		7 1/2		8		8 1/2		9		9 1/2		10	
JOURS.	Fr.	C.	Fr.	C.	Fr.	C.	Fr	C.	Fr.	C.	Fr.	C.	Fr.	C.	Fr.	C.	Fr.	C.	Fr.	C.	Fr.	C.	Fr.	C.	Fr.	C.	Fr.	C.	Fr.	C.
1	»	1	»	1	»	1	»	1	»	1	»	1	»	1	»	2	»	2	»	2	»	2	»	2	»	2	»	2	»	2
2	»	1	»	2	»	2	»	2	»	2	»	3	»	3	»	3	»	3	»	3	»	4	»	4	»	4	»	5	»	5
3	»	2	»	3	»	3	»	3	»	4	»	4	»	4	»	5	»	5	»	5	»	6	»	6	»	7	»	7	»	7
4	»	3	»	3	»	4	»	4	»	5	»	5	»	6	»	6	»	7	»	7	»	8	»	8	»	9	»	9	»	10
5	»	4	»	4	»	5	»	5	»	6	»	7	»	7	»	8	»	9	»	9	»	10	»	11	»	11	»	11	»	12
6	»	4	»	5	»	6	»	7	»	7	»	8	»	9	»	10	»	10	»	11	»	12	»	13	»	13	»	14	»	15
7	»	5	»	6	»	7	»	8	»	9	»	10	»	10	»	11	»	12	»	13	»	14	»	15	»	16	»	16	»	17
8	»	6	»	7	»	8	»	9	»	10	»	11	»	12	»	13	»	14	»	15	»	16	»	17	»	18	»	19	»	20
9	»	7	»	8	»	9	»	10	»	11	»	12	»	13	»	14	»	16	»	17	»	18	»	19	»	20	»	21	»	22
10	»	7	»	9	»	10	»	11	»	12	»	14	»	15	»	16	»	17	»	19	»	20	»	21	»	22	»	23	»	25
11	»	8	»	10	»	11	»	12	»	14	»	15	»	16	»	18	»	19	»	21	»	22	»	23	»	24	»	25	»	27
12	»	9	»	10	»	12	»	13	»	15	»	16	»	18	»	19	»	21	»	22	»	24	»	25	»	27	»	28	»	30
13	»	10	»	11	»	13	»	14	»	16	»	18	»	19	»	21	»	22	»	24	»	26	»	27	»	29	»	30	»	32
14	»	10	»	12	»	14	»	16	»	17	»	19	»	21	»	22	»	24	»	26	»	28	»	29	»	31	»	33	»	35
15	»	11	»	13	»	15	»	17	»	19	»	20	»	22	»	24	»	26	»	28	»	30	»	32	»	33	»	35	»	37
16	»	12	»	14	»	16	»	18	»	20	»	22	»	24	»	26	»	28	»	30	»	32	»	34	»	36	»	38	»	40
17	»	13	»	15	»	17	»	19	»	21	»	23	»	25	»	27	»	29	»	31	»	34	»	36	»	38	»	40	»	42
18	»	13	»	16	»	18	»	20	»	22	»	24	»	27	»	29	»	31	»	33	»	36	»	38	»	40	»	42	»	44
19	»	14	»	16	»	19	»	21	»	23	»	26	»	28	»	31	»	33	»	35	»	38	»	40	»	42	»	44	»	47
20	»	15	»	17	»	20	»	22	»	25	»	27	»	30	»	32	»	35	»	37	»	40	»	42	»	44	»	47	»	49
21	»	16	»	18	»	21	»	23	»	26	»	29	»	31	»	34	»	36	»	39	»	42	»	44	»	47	»	49	»	52
22	»	16	»	19	»	22	»	24	»	27	»	30	»	33	»	35	»	38	»	41	»	44	»	46	»	49	»	51	»	54
23	»	17	»	20	»	23	»	26	»	28	»	31	»	34	»	37	»	40	»	43	»	45	»	49	»	51	»	54	»	57
24	»	18	»	21	»	24	»	27	»	30	»	33	»	36	»	39	»	42	»	45	»	47	»	51	»	53	»	57	»	59
25	»	19	»	22	»	25	»	28	»	31	»	34	»	37	»	40	»	43	»	47	»	49	»	53	»	56	»	59	»	62
26	»	19	»	22	»	26	»	29	»	32	»	35	»	39	»	42	»	45	»	48	»	51	»	55	»	58	»	61	»	64
27	»	20	»	23	»	27	»	30	»	33	»	37	»	40	»	43	»	47	»	50	»	53	»	57	»	60	»	63	»	67
28	»	21	»	24	»	28	»	31	»	35	»	38	»	42	»	45	»	48	»	52	»	55	»	59	»	62	»	66	»	69
29	»	22	»	25	»	29	»	32	»	36	»	39	»	43	»	47	»	50	»	54	»	57	»	61	»	65	»	68	»	72
MOIS																														
1	»	22	»	26	»	30	»	33	»	37	»	41	»	44	»	48	»	52	»	56	»	59	»	63	»	67	»	70	»	74
2	»	44	»	52	»	59	»	67	»	74	»	82	»	89	»	69	1	4	1	11	1	19	1	26	1	33	1	41	1	48
3	»	67	»	78	»	89	1	»	1	11	1	22	1	33	1	45	1	56	1	67	1	78	1	89	2	»	2	11	2	22
4	»	89	1	4	1	19	1	33	1	48	1	63	1	78	1	93	2	8	2	23	2	37	2	52	2	67	2	81	2	97
5	1	11	1	30	1	48	1	67	1	85	2	4	2	22	2	41	2	60	2	78	2	97	3	15	3	34	3	52	3	71
6	1	33	1	56	1	78	2	»	2	22	2	45	2	67	2	89	3	11	3	34	3	56	3	78	4	»	4	22	4	45
7	1	56	1	82	2	8	2	34	2	60	2	86	3	11	3	37	3	63	3	90	4	15	4	42	4	67	4	93	5	19
8	1	78	2	8	2	37	2	67	2	97	3	26	3	56	3	86	4	15	4	45	4	75	5	4	5	34	5	64	5	93
9	2	»	2	34	2	67	3	»	3	34	3	67	4	»	4	34	4	67	5	1	5	34	5	67	6	1	6	34	6	67
10	2	22	2	60	2	97	3	34	3	71	4	8	4	45	4	82	5	19	5	57	5	93	6	31	6	67	7	5	7	42
11	2	45	2	86	3	26	3	67	4	8	4	49	4	89	5	30	5	71	6	12	6	53	6	93	7	34	7	75	8	16
ANNÉES.																														
1	2	67	3	11	3	56	4	»	4	45	4	89	5	34	5	78	6	23	6	67	7	12	7	56	8	1	8	45	8	90
2	5	34	6	23	7	12	8	1	8	90	9	79	10	68	11	57	12	46	13	35	14	24	15	13	16	2	16	91	17	80
3	8	1	9	34	10	68	12	1	13	35	14	68	16	2	17	35	18	69	20	2	21	36	22	69	24	3	25	36	26	70
4	10	68	12	46	14	24	16	2	17	80	19	58	21	36	23	14	24	92	26	70	28	48	30	26	32	4	33	82	35	60
5	13	35	15	57	17	80	20	2	22	25	24	47	26	70	28	92	31	15	33	37	35	60	37	82	40	5	42	27	44	50
6	16	2	18	68	21	36	24	2	26	70	29	36	32	4	34	70	37	38	40	4	42	72	45	38	48	6	50	72	53	40
7	18	69	21	80	24	92	28	3	31	15	34	26	37	38	40	49	43	61	46	72	49	84	52	95	56	7	59	18	62	30
8	21	36	24	92	28	48	32	4	35	60	39	16	42	72	46	28	49	84	53	40	56	96	60	52	64	8	67	64	71	20
9	24	3	28	3	32	4	36	4	40	5	44	5	48	6	52	6	56	7	60	7	64	8	68	8	72	9	76	9	80	10
10	26	70	31	14	35	60	40	4	44	50	48	94	53	40	57	84	62	30	66	74	71	20	75	64	80	10	84	54	89	»

90 FRANCS.

Intérêts à raison de

	3		3 1/2		4		4 1/2		5		5 1/2		6		6 1/2		7		7 1/2		8		8 1/2		9		9 1/2		10	
JOURS.	Fr.	C.	Fr.	C.	Fr.	C.	Fr.	C.	Fr.	C.	Fr.	C.	Fr.	C.	Fr.	C.	Fr.	C.	Fr.	C.	Fr.	C.	Fr.	C.	Fr.	C.	Fr.	C.	Fr.	C.
1	»	1	»	1	»	1	»	1	»	1	»	1	»	1	»	2	»	2	»	2	»	2	»	2	»	2	»	2	»	2
2	»	1	»	2	»	2	»	2	»	2	»	3	»	3	»	3	»	3	»	4	»	4	»	4	»	4	»	5	»	5
3	»	2	»	3	»	3	»	3	»	4	»	4	»	4	»	5	»	5	»	6	»	6	»	6	»	7	»	7	»	7
4	»	3	»	3	»	4	»	4	»	5	»	5	»	6	»	6	»	7	»	7	»	8	»	8	»	9	»	9	»	10
5	»	4	»	4	»	5	»	6	»	6	»	7	»	7	»	8	»	9	»	9	»	10	»	10	»	11	»	11	»	12
6	»	4	»	5	»	6	»	7	»	7	»	8	»	9	»	10	»	10	»	11	»	12	»	13	»	13	»	14	»	15
7	»	5	»	6	»	7	»	8	»	9	»	10	»	10	»	11	»	12	»	13	»	14	»	15	»	16	»	16	»	17
8	»	6	»	7	»	8	»	9	»	10	»	11	»	12	»	13	»	14	»	15	»	16	»	17	»	18	»	19	»	20
9	»	7	»	8	»	9	»	10	»	11	»	12	»	13	»	15	»	16	»	17	»	18	»	19	»	20	»	21	»	22
10	»	7	»	9	»	10	»	11	»	12	»	14	»	15	»	16	»	17	»	18	»	20	»	21	»	22	»	23	»	25
11	»	8	»	10	»	11	»	12	»	14	»	15	»	16	»	18	»	19	»	21	»	22	»	23	»	25	»	26	»	27
12	»	9	»	10	»	12	»	13	»	15	»	16	»	18	»	19	»	21	»	22	»	24	»	25	»	27	»	29	»	30
13	»	10	»	11	»	13	»	15	»	16	»	18	»	19	»	21	»	23	»	24	»	26	»	28	»	29	»	30	»	32
14	»	10	»	12	»	14	»	16	»	17	»	19	»	21	»	23	»	24	»	26	»	28	»	30	»	31	»	33	»	35
15	»	11	»	13	»	15	»	17	»	19	»	21	»	22	»	24	»	26	»	28	»	30	»	32	»	34	»	35	»	37
16	»	12	»	14	»	16	»	18	»	20	»	22	»	24	»	26	»	28	»	30	»	32	»	34	»	36	»	38	»	40
17	»	13	»	15	»	17	»	19	»	21	»	23	»	25	»	28	»	30	»	32	»	34	»	36	»	38	»	40	»	42
18	»	13	»	16	»	18	»	20	»	22	»	25	»	27	»	29	»	31	»	34	»	36	»	38	»	40	»	42	»	45
19	»	14	»	17	»	19	»	21	»	24	»	26	»	28	»	31	»	33	»	36	»	38	»	40	»	43	»	45	»	47
20	»	15	»	17	»	20	»	22	»	25	»	27	»	30	»	32	»	35	»	37	»	40	»	42	»	45	»	47	»	50
21	»	16	»	18	»	21	»	24	»	26	»	29	»	31	»	34	»	37	»	39	»	42	»	45	»	47	»	50	»	52
22	»	16	»	19	»	22	»	25	»	27	»	30	»	33	»	36	»	38	»	41	»	44	»	47	»	49	»	52	»	55
23	»	17	»	20	»	23	»	26	»	29	»	32	»	34	»	37	»	40	»	43	»	45	»	49	»	52	»	55	»	57
24	»	18	»	21	»	24	»	27	»	30	»	33	»	36	»	39	»	42	»	45	»	48	»	51	»	54	»	57	»	60
25	»	19	»	22	»	25	»	28	»	31	»	34	»	37	»	41	»	44	»	47	»	50	»	53	»	56	»	59	»	62
26	»	19	»	23	»	26	»	29	»	32	»	36	»	39	»	42	»	45	»	49	»	52	»	55	»	58	»	61	»	65
27	»	20	»	24	»	27	»	30	»	34	»	37	»	40	»	44	»	47	»	51	»	54	»	57	»	61	»	64	»	67
28	»	21	»	24	»	28	»	31	»	35	»	38	»	42	»	45	»	49	»	53	»	56	»	59	»	63	»	66	»	70
29	»	22	»	25	»	29	»	33	»	36	»	40	»	43	»	47	»	51	»	54	»	58	»	61	»	65	»	69	»	72
MOIS.																														
1	»	22	»	26	»	30	»	34	»	37	»	41	»	45	»	49	»	52	»	56	»	60	»	64	»	67	»	71	»	75
2	»	45	»	52	»	60	»	67	»	75	»	82	»	90	»	97	1	5	1	12	1	20	1	28	1	35	1	42	1	50
3	»	67	»	79	»	90	1	1	1	12	1	24	1	35	1	46	1	57	1	69	1	80	1	91	2	2	2	13	2	25
4	»	90	1	5	1	20	1	35	1	50	1	65	1	80	1	95	2	10	2	25	2	40	2	55	2	70	2	85	3	»
5	1	12	1	31	1	50	1	69	1	87	2	6	2	25	2	44	2	62	2	81	3	»	3	19	3	37	3	56	3	75
6	1	35	1	57	1	80	2	2	2	25	2	47	2	70	2	92	3	15	3	37	3	60	3	82	4	5	4	27	4	50
7	1	57	1	84	2	10	2	36	2	62	2	89	3	15	3	41	3	67	3	94	4	20	4	46	4	72	4	98	5	25
8	1	80	2	10	2	40	2	70	3	»	3	30	3	60	3	90	4	20	4	50	4	80	5	10	5	40	5	70	6	»
9	2	2	2	36	2	70	3	4	3	37	3	71	4	5	4	39	4	72	5	6	5	40	5	74	6	7	6	41	6	75
10	2	25	2	62	3	»	3	37	3	75	4	12	4	50	4	87	5	25	5	62	6	»	6	37	6	75	7	12	7	50
11	2	47	2	89	3	30	3	71	4	12	4	54	4	95	5	36	5	77	6	19	6	60	7	1	7	42	7	83	8	25
ANNÉES.																														
1	2	70	3	15	3	60	4	5	4	50	4	95	5	40	5	85	6	30	6	75	7	20	7	65	8	10	8	55	9	»
2	5	40	6	30	7	20	8	10	9	»	9	90	10	80	11	70	12	60	13	50	14	40	15	30	16	20	17	10	18	»
3	8	10	9	45	10	80	12	15	13	50	14	85	16	20	17	55	18	90	20	25	21	60	22	95	24	30	25	65	27	»
4	10	80	12	60	14	40	16	20	18	»	19	80	21	60	23	40	25	20	27	»	28	80	30	60	32	40	34	20	36	»
5	13	50	15	75	18	»	20	25	22	50	24	75	27	»	29	25	31	50	33	75	36	»	38	25	40	50	42	75	45	»
6	16	20	18	90	21	60	24	30	27	»	29	70	32	40	35	10	37	80	40	50	43	20	45	90	48	60	51	30	54	»
7	18	90	22	5	25	20	28	35	31	50	34	65	37	80	40	95	44	10	47	25	50	40	53	55	56	70	59	85	63	»
8	21	60	25	20	28	80	32	40	36	»	39	60	43	20	46	80	50	40	54	»	57	60	61	20	64	80	68	40	72	»
9	24	30	28	35	32	40	36	45	40	50	44	55	48	60	52	65	56	70	60	75	64	80	68	85	72	90	76	95	81	»
10	27	»	31	50	36	»	40	50	45	»	49	50	54	»	58	50	63	»	67	50	72	»	76	50	81	»	85	50	90	»

91 FRANCS.

Intérêts à raison de

	3		3 1/2		4		4 1/2		5		5 1/2		6		6 1/2		7		7 1/2		8		8 1/2		9		9 1/2		10	
JOURS.	Fr.	C.	Fr.	C.	Fr.	C.	Fr.	C.	Fr.	C.	Fr.	C.	Fr.	C.	Fr.	C.	Fr.	C.	Fr	C.	Fr.	C.	Fr.	C.	Fr.	C.	Fr.	C.	Fr.	C.
1	»	1	»	1	»	1	»	1	»	1	»	1	»	2	»	2	»	2	»	2	»	2	»	2	»	2	»	3	»	3
2	»	2	»	2	»	2	»	2	»	3	»	3	»	3	»	3	»	4		4	»	4	»	4	»	5	»	5	»	5
3	»	2	»	3	»	3	»	3	»	4	»	4	»	5	»	5	»	5		6	»	6	»	6	»	7	»	7	»	8
4	»	3	»	4	»	4	»	5	»	5	»	6	»	6	»	7	»	7	»	8	»	8	»	8	»	9	»	10	»	10
5	»	4	»	4	»	5	»	6	»	6	»	7	»	8	»	8	»	9	»	9	»	10	»	11	»	11	»	12	»	13
6	»	5	»	5	»	6	»	7	»	8	»	8	»	9	»	10	»	11	»	11	»	12	»	13	»	14	»	14	»	15
7	»	5	»	6	»	7	»	8	»	9	»	10	»	11	»	12	»	12	»	13	»	14	»	15	»	16	»	17	»	18
8	»	6	»	7	»	8	»	9	»	10	»	11	»	12	»	13	»	14	»	15	»	16	»	17	»	18	»	19	»	20
9	»	7	»	8	»	9	»	10	»	11	»	13	»	14	»	15	»	16	»	17	»	18	»	19	»	20	»	21	»	23
10	»	8	»	9	»	10	»	11	»	13	»	14	»	15	»	16	»	18	»	19	»	20	»	21	»	23	»	24	»	25
11	»	8	»	10	»	11	»	13	»	14	»	15	»	17	»	18	»	19	»	20	»	22	»	23	»	25	»	26	»	28
12	»	9	»	11	»	12	»	14	»	15	»	17	»	18	»	20	»	21	»	22	»	24	»	26	»	27	»	29	»	30
13	»	10	»	12	»	13	»	15	»	16	»	18	»	20	»	21	»	23	»	25	»	26	»	28	»	30	»	31	»	33
14	»	11	»	12	»	14	»	16	»	18	»	19	»	21	»	23	»	25	»	26	»	28	»	30	»	32	»	34	»	35
15	»	11	»	13	»	15	»	17	»	19	»	21	»	23	»	26	»	27	»	28	»	30	»	32	»	34	»	36	»	38
16	»	12	»	14	»	16	»	18	»	20	»	22	»	24	»	27	»	28	»	30	»	32	»	34	»	36	»	38	»	40
17	»	13	»	15	»	17	»	19	»	21	»	24	»	26	»	28	»	30	»	32	»	34	»	36	»	39	»	41	»	43
18	»	14	»	16	»	18	»	20	»	23	»	25	»	27	»	30	»	32	»	34	»	36	»	38	»	41	»	43	»	45
19	»	14	»	17	»	19	»	22	»	24	»	26	»	29	»	31	»	34	»	36	»	38	»	40	»	43	»	46	»	48
20	»	15	»	18	»	20	»	23	»	25	»	28	»	30	»	33	»	35	»	38	»	40	»	42	»	45	»	48	»	51
21	»	16	»	19	»	21	»	24	»	27	»	29	»	32	»	35	»	37	»	40	»	42	»	45	»	48	»	51	»	53
22	»	17	»	19	»	22	»	25	»	28	»	31	»	33	»	36	»	39	»	41	»	44	»	47	»	50	»	53	»	56
23	»	17	»	20	»	23	»	26	»	29	»	32	»	35	»	38	»	41	»	43	»	47	»	49	»	52	»	55	»	58
24	»	18	»	21	»	24	»	27	»	30	»	33	»	36	»	39	»	42	»	45	»	49	»	51	»	55	»	57	»	61
25	»	19	»	22	»	25	»	28	»	32	»	35	»	38	»	41	»	44	»	47	»	51	»	53	»	57	»	60	»	63
26	»	20	»	23	»	26	»	30	»	33	»	36	»	39	»	42	»	46	»	49	»	52	»	56	»	59	»	63	»	66
27	»	20	»	24	»	27	»	31	»	34	»	38	»	40	»	44	»	48	»	51	»	55	»	58	»	61	»	65	»	68
28	»	21	»	25	»	28	»	32	»	35	»	39	»	42	»	46	»	50	»	53	»	57	»	60	»	64	»	67	»	71
29	»	22	»	26	»	29	»	33	»	37	»	40	»	44	»	48	»	51	»	54	»	59	»	62	»	66	»	70	»	73
MOIS.																														
1	»	23	»	27	»	30	»	34	»	38	»	42	»	45	»	49	»	53	»	57	»	61	»	64	»	68	»	72	»	76
2	»	45	»	53	»	61	»	68	»	76	»	83	»	91	»	99	1	6	1	14	1	21	1	29	1	36	1	44	1	52
3	»	68	»	80	»	91	1	2	1	14	1	25	1	36	1	48	1	59	1	71	1	82	1	93	2	5	2	16	2	27
4	»	91	1	6	1	21	1	36	1	52	1	67	1	82	1	97	2	12	2	27	2	43	2	57	2	73	2	88	3	3
5	1	14	1	33	1	52	1	71	1	90	2	9	2	27	2	46	2	65	2	85	3	3	3	23	3	41	3	61	3	79
6	1	36	1	59	1	82	2	5	2	27	2	50	2	73	2	96	3	18	3	41	3	64	3	87	4	9	4	32	4	55
7	1	59	1	86	2	12	2	39	2	65	2	92	3	18	3	45	3	72	3	98	4	25	4	51	4	78	5	4	5	31
8	1	82	2	12	2	43	2	73	3	3	3	34	3	64	3	94	4	25	4	55	4	85	5	16	5	46	5	76	6	7
9	2	5	2	39	2	73	3	7	3	41	3	75	4	9	4	44	4	78	5	12	5	46	5	80	6	14	6	48	6	82
10	2	27	2	65	3	3	3	41	3	79	4	17	4	55	4	93	5	31	5	68	6	7	6	44	6	82	7	20	7	58
11	2	70	2	92	3	34	3	75	4	17	4	59	5	»	5	42	5	84	6	26	6	67	7	9	7	51	7	92	8	34
ANNÉES.																														
1	2	73	3	18	3	64	4	9	4	55	5	»	5	46	5	91	6	37	6	82	7	28	7	73	8	19	8	64	9	10
2	5	46	6	37	7	28	8	19	9	10	10	1	10	92	11	83	12	74	13	65	14	56	15	47	16	38	17	29	18	20
3	8	19	9	55	10	92	12	28	13	65	15	1	16	38	17	74	19	11	20	47	21	84	23	20	24	57	25	93	27	30
4	10	92	12	74	14	56	16	38	18	20	20	2	21	84	23	66	25	48	27	30	29	12	30	94	32	76	34	58	36	40
5	13	65	15	92	18	20	20	47	22	75	25	2	27	30	29	57	31	85	34	12	36	40	38	67	40	95	43	22	45	50
6	16	38	19	11	21	84	24	56	27	30	30	2	32	76	35	48	38	22	40	94	43	68	46	40	49	14	51	86	54	60
7	19	11	22	29	25	48	28	66	31	85	35	3	38	22	41	40	44	59	47	77	50	96	54	14	57	33	60	51	63	70
8	21	84	25	48	29	12	32	76	36	40	40	4	43	68	47	32	50	96	54	60	58	24	61	88	65	52	69	16	72	80
9	24	57	28	66	32	76	36	85	40	95	45	4	49	14	53	23	57	33	61	42	65	52	69	61	73	71	77	80	81	90
10	27	30	31	84	36	40	40	94	45	50	50	4	54	60	59	14	63	70	68	24	72	80	77	34	81	90	86	44	91	»

Intérêts à raison de

	3		3 1/2		4		4 1/2		5		5 1/2		6		6 1/2		7		7 1/2		8		8 1/2		9		9 1/2		10	
JOURS.	Fr.	C.	Fr.	C.	Fr.	C.	Fr.	C.	Fr.	C.	Fr.	C.	Fr.	C.	Fr.	C.	Fr.	C.	Fr.	C.	Fr.	C.	Fr.	C.	Fr.	C.	Fr.	C.	Fr.	C.
1	»	1	»	1	»	1	»	1	»	1	»	1	»	2	»	2	»	2	»	2	»	2	»	2	»	2	»	3	»	3
2	»	2	»	2	»	2	»	2	»	3	»	3	»	3	»	3	»	4	»	4	»	4	»	4	»	5	»	5	»	5
3	»	2	»	3	»	3	»	3	»	4	»	4	»	5	»	5	»	5	»	6	»	6	»	6	»	7	»	7	»	8
4	»	3	»	4	»	4	»	5	»	5	»	6	»	6	»	7	»	7	»	7	»	8	»	8	»	9	»	9	»	10
5	»	4	»	4	»	5	»	6	»	6	»	7	»	8	»	8	»	9	»	9	»	10	»	11	»	11	»	11	»	13
6	»	5	»	5	»	6	»	7	»	8	»	8	»	9	»	10	»	11	»	11	»	12	»	13	»	14	»	14	»	15
7	»	5	»	6	»	7	»	8	»	9	»	10	»	11	»	12	»	13	»	13	»	14	»	15	»	16	»	17	»	18
8	»	6	»	7	»	8	»	9	»	10	»	11	»	12	»	13	»	14	»	15	»	16	»	17	»	18	»	19	»	20
9	»	7	»	8	»	9	»	10	»	11	»	13	»	14	»	15	»	16	»	17	»	18	»	19	»	21	»	22	»	23
10	»	8	»	9	»	10	»	11	»	13	»	14	»	15	»	17	»	18	»	19	»	20	»	21	»	23	»	24	»	26
11	»	8	»	10	»	11	»	13	»	14	»	15	»	17	»	18	»	20	»	21	»	22	»	23	»	25	»	27	»	28
12	»	9	»	11	»	12	»	14	»	15	»	17	»	18	»	20	»	21	»	23	»	25	»	26	»	28	»	29	»	31
13	»	10	»	12	»	13	»	15	»	17	»	18	»	20	»	22	»	23	»	25	»	27	»	28	»	30	»	31	»	33
14	»	11	»	13	»	14	»	16	»	18	»	20	»	21	»	23	»	25	»	27	»	29	»	30	»	32	»	34	»	36
15	»	11	»	13	»	15	»	17	»	19	»	21	»	23	»	25	»	27	»	29	»	31	»	32	»	34	»	36	»	38
16	»	12	»	14	»	16	»	18	»	20	»	22	»	25	»	27	»	29	»	31	»	33	»	34	»	37	»	39	»	41
17	»	13	»	15	»	17	»	20	»	22	»	24	»	26	»	28	»	30	»	32	»	35	»	37	»	39	»	41	»	43
18	»	14	»	16	»	18	»	21	»	23	»	25	»	28	»	30	»	32	»	35	»	37	»	39	»	41	»	43	»	46
19	»	15	»	17	»	19	»	22	»	24	»	27	»	29	»	32	»	34	»	36	»	39	»	41	»	44	»	47	»	49
20	»	15	»	18	»	20	»	23	»	26	»	28	»	31	»	33	»	36	»	39	»	41	»	44	»	46	»	49	»	51
21	»	16	»	19	»	21	»	24	»	27	»	30	»	32	»	35	»	38	»	40	»	43	»	45	»	48	»	51	»	54
22	»	17	»	20	»	22	»	25	»	28	»	31	»	34	»	37	»	39	»	42	»	45	»	47	»	51	»	52	»	56
23	»	18	»	21	»	24	»	26	»	29	»	32	»	35	»	38	»	41	»	45	»	47	»	50	»	53	»	55	»	59
24	»	18	»	21	»	25	»	28	»	31	»	34	»	37	»	40	»	43	»	46	»	49	»	52	»	55	»	57	»	61
25	»	19	»	22	»	26	»	29	»	32	»	35	»	38	»	42	»	45	»	48	»	51	»	55	»	57	»	59	»	64
26	»	20	»	23	»	27	»	30	»	33	»	37	»	40	»	43	»	47	»	50	»	53	»	57	»	60	»	63	»	66
27	»	21	»	24	»	28	»	31	»	34	»	38	»	41	»	45	»	48	»	52	»	55	»	59	»	62	»	65	»	69
28	»	21	»	25	»	29	»	32	»	36	»	39	»	43	»	47	»	50	»	53	»	57	»	60	»	64	»	68	»	72
29	»	22	»	26	»	30	»	33	»	37	»	41	»	44	»	48	»	52	»	56	»	59	»	64	»	67	»	70	»	74
MOIS.																														
1	»	23	»	27	»	31	»	34	»	38	»	42	»	46	»	50	»	54	»	58	»	61	»	65	»	69	»	73	»	77
2	»	46	»	54	»	61	»	69	»	77	»	84	»	92	1	»	1	7	1	15	1	23	1	30	1	38	1	46	1	53
3	»	69	»	80	»	92	1	3	1	15	1	26	1	38	1	49	1	61	1	72	1	84	1	95	2	7	2	18	2	30
4	»	92	1	7	1	23	1	38	1	53	1	69	1	84	1	99	2	15	2	30	2	45	2	61	2	76	2	91	3	7
5	1	15	1	34	1	53	1	72	1	92	2	11	2	30	2	49	2	68	2	87	3	7	3	25	3	45	3	64	3	83
6	1	38	1	61	1	84	2	7	2	30	2	53	2	76	2	99	3	22	3	45	3	68	3	91	4	14	4	37	4	60
7	1	61	1	88	2	15	2	41	2	68	2	95	3	22	3	49	3	76	4	3	4	29	4	56	4	83	5	9	5	37
8	1	84	2	15	2	45	2	76	3	7	3	37	3	68	3	99	4	29	4	60	4	91	5	21	5	52	5	83	6	13
9	2	7	2	41	2	76	3	10	3	45	3	79	4	14	4	48	4	83	5	17	5	52	5	86	6	21	6	55	6	90
10	2	30	2	68	3	7	3	45	3	83	4	22	4	60	4	98	5	37	5	75	6	13	6	52	6	90	7	28	7	67
11	2	53	2	95	3	37	3	79	4	22	4	64	5	6	5	48	5	90	6	32	6	75	7	16	7	59	8	1	8	43
ANNÉES.																														
1	2	76	3	22	3	68	4	14	4	60	5	6	5	52	5	98	6	44	6	90	7	36	7	82	8	28	8	74	9	20
2	5	52	6	44	7	36	8	28	9	20	10	12	11	4	11	96	12	88	13	80	14	72	15	64	16	56	17	48	18	40
3	8	28	9	66	11	4	12	42	13	80	15	18	16	56	17	94	19	32	20	70	22	8	23	46	24	84	26	22	27	60
4	11	4	12	88	14	72	16	56	18	40	20	24	22	8	23	92	25	76	27	60	29	44	31	28	33	12	34	96	36	80
5	13	80	16	10	18	40	20	70	23	»	25	30	27	60	29	90	32	20	34	50	36	80	39	10	41	40	43	70	46	»
6	16	56	19	32	22	8	24	84	27	60	30	36	33	12	35	88	38	64	41	40	44	16	46	92	49	68	52	44	55	20
7	19	32	22	54	25	76	28	98	32	20	35	42	38	64	41	86	45	8	48	30	51	52	54	74	57	96	61	18	64	40
8	22	8	25	76	29	44	33	12	36	80	40	48	44	16	47	84	51	52	55	20	58	88	62	56	66	24	69	92	73	60
9	24	84	28	98	33	12	37	26	41	40	45	54	49	68	53	82	57	96	62	10	66	24	70	38	74	52	78	66	82	80
10	27	60	32	20	36	80	41	40	46	»	50	60	55	20	59	80	64	40	69	»	73	60	78	20	82	80	87	40	92	»

93 FRANCS.

Intérêts à raison de

	3		3 1/2		4		4 1/2		5		5 1/2		6		6 1/2		7		7 1/2		8		8 1/2		9		9 1/2		10	
JOURS.	Fr.	C.	Fr.	C.	Fr.	C.	Fr.	C.	Fr.	C.	Fr.	C.	Fr.	C.	Fr.	C.	Fr.	C.	Fr.	C.	Fr.	C.	Fr.	C.	Fr.	C.	Fr.	C.	Fr.	C.
1	»	1	»	1	»	1	»	1	»	1	»	1	»	2	»	2	»	2	»	2	»	2	»	2	»	2	»	3	»	3
2	»	2	»	2	»	2	»	2	»	3	»	3	»	3	»	3	»	4	»	4	»	4	»	4	»	5	»	5	»	5
3	»	2	»	3	»	3	»	3	»	4	»	4	»	5	»	5	»	5	»	6	»	6	»	6	»	7	»	8	»	8
4	»	3	»	4	»	4	»	5	»	5	»	6	»	6	»	7	»	7	»	8	»	8	»	9	»	9	»	10	»	10
5	»	4	»	5	»	5	»	6	»	6	»	7	»	8	»	8	»	9	»	10	»	10	»	11	»	11	»	12	»	13
6	»	5	»	5	»	6	»	7	»	8	»	9	»	9	»	10	»	11	»	11	»	12	»	13	»	14	»	15	»	15
7	»	5	»	6	»	7	»	8	»	9	»	10	»	11	»	12	»	13	»	13	»	14	»	15	»	16	»	17	»	18
8	»	6	»	7	»	8	»	9	»	10	»	11	»	12	»	13	»	14	»	15	»	17	»	18	»	19	»	20	»	21
9	»	7	»	8	»	9	»	10	»	12	»	13	»	14	»	15	»	16	»	17	»	19	»	20	»	21	»	22	»	23
10	»	8	»	9	»	10	»	12	»	13	»	14	»	15	»	17	»	18	»	19	»	21	»	22	»	23	»	25	»	26
11	»	9	»	10	»	11	»	13	»	14	»	16	»	17	»	18	»	20	»	21	»	23	»	24	»	26	»	27	»	28
12	»	9	»	11	»	12	»	14	»	15	»	17	»	19	»	20	»	22	»	23	»	25	»	26	»	28	»	29	»	31
13	»	10	»	12	»	13	»	15	»	17	»	18	»	20	»	22	»	24	»	25	»	27	»	28	»	30	»	32	»	34
14	»	11	»	13	»	14	»	16	»	18	»	20	»	22	»	24	»	25	»	27	»	29	»	31	»	33	»	34	»	36
15	»	12	»	14	»	15	»	17	»	19	»	21	»	23	»	25	»	27	»	29	»	31	»	32	»	35	»	37	»	39
16	»	12	»	14	»	17	»	19	»	21	»	23	»	25	»	27	»	29	»	31	»	33	»	35	»	37	»	39	»	41
17	»	13	»	15	»	18	»	20	»	22	»	24	»	26	»	29	»	31	»	33	»	35	»	38	»	40	»	42	»	44
18	»	14	»	16	»	19	»	21	»	23	»	26	»	28	»	30	»	33	»	35	»	37	»	40	»	42	»	44	»	46
19	»	15	»	17	»	20	»	22	»	25	»	27	»	29	»	32	»	34	»	37	»	39	»	42	»	44	»	47	»	49
20	»	15	»	18	»	21	»	23	»	26	»	28	»	31	»	34	»	36	»	39	»	41	»	44	»	46	»	49	»	52
21	»	16	»	19	»	22	»	24	»	27	»	30	»	33	»	35	»	38	»	41	»	43	»	46	»	49	»	51	»	54
22	»	17	»	20	»	23	»	26	»	28	»	31	»	34	»	37	»	40	»	43	»	45	»	48	»	51	»	55	»	57
23	»	18	»	21	»	24	»	27	»	29	»	33	»	36	»	39	»	42	»	45	»	48	»	50	»	53	»	57	»	59
24	»	19	»	22	»	25	»	28	»	31	»	34	»	37	»	40	»	43	»	47	»	50	»	53	»	56	»	59	»	62
25	»	19	»	23	»	26	»	29	»	32	»	36	»	39	»	42	»	45	»	49	»	52	»	55	»	58	»	61	»	65
26	»	20	»	24	»	27	»	30	»	34	»	37	»	40	»	44	»	47	»	51	»	54	»	57	»	60	»	64	»	67
27	»	21	»	24	»	28	»	31	»	35	»	38	»	42	»	45	»	49	»	52	»	56	»	59	»	63	»	66	»	70
28	»	22	»	25	»	29	»	33	»	36	»	40	»	43	»	47	»	51	»	54	»	58	»	62	»	65	»	69	»	72
29	»	22	»	26	»	30	»	34	»	37	»	41	»	45	»	49	»	52	»	56	»	60	»	64	»	67	»	71	»	75
MOIS.																														
1	»	23	»	27	»	31	»	35	»	39	»	43	»	46	»	50	»	54	»	58	»	62	»	66	»	70	»	74	»	77
2	»	46	»	54	»	62	»	70	»	77	»	85	»	93	1	1	1	8	1	16	1	24	1	32	1	39	1	47	1	55
3	»	70	»	81	»	93	1	5	1	16	1	28	1	39	1	51	1	63	1	74	1	86	1	98	2	9	2	21	2	32
4	»	93	1	8	1	24	1	39	1	55	1	70	1	86	2	1	2	17	2	32	2	48	2	63	2	79	2	94	3	10
5	1	16	1	36	1	55	1	74	1	94	2	13	2	32	2	52	2	71	2	91	3	10	3	29	3	49	3	68	3	87
6	1	39	1	63	1	86	2	9	2	32	2	56	2	79	3	2	3	25	3	49	3	72	3	95	4	18	4	41	4	65
7	1	63	1	90	2	17	2	44	2	71	2	98	3	25	3	53	3	80	4	7	4	34	4	61	4	88	5	15	5	42
8	1	86	2	17	2	48	2	79	3	10	3	41	3	72	4	3	4	34	4	65	4	96	5	27	5	58	5	89	6	20
9	2	9	2	44	2	79	3	14	3	49	3	84	4	18	4	53	4	88	5	23	5	58	5	93	6	28	6	63	6	97
10	2	32	2	71	3	10	3	49	3	87	4	26	4	65	5	4	5	42	5	81	6	20	6	59	6	67	7	36	7	75
11	2	56	2	98	3	41	3	84	4	26	4	69	5	11	5	54	5	97	6	39	6	82	7	25	7	37	8	10	8	52
ANNÉES.																														
1	2	79	3	25	3	72	4	18	4	65	5	11	5	58	6	4	6	51	6	97	7	44	7	90	8	37	8	83	9	30
2	5	58	6	51	7	44	8	37	9	30	10	23	11	16	12	9	13	2	13	95	14	88	15	81	16	74	17	67	18	60
3	8	37	9	76	11	16	12	55	13	95	15	34	16	74	18	13	19	53	20	92	22	32	23	71	25	11	26	50	27	90
4	11	16	13	2	14	88	16	74	18	60	20	46	22	32	24	18	26	4	27	90	29	76	31	62	33	48	35	34	37	20
5	13	95	16	27	18	60	20	92	23	25	25	57	27	90	30	22	32	55	34	87	37	20	39	52	41	85	44	17	46	50
6	16	74	19	52	22	32	25	10	27	90	30	68	33	48	36	26	39	6	41	84	44	64	47	42	50	22	53	»	55	80
7	19	53	22	78	26	4	29	29	32	55	35	80	39	6	42	31	45	57	48	82	52	8	55	33	58	59	61	84	65	10
8	22	32	26	4	29	76	33	48	37	20	40	92	44	64	48	36	52	8	55	80	59	52	63	24	66	96	70	68	74	40
9	25	11	29	29	33	48	37	66	41	85	46	3	50	22	54	40	58	59	62	77	66	96	71	14	75	33	79	51	83	70
10	27	90	32	54	37	20	41	84	46	50	51	14	55	80	60	44	65	10	69	74	74	40	79	4	83	70	88	34	93	»

Intérêts à raison de

	3		3 1/2		4		4 1/2		5		5 1/2		6		6 1/2		7		7 1/2		8		8 1/2		9		9 1/2		10	
	Fr.	C.	Fr.	C.	Fr.	C.	Fr.	C.	Fr.	C.	Fr.	C.	Fr.	C.	Fr.	C.	Fr.	C.	Fr.	C.	Fr.	C.	Fr.	C.	Fr.	C.	Fr.	C.	Fr.	C.
JOURS.																														
1	»	1	»	1	»	1	»	1	»	1	»	1	»	2	»	2	»	2	»	2	»	2	»	2	»	2	»	3	»	3
2	»	2	»	2	»	2	»	2	»	3	»	3	»	3	»	3	»	4	»	4	»	4	»	5	»	5	»	5	»	5
3	»	2	»	3	»	3	»	4	»	4	»	4	»	5	»	5	»	5	»	6	»	6	»	7	»	7	»	8	»	8
4	»	3	»	4	»	4	»	5	»	5	»	6	»	6	»	7	»	7	»	8	»	8	»	9	»	9	»	10	»	10
5	»	4	»	5	»	5	»	6	»	7	»	7	»	8	»	8	»	9	»	10	»	10	»	11	»	12	»	13	»	13
6	»	5	»	5	»	6	»	7	»	8	»	9	»	9	»	10	»	11	»	12	»	13	»	13	»	14	»	15	»	16
7	»	5	»	6	»	7	»	8	»	9	»	10	»	11	»	12	»	13	»	14	»	15	»	15	»	16	»	17	»	18
8	»	6	»	7	»	8	»	9	»	10	»	11	»	13	»	14	»	15	»	15	»	17	»	18	»	19	»	20	»	21
9	»	7	»	8	»	9	»	11	»	12	»	13	»	14	»	15	»	16	»	17	»	19	»	20	»	21	»	22	»	23
10	»	8	»	9	»	10	»	12	»	13	»	14	»	16	»	17	»	18	»	19	»	21	»	22	»	23	»	25	»	26
11	»	9	»	10	»	11	»	13	»	14	»	16	»	17	»	19	»	20	»	21	»	23	»	24	»	26	»	27	»	29
12	»	9	»	11	»	13	»	14	»	16	»	17	»	19	»	20	»	22	»	23	»	25	»	26	»	28	»	30	»	31
13	»	10	»	12	»	14	»	15	»	17	»	19	»	20	»	22	»	24	»	26	»	27	»	29	»	31	»	32	»	34
14	»	11	»	13	»	15	»	16	»	18	»	20	»	22	»	24	»	26	»	28	»	29	»	31	»	33	»	35	»	37
15	»	12	»	14	»	16	»	18	»	20	»	22	»	23	»	25	»	27	»	29	»	31	»	33	»	35	»	37	»	39
16	»	13	»	15	»	17	»	19	»	21	»	23	»	25	»	27	»	29	»	32	»	33	»	36	»	38	»	40	»	42
17	»	13	»	16	»	18	»	20	»	22	»	24	»	27	»	29	»	31	»	34	»	36	»	38	»	40	»	42	»	44
18	»	14	»	16	»	19	»	21	»	23	»	26	»	28	»	31	»	33	»	35	»	38	»	40	»	42	»	44	»	47
19	»	15	»	17	»	20	»	22	»	25	»	27	»	30	»	32	»	35	»	37	»	40	»	42	»	45	»	47	»	50
20	»	16	»	18	»	21	»	23	»	26	»	29	»	31	»	34	»	37	»	39	»	42	»	44	»	47	»	49	»	52
21	»	16	»	19	»	22	»	25	»	27	»	30	»	33	»	36	»	38	»	41	»	44	»	47	»	49	»	52	»	55
22	»	17	»	20	»	23	»	26	»	29	»	32	»	34	»	37	»	40	»	43	»	46	»	49	»	52	»	55	»	57
23	»	18	»	21	»	24	»	27	»	30	»	33	»	36	»	39	»	42	»	45	»	48	»	51	»	54	»	57	»	60
24	»	19	»	22	»	25	»	28	»	31	»	34	»	38	»	41	»	44	»	47	»	50	»	53	»	56	»	59	»	63
25	»	20	»	23	»	26	»	29	»	33	»	36	»	39	»	42	»	46	»	49	»	52	»	55	»	59	»	62	»	65
26	»	20	»	24	»	27	»	31	»	34	»	37	»	41	»	44	»	48	»	51	»	54	»	58	»	61	»	65	»	68
27	»	21	»	25	»	28	»	32	»	35	»	39	»	42	»	46	»	49	»	53	»	56	»	60	»	63	»	67	»	70
28	»	22	»	26	»	29	»	33	»	37	»	40	»	44	»	48	»	51	»	55	»	58	»	62	»	66	»	70	»	73
29	»	23	»	27	»	30	»	34	»	38	»	42	»	45	»	49	»	53	»	57	»	61	»	64	»	68	»	72	»	76
MOIS.																														
1	»	23	»	27	»	31	»	35	»	39	»	43	»	47	»	51	»	55	»	59	»	63	»	67	»	70	»	74	»	78
2	»	47	»	55	»	63	»	70	»	78	»	86	»	94	1	2	1	10	1	18	1	25	1	33	1	41	1	48	1	57
3	»	70	»	82	»	94	1	6	1	17	1	29	1	41	1	53	1	64	1	76	1	88	1	99	2	11	2	23	2	35
4	»	94	1	10	1	25	1	41	1	57	1	72	1	88	2	4	2	19	2	35	2	51	2	66	2	82	2	98	3	13
5	1	17	1	37	1	57	1	76	1	96	2	15	2	35	2	55	2	74	2	94	3	13	3	33	3	52	3	72	3	92
6	1	41	1	64	1	88	2	11	2	35	2	58	2	82	3	6	3	29	3	52	3	76	3	99	4	23	4	46	4	70
7	1	64	1	92	2	19	2	47	2	74	3	2	3	29	3	56	3	84	4	11	4	39	4	66	4	93	5	21	5	48
8	1	88	2	19	2	51	2	82	3	13	3	45	3	76	4	7	4	39	4	70	5	1	5	33	5	64	5	95	6	27
9	2	11	2	47	2	82	3	17	3	52	3	88	4	23	4	58	4	93	5	29	5	64	5	99	6	34	6	69	7	5
10	2	35	2	74	3	13	3	52	3	92	4	31	4	70	5	9	5	48	5	87	6	27	6	66	7	5	7	44	7	83
11	2	58	3	2	3	45	3	88	4	31	4	74	5	17	5	60	6	3	6	47	6	89	7	33	7	75	8	19	8	62
ANNÉES.																														
1	2	82	3	29	3	76	4	23	4	70	5	17	5	64	6	11	6	58	7	5	7	52	7	99	8	46	8	93	9	40
2	5	64	6	58	7	52	8	46	9	40	10	34	11	28	12	22	13	16	14	10	15	4	15	98	16	92	17	86	18	80
3	8	46	9	87	11	28	12	69	14	10	15	51	16	92	18	33	19	74	21	15	22	56	23	97	25	38	26	79	28	20
4	11	28	13	16	15	4	16	92	18	80	20	68	22	56	24	44	26	32	28	20	30	8	31	96	33	84	35	72	37	60
5	14	10	16	45	18	80	21	15	23	50	25	85	28	20	30	55	32	90	35	25	37	60	39	95	42	30	44	65	47	»
6	16	92	19	74	22	56	25	38	28	20	31	2	33	84	36	66	39	48	42	30	45	12	47	94	50	76	53	58	56	40
7	19	74	23	3	26	32	29	61	32	90	36	19	39	48	42	77	46	6	49	35	52	64	55	93	59	22	62	51	66	80
8	22	56	26	32	30	8	33	84	37	60	41	36	45	12	48	88	52	64	56	40	60	16	63	92	67	68	71	44	75	20
9	25	38	29	61	33	84	38	7	42	30	46	53	50	76	54	99	59	22	63	45	67	68	71	91	76	14	80	37	84	60
10	28	20	32	90	37	60	47	30	47	»	51	70	56	40	61	10	65	80	70	50	75	20	79	90	84	60	89	30	94	»

95 FRANCS.

Intérêts à raison de

	3		3 1/2		4		4 1/2		5		5 1/2		6		6 1/2		7		7 1/2		8		8 1/2		9		9 1/2		10	
JOURS.	Fr.	C.	Fr.	C.	Fr.	C.	Fr.	C.	Fr.	C.	Fr.	C.	Fr.	C.	Fr.	C.	Fr.	C.	Fr.	C.	Fr.	C.	Fr.	C.	Fr.	C.	Fr.	C.	Fr.	C.
1	»	1	»	1	»	1	»	1	»	1	»	1	»	2	»	2	»	2	»	2	»	2	»	2	»	2	»	3	»	3
2	»	2	»	2	»	2	»	2	»	3	»	3	»	3	»	3	»	4	»	4	»	4	»	4	»	5	»	5	»	5
3	»	2	»	3	»	3	»	4	»	4	»	4	»	5	»	5	»	6	»	6	»	6	»	7	»	7	»	7	»	8
4	»	3	»	4	»	4	»	5	»	5	»	6	»	6	»	7	»	7	»	8	»	8	»	9	»	9	»	10	»	11
5	»	4	»	5	»	5	»	6	»	7	»	7	»	8	»	9	»	9	»	10	»	11	»	11	»	12	»	12	»	13
6	»	5	»	6	»	6	»	7	»	8	»	9	»	9	»	10	»	11	»	12	»	13	»	13	»	14	»	15	»	16
7	»	6	»	6	»	7	»	8	»	9	»	10	»	11	»	12	»	13	»	14	»	15	»	16	»	17	»	17	»	18
8	»	6	»	7	»	8	»	9	»	11	»	12	»	13	»	14	»	15	»	16	»	17	»	18	»	19	»	20	»	21
9	»	7	»	8	»	9	»	11	»	12	»	13	»	14	»	15	»	17	»	18	»	19	»	20	»	21	»	23	»	24
10	»	8	»	9	»	11	»	12	»	13	»	15	»	16	»	17	»	18	»	20	»	21	»	23	»	24	»	25	»	26
11	»	9	»	10	»	12	»	13	»	15	»	16	»	17	»	19	»	20	»	22	»	23	»	25	»	26	»	28	»	29
12	»	9	»	11	»	13	»	14	»	16	»	17	»	19	»	21	»	22	»	24	»	25	»	27	»	28	»	30	»	32
13	»	10	»	12	»	14	»	15	»	17	»	19	»	21	»	22	»	24	»	25	»	27	»	29	»	31	»	32	»	34
14	»	11	»	13	»	15	»	17	»	18	»	20	»	22	»	24	»	26	»	28	»	30	»	31	»	33	»	35	»	37
15	»	12	»	14	»	16	»	18	»	20	»	22	»	24	»	26	»	28	»	30	»	32	»	34	»	36	»	38	»	40
16	»	13	»	15	»	17	»	19	»	21	»	23	»	25	»	27	»	30	»	32	»	34	»	36	»	38	»	40	»	42
17	»	13	»	16	»	18	»	20	»	22	»	25	»	27	»	29	»	31	»	34	»	36	»	38	»	40	»	42	»	45
18	»	14	»	17	»	19	»	21	»	24	»	26	»	28	»	31	»	33	»	36	»	38	»	40	»	43	»	45	»	47
19	»	15	»	18	»	20	»	23	»	25	»	28	»	30	»	33	»	35	»	38	»	40	»	43	»	45	»	48	»	50
20	»	16	»	18	»	21	»	24	»	26	»	29	»	32	»	34	»	37	»	39	»	42	»	45	»	47	»	50	»	53
21	»	17	»	19	»	22	»	25	»	28	»	30	»	33	»	36	»	39	»	41	»	44	»	47	»	50	»	52	»	55
22	»	17	»	20	»	23	»	26	»	29	»	32	»	35	»	38	»	40	»	43	»	46	»	49	»	52	»	55	»	58
23	»	18	»	21	»	24	»	27	»	30	»	33	»	36	»	39	»	42	»	45	»	49	»	51	»	55	»	57	»	61
24	»	19	»	22	»	25	»	28	»	32	»	35	»	38	»	41	»	44	»	47	»	51	»	53	»	57	»	60	»	63
25	»	20	»	23	»	26	»	30	»	33	»	36	»	40	»	43	»	46	»	49	»	53	»	56	»	59	»	63	»	66
26	»	21	»	24	»	27	»	31	»	34	»	38	»	41	»	45	»	48	»	51	»	55	»	58	»	62	»	65	»	69
27	»	21	»	25	»	28	»	32	»	36	»	39	»	43	»	46	»	50	»	53	»	57	»	60	»	64	»	68	»	71
28	»	22	»	26	»	30	»	33	»	37	»	41	»	44	»	48	»	51	»	56	»	59	»	63	»	66	»	70	»	74
29	»	23	»	27	»	31	»	34	»	38	»	42	»	46	»	50	»	54	»	58	»	61	»	65	»	69	»	72	»	77
MOIS.																														
1	»	24	»	28	»	32	»	36	»	40	»	44	»	47	»	51	»	55	»	59	»	63	»	67	»	71	»	75	»	79
2	»	47	»	55	»	63	»	71	»	79	»	87	»	95	1	3	1	11	1	18	1	27	1	34	1	42	1	50	1	58
3	»	71	»	83	»	95	1	7	1	19	1	31	1	42	1	54	1	66	1	78	1	90	2	2	2	14	2	26	2	37
4	»	95	1	11	1	27	1	42	1	58	1	74	1	90	2	6	2	22	2	38	2	53	2	69	2	85	3	»	3	17
5	1	19	1	39	1	58	1	78	1	98	2	18	2	37	2	57	2	77	2	97	3	17	3	36	3	56	3	76	3	96
6	1	42	1	66	1	90	2	14	2	37	2	61	2	85	3	9	3	32	3	56	3	80	4	4	4	27	4	51	4	75
7	1	66	1	94	2	22	2	49	2	77	3	5	3	32	3	60	3	88	4	16	4	43	4	71	4	99	5	26	5	54
8	1	90	2	22	2	53	2	85	3	17	3	48	3	80	4	12	4	43	4	75	5	7	5	38	5	70	6	2	6	33
9	2	14	2	49	2	85	3	21	3	56	3	92	4	27	4	63	4	99	5	34	5	70	6	6	6	41	6	77	7	12
10	2	37	2	77	3	17	3	56	3	96	4	35	4	75	5	15	5	54	5	94	6	33	6	73	7	12	7	52	7	92
11	2	61	3	5	3	48	3	92	4	35	4	79	5	22	5	66	6	10	6	53	6	97	7	40	7	84	8	27	8	71
ANNÉES.																														
1	2	85	3	32	3	80	4	27	4	75	5	22	5	70	6	17	6	65	7	12	7	60	8	7	8	55	9	2	9	50
2	5	70	6	65	7	60	8	55	9	50	10	45	11	40	12	35	13	30	14	25	15	20	16	15	17	10	18	5	19	»
3	8	55	9	97	11	40	12	82	14	25	15	67	17	10	18	52	19	95	21	37	22	80	24	22	25	65	27	7	28	50
4	11	40	13	30	15	20	17	10	19	»	20	90	22	80	24	70	26	60	28	50	30	40	32	30	34	20	36	10	38	»
5	14	25	16	62	19	»	21	37	23	75	26	12	28	50	30	87	33	25	35	62	38	»	40	37	42	75	45	12	47	50
6	17	10	19	94	22	80	25	64	28	50	31	34	34	20	37	4	39	90	42	74	45	60	48	44	51	30	54	14	57	»
7	19	95	23	27	26	60	29	92	33	25	36	57	39	90	43	22	46	55	49	87	53	20	56	52	59	85	63	17	66	50
8	22	80	26	60	30	40	34	20	38	»	41	80	45	60	49	40	53	20	57	»	60	80	64	60	68	40	72	20	76	»
9	25	65	29	92	34	20	38	47	42	75	47	2	51	30	55	57	59	85	64	12	68	40	72	67	76	95	81	22	85	50
10	28	50	33	24	38	»	42	74	47	50	52	24	57	»	61	74	66	50	71	24	76	»	80	74	85	50	90	24	95	»

Intérêts à raison de

	3		3 1/2		4		4 1/2		5		5 1/2		6		6 1/2		7		7 1/2		8		8 1/2		9		9 1/2		10	
	Fr.	C.	Fr.	C.	Fr.	C.	Fr.	C.	Fr.	C.	Fr.	C.	Fr.	C.	Fr.	C.	Fr.	C.	Fr.	C.	Fr.	C.	Fr.	C.	Fr.	C.	Fr.	C.	Fr.	C.
JOURS.																														
1	»	1	»	1	»	1	»	1	»	1	»	1	»	2	»	2	»	2	»	2	»	2	»	2	»	2	»	3	»	3
2	»	2	»	2	»	2	»	2	»	3	»	3	»	3	»	3	»	4	»	4	»	4	»	5	»	5	»	5	»	5
3	»	2	»	3	»	3	»	4	»	4	»	4	»	5	»	5	»	6	»	6	»	6	»	7	»	7	»	8	»	8
4	»	3	»	4	»	4	»	5	»	5	»	6	»	6	»	7	»	7	»	8	»	9	»	9	»	10	»	10	»	11
5	»	4	»	5	»	5	»	6	»	7	»	7	»	8	»	9	»	9	»	10	»	11	»	11	»	12	»	13	»	13
6	»	5	»	6	»	6	»	7	»	8	»	9	»	10	»	10	»	11	»	12	»	13	»	13	»	14	»	15	»	16
7	»	6	»	7	»	7	»	8	»	9	»	10	»	11	»	12	»	13	»	14	»	15	»	16	»	17	»	18	»	19
8	»	6	»	7	»	9	»	10	»	11	»	12	»	13	»	14	»	15	»	16	»	17	»	18	»	19	»	20	»	21
9	»	7	»	8	»	10	»	11	»	12	»	13	»	14	»	16	»	17	»	18	»	19	»	20	»	22	»	23	»	24
10	»	8	»	9	»	11	»	12	»	13	»	15	»	16	»	17	»	19	»	20	»	21	»	22	»	24	»	25	»	27
11	»	9	»	10	»	12	»	13	»	15	»	16	»	18	»	19	»	21	»	22	»	23	»	25	»	26	»	28	»	29
12	»	10	»	11	»	13	»	14	»	16	»	18	»	19	»	21	»	22	»	24	»	26	»	28	»	29	»	30	»	32
13	»	10	»	12	»	14	»	16	»	17	»	19	»	21	»	23	»	24	»	26	»	28	»	30	»	31	»	33	»	35
14	»	11	»	13	»	15	»	17	»	19	»	21	»	22	»	24	»	26	»	28	»	20	»	32	»	34	»	35	»	37
15	»	12	»	14	»	16	»	18	»	20	»	22	»	24	»	26	»	28	»	30	»	32	»	34	»	36	»	38	»	40
16	»	13	»	15	»	17	»	19	»	21	»	23	»	26	»	28	»	30	»	32	»	34	»	36	»	38	»	40	»	43
17	»	14	»	16	»	18	»	20	»	23	»	25	»	27	»	29	»	32	»	34	»	36	»	38	»	41	»	43	»	45
18	»	14	»	17	»	19	»	22	»	24	»	26	»	29	»	31	»	34	»	36	»	38	»	41	»	43	»	46	»	48
19	»	15	»	18	»	20	»	23	»	25	»	28	»	30	»	33	»	35	»	38	»	41	»	43	»	46	»	48	»	51
20	»	16	»	19	»	21	»	24	»	27	»	29	»	32	»	35	»	37	»	40	»	43	»	45	»	48	»	51	»	53
21	»	17	»	20	»	22	»	25	»	28	»	31	»	34	»	36	»	39	»	42	»	45	»	47	»	50	»	53	»	56
22	»	18	»	21	»	23	»	26	»	29	»	32	»	35	»	38	»	41	»	44	»	47	»	49	»	53	»	55	»	59
23	»	18	»	21	»	25	»	28	»	31	»	34	»	37	»	40	»	43	»	48	»	49	»	53	»	55	»	59	»	61
24	»	19	»	22	»	26	»	29	»	32	»	35	»	38	»	42	»	45	»	50	»	51	»	55	»	58	»	61	»	64
25	»	20	»	23	»	27	»	30	»	33	»	37	»	40	»	43	»	47	»	52	»	53	»	57	»	60	»	63	»	67
26	»	21	»	24	»	28	»	31	»	35	»	38	»	42	»	45	»	49	»	54	»	55	»	59	»	62	»	66	»	69
27	»	22	»	25	»	29	»	32	»	36	»	40	»	43	»	47	»	50	»	56	»	58	»	61	»	65	»	68	»	72
28	»	22	»	26	»	30	»	34	»	37	»	41	»	45	»	49	»	52	»	58	»	60	»	64	»	67	»	71	»	75
29	»	23	»	27	»	31	»	35	»	39	»	43	»	46	»	50	»	54	»	59	»	62	»	66	»	70	»	74	»	77
MOIS.																														
1	»	24	»	28	»	32	»	36	»	40	»	44	»	48	»	52	»	56	»	60	»	64	»	68	»	72	»	76	»	80
2	»	48	»	56	»	64	»	72	»	80	»	88	»	96	1	4	1	12	1	20	1	28	1	36	1	44	1	52	1	60
3	»	72	»	84	»	96	1	8	1	20	1	32	1	44	1	56	1	68	1	80	1	92	2	4	2	16	2	28	2	40
4	»	96	1	12	1	28	1	44	1	60	1	76	1	92	2	8	2	24	2	40	2	56	2	72	2	88	3	4	3	20
5	1	20	1	40	1	60	1	80	2	»	2	20	2	40	2	60	2	80	3	»	3	20	3	40	3	60	3	80	4	»
6	1	44	1	68	1	92	2	16	2	40	2	64	2	88	3	12	3	36	3	60	3	84	4	8	4	32	4	56	4	80
7	1	68	1	96	2	24	2	52	2	80	3	8	3	36	3	64	3	92	4	20	4	48	4	76	5	4	5	32	5	60
8	1	92	2	24	2	56	2	88	3	20	3	52	3	84	4	16	4	48	4	80	5	12	5	44	5	76	6	8	6	40
9	2	16	2	52	2	88	3	24	3	60	3	96	4	32	4	68	5	4	5	40	5	76	6	12	6	48	6	84	7	20
10	2	40	2	80	3	20	3	60	4	»	4	40	4	80	5	20	5	60	6	»	6	40	6	80	7	20	7	60	8	»
11	2	64	3	8	3	52	3	96	4	40	4	84	5	28	5	72	6	16	6	60	7	4	7	48	7	92	8	36	8	80
ANNÉES.																														
1	2	88	3	36	3	84	4	32	4	80	5	28	5	76	6	24	6	72	7	20	7	68	8	16	8	64	9	12	9	60
2	5	76	6	72	7	68	8	64	9	60	10	56	11	52	12	48	13	44	14	40	15	36	16	32	17	28	18	24	19	20
3	8	64	10	8	11	52	12	96	14	40	15	84	17	28	18	72	20	16	21	60	23	4	24	48	25	92	27	36	28	80
4	11	52	13	44	15	36	17	28	19	20	21	12	23	4	24	96	26	88	28	80	30	72	32	64	34	56	36	48	38	40
5	14	40	16	80	19	20	21	60	24	»	26	40	28	80	31	20	33	60	36	»	38	40	40	80	43	20	45	60	48	»
6	17	28	20	16	23	4	25	92	28	80	31	68	34	56	37	44	40	32	43	20	46	8	48	96	51	84	54	72	57	60
7	20	16	23	52	26	88	30	24	33	60	36	96	40	32	43	68	47	4	50	40	53	76	57	12	60	48	63	84	67	20
8	23	4	26	88	30	72	34	56	38	40	42	24	46	8	49	92	53	76	57	60	61	44	65	28	69	12	72	96	76	80
9	25	92	30	24	34	56	38	88	43	20	47	52	51	84	56	16	60	48	64	80	69	12	73	44	77	76	82	8	86	40
10	26	80	33	60	38	40	43	20	48	»	52	80	57	60	62	40	67	20	72	»	76	80	81	60	86	40	91	20	96	»

97 FRANCS.

Intérêts à raison de

	3		3 1/2		4		4 1/2		5		5 1/2		6		6 1/2		7		7 1/2		8		8 1/2		9		9 1/2		10	
JOURS.	Fr.	C.	Fr.	C.	Fr.	C.	Fr.	C.	Fr.	C.	Fr.	C.	Fr.	C.	Fr.	C.	Fr.	C.	Fr.	C.	Fr.	C.	Fr.	C.	Fr.	C.	Fr.	C.	Fr.	C.
1	»	1	»	1	»	1	»	1	»	1	»	1	»	2	»	2	»	2	»	2	»	2	»	2	»	2	»	3	»	3
2	»	2	»	2	»	2	»	2	»	3	»	3	»	3	»	4	»	4	»	4	»	4	»	4	»	5	»	5	»	5
3	»	2	»	3	»	3	»	4	»	4	»	4	»	5	»	5	»	6	»	6	»	6	»	7	»	7	»	8	»	8
4	»	3	»	4	»	4	»	5	»	5	»	6	»	6	»	7	»	8	»	8	»	9	»	9	»	10	»	10	»	11
5	»	4	»	5	»	5	»	6	»	7	»	7	»	8	»	9	»	9	»	10	»	11	»	11	»	12	»	13	»	13
6	»	5	»	6	»	6	»	7	»	8	»	9	»	10	»	11	»	11	»	12	»	13	»	14	»	15	»	15	»	16
7	»	6	»	7	»	8	»	8	»	9	»	10	»	11	»	12	»	13	»	14	»	15	»	16	»	17	»	18	»	19
8	»	6	»	8	»	9	»	10	»	11	»	12	»	13	»	14	»	15	»	16	»	17	»	18	»	19	»	21	»	22
9	»	7	»	8	»	10	»	11	»	12	»	13	»	15	»	16	»	17	»	18	»	19	»	20	»	22	»	23	»	24
10	»	8	»	9	»	11	»	12	»	13	»	15	»	16	»	18	»	19	»	20	»	22	»	23	»	24	»	25	»	27
11	»	9	»	10	»	12	»	13	»	15	»	16	»	18	»	19	»	21	»	22	»	24	»	25	»	27	»	28	»	30
12	»	10	»	11	»	13	»	15	»	16	»	18	»	19	»	21	»	23	»	24	»	26	»	28	»	29	»	31	»	32
13	»	11	»	12	»	14	»	16	»	18	»	19	»	21	»	23	»	25	»	26	»	28	»	30	»	32	»	34	»	35
14	»	11	»	13	»	15	»	17	»	19	»	21	»	23	»	25	»	26	»	28	»	30	»	32	»	34	»	36	»	38
15	»	12	»	14	»	16	»	18	»	20	»	22	»	24	»	26	»	28	»	30	»	32	»	34	»	36	»	38	»	40
16	»	13	»	15	»	17	»	19	»	22	»	24	»	26	»	28	»	30	»	32	»	34	»	36	»	39	»	41	»	43
17	»	14	»	16	»	18	»	21	»	23	»	25	»	27	»	30	»	32	»	34	»	37	»	39	»	41	»	44	»	46
18	»	15	»	17	»	19	»	22	»	24	»	27	»	29	»	32	»	34	»	36	»	39	»	41	»	44	»	46	»	48
19	»	15	»	18	»	20	»	23	»	26	»	28	»	31	»	33	»	36	»	38	»	41	»	43	»	46	»	49	»	51
20	»	16	»	19	»	22	»	24	»	27	»	30	»	32	»	35	»	38	»	41	»	43	»	46	»	48	»	51	»	54
21	»	17	»	20	»	23	»	25	»	28	»	31	»	34	»	37	»	40	»	43	»	45	»	48	»	51	»	53	»	57
22	»	18	»	21	»	24	»	27	»	30	»	33	»	36	»	39	»	41	»	45	»	47	»	51	»	53	»	57	»	59
23	»	19	»	22	»	25	»	28	»	31	»	34	»	37	»	40	»	43	»	47	»	50	»	53	»	56	»	59	»	62
24	»	19	»	23	»	26	»	29	»	32	»	36	»	39	»	42	»	45	»	49	»	52	»	55	»	58	»	61	»	65
25	»	20	»	24	»	27	»	30	»	34	»	37	»	40	»	44	»	47	»	50	»	54	»	57	»	61	»	64	»	67
26	»	21	»	25	»	28	»	32	»	35	»	39	»	42	»	45	»	49	»	53	»	56	»	60	»	63	»	67	»	70
27	»	22	»	25	»	29	»	33	»	36	»	40	»	44	»	46	»	51	»	54	»	58	»	62	»	65	»	69	»	73
28	»	23	»	26	»	30	»	34	»	38	»	41	»	45	»	49	»	53	»	56	»	60	»	64	»	68	»	72	»	75
29	»	23	»	27	»	31	»	35	»	39	»	43	»	47	»	51	»	55	»	58	»	63	»	66	»	70	»	74	»	78
MOIS.																														
1	»	24	»	28	»	32	»	36	»	40	»	44	»	48	»	53	»	57	»	61	»	65	»	68	»	73	»	77	»	81
2	»	48	»	57	»	65	»	73	»	81	»	89	»	97	1	5	1	13	1	22	1	29	1	37	1	45	1	56	1	62
3	»	73	»	85	»	97	1	9	1	21	1	33	1	45	1	58	1	70	1	82	1	94	2	6	2	18	2	30	2	42
4	»	97	1	13	1	29	1	45	1	62	1	78	1	94	2	10	2	26	2	42	2	59	2	74	2	91	3	7	3	23
5	1	21	1	41	1	62	1	82	2	2	2	22	2	42	2	63	2	83	3	3	3	23	3	43	3	64	3	84	4	4
6	1	45	1	70	1	94	2	18	2	42	2	67	2	91	3	15	3	39	3	64	3	88	4	12	4	36	4	60	4	85
7	1	70	1	98	2	26	2	55	2	83	3	11	3	39	3	68	3	96	4	24	4	53	4	81	5	9	5	38	5	66
8	1	94	2	26	2	59	2	91	3	23	3	56	3	88	4	20	4	53	4	85	5	17	5	50	5	82	6	14	6	47
9	2	18	2	55	2	91	3	27	3	64	4	»	4	36	4	73	5	9	5	46	5	82	6	18	6	55	6	91	7	27
10	2	42	2	83	3	23	3	64	4	4	4	45	4	85	5	25	5	66	6	6	6	47	6	87	7	27	7	68	8	8
11	2	67	3	11	3	56	4	»	4	45	4	89	5	33	5	78	6	22	6	67	7	11	7	56	8	»	8	45	8	89
ANNÉES.																														
1	2	91	3	39	3	88	4	36	4	85	5	33	5	82	6	30	6	79	7	27	7	76	8	24	8	73	9	21	9	70
2	5	82	6	79	7	76	8	73	9	70	10	67	11	64	12	61	13	58	14	55	15	52	16	49	17	46	18	43	19	40
3	8	73	10	18	11	64	13	9	14	55	16	»	17	46	18	91	20	37	21	82	23	28	24	73	26	19	27	64	29	10
4	11	64	13	58	15	52	17	46	19	40	21	34	23	28	25	22	27	16	29	10	31	4	32	98	34	92	36	86	38	80
5	14	55	16	97	19	40	21	82	24	25	26	67	29	10	31	52	33	95	36	37	38	80	41	22	43	65	46	7	48	50
6	17	46	20	36	23	28	26	18	29	10	32	»	34	92	37	82	40	74	43	64	46	56	49	46	52	38	55	28	58	20
7	20	37	23	76	27	16	30	55	33	95	37	34	40	74	44	13	47	53	50	92	54	32	57	71	61	11	64	50	67	90
8	23	28	27	16	31	4	34	92	38	80	42	68	46	56	50	44	54	32	58	20	62	8	65	96	69	84	73	72	77	60
9	26	19	30	55	34	92	39	28	43	65	48	»	52	38	56	74	61	11	65	47	69	84	74	20	78	57	82	93	87	30
10	29	10	33	94	38	80	43	64	48	50	53	34	58	20	63	4	67	90	72	74	77	60	82	44	87	30	92	14	97	»

Intérêts à raison de

	3		3 1/2		4		4 1/2		5		5 1/2		6	
	Fr.	C.	Fr.	C.	Fr.	C.	Fr.	C.	Fr.	C.	Fr.	C.	Fr.	C.
JOURS.														
1	»	1	»	1	»	1	»	1	»	1	»	1	»	2
2	»	2	»	2	»	2	»	2	»	3	»	3	»	3
3	»	2	»	3	»	3	»	4	»	4	»	4	»	5
4	»	3	»	4	»	4	»	5	»	5	»	6	»	7
5	»	4	»	5	»	5	»	6	»	7	»	7	»	8
6	»	5	»	6	»	7	»	7	»	8	»	9	»	10
7	»	6	»	7	»	8	»	9	»	10	»	10	»	11
8	»	7	»	8	»	9	»	10	»	11	»	12	»	13
9	»	7	»	9	»	10	»	11	»	12	»	13	»	15
10	»	8	»	10	»	11	»	12	»	14	»	15	»	16
11	»	9	»	10	»	12	»	13	»	15	»	16	»	18
12	»	10	»	11	»	13	»	15	»	16	»	18	»	20
13	»	11	»	12	»	14	»	16	»	18	»	19	»	21
14	»	11	»	13	»	15	»	17	»	19	»	21	»	23
15	»	12	»	14	»	16	»	18	»	20	»	22	»	24
16	»	13	»	15	»	17	»	20	»	22	»	24	»	26
17	»	14	»	16	»	19	»	21	»	23	»	25	»	28
18	»	15	»	17	»	20	»	22	»	24	»	27	»	29
19	»	16	»	18	»	21	»	23	»	26	»	28	»	31
20	»	16	»	19	»	22	»	24	»	27	»	30	»	33
21	»	17	»	20	»	23	»	26	»	29	»	31	»	34
22	»	18	»	21	»	24	»	27	»	30	»	33	»	36
23	»	18	»	22	»	25	»	28	»	31	»	34	»	38
24	»	20	»	23	»	26	»	29	»	33	»	36	»	39
25	»	20	»	24	»	27	»	31	»	34	»	37	»	41
26	»	21	»	25	»	28	»	32	»	35	»	39	»	42
27	»	22	»	26	»	29	»	33	»	37	»	40	»	44
28	»	23	»	27	»	30	»	34	»	38	»	42	»	46
29	»	24	»	28	»	32	»	36	»	39	»	43	»	47
MOIS.														
1	»	24	»	29	»	33	»	37	»	41	»	45	»	49
2	»	49	»	57	»	65	»	73	»	82	»	90	»	98
3	»	73	»	86	»	98	1	10	1	22	1	35	1	47
4	»	98	1	14	1	31	1	47	1	63	1	80	1	96
5	1	22	1	43	1	63	1	84	2	4	2	25	2	45
6	1	47	1	71	1	96	2	20	2	45	2	69	2	94
7	1	71	2	»	2	29	2	57	2	86	3	14	3	43
8	1	96	2	29	2	61	2	94	3	27	3	59	3	92
9	2	20	2	57	2	94	3	31	3	67	4	4	4	41
10	2	45	2	86	3	27	3	67	4	8	4	49	4	90
11	2	69	3	14	3	59	4	4	4	49	4	94	5	39
ANNÉES.														
1	2	94	3	43	3	92	4	41	4	90	5	39	5	88
2	5	88	6	86	7	84	8	82	9	80	10	78	11	76
3	8	82	10	29	11	76	13	23	14	70	16	17	17	64
4	11	76	13	72	15	68	17	64	19	60	21	56	23	52
5	14	70	17	15	19	60	22	5	24	50	26	95	29	40
6	17	64	20	58	23	52	26	46	29	40	32	34	35	28
7	20	58	24	1	27	44	30	87	34	30	37	73	41	16
8	23	52	27	44	31	36	35	28	39	20	43	12	47	4
9	26	46	30	87	35	28	39	69	44	10	48	51	52	92
10	29	40	34	30	39	20	44	10	49	»	53	90	58	80

	6 1/2		7		7 1/2		8		8 1/2		9		9 1/2		10	
	Fr.	C.	Fr.	C.	Fr.	C.	Fr.	C.	Fr.	C.	Fr.	C.	Fr.	C.	Fr.	C.
JOURS.																
1	»	2	»	2	»	2	»	2	»	2	»	2	»	3	»	3
2	»	4	»	4	»	4	»	4	»	4	»	5	»	5	»	5
3	»	5	»	6	»	6	»	7	»	7	»	7	»	8	»	8
4	»	7	»	8	»	8	»	9	»	9	»	10	»	10	»	11
5	»	9	»	10	»	10	»	11	»	11	»	12	»	13	»	14
6	»	11	»	11	»	12	»	13	»	14	»	15	»	15	»	16
7	»	12	»	13	»	14	»	15	»	16	»	17	»	18	»	19
8	»	14	»	15	»	16	»	17	»	19	»	20	»	21	»	22
9	»	16	»	17	»	19	»	20	»	21	»	22	»	23	»	24
10	»	18	»	19	»	21	»	22	»	23	»	24	»	25	»	27
11	»	19	»	21	»	22	»	24	»	25	»	27	»	28	»	30
12	»	21	»	23	»	24	»	26	»	28	»	29	»	31	»	33
13	»	23	»	25	»	26	»	28	»	30	»	32	»	34	»	35
14	»	25	»	27	»	28	»	30	»	32	»	34	»	36	»	38
15	»	27	»	29	»	30	»	33	»	34	»	37	»	38	»	41
16	»	28	»	30	»	32	»	35	»	37	»	39	»	41	»	44
17	»	30	»	32	»	35	»	37	»	39	»	42	»	44	»	46
18	»	32	»	34	»	37	»	39	»	42	»	44	»	46	»	49
19	»	34	»	36	»	39	»	41	»	44	»	47	»	49	»	52
20	»	35	»	38	»	41	»	44	»	46	»	49	»	51	»	54
21	»	37	»	40	»	43	»	46	»	49	»	51	»	54	»	57
22	»	39	»	42	»	45	»	48	»	51	»	54	»	57	»	60
23	»	41	»	44	»	47	»	50	»	53	»	56	»	59	»	63
24	»	42	»	46	»	49	»	52	»	55	»	59	»	62	»	65
25	»	44	»	48	»	51	»	54	»	58	»	61	»	65	»	68
26	»	46	»	50	»	53	»	57	»	60	»	64	»	67	»	71
27	»	48	»	51	»	54	»	59	»	62	»	66	»	70	»	73
28	»	50	»	53	»	57	»	61	»	64	»	69	»	72	»	76
29	»	51	»	56	»	60	»	63	»	68	»	71	»	75	»	79
MOIS.																
1	»	53	»	57	»	61	»	65	»	70	»	73	»	78	»	82
2	1	6	1	14	1	22	1	31	1	38	1	47	1	55	1	63
3	1	59	1	71	1	84	1	96	2	8	2	20	2	33	2	45
4	2	12	2	29	2	45	2	61	2	78	2	94	3	10	3	27
5	2	65	2	86	3	6	3	27	3	47	3	67	3	88	4	8
6	3	18	3	43	3	67	3	92	4	16	4	41	4	65	4	90
7	3	72	4	»	4	29	4	57	4	86	5	14	5	43	5	72
8	4	25	4	57	4	90	5	23	5	55	5	88	6	21	6	53
9	4	78	5	14	5	51	5	88	6	25	6	61	6	98	7	35
10	5	31	5	72	6	13	6	53	6	94	7	35	7	75	8	19
11	5	84	6	29	6	74	7	19	7	63	8	8	8	53	8	98
ANNÉES.																
1	6	37	6	86	7	35	7	84	8	33	8	82	9	31	9	80
2	12	74	13	72	14	70	15	68	16	66	17	64	18	62	19	60
3	19	11	20	58	22	5	23	52	24	99	26	46	27	93	29	40
4	25	48	27	44	29	40	31	36	33	32	35	28	37	24	39	20
5	31	85	34	30	36	75	39	20	41	65	44	10	46	55	49	»
6	38	22	41	16	44	10	47	4	49	98	52	92	55	86	58	80
7	44	59	48	2	51	45	54	88	58	31	61	74	65	17	68	60
8	50	96	54	88	58	80	62	72	66	64	70	56	74	48	78	40
9	57	33	61	74	66	15	70	56	74	97	79	38	83	79	88	20
10	63	70	68	60	73	50	78	40	83	30	88	20	93	10	98	»

99 FRANCS.

Intérêts à raison de

	3		3 1/2		4		4 1/2		5		5 1/2		6		6 1/2		7		7 1/2		8		8 1/2		9		9 1/2		10	
JOURS.	Fr.	C.	Fr.	C.	Fr.	C.	Fr.	C.	Fr.	C.	Fr.	C.	Fr.	C.	Fr.	C.	Fr.	C.	Fr.	C.	Fr.	C.	Fr.	C.	Fr.	C.	Fr.	C.	Fr.	C.
1	»	1	»	1	»	1	»	1	»	1	»	2	»	2	»	2	»	2	»	2	»	2	»	2	»	2	»	3	»	3
2	»	2	»	2	»	2	»	2	»	3	»	3	»	3	»	4	»	4	»	4	»	4	»	4	»	5	»	5	»	5
3	»	2	»	3	»	3	»	4	»	4	»	5	»	5	»	5	»	6	»	6	»	7	»	7	»	7	»	8	»	8
4	»	3	»	4	»	4	»	5	»	5	»	6	»	7	»	7	»	8	»	8	»	9	»	9	»	10	»	10	»	11
5	»	4	»	5	»	5	»	6	»	7	»	8	»	8	»	9	»	10	»	10	»	11	»	11	»	12	»	13	»	14
6	»	5	»	6	»	7	»	7	»	8	»	9	»	10	»	11	»	11	»	12	»	13	»	14	»	15	»	15	»	16
7	»	6	»	7	»	8	»	9	»	10	»	11	»	12	»	13	»	13	»	14	»	15	»	16	»	17	»	18	»	19
8	»	7	»	8	»	9	»	10	»	11	»	12	»	13	»	14	»	15	»	16	»	18	»	19	»	20	»	21	»	22
9	»	7	»	9	»	10	»	11	»	12	»	14	»	15	»	16	»	17	»	19	»	20	»	21	»	22	»	23	»	25
10	»	8	»	10	»	11	»	12	»	14	»	15	»	16	»	18	»	19	»	21	»	22	»	23	»	25	»	26	»	27
11	»	9	»	11	»	12	»	14	»	15	»	17	»	18	»	20	»	21	»	23	»	24	»	26	»	27	»	29	»	30
12	»	10	»	12	»	13	»	15	»	16	»	18	»	20	»	21	»	23	»	25	»	26	»	28	»	30	»	31	»	33
13	»	11	»	13	»	14	»	16	»	18	»	20	»	21	»	23	»	25	»	27	»	29	»	30	»	32	»	34	»	36
14	»	12	»	13	»	15	»	17	»	19	»	21	»	23	»	25	»	27	»	29	»	31	»	32	»	35	»	36	»	38
15	»	12	»	14	»	16	»	19	»	21	»	23	»	25	»	27	»	29	»	31	»	33	»	35	»	37	»	39	»	41
16	»	13	»	15	»	18	»	20	»	22	»	24	»	26	»	29	»	31	»	33	»	35	»	38	»	40	»	42	»	44
17	»	14	»	16	»	19	»	21	»	23	»	26	»	28	»	30	»	33	»	35	»	37	»	40	»	42	»	44	»	47
18	»	15	»	17	»	20	»	22	»	25	»	27	»	30	»	32	»	35	»	37	»	40	»	42	»	45	»	47	»	49
19	»	16	»	18	»	21	»	24	»	26	»	29	»	31	»	34	»	37	»	39	»	42	»	45	»	47	»	49	»	52
20	»	16	»	19	»	22	»	25	»	27	»	30	»	33	»	36	»	38	»	41	»	44	»	47	»	49	»	52	»	55
21	»	17	»	20	»	23	»	26	»	29	»	32	»	35	»	38	»	40	»	43	»	46	»	49	»	52	»	55	»	58
22	»	18	»	21	»	24	»	27	»	30	»	33	»	36	»	39	»	42	»	45	»	48	»	51	»	54	»	57	»	60
23	»	19	»	22	»	25	»	28	»	32	»	35	»	38	»	41	»	44	»	47	»	51	»	53	»	57	»	60	»	63
24	»	20	»	23	»	26	»	30	»	33	»	36	»	40	»	43	»	46	»	49	»	53	»	56	»	59	»	63	»	66
25	»	21	»	24	»	27	»	31	»	34	»	38	»	41	»	45	»	48	»	51	»	55	»	58	»	62	»	65	»	69
26	»	21	»	25	»	29	»	32	»	36	»	39	»	43	»	46	»	50	»	54	»	57	»	61	»	64	»	68	»	71
27	»	22	»	26	»	30	»	33	»	37	»	41	»	45	»	48	»	52	»	56	»	59	»	63	»	67	»	70	»	74
28	»	23	»	27	»	31	»	35	»	38	»	42	»	46	»	50	»	54	»	58	»	62	»	66	»	69	»	73	»	77
29	»	24	»	28	»	32	»	36	»	30	»	44	»	48	»	52	»	56	»	60	»	64	»	68	»	72	»	76	»	80
MOIS.																														
1	»	25	»	29	»	33	»	37	»	41	»	45	»	49	»	54	»	58	»	62	»	66	»	70	»	74	»	78	»	82
2	»	49	»	58	»	66	»	74	»	82	»	91	»	99	1	7	1	15	1	24	1	32	1	40	1	48	1	56	1	65
3	»	74	»	87	»	99	1	11	1	24	1	36	1	48	1	61	1	73	1	86	1	98	2	10	2	23	2	35	2	47
4	»	99	1	15	1	32	1	48	1	65	1	81	1	98	2	14	2	31	2	47	2	64	2	80	2	97	3	13	3	30
5	1	24	1	44	1	65	1	86	2	6	2	27	2	47	2	68	2	89	3	9	3	30	3	51	3	71	3	92	4	12
6	1	48	1	73	1	98	2	23	2	47	2	72	2	97	3	22	3	46	3	74	3	96	4	21	4	45	4	70	4	95
7	1	73	2	2	2	31	2	60	2	89	3	18	3	46	3	75	4	4	4	33	4	62	4	91	5	20	5	49	5	77
8	1	98	2	31	2	64	2	97	3	30	3	63	3	96	4	29	4	62	4	95	5	28	5	61	5	94	6	27	6	60
9	2	23	2	60	2	97	3	34	3	71	4	8	4	45	4	83	5	20	5	57	5	94	6	31	6	68	7	5	7	42
10	2	47	2	89	3	30	3	71	4	12	4	54	4	95	5	36	5	77	6	19	6	60	7	1	7	42	7	88	8	25
11	2	72	3	18	3	63	4	8	4	54	4	99	5	44	5	90	6	35	6	81	7	26	7	71	8	17	8	62	9	7
ANNÉES.																														
1	2	97	3	46	3	96	4	45	4	95	5	44	5	94	6	43	6	93	7	42	7	92	8	41	8	91	9	40	9	90
2	5	94	6	93	7	92	8	91	9	90	10	89	11	88	12	87	13	86	14	85	15	84	16	83	17	82	18	81	19	80
3	8	91	10	39	11	88	13	36	14	85	16	33	17	82	19	30	20	79	22	27	23	76	25	24	26	73	28	21	29	70
4	11	88	13	86	15	84	17	82	19	80	21	78	23	76	25	74	27	72	29	70	31	68	33	66	35	64	37	62	39	60
5	14	85	17	32	19	80	22	27	24	75	27	22	29	70	32	17	34	65	37	12	39	60	42	7	44	55	47	2	49	50
6	17	82	20	78	23	76	26	72	29	70	32	66	35	64	38	60	41	58	44	54	47	52	50	48	53	46	56	42	59	40
7	20	79	24	25	27	72	31	18	34	65	38	11	41	58	45	4	48	51	51	97	55	44	58	90	62	37	65	83	69	30
8	23	76	27	72	31	68	35	64	39	60	43	56	47	52	51	48	55	44	59	40	63	36	67	32	71	28	75	24	79	20
9	26	73	31	18	35	64	40	9	44	55	49	»	53	46	57	91	62	37	66	82	71	28	75	73	80	19	84	64	89	10
10	29	70	34	64	39	60	44	54	49	50	54	44	59	40	64	34	69	30	74	24	79	20	84	14	89	10	94	4	99	»

100 FRANCS.

Intérêts à raison de

	3		3 1/2		4		4 1/2		5		5 1/2		6		6 1/2		7		7 1/2		8		8 1/2		9		9 1/2		10	
	Fr.	C.	Fr.	C.	Fr.	C.	Fr.	C.	Fr.	C.	Fr.	C.	Fr.	C.	Fr.	C.	Fr.	C.	Fr.	C.	Fr.	C.	Fr.	C.	Fr.	C.	Fr.	C.	Fr.	C.
JOURS.																														
1	»	1	»	1	»	1	»	1	»	1	»	2	»	2	»	2	»	2	»	2	»	2	»	2	»	2	»	2	»	3
2	»	2	»	2	»	2	»	2	»	3	»	3	»	3	»	4	»	4	»	4	»	4	»	4	»	5	»	5	»	6
3	»	2	»	3	»	3	»	4	»	4	»	5	»	5	»	5	»	6	»	7	»	7	»	7	»	7	»	8	»	8
4	»	3	»	4	»	4	»	5	»	6	»	6	»	7	»	7	»	8	»	8	»	9	»	9	»	10	»	11	»	11
5	»	4	»	5	»	6	»	6	»	7	»	8	»	8	»	9	»	10	»	11	»	11	»	11	»	12	»	13	»	14
6	»	5	»	6	»	7	»	7	»	8	»	9	»	10	»	11	»	12	»	13	»	13	»	14	»	15	»	16	»	17
7	»	6	»	7	»	8	»	9	»	10	»	11	»	12	»	13	»	14	»	15	»	16	»	16	»	17	»	18	»	19
8	»	7	»	8	»	9	»	10	»	11	»	12	»	13	»	14	»	16	»	17	»	18	»	19	»	20	»	21	»	22
9	»	7	»	9	»	10	»	11	»	12	»	14	»	15	»	16	»	17	»	19	»	20	»	21	»	22	»	23	»	25
10	»	8	»	10	»	11	»	12	»	14	»	15	»	17	»	18	»	19	»	21	»	22	»	23	»	25	»	26	»	28
11	»	9	»	11	»	12	»	14	»	15	»	17	»	18	»	20	»	21	»	23	»	24	»	25	»	27	»	29	»	31
12	»	10	»	12	»	13	»	15	»	17	»	18	»	20	»	22	»	23	»	25	»	27	»	28	»	30	»	32	»	33
13	»	11	»	13	»	14	»	16	»	18	»	20	»	22	»	23	»	25	»	27	»	29	»	30	»	32	»	34	»	36
14	»	12	»	14	»	16	»	17	»	19	»	21	»	23	»	25	»	27	»	29	»	31	»	33	»	35	»	37	»	39
15	»	12	»	15	»	17	»	19	»	21	»	23	»	25	»	27	»	29	»	31	»	33	»	36	»	37	»	40	»	42
16	»	13	»	16	»	18	»	20	»	22	»	24	»	27	»	29	»	31	»	34	»	36	»	38	»	40	»	42	»	44
17	»	14	»	16	»	19	»	21	»	24	»	26	»	28	»	31	»	33	»	36	»	38	»	40	»	42	»	44	»	47
18	»	15	»	17	»	20	»	22	»	25	»	27	»	30	»	32	»	35	»	37	»	40	»	42	»	45	»	47	»	50
19	»	16	»	18	»	21	»	24	»	26	»	29	»	32	»	34	»	37	»	39	»	42	»	45	»	47	»	50	»	53
20	»	17	»	19	»	22	»	25	»	26	»	31	»	33	»	36	»	39	»	41	»	44	»	47	»	50	»	53	»	56
21	»	17	»	20	»	23	»	26	»	29	»	32	»	35	»	38	»	41	»	43	»	47	»	49	»	52	»	55	»	58
22	»	18	»	21	»	24	»	37	»	31	»	34	»	37	»	40	»	43	»	45	»	49	»	51	»	55	»	58	»	61
23	»	19	»	22	»	26	»	39	»	32	»	35	»	38	»	42	»	45	»	48	»	51	»	55	»	57	»	61	»	64
24	»	20	»	23	»	27	»	30	»	33	»	37	»	40	»	43	»	47	»	50	»	53	»	57	»	60	»	63	»	67
25	»	21	»	24	»	28	»	31	»	35	»	38	»	42	»	45	»	49	»	52	»	56	»	59	»	62	»	66	»	69
26	»	22	»	25	»	29	»	32	»	36	»	40	»	43	»	47	»	51	»	54	»	58	»	61	»	65	»	68	»	72
27	»	22	»	26	»	30	»	34	»	37	»	41	»	45	»	49	»	52	»	56	»	60	»	64	»	67	»	71	»	75
28	»	23	»	27	»	31	»	35	»	39	»	43	»	47	»	51	»	54	»	58	»	62	»	66	»	70	»	74	»	78
29	»	24	»	28	»	32	»	36	»	40	»	44	»	48	»	52	»	56	»	60	»	64	»	68	»	72	»	76	»	81
MOIS.																														
1	»	25	»	29	»	33	»	37	»	42	»	46	»	50	»	54	»	58	»	62	»	67	»	71	»	75	»	79	»	83
2	»	50	»	58	»	67	»	75	»	83	»	92	1	»	1	8	1	17	1	25	1	33	1	42	1	50	1	58	1	67
3	»	75	»	87	1	»	1	12	1	25	1	37	1	50	1	62	1	75	1	87	2	»	2	12	2	25	2	37	2	50
4	1	»	1	17	1	33	1	50	1	67	1	83	2	»	2	17	2	33	2	50	2	67	2	83	3	»	3	17	3	33
5	1	25	1	46	1	67	1	87	2	8	2	29	2	50	2	71	2	92	3	13	3	33	3	54	3	75	3	95	4	17
6	1	50	1	75	2	»	2	25	2	50	2	75	3	»	3	25	3	50	3	75	4	»	4	25	4	50	4	75	5	»
7	1	75	2	4	2	33	2	62	2	92	3	21	3	50	3	79	4	8	4	37	4	67	4	95	5	25	5	54	5	83
8	2	»	2	33	2	67	3	»	3	33	3	67	4	»	4	33	4	67	5	»	5	33	5	67	6	»	6	33	6	67
9	2	25	2	62	3	»	3	37	3	75	4	12	4	50	4	87	5	25	5	62	6	»	6	37	6	75	7	12	7	50
10	2	50	2	92	3	33	3	75	4	17	4	58	5	»	5	42	5	83	6	25	6	67	7	8	7	50	7	92	8	33
11	2	75	3	21	3	67	4	12	4	58	5	4	5	50	5	96	6	42	6	88	7	33	7	79	8	25	8	70	9	17
ANNÉES.																														
1	3	»	3	50	4	»	4	50	5	»	5	50	6	»	6	50	7	»	7	50	8	»	8	50	9	»	9	50	10	»
2	6	»	7	»	8	»	9	»	10	»	11	»	12	»	13	»	14	»	15	»	16	»	17	»	18	»	19	»	20	»
3	9	»	10	50	12	»	13	50	15	»	16	50	18	»	19	50	21	»	22	50	24	»	25	50	27	»	28	50	30	»
4	12	»	14	»	16	»	18	»	20	»	22	»	24	»	26	»	28	»	30	»	32	»	34	»	36	»	38	»	40	»
5	15	»	17	50	20	»	22	50	25	»	27	50	30	»	32	50	35	»	37	50	40	»	42	50	45	»	47	50	50	»
6	18	»	21	»	24	»	27	»	30	»	33	»	36	»	39	»	42	»	45	»	48	»	51	»	54	»	57	»	60	»
7	21	»	24	50	28	»	31	50	35	»	38	50	42	»	45	50	49	»	52	50	56	»	59	50	63	»	66	50	70	»
8	24	»	28	»	32	»	36	»	40	»	44	»	48	»	52	»	56	»	60	»	64	»	68	»	72	»	76	»	80	»
9	27	»	31	50	36	»	40	50	45	»	49	50	54	»	58	50	63	»	67	50	72	»	76	50	81	»	85	50	90	»
10	30	»	35	»	40	»	45	»	50	»	55	»	60	»	65	»	70	»	75	»	80	»	85	»	90	»	95	»	100	»

200 FRANCS.

	Intérêts à raison de																													
	3		3 1/2		4		4 1/2		5		5 1/2		6		6 1/2		7		7 1/2		8		8 1/2		9		9 1/2		10	
	Fr.	C.	Fr.	C.	Fr.	C.	Fr.	C.	Fr.	C.	Fr.	C.	Fr.	C.	Fr.	C.	Fr.	C.	Fr	C.	Fr.	C.	Fr.	C.	Fr.	C.	Fr.	C.	Fr.	C
JOURS.																														
1	»	2	»	2	»	2	»	2	»	3	»	3	»	3	»	4	»	4	»	4	»	4	»	4	»	5	»	5	»	6
2	»	3	»	4	»	4	»	5	»	6	»	6	»	7	»	7	»	8	»	8	»	9	»	10	»	10	»	11	»	11
3	»	5	»	6	»	7	»	7	»	8	»	9	»	10	»	11	»	12	»	13	»	15	»	14	»	15	»	16	»	17
4	»	7	»	8	»	9	»	10	»	11	»	12	»	13	»	14	»	16	»	17	»	18	»	19	»	20	»	21	»	22
5	»	8	»	10	»	11	»	12	»	14	»	15	»	17	»	18	»	19	»	21	»	22	»	23	»	25	»	26	»	28
6	»	10	»	12	»	13	»	15	»	17	»	18	»	20	»	22	»	23	»	25	»	27	»	28	»	30	»	32	»	33
7	»	12	»	14	»	16	»	17	»	19	»	21	»	23	»	25	»	27	»	30	»	31	»	33	»	35	»	37	»	39
8	»	13	»	16	»	18	»	20	»	22	»	24	»	27	»	29	»	31	»	34	»	36	»	38	»	40	»	42	»	44
9	»	15	»	17	»	20	»	22	»	25	»	27	»	30	»	32	»	35	»	37	»	40	»	42	»	45	»	47	»	50
10	»	17	»	19	»	22	»	25	»	28	»	31	»	33	»	36	»	39	»	41	»	44	»	47	»	50	»	52	»	56
11	»	18	»	21	»	24	»	27	»	31	»	34	»	37	»	40	»	43	»	45	»	49	»	51	»	55	»	58	»	61
12	»	20	»	23	»	27	»	30	»	33	»	37	»	40	»	43	»	47	»	50	»	53	»	57	»	60	»	66	»	67
13	»	22	»	25	»	29	»	32	»	36	»	40	»	43	»	47	»	51	»	54	»	58	»	61	»	65	»	68	»	72
14	»	23	»	27	»	31	»	35	»	39	»	43	»	47	»	51	»	54	»	58	»	62	»	66	»	70	»	74	»	78
15	»	25	»	29	»	33	»	37	»	42	»	46	»	56	»	54	»	58	»	62	»	67	»	70	»	75	»	76	»	83
16	»	27	»	31	»	36	»	40	»	44	»	49	»	53	»	58	»	62	»	67	»	71	»	76	»	80	»	84	»	89
17	»	28	»	33	»	38	»	42	»	47	»	52	»	57	»	61	»	66	»	71	»	76	»	80	»	85	»	89	»	94
18	»	30	»	35	»	40	»	45	»	50	»	55	»	60	»	65	»	70	»	75	»	80	»	85	»	90	»	95	1	»
19	»	32	»	37	»	42	»	47	»	53	»	58	»	63	»	69	»	74	»	79	»	84	»	89	»	95	1	»	1	6
20	»	33	»	39	»	44	»	50	»	56	»	61	»	67	»	72	»	78	»	83	»	89	»	94	1	»	1	6	1	11
21	»	35	»	41	»	47	»	52	»	58	»	64	»	70	»	76	»	82	»	89	»	93	»	99	1	5	1	10	1	17
22	»	27	»	43	»	49	»	55	»	61	»	67	»	73	»	79	»	86	»	92	»	98	1	4	1	10	1	16	1	22
23	»	38	»	45	»	51	»	57	»	64	»	70	»	77	»	83	»	89	»	96	1	2	1	8	1	15	1	21	1	28
24	»	40	»	47	»	53	»	60	»	67	»	73	»	80	»	87	»	83	1	»	1	7	1	13	1	20	1	27	1	33
25	»	42	»	49	»	56	»	62	»	69	»	76	»	83	»	90	»	97	1	4	1	11	1	18	1	25	1	32	1	39
26	»	43	»	51	»	58	»	65	»	72	»	79	»	87	»	94	1	1	1	8	1	16	1	23	1	30	1	38	1	44
27	»	45	»	52	»	60	»	67	»	75	»	82	»	90	»	97	1	5	1	12	1	20	1	27	1	35	1	43	1	50
28	»	47	»	54	»	62	»	70	»	78	»	86	»	93	1	1	1	9	1	17	1	24	1	32	1	40	1	48	1	56
29	»	48	»	56	»	64	»	72	»	81	»	89	»	97	1	5	1	13	1	21	1	29	1	36	1	45	1	53	1	61
MOIS.																														
1	»	50	»	58	»	67	»	75	»	83	»	92	1	»	1	8	1	17	1	25	1	33	1	42	1	50	1	58	1	67
2	1	»	1	17	1	33	1	50	1	67	1	83	2	»	2	17	2	33	2	50	2	67	2	83	3	»	3	17	3	33
3	1	50	1	75	2	»	2	25	2	50	2	75	3	»	3	25	3	50	3	75	4	»	4	25	4	50	4	75	5	»
4	2	»	2	33	2	67	3	»	3	33	3	67	4	»	4	33	4	67	5	»	5	33	5	67	6	»	6	23	6	67
5	2	50	2	92	3	33	3	75	4	17	4	58	5	»	5	42	5	83	6	25	6	67	7	8	7	50	7	92	8	33
6	3	»	3	50	4	»	4	50	5	»	5	50	6	»	6	50	7	»	7	50	8	»	8	50	9	»	9	50	10	»
7	3	50	4	8	4	67	5	25	5	83	6	42	7	»	7	58	8	17	8	75	9	33	9	92	10	50	11	8	11	67
8	4	»	4	67	5	33	6	»	6	67	7	33	8	»	8	67	9	33	10	»	10	67	11	33	12	»	12	67	13	33
9	4	50	5	25	6	»	6	75	7	50	8	25	9	»	9	75	10	50	11	25	12	»	12	75	13	50	14	25	15	»
10	5	»	5	83	6	67	7	60	8	33	9	17	10	»	10	83	11	67	12	50	13	33	14	17	15	»	15	83	16	67
11	5	50	6	42	7	33	8	25	9	17	10	8	11	»	12	92	12	83	13	75	14	67	15	58	16	50	17	42	18	33
ANNÉES.																														
1	6	»	7	»	8	»	9	»	10	»	11	»	12	»	13	»	14	»	15	»	16	»	17	»	18	»	19	»	20	»
2	12	»	14	»	16	»	18	»	20	»	22	»	24	»	26	»	28	»	30	»	32	»	34	»	36	»	38	»	40	»
3	18	»	21	»	24	»	27	»	30	»	33	»	36	»	39	»	42	»	45	»	48	»	51	»	54	»	57	»	60	»
4	24	»	28	»	32	»	36	»	40	»	44	»	48	»	52	»	56	»	60	»	64	»	68	»	72	»	76	»	80	»
5	30	»	35	»	40	»	45	»	50	»	55	»	60	»	65	»	70	»	75	»	80	»	85	»	90	»	95	»	100	»
6	36	»	42	»	48	»	54	»	60	»	66	»	72	»	78	»	84	»	90	»	96	»	102	»	108	»	114	»	120	»
7	42	»	49	»	56	»	63	»	70	»	77	»	84	»	91	»	98	»	105	»	112	»	119	»	126	»	133	»	140	»
8	48	»	56	»	64	»	72	»	80	»	88	»	96	»	104	»	112	»	120	»	128	»	136	»	144	»	152	»	160	»
9	54	»	63	»	72	»	81	»	90	»	99	»	108	»	117	»	126	»	135	»	144	»	153	»	162	»	171	»	180	»
10	60	»	70	»	80	»	90	»	100	»	110	»	120	»	130	»	140	»	150	»	160	»	170	»	180	»	190	»	200	»

Intérêts à raison de

	3		3 1/2		4		4 1/2		5		5 1/2		6	
JOURS.	Fr.	C.	Fr.	C.	Fr.	C.	Fr.	C.	Fr.	C.	Fr.	C.	Fr.	C.
1	»	2	»	3	»	3	»	4	»	4	»	5	»	5
2	»	5	»	6	»	7	»	7	»	8	»	9	»	10
3	»	7	»	9	»	10	»	11	»	12	»	14	»	15
4	»	10	»	12	»	13	»	15	»	17	»	18	»	20
5	»	12	»	15	»	17	»	19	»	21	»	23	»	25
6	»	15	»	17	»	20	»	22	»	25	»	27	»	30
7	»	17	»	20	»	23	»	26	»	29	»	32	»	35
8	»	20	»	23	»	27	»	30	»	33	»	37	»	40
9	»	22	»	26	»	30	»	34	»	37	»	41	»	45
10	»	25	»	29	»	33	»	37	»	42	»	46	»	50
11	»	27	»	32	»	37	»	41	»	46	»	50	»	55
12	»	30	»	35	»	40	»	45	»	50	»	55	»	60
13	»	32	»	38	»	43	»	49	»	54	»	60	»	65
14	»	35	»	41	»	47	»	52	»	58	»	64	»	70
15	»	37	»	44	»	50	»	56	»	62	»	69	»	75
16	»	40	»	47	»	53	»	60	»	67	»	73	»	80
17	»	42	»	50	»	57	»	64	»	71	»	78	»	85
18	»	45	»	52	»	60	»	67	»	75	»	82	»	90
19	»	47	»	55	»	63	»	71	»	79	»	87	»	95
20	»	50	»	58	»	67	»	75	»	83	»	92	1	»
21	»	52	»	61	»	70	»	79	»	87	»	96	1	5
22	»	55	»	64	»	73	»	82	»	92	1	1	1	10
23	»	57	»	67	»	77	»	86	»	96	1	5	1	15
24	»	60	»	70	»	80	»	90	1	»	1	10	1	20
25	»	62	»	73	»	83	»	94	1	4	1	15	1	25
26	»	65	»	76	»	87	»	97	1	8	1	19	1	30
27	»	67	»	79	»	90	1	1	1	12	1	24	1	35
28	»	70	»	82	»	93	1	5	1	17	1	28	1	40
29	»	72	»	85	»	97	1	9	1	21	1	33	1	45
MOIS.														
1	»	75	»	87	1	»	1	12	1	25	1	37	1	50
2	1	50	1	75	2	»	2	25	2	50	2	75	3	»
3	2	25	2	62	3	»	3	37	3	75	4	12	4	50
4	3	»	3	50	4	»	4	50	5	»	5	50	6	»
5	3	75	4	37	5	»	5	62	6	25	6	87	7	50
6	4	50	5	25	6	»	6	75	7	50	8	25	9	»
7	5	25	6	12	7	»	7	87	8	75	9	62	10	50
8	6	»	7	»	8	»	9	»	10	»	11	»	12	»
9	6	75	7	87	9	»	10	12	11	25	12	37	13	50
10	7	50	8	75	10	»	11	25	12	50	13	75	15	»
11	8	25	9	62	11	»	12	37	13	75	15	12	16	50
ANNÉES.														
1	9	»	10	50	12	»	13	50	15	»	16	50	18	»
2	18	»	21	»	24	»	27	»	30	»	33	»	36	»
3	27	»	31	50	36	»	40	50	45	»	49	50	54	»
4	36	»	42	»	48	»	54	»	60	»	66	»	72	»
5	45	»	52	50	60	»	67	50	75	»	82	50	90	»
6	54	»	63	»	72	»	81	»	90	»	99	»	108	»
7	63	»	73	50	84	»	94	50	105	»	115	50	126	»
8	72	»	84	»	96	»	108	»	120	»	132	»	144	»
9	81	»	94	50	108	»	121	50	135	»	148	50	162	»
10	90	»	105	»	120	»	135	»	150	»	165	»	180	»

	6 1/2		7		7 1/2		8		8 1/2		9		9 1/2		10	
JOURS.	Fr.	C.	Fr.	C.	Fr.	C.	Fr.	C.	Fr.	C.	Fr.	C.	Fr.	C.	Fr.	C.
1	»	5	»	6	»	6	»	7	»	7	»	7	»	8	»	8
2	»	10	»	12	»	13	»	13	»	14	»	15	»	16	»	17
3	»	16	»	17	»	19	»	20	»	21	»	22	»	23	»	25
4	»	22	»	23	»	25	»	27	»	28	»	30	»	32	»	33
5	»	27	»	29	»	31	»	33	»	35	»	37	»	40	»	42
6	»	32	»	35	»	37	»	40	»	42	»	45	»	47	»	50
7	»	38	»	41	»	44	»	47	»	49	»	52	»	55	»	58
8	»	43	»	47	»	50	»	53	»	57	»	60	»	63	»	67
9	»	49	»	52	»	56	»	60	»	64	»	67	»	71	»	75
10	»	54	»	58	»	62	»	67	»	71	»	75	»	79	»	83
11	»	60	»	64	»	69	»	73	»	78	»	82	»	87	»	92
12	»	65	»	70	»	75	»	80	»	85	»	90	»	95	1	»
13	»	70	»	76	»	82	»	87	»	92	»	97	1	3	1	8
14	»	76	»	82	»	88	»	93	»	99	1	5	1	10	1	17
15	»	81	»	86	»	94	1	»	1	6	1	12	1	18	1	25
16	»	87	»	93	1	»	1	7	1	13	1	20	1	27	1	33
17	»	92	»	99	1	7	1	13	1	21	1	27	1	35	1	42
18	»	97	1	5	1	12	1	20	1	27	1	35	1	42	1	50
19	1	3	1	11	1	18	1	27	1	34	1	42	1	50	1	58
20	1	8	1	17	1	25	1	33	1	42	1	50	1	58	1	67
21	1	14	1	22	1	31	1	40	1	49	1	57	1	66	1	75
22	1	19	1	28	1	37	1	47	1	55	1	65	1	74	1	83
23	1	25	1	34	1	44	1	53	1	63	1	72	1	82	1	92
24	1	30	1	40	1	50	1	60	1	70	1	80	1	90	2	»
25	1	35	1	46	1	56	1	67	1	77	1	87	1	98	2	8
26	1	41	1	52	1	63	1	73	1	84	1	95	2	5	2	17
27	1	46	1	57	1	69	1	80	1	91	2	2	2	13	2	25
28	1	52	1	63	1	75	1	87	1	98	2	10	2	22	2	33
29	1	57	1	69	1	82	1	93	2	5	2	17	2	30	2	42
MOIS.																
1	1	62	1	75	1	87	2	»	2	12	2	25	2	37	2	50
2	3	25	3	50	3	75	4	»	4	25	4	50	4	75	5	»
3	4	87	5	25	5	62	6	»	6	37	6	75	7	12	7	50
4	6	50	7	»	7	50	8	»	8	50	9	»	9	50	10	»
5	8	12	8	75	9	37	10	»	10	62	11	25	11	87	12	50
6	9	75	10	50	11	25	12	»	12	75	13	50	14	25	15	»
7	11	37	12	25	13	12	14	»	14	87	15	75	16	62	17	50
8	13	»	14	»	15	»	16	»	17	»	18	»	19	»	20	»
9	14	62	15	75	16	87	18	»	19	12	20	25	21	37	22	50
10	16	25	17	50	18	75	20	»	21	25	22	50	23	75	25	»
11	17	87	19	25	20	62	22	»	23	37	24	75	26	12	27	50
ANNÉES.																
1	19	50	21	»	22	50	24	»	25	50	27	»	28	50	30	»
2	39	»	42	»	45	»	48	»	51	»	54	»	57	»	60	»
3	58	50	63	»	67	50	72	»	76	50	81	»	85	50	90	»
4	78	»	84	»	90	»	96	»	102	»	108	»	114	»	120	»
5	97	50	105	»	112	50	120	»	127	50	135	»	142	50	150	»
6	117	»	126	»	135	»	144	»	153	»	162	»	171	»	180	»
7	136	50	147	»	157	50	168	»	178	50	189	»	199	50	210	»
8	156	»	168	»	180	»	192	»	204	»	216	»	228	»	240	»
9	175	50	189	»	202	50	216	»	229	50	243	»	256	50	270	»
10	195	»	210	»	225	»	240	»	255	»	270	»	285	»	300	»

Intérêts à raison de

	3	3 1/2	4	4 1/2	5	5 1/2	6	6 1/2	7	7 1/2	8	8 1/2	9	9 1/2	10
JOURS.	Fr. C.	Fr. C.	Fr. C.	Fr. C.	Fr. C.	Fr. C.	Fr. C.	Fr. C.	Fr. C.	Fr. C.	Fr. C.	Fr. C.	Fr. C.	Fr. C.	Fr. C.
1	» 3	» 4	» 4	» 5	» 6	» 6	» 7	» 7	» 8	» 8	» 9	» 9	» 10	» 10	» 11
2	» 7	» 8	» 9	» 10	» 11	» 12	» 13	» 14	» 16	» 17	» 18	» 19	» 20	» 21	» 22
3	» 10	» 12	» 13	» 15	» 17	» 18	» 20	» 22	» 23	» 25	» 27	» 28	» 30	» 31	» 33
4	» 13	» 16	» 18	» 20	» 22	» 24	» 27	» 29	» 31	» 33	» 36	» 38	» 40	» 42	» 44
5	» 17	» 19	» 22	» 25	» 28	» 31	» 33	» 36	» 39	» 41	» 44	» 47	» 50	» 53	» 56
6	» 20	» 23	» 27	» 30	» 33	» 37	» 40	» 43	» 47	» 50	» 53	» 57	» 60	» 63	» 67
7	» 23	» 27	» 31	» 35	» 39	» 43	» 47	» 51	» 54	» 58	» 62	» 66	» 70	» 74	» 78
8	» 27	» 31	» 36	» 40	» 44	» 49	» 53	» 58	» 62	» 67	» 71	» 76	» 80	» 84	» 89
9	» 30	» 35	» 40	» 45	» 50	» 55	» 60	» 65	» 70	» 75	» 80	» 85	» 90	» 95	1 »
10	» 33	» 39	» 44	» 50	» 56	» 61	» 67	» 72	» 78	» 83	» 89	» 95	1 »	1 6	1 11
11	» 37	» 43	» 49	» 55	» 61	» 67	» 73	» 79	» 86	» 91	» 98	1 4	1 10	1 16	1 22
12	» 40	» 47	» 53	» 60	» 67	» 73	» 80	» 87	» 93	1 »	1 7	1 14	1 20	1 27	1 33
13	» 43	» 51	» 58	» 65	» 72	» 79	» 87	» 94	1 1	1 8	1 16	1 23	1 30	1 37	1 44
14	» 47	» 54	» 62	» 70	» 78	» 86	» 93	1 1	1 9	1 17	1 24	1 32	1 40	1 48	1 56
15	» 50	» 58	» 67	» 75	» 83	» 92	1 »	1 8	1 17	1 25	1 33	1 42	1 50	1 58	1 67
16	» 53	» 62	» 71	» 80	» 89	» 98	1 7	1 16	1 24	1 33	1 42	1 51	1 60	1 69	1 78
17	» 57	» 66	» 76	» 85	» 94	1 4	1 13	1 23	1 32	1 42	1 51	1 61	1 70	1 79	1 89
18	» 60	» 70	» 80	» 90	1 »	1 10	1 20	1 30	1 40	1 50	1 60	1 79	1 80	1 90	2 »
19	» 63	» 74	» 84	» 95	1 6	1 16	1 27	1 37	1 48	1 58	1 69	1 79	1 90	2 »	2 11
20	» 67	» 78	» 89	1 »	1 11	1 22	1 33	1 44	1 56	1 67	1 78	1 89	2 »	2 11	2 22
21	» 70	» 82	» 83	1 5	1 17	1 28	1 40	1 52	1 63	1 75	1 87	1 98	2 10	2 21	2 33
22	» 73	» 86	» 98	1 10	1 22	1 34	1 47	1 59	1 71	1 83	1 96	2 8	2 20	2 32	2 44
23	» 77	» 89	1 2	1 15	1 28	1 41	1 53	1 66	1 79	1 91	2 4	2 17	2 30	2 43	2 56
24	» 80	» 93	1 7	1 20	1 33	1 47	1 60	1 73	1 87	2 »	2 13	2 27	2 40	2 53	2 67
25	» 83	» 97	1 11	1 25	1 39	1 53	1 67	1 81	1 94	2 8	2 22	2 36	2 50	2 64	2 78
26	» 87	1 1	1 16	1 30	1 44	1 59	1 73	1 88	2 2	2 17	2 31	2 46	2 60	2 74	2 89
27	» 90	1 5	1 20	1 35	1 50	1 65	1 80	1 95	2 10	2 25	2 40	2 55	2 70	2 85	3 »
28	» 93	1 9	1 24	1 40	1 56	1 71	1 87	2 2	2 18	2 33	2 49	2 64	2 80	2 96	3 11
29	» 97	1 13	1 29	1 45	1 61	1 77	1 93	2 9	2 26	2 41	2 58	2 74	2 90	3 6	3 22
MOIS.															
1	1 »	1 17	1 33	1 50	1 67	1 83	2 »	2 17	2 33	2 50	2 67	2 83	3 »	3 17	3 33
2	2 »	2 33	2 67	3 »	3 33	3 67	4 »	4 33	4 67	5 »	5 33	5 67	6 »	6 33	6 67
3	3 »	3 50	4 »	4 50	5 »	5 50	6 »	6 50	7 »	7 50	8 »	8 50	9 »	9 50	10 »
4	4 »	4 67	5 33	6 »	6 67	7 33	8 »	8 67	9 33	10 »	10 67	11 33	12 »	12 67	13 33
5	5 »	5 83	6 67	7 50	8 33	9 17	10 »	10 83	11 67	12 50	13 33	14 17	15 »	15 83	16 67
6	6 »	7 »	8 »	9 »	10 »	11 »	12 »	13 »	14 »	15 »	16 »	17 »	18 »	19 »	20 »
7	7 »	8 17	9 33	10 50	11 67	12 83	14 »	15 17	16 33	17 50	18 67	19 83	21 »	22 17	23 33
8	8 »	9 33	10 67	12 »	13 33	14 67	16 »	17 33	18 67	20 »	21 33	22 67	24 »	25 33	26 67
9	9 »	10 50	12 »	13 50	15 »	16 50	18 »	19 50	21 »	22 50	24 »	25 50	27 »	28 50	30 »
10	10 »	11 67	13 33	15 »	16 67	18 33	20 »	21 67	23 33	25 »	26 67	28 33	30 »	31 67	33 33
11	11 »	12 83	14 67	16 50	18 33	20 17	22 »	23 83	25 67	27 50	29 33	31 17	33 »	34 83	36 67
ANNÉES.															
1	12 »	14 »	16 »	18 »	20 »	22 »	24 »	26 »	28 »	30 »	32 »	34 »	36 »	38 »	40 »
2	24 »	28 »	32 »	36 »	40 »	44 »	48 »	52 »	56 »	60 »	64 »	68 »	72 »	76 »	80 »
3	36 »	42 »	48 »	54 »	60 »	66 »	72 »	78 »	84 »	90 »	96 »	102 »	108 »	114 »	120 »
4	48 »	56 »	64 »	72 »	80 »	88 »	96 »	104 »	112 »	120 »	128 »	136 »	144 »	152 »	160 »
5	60 »	70 »	80 »	90 »	100 »	110 »	120 »	130 »	140 »	150 »	160 »	170 »	180 »	190 »	200 »
6	72 »	84 »	96 »	108 »	120 »	132 »	144 »	156 »	168 »	180 »	192 »	204 »	216 »	228 »	240 »
7	84 »	198 »	112 »	126 »	140 »	154 »	168 »	182 »	196 »	210 »	224 »	238 »	252 »	266 »	280 »
8	96 »	112 »	128 »	144 »	160 »	176 »	192 »	208 »	224 »	240 »	256 »	272 »	288 »	304 »	320 »
9	108 »	126 »	144 »	162 »	180 »	198 »	216 »	234 »	252 »	270 »	288 »	306 »	324 »	342 »	360 »
10	120 »	140 »	160 »	180 »	200 »	220 »	240 »	260 »	280 »	300 »	320 »	340 »	360 »	380 »	400 »

Intérêts à raison de

	3		3 1/2		4		4 1/2		5		5 1/2		6		6 1/2		7		7 1/2		8		8 1/2		9		9 1/2		10	
	Fr.	C.	Fr.	C.	Fr.	C.	Fr.	C.	Fr.	C.	Fr.	C.	Fr.	C.	Fr.	C.	Fr.	C.	Fr.	C.	Fr.	C.	Fr.	C.	Fr.	C.	Fr.	C.	Fr.	C.
JOURS.																														
1	»	4	»	5	»	6	»	6	»	7	»	8	»	8	»	9	»	10	»	10	»	11	»	11	»	12	»	13	»	14
2	»	8	»	10	»	11	»	12	»	14	»	15	»	17	»	18	»	19	»	21	»	22	»	23	»	25	»	26	»	28
3	»	12	»	15	»	17	»	19	»	21	»	23	»	25	»	27	»	29	»	31	»	33	»	35	»	37	»	40	»	42
4	»	17	»	19	»	22	»	25	»	28	»	31	»	33	»	36	»	39	»	41	»	44	»	47	»	50	»	53	»	56
5	»	21	»	24	»	28	»	31	»	35	»	38	»	42	»	45	»	49	»	52	»	56	»	59	»	62	»	66	»	69
6	»	25	»	29	»	33	»	37	»	42	»	46	»	50	»	54	»	58	»	62	»	67	»	71	»	75	»	79	»	83
7	»	29	»	34	»	39	»	43	»	49	»	53	»	58	»	63	»	68	»	72	»	78	»	82	»	87	»	92	»	97
8	»	33	»	39	»	44	»	50	»	56	»	61	»	67	»	72	»	78	»	83	»	89	»	94	1	»	1	6	1	11
9	»	37	»	44	»	50	»	56	»	62	»	69	»	75	»	81	»	87	»	93	1	»	1	6	1	12	1	18	1	25
10	»	42	»	49	»	56	»	62	»	69	»	76	»	83	»	90	»	97	1	4	1	11	1	18	1	25	1	31	1	39
11	»	46	»	53	»	61	»	69	»	76	»	84	»	92	»	99	1	7	1	14	1	22	1	30	1	37	1	45	1	53
12	»	50	»	58	»	67	»	75	»	83	»	92	1	»	1	8	1	17	1	25	1	33	1	42	1	50	1	58	1	67
13	»	54	»	63	»	72	»	81	»	90	»	99	1	8	1	17	1	26	1	35	1	44	1	53	1	62	1	71	1	81
14	»	58	»	68	»	78	»	87	»	97	1	7	1	17	1	26	1	36	1	46	1	56	1	65	1	75	1	84	1	94
15	»	62	»	73	»	83	»	94	1	4	1	15	1	25	1	35	1	46	1	56	1	67	1	77	1	87	1	98	2	8
16	»	67	»	78	»	89	1	»	1	11	1	22	1	33	1	44	1	56	1	67	1	78	1	89	2	»	2	11	2	22
17	»	71	»	83	»	94	1	6	1	18	1	30	1	42	1	53	1	65	1	77	1	89	2	»	2	12	2	24	2	36
18	»	75	»	67	1	»	1	12	1	25	1	37	1	50	1	62	1	75	1	87	2	»	2	12	2	25	2	37	2	50
19	»	79	»	92	1	6	1	19	1	32	1	45	1	58	1	72	1	85	1	97	2	11	1	24	2	37	2	51	2	64
20	»	83	»	97	1	11	1	25	1	39	1	53	1	67	1	81	1	94	2	8	2	22	2	36	2	50	2	64	2	78
21	»	87	1	2	1	17	1	31	1	46	1	60	1	75	1	90	2	4	2	19	2	33	2	48	2	62	2	77	2	92
22	»	92	1	7	1	22	1	37	1	53	1	68	1	83	1	99	2	14	2	29	2	44	2	59	2	75	2	90	3	6
23	»	96	1	12	1	28	1	43	1	60	1	76	1	92	2	8	2	24	2	40	1	56	2	71	2	87	3	3	3	19
24	1	»	1	17	1	33	1	50	1	67	1	83	2	»	2	17	2	32	2	50	2	67	2	83	3	»	3	17	3	33
25	1	4	1	22	1	39	1	56	1	74	1	91	2	8	2	26	2	43	2	61	2	78	2	95	3	12	3	30	3	47
26	1	8	1	26	1	44	1	62	1	81	1	99	2	17	2	35	2	53	2	71	2	89	3	6	3	25	3	43	3	61
27	1	12	1	31	1	50	1	69	1	87	2	6	2	25	2	44	2	62	2	82	3	»	3	18	3	37	3	56	3	75
28	1	17	1	36	1	56	1	75	1	94	2	14	2	33	2	53	2	72	2	92	3	11	3	30	3	50	3	69	3	89
20	1	21	1	41	1	61	1	81	2	1	2	22	2	42	2	62	2	82	3	3	3	22	3	42	3	62	3	82	4	3
MOIS.																														
1	1	25	1	46	1	67	1	87	2	8	2	29	2	50	2	71	2	92	3	13	3	33	3	54	3	75	3	95	4	17
2	2	50	2	92	3	33	3	75	4	17	4	58	5	»	5	42	5	83	6	25	6	67	7	7	7	50	7	92	8	33
3	3	75	4	37	5	»	5	62	6	25	6	87	7	50	8	12	8	75	9	37	10	»	10	62	11	25	11	87	12	50
4	5	»	5	83	6	67	7	50	8	33	9	17	10	»	10	83	11	67	12	50	13	33	14	17	15	»	15	83	16	67
5	6	25	7	29	8	33	9	37	10	42	11	46	12	50	13	56	14	58	15	62	16	67	17	70	18	75	19	79	20	83
6	7	50	8	75	10	»	11	25	12	50	13	75	15	»	16	25	17	50	18	75	20	»	21	25	22	50	23	75	25	»
7	8	75	10	21	11	67	13	12	14	58	16	4	17	50	18	96	20	42	21	88	23	33	24	79	26	25	27	71	29	17
8	10	»	11	67	13	33	15	»	16	67	18	33	20	»	21	67	23	33	25	»	26	67	28	33	30	»	31	67	33	33
9	11	25	13	12	15	»	16	87	18	75	20	62	22	50	24	37	26	25	28	12	30	»	31	87	33	75	35	62	37	50
10	12	50	14	58	16	67	18	75	20	83	22	92	25	»	27	8	29	17	31	25	33	33	35	42	37	50	39	58	41	67
11	13	75	16	4	18	33	20	62	22	92	25	21	27	50	29	79	32	8	34	37	36	67	38	95	41	25	43	54	45	83
ANNÉES.																														
1	15	»	17	50	20	»	22	50	25	»	27	50	30	»	32	50	35	»	37	50	40	»	42	50	45	»	47	50	50	»
2	30	»	35	»	40	»	45	»	50	»	55	»	60	»	65	»	70	»	75	»	80	»	85	»	90	»	95	»	100	»
3	45	»	52	50	60	»	67	50	75	»	82	50	90	»	97	50	105	»	112	50	120	»	127	50	135	»	142	50	150	»
4	60	»	70	»	80	»	90	»	100	»	110	»	120	»	130	»	140	»	150	»	160	»	170	»	180	»	190	»	200	»
5	75	»	87	50	100	»	112	50	125	»	137	50	150	»	162	50	175	»	187	50	200	»	212	50	225	»	237	50	250	»
6	90	»	105	»	120	»	135	»	150	»	165	»	180	»	195	»	210	»	225	»	240	»	255	»	270	»	285	»	300	»
7	105	»	122	50	140	»	157	50	175	»	192	50	210	»	227	50	245	»	262	50	280	»	297	50	315	»	332	50	350	»
8	120	»	140	»	160	»	180	»	200	»	220	»	240	»	260	»	280	»	300	»	320	»	340	»	360	»	380	»	400	»
9	135	»	157	50	180	»	202	50	225	»	247	50	270	»	292	50	315	»	337	50	360	»	382	50	405	»	427	50	450	»
10	150	»	175	»	200	»	225	»	250	»	275	»	300	»	325	»	350	»	375	»	400	»	425	»	450	»	475	»	500	»

600 FRANCS.

Intérêts à raison de

	3		3 1/2		4		4 1/2		5		5 1/2		6		6 1/2		7		7 1/2		8		8 1/2		9		9 1/2		10	
JOURS.	Fr.	C.	Fr.	C.	Fr.	C.	Fr.	C.	Fr.	C.	Fr.	C.	Fr.	C.	Fr.	C.	Fr.	C.	Fr.	C.	Fr.	C.	Fr.	C.	Fr.	C.	Fr.	C.	Fr.	C.
1	»	5	»	6	»	7	»	7	»	8	»	9	»	10	»	11	»	12	»	12	»	13	»	14	»	15	»	16	»	17
2	»	10	»	12	»	13	»	15	»	17	»	18	»	20	»	22	»	23	»	25	»	27	»	28	»	30	»	32	»	33
3	»	15	»	17	»	20	»	22	»	25	»	27	»	30	»	33	»	35	»	37	»	40	»	42	»	45	»	47	»	50
4	»	20	»	23	»	27	»	30	»	33	»	37	»	40	»	43	»	47	»	50	»	53	»	57	»	60	»	63	»	67
5	»	25	»	29	»	33	»	37	»	42	»	46	»	50	»	54	»	58	»	62	»	67	»	70	»	75	»	79	»	83
6	»	30	»	35	»	40	»	45	»	50	»	55	»	60	»	65	»	70	»	75	»	80	»	85	»	90	»	95	1	»
7	»	35	»	41	»	47	»	52	»	58	»	64	»	70	»	76	»	82	»	87	»	93	»	99	1	5	1	10	1	17
8	»	40	»	47	»	53	»	60	»	67	»	73	»	80	»	87	»	93	1	»	1	7	1	13	1	20	1	27	1	33
9	»	45	»	52	»	60	»	67	»	75	»	82	»	90	»	97	1	5	1	12	1	20	1	27	1	35	1	42	1	50
10	»	50	»	58	»	67	»	75	»	83	»	92	1	»	1	8	1	17	1	25	1	33	1	42	1	50	1	58	1	67
11	»	55	»	64	»	73	»	82	»	92	1	1	1	10	1	19	1	28	1	37	1	47	1	56	1	65	1	74	1	83
12	»	60	»	70	»	80	»	90	1	»	1	10	1	20	1	30	1	40	1	50	1	60	1	70	1	80	1	90	2	»
13	»	65	»	76	»	87	»	97	1	8	1	19	1	30	1	41	1	52	1	62	1	73	1	84	1	95	2	6	2	17
14	»	70	»	82	»	93	1	5	1	17	1	28	1	40	1	52	1	63	1	75	1	87	1	98	2	10	2	22	2	33
15	»	75	»	87	1	»	1	12	1	25	1	37	1	50	1	62	1	75	1	87	2	»	2	12	2	25	2	37	2	50
16	»	80	»	93	1	7	1	20	1	33	1	47	1	60	1	73	1	87	2	»	2	13	2	27	2	40	2	53	2	67
17	»	85	»	99	1	13	1	27	1	42	1	56	1	70	1	84	1	98	2	12	2	27	2	40	2	55	2	69	2	83
18	»	90	1	5	1	20	1	35	1	50	1	65	1	80	1	95	2	10	2	25	2	40	2	55	2	70	2	85	3	»
19	»	95	1	11	1	27	1	42	1	58	1	74	1	90	2	6	2	22	2	37	2	53	2	69	2	85	3	1	3	17
20	1	»	1	17	1	33	1	50	1	67	1	83	2	»	2	17	2	33	2	50	2	67	2	83	3	»	3	17	3	33
21	1	5	1	22	1	40	1	57	1	75	1	92	2	10	2	27	2	45	2	62	2	80	2	97	3	15	3	32	3	50
22	1	10	1	28	1	47	1	65	1	83	2	2	2	20	2	38	2	57	2	75	2	93	3	11	3	30	3	48	3	67
23	1	15	1	34	1	53	1	72	1	92	2	11	2	30	2	49	2	68	2	87	3	7	3	25	3	45	3	64	3	83
24	1	20	1	40	1	60	1	80	2	»	2	20	2	40	2	60	2	80	3	»	3	20	3	40	3	60	3	80	4	»
25	1	25	1	46	1	67	1	87	2	8	2	29	2	50	2	71	2	92	3	12	3	33	3	54	3	75	3	96	4	17
26	1	30	1	52	1	73	1	95	2	17	2	38	2	60	2	82	3	3	3	25	3	47	3	68	3	90	4	12	4	33
27	1	35	1	57	1	80	2	2	2	25	2	47	2	70	2	92	3	15	3	37	3	60	3	82	4	5	4	27	4	50
28	1	40	1	63	1	87	2	10	2	33	2	57	2	80	3	3	3	27	3	50	3	73	3	97	4	20	4	43	4	67
29	1	45	1	69	1	93	2	17	2	42	2	66	2	90	3	14	3	38	3	62	3	87	4	10	4	35	4	59	4	83
MOIS.																														
1	1	50	1	75	2	»	2	25	2	50	2	75	3	»	3	25	3	50	3	75	4	»	4	25	4	50	4	75	5	»
2	3	»	3	50	4	»	4	50	5	»	5	50	6	»	6	50	7	»	7	50	8	»	8	50	9	»	9	50	10	»
3	4	50	5	25	6	»	6	75	7	50	8	25	9	»	9	75	10	50	11	25	12	»	12	75	13	50	14	25	15	»
4	6	»	7	»	8	»	9	»	10	»	11	»	12	»	13	»	14	»	15	»	16	»	17	»	18	»	19	»	20	»
5	7	50	8	75	10	»	11	25	12	50	13	75	15	»	16	25	17	50	18	75	20	»	21	25	22	50	23	75	25	»
6	9	»	10	50	12	»	13	50	15	»	16	50	18	»	19	50	21	»	22	50	24	»	25	50	27	»	28	50	30	»
7	10	50	12	25	14	»	15	75	17	50	19	25	21	»	22	75	24	50	26	25	28	»	29	75	31	50	33	25	35	»
8	12	»	14	»	16	»	18	»	20	»	22	»	24	»	26	»	28	»	30	»	32	»	34	»	36	»	38	»	40	»
9	13	50	15	75	18	»	20	25	22	50	24	75	27	»	29	25	31	50	33	75	36	»	38	25	40	50	42	75	45	»
10	15	»	17	50	20	»	22	50	25	»	27	50	30	»	32	50	35	»	37	50	40	»	42	50	45	»	47	50	50	»
11	16	50	19	25	22	»	24	75	27	50	30	25	33	»	35	75	38	50	41	25	44	»	46	75	49	50	52	25	55	»
ANNÉES.																														
1	18	»	21	»	24	»	27	»	30	»	33	»	36	»	39	»	42	»	45	»	48	»	51	»	54	»	57	»	60	»
2	36	»	42	»	48	»	54	»	60	»	66	»	72	»	78	»	84	»	90	»	96	»	102	»	108	»	114	»	120	»
3	54	»	63	»	72	»	81	»	90	»	99	»	108	»	117	»	126	»	135	»	144	»	153	»	162	»	171	»	180	»
4	72	»	84	»	96	»	108	»	120	»	132	»	144	»	156	»	168	»	180	»	192	»	204	»	216	»	228	»	240	»
5	90	»	105	»	120	»	135	»	150	»	165	»	180	»	195	»	210	»	225	»	240	»	255	»	270	»	285	»	300	»
6	108	»	126	»	144	»	162	»	180	»	198	»	216	»	234	»	252	»	270	»	288	»	306	»	324	»	342	»	360	»
7	126	»	147	»	168	»	189	»	210	»	231	»	252	»	273	»	294	»	315	»	336	»	357	»	378	»	399	»	420	»
8	144	»	168	»	192	»	216	»	240	»	264	»	288	»	312	»	336	»	360	»	384	»	408	»	432	»	456	»	480	»
9	162	»	189	»	216	»	243	»	270	»	297	»	324	»	351	»	378	»	405	»	432	»	459	»	486	»	513	»	540	»
10	180	»	210	»	240	»	270	»	300	»	330	»	360	»	390	»	420	»	450	»	480	»	510	»	540	»	570	»	600	»

700 FRANCS.

Intérêts à raison de

	3		3 1/2		4		4 1/2		5		5 1/2		6		6 1/2		7		7 1/2		8		8 1/2		9		9 1/2		10	
JOURS.	Fr.	C.	Fr.	C.	Fr.	C.	Fr.	C.	Fr.	C.	Fr.	C.	Fr.	C.	Fr.	C.	Fr.	C.	Fr.	C.	Fr.	C.	Fr.	C.	Fr.	C.	Fr.	C.	Fr.	C.
1	»	6	»	7	»	8	»	9	»	10	»	11	»	12	»	13	»	14	»	15	»	16	»	17	»	17	»	18	»	19
2	»	12	»	14	»	16	»	17	»	19	»	21	»	23	»	25	»	27	»	30	»	31	»	33	»	35	»	37	»	39
3	»	17	»	20	»	23	»	26	»	29	»	32	»	35	»	38	»	41	»	44	»	47	»	50	»	52	»	55	»	58
4	»	23	»	27	»	31	»	35	»	39	»	43	»	47	»	51	»	54	»	58	»	62	»	67	»	70	»	63	»	78
5	»	29	»	34	»	39	»	44	»	49	»	53	»	58	»	63	»	68	»	73	»	78	»	83	»	87	»	92	»	97
6	»	35	»	41	»	47	»	52	»	58	»	64	»	70	»	76	»	82	»	88	»	93	1	»	1	5	1	10	1	17
7	»	41	»	48	»	54	»	61	»	68	»	75	»	82	»	88	»	95	1	2	1	9	1	17	1	22	1	29	1	36
8	»	47	»	54	»	62	»	70	»	78	»	86	»	93	1	1	1	9	1	16	1	24	1	33	1	40	1	48	1	56
9	»	52	»	61	»	70	»	79	»	87	»	96	1	5	1	14	1	22	1	31	1	40	1	50	1	57	1	66	1	75
10	»	58	»	68	»	78	»	87	»	97	1	7	1	17	1	26	1	36	1	46	1	56	1	67	1	75	1	84	1	94
11	»	64	»	75	»	86	»	96	1	7	1	18	1	28	1	39	1	50	1	61	1	71	1	83	1	92	2	3	2	14
12	»	70	»	82	»	93	1	5	1	17	1	28	1	40	1	52	1	63	1	75	1	87	2	»	2	10	2	22	2	33
13	»	76	»	88	1	1	1	14	1	26	1	39	1	52	1	64	1	77	1	89	2	2	2	17	2	27	2	40	2	53
14	»	82	»	95	1	9	1	22	1	36	1	50	1	63	1	77	1	91	2	4	2	18	2	33	2	45	2	58	2	72
15	»	87	1	2	1	17	1	31	1	46	1	60	1	75	1	90	2	4	2	19	2	33	2	50	2	62	2	77	2	92
16	»	93	1	9	1	24	1	40	1	56	1	71	1	87	2	2	2	18	2	33	2	46	2	67	2	80	2	96	3	11
17	»	99	1	16	1	32	1	49	1	65	1	82	1	98	2	15	2	31	2	48	2	64	2	83	2	97	3	14	3	31
18	1	5	1	22	1	40	1	57	1	75	1	92	2	10	2	27	2	45	2	62	2	80	3	»	3	15	3	32	3	50
19	1	11	1	29	1	48	1	66	1	85	2	3	2	22	2	40	2	59	2	77	2	96	3	17	3	32	3	51	3	69
20	1	17	1	36	1	56	1	75	1	94	2	14	2	33	2	53	2	72	2	92	3	11	3	33	3	50	3	69	3	89
21	1	22	1	43	1	63	1	84	2	4	2	25	2	45	2	65	2	86	3	6	3	27	3	50	3	67	3	88	4	8
22	1	28	1	50	1	71	1	92	2	14	2	35	2	57	2	78	2	99	3	21	3	42	3	67	3	85	4	6	4	28
23	1	34	1	57	1	79	2	1	2	24	2	46	2	68	2	91	3	13	3	36	3	58	3	83	4	2	4	25	4	47
24	1	40	1	63	1	87	2	10	2	33	2	57	2	80	3	3	3	27	3	50	3	73	4	»	4	20	4	33	4	67
25	1	46	1	70	1	94	2	19	2	43	2	67	2	92	3	16	3	40	3	64	3	89	4	17	4	37	4	62	4	86
26	1	52	1	77	2	2	2	27	2	53	2	78	3	3	3	29	3	54	3	79	4	4	4	33	4	55	4	80	5	6
27	1	57	1	84	2	10	2	36	2	62	2	89	3	15	3	41	3	67	3	94	4	20	4	50	4	72	4	98	5	25
28	1	63	1	91	2	18	2	45	2	72	2	99	3	27	3	54	3	81	4	9	4	36	4	67	4	90	5	17	5	44
29	1	69	1	97	2	26	2	54	2	82	3	11	3	38	3	67	3	95	4	23	4	51	4	83	5	7	5	36	5	64
MOIS.																														
1	1	75	2	4	2	33	2	63	2	92	3	21	3	50	3	79	4	8	4	37	4	67	4	96	5	25	5	54	5	83
2	3	50	4	8	4	67	5	25	5	83	6	42	7	»	7	58	8	17	8	75	9	33	9	92	10	50	11	8	11	67
3	5	25	6	12	7	»	7	87	8	75	9	62	10	50	11	37	12	25	13	12	14	»	14	87	15	75	16	62	17	50
4	7	»	8	17	9	33	10	50	11	67	12	83	14	»	15	17	16	33	17	50	18	67	19	83	21	»	22	17	23	33
5	8	75	10	21	11	67	13	12	14	58	16	4	17	50	18	96	20	42	21	87	23	33	24	79	26	25	27	70	29	17
6	10	50	12	25	14	»	15	75	17	50	19	25	21	»	22	75	24	50	26	25	28	»	29	75	31	50	33	25	35	»
7	12	25	14	29	16	33	18	37	20	42	22	46	24	50	26	54	28	58	30	62	32	67	34	70	36	75	38	79	40	83
8	14	»	16	33	18	67	21	»	23	33	25	67	28	»	30	33	32	67	35	»	37	33	39	67	42	»	44	33	46	67
9	15	75	18	37	21	»	23	62	26	25	28	87	31	50	34	12	36	75	39	37	42	»	44	62	47	25	49	87	52	50
10	17	50	20	42	23	33	26	25	29	17	32	8	35	»	37	92	40	83	43	75	46	67	49	58	52	50	55	42	58	33
11	19	25	22	46	25	67	28	87	32	8	35	29	38	50	41	71	44	92	48	12	51	33	54	54	57	75	60	96	64	17
ANNÉES.																														
1	21	»	24	50	28	»	31	50	35	»	38	50	42	»	45	50	49	»	52	50	56	»	59	50	63	»	66	50	70	»
2	42	»	49	»	56	»	63	»	70	»	77	»	84	»	91	»	98	»	105	»	112	»	119	»	126	»	133	»	140	»
3	63	»	73	50	84	»	94	50	105	»	115	50	126	»	136	50	147	»	157	50	168	»	178	50	189	»	199	50	210	»
4	84	»	98	»	112	»	126	»	140	»	154	»	168	»	182	»	196	»	210	»	224	»	238	»	252	»	266	»	280	»
5	105	»	122	50	140	»	157	50	175	»	192	50	210	»	227	50	245	»	262	50	280	»	297	50	315	»	332	50	350	»
6	126	»	147	»	168	»	189	»	210	»	231	»	252	»	273	»	294	»	315	»	336	»	357	»	378	»	399	»	420	»
7	147	»	171	50	196	»	220	50	245	»	269	50	294	»	318	50	343	»	367	50	392	»	416	50	441	»	465	50	490	»
8	168	»	196	»	224	»	252	»	280	»	308	»	336	»	364	»	392	»	420	»	448	»	476	»	504	»	532	»	560	»
9	189	»	220	50	252	»	283	50	315	»	346	50	378	»	409	50	441	»	472	50	504	»	535	50	567	»	598	50	630	»
10	210	»	245	»	280	»	315	»	350	»	385	»	420	»	455	»	490	»	525	»	560	»	595	»	630	»	665	»	700	»

800 FRANCS.

Interêts à raison de

	3		3 1/2		4		4 1/2		5		5 1/2		6		6 1/2		7		7 1/2		8		8 1/2		9		9 1/2		10	
JOURS.	Fr.	C.	Fr.	C.	Fr.	C.	Fr.	C.	Fr.	C.	Fr.	C.	Fr.	C.	Fr.	C.	Fr.	C.	Fr.	C.	Fr.	C.	Fr.	C.	Fr.	C.	Fr.	C.	Fr.	C.
1	»	7	»	8	»	9	»	10	»	11	»	12	»	13	»	14	»	16	»	17	»	16	»	19	»	20	»	21	»	22
2	»	13	»	16	»	18	»	20	»	22	»	24	»	27	»	29	»	31	»	34	»	36	»	38	»	40	»	42	»	44
3	»	20	»	23	»	27	»	30	»	33	»	37	»	40	»	43	»	47	»	50	»	53	»	57	»	60	»	63	»	67
4	»	27	»	31	»	36	»	40	»	44	»	49	»	53	»	58	»	92	»	67	»	71	»	76	»	80	»	84	»	89
5	»	33	»	39	»	44	»	50	»	56	»	61	»	67	»	72	»	78	»	84	»	89	»	95	1	»	1	6	1	11
6	»	40	»	47	»	53	»	60	»	67	»	73	»	80	»	87	»	93	1	»	1	7	1	3	1	20	1	27	1	33
7	»	47	»	54	»	62	»	70	»	78	»	86	»	93	1	1	1	9	1	16	1	24	1	32	1	40	1	48	1	56
8	»	53	»	62	»	71	»	80	»	89	»	98	1	7	1	16	1	24	1	33	1	42	1	81	1	60	1	69	1	78
9	»	60	»	70	»	80	»	90	1	»	1	10	1	20	1	30	1	40	1	50	1	60	1	70	1	80	1	90	2	»
10	»	67	»	78	»	89	1	»	1	11	1	22	1	33	1	44	1	56	1	67	1	78	1	89	2	»	2	11	2	22
11	»	73	»	86	»	98	1	10	1	22	1	34	1	47	1	59	1	71	1	84	1	96	2	8	2	20	2	32	2	44
12	»	80	»	93	1	7	1	20	1	33	1	47	1	60	1	73	1	87	2	»	2	13	2	27	2	40	2	53	2	67
13	»	87	1	1	1	16	1	30	1	44	1	59	1	73	1	88	2	2	2	17	2	31	2	46	2	60	2	74	2	89
14	»	93	1	9	1	24	1	40	1	56	1	71	1	87	2	2	2	18	2	34	2	49	2	65	2	80	2	96	3	11
15	1	»	1	17	1	33	1	50	1	67	1	83	2	»	2	17	2	33	2	50	2	67	2	83	3	»	2	17	3	33
16	1	7	1	24	1	42	1	60	1	78	1	96	2	13	2	31	2	49	2	67	2	84	3	2	3	20	3	38	3	56
17	1	13	1	32	1	51	1	70	1	89	2	8	2	27	2	46	2	64	2	84	3	2	3	21	3	40	3	59	3	78
18	1	20	1	40	1	60	1	80	2	»	2	20	2	40	2	60	2	80	3	»	3	20	3	40	3	60	3	80	4	»
19	1	27	1	48	1	69	1	90	2	11	2	32	2	53	2	74	2	96	3	17	3	38	3	59	3	80	4	1	4	11
20	1	33	1	56	1	78	2	»	2	22	2	44	2	67	2	89	3	11	3	34	3	56	3	78	4	»	4	22	4	44
21	1	40	1	63	1	87	2	10	2	33	2	57	2	80	3	3	3	27	3	50	3	73	3	97	4	20	4	43	4	67
22	1	47	1	71	1	96	2	20	2	44	2	69	2	93	3	18	3	42	3	67	3	91	4	16	4	40	4	64	4	89
23	1	53	1	79	2	4	2	30	2	56	2	81	3	7	3	32	3	58	3	84	4	9	4	35	4	60	4	86	5	11
24	1	60	1	87	2	13	2	40	2	67	2	93	3	20	3	47	3	73	4	»	4	27	4	53	4	80	5	7	5	33
25	1	67	1	94	2	22	2	50	2	78	3	6	3	33	3	61	3	89	4	17	4	44	4	72	5	»	5	28	5	56
26	1	73	2	2	2	31	2	60	2	89	3	18	3	47	3	76	4	4	4	34	4	62	4	91	5	20	5	49	5	78
27	1	80	2	10	2	40	2	70	3	»	3	30	3	60	3	90	4	20	4	50	4	80	5	10	5	40	5	70	6	»
28	1	87	2	18	2	49	2	80	3	11	3	42	3	73	4	4	4	36	4	67	4	98	5	29	5	60	5	91	6	11
9	1	93	2	26	2	58	2	90	3	22	3	54	3	87	4	19	4	51	4	84	5	16	5	48	5	80	6	12	6	44
MOIS.																														
1	2	»	2	33	2	67	3	»	3	33	3	67	4	»	4	33	4	67	5	»	5	33	5	67	6	»	6	33	6	67
2	4	»	4	67	5	33	6	»	6	67	7	33	8	»	8	67	9	33	10	»	10	67	11	33	12	»	12	67	13	33
3	6	»	7	»	8	»	9	»	10	»	11	»	12	»	13	»	14	»	15	»	16	»	17	»	18	»	19	»	20	»
4	8	»	9	33	10	67	12	»	13	33	14	67	16	»	17	33	18	67	20	»	21	33	22	67	24	»	25	33	26	67
5	10	»	11	67	13	33	15	»	16	67	18	33	20	»	21	67	23	33	25	»	26	»	28	33	30	»	31	67	33	33
6	12	»	14	»	16	»	18	»	20	»	22		24	»	26	»	28	»	30	»	32	33	34	»	36	»	38	»	40	»
7	14	»	16	33	18	67	21	»	23	33	25	67	28	»	30	33	32	67	35	»	37	67	39	67	42	»	44	33	46	67
8	16	»	18	67	21	33	24	»	26	67	29	33	32	»	34	67	37	33	40	»	42	»	45	33	48	»	50	67	53	33
9	18	»	21	»	24	»	27	»	30	»	33	»	36	»	39	»	42	»	45	»	48	33	51	»	54	»	57	»	60	»
10	20	»	23	33	26	67	30	»	33	33	36	67	40	»	43	33	46	67	50	»	53	67	56	67	60	»	63	33	66	67
11	22	»	25	67	29	33	33	»	36	67	40	33	44	»	47	67	51	33	55	»	58	»	62	33	66	»	69	67	73	33
ANNÉES.																														
1	24	»	28	»	32	»	36	»	40	»	44	»	48	»	52	»	56	»	60	»	64	»	68	»	72	»	76	»	80	»
2	48	»	56	»	64	»	72	»	80	»	88	»	96	»	104	»	112	»	120	»	128	»	136	»	144	»	152	»	160	»
3	72	»	84	»	96	»	108	»	120	»	132	»	144	»	156	»	168	»	280	»	192	»	204	»	216	»	228	»	240	»
4	96	»	112	»	128	»	144	»	160	»	176	»	192	»	208	»	224	»	240	»	256	»	272	»	288	»	304	»	320	»
5	120	»	140	»	160	»	180	»	200	»	220	»	240	»	260	»	280	»	300	»	320	»	340	»	360	»	380	»	400	»
6	144	»	168	»	192	»	216	»	240	»	264	»	288	»	312	»	336	»	360	»	384	»	408	»	432	»	456	»	480	»
7	168	»	196	»	224	»	252	»	280	»	308	»	336	»	364	»	392	»	520	»	448	»	476	»	504	»	532	»	560	»
8	192	»	224	»	256	»	288	»	320	»	352	»	384	»	416	»	448	»	480	»	512	»	544	»	576	»	608	»	640	»
9	216	»	252	»	288	»	324	»	360	»	396	»	432	»	468	»	504	»	540	»	576	»	612	»	648	»	684	»	720	»
10	240	»	280	»	320	»	300	»	400	»	440	»	480	»	520	»	560	»	600	»	640	»	680	»	720	»	760	»	800	»

900 FRANCS.

Intérêts à raison de

	3		3 1/2		4		4 1/2		5		5 1/2		6		6 1/2		7		7 1/2		8		8 1/2		9		9 1/2		10	
JOURS.	Fr.	C.	Fr.	C.	Fr.	C.	Fr.	C.	Fr.	C.	Fr.	C.	Fr.	C.	Fr.	C.	Fr.	C.	Fr.	C.	Fr.	C.	Fr.	C.	Fr.	C.	Fr.	C.	Fr.	C.
1	»	7	»	9	»	10	»	11	»	12	»	14	»	15	»	16	»	17	»	19	»	20	»	21	»	22	»	23	»	25
2	»	15	»	17	»	20	»	22	»	25	»	27	»	30	»	32	»	35	»	37	»	40	»	42	»	45	»	47	»	50
3	»	22	»	26	»	30	»	34	»	37	»	41	»	45	»	49	»	52	»	56	»	60	»	64	»	67	»	71	»	75
4	»	30	»	35	»	40	»	45	»	50	»	55	»	60	»	65	»	70	»	75	»	80	»	85	»	90	»	95	1	»
5	»	37	»	44	»	50	»	56	»	62	»	69	»	75	»	81	»	87	»	94	1	»	1	6	1	12	1	18	1	25
6	»	45	»	52	»	60	»	67	»	75	»	82	»	90	»	97	1	5	1	12	1	20	1	27	1	35	1	42	1	50
7	»	52	»	61	»	70	»	79	»	87	»	96	1	5	1	14	1	22	1	31	1	40	1	49	1	57	1	66	1	75
8	»	60	»	70	»	80	»	90	1	»	1	10	1	20	1	30	1	40	1	50	1	60	1	70	1	80	1	90	2	»
9	»	67	»	79	»	90	1	1	1	12	1	24	1	35	1	46	1	57	1	69	1	80	1	91	2	2	2	13	2	25
10	»	75	»	87	1	»	1	12	1	25	1	37	1	50	1	62	1	75	1	87	2	»	2	12	2	25	2	37	2	50
11	»	82	»	96	1	10	1	24	1	37	1	51	1	65	1	79	1	92	2	6	2	20	2	34	2	47	2	61	2	75
12	»	90	1	5	1	20	1	35	1	50	1	65	1	80	1	95	2	10	2	25	2	40	2	55	2	70	2	85	3	»
13	»	97	1	14	1	30	1	46	1	62	1	79	1	95	2	11	2	27	2	44	2	60	2	76	2	92	3	8	3	25
14	1	5	1	22	1	40	1	57	1	75	1	92	2	10	2	27	2	45	2	62	2	80	2	97	3	15	3	32	3	50
15	1	12	1	31	1	50	1	69	1	87	2	6	2	25	2	44	2	62	2	81	3	»	3	19	3	37	3	56	3	75
16	1	20	1	40	1	60	1	80	2	»	2	20	2	40	2	60	2	80	3	»	3	20	3	40	3	60	3	80	4	»
17	1	27	1	49	1	70	1	91	2	12	2	34	2	55	2	76	2	97	3	19	3	40	3	61	3	82	4	3	4	25
18	1	35	1	57	1	80	2	2	2	25	2	47	2	70	2	92	3	15	3	37	3	60	3	82	4	5	4	27	4	50
19	1	42	1	66	1	90	2	14	2	37	2	61	2	85	3	9	3	32	3	56	3	80	4	4	4	27	4	51	4	75
20	1	50	1	75	2	»	2	25	2	50	2	75	3	»	3	25	3	50	3	75	4	»	4	25	4	50	4	75	5	»
21	1	57	1	84	2	10	2	36	2	62	2	89	3	15	3	41	3	67	3	94	4	20	4	46	4	72	4	98	5	25
22	1	65	1	92	2	20	2	47	2	75	3	2	3	30	3	57	3	85	4	12	4	40	4	67	4	95	5	22	5	50
23	1	72	2	1	2	30	2	59	2	87	3	16	3	45	3	74	4	2	4	31	4	60	4	86	5	17	5	46	5	75
24	1	80	2	10	2	40	2	70	3	»	3	30	3	60	3	90	4	20	4	50	4	80	5	10	5	40	5	70	6	»
25	1	87	2	19	2	50	2	81	3	12	3	44	3	75	4	6	4	37	4	69	5	»	5	31	5	62	5	93	6	25
26	1	95	2	27	2	60	2	92	3	25	3	57	3	90	4	22	4	55	4	87	5	20	5	54	5	85	6	17	6	50
27	2	2	2	36	2	70	3	4	3	37	3	71	4	5	4	39	4	72	5	6	5	40	5	72	6	7	6	41	6	75
28	2	10	2	45	2	80	3	15	3	50	3	85	4	20	4	55	4	90	5	25	5	60	5	95	6	30	6	65	7	»
29	2	17	2	54	2	90	3	26	3	62	3	99	4	35	4	71	5	7	5	44	5	80	6	16	6	52	6	88	7	25
MOIS.																														
1	2	25	2	62	3	»	3	37	3	75	4	12	4	50	4	87	5	25	5	62	6	»	6	37	6	75	7	12	7	50
2	4	50	5	25	6	»	6	75	7	50	8	25	9	»	9	75	10	50	11	25	12	»	12	75	13	50	14	25	15	»
3	6	75	7	87	9	»	10	12	11	25	12	37	13	50	14	62	15	75	16	87	18	»	19	12	20	25	21	37	22	50
4	9	»	10	50	12	»	13	50	15	»	16	50	18	»	19	50	21	»	22	50	24	»	25	50	27	»	28	50	30	»
5	11	25	13	12	15	»	16	87	18	75	20	62	22	50	24	37	26	25	28	12	30	»	31	87	33	75	35	62	37	50
6	13	50	15	75	18	»	20	25	22	50	24	75	27	»	29	25	31	50	33	75	36	»	38	25	40	50	42	75	45	»
7	15	75	18	37	21	»	23	62	26	25	28	87	31	50	34	12	36	75	39	37	42	»	44	62	47	25	49	87	52	50
8	18	»	21	»	24	»	27	»	30	»	33	»	36	»	39	»	42	»	45	»	54	»	51	»	54	»	57	»	60	»
9	20	25	23	62	27	»	30	37	33	75	37	12	40	50	43	87	47	25	50	62	54	»	57	37	60	75	64	12	67	50
10	22	50	26	25	30	»	33	75	37	50	41	25	45	»	48	75	52	50	56	25	60	»	63	75	67	50	71	25	75	»
11	24	75	28	87	33	»	37	12	41	25	45	37	49	50	53	62	57	75	61	87	66	»	70	12	74	25	78	37	82	50
ANNÉES.																														
1	27	»	31	50	36	»	40	50	45	»	49	50	54	»	58	50	63	»	67	50	72	»	76	50	81	»	85	50	90	»
2	54	»	63	»	72	»	81	»	90	»	99	»	108	»	117	»	126	»	135	»	144	»	153	»	162	»	171	»	180	»
3	81	»	94	50	108	»	121	50	135	»	148	50	162	»	175	50	189	»	202	50	216	»	229	50	243	»	256	50	270	»
4	108	»	126	»	144	»	162	»	180	»	198	»	216	»	234	»	252	»	270	»	288	»	306	»	324	»	342	»	360	»
5	135	»	157	50	180	»	202	50	225	»	247	50	270	»	292	50	315	»	337	50	360	»	382	50	405	»	427	50	450	»
6	162	»	189	»	216	»	243	»	270	»	297	»	324	»	351	»	378	»	405	»	432	»	459	»	486	»	513	»	540	»
7	189	»	220	50	252	»	283	50	315	»	346	50	378	»	409	50	441	»	472	50	504	»	535	50	567	»	598	50	630	»
8	216	»	252	»	288	»	324	»	360	»	396	»	432	»	468	»	504	»	540	»	576	»	612	»	648	»	684	»	720	»
9	243	»	283	50	324	»	364	50	405	»	445	50	486	»	526	50	567	»	607	50	648	»	688	50	729	»	769	50	810	»
10	270	»	315	»	360	»	405	»	450	»	495	»	540	»	585	»	630	»	675	»	720	»	765	»	810	»	855	»	900	»

1,000 FRANCS.

Intérêts à raison de

	3		3 1/2		4		4 1/2		5		5 1/2		6		6 1/2		7		7 1/2		8		8 1/2		9		9 1/2		10	
JOURS.	Fr.	C.	Fr.	C.	Fr.	C.	Fr.	C.	Fr.	C.	Fr.	C.	Fr.	C.	Fr.	C.	Fr.	C.	Fr.	C.	Fr.	C.	Fr.	C.	Fr.	C.	Fr.	C.	Fr.	C.
1	»	8	»	10	»	11	»	12	»	14	»	15	»	17	»	18	»	19	»	21	»	22	»	23	»	25	»	26	»	28
2	»	17	»	19	»	22	»	25	»	28	»	31	»	33	»	36	»	39	»	41	»	44	»	47	»	50	»	53	»	56
3	»	25	»	29	»	33	»	37	»	42	»	46	»	50	»	54	»	58	»	62	»	67	»	70	»	75	»	79	»	83
4	»	33	»	39	»	44	»	50	»	56	»	61	»	67	»	72	»	78	»	83	»	89	»	94	1	»	1	6	1	11
5	»	42	»	49	»	56	»	62	»	69	»	76	»	83	»	90	»	97	1	4	1	11	1	18	1	25	1	32	1	39
6	»	50	»	58	»	67	»	75	»	83	»	92	1	»	1	8	1	17	1	25	1	33	1	42	1	50	1	58	1	67
7	»	58	»	68	»	78	»	87	»	97	1	7	1	17	1	26	1	36	1	46	1	56	1	65	1	75	1	84	1	94
8	»	67	»	78	»	89	1	»	1	11	1	22	1	33	1	44	1	56	1	67	1	78	1	89	2	»	2	11	2	22
9	»	75	»	87	1	»	1	12	1	25	1	37	1	50	1	62	1	75	1	87	2	»	2	12	2	25	2	37	2	50
10	»	83	»	97	1	11	1	25	1	39	1	53	1	67	1	81	1	94	2	8	2	22	2	36	2	50	2	64	2	78
11	»	92	1	7	1	22	1	37	1	53	1	68	1	83	1	99	2	14	2	29	2	44	2	59	2	75	2	90	3	6
12	1	»	1	17	1	33	1	50	1	67	1	83	2	»	2	17	2	33	2	50	2	67	2	83	3	»	3	17	3	33
13	1	8	1	26	1	44	1	62	1	81	1	99	2	17	2	35	2	53	2	71	2	89	3	6	3	25	3	43	3	61
14	1	17	1	36	1	56	1	75	1	94	2	14	2	33	2	53	2	72	2	92	3	11	3	31	3	50	3	69	3	89
15	1	25	1	46	1	67	1	87	2	8	2	29	2	50	2	71	2	92	3	13	3	33	3	54	3	75	3	95	4	17
16	1	33	1	56	1	78	2	»	2	22	2	44	2	67	2	89	3	11	3	34	3	56	3	78	4	»	4	22	4	44
17	1	42	1	65	1	89	2	12	2	36	2	60	2	83	3	7	3	31	3	54	3	78	4	1	4	25	4	48	4	72
18	1	50	1	75	2	»	2	25	2	50	2	75	3	»	3	25	3	50	3	75	4	»	4	25	4	50	4	75	5	»
19	1	58	1	85	2	11	2	37	2	64	2	90	3	17	3	43	3	69	3	96	4	22	4	48	4	75	5	1	5	28
20	1	67	1	94	2	22	2	50	2	78	3	6	3	33	3	61	3	89	4	16	4	44	4	72	5	»	5	28	5	56
21	1	75	2	4	2	33	2	62	2	92	3	21	3	50	3	79	4	8	4	37	4	67	4	95	5	25	5	54	5	83
22	1	83	2	14	2	44	2	75	3	6	3	36	3	67	3	97	4	28	4	58	4	89	5	19	5	50	5	81	6	11
23	1	92	2	24	2	56	2	87	3	19	3	51	3	83	4	15	4	47	4	80	5	11	5	43	5	75	6	6	6	39
24	2	»	2	33	2	67	3	»	3	33	3	67	4	»	4	33	4	67	5	»	5	33	5	67	6	»	6	33	6	67
25	2	8	2	43	2	78	3	12	3	47	3	82	4	17	4	51	4	86	5	21	5	56	5	90	6	25	6	59	6	94
26	2	17	2	53	2	89	3	25	3	61	3	97	4	33	4	69	5	6	5	42	5	78	6	14	6	50	6	86	7	22
27	2	25	2	62	3	»	3	37	3	75	4	12	4	50	4	87	5	25	5	63	6	»	6	37	6	75	7	12	7	50
28	2	33	2	72	3	11	3	50	3	89	4	28	4	67	5	6	5	44	5	83	6	22	6	61	7	»	7	39	7	78
29	2	42	2	82	3	22	3	62	4	3	4	43	4	83	5	24	5	64	6	4	6	44	6	84	7	25	7	65	8	6
MOIS.																														
1	2	50	2	92	3	33	3	75	4	17	4	58	5	»	5	42	5	83	6	25	6	67	7	8	7	50	7	92	8	33
2	5	»	5	83	6	67	7	50	8	33	9	17	10	»	10	83	11	67	12	50	13	33	14	17	15	»	15	84	16	67
3	7	50	8	75	10	»	11	25	12	50	13	75	15	»	16	25	17	50	18	75	20	»	21	25	22	50	23	76	25	»
4	10	»	11	67	13	33	15	»	16	67	18	33	20	»	21	67	23	33	25	»	26	67	28	33	30	»	31	67	33	33
5	12	50	14	58	16	67	18	75	20	83	22	92	25	»	27	8	29	17	31	25	33	33	35	42	37	50	39	58	41	67
6	15	»	17	50	20	»	22	50	25	»	27	50	30	»	32	50	35	»	37	50	40	»	42	50	45	»	47	50	50	»
7	17	50	20	42	23	33	26	25	29	17	32	8	35	»	37	92	40	83	43	75	46	67	49	58	52	50	55	42	58	33
8	20	»	23	33	26	67	30	»	33	33	36	67	40	»	43	33	46	67	50	»	53	33	56	67	60	»	63	33	66	67
9	22	50	26	25	30	»	33	75	37	50	41	25	45	»	48	75	52	50	56	25	60	»	63	75	67	50	71	25	75	»
10	25	»	29	17	33	33	37	50	41	67	45	83	50	»	54	17	58	33	62	50	66	67	70	83	75	»	79	17	83	33
11	27	50	32	8	36	67	41	25	45	83	50	42	55	»	59	58	64	17	68	75	73	33	77	92	82	50	87	8	91	67
ANNÉES.																														
1	30	»	35	»	40	»	45	»	50	»	55	»	60	»	65	»	70	»	75	»	80	»	85	»	90	»	95	»	100	»
2	60	»	70	»	80	»	90	»	100	»	110	»	120	»	130	»	140	»	150	»	160	»	170	»	180	»	190	»	200	»
3	90	»	105	»	120	»	135	»	150	»	165	»	180	»	195	»	210	»	225	»	240	»	255	»	270	»	285	»	300	»
4	120	»	140	»	160	»	180	»	200	»	220	»	240	»	260	»	280	»	300	»	320	»	340	»	360	»	380	»	400	»
5	150	»	175	»	200	»	225	»	250	»	275	»	300	»	325	»	350	»	375	»	400	»	425	»	450	»	475	»	500	»
6	180	»	210	»	240	»	270	»	300	»	330	»	360	»	390	»	420	»	450	»	480	»	510	»	540	»	570	»	600	»
7	210	»	245	»	280	»	315	»	350	»	385	»	420	»	455	»	490	»	525	»	560	»	595	»	630	»	665	»	700	»
8	240	»	280	»	320	»	360	»	400	»	440	»	480	»	520	»	560	»	600	»	640	»	680	»	720	»	760	»	800	»
9	270	»	315	»	360	»	405	»	450	»	495	»	540	»	585	»	630	»	675	»	720	»	765	»	810	»	855	»	900	»
10	300	»	350	»	400	»	450	»	500	»	550	»	600	»	650	»	700	»	750	»	800	»	850	»	900	»	950	»	1000	»

Intérêts à raison de

	3		3 1/2		4		4 1/2		5		5 1/2		6		6 1/2		7		7 1/2		8		8 1/2		9		9 1/2		10	
JOURS.	Fr.	C.	Fr.	C.	Fr.	C.	Fr.	C.	Fr.	C.	Fr.	C.	Fr.	C.	Fr.	C.	Fr.	C.	Fr.	C.	Fr.	C.	Fr.	C.	Fr.	C.	Fr.	C.	Fr.	C.
1	»	17	»	19	»	22	»	25	»	28	»	31	»	33	»	36	»	39	»	42	»	44	»	47	»	50	»	53	»	56
2	»	33	»	39	»	44	»	50	»	56	»	61	»	67	»	72	»	78	»	83	»	89	»	94	1	»	1	6	1	11
3	»	50	»	58	»	67	»	75	»	83	»	92	1	»	1	8	1	17	1	25	1	33	1	42	1	50	1	58	1	67
4	»	67	»	78	»	89	1	»	1	11	1	22	1	33	1	44	1	56	1	67	1	78	1	89	2	»	2	11	2	22
5	»	83	»	97	1	11	1	25	1	39	1	53	1	67	1	81	1	94	2	9	2	22	2	36	2	50	2	64	2	78
6	1	»	1	17	1	33	1	50	1	67	1	83	2	»	2	17	2	33	2	50	2	67	2	83	3	»	3	17	3	33
7	1	17	1	36	1	56	1	75	1	94	2	14	2	33	2	53	2	72	2	92	3	11	3	30	3	50	3	70	3	39
8	1	33	1	56	1	78	2	»	2	22	2	44	2	67	2	89	3	11	3	34	3	56	3	78	4	»	4	22	4	44
9	1	50	1	75	2	»	2	25	2	50	2	75	3	»	3	25	3	50	3	75	4	»	4	25	4	50	4	75	5	»
10	1	67	1	94	2	22	2	50	2	78	3	6	3	33	3	61	3	89	3	17	4	44	4	72	5	»	5	28	5	56
11	1	83	2	14	2	44	2	75	3	6	3	36	3	67	3	97	4	28	4	58	4	89	5	29	5	50	5	81	6	11
12	2	»	2	33	2	67	3	»	3	33	3	67	4	»	4	33	4	67	5	»	5	33	5	67	6	»	6	33	6	67
13	2	17	2	53	2	89	3	25	3	61	3	97	4	33	4	69	5	6	5	42	5	78	6	14	6	50	6	86	7	22
14	2	33	2	72	3	11	3	50	3	89	4	28	4	67	5	6	5	44	5	83	6	22	6	61	7	»	7	39	7	78
15	2	50	2	92	3	33	3	75	4	17	4	58	5	»	5	42	5	83	6	25	6	67	7	8	7	50	7	92	8	33
16	2	67	3	11	3	56	4	»	4	44	4	89	5	33	5	78	6	22	6	67	7	11	7	57	8	»	8	44	8	89
17	2	83	3	31	3	78	4	25	4	72	5	19	5	67	6	14	6	61	7	9	7	56	8	73	8	50	8	97	9	44
18	3	»	3	50	4	»	4	50	5	»	5	50	6	»	6	50	7	»	7	50	8	»	8	50	9	»	9	50	10	»
19	3	17	3	69	4	22	4	75	5	28	5	81	6	33	6	86	7	39	7	92	8	44	8	8	9	50	10	3	10	56
20	3	33	3	89	4	44	5	»	5	56	6	11	6	67	7	22	7	78	8	34	8	89	9	44	10	»	10	56	11	11
21	3	50	4	8	4	67	5	25	5	83	6	42	7	»	7	58	8	17	8	75	9	33	10	92	10	50	11	8	11	67
22	3	67	4	28	4	89	5	50	6	11	6	72	7	33	7	94	8	56	9	17	9	78	10	39	11	»	11	61	12	22
23	3	83	4	47	5	11	5	75	6	39	7	3	7	67	8	31	8	94	9	58	10	22	10	86	11	50	12	14	12	78
24	4	»	4	67	5	33	6	»	6	67	7	33	8	»	8	67	9	33	10	»	10	67	11	33	12	»	12	67	13	33
25	4	17	4	86	5	56	6	25	6	94	7	64	8	33	9	3	9	72	10	42	11	11	11	81	12	50	13	20	13	89
26	4	33	5	6	5	78	6	50	7	22	7	94	8	67	9	39	10	11	10	83	11	56	12	28	13	»	13	73	14	44
27	4	50	5	25	6	»	6	75	7	50	8	25	9	»	9	75	10	50	11	25	12	»	12	75	13	50	14	25	15	»
28	4	67	5	44	6	22	7	»	7	78	8	56	9	33	10	11	10	89	11	67	12	44	13	22	14	»	14	78	15	56
29	4	83	5	64	6	44	7	25	8	6	8	86	9	67	10	47	11	28	12	9	12	89	13	69	14	50	15	30	16	11
MOIS.																														
1	5	»	5	83	6	67	7	50	8	33	9	17	10	»	10	83	11	67	12	50	13	33	14	17	15	»	15	83	16	67
2	10	»	11	67	13	33	15	»	16	67	18	33	20	»	21	67	23	33	25	»	26	67	28	33	30	»	31	67	33	33
3	15	»	17	50	20	»	22	50	25	»	27	50	30	»	32	50	35	»	37	50	40	»	42	50	45	»	47	50	50	»
4	20	»	23	33	26	67	30	»	33	33	36	67	40	»	43	33	46	67	50	»	53	33	56	67	60	»	63	33	66	67
5	25	»	29	17	33	33	37	50	41	67	45	83	50	»	54	17	58	33	62	50	66	67	70	83	75	»	79	17	83	33
6	30	»	35	»	40	»	45	»	50	»	55	»	60	»	65	»	70	»	75	»	80	»	85	»	90	»	95	»	100	»
7	35	»	40	83	46	67	52	50	58	33	64	17	70	»	75	88	81	67	87	50	83	33	99	17	105	»	110	83	116	67
8	40	»	46	67	53	33	60	»	66	67	73	33	80	»	86	67	93	33	100	»	106	67	113	33	120	»	126	67	133	33
9	45	»	52	50	60	»	67	50	75	»	82	50	90	»	97	50	105	»	112	50	120	»	127	50	135	»	142	50	150	»
10	50	»	58	33	66	67	75	»	83	33	91	67	100	»	108	33	116	67	125	»	133	33	141	67	150	»	158	33	166	67
11	55	»	64	17	73	33	82	50	91	67	100	83	110	»	119	17	128	33	137	50	146	67	155	83	165	»	174	17	183	33
ANNÉES.																														
1	60	»	70	»	80	»	90	»	100	»	110	»	120	»	130	»	140	»	150	»	160	»	170	»	180	»	190	»	200	»
2	120	»	140	»	160	»	180	»	200	»	220	»	240	»	260	»	280	»	300	»	320	»	340	»	360	»	380	»	400	»
3	180	»	210	»	240	»	270	»	300	»	330	»	360	»	390	»	420	»	450	»	480	»	510	»	540	»	570	»	600	»
4	240	»	280	»	320	»	360	»	400	»	440	»	480	»	520	»	560	»	600	»	640	»	680	»	720	»	760	»	800	»
5	300	»	350	»	400	»	450	»	500	»	550	»	600	»	650	»	700	»	750	»	800	»	850	»	900	»	950	»	1000	»
6	360	»	420	»	480	»	540	»	600	»	660	»	720	»	780	»	840	»	900	»	960	»	1020	»	1080	»	1140	»	1200	»
7	420	»	490	»	560	»	630	»	700	»	770	»	840	»	910	»	980	»	1050	»	1120	»	1190	»	1260	»	1330	»	1400	»
8	480	»	560	»	640	»	720	»	800	»	880	»	960	»	1040	»	1120	»	1200	»	1280	»	1360	»	1440	»	1520	»	1600	»
9	540	»	630	»	720	»	810	»	900	»	990	»	1080	»	1170	»	1260	»	1350	»	1440	»	1530	»	1620	»	1710	»	1800	»
10	600	»	700	»	800	»	900	»	1000	»	1100	»	1200	»	1300	»	1400	»	1500	»	1600	»	1700	»	1800	»	1900	»	2000	»

3,000 FRANCS.

Intérêts à raison de

	3		3 1/2		4		4 1/2		5		5 1/2		6		6 1/2		7		7 1/2		8		8 1/2		9		9 1/2		10	
	Fr.	C.	Fr.	C.	Fr.	C.	Fr.	C.	Fr.	C.	Fr.	C.	Fr.	C.	Fr.	C.	Fr.	C.	Fr.	C.	Fr.	C.	Fr.	C.	Fr.	C.	Fr.	C.	Fr.	C.
JOURS.																														
1	»	25	»	29	»	33	»	37	»	42	»	46	»	50	»	54	»	58	»	62	»	67	»	71	»	75	»	79	»	83
2	»	50	»	58	»	67	»	75	»	83	»	92	1	»	1	8	1	17	1	25	1	33	1	42	1	50	1	58	1	67
3	»	75	»	87	1	»	1	12	1	25	1	37	1	50	1	62	1	75	1	87	2	»	2	12	2	25	2	37	2	50
4	1	»	1	17	1	33	1	50	1	67	1	83	2	»	2	17	2	33	2	50	2	67	2	83	3	»	3	16	3	33
5	1	25	1	46	1	67	1	87	2	8	2	29	2	50	2	71	2	92	3	13	3	33	3	54	3	75	3	95	4	17
6	1	50	1	75	2	»	2	25	2	50	2	75	3	»	3	25	3	50	3	75	4	»	4	25	4	50	4	74	5	»
7	1	75	2	4	2	33	2	62	2	92	3	21	3	50	3	79	4	8	4	37	4	67	4	96	5	25	5	54	5	83
8	2	»	2	33	2	67	3	»	3	33	3	67	4	»	4	33	4	67	5	»	5	33	5	67	6	»	6	33	6	67
9	2	25	2	62	3	»	3	37	3	75	4	12	4	50	4	87	5	25	5	62	6	»	6	38	6	75	7	12	7	50
10	2	50	2	92	3	33	3	75	4	17	4	58	5	»	5	42	5	83	6	25	6	67	7	9	7	50	7	92	8	33
11	2	75	3	21	3	67	4	12	4	58	5	4	5	50	5	96	6	42	6	87	7	33	7	79	8	25	8	71	9	17
12	3	»	3	50	4	»	4	50	5	»	5	50	6	»	6	50	7	»	7	50	8	»	8	50	9	»	9	50	10	»
13	3	25	3	79	4	33	4	87	5	42	5	96	6	50	7	4	7	58	8	13	8	67	9	20	9	75	10	29	10	83
14	3	50	4	8	4	67	5	25	5	83	6	42	7	»	7	58	8	17	8	75	9	33	9	92	10	50	11	8	11	67
15	3	75	4	37	5	»	5	62	6	25	6	87	7	50	8	12	8	75	9	37	10	»	10	62	11	25	11	87	12	50
16	4	»	4	67	5	33	6	»	6	67	7	33	8	»	8	67	9	33	10	»	10	67	11	33	12	»	12	68	13	33
17	4	25	4	96	5	67	6	37	7	8	7	79	8	50	9	21	9	92	10	62	11	33	12	4	12	75	13	45	14	17
18	4	50	5	25	6	»	6	75	7	50	8	25	9	»	9	75	10	50	11	25	12	»	12	75	13	50	14	25	15	»
19	4	75	5	54	6	33	7	12	7	92	8	71	9	50	10	29	11	8	11	87	12	67	13	45	14	25	15	4	15	83
20	5	»	5	83	6	67	7	50	8	33	9	17	10	»	10	83	11	67	12	50	13	33	14	17	15	»	15	83	16	67
21	5	25	6	12	7	»	7	87	8	75	9	62	10	50	11	37	12	25	13	13	14	»	14	87	15	75	16	62	17	50
22	5	50	6	42	7	33	8	25	9	17	10	8	11	»	11	92	12	83	13	75	14	67	15	58	16	50	17	41	18	33
23	5	75	6	71	7	67	8	62	9	58	10	54	11	50	12	46	13	42	14	37	15	33	16	29	17	25	18	20	19	17
24	6	»	7	»	8	»	9	»	10	»	11	»	12	»	13	»	14	»	15	»	16	»	17	»	18	»	19	»	20	»
25	6	25	7	29	8	33	9	37	10	42	11	46	12	50	13	54	14	58	15	62	16	67	17	71	18	75	19	79	20	83
26	6	50	7	58	8	67	9	75	10	83	11	92	13	»	14	8	15	17	16	25	17	33	18	42	19	50	20	58	21	67
27	6	75	7	87	9	»	10	12	11	25	12	37	13	50	14	62	15	75	16	87	18	»	19	12	20	25	21	37	22	50
28	7	»	8	17	9	33	10	50	11	67	12	83	14	»	15	17	16	33	17	50	18	67	19	83	21	»	22	16	23	33
29	7	25	8	46	9	67	10	87	12	8	13	29	14	50	15	71	16	92	18	13	19	33	20	54	21	75	22	95	24	17
MOIS.																														
1	7	50	8	75	10	»	11	25	12	50	13	75	15	»	16	25	17	50	18	75	20	»	21	25	22	50	23	75	25	»
2	15	»	17	50	20	»	22	50	25	»	27	50	30	»	32	50	35	»	37	50	40	»	42	50	45	»	47	50	50	»
3	22	50	26	25	30	»	33	75	37	50	41	25	45	»	48	75	52	50	56	25	60	»	63	75	67	50	71	25	75	»
4	30	»	35	»	40	»	45	»	50	»	55	»	60	»	65	»	70	»	75	»	80	»	85	»	90	»	95	»	100	»
5	37	50	43	75	50	»	56	25	62	50	68	75	75	»	81	25	87	50	93	75	100	»	106	25	112	50	118	75	125	»
6	45	»	52	50	60	»	67	50	75	»	82	50	90	»	97	50	105	»	112	50	120	»	127	50	135	»	142	50	150	»
7	52	50	61	25	70	»	78	75	87	50	96	25	105	»	113	75	122	50	131	25	140	»	148	75	157	50	166	25	175	»
8	60	»	70	»	80	»	90	»	100	»	110	»	120	»	130	»	140	»	150	»	160	»	170	»	180	»	190	»	200	»
9	67	50	78	75	90	»	101	25	112	50	123	75	135	»	146	25	157	50	168	75	180	»	191	25	202	50	213	75	225	»
10	75	»	87	50	100	»	112	50	125	»	137	50	150	»	162	50	175	»	187	50	200	»	212	50	225	»	237	50	250	»
11	82	50	96	25	110	»	123	75	137	50	151	25	165	»	178	75	192	50	206	25	220	»	233	75	247	50	261	25	275	»
ANNÉES.																														
1	90	»	105	»	120	»	135	»	150	»	165	»	180	»	195	»	210	»	225	»	240	»	255	»	270	»	285	»	300	»
2	180	»	210	»	240	»	270	»	300	»	330	»	360	»	390	»	420	»	450	»	480	»	510	»	540	»	570	»	600	»
3	270	»	315	»	360	»	405	»	450	»	495	»	540	»	585	»	630	»	675	»	720	»	765	»	810	»	855	»	900	»
4	360	»	420	»	480	»	540	»	600	»	660	»	720	»	780	»	840	»	900	»	960	»	1020	»	1080	»	1140	»	1200	»
5	450	»	525	»	600	»	675	»	750	»	825	»	900	»	975	»	1050	»	1125	»	1200	»	1275	»	1350	»	1425	»	1500	»
6	540	»	630	»	720	»	810	»	900	»	990	»	1080	»	1170	»	1260	»	1350	»	1440	»	1530	»	1620	»	1710	»	1800	»
7	630	»	735	»	840	»	945	»	1050	»	1155	»	1260	»	1365	»	1470	»	1575	»	1680	»	1785	»	1890	»	1995	»	2100	»
8	720	»	840	»	960	»	1080	»	1200	»	1320	»	1440	»	1560	»	1680	»	1800	»	1920	»	2040	»	2160	»	2280	»	2400	»
9	810	»	945	»	1080	»	1215	»	1350	»	1485	»	1620	»	1755	»	1890	»	2025	»	2160	»	2295	»	2430	»	2565	»	2700	»
10	900	»	1050	»	1200	»	1350	»	1500	»	1650	»	1600	»	1950	»	2100	»	2250	»	2400	»	2550	»	2700	»	2850	»	3000	»

Intérêts à raison de

	3		3 1/2		4		4 1/2		5		5 1/2		6		6 1/2	
JOURS.	Fr.	C.	Fr.	C.	Fr.	C.	Fr.	C.	Fr.	C.	Fr.	C.	Fr.	C.	Fr.	C.
1	»	33	»	39	»	44	»	50	»	56	»	61	»	67	»	72
2	»	67	»	78	»	89	1	»	1	11	1	22	1	33	1	44
3	1	»	1	17	1	33	1	50	1	67	1	83	2	»	2	17
4	1	33	1	56	1	78	2	»	2	22	2	44	2	67	2	89
5	1	67	1	94	2	22	2	50	2	78	3	6	3	33	3	61
6	2	»	2	33	2	67	3	»	3	33	3	67	4	»	4	33
7	2	33	2	72	3	11	3	50	3	89	4	28	4	67	5	6
8	2	67	3	11	3	56	4	»	4	44	4	89	5	33	5	78
9	3	»	3	50	4	»	4	50	5	»	5	50	6	»	6	50
10	3	33	3	89	4	44	5	»	5	56	6	11	6	67	7	22
11	3	67	4	28	4	89	5	50	6	11	6	72	7	33	7	94
12	4	»	4	67	5	33	6	»	6	67	7	33	8	»	8	67
13	4	33	5	6	5	78	6	50	7	22	7	94	8	67	9	39
14	4	67	5	44	6	22	7	»	7	78	8	56	9	33	10	11
15	5	»	5	83	6	67	7	50	8	33	9	17	10	»	10	83
16	5	33	6	22	7	11	8	»	8	89	9	78	10	67	11	56
17	5	67	6	61	7	56	8	50	9	44	10	39	11	33	12	28
18	6	»	7	»	8	»	9	»	10	»	11	»	12	»	13	»
19	6	33	7	39	8	44	9	50	10	56	11	61	12	67	13	72
20	6	67	7	78	8	89	10	»	11	11	12	22	13	33	14	44
21	7	»	8	17	9	33	10	50	11	67	12	83	14	»	15	17
22	7	33	8	56	9	78	11	»	12	22	13	44	14	67	15	89
23	7	67	8	94	10	22	11	50	12	78	14	6	15	33	16	61
24	8	»	9	33	10	67	12	»	13	33	14	67	16	»	17	33
25	8	33	9	72	11	11	12	50	13	89	15	28	16	67	17	6
26	8	67	10	11	11	56	13	»	14	44	15	89	17	33	18	78
27	9	»	10	50	12	»	13	50	15	»	16	50	18	»	19	50
28	9	33	10	89	12	44	14	»	15	56	17	11	18	67	20	22
29	9	67	11	28	12	89	14	50	16	11	17	72	19	33	20	94
MOIS.																
1	10	»	11	67	13	33	15	»	16	67	18	33	20	»	21	67
2	20	»	23	33	26	67	30	»	33	33	36	67	40	»	43	33
3	30	»	35	»	40	»	45	»	50	»	55	»	60	»	65	»
4	40	»	46	67	53	33	60	»	66	67	73	33	80	»	86	67
5	50	»	58	33	66	67	75	»	83	33	91	67	100	»	108	33
6	60	»	70	»	80	»	90	»	100	»	110	»	120	»	130	»
7	70	»	81	67	93	33	105	»	116	67	128	33	140	»	151	67
8	80	»	93	33	106	67	120	»	133	33	146	67	160	»	173	33
9	90	»	105	»	120	»	135	»	150	»	165	»	180	»	195	»
10	100	»	116	67	133	33	150	»	166	67	183	33	200	»	216	67
11	110	»	128	33	146	67	165	»	183	33	201	67	220	»	238	33
ANNÉES.																
1	120	»	140	»	160	»	180	»	200	»	220	»	240	»	260	»
2	240	»	280	»	320	»	360	»	400	»	440	»	480	»	520	»
3	360	»	420	»	480	»	540	»	600	»	660	»	720	»	780	»
4	480	»	560	»	640	»	720	»	800	»	880	»	960	»	1040	»
5	600	»	700	»	800	»	900	»	1000	»	1100	»	1200	»	1300	»
6	720	»	840	»	960	»	1080	»	1200	»	1320	»	1440	»	1560	»
7	840	»	980	»	1120	»	1260	»	1400	»	1540	»	1680	»	1820	»
8	960	»	1120	»	1280	»	1440	»	1600	»	1760	»	1920	»	2080	»
9	1080	»	1260	»	1440	»	1620	»	1800	»	1980	»	2160	»	2340	»
10	1200	»	1400	»	1600	»	1800	»	2000	»	2200	»	2400	»	2600	»

	7		7 1/2		8		8 1/2		9		9 1/2		10	
JOURS.	Fr.	C.	Fr.	C.	Fr.	C.	Fr.	C.	Fr.	C.	Fr.	C.	Fr.	C.
1	»	78	»	83	»	89	»	94	1	»	1	6	1	11
2	1	56	1	67	1	78	1	89	2	»	2	11	2	22
3	2	33	2	50	2	67	2	83	3	»	3	17	3	33
4	3	11	3	33	3	56	3	78	4	»	4	22	4	44
5	3	89	4	17	4	44	4	72	5	»	5	28	5	56
6	4	67	5	»	5	33	5	67	6	»	6	33	6	67
7	5	44	5	83	6	22	6	61	7	»	7	39	7	78
8	6	22	6	67	7	11	7	56	8	»	8	44	8	89
9	7	»	7	50	8	»	8	50	9	»	9	50	10	»
10	7	78	8	33	8	89	9	44	10	»	10	56	11	11
11	8	56	9	17	9	78	10	39	11	»	11	62	12	22
12	9	33	10	»	10	67	11	33	12	»	12	67	13	33
13	10	11	10	83	11	56	12	28	13	»	13	72	14	44
14	10	89	11	67	12	44	13	22	14	»	14	78	15	56
15	11	67	12	50	13	33	14	17	15	»	15	83	16	67
16	12	44	13	33	14	22	15	11	16	»	16	89	17	78
17	13	22	14	17	15	11	16	6	17	»	17	94	18	89
18	14	»	15	»	16	»	17	»	18	»	19	»	20	»
19	14	78	15	83	16	89	17	94	19	»	20	6	21	11
20	15	56	16	67	17	78	18	89	20	»	21	11	22	22
21	16	33	17	50	18	67	19	83	21	»	22	17	23	33
22	17	11	18	33	19	56	20	78	22	»	23	22	24	44
23	17	69	19	17	20	44	21	72	23	»	24	28	25	56
24	18	67	20	»	21	33	22	67	24	»	25	33	26	67
25	19	44	20	83	22	22	23	61	25	»	26	39	27	78
26	20	22	21	67	23	11	74	56	26	»	27	44	28	89
27	21	»	22	50	24	»	25	50	27	»	28	50	30	»
28	21	78	23	33	24	89	26	44	28	»	29	56	31	11
29	22	56	24	17	25	78	27	39	29	»	30	62	32	22
MOIS.														
1	23	33	25	»	26	67	28	33	30	»	31	67	33	33
2	46	67	50	»	53	33	56	67	60	»	63	33	66	67
3	70	»	75	»	80	»	85	»	90	»	95	»	100	»
4	93	33	100	»	106	67	113	33	120	»	126	67	133	33
5	116	67	125	»	133	33	141	67	150	»	158	33	166	67
6	140	»	150	»	160	»	170	»	180	»	190	»	200	»
7	163	33	175	»	186	67	198	33	210	»	221	67	233	33
8	186	67	200	»	213	33	226	67	240	»	253	33	266	67
9	210	»	225	»	240	»	255	»	270	»	285	»	300	»
10	233	33	250	»	266	67	283	33	300	»	316	67	333	33
11	256	67	275	»	293	33	311	67	330	»	348	33	366	67
ANNÉES.														
1	280	»	300	»	320	»	340	»	360	»	380	»	400	»
2	560	»	600	»	640	»	680	»	720	»	760	»	800	»
3	840	»	900	»	960	»	1020	»	1080	»	1140	»	1200	»
4	1120	»	1200	»	1280	»	1360	»	1440	»	1520	»	1600	»
5	1400	»	1500	»	1600	»	1700	»	1800	»	1900	»	2000	»
6	1680	»	1800	»	1920	»	2040	»	2160	»	2280	»	2400	»
7	1960	»	2100	»	2240	»	2380	»	2520	»	2660	»	2800	»
8	2240	»	2400	»	2560	»	2720	»	3240	»	3040	»	3200	»
9	2520	»	2700	»	2880	»	3060	»	3240	»	3420	»	3600	»
10	2800	»	3000	»	3200	»	3400	»	3600	»	3800	»	4000	»

Intérêts à raison de

	3		3 1/2		4		4 1/2		5		5 1/2		6		6 1/2		7		7 1/2		8		8 1/2		9		9 1/2		10	
JOURS	Fr.	C.	Fr.	C.	Fr.	C.	Fr.	C.	Fr.	C.	Fr.	C.	Fr.	C.	Fr.	C.	Fr.	C.	Fr.	C.	Fr.	C.	Fr.	C.	Fr.	C.	Fr.	C.	Fr.	C.
1	»	42	»	49	»	56	»	62	»	69	»	76	»	83	»	90	»	97	1	5	1	11	1	18	1	25	1	32	1	39
2	»	83	»	97	1	11	1	25	1	39	1	53	1	67	1	81	1	94	2	8	2	22	2	36	2	50	2	64	2	78
3	1	25	1	46	1	67	1	87	2	8	2	29	2	50	2	71	2	92	3	13	3	33	3	54	3	75	3	95	4	17
4	1	67	1	94	2	22	2	50	2	78	3	6	3	33	3	61	3	89	4	16	4	44	4	72	5	»	5	28	5	56
5	2	8	2	43	2	78	3	12	3	47	3	82	4	17	4	51	4	86	5	21	5	56	5	90	6	25	6	59	6	94
6	2	50	2	92	3	33	3	75	4	17	4	58	5	»	5	42	5	83	6	25	6	67	7	8	7	50	7	92	8	33
7	2	92	3	40	3	89	4	37	4	86	5	35	5	83	6	32	6	81	7	29	7	78	8	26	8	75	9	23	9	72
8	3	33	3	89	4	44	5	»	5	56	6	11	6	67	7	22	7	78	8	33	8	89	9	44	10	»	10	56	11	11
9	3	75	4	37	5	»	5	62	6	25	6	87	7	50	8	12	8	75	9	37	10	»	10	62	11	25	11	87	12	50
10	4	17	4	86	5	56	6	25	6	94	7	64	8	33	9	3	9	72	10	42	11	11	11	80	12	50	13	19	13	89
11	4	58	5	35	6	11	6	87	7	64	8	40	9	17	9	93	10	69	11	46	12	22	12	98	13	75	14	51	15	28
12	5	»	5	83	6	67	7	50	8	33	9	17	10	»	10	83	11	67	12	50	13	33	14	17	15	»	15	83	16	67
13	5	42	6	32	7	22	8	12	9	3	9	93	10	83	11	74	12	64	13	54	14	44	15	35	16	25	17	15	18	6
14	5	83	6	81	7	78	8	75	9	72	10	69	11	67	12	64	13	61	14	59	15	56	16	53	17	50	18	47	19	44
15	6	25	7	29	8	33	9	37	10	42	11	46	12	50	13	54	14	58	15	62	16	67	17	70	18	75	18	79	20	83
16	6	67	7	78	8	89	10	»	11	11	12	22	13	33	14	44	15	56	16	67	17	78	18	89	20	»	21	11	22	22
17	7	8	8	26	9	44	10	62	11	81	12	99	14	17	15	35	16	53	17	70	18	89	20	7	21	25	22	43	23	61
18	7	50	8	75	10	»	11	25	12	50	13	75	15	»	16	25	17	50	18	75	20	»	21	25	22	50	23	75	25	»
19	7	92	9	24	10	56	11	87	13	19	14	51	15	83	17	15	18	47	19	80	21	11	22	43	23	75	25	6	26	39
20	8	33	9	72	11	11	12	50	13	89	15	28	16	67	18	6	19	44	20	84	22	22	23	61	25	»	26	39	27	78
21	8	75	10	21	11	67	13	12	14	58	16	4	17	50	18	96	20	42	21	88	23	33	24	79	26	25	27	70	29	17
22	9	17	10	69	12	22	13	75	15	28	16	81	18	33	19	86	21	39	22	93	24	44	25	97	27	50	29	3	30	56
23	9	58	11	18	12	78	14	37	15	97	17	57	19	17	20	76	22	36	23	96	25	56	27	15	28	75	30	34	31	94
24	10	»	11	67	13	33	15	»	16	67	18	33	20	»	21	67	23	33	25	»	26	67	28	33	30	»	31	67	33	33
25	10	42	12	15	13	89	15	62	17	36	19	10	20	83	22	57	24	31	26	4	27	78	29	51	31	25	32	98	34	72
26	10	83	12	64	14	44	16	25	18	6	19	86	21	67	23	47	25	28	27	8	28	89	30	79	32	50	34	31	36	11
27	11	25	13	12	15	»	16	87	18	75	20	62	22	50	24	37	26	25	28	12	30	»	31	87	33	75	35	62	37	50
28	11	67	13	61	15	56	17	50	19	44	21	39	23	33	25	28	27	22	29	17	31	11	33	6	35	»	36	94	38	89
29	12	8	14	10	16	11	18	12	20	14	22	15	24	17	26	18	28	19	30	21	32	22	34	24	36	25	38	26	40	28
MOIS.																														
1	12	50	14	58	16	67	18	75	20	83	22	92	25	»	27	8	29	17	31	25	33	33	35	42	37	50	39	58	41	67
2	25	»	29	17	33	33	37	50	41	67	45	83	50	»	54	17	58	33	62	50	66	67	70	83	75	»	79	17	83	33
3	37	50	43	75	50	»	56	25	62	50	68	75	75	»	81	25	87	50	93	75	100	»	106	25	112	50	118	75	125	»
4	50	»	58	33	66	67	75	»	83	33	91	67	100	»	108	33	116	67	125	»	133	33	141	67	150	»	158	33	166	67
5	62	50	72	92	83	33	93	75	104	17	114	58	125	»	135	42	145	83	156	25	165	67	177	8	187	50	197	92	208	33
6	75	»	87	50	100	»	112	50	125	»	137	50	150	»	162	50	175	»	187	50	200	»	212	50	225	»	237	50	250	»
7	87	50	102	8	116	67	131	25	145	83	160	42	175	»	189	58	204	17	218	50	233	33	247	92	262	50	277	8	291	67
8	100	»	116	67	133	33	150	»	166	67	183	33	200	»	216	67	233	33	250	»	266	67	283	33	300	»	316	67	333	33
9	112	50	131	25	150	»	168	75	187	50	206	25	225	»	243	76	262	50	281	25	300	»	318	75	337	50	356	25	375	»
10	125	»	145	83	166	67	187	50	208	33	229	17	250	»	270	83	291	67	312	50	333	33	354	15	375	»	395	83	416	67
11	137	50	160	42	183	33	206	25	229	17	252	8	275	»	297	92	320	83	343	75	366	67	389	58	412	50	435	42	458	33
ANNÉES.																														
1	150	»	175	»	200	»	225	»	250	»	275	»	300	»	325	»	350	»	375	»	400	»	425	»	450	»	475	»	500	»
2	300	»	350	»	400	»	450	»	500	»	550	»	600	»	650	»	700	»	750	»	800	»	850	»	900	»	950	»	1000	»
3	450	»	525	»	600	»	675	»	750	»	825	»	900	»	975	»	1050	»	1125	»	1200	»	1275	»	1350	»	1425	»	1500	»
4	600	»	700	»	800	»	900	»	1000	»	1100	»	1200	»	1300	»	1400	»	1500	»	1600	»	1700	»	1800	»	1900	»	2000	»
5	750	»	875	»	1000	»	1125	»	1250	»	1375	»	1500	»	1625	»	1750	»	1875	»	2000	»	2125	»	2250	»	2375	»	2500	»
6	900	»	1050	»	1200	»	1350	»	1500	»	1650	»	1800	»	1950	»	2100	»	2250	»	2400	»	2550	»	2700	»	2850	»	3000	»
7	1050	»	1225	»	1400	»	1575	»	1750	»	1925	»	2100	»	2275	»	2450	»	2625	»	2800	»	2975	»	3150	»	3325	»	3500	»
8	1200	»	1400	»	1600	»	1800	»	2000	»	2200	»	2400	»	2600	»	2800	»	3000	»	3200	»	3400	»	3600	»	3800	»	4000	»
9	1350	»	1575	»	1800	»	2025	»	2250	»	2475	»	2700	»	2925	»	3150	»	3375	»	3600	»	3825	»	4050	»	4275	»	4500	»
10	1500	»	1750	»	2000	»	2250	»	2500	»	2750	»	3000	»	3250	»	3500	»	3750	»	4000	»	4250	»	4500	»	4750	»	5000	»

Intérêts à raison de

	3		3 1/2		4		4 1/2		5		5 1/2		6		6 1/2		7		7 1/2		8		8 1/2		9		9 1/2		10	
JOURS.	Fr.	C.	Fr.	C.	Fr.	C.	Fr.	C.	Fr.	C.	Fr.	C.	Fr.	C.	Fr.	C.	Fr.	C.	Fr.	C.	Fr.	C.	Fr.	C.	Fr.	C.	Fr.	C.	Fr.	C.
1	»	50	»	58	»	67	»	75	»	83	»	92	1	»	1	8	1	17	1	25	1	33	1	42	1	50	1	58	1	67
2	1	»	1	17	1	33	1	50	1	67	1	83	2	»	2	17	2	33	2	50	2	67	2	83	3	»	3	17	3	33
3	1	50	1	75	2	»	2	25	2	50	2	75	3	»	3	25	3	50	3	75	4	»	4	25	4	50	4	75	5	»
4	2	»	2	33	2	67	3	»	3	33	3	67	4	»	4	33	4	67	5	»	5	33	5	67	6	»	6	33	6	67
5	2	50	2	92	3	33	3	75	4	17	4	58	5	»	5	42	5	83	6	25	6	67	7	8	7	50	7	92	8	33
6	3	»	3	50	4	»	4	50	5	»	5	50	6	»	6	50	7	»	7	50	8	»	8	50	9	»	9	50	10	»
7	3	50	4	8	4	67	5	25	5	83	6	42	7	»	7	58	8	17	8	75	9	33	9	92	10	50	11	8	11	67
8	4	»	4	67	5	33	6	»	6	67	7	33	8	»	8	67	9	33	10	»	10	67	11	33	12	»	12	67	13	33
9	4	50	5	25	6	»	6	75	7	50	8	25	9	»	9	75	10	50	11	25	12	»	12	75	13	50	14	25	15	»
10	5	»	5	83	6	67	7	50	8	33	9	17	10	»	10	83	11	67	12	50	13	33	14	17	15	»	15	83	16	67
11	5	50	6	42	7	33	8	25	9	17	10	8	11	»	11	92	12	83	13	75	14	67	15	58	16	50	17	42	18	33
12	6	»	7	»	8	»	9	»	10	»	11	»	12	»	13	»	14	»	15	»	16	»	17	»	18	»	19	»	20	»
13	6	50	7	58	8	67	9	75	10	83	11	92	13	»	14	8	15	17	16	25	17	33	18	42	19	50	20	58	21	67
14	7	»	8	17	9	33	10	50	11	67	12	83	14	»	15	17	16	33	17	50	18	67	19	83	21	»	22	17	23	33
15	7	50	8	75	10	»	11	25	12	50	13	75	15	»	16	25	17	50	18	75	20	»	21	25	22	50	23	75	25	»
16	8	»	9	33	10	67	12	»	13	33	14	67	16	»	17	33	18	67	20	»	21	33	22	67	24	»	25	33	26	67
17	8	50	9	92	11	33	12	75	14	17	15	58	17	»	18	42	19	83	21	25	22	67	24	8	25	50	26	92	28	33
18	9	»	10	50	12	»	13	50	15	»	16	50	18	»	19	50	21	»	22	50	24	»	25	50	27	»	28	50	30	»
19	9	50	11	8	12	67	14	25	15	83	17	42	19	»	20	58	22	17	23	75	25	33	26	92	28	50	30	8	31	67
20	10	»	11	67	13	33	15	»	16	67	18	33	20	»	21	67	23	33	25	»	26	67	28	33	30	»	31	67	33	33
21	10	50	12	25	14	»	15	75	17	50	19	25	21	»	22	75	24	50	26	25	28	»	29	75	31	50	33	25	35	»
22	11	»	12	83	14	67	16	50	18	33	20	17	22	»	23	83	25	67	27	50	29	33	31	17	33	»	34	83	36	67
23	11	50	13	42	15	33	17	25	19	17	21	8	23	»	24	92	26	83	28	75	30	67	32	58	34	50	36	42	38	33
24	12	»	14	»	16	»	18	»	20	»	22	»	24	»	26	»	28	»	30	»	32	»	34	»	36	»	38	»	40	»
25	12	50	14	58	16	67	18	75	20	83	22	92	25	»	27	8	29	17	31	25	33	33	35	42	37	50	39	58	41	67
26	13	»	15	17	17	33	19	50	21	67	23	83	26	»	28	17	30	33	32	50	34	67	36	83	39	»	41	17	43	33
27	13	50	15	75	18	»	20	25	22	50	24	75	27	»	29	25	31	50	33	75	36	»	38	25	40	50	42	75	45	»
28	14	»	16	33	18	67	21	»	23	33	25	67	28	»	30	33	32	67	35	»	37	33	39	67	42	»	44	33	46	67
29	14	50	16	92	19	33	21	75	24	17	26	58	29	»	31	42	33	83	36	25	38	67	41	8	43	50	45	92	48	33
MOIS.																														
1	15	»	17	50	20	»	22	50	25	»	27	50	30	»	32	50	35	»	37	50	40	»	42	50	45	»	47	50	50	»
2	30	»	35	»	40	»	45	»	50	»	55	»	60	»	65	»	70	»	75	»	80	»	85	»	90	»	95	»	100	»
3	45	»	52	50	60	»	67	50	75	»	82	50	90	»	97	50	105	»	112	50	120	»	127	50	135	»	142	50	150	»
4	60	»	70	»	80	»	90	»	100	»	110	»	120	»	130	»	140	»	150	»	160	»	170	»	180	»	190	»	200	»
5	75	»	87	50	100	»	112	50	125	»	137	50	150	»	162	50	175	»	187	50	200	»	212	50	225	»	237	50	250	»
6	90	»	105	»	120	»	135	»	150	»	165	»	180	»	195	»	210	»	225	»	240	»	255	»	270	»	285	»	300	»
7	105	»	122	50	140	»	157	50	175	»	192	50	210	»	227	50	245	»	262	50	280	»	297	50	315	»	332	50	350	»
8	120	»	140	»	160	»	180	»	200	»	220	»	240	»	260	»	280	»	300	»	320	»	340	»	360	»	380	»	400	»
9	135	»	157	50	180	»	202	50	225	»	247	50	270	»	292	50	315	»	337	50	360	»	382	50	405	»	427	50	450	»
10	150	»	175	»	200	»	225	»	250	»	275	»	300	»	325	»	350	»	375	»	400	»	425	»	450	»	475	»	500	»
11	165	»	192	50	220	»	247	50	275	»	302	50	330	»	357	50	385	»	412	50	440	»	467	50	495	»	522	50	550	»
ANNÉES.																														
1	180	»	210	»	240	»	270	»	300	»	330	»	360	»	390	»	420	»	450	»	480	»	510	»	540	»	570	»	600	»
2	360	»	420	»	480	»	540	»	600	»	660	»	720	»	780	»	840	»	900	»	960	»	1020	»	1080	»	1140	»	1200	»
3	540	»	630	»	720	»	810	»	900	»	990	»	1080	»	1170	»	1260	»	1350	»	1440	»	1530	»	1620	»	1710	»	1800	»
4	720	»	840	»	960	»	1080	»	1200	»	1320	»	1440	»	1560	»	1680	»	1800	»	1920	»	2040	»	2160	»	2280	»	2400	»
5	900	»	1050	»	1200	»	1350	»	1500	»	1650	»	1800	»	1950	»	2100	»	2250	»	2400	»	2550	»	2700	»	2850	»	3000	»
6	1080	»	1260	»	1440	»	1620	»	1800	»	1980	»	2160	»	2340	»	2520	»	2700	»	2880	»	3060	»	2240	»	3420	»	3600	»
7	1260	»	1470	»	1680	»	1890	»	2100	»	2310	»	2520	»	2730	»	2940	»	3150	»	3360	»	3570	»	3780	»	3990	»	4200	»
8	1440	»	1680	»	1920	»	2160	»	2400	»	2640	»	2880	»	3120	»	3360	»	3600	»	3840	»	4080	»	4320	»	4560	»	4800	»
9	1620	»	1890	»	2100	»	2430	»	2700	»	2970	»	3240	»	3510	»	3780	»	4050	»	4320	»	4590	»	4860	»	5130	»	5400	»
10	1800	»	2100	»	2400	»	2700	»	3000	»	3300	»	3600	»	3900	»	4200	»	4500	»	4800	»	5100	»	5400	»	5700	»	6000	»

7,000 FRANCS.

Intérêts à raison de

	3		3 1/2		4		4 1/2		5		5 1/2		6		6 1/2		7		7 1/2		8		8 1/2		9		9 1/2		10	
JOURS.	Fr.	C.	Fr.	C.	Fr.	C.	Fr.	C.	Fr.	C.	Fr.	C.	Fr.	C.	Fr.	C.	Fr.	C.	Fr.	C.	Fr.	C.	Fr.	C.	Fr.	C.	Fr.	C.	Fr.	C.
1	»	58	»	68	»	78	»	87	»	97	1	7	1	17	1	26	1	36	1	46	1	56	1	65	1	75	1	84	1	94
2	1	17	1	36	1	56	1	75	1	94	2	14	2	33	2	53	2	72	2	92	3	11	3	31	3	50	3	69	3	89
3	1	75	2	4	2	33	2	62	2	92	3	21	3	50	3	79	4	8	4	38	4	67	4	95	5	25	5	54	5	83
4	2	33	2	72	3	11	3	50	3	89	4	28	4	67	5	6	5	44	5	83	6	22	6	61	7	»	7	39	7	78
5	2	92	3	40	3	89	4	37	4	86	5	35	5	83	6	32	6	81	7	29	7	78	8	26	8	75	9	23	9	72
6	3	50	4	8	4	67	5	25	5	83	6	42	7	»	7	58	8	17	8	75	9	33	9	92	10	50	11	8	11	67
7	4	8	4	76	5	44	6	12	6	81	7	49	8	17	8	85	9	53	10	20	10	89	11	56	12	25	12	93	13	61
8	4	67	5	44	6	22	7	»	7	78	8	56	9	33	10	11	10	89	11	66	12	44	13	22	14	»	14	78	15	56
9	5	25	6	12	7	»	7	87	8	75	9	62	10	50	11	37	12	25	13	12	14	»	14	87	15	75	16	62	17	50
10	5	83	6	81	7	78	8	75	9	72	10	69	11	67	12	64	13	61	14	58	15	56	16	52	17	50	18	47	19	44
11	6	42	7	49	8	56	9	62	10	69	11	76	12	83	13	90	14	97	16	5	17	11	18	18	19	25	20	31	21	39
12	7	»	8	17	9	33	10	50	11	67	12	83	14	»	15	17	16	33	17	50	18	67	19	83	21	»	22	17	23	33
13	7	58	8	85	10	11	11	37	12	64	13	90	15	17	16	43	17	69	18	96	20	22	21	48	22	75	24	1	25	28
14	8	17	9	53	10	89	12	25	13	61	14	97	16	33	17	69	19	6	20	42	21	78	23	14	24	50	25	86	27	22
15	8	75	10	21	11	67	13	12	14	58	16	4	17	50	18	96	20	42	21	88	23	33	24	79	26	25	27	71	29	17
16	9	33	10	89	12	44	14	»	15	56	17	11	18	67	20	22	21	78	23	33	24	89	26	44	28	»	19	56	31	11
17	9	92	11	57	13	22	14	87	16	53	18	18	19	83	21	49	23	14	24	79	26	44	28	9	29	75	31	40	33	6
18	10	50	12	25	14	»	15	75	17	50	19	25	21	»	22	75	24	50	26	25	28	»	29	75	31	50	33	25	35	»
19	11	8	12	93	14	78	16	62	18	47	20	32	22	17	24	1	25	86	27	71	29	56	31	40	33	25	35	9	36	94
20	11	67	13	61	15	56	17	50	19	44	21	39	23	33	25	28	27	22	29	17	31	11	33	6	35	»	36	94	38	89
21	12	25	14	29	16	33	18	37	20	42	22	46	24	50	26	54	28	58	30	62	32	67	34	70	36	75	38	78	40	83
22	12	83	14	97	17	11	19	25	21	39	23	53	25	67	27	81	29	94	32	8	34	22	36	36	38	50	40	63	42	78
23	13	42	15	65	17	89	20	12	22	36	24	60	26	83	29	7	31	31	33	54	35	78	38	1	40	25	42	48	44	72
24	14	»	16	33	18	67	21	»	23	33	25	67	28	»	30	33	32	67	35	»	37	33	39	67	42	»	44	33	46	67
25	14	58	17	1	19	44	21	87	24	31	26	74	29	17	31	60	34	3	36	46	38	89	41	35	43	75	46	18	48	61
26	15	17	17	69	20	22	22	75	25	28	27	81	30	33	32	86	35	39	37	92	40	44	42	97	45	50	48	3	50	56
27	15	75	18	37	21	»	23	62	26	25	28	87	31	50	34	12	36	75	39	38	42	»	44	62	47	25	49	87	52	50
28	16	33	19	6	21	78	24	50	27	22	29	94	32	67	35	39	38	11	40	83	43	56	46	28	49	»	51	72	54	44
29	16	92	19	74	22	56	25	37	28	19	31	1	33	83	36	65	39	47	42	29	45	11	47	93	50	75	53	56	56	39
MOIS.																														
1	17	50	20	42	23	33	26	25	29	17	32	8	35	»	37	92	40	83	43	75	46	67	49	58	52	50	55	42	58	33
2	35	»	40	83	46	67	52	50	58	33	64	17	70	»	75	83	81	67	87	50	93	33	99	17	105	»	110	83	116	67
3	52	50	61	25	70	»	78	75	87	50	96	25	105	»	113	75	122	50	131	25	140	»	148	75	157	50	166	25	175	»
4	70	»	81	67	93	33	105	»	116	67	128	33	140	»	151	67	163	33	175	»	186	67	198	33	210	»	221	67	233	33
5	87	50	102	8	116	67	131	25	145	83	160	42	175	»	189	58	204	17	218	75	233	33	247	92	262	50	277	8	291	67
6	105	»	122	50	140	»	157	50	175	»	192	50	210	»	227	50	245	»	262	50	280	»	297	50	315	»	332	50	350	»
7	122	50	142	92	163	33	183	75	204	17	224	58	245	»	265	42	285	83	306	25	326	67	347	8	367	50	387	92	408	33
8	140	»	163	33	186	67	210	»	233	33	256	67	280	»	303	33	326	67	350	»	373	33	396	67	420	»	443	33	466	67
9	157	50	183	75	210	»	236	25	262	50	288	75	315	»	341	25	367	50	393	75	420	»	446	25	472	50	498	75	525	»
10	175	»	204	17	233	33	262	50	291	67	320	83	350	»	379	17	408	33	437	50	466	67	495	83	525	»	554	17	583	33
11	192	50	224	58	256	67	288	75	320	83	352	92	385	»	417	8	449	17	481	25	513	33	545	42	577	50	609	58	641	67
ANNÉES.																														
1	210	»	245	»	280	»	315	»	350	»	385	»	420	»	455	»	490	»	525	»	560	»	595	»	630	»	665	»	700	»
2	420	»	490	»	560	»	630	»	700	»	770	»	840	»	910	»	980	»	1050	»	1120	»	1190	»	1260	»	1330	»	1400	»
3	630	»	735	»	840	»	945	»	1050	»	1155	»	1260	»	1365	»	1470	»	1575	»	1680	»	1785	»	1890	»	1995	»	2100	»
4	840	»	980	»	1120	»	1260	»	1400	»	1540	»	1680	»	1820	»	1960	»	2100	»	2240	»	2380	»	2520	»	2660	»	2800	»
5	1050	»	1225	»	1400	»	1575	»	1750	»	1925	»	2100	»	2275	»	2450	»	2625	»	2800	»	2975	»	3150	»	3325	»	3500	»
6	1260	»	1470	»	1680	»	1890	»	2100	»	2310	»	2520	»	2730	»	2940	»	3150	»	3360	»	3570	»	3780	»	3990	»	4200	»
7	1470	»	1715	»	1960	»	2205	»	2450	»	2695	»	2940	»	3185	»	3430	»	3675	»	3920	»	4165	»	4410	»	4655	»	4900	»
8	1680	»	1960	»	2240	»	2520	»	2800	»	3080	»	3360	»	3640	»	3920	»	4200	»	4480	»	4760	»	5040	»	5320	»	5600	»
9	1890	»	2205	»	2520	»	2835	»	3150	»	3465	»	3780	»	4095	»	4410	»	4725	»	5040	»	5355	»	5670	»	5985	»	6300	»
10	2100	»	2450	»	2800	»	3150	»	3500	»	3850	»	4200	»	4550	»	4900	»	5250	»	5600	»	5950	»	6300	»	6650	»	7000	»

8000 FRANCS.

Intérêts à raison de

	3		3 1/2		4		4 1/2		5		5 1/2		6		6 1/2		7		7 1/2		8		8 1/2		9		9 1/2		10	
JOURS.	Fr.	C.	Fr.	C.	Fr.	C.	Fr.	C.	Fr.	C.	Fr.	C.	Fr.	C.	Fr.	C.	Fr.	C.	Fr.	C.	Fr.	C.	Fr.	C.	Fr.	C.	Fr.	C.	Fr.	C.
1	»	67	»	78	»	89	1	»	1	11	1	22	1	33	1	44	1	56	1	67	1	78	1	89	2	»	2	11	2	22
2	1	33	1	56	1	78	2	»	2	22	2	44	2	67	2	89	3	11	3	33	3	56	3	78	4	»	4	22	4	44
3	2	»	2	33	2	67	3	»	3	33	3	67	4	»	4	33	4	67	5	»	5	33	5	67	6	»	6	33	6	67
4	2	67	3	11	3	56	4	»	4	44	4	89	5	33	5	78	6	22	6	67	7	11	7	56	8	»	8	44	8	89
5	3	33	3	89	4	44	5	»	5	56	6	11	6	67	7	22	7	78	8	33	8	89	9	44	10	»	10	56	11	11
6	4	»	4	67	5	33	6	»	6	67	7	33	8	»	8	67	9	33	10	»	10	67	11	33	12	»	12	67	13	33
7	4	67	5	44	6	22	7	»	7	78	8	56	9	33	10	11	10	89	11	67	12	44	13	22	14	»	14	78	15	56
8	5	33	6	22	7	11	8	»	8	89	9	78	10	67	11	56	12	44	13	33	14	22	15	11	16	»	16	89	17	78
9	6	»	7	»	8	»	9	»	10	»	11	»	12	»	13	»	14	»	15	»	16	»	17	»	18	»	19	»	20	»
10	6	67	7	78	8	89	10	»	11	11	12	22	13	33	14	44	15	56	16	67	17	78	18	89	20	»	21	11	22	22
11	7	33	8	56	9	78	11	»	12	22	13	44	14	67	15	89	17	11	18	33	19	56	20	78	22	»	23	22	24	44
12	8	»	9	33	10	67	12	»	13	33	14	67	16	»	17	33	18	67	20	»	21	33	22	67	24	»	25	33	26	67
13	8	67	10	11	11	56	13	»	14	44	15	89	17	33	18	78	20	22	21	67	23	11	24	56	26	»	27	44	28	89
14	9	33	10	89	12	44	14	»	15	56	17	11	18	67	20	22	21	78	23	33	24	89	26	45	28	»	29	56	31	11
15	10	»	11	67	13	33	15	»	16	67	18	33	20	»	21	67	23	33	25	»	26	67	28	33	30	»	31	67	33	33
16	10	67	12	44	14	22	16	»	17	78	19	56	21	33	23	11	24	89	26	67	28	44	30	22	32	»	33	78	35	56
17	11	33	13	22	15	11	17	»	18	89	20	78	22	67	24	56	26	44	28	33	30	22	32	11	34	»	35	89	37	78
18	12	»	14	»	16	»	18	»	20	»	22	»	24	»	26	»	28	»	30	»	32	»	34	»	36	»	38	»	40	»
19	12	67	14	78	16	89	19	»	21	11	23	22	25	33	27	44	29	56	31	67	33	78	35	89	38	»	40	11	42	22
20	13	33	15	56	17	78	20	»	22	22	24	44	26	67	28	89	31	11	33	33	35	56	37	78	40	»	42	22	44	44
21	14	»	16	33	18	67	21	»	23	33	25	67	28	»	30	33	32	67	35	»	37	33	39	67	42	»	44	33	46	67
22	14	67	17	11	19	56	22	»	24	44	26	89	29	33	31	78	34	22	36	67	39	11	41	56	44	»	46	44	48	89
23	15	33	17	89	20	44	23	»	25	56	28	11	30	67	33	22	35	78	38	33	40	89	43	45	46	»	48	56	51	11
24	16	»	18	67	21	33	24	»	26	67	29	33	32	»	34	67	37	33	40	»	42	67	45	33	48	»	50	67	53	33
25	16	67	19	44	22	22	25	»	27	78	30	56	33	33	36	11	38	89	41	67	44	44	47	22	50	»	52	78	55	56
26	17	33	20	22	23	11	26	»	28	89	31	78	34	67	37	56	40	44	43	33	46	22	49	11	52	»	54	89	57	78
27	18	»	21	»	24	»	27	»	30	»	33	»	36	»	39	»	42	»	45	»	48	»	51	»	54	»	57	»	60	»
28	18	67	21	78	24	89	28	»	31	11	34	22	37	33	40	44	43	56	46	67	49	78	53	89	56	»	59	11	62	22
29	19	33	22	56	25	78	29	»	32	22	35	44	38	67	41	89	45	11	48	33	51	56	54	78	58	»	61	22	44	44
MOIS.																														
1	20	»	23	33	26	67	30	»	33	33	36	67	40	»	43	33	46	67	50	»	53	33	56	67	60	»	63	33	66	67
2	40	»	46	67	53	33	60	»	66	67	73	33	80	»	86	67	93	33	100	»	106	67	113	33	120	»	126	67	133	33
3	60	»	70	»	80	»	90	»	100	»	110	»	120	»	130	»	140	»	150	»	160	»	170	»	180	»	190	»	200	»
4	80	»	93	33	106	67	120	»	133	33	146	67	160	»	173	33	186	67	200	»	213	33	226	67	240	»	253	33	266	67
5	100	»	116	67	133	33	150	»	166	67	183	33	200	»	216	67	233	33	250	»	266	67	283	33	300	»	316	67	333	33
6	120	»	140	»	160	»	180	»	200	»	220	»	240	»	260	»	280	»	300	»	320	»	340	»	360	»	380	»	400	»
7	140	»	163	33	186	67	210	»	233	33	256	67	280	»	303	33	326	67	350	»	373	33	396	67	420	»	443	33	466	67
8	160	»	186	67	213	33	240	»	266	67	293	33	320	»	346	67	373	33	400	»	426	67	453	33	480	»	506	67	533	33
9	180	»	210	»	240	»	270	»	300	»	330	»	360	»	390	»	420	»	450	»	480	»	510	»	540	»	570	»	600	»
10	200	»	233	33	266	67	300	»	333	33	366	67	400	»	433	67	466	67	500	»	533	33	566	67	600	»	633	33	666	67
11	220	»	256	67	293	33	330	»	366	67	403	33	440	»	476	33	513	33	550	»	586	67	623	33	660	»	696	67	733	33
ANNÉES.																														
1	240	»	280	»	320	»	360	»	400	»	440	»	480	»	520	»	560	»	600	»	640	»	680	»	720	»	760	»	800	»
2	480	»	560	»	640	»	720	»	800	»	880	»	960	»	1040	»	1120	»	1200	»	1280	»	1360	»	1440	»	1520	»	1600	»
3	720	»	840	»	960	»	1080	»	1200	»	1320	»	1440	»	1560	»	1680	»	1800	»	1920	»	2040	»	2160	»	2280	»	2400	»
4	960	»	1120	»	1280	»	1440	»	1600	»	1760	»	1920	»	2080	»	2240	»	2400	»	2560	»	2720	»	2880	»	3040	»	3200	»
5	1200	»	1400	»	1600	»	1800	»	2000	»	2200	»	2400	»	2600	»	2800	»	3000	»	3200	»	3400	»	3600	»	3800	»	4000	»
6	1440	»	1680	»	1920	»	2160	»	2400	»	2640	»	2880	»	3120	»	3360	»	3600	»	3840	»	4080	»	4320	»	4560	»	4800	»
7	1680	»	1960	»	2240	»	2520	»	2800	»	3080	»	3360	»	3640	»	3920	»	4200	»	4480	»	4760	»	5040	»	5320	»	5600	»
8	1920	»	2240	»	2560	»	2880	»	3200	»	3520	»	3840	»	4160	»	4480	»	4800	»	5120	»	5440	»	5760	»	6080	»	6400	»
9	2160	»	2520	»	2880	»	3240	»	3600	»	3960	»	4320	»	4680	»	5040	»	5400	»	5760	»	6120	»	6480	»	6840	»	7200	»
10	2400	»	2800	»	3200	»	3600	»	4000	»	4400	»	4800	»	5200	»	5600	»	6000	»	6400	»	6800	»	7200	»	7600	»	8000	»

9,000 FRANCS.

Intérêts à raison de

	3		3 1/2		4		4 1/2		5		5 1/2		6		6 1/2		7		7 1/2		8		8 1/2		9		9 1/2		10	
JOURS.	Fr.	C.	Fr.	C.	Fr.	C.	Fr.	C.	Fr.	C.	Fr.	C.	Fr.	C.	Fr.	C.	Fr.	C.	Fr.	C.	Fr.	C.	Fr.	C.	Fr.	C.	Fr.	C.	Fr.	C.
1	»	75	»	87	1	»	1	12	1	25	1	37	1	50	1	62	1	75	1	87	2	»	2	12	2	25	2	37	2	50
2	1	50	1	75	2	»	2	25	2	50	2	75	3	»	3	25	3	50	3	75	4	»	4	25	4	50	4	75	5	»
3	2	25	2	62	3	»	3	37	3	75	4	12	4	50	4	87	5	25	5	62	6	»	6	37	6	75	7	12	7	50
4	3	»	3	50	4	»	4	50	5	»	5	50	6	»	6	50	7	»	7	50	8	»	8	50	9	»	9	50	10	»
5	3	75	4	37	5	»	5	62	6	25	6	87	7	50	8	12	8	75	9	37	10	»	10	62	11	25	11	87	12	50
6	4	50	5	25	6	»	6	75	7	50	8	25	9	»	9	75	10	50	11	25	12	»	12	75	13	50	14	25	15	»
7	5	25	6	12	7	»	7	87	8	75	9	62	10	50	11	37	12	25	13	12	14	»	14	87	15	75	16	62	17	50
8	6	»	7	»	8	»	9	»	10	»	11	»	12	»	13	»	14	»	15	»	16	»	17	»	18	»	19	»	20	»
9	6	75	7	87	9	»	10	12	11	25	12	37	13	50	14	62	15	75	16	87	18	»	19	12	20	25	21	37	22	50
10	7	50	8	75	10	»	11	25	12	50	13	75	15	»	16	25	17	50	18	75	20	»	21	25	22	50	23	75	25	»
11	8	25	9	62	11	»	12	37	13	75	15	12	16	50	17	87	19	25	20	62	22	»	23	37	24	75	26	12	27	50
12	9	»	10	50	12	»	13	50	15	»	16	50	18	»	19	50	21	»	22	50	24	»	25	50	27	»	28	50	30	»
13	9	75	11	37	13	»	14	62	16	25	17	87	19	50	21	12	22	75	24	37	26	»	27	62	29	25	30	87	32	50
14	10	50	12	25	14	»	15	75	17	50	19	25	21	»	22	75	24	50	26	25	28	»	29	75	31	50	33	25	35	»
15	11	25	13	12	15	»	16	87	18	75	20	62	22	50	24	37	26	25	28	12	30	»	31	87	33	75	35	62	37	50
16	12	»	14	»	16	»	18	»	20	»	22	»	24	»	26	»	28	»	30	»	32	»	34	»	36	»	38	»	40	»
17	12	75	14	87	17	»	19	12	21	25	23	37	25	50	27	62	29	75	31	87	34	»	36	12	38	25	40	37	42	50
18	13	50	15	75	18	»	20	25	22	50	24	75	27	»	29	25	31	50	33	75	36	»	38	25	40	50	42	75	45	»
19	14	25	16	62	19	»	21	37	23	75	26	12	28	50	30	87	33	25	35	62	38	»	40	37	42	75	45	12	47	50
20	15	»	17	50	20	»	22	50	25	»	27	50	30	»	32	50	35	»	37	50	40	»	42	50	45	»	47	50	50	»
21	15	75	18	37	21	»	23	62	26	25	28	87	31	50	34	12	36	75	39	37	42	»	44	62	47	25	49	87	52	50
22	16	50	19	25	22	»	24	75	27	50	30	25	33	»	35	75	38	50	41	25	44	»	46	75	49	50	52	25	55	»
23	17	25	20	12	23	»	25	87	28	75	31	62	24	50	37	87	40	25	43	12	46	»	48	87	51	75	54	62	57	50
24	18	»	21	»	24	»	27	»	30	»	33	»	36	»	39	»	42	»	45	»	48	»	51	»	54	»	57	»	60	»
25	18	75	21	87	25	»	28	12	31	25	34	37	37	50	40	62	43	75	46	87	50	»	53	12	56	25	59	37	62	50
26	19	50	22	75	26	»	29	25	32	50	35	75	39	»	42	25	45	50	48	75	52	»	55	25	58	50	61	75	65	»
27	20	25	23	62	27	»	30	37	33	75	37	12	40	50	43	87	47	25	50	62	54	»	57	37	60	75	64	12	67	50
28	21	»	24	50	28	»	31	50	35	»	38	50	42	»	45	50	49	»	52	50	56	»	59	50	63	»	66	50	70	»
29	21	75	25	37	29	»	32	62	36	25	39	87	43	50	47	12	50	75	54	37	58	»	61	62	65	25	68	87	72	50
MOIS.																														
1	22	50	26	25	30	»	33	75	37	50	41	25	45	»	48	75	52	50	56	25	60	»	63	75	67	50	71	25	75	»
2	45	»	52	50	60	»	67	50	75	»	82	50	90	»	97	50	105	»	112	50	120	»	127	50	135	»	142	50	150	»
3	67	50	78	75	90	»	101	25	112	50	123	75	135	»	146	25	157	50	168	75	180	»	191	25	202	50	213	75	225	»
4	90	»	105	»	120	»	135	»	150	»	165	»	180	»	195	»	210	»	225	»	240	»	255	»	270	»	285	»	300	»
5	112	50	131	25	150	»	168	75	187	50	206	25	225	»	243	75	262	50	281	25	300	»	318	75	337	50	356	25	375	»
6	135	»	157	50	180	»	202	50	225	»	247	50	270	»	292	50	315	»	337	50	360	»	382	50	405	»	427	50	450	»
7	157	50	183	75	240	»	236	25	262	50	288	75	315	»	341	25	367	50	393	75	420	»	446	25	472	50	498	75	525	»
8	180	»	210	»	240	»	270	»	300	»	330	»	360	»	390	»	420	»	450	»	480	»	510	»	540	»	570	»	600	»
9	202	50	236	25	270	»	303	75	337	50	371	25	405	»	438	75	472	50	506	25	540	»	573	75	607	50	641	25	675	»
10	225	»	262	50	300	»	337	50	375	»	412	50	450	»	487	50	525	»	562	50	600	»	637	50	675	»	712	50	750	»
11	249	50	288	75	330	»	371	25	412	50	453	75	495	»	536	25	577	50	618	75	660	»	701	25	742	50	783	75	825	»
ANNÉES.																														
1	270	»	315	»	360	»	405	»	450	»	495	»	540	»	585	»	630	»	675	»	720	»	765	»	810	»	855	»	900	»
2	540	»	630	»	720	»	810	»	900	»	990	»	1080	»	1170	»	1260	»	1350	»	1440	»	1530	»	1620	»	1710	»	1800	»
3	810	»	945	»	1080	»	1215	»	1350	»	1485	»	1620	»	1755	»	1890	»	2025	»	2160	»	2295	»	2430	»	2565	»	2700	»
4	1080	»	1260	»	1440	»	1620	»	1800	»	1980	»	2160	»	2340	»	2520	»	2700	»	2880	»	3060	»	3240	»	3420	»	3600	»
5	1350	»	1575	»	1800	»	2025	»	2250	»	2475	»	2700	»	2925	»	3150	»	3375	»	3600	»	3825	»	4050	»	4275	»	4500	»
6	1620	»	1890	»	2160	»	2430	»	2700	»	2970	»	3240	»	3510	»	3780	»	4050	»	4320	»	4590	»	4860	»	5130	»	5400	»
7	1890	»	2205	»	2520	»	2835	»	3150	»	3465	»	3780	»	4095	»	4410	»	4725	»	5040	»	5355	»	5670	»	5985	»	6300	»
8	2160	»	2520	»	2880	»	3240	»	3600	»	3960	»	4320	»	4680	»	5040	»	5400	»	5760	»	6120	»	6480	»	6840	»	7200	»
9	2430	»	2835	»	3240	»	3645	»	4050	»	4455	»	4860	»	5265	»	5670	»	6075	»	6480	»	6885	»	7290	»	7695	»	8100	»
10	2700	»	3150	»	3600	»	4050	»	4500	»	4950	»	5400	»	5850	»	6300	»	6750	»	7200	»	7650	»	8100	»	8550	»	9000	»

10,000 FRANCS.

Intérêts à raison de

	3		3 1/2		4		4 1/2		5		5 1/2		6		6 1/2		7		7 1/2		8		8 1/2		9		9 1/2		10	
JOURS.	Fr.	C.	Fr.	C.	Fr.	C.	Fr.	C.	Fr.	C.	Fr.	C.	Fr.	C.	Fr.	C.	Fr.	C.	Fr.	C.	Fr.	C.	Fr.	C.	Fr.	C.	Fr.	C.	Fr.	C.
1	»	83	»	97	1	11	1	25	1	39	1	53	1	67	1	81	1	94	2	8	2	22	2	36	2	50	2	64	2	78
2	1	67	1	94	2	22	2	50	2	78	3	6	3	33	3	61	3	89	4	16	4	44	4	72	5	»	5	28	5	56
3	2	50	2	92	3	33	3	75	4	17	4	58	5	»	5	42	5	83	6	25	6	67	7	8	7	50	7	92	8	33
4	3	33	3	89	4	44	5	»	5	56	6	11	6	67	7	22	7	78	8	33	8	89	9	44	10	»	10	56	11	11
5	4	17	4	86	5	56	6	25	6	94	7	64	8	33	9	3	9	72	10	42	11	11	11	81	12	50	13	19	13	89
6	5	»	5	83	6	67	7	50	8	33	9	17	10	»	10	83	11	67	12	50	13	33	14	17	15	»	15	83	16	67
7	5	83	6	81	7	78	8	75	9	72	10	69	11	67	12	64	13	61	14	59	15	56	16	53	17	50	18	47	19	44
8	6	67	7	78	8	89	10	»	11	11	12	22	13	33	14	44	15	56	16	67	17	78	18	89	20	»	21	11	22	22
9	7	50	8	75	10	»	11	25	12	50	13	75	15	»	16	25	17	50	18	75	20	»	21	25	22	50	23	75	25	»
10	8	33	9	72	11	11	12	50	13	89	15	28	16	67	18	6	19	44	20	83	22	22	23	61	25	»	26	39	27	78
11	9	17	10	69	12	22	13	75	15	28	16	81	18	33	19	86	21	39	22	91	24	44	25	97	27	50	29	3	30	56
12	10	»	11	67	13	33	15	»	16	67	18	33	20	»	21	67	23	33	25	»	26	67	28	33	30	»	31	67	33	33
13	10	83	12	64	14	44	16	25	18	6	19	86	21	67	23	47	25	28	27	8	28	89	30	69	32	50	34	31	36	11
14	11	67	13	61	15	56	17	50	19	44	21	39	23	33	25	28	27	22	29	16	31	11	33	6	35	»	36	94	38	89
15	12	50	14	58	16	67	18	75	20	83	22	92	25	»	27	8	29	17	31	25	33	33	35	42	37	50	39	58	41	67
16	13	33	15	56	17	78	20	»	22	22	24	44	26	67	28	89	31	11	33	33	35	56	37	78	40	»	42	22	44	44
17	14	17	16	53	18	89	21	25	23	61	25	97	28	33	30	69	33	6	35	42	37	78	40	14	42	50	44	86	47	22
18	15	»	17	50	20	»	22	50	25	»	27	50	30	»	32	50	35	»	37	50	40	»	42	50	45	»	47	50	50	»
19	15	83	18	47	21	11	23	75	26	39	29	3	31	67	34	31	36	94	39	59	42	22	44	86	47	50	50	14	52	78
20	16	67	19	44	22	22	25	»	27	78	30	56	33	33	36	11	38	89	41	67	44	44	47	22	50	»	52	78	55	56
21	17	50	20	42	23	33	26	25	29	17	32	8	35	»	37	92	40	83	43	75	46	67	49	58	52	50	55	42	58	33
22	18	33	21	39	24	44	27	50	30	56	33	61	36	67	39	72	42	78	45	83	48	89	51	94	55	»	58	6	61	11
23	19	17	22	36	25	56	28	75	31	94	35	14	38	33	41	53	44	72	47	91	51	11	54	31	57	50	60	69	63	89
24	20	»	23	33	26	67	30	»	33	33	36	67	40	»	43	33	46	67	50	»	53	33	56	67	60	»	63	33	66	67
25	20	83	24	31	27	78	31	25	34	72	38	19	41	67	45	14	48	61	52	8	55	56	59	3	62	50	65	97	69	44
26	21	67	25	28	28	89	32	50	36	11	39	72	43	33	46	94	50	56	54	16	57	78	61	39	65	»	68	61	72	22
27	22	50	26	25	30	»	33	75	37	50	41	25	45	»	48	75	52	50	56	25	60	»	63	73	67	50	71	25	75	»
28	23	33	27	22	31	11	35	»	38	89	42	78	46	67	50	56	54	44	58	33	62	22	66	11	70	»	73	89	77	78
29	24	17	28	19	32	22	36	25	40	28	44	31	48	33	52	36	56	39	60	42	64	44	68	47	72	50	76	53	80	56
MOIS.																														
1	25	»	29	17	33	33	37	50	41	67	45	83	50	»	54	17	58	33	62	50	66	67	70	83	75	»	79	17	83	33
2	50	»	58	33	66	67	75	»	83	33	91	67	100	»	108	33	116	67	125	»	133	33	141	67	150	»	158	33	166	67
3	75	»	87	50	100	»	112	50	125	»	137	50	150	»	162	50	175	»	187	50	200	»	212	50	225	»	237	50	250	»
4	100	»	116	67	133	33	150	»	166	67	183	33	200	»	216	67	233	33	250	»	266	67	283	33	300	»	316	67	333	33
5	125	»	145	83	166	67	187	50	208	33	229	17	250	»	270	83	291	67	312	50	333	33	354	17	375	»	395	83	416	67
6	150	»	175	»	200	»	225	»	250	»	275	»	300	»	325	»	350	»	375	»	400	»	425	»	450	»	475	»	500	»
7	175	»	204	17	233	33	262	50	291	67	320	83	350	»	379	17	408	33	437	50	466	67	495	83	525	»	554	17	583	33
8	200	»	233	33	266	67	300	»	333	33	366	67	400	»	433	33	466	67	500	»	533	33	566	67	600	»	633	33	666	67
9	225	»	262	50	300	»	337	50	375	»	412	50	450	»	487	50	525	»	562	50	600	»	637	50	675	»	712	50	750	»
10	250	»	291	67	333	33	375	»	416	67	458	33	500	»	541	67	583	33	625	»	666	67	708	33	750	»	791	67	833	33
11	275	»	320	83	366	67	412	50	458	33	504	17	550	»	595	83	641	67	687	50	733	33	779	17	825	»	870	83	916	67
ANNÉES.																														
1	300	»	350	»	400	»	450	»	500	»	550	»	600	»	650	»	700	»	750	»	800	»	850	»	900	»	950	»	1000	»
2	600	»	700	»	800	»	900	»	1000	»	1100	»	1200	»	1300	»	1400	»	1500	»	1600	»	1700	»	1800	»	1900	»	2000	»
3	900	»	1050	»	1200	»	1350	»	1500	»	1650	»	1800	»	1950	»	2100	»	2250	»	2400	»	2550	»	2700	»	2850	»	3000	»
4	1200	»	1400	»	1600	»	1800	»	2000	»	2200	»	2400	»	2600	»	2800	»	3000	»	3200	»	3400	»	3600	»	3800	»	4000	»
5	1500	»	1750	»	2000	»	2250	»	2500	»	2750	»	3000	»	3250	»	3500	»	3750	»	4000	»	4250	»	4500	»	4750	»	5000	»
6	1800	»	2100	»	2400	»	2700	»	3000	»	3300	»	3600	»	3900	»	4200	»	4500	»	4800	»	5100	»	5400	»	5700	»	6000	»
7	2100	»	2450	»	2800	»	3150	»	3500	»	3850	»	4200	»	4550	»	4900	»	5250	»	5600	»	5950	»	6300	»	6650	»	7000	»
8	2400	»	2800	»	3200	»	3600	»	4000	»	4400	»	4800	»	5200	»	5600	»	6000	»	6400	»	6800	»	7200	»	7600	»	8000	»
9	2700	»	3150	»	3600	»	4050	»	4500	»	4950	»	5400	»	5850	»	6300	»	6750	»	7200	»	7650	»	8100	»	8550	»	9000	»
10	3000	»	3500	»	4000	»	4500	»	5000	»	5500	»	6000	»	6500	»	7000	»	7500	»	8000	»	8500	»	9000	»	9500	»	10000	»

15,000 FRANCS.

Intérêts à raison de

	3	3 1/2	4	4 1/2	5	5 1/2	6	6 1/2	7	7 1/2	8	8 1/2	9	9 1/2	10
JOURS.	Fr. C.	Fr. C.	Fr. C.	Fr. C.	Fr. C.	Fr. C.	Fr. C.	Fr. C.	Fr. C.	Fr. C.	Fr. C.	Fr. C.	Fr. C.	Fr. C.	Fr. C.
1	1 25	1 46	1 67	1 87	2 8	2 29	2 50	2 71	2 92	3 13	3 33	3 54	3 75	3 95	4 17
2	2 50	2 92	3 33	3 75	4 17	4 58	5 »	5 42	5 83	6 25	6 67	7 8	7 50	7 92	8 33
3	3 75	4 37	5 »	5 62	6 25	6 87	7 50	8 12	8 75	9 37	10 »	10 62	11 25	11 87	12 50
4	5 »	5 83	6 67	7 50	8 33	9 17	10 »	10 83	11 67	12 50	13 33	14 17	15 »	15 83	16 67
5	6 25	7 29	8 33	9 37	10 42	11 46	12 50	13 54	14 58	15 62	16 67	17 70	18 75	19 79	20 83
6	7 50	8 75	10 »	11 25	12 50	13 75	15 »	16 25	17 50	18 75	20 »	21 25	22 50	23 75	25 »
7	8 75	10 21	11 67	13 12	14 58	16 4	17 50	18 96	20 42	21 88	23 33	24 79	26 25	27 70	29 17
8	10 »	11 67	13 33	15 »	16 67	18 33	20 »	21 67	23 33	25 »	26 67	28 33	30 »	31 67	33 33
9	11 25	13 12	15 »	16 87	18 75	20 62	22 50	24 37	26 25	28 13	30 »	31 87	33 75	35 62	37 50
10	12 50	14 58	16 67	18 75	20 83	22 92	25 »	27 8	29 17	31 25	33 33	35 42	37 50	39 58	41 67
11	13 75	16 4	18 33	20 62	22 92	25 21	27 50	29 79	32 8	34 37	36 67	38 95	41 25	43 54	45 83
12	15 »	17 50	20 »	22 50	25 »	27 50	30 »	32 50	35 »	37 50	40 »	42 50	45 »	47 50	50 »
13	16 25	18 96	21 67	24 37	27 8	29 79	32 50	35 21	37 92	40 62	43 33	46 4	48 75	51 45	54 17
14	17 50	20 42	23 33	26 25	29 17	32 8	35 »	37 92	40 83	43 75	46 67	49 58	52 50	55 42	58 33
15	18 75	21 87	25 »	28 12	31 25	34 37	37 50	40 62	43 75	46 88	50 »	53 12	56 25	59 37	62 50
16	20 »	23 33	26 67	30 »	33 33	36 67	40 »	43 33	46 67	50 »	53 33	56 87	60 »	63 33	66 67
17	21 25	24 79	28 33	31 87	35 42	38 96	42 50	46 4	49 58	53 13	56 67	60 20	63 75	67 29	70 83
18	22 50	26 25	30 »	33 75	37 50	41 25	45 »	48 75	52 50	56 25	60 »	63 75	67 50	71 25	75 »
19	23 75	27 71	31 67	35 62	39 58	43 54	47 50	51 46	55 42	59 37	63 33	67 29	71 25	75 20	79 17
20	25 »	29 17	33 33	37 50	41 67	45 83	50 »	54 17	58 33	62 50	66 67	70 83	75 »	79 27	83 33
21	26 25	30 62	35 »	39 37	43 75	48 12	52 50	56 87	61 25	65 62	70 »	74 37	78 75	83 12	87 50
22	27 50	32 8	36 67	41 25	45 83	50 42	55 »	59 58	64 17	68 75	73 33	77 92	82 50	87 8	91 67
23	28 75	33 54	38 33	43 12	47 92	52 71	57 50	62 29	67 8	71 88	76 67	81 45	86 25	91 4	95 83
24	30 »	35 »	40 »	45 »	50 »	55 »	60 »	65 »	70 »	75 »	80 »	85 »	90 »	95 »	100 »
25	31 25	36 46	41 67	46 87	52 8	57 29	62 50	67 71	72 92	78 13	83 33	88 54	93 75	98 95	104 17
26	32 50	37 92	43 33	48 75	54 17	59 58	65 »	70 42	75 83	81 25	86 67	92 8	97 50	102 92	108 33
27	33 75	39 37	45 »	50 62	56 25	61 87	67 50	73 12	78 75	84 37	90 »	95 62	101 25	109 87	112 50
28	35 »	40 83	46 67	52 50	58 33	64 17	70 »	75 83	81 67	87 50	93 33	99 17	105 »	110 83	116 67
29	36 25	42 29	48 33	54 87	60 42	66 46	72 50	78 54	84 58	90 62	96 67	102 70	108 75	114 79	120 83
MOIS.															
1	37 50	43 75	50 »	56 25	62 50	68 75	75 »	81 25	87 50	93 75	100 »	106 25	112 50	118 75	125 »
2	75 »	87 50	100 »	112 50	125 »	137 50	150 »	162 50	175 »	187 50	200 »	212 50	225 »	237 50	250 »
3	112 50	131 25	150 »	168 75	187 50	206 25	225 »	243 75	262 50	281 25	300 »	318 75	337 50	356 25	375 »
4	150 »	175 »	200 »	225 »	250 »	275 »	300 »	325 »	350 »	375 »	400 »	425 »	450 »	475 »	500 »
5	187 50	218 75	250 »	281 25	312 50	343 75	375 »	406 25	437 50	468 75	500 »	531 25	562 50	593 75	625 »
6	225 »	262 50	300 »	337 50	375 »	412 50	450 »	487 50	525 »	562 50	600 »	637 50	675 »	712 50	750 »
7	262 50	306 25	350 »	393 75	437 50	481 25	525 »	568 75	612 50	656 25	700 »	743 75	787 50	831 25	875 »
8	300 »	350 »	400 »	450 »	500 »	550 »	600 »	650 »	700 »	750 »	800 »	850 »	900 »	950 »	1000 »
9	337 50	393 75	450 »	506 25	562 50	618 75	675 »	731 25	787 50	843 75	900 »	956 25	1012 50	1068 75	1125 »
10	375 »	437 50	500 »	562 50	625 »	687 50	750 »	812 50	875 »	937 50	1000 »	1062 50	1125 »	1187 50	1250 »
11	412 50	481 25	550 »	618 75	687 50	756 25	825 »	893 75	962 50	1031 25	1100 »	1168 75	1237 50	1306 25	1375 »
ANNÉES.															
1	450 »	525 »	600 »	675 »	750 »	825 »	900 »	975 »	1050 »	1125 »	1200 »	1275 »	1350 »	1425 »	1500 »
2	900 »	1050 »	1200 »	1350 »	1500 »	1650 »	1800 »	1950 »	2100 »	2250 »	2400 »	2550 »	2700 »	2850 »	3000 »
3	1350 »	1575 »	1800 »	2025 »	2250 »	2475 »	2700 »	2925 »	3150 »	3375 »	3600 »	3825 »	4050 »	4275 »	4500 »
4	1800 »	2100 »	2400 »	2700 »	3000 »	3300 »	3600 »	3900 »	4200 »	4500 »	4800 »	5100 »	5400 »	5700 »	6000 »
5	2250 »	2625 »	3000 »	3375 »	3750 »	4125 »	4500 »	4875 »	5250 »	5625 »	6000 »	6375 »	6750 »	7125 »	7500 »
6	2700 »	3150 »	3600 »	4050 »	4500 »	4950 »	5400 »	5850 »	6300 »	6750 »	7200 »	7650 »	8100 »	8550 »	9000 »
7	3150 »	3675 »	4200 »	4725 »	5250 »	5775 »	6300 »	6825 »	7350 »	7875 »	8400 »	8925 »	9450 »	9975 »	10500 »
8	3600 »	4200 »	4800 »	5400 »	6000 »	6600 »	7200 »	7800 »	8400 »	9000 »	9600 »	10200 »	10800 »	11400 »	12000 »
9	4050 »	4725 »	5400 »	6075 »	6750 »	7425 »	8100 »	8775 »	9450 »	10125 »	10800 »	11475 »	12150 »	12825 »	13500 »
10	4500 »	5250 »	6000 »	6750 »	7500 »	8250 »	9000 »	9750 »	10500 »	11250 »	12000 »	12750 »	13500 »	14250 »	15000 »

20,000 FRANCS.

Intérêts à raison de

	3	3 1/2	4	4 1/2	5	5 1/2	6	6 1/2	7	7 1/2	8	8 1/2	9	9 1/2	10
	Fr. C.	Fr. C.	Fr. C.	Fr. C.	Fr. C.	Fr. C.	Fr. C.	Fr. C.	Fr. C.	Fr. C.	Fr. C.	Fr. C.	Fr. C.	Fr. C.	Fr. C.
JOURS.															
1	1 67	1 94	2 22	2 50	2 78	2 6	3 33	3 61	3 89	4 16	4 44	4 72	5 »	5 28	5 56
2	3 33	3 89	4 44	5 »	5 56	6 11	6 67	7 22	7 78	8 33	8 89	9 44	10 »	10 56	11 11
3	5 »	5 83	6 67	7 50	8 33	9 17	10 »	10 83	11 67	12 50	13 33	14 17	15 »	15 83	16 67
4	6 67	7 78	8 89	10 »	11 11	12 22	13 33	15 44	15 56	16 67	17 78	18 89	20 »	21 11	22 22
5	8 33	9 72	11 11	12 50	13 89	15 28	16 67	18 6	19 44	20 83	22 22	23 61	25 »	26 39	27 78
6	10 »	11 67	13 33	15 »	16 67	18 33	20 »	21 67	23 33	25 »	26 67	28 33	30 »	31 67	33 33
7	11 67	13 61	15 56	17 50	19 44	21 39	23 33	25 28	27 22	29 16	31 11	33 6	35 »	36 94	38 89
8	13 33	15 56	17 78	20 »	22 22	24 44	26 67	28 89	31 11	33 33	35 56	37 78	40 »	42 22	44 44
9	15 »	17 50	20 »	22 50	25 »	27 50	30 »	32 50	35 »	37 50	40 »	42 50	45 »	47 50	50 »
10	16 67	19 44	22 22	25 »	27 78	30 56	33 33	36 11	38 89	41 67	44 44	47 22	50 »	52 78	55 56
11	18 33	21 39	24 44	27 50	30 56	33 61	36 67	39 72	42 78	45 83	48 89	51 94	55 »	58 6	61 11
12	20 »	23 33	26 67	30 »	33 33	36 67	40 »	43 33	46 67	50 »	53 33	56 67	60 »	63 33	66 67
13	21 67	25 28	28 89	32 50	36 11	39 72	43 33	46 94	50 56	54 16	57 78	61 39	65 »	68 61	72 22
14	23 33	27 22	31 11	35 »	38 89	42 78	46 67	50 56	54 44	58 33	62 22	66 11	70 »	73 89	77 78
15	25 »	29 17	33 33	37 50	41 67	45 83	50 »	54 17	58 33	62 50	66 67	70 83	75 »	79 17	83 33
16	26 67	31 11	35 56	40 »	44 44	48 89	53 33	57 78	62 22	66 67	71 11	75 56	80 »	84 44	88 89
17	28 33	33 6	37 78	42 50	47 22	51 94	56 67	61 39	66 11	70 83	75 56	80 28	85 »	89 72	94 44
18	30 »	35 »	40 »	45 »	50 »	55 »	60 »	65 »	70 »	75 »	80 »	85 »	90 »	95 »	100 »
19	31 67	36 94	42 22	47 50	52 78	58 6	63 33	68 61	73 89	79 16	84 44	89 72	95 »	100 28	105 56
20	33 33	38 89	44 44	50 »	55 56	61 11	66 67	72 22	77 78	83 33	88 89	94 44	100 »	105 56	111 11
21	35 »	40 83	46 67	52 50	58 33	64 17	70 »	75 83	81 67	87 50	93 33	99 17	105 »	110 83	116 67
22	36 67	42 78	48 89	55 »	61 11	67 22	73 33	79 44	85 56	91 67	97 78	103 89	110 »	116 11	122 22
23	38 33	44 72	51 11	57 50	63 89	70 28	76 67	83 6	89 44	95 83	102 22	108 61	115 »	121 39	127 78
24	40 »	46 67	53 33	60 »	66 67	73 33	80 »	86 67	93 33	100 »	106 67	113 33	120 »	126 67	133 33
25	41 67	48 61	55 56	62 50	69 44	76 39	83 33	90 28	97 22	104 16	111 11	118 6	125 »	131 94	138 89
26	43 33	50 56	57 78	65 »	72 22	79 44	86 67	93 89	101 11	108 33	115 56	122 78	130 »	137 22	144 44
27	45 »	52 50	60 »	67 50	75 »	82 50	90 »	97 50	105 »	112 50	120 »	127 50	135 »	142 50	150 »
28	46 67	54 44	62 22	70 »	77 78	85 56	93 33	101 11	108 89	116 67	124 44	132 22	140 »	147 78	155 56
29	48 33	56 39	64 44	72 50	80 56	88 61	96 67	104 72	112 78	120 83	128 89	136 94	145 »	153 6	161 11
MOIS.															
1	50 »	58 33	66 67	75 »	83 33	91 67	100 »	108 33	116 67	125 »	133 33	141 67	150 »	158 33	166 67
2	100 »	116 67	133 33	150 »	166 67	183 33	200 »	216 67	233 33	250 »	266 67	283 33	300 »	316 67	333 33
3	150 »	175 »	200 »	225 »	250 »	275 »	300 »	325 »	350 »	375 »	400 »	425 »	450 »	475 »	500 »
4	200 »	233 33	266 67	300 »	333 33	366 67	400 »	433 33	466 67	500 »	533 33	566 67	600 »	633 33	666 67
5	250 »	291 67	333 33	375 »	416 67	458 33	500 »	542 68	583 33	625 »	666 67	708 33	750 »	791 67	833 33
6	300 »	350 »	400 »	450 »	500 »	550 »	600 »	650 »	700 »	750 »	800 »	850 »	900 »	950 »	1000 »
7	350 »	408 33	466 67	525 »	583 33	641 67	700 »	758 33	816 67	875 »	933 33	991 67	1050 »	1108 33	1166 67
8	400 »	466 67	533 33	600 »	666 67	733 33	800 »	866 67	933 33	1000 »	1066 67	1133 33	1200 »	1266 67	1333 33
9	450 »	525 »	600 »	675 »	750 »	825 »	900 »	975 »	1050 »	1125 »	1200 »	1275 »	1350 »	1425 »	1500 »
10	500 »	583 33	666 67	750 »	833 33	916 67	1000 »	1083 33	1166 67	1250 »	1333 33	1416 67	1500 »	1583 33	1666 67
11	550 »	641 67	733 33	825 »	916 67	1008 33	1100 »	1191 67	1283 33	1375 »	1466 67	1558 33	1650 »	1741 67	1833 33
ANNÉES.															
1	600 »	700 »	800 »	900 »	1000 »	1100 »	1200 »	1300 »	1400 »	1500 »	1600 »	1700 »	1800 »	1900 »	2000 »
2	1200 »	1400 »	1600 »	1800 »	2000 »	2200 »	2400 »	2600 »	2800 »	3000 »	3200 »	3400 »	3600 »	3800 »	4000 »
3	1800 »	2100 »	2400 »	2700 »	3000 »	3300 »	3600 »	3900 »	4200 »	4500 »	4800 »	5100 »	5400 »	5700 »	6000 »
4	2400 »	2800 »	3200 »	3600 »	4000 »	4400 »	4800 »	5200 »	5600 »	6000 »	6400 »	6800 »	7200 »	7600 »	8000 »
5	3000 »	3500 »	4000 »	4500 »	5000 »	5500 »	6000 »	6500 »	7000 »	7500 »	8000 »	8500 »	9000 »	9500 »	10000 »
6	3600 »	4200 »	4800 »	5400 »	6000 »	6600 »	7200 »	7800 »	8400 »	9000 »	9600 »	10200 »	10800 »	11400 »	12000 »
7	4200 »	4900 »	5600 »	6300 »	7000 »	7700 »	8400 »	9100 »	9800 »	10500 »	11200 »	11900 »	12600 »	13300 »	14000 »
8	4800 »	5600 »	6400 »	7200 »	8000 »	8800 »	9600 »	10400 »	11200 »	12000 »	12800 »	13600 »	14400 »	15200 »	16000 »
9	5400 »	6300 »	7200 »	8100 »	9000 »	9900 »	10800 »	11700 »	12600 »	13500 »	14400 »	15300 »	16200 »	17100 »	18000 »
10	6000 »	7000 »	8000 »	9000 »	10000 »	11000 »	12000 »	13000 »	14000 »	15000 »	16000 »	17000 »	18000 »	19000 »	20000 »

25,000 FRANCS.

Intérêts à raison de

	3	3 1/2	4	4 1/2	5	5 1/2	6	6 1/2	7	7 1/2	8	8 1/2	9	9 1/2	10
JOURS.	Fr. C.	Fr. C.	Fr. C.	Fr. C.	Fr. C.	Fr. C.	Fr. C.	Fr. C.	Fr. C.	Fr. C.	Fr. C.	Fr. C.	Fr. C.	Fr. C.	Fr. C.
1	2 8	2 43	2 78	3 13	3 47	3 82	4 17	4 51	4 86	5 21	5 55	5 91	6 25	6 60	6 95
2	4 17	4 80	5 55	6 25	6 95	7 64	8 34	9 3	9 72	10 42	11 11	11 81	12 50	13 20	13 89
3	6 25	7 29	8 33	9 37	10 42	11 46	12 50	13 54	14 58	15 63	16 66	17 71	18 75	19 79	20 84
4	8 33	9 72	11 11	12 50	13 89	15 28	16 66	18 5	19 44	20 84	22 22	23 61	25 »	26 39	27 78
5	10 41	12 15	13 88	15 62	17 36	19 10	20 83	22 56	24 30	26 5	27 77	29 51	31 25	32 99	34 72
6	12 50	14 58	16 66	18 75	20 83	22 92	25 »	27 8	29 16	31 25	33 33	35 41	37 50	39 58	41 66
7	14 58	17 1	19 44	21 87	24 31	26 74	29 17	31 60	34 2	36 46	38 88	41 32	43 75	46 18	48 61
8	16 67	19 44	22 22	25 »	27 78	30 55	33 34	36 11	38 88	41 67	44 44	47 22	50 »	52 78	55 55
9	18 75	21 88	25 »	28 13	31 25	34 37	37 50	40 63	43 75	46 88	50 »	53 12	56 25	59 37	62 50
10	20 83	24 30	27 78	31 25	34 72	38 20	41 66	45 14	48 61	52 8	55 55	59 2	62 50	65 97	69 45
11	22 91	26 74	30 55	34 37	38 20	42 1	45 63	49 65	53 47	57 29	61 11	64 92	68 75	72 57	76 39
12	25 »	29 16	33 33	37 50	41 66	45 83	50 »	54 16	58 33	62 50	66 66	70 83	75 »	79 16	83 34
13	27 8	31 60	36 11	40 62	45 14	49 65	54 17	58 68	63 20	67 71	72 22	76 74	81 25	85 76	90 28
14	29 17	34 3	38 89	43 75	48 61	53 47	58 34	63 20	68 6	72 92	77 77	81 64	87 50	92 36	97 22
15	31 25	36 46	41 66	46 87	52 8	57 30	62 50	67 71	72 92	78 13	83 33	88 54	93 75	98 95	104 16
16	33 33	38 89	44 44	50 »	55 55	61 11	66 66	72 22	77 78	83 34	88 88	94 45	100 »	105 55	111 11
17	35 41	41 32	47 22	53 13	59 3	64 93	70 83	76 73	82 64	88 55	94 44	100 35	106 25	112 15	118 5
18	37 50	43 75	50 »	56 25	62 50	68 75	75 »	81 25	87 50	93 75	100 »	106 25	112 50	118 74	125 »
19	39 58	46 18	52 78	59 37	65 97	72 56	79 17	85 77	92 36	98 96	105 56	112 15	118 75	125 34	131 95
20	41 67	48 61	55 55	62 50	69 45	76 39	83 34	90 27	97 22	104 17	111 11	118 5	125 »	131 94	138 89
21	43 75	51 4	58 33	65 62	72 92	80 20	87 50	94 79	102 8	109 38	116 66	123 96	131 25	138 53	145 84
22	45 83	53 47	61 11	68 75	76 39	84 1	91 66	99 30	106 94	114 58	122 22	129 86	137 50	145 13	152 78
23	47 91	55 90	63 89	71 87	79 86	87 84	95 83	103 81	111 80	119 79	127 77	135 76	143 75	151 73	159 72
24	50 »	58 33	66 66	75 »	83 33	91 66	100 »	108 33	116 66	125 »	133 33	141 66	150 »	158 33	166 66
25	52 8	60 76	69 44	78 13	86 80	95 49	104 17	112 84	121 52	130 21	138 88	147 57	156 25	164 92	173 61
26	54 17	63 19	72 22	81 25	90 27	99 30	108 34	117 36	126 39	135 42	144 44	153 47	162 50	171 52	180 55
27	56 25	65 63	75 »	84 37	93 75	103 12	112 50	121 88	131 25	140 63	150 »	159 37	168 75	178 12	187 50
28	58 33	68 6	77 78	87 50	97 22	106 95	116 66	126 39	136 12	145 84	155 55	165 28	175 »	184 71	194 45
29	60 42	70 49	80 55	90 62	100 69	110 77	120 83	130 90	140 98	151 4	161 11	171 13	181 25	191 31	201 39
MOIS.															
1	62 50	72 92	83 33	93 75	104 17	114 58	125 »	135 42	145 83	156 25	166 67	177 8	187 50	197 92	208 33
2	125 »	145 83	166 67	187 50	208 33	229 17	250 »	270 83	291 67	312 50	333 33	354 17	375 »	395 83	416 67
3	187 50	218 75	250 »	281 25	312 50	343 75	375 »	406 25	437 50	468 75	500 »	531 25	562 50	593 75	625 »
4	250 »	291 67	333 33	375 »	416 67	458 33	500 »	541 67	583 33	625 »	666 67	708 33	750 »	791 67	833 33
5	312 50	364 58	416 67	468 75	520 83	572 92	625 »	677 8	729 17	781 25	833 33	885 42	937 50	989 58	1041 67
6	375 »	437 50	500 »	562 50	625 »	687 50	750 »	812 50	875 »	937 50	1000 »	1062 50	1125 »	1187 50	1250 »
7	437 50	510 42	583 33	656 25	729 17	802 8	875 »	947 92	1020 83	1093 75	1166 67	1239 58	1312 50	1385 42	1458 33
8	500 »	583 33	666 67	750 »	833 33	916 67	1000 »	1083 33	1166 67	1250 »	1333 33	1416 67	1500 »	1583 33	1666 67
9	562 50	656 25	750 »	843 75	937 50	1031 25	1125 »	1218 75	1312 50	1406 25	1500 »	1593 75	1687 50	1781 25	1875 »
10	625 »	729 17	833 33	937 50	1041 67	1145 83	1250 »	1354 17	1458 33	1562 50	1666 67	1770 83	1875 »	1979 17	2083 33
11	687 50	802 8	916 67	1031 25	1145 83	1260 42	1375 »	1489 58	1604 17	1718 75	1833 33	1947 92	2062 50	2177 8	2291 67
ANNÉES.															
1	750 »	875 »	1000 »	1125 »	1250 »	1375 »	1500 »	1625 »	1750 »	1875 »	2000 »	2125 »	2250 »	2375 »	2500 »
2	1500 »	1750 »	2000 »	2250 »	2500 »	2750 »	3000 »	3250 »	3500 »	3750 »	4000 »	4250 »	4500 »	4750 »	5000 »
3	2250 »	2625 »	3000 »	3375 »	3750 »	4125 »	4500 »	4875 »	5250 »	5625 »	6000 »	6375 »	6750 »	7125 »	7500 »
4	3000 »	3500 »	4000 »	4500 »	5000 »	5500 »	6000 »	6500 »	7000 »	7500 »	8000 »	8500 »	9000 »	9500 »	10000 »
5	3750 »	4375 »	5000 »	5625 »	6250 »	6875 »	7500 »	8125 »	8750 »	9375 »	10000 »	10625 »	11250 »	11875 »	12500 »
6	4500 »	5250 »	6000 »	6750 »	7500 »	8250 »	9000 »	9750 »	10500 »	11250 »	12000 »	12750 »	13500 »	14250 »	15000 »
7	5250 »	6125 »	7000 »	7875 »	8750 »	9625 »	10500 »	11375 »	12250 »	13125 »	14000 »	14875 »	15750 »	16625 »	17500 »
8	6000 »	7000 »	8000 »	9000 »	10000 »	11000 »	12000 »	13000 »	14000 »	15000 »	16000 »	17000 »	18000 »	19000 »	20000 »
9	6750 »	7875 »	9000 »	10125 »	11250 »	12375 »	13500 »	14625 »	15750 »	16875 »	18000 »	19125 »	20250 »	21375 »	22500 »
10	7500 »	8750 »	10000 »	11250 »	12500 »	13750 »	15000 »	16250 »	17500 »	18750 »	20000 »	21250 »	22500 »	23750 »	25000 »

30,000 FRANCS.

Intérêts à raison de

	3	3 1/2	4	4 1/2	5	5 1/2	6	6 1/2	7	7 1/2	8	8 1/2	9	9 1/2	10
JOURS.	Fr. C.	Fr. C.	Fr. C.	Fr. C.	Fr. C.	Fr. C.	Fr. C.	Fr. C.	Fr. C.	Fr. C.	Fr. C.	Fr. C.	Fr. C.	Fr. C.	Fr. C.
1	2 50	2 92	3 33	3 75	4 17	4 58	5 »	5 42	5 83	6 25	6 67	7 8	7 50	7 92	8 33
2	5 »	5 93	6 67	7 50	8 33	9 17	10 »	10 83	11 66	12 50	13 33	14 17	15 »	15 83	16 67
3	7 50	8 75	10 »	11 25	12 50	13 75	15 »	16 25	17 50	18 75	20 »	21 25	22 50	23 75	25 »
4	10 »	11 67	13 33	15 »	16 67	18 33	20 »	21 67	23 33	25 »	26 67	28 33	30 »	31 67	33 33
5	12 50	14 58	16 67	18 75	20 83	22 92	25 »	27 8	29 17	31 25	33 33	35 42	37 50	39 58	41 67
6	15 »	17 50	20 »	22 50	25 »	27 50	30 »	32 50	35 »	37 50	40 »	42 50	45 »	47 50	50 »
7	17 50	20 42	23 33	26 25	29 17	32 8	35 »	37 92	40 83	43 75	46 67	49 58	52 50	55 42	58 33
8	20 »	23 33	26 67	30 »	33 33	36 66	40 »	43 33	46 66	50 »	53 33	56 67	60 »	63 33	66 67
9	22 50	26 25	30 »	33 75	37 50	41 25	45 »	48 75	52 50	56 25	60 »	63 75	67 50	71 25	75 »
10	25 »	29 17	33 33	37 50	41 67	45 83	50 »	54 17	58 33	62 50	66 67	70 83	75 »	79 17	83 33
11	27 50	32 8	36 67	41 25	45 83	50 42	55 »	59 58	64 17	68 75	73 33	77 92	82 50	87 8	91 67
12	30 »	35 »	40 »	45 »	50 »	55 »	60 »	65 »	70 »	75 »	80 »	85 »	90 »	95 »	100 »
13	32 50	37 92	43 33	48 75	54 17	59 58	65 »	70 42	75 83	81 25	86 67	92 8	97 50	103 92	108 33
14	35 »	40 83	46 67	52 50	58 33	64 17	70 »	75 83	81 66	87 50	93 33	99 17	105 »	110 83	116 67
15	37 50	43 75	50 »	56 25	62 50	68 75	75 »	81 25	87 50	93 75	100 »	106 25	112 50	118 75	125 »
16	40 »	46 67	53 33	60 »	66 67	73 33	80 »	86 67	93 33	100 »	106 67	113 33	120 »	126 67	133 33
17	42 50	49 58	56 67	63 75	70 83	77 92	85 »	92 8	99 17	106 25	113 33	120 42	127 50	134 58	141 67
18	45 »	52 50	60 »	67 50	75 »	82 50	90 »	97 50	105 »	112 50	120 »	127 50	135 »	142 50	150 »
19	47 50	55 42	63 33	71 25	79 17	87 8	95 »	102 92	110 83	118 75	126 67	134 58	142 50	150 42	158 33
20	50 »	58 33	66 67	75 »	83 33	91 66	100 »	108 33	116 66	125 »	133 33	141 67	150 »	158 33	166 67
21	52 50	61 25	70 »	78 75	87 50	96 25	105 »	113 75	122 50	131 25	140 »	148 75	157 50	166 25	175 »
22	55 »	64 17	73 33	82 50	91 67	100 83	110 »	119 17	128 33	137 50	146 67	155 83	165 »	174 17	183 33
23	57 50	67 8	76 67	86 25	95 83	105 42	115 »	124 58	134 17	143 75	153 33	162 92	172 50	182 8	191 67
24	60 »	70 »	80 »	90 »	100 »	110 »	120 »	130 »	140 »	150 »	160 »	170 »	180 »	190 »	200 »
25	62 50	72 92	83 33	93 75	104 17	114 58	125 »	135 42	145 83	156 25	166 67	177 8	187 50	197 92	208 33
26	65 »	75 83	86 67	97 50	108 33	119 17	130 »	140 83	151 66	162 50	173 33	184 17	195 »	203 83	216 67
27	67 50	78 75	90 »	101 25	112 50	123 75	135 »	146 25	157 50	168 75	180 »	191 25	202 50	213 75	225 »
28	70 »	81 67	93 33	105 »	116 67	128 33	140 »	151 67	163 33	175 »	186 67	198 33	210 »	221 67	233 33
29	72 50	84 58	96 67	108 75	120 83	132 92	145 »	157 8	169 17	181 25	193 33	205 42	217 50	229 58	241 67
MOIS.															
1	75 »	87 50	100 »	112 50	125 »	137 50	150 »	162 50	175 »	187 50	200 »	212 50	225 »	237 50	250 »
2	150 »	175 »	200 »	225 »	250 »	275 »	300 »	325 »	350 »	375 »	400 »	425 »	450 »	475 »	500 »
3	225 »	262 50	300 »	337 50	375 »	412 50	450 »	487 50	425 »	562 50	600 »	637 50	675 »	712 50	750 »
4	300 »	350 »	400 »	450 »	500 »	550 »	600 »	650 »	700 »	750 »	800 »	850 »	900 »	950 »	1000 »
5	375 »	437 50	500 »	662 50	625 »	687 50	750 »	812 50	875 »	937 50	1000 »	1062 50	1125 »	1187 50	1250 »
6	450 »	525 »	600 »	875 »	750 »	825 »	900 »	975 »	1050 »	1125 »	1200 »	1275 »	1350 »	1625 »	1500 »
7	525 »	612 50	700 »	787 50	875 »	962 50	1050 »	1137 50	1225 »	1312 50	1400 »	1487 50	1575 »	1662 50	1750 »
8	600 »	700 »	800 »	900 »	1000 »	1100 »	1200 »	1300 »	1400 »	1500 »	1600 »	1700 »	1800 »	1900 »	2000 »
9	675 »	787 50	900 »	1012 50	1125 »	1287 50	1350 »	1462 50	1575 »	1687 50	1800 »	1912 50	2025 »	1137 50	2250 »
10	750 »	875 »	1000 »	1125 »	1250 »	1375 »	1500 »	1625 »	1750 »	1875 »	2000 »	2125 »	2250 »	2375 »	2500 »
11	825 »	962 50	1100 »	1237 50	1375 »	1512 50	1650 »	1787 50	1925 »	2062 50	2200 »	2337 50	2475 »	2612 50	2750 »
ANNÉES.															
1	900 »	1050 »	1200 »	1350 »	1500 »	1650 »	1800 »	1950 »	2100 »	2250 »	2400 »	2550 »	2700 »	2850 »	3000 »
2	1800 »	2100 »	2400 »	2700 »	3000 »	3300 »	3600 »	3900 »	4200 »	4500 »	4800 »	5100 »	5400 »	5700 »	6000 »
3	2700 »	3150 »	3600 »	4050 »	4500 »	4950 »	5400 »	5850 »	6300 »	6750 »	7200 »	7650 »	8100 »	8550 »	9000 »
4	3600 »	4200 »	4800 »	5400 »	6000 »	6600 »	7200 »	7800 »	8400 »	9800 »	9600 »	10200 »	10800 »	11400 »	12000 »
5	4500 »	5250 »	6000 »	6750 »	7500 »	8250 »	9000 »	9750 »	10500 »	11250 »	12000 »	12750 »	13500 »	14250 »	15000 »
6	5400 »	6300 »	7200 »	8100 »	9000 »	9900 »	10600 »	11700 »	12600 »	13500 »	14400 »	15300 »	16200 »	17100 »	18000 »
7	6300 »	7350 »	8400 »	9450 »	10500 »	11550 »	12600 »	13650 »	14700 »	15750 »	16800 »	17850 »	18900 »	19950 »	21000 »
8	7200 »	8400 »	9600 »	10800 »	12000 »	13200 »	14400 »	15600 »	16800 »	18000 »	19200 »	20400 »	21600 »	22800 »	24000 »
9	8100 »	9450 »	10800 »	12150 »	13500 »	14850 »	16200 »	17550 »	18900 »	20250 »	20880 »	22950 »	24300 »	25650 »	27000 »
10	9000 »	10500 »	12000 »	13500 »	15000 »	16500 »	18000 »	19500 »	21000 »	22500 »	24000 »	25500 »	27000 »	28500 »	30000 »

TABLE INDICATIVE

DE TOUS LES TAUX ET FRACTIONS DE TAUX DE QUART EN QUART, JUSQU'A DOUZE POUR CENT, DONT LES CALCULS NE SONT PAS FAITS DANS LES TABLES QUI PRÉCÈDENT, ET QUE L'ON PEUT CONNAITRE A L'AIDE D'UNE SIMPLE OPÉRATION.

POUR LE

	1/4	pour 0/0 prenez le douzième du produit de 3 pour 0/0,
	1/2	pour 0/0 prenez le sixième du produit de 3 pour 0/0.
	3/4	pour 0/0 prenez le quart du produit de 3 pour 0/0.
1	..	pour 0/0 prenez la tiers du produit de 3 pour 0/0.
1	1/4	pour 0/0 prenez le quart du produit de 5 pour 0/0.
1	1/2	pour 0/0 prenez la moitié du produit de 3 pour 0/0,
1	3/4	pour 0/0 prenez la moitié du produit de 3 1/2 pour 0/0.
2	..	pour 0/0 prenez la moitié du produit de 4 pour 0/0.
2	1/4	pour 0/0 prenez la moitié du produit de 4 1/2 pour 0/0.
2	1/2	pour 0/0 prenez la moitié du produit de 5 pour 0/0.
2	3/4	pour 0/0 prenez la moitié du produit de 5 1/2 pour 0/0.
3	1/4	pour 0/0 prenez la moitié du produit de 6 1/2 pour 0/0.
3	3/4	pour 0/0 prenez le produit de 3 pour 0/0 et le quart de ce produit.
4	1/4	pour 0/0 prenez le produit de 3 pour 0/0 et le quart de celui de 5 pour 0/0.
4	3/4	pour 0/0 prenez le produit de 3 pour 0/0 et la moitié de celui de 3 1/2 pour 0/0.
5	1/4	pour 0/0 prenez le produit de 3 1/2 pour 0/0 et la moitié de ce produit.
5	3/4	pour 0/0 prenez le produit de 4 pour 0/0 et la moitié de celui de 3 1/2 pour 0/0.
6	1/4	pour 0/0 prenez le produit de 5 pour 0/0 et le quart de ce produit.
6	3/4	pour 0/0 prenez le produit de 4 1/2 pour 0/0 et la moitié de ce produit.
7	1/4	pour 0/0 prenez le produit de 4 pour 0/0 et la moitié de celui de 6 1/2 pour 0/0.
7	3/4	pour 0/0 prenez le produit de 4 1/2 pour 0/0 et la moitié de celui de 6 1/2 oour 0/0.
8	1/4	pour 0/0 prenez le produit de 5 1/2 pour 0/0 et la moitié de ce produit.
8	3/4	pour 0/0 prenez le produit de 5 1/2 pour 0/0 et la moitié de celui de 6 1/2 pour 0/0.
9	1/4	pour 0/0 prenez le produit de 6 pour 0/0 et la moitié de celui de 6 1/2 pour 0/0.
9	3/4	pour 0/0 prenez le produit de 6 1/2 pour 0/0 et la moitié de ce produit.
10	1/4	pour 0/0 prenez le produit de 7 pour 0/0 et la moitié de celui de 6 1/2 pour 0/0.
10	1/2	pour 0/0 prenez le produit de 5 pour 0/0 et celui de 5 1/2 pour 0/0.
10	3/4	pour 0/0 prenez le produit de 10 pour 0/0 et le quart de celui de 3 pour 0/0
11	..	pour 0/0 doublez le produit de 5 1/2 pour 0/0.
11	1/4	pour 0/0 prenez le produit de 9 pour 0/0 et le quart de ce produit.
11	1/2	pour 0/0 prenez le produit de 5 1/2 pour 0/0 et celui de 6 pour 0/0.
11	3/4	pour 0/0 prenez le produit de 10 pour 0/0 et la moitié de celui de 3 1/2 pour 0/0.
12	..	pour 0/0 doublez le produit de 6 pour 0/0.

TABLE DES DIVISEURS FIXES

POUR LE CALCUL DES INTÉRÊTS.

Bien que les tables qui précèdent aient pour but de rendre inutile le calcul des intérêts par les diviseurs fixes, nous avons cru devoir expliquer la manière de faire ce calcul, pour deux raisons : la première, parce que ce travail long et compliqué prouve la supériorité et l'infaillibilité du nôtre ; ensuite parce que les personnes qui désireront vérifier l'exactitude de nos chiffres, en les refaisant elles-mêmes, verront, par le temps qu'elles emploieront à parvenir à un résultat certain, combien nos tables sont indispensables à tous ceux qui ont journellement à dresser des comptes d'intérêts, de dividendes, de négociations d'effets de commerce et d'escompte.

La différence qui existe entre nos tables et la table des diviseurs fix es, c'est que les premières donnent les taux d'intérêts depuis 3 pour 0/0 jusqu'à 10 pour 0/0, de 1/2 en 1/2, et que la seconde comprend tous les taux d'intérêts depuis 1/8 pour 0/0 jusqu'à 12 pour 0/0.

Elle procède de huitième en huitième. A chaque taux d'intérêt correspondent deux diviseurs, l'un destiné au calcul des intérêts par jour, l'année entière étant comptée pour 365, l'autre, servant au même calcul lorsqu'on ne compte que 360 jours pour l'année.

La manière d'employer les diviseurs quoique fort simple, demande baucoup d'attention.

On multiplie le capital qui doit l'intérêt par le nombre de jours pour lesquels il est dû. On divise ensuite le produit de cette muliplication par le diviseur qui correspond au taux de l'intérêt.

Le quotient de cette division exprime le montant de l'intérêt dû pour le nombre de jours écoulés.

Voici un exemple de cette opération :

Capital qui doit l'intérêt. 2500 fr.
Nombre de jours écoulés. 191

```
               2500
              22500
              2500
             ______
Produit. . . . 47750 | 7300   Diviseur qui correspond au taux
               45800 |_____      de 5 pour 0/0.
               _____   65,41
                39500
                36500
                _____
                30000
                29200
                _____
                 8000
                 7300
                 ____
                  700
```

Le quotient 65 fr. 41 est le montant de l'intérêt dû pour 191 jours, à raison de 5 pour 0/0 par an, pour un capital de 2500 fr.

On procède de même pour tout autre taux d'intérêt, en employant l'un des diviseurs qui lui correspondent dans la table.

Ces diviseurs sont au nombre de deux pour chaque taux d'intérêts, parce qu'il y a deux manières de compter les jours qui séparent deux époques.

Les uns comptant les mois pour 30 jours chacun, l'intérêt de chaque jour est un 360e de celui de l'année.

Les autres donnent à chaque mois leur valeur réelle en jours, et alors l'intérêt d'un jour est ce qu'il doit être, 1/365e de celui de l'année.

La différence entre les résultats de ces deux manières de compter est de 1/72e du montant de l'intérêt. Cette différence est ajoutée à l'intérêt dû, lorsqu'on emploie le diviseur qui se rapporte à l'année de 360 jours.

Ainsi, dans l'exemple qui précède, un capital de 2,500 fr. donne pour intérêts de 191 jours, en employant le diviseur qui s'applique à l'année de 365 jours, la somme de. . . . . 65 f. 41

En faisant le même calcul avec le diviseur 7200 qui, pour l'intérêt à 5 pour 0/0, correspond à l'année de 360 jours, l'intérêt, pour le même intervalle de temps, est de. 66,32

Différemment en plus par ce dernier mode 0,91

On assure qu'il y a des gens habiles pour lesquels l'année est de 360 jours lorsqu'ils reçoivent un intérêt, et de 365 lorsqu'ils le paient.

Ce qu'il y a de certain, c'est que tout intérêt stipulé à tant pour cent par année, doit être réparti à raison de 1/365 sur chaque jour écoulé.

Voici la série des raisonnemens arithmétiques d'après lesquels la table des diviseurs a été construite

L'intérêt au taux de 1/8 pour 0/0 est la 800e partie du capital.

En divisant le capital par 800, on obtient donc au quotient le montant de l'intérêt pour une année au taux de 1/8 pour 0/0.

L'intérêt d'un jour est la 365e partie de l'intérêt de l'année.

Si donc on divise par 365 l'intérêt de l'année, le quotient exprimera l'intérêt d'un seul jour.

Ainsi, l'intérêt d'un jour, au taux de 1/8 pour 0/0, égale le capital divisé par 800 multipliés par 365.

Or, 800 multipliés par 365 font 292,000. Le nombre de 292,000 est donc le diviseur à employer pour calculer les intérêts pendant un jour, d'un capital quelconque, au taux de 1/8 pour 0/0.

Puisqu'en divisant un capital quelconque par 292,000, le quotient de cette division exprime les intérêts dûs par ce capital pour un jour, il est évident que si avant la division on a multiplié le capital par un nombre de jours quelconque, le quotient de la division opérée sur le capital ainsi multiplié, exprimera les intérêts dus pour ce nombre de jours.

Les autres diviseurs de la table se déduisent facilement du premier.

Le premier étant 800 multipliés par 365 et divisés par 1, égal. 292,000

Le second, applicable au taux de 2/8 pour 0/0, sera 800 multipliés par 365 et divisés par 2, égal. 146,000

Le troisième sera 800 multipliés par 365 et divisés par 3, égal. 97,333

Le quatrième sera 800 multipliés par 365 et divisés par 4, égal. 73,000

Et ainsi de suite.

Si au lieu de diviser l'unité d'intérêt en huitièmes, on voulait la diviser en dixièmes,

Le diviseur pour le premier dixième serait 1000 multipliés par 365 divisés par 1, égal 365,000

On obtiendrait la série des diviseurs correspondant aux autres dixièmes, en divisant le nombre 365,000, successivement par 2, 3, 4, 5, 6, etc.

Les quotiens de ces divisions seraient les diviseurs pour les taux d'intérêts de 2/10e, 3/10e, 4/10e, 5/10e, 6/10e, etc.

On procède comme ci-dessus pour trouver les diviseurs qui doivent être employés lorsque l'intérêt annuel n'est réparti que sur 360 jours. Il s'agit seulement de substituer dans l'opération le nombre 360 au nombre 365.

Les diviseurs fixes ont cela de commode qu'on peut retenir facilement ceux qui s'appliquent aux taux d'intérêt les plus usités dans le commerce.

Les diviseurs donnent des résultats exacts. Le seul inconvénient qui accompagne leur emploi, c'est la nécessité de faire une division, opération toujours longue et sujette à erreurs.

Il y a un moyen très simple de rendre la division plus facile et plus prompte, en la réduisant à une série de soustractions. Ce moyen est surtout applicable au calcul des intérêts, tel qu'il est présenté ici.

Il consiste à faire des tables de multiples de chacun des diviseurs dont l'usage est le plus fréquent. En voici un exemple :

Multiples du diviseur 7,300 applicable au calcul des intérêts à 5 pour 0/0.

1 fois.	7,300
2.	14,600
3.	21,900
4.	29,200
5.	36,500
6.	43,800
7.	51,100
8.	58,400
9.	65,700

Soit à calculer l'intérêt de 7,360 fr. pour 94 jours. Le premier de ces nombres, multiplié par le second, produira 709,640 | 7300

A diviser par 7,300.

Les quatre premiers chiffres du dividende ne contenant pas le diviseur, il faut en prendre 5, ci. . . . . 70964.

Combien de fois le diviseur est-il contenu dans le dividende partiel? C'est la première question et on la résout toujours par tâtonnement; aussi se trompe-t-on quelquefois.

Au moyen de la table des multiples, on voit au premier coup d'œil que le diviseur est contenu 9 fois dans le dividende partiel, et que 9 fois le diviseur égalent 65700 qui doivent être retranchés du dividende.

On évite ainsi la multiplication du diviseur qui doit être répétée chaque fois qu'on porte un chiffre au quotient.

La division est donc réduite à un simple soustraction.

Il suffit de faire ces tables de multiples pour les taux d'intérêts les plus usités.

TABLE DES DIVISEURS FIXES.

TAUX des INTÉRÊTS.	DIVISEURS FIXES. 360 JOURS pour L'INTÉRÊT.	DIVISEURS FIXES. 365 JOURS pour L'INTÉRÊT.	TAUX des INTÉRÊTS.	DIVISEURS FIXES. 360 JOURS pour L'INTÉRÊT.	DIVISEURS FIXES. 365 JOURS pour L'INTÉRÊT.	TAUX des INTÉRÊTS.	DIVISEURS FIXES. 360 JOURS pour L'INTÉRÊT.	DIVISEURS FIXES. 365 JOURS pour L'INTÉRÊT.	TAUX des INTÉRÊTS.	DIVISEURS FIXES. 360 JOURS pour L'INTÉRÊT.	DIVISEURS FIXES. 365 JOURS pour L'INTÉRÊT.
P. 0/0.			P. 0/0.			P. 0/0.			P. 0/0.		
			3 »	12,000	12,167	6 »	6,000	6,083	9 »	4,000	4,056
1/8	288,000	292,000	3 1/8	11,520	11,680	6 1/8	5,877	6,213	9 1/8	3,945	4,060
1/4	144,000	146,000	3 1/4	11,077	11,231	6 1/4	5,760	5,840	9 1/4	3,892	3,946
3/8	96,000	97,333	3 3/8	10,667	10,815	6 3/8	5,647	5,725	9 3/8	3,840	3,893
1/2	72,000	73,000	3 1/2	10,286	10,429	6 1/2	5,538	5,615	9 1/2	3,789	3,842
5/8	57,600	58,400	3 5/8	9,931	10,069	6 5/8	5,433	5,509	9 5/8	3,740	3,792
3/4	48,000	48,667	3 5/4	9,600	9,733	6 3/4	5,333	5,407	9 3/4	3,692	3,744
7/8	41,143	41,714	3 7/8	9,290	9,419	6 7/8	5,236	5,309	9 7/8	3,645	3,696
1 »	36,000	36,500	4 »	9,000	9,125	7 »	5,142	5,214	10	3,600	3,650
1 1/8	32,000	32,444	4 1/8	8,727	8,848	7 1/8	5,053	5,123	10 1/8	3,556	3,595
1 1/4	28,820	29,200	4 1/4	8,470	8,538	7 1/4	4,965	4,932	10 1/4	3,512	3,561
1 3/8	26,182	26,545	4 3/8	8,228	8,343	7 3/8	4,881	4,034	10 3/8	3,470	3,518
1 1/2	24,000	24,333	4 1/2	8,000	8,111	7 1/2	4,800	4,867	10 1/2	3,439	3,476
1 5/8	22,154	22,462	4 5/8	7,784	7,892	7 5/8	4,721	4,787	10 5/8	3,388	3,435
1 3/4	20,571	20,857	4 3/4	7,578	7,684	7 3/4	4,645	4,710	10 3/4	3,349	3,335
1 7/8	19,200	19,467	4 7/8	7,384	7,487	7 7/8	4,571	4,635	10 7/8	3,310	3,356
2 »	18,000	18,250	5 »	7,200	7,300	8 »	4,500	4,562	11	3,273	3,309
2 1/8	16,941	17,176	5 1/8	7,024	7,122	8 1/8	4,430	4,492	11 1/8	3,236	3,281
2 1/4	16,000	16,222	5 1/4	6,857	6,952	8 1/4	4,363	4,424	11 1/4	3,200	3,244
2 3/8	15,157	15,368	5 3/8	6,697	6,791	8 3/8	4,298	4,358	11 3/8	3,165	3,209
2 1/2	14,400	14,600	5 1/2	6,545	6,636	8 1/2	4,235	4,269	11 1/2	3,130	3,174
2 5/8	13,714	13,905	5 5/8	6,400	6,489	8 5/8	4,173	4,232	11 5/8	3,097	3,141
2 3/4	13,090	13,272	5 3/4	6,260	6.348	8 3/4	4,114	4,171	11 3/4	3,064	3,106
2 7/8	12,522	12,696	5 7/8	6,128	6,213	8 7/8	4,056	4,113	11 7/8	3,032	3,774
									12	3,000	3,042

Multiple du diviseur 7,200 applicable au calcul des intérêts à 5 p. 100.

1 fois 7,200
2 14,400
3 21,600
4 28,800
5 36,000
6 43,200
7 50,400
8 57,600
9 64,800

Soit à calculer l'intérêt de 7,830 fr. pour 91 jours. Le produit de ces nombres, multipliés l'un par l'autre, […] à diviser par 7,200.

Les quatre premiers chiffres du dividende ne contenant pas le diviseur, il faut en prendre 5, et […] 70464.

Combien de fois le diviseur est-il contenu dans le dividende partiel? C'est la première question que l'on se pose toujours […]

En recourant à la table des multiples, on voit au premier coup d'œil que le diviseur est contenu 9 fois dans le dividende partiel, et que 9 fois le diviseur égalent […], chiffre à soustraire du dividende.

On opère […] du diviseur qui se trouve répété chaque fois […] chiffre au quotient.

La division devient ainsi une simple soustraction.

Il suffit de faire ces tableaux de multiples pour les taux d'intérêt les plus usités.

TABLE DES DIVISEURS FIXES.

[illegible]

TABLE

SERVANT A CALCULER LE NOMBRE DE JOURS COMPRIS ENTRE DEUX ÉPOQUES.

Dans cette table tous les jours des 12 mois forment une seule série de quantièmes, qui commence par 1 au 1er janvier et finit par 365 au 31 décembre.

Cette série est divisée en 12 colonnes, dont chacune contient autant de numéros qu'il y a de jours dans le mois dont le nom est en tête.

D'autres colonnes, intercalées entre celles de la série de l'année, indiquent les quantièmes de chaque mois, pour faciliter la recherche des numéros qui correspondent aux époques dont on veut mesurer l'intervalle.

L'usage de cette table est très facile. On cherche les nombres qui correspondent aux deux époques ; on soustrait le plus petit du plus grand : le reste exprime le nombre de jours qui séparent les deux époques.

Exemple : on veut savoir combien il y a de jours entre le 13 février et le 20 octobre. Le nombre qui, dans la table, correspond à ce dernier quantième est. 293

C'est le nombre de jours qui se sont écoulés depuis le commencement de l'année jusques et compris le 20 octobre.

44 est le quantième de l'année pour le 13 février. L'intervalle entre les deux époques est donc 293 jours moins 44, ci. . . . 44

Le reste. . . 249

exprime le nombre de jours écoulés depuis le 13 février jusqu'au 20 octobre.

Lorsque les deux époques dont on veut mesurer l'intervalle n'appartiennent pas à la même année, la manière de procéder est différente, mais toujours fort simple. En voici un exemple.

On veut connaître le nombre de jours écoulés entre le 20 octobre d'une année, et le 13 février de l'année suivante.

Le 20 octobre est, d'après la table, le 293e jour de l'année. On aura donc le nombre de jours compris entre le 20 octobre et la fin de l'année, en retranchant 293 de 363.

Le reste. . . 72 jours

A quoi il faut ajouter le nombre de jours écoulés depuis le 1er janvier de l'année jusqu'au 13 février, ci. . . . . 44 jours

TABLE DU NOMBRE DE JOURS.

JANVIER, et quantième.	FÉVRIER.	QUANTIÈME.	MARS.	QUANTIÈME.	AVRIL.	QUANTIÈME.	MAI.	QUANTIÈME.	JUIN.	QUANTIÈME.	JUILLET.	QUANTIÈME.	AOUT.	QUANTIÈME.	SEPTEMBRE.	QUANTIÈME.	OCTOBRE.	QUANTIÈME.	NOVEMBRE.	QUANTIÈME.	DÉCEMBRE.	QUANTIÈME.
1	1	32	1	60	1	91	1	121	1	152	1	182	1	213	1	244	1	274	1	505	1	335
2	2	33	2	61	2	92	2	122	2	153	2	183	2	214	2	245	2	275	2	306	2	336
3	3	34	3	62	3	93	3	123	3	151	3	184	3	215	3	246	3	276	3	307	3	337
4	4	35	4	63	4	94	4	124	4	155	4	185	4	216	4	247	4	277	4	308	4	338
5	5	36	5	64	5	95	5	125	5	156	5	186	5	217	5	248	5	278	5	309	5	339
6	6	37	6	65	5	96	6	126	6	157	6	187	6	218	6	249	6	279	6	310	6	340
7	7	38	7	66	7	97	7	127	7	158	7	188	7	219	7	250	7	280	7	311	7	341
8	8	39	8	67	8	98	8	128	8	159	8	189	8	220	8	251	8	281	8	312	8	342
9	9	40	9	68	9	99	9	129	9	160	9	190	9	221	9	152	9	282	9	313	9	343
10	10	41	10	69	10	100	10	130	10	161	10	191	10	222	10	153	10	283	10	314	10	344
11	11	42	11	70	11	101	11	131	11	162	11	192	11	223	11	254	11	284	11	315	11	345
12	12	43	12	71	12	102	12	132	12	163	12	193	12	224	12	255	12	285	12	316	12	346
13	13	44	13	72	13	103	13	133	13	164	13	194	13	225	13	256	13	286	13	317	13	347
14	13	45	14	73	14	104	14	134	14	165	14	195	14	226	14	257	14	287	14	318	14	348
15	14	46	15	74	15	105	15	135	15	166	15	196	15	227	15	258	15	288	15	319	15	349
16	16	47	16	75	16	106	16	136	16	167	16	197	16	228	16	259	16	289	16	320	16	350
17	17	48	17	76	17	107	17	137	17	168	17	198	17	229	17	260	17	290	17	321	17	351
18	18	49	18	77	18	108	18	138	18	169	18	199	18	230	18	261	18	291	18	322	18	352
19	19	50	19	78	19	109	19	139	19	170	19	200	19	231	19	262	19	292	19	323	19	353
20	20	51	20	79	20	110	20	140	20	171	20	201	20	332	20	263	20	293	20	324	20	354
21	21	52	21	80	21	111	21	141	21	172	21	202	21	233	21	264	21	294	21	325	21	355
22	22	53	22	81	22	112	22	142	22	178	22	203	22	234	22	265	22	295	22	326	22	356
23	23	54	23	82	23	113	23	143	23	174	23	204	23	235	23	266	23	296	23	327	23	357
24	24	55	24	83	24	114	24	144	24	175	24	205	24	236	24	267	24	297	24	328	24	358
25	25	56	25	84	25	115	25	145	25	176	25	206	25	237	25	268	25	298	25	329	25	359
26	26	57	26	85	26	116	26	146	26	177	26	207	26	238	26	269	26	299	26	330	26	360
27	27	58	27	86	27	117	27	147	27	178	27	208	27	239	27	270	27	300	27	331	27	361
28	28	59	28	87	28	118	28	148	28	179	28	209	28	240	28	271	28	301	28	332	28	362
29	»	»	29	88	29	119	29	149	29	180	29	210	29	241	29	272	29	302	29	333	29	363
30	»	»	30	89	30	120	30	150	30	181	30	211	30	242	30	273	30	303	30	334	30	364
31.	»	»	31	90	»	»	31	151	»	»	31	212	31	243	»	»	31	304	«	»	31	365

TABLES DU MONTANT DES DOUZIEMES DE CONTRIBUTIONS

DEPUIS 1 FRANC JUSQU'A 3,000 FRANCS (1).

L'utilité de ces tables n'a pas besoin d'être démontrée : elle répond à autant de besoins qu'il y a de contribuables en France, c'est-à-direà des millions d'individus. On chercherait vainement un travail analogue dans tous les ouvrages qui traitent du même sujet que nous.

Nous donnons les douzièmes de toutes les sommes depuis 1 franc jusqu'à 100 franc en augmentant successivement d'un franc ; depuis 100 fr. jusqu'à 3000 par une progression de 100 fr.

La première colonne entre chaque ligne représente la somme dont on

(1) Les contributions actuelles sont directes ou indirectes.

Les contributions directes sont la foncière, la personnelle et mobilière, celle des portes et fenêtres, celles des patentes et les redevances sur les mines.

Les contributions *indirectes* pèsent principalement sur les denrées alimentaires, le vin, le cidre, le sel, etc.

Les contributions *directes* sont votées pour un an. On y ajoute les *centimes additionnels* destinés aux dépenses administratives, et les centimes facultatifs, dont on autorise la perception pour besoins locaux jusqu'à un certain maximum.

Les contributions *foncière, personnelle et immobilière* sont des impôts de répartition, c'est-à-dire qu'on les répartit proportionnellement.

Les contributions des *patentes et des mines* sont des impôts de quotité, c'est-à-dire éventuels et fixés approximativement.

peut être imposé, la seconde le douzième de cette somme.

Le droit fiscal des contributions commençant avec l'année, le premier douzième échoit naturellement le 1er février ; nous commençons donc nos tables par ce mois.

L'impôt foncier est réparti entre les arrondissemens par le préfet et le conseil-général, auquel sont adressées les demandes en réduction. Le conseil peut y joindre un impôt extraordinaire qui ne peut excéder 5 centimes du principal des trois contributions de répartition. Le conseil d'arrondissement divise l'impôt entre les communes. Les conseils municipaux délibèrent sur la proposition de l'impôt extraordinaire.

La fixation du revenu est établie par le cadastre et les plus forts imposés, en présence de l'inspecteur des contributions. Les commissaires répartiteurs rédigent en même temps la matière de rôle de la contribution personnelle et celles des ouvertures des portes et fenêtres imposables.

Chaque mois les contribuables doivent payer leur douzième échu, sous peine d'être immédiatement poursuivis par le percepteur, et d'être saisis, après les formalités de la *contrainte*, de la *garnison* et du *commandement*.

NOTA. — Les demandes en réduction d'une évaluation inexacte en rectification, en décharge pour non possession, en remise ou modération pour gêne ou accidens, s'adressent au préfet du département.

Dans la contribution des patentes, on distingue plusieurs catégories, qui paient chacune en proportion de la population, de leur commerce et de leur industrie.

TABLES DES DOUZIÈMES.

LE UN DOUZIÈME (1).
(Échu le 1er février.)

FR.	FR.	C.	FR.	FR.	C.	FR.	GR.	C.	FR.	FR.	C.
1	»	8	31	2	58	61	5	8	91	7	58
2	»	16	32	2	66	62	5	16	92	7	66
3	»	25	33	2	75	63	5	25	93	7	75
4	»	33	34	2	83	64	5	33	94	7	83
5	»	41	35	2	91	65	5	41	95	7	91
6	»	50	36	3	»	66	5	50	96	8	»
7	»	58	37	3	8	67	5	58	97	8	8
8	»	66	38	3	16	68	5	66	98	8	16
9	»	75	39	3	25	69	5	75	99	8	25
10	»	83	40	3	33	70	5	83	100	8	33
11	»	91	41	3	41	71	5	91	200	16	66
12	1	»	42	3	50	72	6	»	300	25	»
13	1	8	43	3	58	73	6	8	400	33	33
14	1	16	44	3	66	74	6	16	500	41	66
15	1	25	45	3	75	75	6	25	600	50	»
16	1	33	46	3	83	76	6	33	700	58	33
17	1	41	47	3	91	77	6	41	800	66	66
18	1	50	48	4	»	78	6	50	900	75	»
19	1	58	49	4	8	79	6	58	1000	83	33
20	1	66	50	4	16	80	6	66	1100	91	66
21	1	75	51	4	25	81	6	75	1200	100	»
22	1	83	52	4	33	82	6	83	1300	108	33
23	1	91	53	4	41	83	6	91	1400	116	66
24	2	»	54	4	50	84	7	»	1500	125	»
25	2	8	55	4	58	85	7	8	1600	133	33
26	2	16	56	4	66	86	7	16	1700	141	66
27	2	25	57	4	75	87	7	25	1800	150	»
28	2	33	58	4	83	88	7	33	1900	158	33
29	2	41	59	4	91	89	7	41	2000	166	66
30	2	50	60	5	»	90	7	50	3000	250	»

LES DEUX DOUZIÈMES.
(1er Mars.)

FR.	FR.	C.	FR.	FR.	C.	FR.	FR.	C.	FR.	FR.	C.
1	»	16	31	5	16	61	10	16	91	15	16
2	»	33	32	5	33	62	10	33	92	15	33
3	»	50	33	5	50	63	10	50	93	15	50
4	»	66	34	5	66	64	10	66	94	15	66
5	»	83	35	5	83	65	10	83	95	15	83
6	1	»	36	6	»	66	11	»	96	16	»
7	1	16	37	6	16	67	11	16	97	16	16
8	1	33	38	6	33	68	11	33	98	16	33
9	1	50	39	6	50	69	11	50	99	16	50
10	1	66	40	6	66	70	11	66	100	16	66
11	1	83	41	6	83	71	11	83	200	33	33
12	2	»	42	7	»	72	12	»	300	50	»
13	2	16	43	7	16	73	12	16	400	66	16
14	2	33	44	7	33	74	12	33	500	83	38
15	2	50	45	7	50	75	12	50	600	100	»
16	2	66	46	7	66	76	12	66	700	116	66
17	2	83	47	7	83	77	12	83	800	133	33
18	3	»	48	8	»	78	13	»	900	150	»
19	3	16	49	8	16	79	13	16	1000	166	66
20	3	33	50	8	33	80	13	33	1100	183	33
21	3	50	51	8	50	81	13	50	1200	200	»
22	3	66	52	8	66	82	13	66	1300	216	66
23	3	83	53	8	83	83	13	83	1400	233	33
24	4	»	54	9	»	84	14	»	1500	250	»
25	4	16	55	9	16	85	14	16	1600	266	66
26	4	33	56	9	33	86	14	33	1700	283	33
27	4	50	57	9	50	87	14	50	1800	300	»
28	4	66	58	9	66	88	14	66	1900	316	66
29	4	83	59	9	85	89	14	83	2000	333	33
30	5	»	60	10	»	90	15	»	3000	500	»

LES TROIS DOUZIÈMES.
(1er Avril.)

FR.	FR.	C.	FR.	FR.	C.	FR.	FR.	C.	FR.	FR.	C.
1	»	25	31	7	75	61	15	25	91	22	75
2	»	30	32	8	»	62	15	50	92	23	»
3	»	75	33	8	25	63	15	75	93	23	25
4	1	»	34	8	50	64	16	»	94	23	50
5	1	25	35	8	75	65	16	25	95	23	75
6	1	50	36	9	»	66	16	50	96	24	»
7	1	75	37	9	25	67	16	75	97	24	25
8	2	»	38	9	50	68	17	»	98	24	50
9	2	25	39	9	75	69	17	25	99	24	75
10	2	50	40	10	»	70	17	50	100	25	»
11	2	75	41	10	25	71	17	75	200	50	»
12	3	»	42	10	50	72	18	»	300	75	»
13	3	25	43	10	75	73	18	25	400	100	»
14	3	50	44	11	»	74	18	50	500	125	»
15	5	75	45	11	25	75	18	75	600	150	»
16	4	»	46	11	50	76	19	»	700	175	»
17	4	25	47	11	75	77	19	25	800	200	»
18	4	50	48	12	»	78	19	50	900	225	»
19	4	75	49	12	25	79	19	75	1000	250	»
20	5	»	50	12	50	80	20	»	1100	275	»
21	5	25	51	12	75	81	20	25	1200	300	»
22	5	50	52	13	»	82	20	50	1300	325	»
23	5	75	53	13	25	83	20	75	1400	350	»
24	6	»	54	13	50	84	21	»	1500	375	»
25	6	25	55	13	75	85	21	25	1600	400	»
26	6	50	56	14	»	86	21	50	1700	425	»
27	6	75	57	14	25	87	21	75	1800	450	»
28	7	»	58	14	50	88	22	»	1900	475	»
29	7	25	59	14	75	89	22	25	2000	500	»
30	7	50	60	15	»	90	22	50	3000	750	»

(1) Quand on prend le douzième d'une cote quelconque, on peut négliger les centimes. Cependant si l'on désirait connaître à combien s'élèvent les douzièmes échus d'une cote composée seulement de centimes, il faudra considérer ces centimes comme des francs, et, sur la somme que l'on aura trouvée dans la table

LES QUATRE DOUZIÈMES.

(Échu le 1er mai.)

FR.	FR.	C.	FR.	FR.	C.	FR.	FR.	C.
1	»	33	41	13	66	81	27	»
2	»	66	42	14	»	82	27	33
3	1	»	43	14	33	83	27	66
4	1	33	44	14	66	84	28	»
5	1	66	45	15	»	85	28	33
6	2	»	46	15	33	86	28	66
7	2	33	47	15	66	87	29	»
8	2	66	48	16	»	88	29	33
9	3	»	49	16	33	89	29	66
10	3	33	50	16	66	90	30	»
11	3	66	51	17	»	91	30	33
12	4	»	52	17	33	92	30	66
13	4	33	53	17	66	93	31	»
14	4	66	54	18	»	94	31	33
15	5	»	55	18	33	95	31	66
16	5	33	56	18	66	96	32	»
17	5	66	57	19	»	97	32	33
18	6	»	58	19	33	98	32	66
19	6	33	59	19	66	99	33	»
20	6	66	60	20	»	100	33	33
21	7	»	61	20	33	200	66	66
22	7	33	62	20	66	300	100	»
23	7	66	63	21	»	400	133	33
24	8	»	64	21	33	500	166	66
25	8	33	65	21	66	600	200	»
26	8	66	66	22	»	700	233	33
27	9	»	67	22	33	800	266	66
28	9	33	68	22	66	900	300	»
29	9	66	69	23	»	1000	333	33
30	10	»	70	23	33	1100	366	66
31	10	33	71	23	66	1200	400	»
32	10	66	72	24	»	1300	433	33
33	11	»	73	24	33	1400	466	66
34	11	33	74	24	66	1500	500	»
35	11	66	75	25	»	1600	533	33
36	12	»	76	25	33	1700	566	66
37	12	33	77	25	66	1800	600	»
38	12	66	78	26	»	1900	633	33
39	13	»	79	26	33	2000	666	66
40	13	33	80	26	66	3000	1000	»

LES CINQ DOUZIÈMES.

(1er Juin.)

FR.	FR.	C.	FR.	FR.	C.	FR.	FR.	C.
1	»	41	4	17	8	81	33	75
2	»	83	42	17	50	82	34	16
3	1	25	43	17	91	83	34	58
4	1	66	44	18	33	84	35	»
5	2	8	45	18	75	85	35	41
6	2	50	46	19	16	86	35	83
7	2	91	47	19	58	87	36	25
8	3	33	48	20	»	88	36	66
9	3	75	49	20	41	89	37	8
10	4	16	50	20	83	90	37	50
11	4	58	51	21	25	91	37	91
12	5	»	52	21	66	92	38	33
13	5	41	53	22	8	93	38	75
14	5	83	54	22	50	94	39	16
15	6	25	55	22	91	95	39	58
16	6	66	56	23	33	96	40	»
17	7	8	57	23	75	97	40	41
18	7	50	58	24	16	98	40	83
19	7	91	59	24	58	99	41	25
20	8	33	60	25	»	100	41	66
21	8	75	61	25	41	200	83	33
22	9	16	62	25	83	300	125	»
23	9	58	63	26	25	400	166	66
24	10	»	64	26	66	500	208	33
25	10	41	65	27	8	600	250	»
26	10	83	66	27	50	700	291	66
27	11	25	67	27	91	800	333	33
28	11	66	68	28	33	900	375	»
29	12	8	69	28	75	1000	416	66
30	12	50	70	29	16	1100	458	33
31	12	91	71	29	58	1200	500	»
32	13	33	72	30	»	1300	541	66
33	13	75	73	30	41	1400	583	33
34	14	16	74	30	83	1500	625	»
35	14	58	75	31	25	1600	666	66
36	15	»	76	31	66	1700	708	33
37	15	41	77	32	8	1800	150	»
38	15	83	78	32	50	1900	791	66
39	16	25	79	32	91	2000	833	33
40	16	66	80	33	33	3000	1250	»

LES SIX DOUZIÈMES.

(1er Juillet.)

FR.	FR.	C.	FR.	FR.	C.	FR.	FR.	C.
1	»	50	41	20	50	81	40	50
2	4	»	42	21	»	82	41	»
3	1	50	43	21	50	83	41	50
4	2	»	44	22	»	84	42	»
5	2	60	45	22	50	85	42	50
6	3	»	46	23	»	86	43	»
7	3	50	47	23	50	87	43	50
8	4	»	48	24	»	88	44	»
9	4	50	49	24	50	89	44	50
10	5	»	50	25	»	90	45	»
11	5	50	51	25	50	91	45	50
12	6	»	52	26	»	92	46	»
13	6	50	53	26	50	93	46	50
14	7	»	54	27	»	94	47	»
15	7	50	55	27	50	95	47	50
16	8	»	56	28	»	96	48	»
17	8	50	57	28	50	97	48	50
18	9	»	58	29	»	98	49	»
19	9	50	59	29	50	99	49	50
20	10	»	60	30	»	100	50	»
21	10	50	61	30	50	200	100	»
22	11	»	62	31	»	300	150	»
23	11	50	63	31	50	400	200	»
24	12	»	64	32	»	500	250	»
25	12	50	65	32	50	600	300	»
26	13	»	66	33	»	700	350	»
27	13	50	67	33	50	800	400	»
28	14	»	68	34	»	900	450	»
29	14	50	69	34	50	1000	500	»
30	15	»	70	35	»	1100	550	»
31	15	50	71	55	50	1200	600	»
32	16	»	72	36	»	1300	650	»
33	16	50	73	36	50	1400	700	»
34	17	»	74	37	»	1500	750	»
35	17	50	75	37	50	1600	800	»
36	18	»	76	38	»	1700	850	»
37	18	50	77	38	50	1800	900	»
38	19	»	78	39	»	1900	950	»
39	19	50	79	39	50	2000	1000	»
40	20	»	80	40	»	3000	1500	»

LES SEPT DOUZIÈMES.

(1er Août.)

FR.	FR.	C.	FR.	FR.	C.	FR.	FR.	C.
1	»	58	41	23	91	81	47	25
2	1	16	42	24	50	82	47	83
3	1	75	43	25	8	83	48	41
4	2	33	44	25	66	84	49	»
5	2	91	45	26	25	85	49	58
6	3	50	46	26	83	86	50	16
7	4	8	47	27	41	87	50	75
8	4	66	48	28	»	88	51	33
9	5	25	49	28	58	89	51	91
10	5	33	50	29	16	90	52	50
11	6	51	51	29	75	91	53	8
12	7	»	52	30	33	92	53	66
13	7	58	53	30	91	93	54	25
14	8	16	54	31	50	94	54	83
15	8	75	55	32	8	95	55	41
16	9	33	56	32	66	96	56	»
17	9	91	57	33	25	97	56	58
18	10	50	58	33	83	98	57	16
19	11	8	59	34	41	99	57	75
20	11	66	60	35	»	100	58	33
21	12	25	61	35	58	200	116	66
22	12	83	62	36	16	300	175	»
23	13	41	63	36	75	400	233	33
24	14	»	64	37	33	500	291	66
25	14	58	65	37	91	600	350	»
26	15	16	66	38	50	700	408	33
27	15	75	67	39	8	800	466	66
28	16	33	68	39	66	900	525	»
29	16	91	69	40	25	1000	583	33
30	17	50	70	40	83	1100	641	66
31	18	8	71	41	41	1200	700	»
32	18	66	72	42	»	1300	758	33
33	19	25	73	42	58	1400	816	66
34	19	83	74	43	16	1500	875	»
35	20	41	75	43	75	1600	933	33
36	21	»	76	44	33	1700	991	66
37	21	58	77	44	91	1800	1050	»
38	22	16	78	45	50	1900	1108	33
39	22	75	79	46	8	2000	1166	»
40	23	33	80	46	66	3000	1750	66

reculer la virgule de deux chiffres vers la gauche; alors les unités de franc deviendront des unités de centimes; les dixaines de franc, des dixaines de centime.

Par exemple :

Les 11/12es d'une cote de 84 fr. donnent. . . . . 77 f.

Les 11/12es d'une cote de 0 fr. 84 cent. donneront . . . . . 0 f. 77 c.

Lorsqu'on veut avoir les douzièmes d'une somme de 101 à 200 f., on peut, pour simplifier l'opération, prendre la moitié de ladite somme, chercher dans la table ce que produit cette moitié, et multiplier ensuite par 2 la somme que l'on aura trouvée.

Par exemple :

Pour connaître les 7/12es de 144 f., on cherche dans la table les 7/12es de 72 f. qui font la moitié de 144 f.; on trouve. . . . . 42 f.

que l'on multiplie par 2, et l'on obtient. . . . . 84 f.

On peut encore opérer suivant la méthode ordinaire, c'est-à-dire, prendre les 7/12es de 100 f., qui sont de. . . . . 58 f. 33 c.

et ensuite les 7/12es de 44 f., qui sont de. . . . . 25 f. 66 c.

Lesquelles sommes réunies font. . . . 84 f. » c.

LES HUIT DOUZIÈMES (Échus le 1er Septembre.)						LES NEUF DOUZIÈMES (1er Octobre.)					
FR.	FR.	C.	FR.	FR.	C.	FR.	FR.	C.	FR.	FR.	C.
1	»	66	61	40	66	1	»	75	61	45	75
2	1	33	62	41	33	2	1	50	62	46	50
3	2	»	63	42	»	3	2	25	63	47	25
4	2	66	64	42	66	4	3	»	64	48	»
5	3	33	65	43	33	5	3	75	65	48	75
6	4	»	66	44	»	6	4	50	66	49	50
7	4	66	67	44	66	7	5	25	67	50	25
8	5	33	68	45	33	8	6	»	68	51	»
9	6	»	69	46	»	9	6	75	69	51	75
10	6	66	70	46	66	10	7	50	70	52	50
11	7	33	71	47	33	11	8	25	71	53	25
12	8	»	72	48	»	12	9	»	72	54	»
13	8	66	73	48	66	13	9	75	73	54	75
14	9	33	74	49	33	14	10	50	74	55	50
15	10	»	75	50	»	15	11	25	75	56	25
16	10	66	76	50	66	16	12	»	76	57	»
17	11	33	77	51	33	17	12	75	77	57	75
18	12	»	78	52	»	18	13	50	78	58	50
19	12	66	79	52	66	19	14	25	79	59	25
20	13	33	80	53	33	20	15	»	80	60	»
21	14	»	81	54	»	21	15	75	81	60	75
22	14	66	82	54	66	22	16	50	82	61	50
23	15	33	83	55	33	23	17	25	83	62	25
24	16	»	84	56	»	24	18	»	84	63	»
25	16	66	85	56	66	25	18	75	85	63	75
26	17	33	86	57	33	26	19	50	86	64	50
27	18	»	87	68	»	27	20	25	87	65	25
28	18	66	88	58	66	28	21	»	88	66	»
29	19	33	89	59	33	29	21	75	89	66	75
30	20	»	90	60	»	30	22	50	90	67	50
31	20	66	91	60	66	31	23	25	91	68	25
32	21	33	92	61	33	32	24	»	92	69	»
33	22	»	93	62	»	33	24	75	93	69	75
34	22	66	94	62	66	34	25	50	94	70	50
35	23	33	95	63	33	35	26	25	95	71	25
36	24	»	96	64	»	36	27	»	96	72	»
37	24	66	97	64	66	37	27	75	97	72	75
38	25	66	98	65	33	38	28	50	98	73	50
39	26	33	99	66	»	39	29	25	99	74	25
40	26	»	100	66	66	40	30	»	100	75	»
41	27	33	200	133	33	41	30	75	200	150	»
42	28	»	300	200	»	42	31	50	300	225	»
43	28	66	400	266	66	43	32	25	400	300	»
44	29	33	500	333	33	44	33	»	500	375	»
45	30	»	600	400	»	45	33	75	600	450	»
46	30	66	700	466	65	46	34	50	700	525	»
47	31	33	800	533	33	47	35	25	800	600	»
48	32	»	900	600	»	48	36	»	900	675	»
49	32	68	1000	666	65	49	36	75	1000	750	»
50	33	33	1100	783	33	50	37	50	1100	825	»
51	34	»	1200	800	»	51	38	25	1200	900	»
52	34	66	1300	866	66	52	39	»	1300	975	»
53	35	33	1400	933	38	53	39	75	1400	1050	»
54	36	»	1500	1000	»	54	40	50	1500	1125	»
55	36	66	1600	1066	33	55	41	25	1600	1200	»
56	37	33	1700	1133	33	56	42	»	1700	1275	»
57	38	»	1800	1200	»	57	42	75	1800	1350	»
58	38	66	1900	1266	66	58	43	50	1900	1425	»
59	39	33	2000	1333	33	59	44	25	2000	1500	»
60	40	»	3000	2000	»	60	45	»	3000	2250	»

LES DIX DOUZIÈMES. (1er Novembre.)						LES ONZE DOUZIÈMES (1er Décembre.)					
FR.	FR.	C.	FR.	FR.	C.	FR.	FR.	C.	FR.	FR.	C.
1	»	83	61	50	83	1	»	91	61	55	91
2	1	66	62	51	66	2	1	83	62	56	83
3	2	50	63	52	50	3	2	75	63	57	75
4	3	33	64	53	33	4	3	66	64	58	66
5	4	16	65	54	16	5	4	58	65	59	58
6	5	»	66	55	»	6	5	50	66	60	50
7	5	83	67	55	83	7	6	41	67	61	41
8	6	66	68	56	66	8	7	33	68	62	33
9	7	50	69	57	50	9	8	25	69	63	25
10	8	33	70	58	33	10	9	16	70	64	16
11	9	16	71	59	16	11	10	8	71	65	8
12	10	»	72	60	»	12	11	»	72	66	»
13	10	83	73	60	83	13	11	91	73	66	91
14	11	66	74	61	66	14	12	83	74	67	83
15	12	50	75	62	50	15	13	75	75	68	75
16	13	33	76	63	33	16	14	66	76	69	66
17	14	16	77	64	16	17	15	58	77	70	58
18	15	»	78	65	»	18	16	50	78	71	50
19	15	83	79	65	83	19	17	41	79	72	41
20	16	66	80	66	66	20	18	33	80	73	33
21	17	50	81	67	50	21	19	25	81	74	25
22	18	33	82	68	33	22	20	16	82	75	16
23	19	16	83	69	16	23	21	8	83	76	8
24	20	»	84	70	»	24	22	»	84	77	»
25	20	83	85	70	83	25	22	91	85	77	91
26	21	66	86	71	66	26	23	83	86	78	83
27	22	50	87	72	50	27	24	75	87	79	75
28	23	33	88	73	33	28	25	66	88	80	66
29	24	16	89	74	16	29	26	58	89	81	58
30	25	»	90	75	»	30	27	50	90	82	50
31	25	83	91	75	83	31	28	41	91	83	41
32	26	66	92	76	66	32	29	33	92	84	33
33	27	50	93	77	50	33	30	25	93	85	25
34	28	33	94	78	33	34	31	16	94	86	16
35	29	16	95	79	16	35	32	8	95	87	8
36	30	»	96	80	»	36	33	»	96	88	»
37	30	83	97	80	83	37	33	91	97	88	91
38	31	66	98	81	66	38	34	83	98	89	83
39	32	50	99	82	50	39	35	75	99	90	75
40	33	33	100	83	33	40	36	66	100	91	66
41	34	16	200	166	16	41	37	58	200	183	33
42	35	»	300	250	»	42	38	50	300	275	»
43	35	83	400	333	33	43	39	41	400	366	66
44	36	66	500	416	66	44	40	33	500	458	33
45	37	50	600	500	»	45	41	25	600	550	»
46	38	33	700	583	33	46	42	16	700	641	66
47	39	16	800	666	66	47	43	8	800	733	33
48	40	»	900	750	»	48	44	»	900	825	»
40	40	83	1000	833	33	49	44	91	1000	916	66
50	41	66	1100	916	66	50	45	83	1100	1008	33
51	42	50	1200	1000	»	51	46	75	1200	1100	»
52	43	33	1300	1083	33	52	47	66	1300	1191	66
53	44	16	1400	1166	66	53	48	58	1400	1283	33
54	45	»	1500	1250	»	54	49	50	1500	1375	»
55	45	83	1600	1333	33	55	50	41	1600	1466	66
56	46	66	1700	1416	66	56	51	33	1700	1558	33
57	47	50	1800	1500	»	57	52	25	1800	1650	»
58	48	33	1900	1583	33	58	53	16	1900	1741	66
59	49	16	2000	1666	66	59	54	8	2000	1833	33
60	50	»	3000	2500	»	60	55	»	3000	2750	»

LES DOUZE DOUZIÈMES

(Échus le 1er Janvier)

OU MONTANT INTÉGRAL DE LA CONTRIBUTION DUE PAR LE CONTRIBUABLE.

CONCORDANCE DES MOIS DES CALENDRIERS GRÉGORIEN ET RÉPUBLICAIN.

Le mois est une espace de quatre semaines et quelques jours. Le mois commercial surtout est de 30 jours.

Janvier a 31 jours, février 28 ou 29, suivant que l'année est commune ou bissextile, mars 31, avril 30, mai 31, juin 30, juillet 31, août 31, septembre 30, octobre 31, novembre 30, et décembre 31.

En écrivant les noms des mois on peut en abréger ainsi quelques-uns : janvier j^{er}, février f^{er}, juillet j^{et}, septembre 7bre, octobre 8bre, novembre 9bre, décembre x^{bre}.

Nous plaçons dans ce livre la table de concordance des mois des calendriers grégorien et républicain que rendent nécessaire et le besoin de précision dans les notions historiques, et le grand nombre de contrats passés pendant les quatorze années qui se sont écoulées depuis le 22 septembre 1792 jusqu'au 1er janvier 1806.

AN 1. 1792 — 1793.

1 Vendémiaire	22 Septembre	1792.
15 id.	6 Octobre.	id.
1 Brumaire	22 Octobre.	id.
15 id.	5 Novembre.	id.
1 Frimaire	21 Novembre	id.
15 id.	5 Décembre	id.
1 Nivôse	21 Décembre	id.
15 Nivôse	4 Janvier	1793.
1 Pluviôse	20 Janvier	id.
15 id.	3 Février	id.
15 Ventôse	19 Février	id.
15 id.	5 Mars	id.
1 Germinal	21 Mars	id.
15 id.	4 Avril	id.
1 Floréal	20 Avril	id.
15 id.	4 Mai	id.
1 Prairial	20 Mai	1793.
15 id.	3 Juin	id.
1 Messidor	19 Juin	id.
15 id.	3 Juillet	id.
1 Thermidor	19 Juillet	id.
15 id.	2 Août	id.
1 Fructidor	18 Août	id.
15 id.	1 Septembre	id.
5e Jour complémentaire	21 Septembre	id.

AN II. 1793. — 1794.

1 Vendémiaire	22 Septembre	1793.
15 id.	6 Octobre	id.
1 Brumaire	22 Octobre	id.
15 id.	5 Novembre	id.
1 Frimaire	21 Novembre	id.
15 id.	5 Décembre	id.
1 Nivôse	21 Décembre	id.
15 id.	5 Janvier	1794.
1 Pluviôse	20 Janvier	id.
15 id.	4 Février	id.
1 Ventôse	19 Février	id.
15 id.	5 Mars	id.
1 Germinal	21 Mars	id.
15 id.	4 Avril	id.
1 Floréal	20 Avril	id.
15 id.	3 Mai	id.
1 Prairial	20 Mai	id.
15 id.	3 Juin	id.
1 Messidor	19 Juin	id.
15 id.	3 Juillet	id.
1 Thermidor	19 Juillet	id.
15 id.	3 Août	id.
1 Fructidor	18 Août	id.
15 id.	3 Septembre	id.
5e Jour complémentaire.	21 Septembre	id.

AN III. 1794. — 1795.

1 Vendémiaire	22 Septembre	1794.
15 id.	5 Octobre.	id.
1 Brumaire	22 Octobre.	id.
15 id.	5 Novembre.	id.
1 Frimaire	21 Novembre.	id.
15 id.	5 Décembre.	id.
1 Nivôse	21 Décembre.	id.
15 id.	4 Janvier	1795.
1 Pluviôse	20 Janvier.	id.
15 id.	3 Février.	id.
1 Ventôse	19 Février.	id.
15 id.	5 Mars.	id.
1 Germinal	21 Mars.	id.
15 id.	4 Avril.	id.
1 Floréal	20 Avril.	id.
15 id.	4 Mai.	id.
1 Prairial	20 Mai.	id.
15 id.	3 Juin.	id.
1 Messidor	19 Juin.	1795.
15 id.	3 Juillet.	id.
1 Thermidor	19 Juillet.	id.
15 id.	2 Août.	id.
1 Fructidor	18 Août.	id.
15 id.	1 Septembre.	id.
5e Jour complémentaire.	22 Septembre.	id.

AN IV. 1795. — 1796.

1 Vendémiaire	23 Septembre	1795.
15 id.	7 Octobre	id.
1 Brumaire	23 Octobre	id.
15 id.	6 Novembre	id.
1 Frimaire	22 Novembre	id.
15 id.	6 Décembre	id.
1 Nivôse	22 Décembre	id.
15 id.	5 Janvier	1796.
1 Pluviôse	21 Janvier	id.
15 id.	4 Février	id.
1 Ventôse	20 Février	id.
15 id.	5 Mars	id.
1 Germinal	21 Mars	id.
15 id.	4 Avril	id.
1 Floréal	20 Avril	id.
15 id.	4 Mai	id.
1 Prairial	20 Mai	id.
15 id.	3 Juin	id.
1 Messidor	19 Juin	id.
15 id.	3 Juillet	id.
1 Thermidor	19 Juillet	id.
15 id.	2 Août	id.
1 Fructidor	18 Août	id.
15 id.	1 Septembre	id.
5e Jour complémentaire.	21 Septembre	id.

AN V. 1796 — 1797.

1 Vendémiaire	22 Septembre	1796.
15 id.	6 Octobre	id.
1 Brumaire	22 Octobre	id.
15 id.	5 Novembre	id.
1 Frimaire	21 Novembre	id.
15 id.	5 Décembre	id.
1 Nivôse	21 Décembre	id.
15 id.	4 Janvier	1797.
1 Pluviôse	20 Janvier	id.
15 id.	3 Février	id.
1 Ventôse	19 Février	1797.
15 id.	5 Mars	id.
1 Germinal	21 Mars	id.
15 id.	4 Avril	id.
1 Floréal	20 Avril	id.
15 id.	4 Mai	id.
1 Prairial	20 Mai	id.
15 id.	3 Juin	id.
1 Messidor	19 Juin	id.
15 id.	3 Juillet	id.
1 Thermidor	19 Juillet	id.
15 id.	2 Août	id.
1 Fructidor	18 Août	id.
15 id.	1 Septembre	id.
5e Jour complémentaire.	21 Septembre	id.

AN VI. 1797. — 1798.

1 Vendémiaire	22 Septembre	1797.
15 id.	6 Octobre	id.
1 Brumaire	22 Octobre	id.
15 id.	5 Novembre	id.
1 Frimaire	21 Novembre	id.
15 id.	5 Décembre	id.
1 Nivôse	21 Décembre	id.
15 id.	4 Janvier	1798.
1 Pluviôse	20 Janvier	id.
15 id.	3 Février	id.
1 Ventôse	19 Février	id.
15 id.	5 Mars	id.
1 Germinal	21 Mars	id.
15 id.	4 Avril	id.
1 Floréal	20 Avril	id.
15 id.	4 Mai	id.
1 Prairial	20 Mai	id.
15 id.	5 Juin	id.
1 Messidor	19 Juin	id.
15 id.	3 Juillet	id.
1 Thermidor	19 Juillet	id.
15 id.	2 Août	id.
1 Fructidor	18 Août	id.
15 id.	1 Septembre	id.
5e Jour complémentaire.	21 Septembre	id.

AN VII. 1798 — 1799.

1 Vendémiaire	22 Septembre	1897.
15 id.	6 Octobre	

1 Brumaire.	22 Octobre	1798.
15 id.	5 Novembre	id.
1 Frimaire	21 Novembre	id.
15 id.	5 Décembre	id.
1 Nivôse	21 Décembre	id.
15 id.	4 Janvier	1799.
1 Pluviôse	20 Janvier	id.
15 id.	3 Février	id.
1 Ventôse	19 Février	id.
15 id.	5 Mars	id.
1 Germinal	21 Mars	id.
15 id.	4 Avril	id.
1 Floréal	20 Avril	id.
15 id.	4 Mai	id.
1 Prairial	20 Mai	id.
15 id.	3 Juin	id.
1 Messidor	19 Juin	id.
15 id.	3 Juillet	id.
1 Thermidor	19 Juillet	id.
15 id.	2 Août	id.
1 Fructidor	18 Août	id.
15 id.	1 Septembre	id.
5e Jour complémentaire.	22 Septembre	id.

AN VIII. 1799. — 1800.

1 Vendémiaire	23 Septembre	1799.
15 id.	7 Octobre	id.
1 Brumaire	23 Octobre	id.
15 id.	6 Novembre	id.
1 Frimaire	22 Novembre	id.
15 id.	6 Décembre	id.
1 Nivôse	22 Décembre	id.
15 id.	5 Janvier	1800.
1 Pluviôse	21 Janvier	id.
15 id.	4 Février	id.
1 Ventôse	20 Février	id.
15 id.	6 Mars	id.
1 Germinal	22 Mars	id.
15 id.	5 Avril	id.
1 Floréal	21 Avril	id.
15 id.	5 Mai	id.
1 Prairial	21 Mai	id.
15 id.	4 Juin	id.
1 Messidor	20 Juin	id.
15 id.	4 Juillet	id.
1 Thermidor	20 Juillet	id.
15 id.	3 Août	id.
1 Fructidor	19 Août	id.
15 id.	2 Septembre	id.
5e Jour complémentaire.	22 Septembre	id.

AN IX. 1800. — 1801.

1 Vendémiaire	23 Septembre	1800.
15 id.	7 Octobre	id.
1 Brumaire	23 Octobre	id.
15 id.	6 Novembre	id.
1 Frimaire	22 Novembre	id.
15 id.	6 Décembre	id.
1 Nivôse	22 Décembre	id.
15 id.	5 Janvier	1801.
1 Pluviôse	21 Janvier	id.
15 id.	4 Février	id.
1 Ventôse	20 Février	id.
15 id.	6 Mars	id.
1 Germinal	22 Mars	id.
15 id.	5 Avril	id.
1 Floréal	21 Avril	id.
15 id.	5 Mai	id.
1 Prairial	21 Mai	id.
15 id.	4 Juin	id.
1 Messidor	20 Juin	id.
15 id.	4 Juillet	id.
1 Thermidor	20 Juillet	id.
15 id.	3 Août	id.
1 Fructidor	19 Août	id.
15 id.	2 Septembre	id.
5e Jour complémentaire.	22 Septembre	id.

AN X. 1801. — 1802.

1 Vendémiaire.	23 Septembre	1801.
15 id.	7 Octobre	id.
1 Brumaire	23 Octobre	id.
15 id.	6 Novembre	id.
1 Frimaire	22 Novembre	id.
15 id.	5 Décembre	id.
1 Nivôse	21 Décembre	id.
15 id.	5 Janvier	1802.
1 Pluviôse	21 Janvier	id.
15 id.	4 Février	id.
1 Ventôse	20 Février	id.
15 id.	6 Mars	id.
1 Germinal	22 Mars	id.
15 id.	5 Avril	id.
1 Floréal	21 Avril	id.
15 id.	5 Mai	id.
1 Prairial	21 Mai	id.
15 id.	4 Juin	id.
1 Messidor	20 Juin	1802.
15 id.	4 Juillet	id.
1 Thermidor	20 Juillet	id.
15 id.	3 Août	id.
1 Fructidor.	19 Août	id.
15 id.	2 Septembre	id.
5e Jour complémentaire.	22 Septembre	id.

AN XI. 1802. — 1803.

1 Vendémiaire.	23 Septembre	1802
15 id.	7 Octobre	id.
1 Brumaire.	23 Octobre	id.
15 id.	6 Novembre	id.
1 Frimaire	22 Novembre	id.
15 id.	5 Décembre	id.
1 Nivôse.	21 Décembre	id.
15 id.	5 Janvier	1803
1 Pluviôse	21 Janvier	id.
15 id.	4 Février	id.
1 Ventôse	20 Février	id.
15 id.	6 Mars	id.
1 Germinal.	22 Mars	id.
15 id.	5 Avril	id.
1 Floréal.	21 Avril	id.
15 id.	5 Mai	id.
1 Prairial	21 Mai	id.
15 id.	4 Juin	id.
1 Messidor.	20 Juin	id.
15 id.	4 Juillet	id.
1 Thermidor	20 Juillet	id.
15 id.	3 Août	id.
1 Fructidor.	19 Août	id.
15 id.	2 Septembre	id.
5e Jour complémentaire.	23 Septembre	id.

AN XII. 1803. — 1804.

1 Vendémaire.	24 Septembre	1803
15 id.	8 Octobre	id.
1 Brumaire.	24 Octobre	id.
15 id.	7 Novembre	id.
1 Frimaire	23 Novembre	id.
15 id.	7 Décembre	id.
1 Nivôse.	23 Décembre	id.
15 id.	6 Janvier	1804
1 Pluviose	22 Janvier	id.
15 id.	5 Février	id.

1 Ventôse	21 Février	1804.
15 id.	6 Mars	id.
1 Germinal	22 Mars	id.
15 id.	5 Avril	id.
1 Floréal	21 Avril	id.
15 id.	5 Mai	id.
1 Prairial	21 Mai	id.
15 id.	4 Juin	id.
1 Messidor	20 Juin	id.
15 id.	4 Juillet	id.
1 Thermidor	20 Juillet	id.
15 id.	3 Août	id.
1 Fructidor	19 Août	id.
15 id.	2 Septembre	id.
5e Jour complémentaire.	22 Septembre	id.

AN XIII. 1804. — 1805.

1 Vendémiaire.	23 Septembre	1804.
15 id.	7 Octobre	id.
1 Brumaire	23 Octobre	1804.
15 id.	6 Novembre	id.
1 Frimaire	22 Novembre	id.
15 id.	6 Décembre	id.
1 Nivôse	22 Décembre	id.
15 id.	5 Janvier	1805.
1 Pluviôse	21 Janvier	id.
15 id.	4 Février	id.
1 Ventôse	20 Février	id.
15 id.	6 Mars	id.
1 Germinal	22 Mars	id.
15 id.	5 Avril	id.
1 Floréal.	21 Avril	id.
15 id.	5 Mai	id.
1 Prairial	21 Mai	id.
15 id.	4 Juin	id.
1 Messidor	20 Juin	id.
15 id.	4 Juillet	id.
1 Thermidor	20 Juillet	id.
15 id.	3 Août	id.
1 Fructidor	19 Août	1805
15 id.	2 Septembre	id.
5e Jour complémentaire.	22 Septembre	id.

AN XIV. 1805. — 1806

1 Vendémiaire.	23 Septembre	1805.
15 id.	7 Octobre	id.
1 Brumaire.	23 Octobre	id.
15 id.	6 Novembre	id.
1 Frimaire	22 Novembre	id.
15 id.	6 Décembre	id.
1 Nivôse.	22 Décembre	id.

Ce calendrier fut supprimé à partir de cette époque, en vertu d'un sénatus-consulte du 21 fructidor, an XIII.

NOUVEAU SYSTEME DES POIDS ET MESURES.

NOMS ET VALEURS DES MESURES NOUVELLES.

Le nouveau système des poids et mesures est l'une des plus heureuses innovations dues à la révolution française; il existait autrefois dans chaque province et souvent même dans chaque ville, des poids et mesures différens par les dénominations comme par les valeurs, et dont les bases étaient généralement fort arbitraires; leurs divisions bizarres et incommodes pour les calculs, la difficulté de les connaître et de les comparer, l'embarras et les fraudes qui en résultaient dans le commerce, avaient déterminé l'Assemblée constituante à charger l'Académie des Sciences de créer un système dont les divisions uniformes se prêtassent facilement au calcul, et qui dérivât de la manière la moins arbitraire d'une mesure fondamentale, indiquée par la nature elle-même. Le nouveau système, fondé sur la mesure du méridien terrestre et qui convient également à tous les peuples, fut présenté à la Convention nationale qui s'empressa de le sanctionner. Malheureusement dans un grand nombre de localités on s'obstine encore à repousser ces avantages, malgré la loi qui en prescrit l'usage. On allègue l'ignorance des nouvelles mesures et l'habitude des anciennes pour conserver les unes et rejeter les autres, c'est donc un devoir de populariser de plus en plus les notions relatives au système métrique.

En effet, rien n'était plus choquant que la diversité qui régnait dans les anciennes mesures. Elle révoltait les hommes instruits, embarrassait les calculs, et par conséquent les affaires, rendait plus difficiles les travaux administratifs et commerciaux. Ces mesures n'offraient aucun système, puisque leurs bases et leurs lois de division étaient différentes. On n'y remarquait aucune méthode.

On sait que la terre a la forme d'un sphéroïde, c'est-à-dire à peu près celle d'une orange. Chargée par la loi du 22 août 1790 de déterminer l'unité des poids et mesures, l'académie des sciences fit exactement mesurer l'arc de la terre qui s'étend du pôle boréal ou nord à l'équateur, ou le quart du méridien, c'est à peu près la dix-millionième partie de cet arc qui, *sous le nom de mètre*, a été adoptée pour unité de mesure linéaire.

Ainsi l'on peut mesurer la circonférence de la terre en appliquant du nord au sud le mètre *quarante millions de fois*, et ses multiples et sous-multiples à proportion.

Ainsi l'unité du mètre est invariable comme la figure du globe terrestre, ce qui fait croire qu'il deviendra commun à tous les peuples.

Les mesures de *superficie* et de *solidité* se forment en prenant le carré ou le cube du mètre, ou ses multiples et sous-multiples.

C'est aussi de cette base que l'on a déduit les mesures de capacité, les poids et les monnaies.

Un cube est représenté exactement par un dé à jouer.

Un vase de forme cubique, ayant pour côté la dixième partie du mètre (ou un vase cylindrique ou rond égal en contenance), a paru d'une capacité convenable pour servir de mesure usuelle à la vente des grains et boissons en détail. On lui a donné le nom de litre. La contenance de mille litres égale un mètre cube.

Toutes les autres mesures de capacité correspondent aux multiples et sous-multiples décimaux du mètre.

Le gramme égale le poids d'un cube d'eau pure qui a pour côté la centième partie du mètre.

L'unique étalon des poids n'est plus le gramme, mais le kilogramme dont le poids égale celui de la quantité d'eau contenue dans un *litre*. (Loi du 19 frimaire an VIII, page 7.)

L'étalon est une règle de platine sur laquelle est tracé le mètre et qui est déposée aux archives

Les pièces de monnaie sont aussi basées sur les nouveaux poids. Le franc pèse en argent cinq grammes et en pièces de cuivre deux cents grammes.

Ainsi tout le système des mesures repose sur les deux bases suivantes :

1° L'unité fondamentale est la distance du pôle à l'équateur; 2° le nombre dix est le diviseur unique.

Pour les usages variés qu'on en devait faire, ces unités de mesures étaient trop grandes ou trop petites. Par exemple, la distance d'une ville à l'autre ne pouvait être exprimée en mètres que pour de grands nombres, l'épaisseur d'une planche ne l'eût été que par une fraction gênante. Il fallait donc créer de nouvelles unités pour servir commodément à tous les besoins, et on a adopté le système décimal, c'est-à-dire que chaque unité en a fait naître d'autres de dix en dix fois plus grandes et plus petites. Les noms de ces nouvelles unités se forment des mots grecs *deca*, *hecto*, *kilo*, *myria*, qui signifient dix, cent, mille et dix mille, et des mots latins *deci*, *centi*, *milli*, indiquant dix, cent et mille. Ces termes sont des ajoutés qu'on place devant le nom des unités principales (mètre, are, litre, gramme et stère) pour former des unités, les unes plus grandes, les autres plus petites qu'elles. Ainsi le décalitre vaut dix litres, et le décilitre la dixième partie du litre; le décamètre dix mètres, le kilogramme (ou 2 livres anciennes) mille grammes, le décimètre la dixième partie du mètre, le centimètre la centième partie. Ainsi le mot numérique *myria*, qui signifie dix mille, donne naissance au mot composé *myriamètre*, qui exprime une distance ou mesure itinéraire de dix mille mètres.

Le nom numérique *kilo*, placé avant le mot gramme, exprime un poids de mille grammes.

Ainsi la terminaison du mot indique toujours la classe de mesure à laquelle il appartient et le commencement le rang qu'elle occupe dans l'échelle décimale. Par conséquent, avec cinq mots primitifs et sept annexés, on désigne toutes les espèces de mesures.

On doit écrire le nom de chaque mesure après les unités et avant les fractions; ainsi, 3 mètres 45 centimètres, s'écrivent $3^m\ 45^c$.

NOMS ET VALEURS DES MESURES NOUVELLES.

Mesures itinéraires.

Myriamètre,	10,000 mètres.
Kilomètre,	1,000 mètres.
Décamètre,	10 mètres.
Mètre,	Unité fondamentale des poids et mesures, et dix-millionième partie du quart du méridien terrestre.

Mesures de longueur.

Décimètre,	10e de mètre.
Centimètre,	100e de mètre.
Millimètre,	$1,000^e$ de mètre.

Mesures agraires.

Hectare,	*Arpent,*	10,000 mètres carrés.
Are,	*Perche carrée,*	100 mètres carrés.
Centiare,	*Mètre cube,*	1 mètre carré.

Mesures de capacités : Pour les liquides.

Décalitre,	*Velte,*	10 décimètres cubes.
Litre,	*Pinte,*	Décimètre cube.
Décilitre,	*Verre,*	10e de décimètre cube.

Pour les matières sèches.

Kilolitre,	*Muid,*	1 mètre cube, ou 1,000 décimètres cubes.
Hectolitre,	*Septier,*	100 décimètres cubes.
Décalitre,	*Boisseau,*	10 décimètres cubes.
Litre,	*Pinte,*	Décimètre cube.

Mesures de solidité.

Stère,		Mètre cube.
Décistère,	*Solive,*	Décimètre cube.

Poids.

Millier,		1,000 kilog. (poids du tonneau de mer).
Quintal,		100 kilogrammes.
Kilogramme,	*Livre,*	Poids d'un décimètre cube d'eau à la température de 4° au-dessus de la glace fondante.
Hectogramme,	*Once,*	10e du kilogramme.
Décagramme,	*Gros,*	100e du kilogramme.
Gramme	*Denier,*	1,000e du kilogramme.
Décigramme,	*Grain,*	10,000e du kilogramme.

TABLE DE CONVERSION DES FRACTIONS DUODÉCIMALES DE LA TOISE LINÉAIRE, DE LA TOISE CARRÉE ET DE LA TOISE CUBE, EN FRACTIONS DÉCIMALES.

La toise linéaire, la toise carrée et la toise cube se divisent également en 6 pieds, chacun de ces 6 pieds en 12 pouces, chaque pouce en 12 lignes et chaque ligne en 12 points.

Le rapport de ces fractions à l'entier est le même pour les 3 toises.

Donc le pied est le 1/6
le pouce. . . 1/72
la ligne . . . 1/864
le point . . . 1/10368.

Les mêmes fractions décimales peuvent donc être employées pour exprimer les fractions duodécimales des 3 toises.

La même table donne la valeur de ces fractions en pieds et pouces carrés et en pieds et pouces cubes.

Il n'est peut-être pas inutile de rappeler ici que le pied, dans la toise carrée, est une surface de 6 pieds de long sur 1 pied de large. Ce pied, est communément dénommé *toise-pied* pour le distinguer du pied carré et du pied linéaire.

Le pouce est une surface de 6 pieds de long sur 1 pouce de large. On le dénomme *toise-pouce*.

La ligne et le point sont des surfaces qui ont aussi 6 pieds de long sur une ligne ou 1 point de large. On leur accole aussi le mot *toise* pour le caractériser.

Le pied, dans la toise cube est un solide qui a une toise de base sur 1 pied de hauteur.

Le pouce, la ligne et le point sont des solides de même base que le pied sur 1 pouce, une ligne ou 1 point de haut.

Les divisions de la toise cube prennent la dénomination de *toise-toise pied*, *toise-toise pouce*, *toise-toise ligne* et *toise-toise point*.

DES MESURES LINÉAIRES *.

RÉDUCTION DES TOISES, PIEDS, EN MÈTRES ET DÉCIMALES DE MÈTRES.

Toises.	Mètres.		Pieds.	Mètres.		Pouces.	Mètres.	
1	1	94,904	1	»	32,484	1	»	2,707
2	3	89.807	2	»	64,968	2	»	5,414
3	5	84,711	3	»	97,452	3	»	8,121
4	7	79,615	4	1	29,936	4	»	10,828
5	9	74,518	5	1	62,420	5	»	13,535
6	11	69,422	6	1	94,904	6	»	16.242
7	13	64,326	7	2	27,388	7	»	18,949
8	15	59,229	8	2	59,872	8	»	21,656
9	17	54,133	9	2	92,335	9	»	24,363
10	19	49,037	10	3	24,839	10	»	27,070
20	38	98,073	20	6	49,679	11	»	29,777
30	68	47.110	30	9	74,518	12	»	32,484
40	77	96,146	40	12	99,358	13	»	35,191
50	97	35,183	50	16	24,197	14	»	37,898
60	116	94,220	60	19	49,037	15	»	40,605
70	136	43,256	70	22	73,876	16	»	43,312
80	155	92,293	80	25	98.715	17	»	46,019
90	175	41,329	90	29	23,555	18	»	48,726
100	194	70,366	100	32	48.390	19	»	51,433

RÉDUCTION DES CENTIMÈTRES EN POUCES, LIGNES, ET DÉCIMALES DE LIGNES.

Centimètres	Pouces.	Lignes.		Millimètres.	Lignes.	
1	0	4	4,330	1	0	4,433
2	0	8	8,659	2	0	8,866
3	1	1	2.989	3	1	3,299
4	1	5	7,318	4	1	7,732
5	1	10	1,648	5	2	2,165
6	2	2	5,978	6	2	6,598
7	2	7	0,307	7	3	1,031
8	2	11	4,687	8	3	5,464
9	3	3	8,966	9	3	9.897
10	3	8	3,296	10	4	4,330

RÉDUCTION DES MÈTRES EN TOISES, PIEDS, POUCES ET LIGNES.

Mètres.	Toises.	Pieds.	Pouces.	Lignes.	Mètres.	Toises.	Pieds.	Pouces.	Lignes
1	»	3	»	11,296	20	10	1	6	9,920
2	1	»	1	10.592	30	15	2	4	9,880
3	1	3	2	9,888	40	20	3	1	9.840
4	2	»	3	9,184	50	25	3	11	800
5	2	3	4	8,480	60	30	4	8	5,760
6	3	»	5	7,776	70	35	5	5	10,720
7	3	3	6	7,072	80	41	»	3	3,680
8	4	»	7	6,368	90	45	1	»	7,640
9	4	3	8	5,664	100	51	1	10	1,600
10	5	»	9	4,960					

RÉDUCTION DES MÈTRES ET DÉCIMÈTRES EN PIEDS, POUCES ET LIGNES.

Mètres.	Pieds.	Pouces.	Lignes.		Décimèt.	Pieds.	Pouces.	Lignes.	
1	3	»	11	296	1	»	3	8	3,296
2	6	1	10	593	2	»	7	4	6,592
3	9	2	9	888	3	»	11	»	9.888
4	12	3	9	184	4	1	2	9	3,184
5	15	4	8	480	5	1	6	5	6,489
6	18	5	7	776	6	1	10	1	9,776
7	21	6	7	72	7	2	1	10	3,072
8	24	7	6	368	8	2	5	6	6,368
9	27	8	5	664	9	2	9	2	9.664
10	30	9	4	960	10	3	»	11	2,960

* Il est défendu aux charpentiers, menuisiers, maçons, entrepreneurs de bâtimens et autres, de se servir des anciennes toises et pieds de roi.

DES MESURES CUBES.

RÉDUCTION DES TOISES CARRÉS ET CUBES EN MÈTRES CARRÉS ET CUBES.

Toises carrés.	Mètres carrés.		Toises cubes.	Mètres cubes.	
1	3	7.987	1	7	4.095
2	7	5,975	2	14	8,078
3	11	3,962	3	22	2,117
4	15	1,950	4	29	6,156
5	18	9,957	5	37	0,195
6	22	7,925	6	44	4,233
7	26	5,912	7	51	8,272
8	30	3,899	8	59	2,311
9	34	1,387	9	66	6,350
10	37	9,874	10	74	0,389

RÉDUCTION DES MÈTRES CARRÉS ET CUBES EN TOISES CARRÉES ET CUBES.

Mètres carrés.	Toises carrées		Mètres cubes.	Toises cubes.	
1	»	2,632	1	»	1.351
2	»	5,265	2	»	2,701
3	»	7.897	3	»	4,052
4	1	0,530	4	»	5,403
5	1	3,162	5	»	6,753
6	1	5,795	6	»	8.104
7	1	8,427	7	»	9,454
8	2	1,060	8	1	0,805
9	2	3,692	9	1	2,156
10	2	6,324	10	1	3,506

RÉDUCTION DES PIEDS CARRÉS ET CUBES EN MÈTRES CARRÉS ET CUBES.

Pieds carrés.	Mètres carrés.		Pieds cubes.	Mètres cubes.	
1	»	1,055	1	»	03,428
2	»	2,110	2	»	06,855
3	»	3,166	3	»	10,285
4	»	4,221	4	»	13.711
5	»	5,276	5	»	17,139
6	»	6.331	6	»	20,566
7	»	7,386	7	»	23,994
8	»	8,442	8	»	27,422
9	»	9,497	9	»	30,850
10	1	0,552	10	»	34,277

RÉDUCTION DES MÈTRES CARRÉS ET CUBES EN PIEDS CARRÉS ET CUBES.

Mètres carrés.	Pieds carrés.		Mètres cubes.	Pieds cubes.	
1	9	48	1	29	17
2	18	95	2	58	35
3	28	43	3	87	52
4	37	91	4	116	70
5	47	38	5	145	87
6	56	86	6	175	4
7	66	34	7	204	22
8	75	81	8	233	39
9	85	29	9	262	56
10	94	77	10	291	74

MESURES AGRAIRES

La perche des eaux et forêts avait 22 pieds de côté, elle contenait 484 pieds carrés. L'arpent des eaux et forêts était composé de 100 perches de 22 pieds, il contenait 48400 pieds carrés. La perche de Paris avait 18 pieds de côté, elle contenait 324 pieds. L'arpent de Paris était composé de 100 perches de 18 pieds, il contenait 32,400 pieds carrés et 900 toises carrés. Cet arpent est donc équivalent à un carré de 30 toises de côté. L'*are*, ou perche métrique, est un carré de 10 mètres de côté, qui comprend 100 mètres carrés ou *centiares*. L'*hectare*, ou l'arpent métrique, se compose de 100 ares, ou de 10,000 mètres carrés.

TABLE DE CONVERSION DES ARPENS EN HECTARES, DES HECTARES EN ARPENS, ET DE CES MESURES EN MESURES DE LONGUEUR.

RÉDUCTION DES ARPENS EN HECTARES.

Arpens de 100 perches carrées, la perche de 18 pieds linéaires.			Arpens de 100 perches carrées, la perche de 22 pieds linéaires.		
Arpens.	Acctrres,		Arpens.	Hectares.	
1	»	3.419	1	»	5,107
2	»	6,838	2	1	0,214
3	1	0,257	3	1	5,322
4	1	3,675	4	2	0,429
5	1	7,094	5	2	5,536
6	2	0.513	6	3	0,543
7	2	3 932	7	3	5,750
8	2	7,351	8	4	0,858
9	3	0,770	9	4	5,965
10	3	4,189	10	5	1,072
100	34	1 887	100	51	0,720
1000	341	8,860	1000	510	7,199

RÉDUCTION DES MESURES AGRAIRES EN MESURES DE LONGUEUR *.

Désignation.	Pieds carrés.		Toises carrés.		Mètres carrés.	
Perche des eaux et forêts.	484		13	44	51	7
Arpent des eaux et forêts.	48400		1344	44	5107	20
Perche de Paris.	324		9		34	19
Arpent de Paris.	32400		900		3418	87
Are.	947	2	26	32	100	
Hectare	94768	7	2632	45	1000	

* Il est permis d'employer, pour les usages du commerce : 1° une mesure de longueur égale à deux mètres qui prendra le nom de toise et se divisera en six pieds ; 2° une mesure égale au tiers du mètre ou sixième de la toise, qui aura le nom de pied, se divisera en douze pouces, et le pouce en douze lignes. (Art. 2 du décret du 12 février 1802.)

RÉDUCTION DES HECTARES EN ARPENS.

Réduction des hectares en arpens de 18 pieds la perches.			Réduction des hectares en arpens de 22 pieds la perche.		
Hectares.	Arpens.		Hectares.	Hectares.	
1	2	9,249	1	1	9,580
2	5	8,499	2	3	9,160
3	8	7,748	3	5	8,741
4	11	6,998	4	7	8,321
5	14	6,247	5	9	7,901
6	17	5,497	6	11	7,481
7	20	4,746	7	13	7,061
8	23	5,995	8	15	6,642
9	26	3,245	9	17	6,222
10	29	2,494	10	19	5,802
100	292	4,944	100	195	8,520
1000	2924	9,487	1000	1958	0,204

POIDS ET MESURES DE CAPACITE

POIDS.

COMPARAISON DES NOUVEAUX ET DES ANCIENS POIDS **.

Réduction des kilogramm. en livres et décimal. de livres.		Réduction des gramm. en grains et décimales du grain.		Réduction des décigramm en grains et et déc. du grain.	
Kilog.	Livres.	Gram.	Grains.	Décig	Gramm.
1	2 0,429	1	18 8	1	1 9
2	4 0,858	2	37 6	2	3 8
3	5 1,286	3	56 5	3	5 6
4	8 1,715	4	75 3	4	7 5
5	10 2,144	5	94 1	5	9 4
6	12 2,573	6	113 »	6	11 3
7	14 3,001	7	131 8	7	13 2
8	16 3,480	8	150 6	8	15 1
9	18 3,859	9	169 4	9	16 9
10	20 4,288	10	180 3	10	18 8

** Aucun fabricant ne peut vendre, et aucun citoyen ne peut employer pour peser et mesurer les matières de commerce, que des poids et mesures vérifiés et étalonnés par les sous-préfets de leur arrondissement.

CONVERSION DES NOUVEAUX POIDS EN ANCIENS.

Gram.	Livres.	Onces	Gros.	Grains	Kilogr.	Livres.	Onces.	Gros.	Grains.
1	»	»	»	19	1	2	»	5	35 15
2	»	»	»	38	2	4	1	2	78 »
3	»	»	»	36	3	6	2	»	33 »
4	»	»	1	3	4	8	2	5	69 »
5	»	»	1	22	5	10	3	3	32 »
6	»	»	1	41	6	12	3	»	67 »
7	»	»	1	60	7	14	4	6	30 »
8	»	»	2	7	8	16	5	3	65 »
9	»	»	2	25	9	18	6	1	28 »
10	»	»	2	44	10	20	6	6	64 »
20	»	»	5	17	20	40	13	5	55 »
30	»	»	7	61	30	61	4	4	47 »
40	»	1	2	33	40	81	11	3	38 »
50	»	1	5	5	50	102	2	2	30 »
60	»	1	7	50	60	122	9	1	21 »
70	»	2	2	22	70	143	»	»	13 »
80	»	2	4	66	80	163	6	7	4 »
90	»	2	7	38	90	183	13	5	68 »
100	»	3	2	11	100	204	4	4	»
200	»	6	4	21					59
300	»	9	6	52					
400	»	13	»	43					
500	1	»	2	63					
600	1	3	4	64					
700	1	6	7	3					
800	1	10	1	13					
900	1	13	3	24					
1000	2	»	5	35					

Multipliez le poids du kilogramme par 0,4895, vous aurez celui de la livre.

Multipliez le poids de la livre par 2,0429, vous aurez celui du kilogramme.

CONVERSION DES ANCIENS POIDS EN NOUVEAUX.

Grains.	Grammes.	Gros.	Grammes.
10	» 53	4	15 30
20	1 6	5	19 12
30	1 59	6	22 94
40	2 12	7	26 77
50	2 66	8	30 59
60	3 19		
70	3 72	Onces.	
Gros.		1	30 59
		2	61 19
1	3 82	3	91 78
2	7 65	4	122 38
3	11 47	5	152 97
Onces.	Grammes.	Livres.	Kilogrammes.
6	183 56	1	» 4,895
7	214 16	2	» 9,790
8	244 75	3	1 4,685
9	275 94	4	1 9.580
10	305 55	5	2 4,475
11	336 14	6	2 9,370
12	367 73	7	3 4,265
13	397 33	8	3 9,160
14	428 35	9	4 4,056
15	458 91	10	4 8,951
16	489 51	100	48 9,506

MESURES DE CAPACITÉ.

RÉDUCTION DES HECTOLITRES EN SETIERS, et des setiers en hectolitres, le setier étant de 12 boisseaux anciens, et le boisseau de 43 litrres.

Hect.	Setiers.	Set.	Hectolitres.
1	» 641	1	1 56
2	1 282	2	3 12
3	1 923	3	4 68
4	2 564	4	6 24
5	3 205	5	7 80
6	3 846	6	9 86
7	4 487	7	10 92
8	5 128	8	12 48
9	5 789	9	14 4
10	6 419	10	15 60

Le poids moyen de l'hectolitre de froment est de 75 kilogrammes.

* La nomenclature des nouvelles mesures fut définitivement adoptée par la loi du 18 germinal an III. D'après l'article 5 de cette loi, on appelle *mètre*, la mesure de longueur égale à la dix millionième partie de l'arc du méridien terrestre compris entre le pôle boréal et l'équateur; *are*, la mesure de superficie pour les terrains, égale à un carré de dix mètres de côté; *stère*, la mesure destinée particulièrement aux bois de chauffage, et qui est égale au mètre cube; *litre*, la mesure de capacité, tant pour les liquides que pour les matières sèches, dont la contenance est celle du cube de la deuxième partie du mètre; *gramme*, le poids absolu d'un volume d'eau pure, égal au cube de la centième partie du mètre, et à la température de la glace fondante. Enfin l'unité des monnaies prit le nom de *franc* pour remplacer celui de *livre*, usité à cette époque.

La dixième partie du mètre se nomme *décimètre*, et la centième partie *centimètre*. *Hectomètre* signifie la longueur de cent mètres. *Kilomètre* et *myriamètre* sont des longueurs de mille et dix mille mètres, et désignent principalement les distances itinéraires. (Loi du 18 germinal an II, art. 6.)

Des dénonciations des mesures des autres genres sont déterminées d'après les mêmes principes que celles de l'article précédent. Ainsi, *décitilre* est une mesure de capacité dix fois plus petite que le litre; *centigramme* est la centième partie d'un gramme. On dit de même *décalitre* pour désigner une mesure contenant dix litres; *hectolitre* pour une mesure égale à cent litres; un *kilogramme* est un poids de mille grammes.

MESURES DES BOIS.

Les bois de charpente reçoivent différentes dénominations selon leur forme et dimension. Voici les principales :

1° *Bois en grume*, c'est l'arbre abattu et ébranché, mais non équarri.

2° La *poutre* de bois d'*échantillon*, c'est l'arbre équarri de première grosseur, et propre à faire de belles pièces pour la marine ou la charpente.

3° Le *bois bâtard* ou *solive*, pièce de bois carrée ou de grosseur moyenne.

4° Le *bois mi-plat*, moins épais que large, bois de sciage ou planche.

Les mesures adoptées pour le cubage des bois sont, pour le gouvernement, le stère, mais les particuliers ont conservé quelques mesures anciennes dont les plus usitées sont :

La *pièce* ou *solive* qui vaut 3 pieds cubes, et représente un morceau de bois d'un pied cube d'équarrissage sur 3 pieds de long, ou mieux une pièce de bois de 6 pieds de longueur sur 72 pouces de tour. La pièce équivaut à 3,184 pouces cubes ; 1 pouce réduit, c'est 72 pouces cubes de bois ; 1 ligne réduite, 72 lignes cubes.

La *cheville* vaut 12 pouces cubes, et est contenue 432 fois dans la pièce.

La *somme* vaut 8 pièces ou 24 pieds cubes, 3,456 chevilles et 41,472 pouces cubes.

La *pièce* vaut exactement 0,1028 stères, c'est-à-dire 1 décistère et 28 millièmes de décistère, ou à fort peu près 1 décistère.

Le *stère* équivaut à 9 pièces 2/3.

Pour cuber le bois en grume, on cherche d'abord la circonférence moyenne en mesurant avec un cordeau le tour de l'arbre, un peu au-dessus des racines et au-dessous des branches, additionnant les deux quantités trouvées ; la moitié du produit est la circonférence moyenne. Dans l'usage, on mesure la longueur du morceau, et on prend d'un seul coup la circonférence en passant la ficelle au milieu.

L'usage a conservé trois manières principales de déterminer le cube ou équarrissage des bois en grume, soit au quart de la circonférence, soit au sixième ou au cinquième déduit.

La vérification annuelle des instrumens de pesage et mesurage, commence le 15 juin, doit être terminée le 30 septembre

MESURES ANGLAISES.

Mesures de capacité.	*Litres français.*	
Pinte de gallon.	0	56,932
Quart de gallon.	1	135,864
Gallon impérial.	4	54,348,694
Peck (demi-gallon).	9	0,869,159
Bushel (8 gallons).	36	347,864
Sack (3 bushels).	1	09,043 hect.
Quarter (8 bushels).	2	907,813 hect.
Chaldron (12 sacks).	15	08,516 hect.

Conversion des mesures françaises en anglaises

Litre.	1	760,773 pintes.
Décalitre	0	2,200,667 gallons.
Hectolitre.	2	2,000,667 gallons.
Poids anglais, dit Poids de Troie.		*Français.*
Grain (24e partie de penny weight).	0	06,477 gram.
Penny weight (20e d'once).	1	554,569 gram.
Once (12e de livre troy).	51	0,913 gram.
Livre troy impériale.	0	3,730,956 kilogr.
Livre anglaise, dite avoir-dupoids.		*Poids français.*
(Les Anglais écrivent *avoirdupoids*).		
Drame (16e d'once)	1	7,712 gram.
Once (16e de livre).	38	3,384 gram.
Avoir-du-poids impérial.	0	4,534,148 kilog.
Quintal (12 livres).	50	98,246 kilog.
Ton (20 quintaux).	1	015,649 kilog.

La mesure appelée weight contient 256 livres de 16 onces.

Conversion des poids français en poids anglais.

Gramme.	15	438 grains troy.
	0	643 penny weight.
	0	03,216 onces troy.
Kilogrammes.	2	68,027 livres troy.
	2	20,548 livres avoir-du-poids.

MESURES DE LONGUEUR.

Anglaises.		*Françaises.*
Pouce (2/36 du yard)	2	539,984 centimèt.
Pied (1/3 du yard)	3	0,479,445 décimèt.
Yard impérial	0	91,438,348 mètres.
Fathom (2 yards)	1	82,676,696 mètres.
Pole ou perche (51/2 yards. . .	5	02,911 mètres.
Furlong (220 yards).	221	16,437 mètres.
Mile (1760 yards).	1609	3,149 mètres.

Conversion des mesures françaises de longueur.

Françaises.		*Anglaises.*
Millimètres. . . .	0	03,937 pouces.
Centimètre. . . .	0	393,708 pouces.
Décimètre	3	937,079 pouces.
Mètre.	3	2,808,992 pieds.
	1	093,633 yards.
Myriamètre . . .	6	2,138 milles.

Mesures de superficie.

Anglaises.		*Françaises.*
Yard carré	0	836,097 mètres carrés.
Rood (perche carrée) . .	25	291,939 mètres.
Rood (1210 yards carrés).	10	116,777.
Acre (4,840 yards car) . .	0	404,671 hectares.

Conversion des mesures françaises.

Françaises.		*Anglaises.*
Mètre carré	1	196,033 yards carrés.
Are	0	098,845 rood.
Hectare.	2	473,614 acres.

Les Anglais ont encore différentes mesures moins usitées pour le vin, l'ale et la bière ; l'aunage, etc.

NOMS ET VALEURS DES MONNAIES FRANÇAISE ET ÉTRANGÈRE.

La monnaie fut introduite pour suppléer aux échanges en nature et à l'inégalité de valeur des denrées.

Son usage remonte aux temps les plus reculés. Les premières que l'on connut à Rome furent de bois ou de cuir.

Cette dernière était appelée *pecunia*, du mot *pecus*, qui signifie troupeau, bétail, parce qu'elle portait des figures de bestiaux.

L'usage de cette monnaie dura jusqu'au temps de César. Alors on fabriqua de la monnaie de métal, et le sénat ordonna qu'elle porterait à l'avenir l'empreinte de la tête des empereurs.

Chez plusieurs autres peuples, elle était différente ; par exemple : dans l'Inde et aux îles Maldives, elle se composait de petites coquilles. D'autres nations ne connaissaient que la monnaie de cuivre ou d'airain, et c'est de là que vint cette locution latine : *æs alienum, airain d'autrui*, pour signifier une dette ; et le mot *ærarium*, lieu où l'on dépose l'airain, pour dire le trésor public. Pour première monnaie, les Américains se servirent d'amandes de cacao.

La monnaie est donc une marchandise adoptée pour l'usage de l'échange. Il faut qu'elle puisse se proportionner à la chose échangée, qu'elle ne soit pas tellement commune qu'il en faille transporter des masses énormes, et d'extraction assez difficile pour ne pas s'avilir en très peu de temps. L'or et l'argent qui, par toute la terre, sont d'une qualité uniforme et s'altèrent peu, réunissent ces conditions. Le cuivre sert à fabriquer les centimes et les décimes.

La valeur générale de la monnaie s'établit en raison du besoin qu'on en a, combiné avec son abondance.

Le gouvernement s'en réserve la façon, évite aux particuliers l'essayage, pesage, mesurage, et se charge de la garantir, ce que les particuliers ne pourraient faire aussi sûrement.

L'Angleterre ne prend point de prix de façon, et donne pour un poids en lingots le même poids en guinées, ce qui augmente l'exportation et diminue l'importation du numéraire monnayé.

L'empreinte de la monnaie indique sa valeur intrinsèque jointe à celle de la façon. Cette empreinte pourrait porter l'indication du poids; ainsi sur les pièces d'un franc on mettrait cinq grammes d'argent.

L'empreinte augmente la valeur de la monnaie en proportion de la commodité qui en résulte pour ceux qui en font usage.

Les Américains ayant mis aux piastres espagnoles l'empreinte des dollars, les Chinois et les peuples d'Asie les refusèrent.

L'altération des monnaies a toujours causé de grands désordres. Elle consiste à diminuer la valeur d'une pièce en lui conservant sa dénomination primitive. Ce changement détruit la confiance, fait perdre sur toutes les créances, bouleverse le prix des denrées, et confond les idées du peuple sur les valeurs.

La monnaie n'est ni un signe, car elle a une valeur intrinsèque, ni une mesure au moyen de laquelle toutes marchandises puissent être estimées en tout temps et en tout lieu, car sa valeur est variable. Si sa quantité augmente dans un pays, il faut alors une somme plus considérable qu'auparavant, pour acheter le même objet. Le contraire arrive quand la masse du numéraire diminue. En quadruplant la quantité d'or et d'argent répandue en Europe, la découverte de l'Amérique en fit baisser la valeur.

La monnaie s'use par le frottement. Cette usure s'appelle *frai*, et ce sont les particuliers qui supportent la perte qu'elle occasionne. La forme de monnaie adoptée, cylindrique et aplatie, est évidemment la plus convenable et la plus facile à transporter.

Les sous ou pièces de billon ne sont reçus que comme appoint.

Le titre des monnaies en facilite le calcul; le type garantit la fidélité de la fabrication.

Le système décimal, introduit dans les monnaies depuis qu'il est devenu celui des poids et des mesures, est ainsi nommé, parce que le calcul décimal en règle le titre et le poids.

d'un autre métal servant au commerce, frappées par autorité duoi, qui seul a ce droit. (Ord. du 26 décembre 1827), et marquées à son coin.

Le signe, ou la marque apposée au nom du prince, a pour but d'empêcher la contrefaçon, et d'inspirer plus de confiance au public.

Le mot livre, employé en style de monnaie, vient de ce que, anciennement, le métal que l'on appelait ainsi pesait une livre.

L'or et l'argent employés à la fabrication des monnaies sont ordinairement mêlés d'alliage, c'est-à-dire d'une certaine quantité de cuivre. On ne se sert plus du mot karat pour exprimer le degré de finesse de l'or et de l'argent, mais bien de *millième* (art. 2 de la loi du 19 brumaire an VI).

Il y a trois titres pour les monnaies nationales : ces titres et le poids donnent une garantie plus forte de leur valeur intrinsèque, et des moyens d'appréciation plus faciles même pour l'étranger.

Autrefois le crime de fausse monnaie était assimilé à celui de lèse-majesté. On faisait périr dans l'eau bouillante celui qui s'en rendait coupable. Aujourd'hui encore, et d'après le Code pénal (art. 32), il y a peine de mort pour le contrefacteur des monnaies d'or et d'argent, et peine des travaux forcés pour la contrefaçon de celles de billon ou de cuivre (article 133 et 134).

L'unité monétaire, le *franc*, est assujettie au système général des mesures prises dans la nature : elle se subdivise en *décimes* et en *centimes*. Les monnaies d'or de France contiennent, ainsi que celles d'argent, un dixième d'alliage et neuf dixièmes de métal pur. En général, le titre est 0,900. La tolérance du titre, soit en dessus, soit en dessous, est 2 millièmes sur l'or, 3 millièmes sur l'argent.

Poids des pièces de monnaies en grammes.

Pièces de 40 francs. . . .	12 gr.,	90322.
Pièces de 20 francs. . . .	6	45161.
Pièces de 5 francs. . . .	25	000.

Les pièces de 40 fr. ont 26 millimètres de diamètre, celles de 20 fr. ont 21 millimètres; de sorte que 34 pièces de 20 fr. et 11 de 40 fr., mises l'une à côté de l'autre, donneront la longueur du mètre.

La proportion de l'or à l'argent est de 15,5 à 1.

	fr.	c.
Le kilogramme d'or pur se paie sans retenue. . .	3444,	44,444
Et aux changes des monnaies, il est payé. . . .	3434,	44,444
Au titre de 0,900, il vaut sans retenue.	3100,	00
Et avec la retenue faite aux changes.	3091,	00
Le kilogramme d'argent pur se paie sans retenue. .	222,	22,223
Et aux changes il est payé	218,	88,882
Au titre de 0,900, il vaut sans retenue.	204,	80
Et avec la retenue faite aux changes.	200,	00

VILLES OU L'ON BAT MONNAIE AVEC LES LETTRES QUI LES DÉSIGNE.

Paris	A.
Perpignan	Q.
Bayonne	L.
Bordeaux	K.
Nantes	T.
Lille	W.
Strasbourg	BB.
Lyon	D.
Marseille, un A enlacé dans un M	
La Rochelle	H.
Limoges	I.
Rouen	B.
Toulouse	M.

VALEURS ET POIDS DES MONNAIES ÉTRANGÈRES,

COMPARÉES AUX MONNAIES FRANÇAIS.

NOMS DES ÉTATS.	VALEUR. Or.		VALEUR. Argent.		POIDS. Gros.	POIDS. Grains.
	fr.	c.	fr.	c.		
ANGLETERRE.						
Guinée	26	47	»	»	2	12
Couronne	»	»	6	18	»	»
Schelling	»	»	1	23	»	»
AUTRICHE.						
Ducat	11	86	»	»	1	12
Écu ou rixdale	»	»	5	19	»	»
Florin	»	»	2	59	»	»
DANEMARK.						
Ducat	9	47	»	»	1	1
Rixdale	»	»	5	65	»	»
ESPAGNE.						
Pistole	85	93	»	»	7	9
Piastre	»	»	5	43	»	»
Pistole	17	27	»	»	2	70
ÉTATS-ROMAINS.						
Sequin	11	80	»	»	2	6
Écu de 10 pauls	»	»	5	38	»	»
ÉTATS-UNIS.						
Dollar ou double aigle	55	21	5	»	»	»
Dollar	»	»	5	42	»	»
FRANCE.	fr.	c.	fr.	c.		
Pièce de 40 francs	40	»	»	»	3	»
Pièce de 20 francs	20	»	»	»	1	»
Pièce de 5 francs	»	»	5	»	6	»
HOLLANDE.						
Ducat	11	93	»	»	1	14
Ryder	31	65	»	»	»	»
Rixdale	»	»	5	48	»	»
Florin	»	»	2	16	»	»
HAMBOURG.						
Ducat	11	76	»	»	1	12
Rixdale	»	»	5	78	»	»
PORTUGAL.						
Demi-Portugal	22	63	»	»	»	»
Cruzade	»	»	»	94	»	»
PRUSSE.						
Ducat	11	77	»	»	1	12
Fréderic	20	80	»	»	»	»
Rixdale	»	»	3	71	»	»

NOMS DES ÉTATS.	VALEUR.		POIDS.	
	Or.	Argent.	Gros.	Grains.
RUSSIE.				
Ducat	11 79	» »	1	12
Rouble de 100 copecks	» »	4 61	»	»
SUÈDE.				
Ducat	11 70	» »	1	11
Rixdale de 48 schellings	» »	5 75	»	»
TURQUIE.				
Sequin	8 72	» »	»	»
Piastre de 40 paras	» »	2 35	»	»
VENISE.				
Sequin	12 »	» »	»	»
Oelle	47 7	» »	»	»
Ducat	7 49	» »	»	»
Pistole	21 36	» »	»	»
Écu à la croix (Argent)	» »	6 70	»	»

Les monnaies anglaises sont très exactes. Elles sont frappées au moyen de la vapeur. Huit balanciers, dirigés par huit enfans, produisent 60 pièces par minute, 28,800 pièces par heure, et 791,200 pièces par vingt-quatre heures. Sur 1,000 souverains frappés, 400 avaient le poids à moins d'un grain près, 370 à un grain près, 180 à deux grains, 40 à trois grains, 9 à quatre grains, 1 à cinq grains.

STATISTIQUE DES MONNAIES FRANÇAISES DEPUIS NAPOLÉON JUSQU'EN 1837.

Il a été frappé :

Au type impérial	1,415,854,485 f.	50 c.
Au type de Louis XVIII	1,004,163,169	75
Au type de Charles X.	685,430,240	50
Au type de Louis-Philippe Ier	379,852,948	50
Total	3,585,300,854 f.	25 c.

L'émission monétaire de 1836 a été de 99,619,578 fr. 50 c., dont 49,641,380 fr. en or, et 204,968,198 fr. 50 c. en argent.

La monnaie de Paris a fabriqué	24,964,656 f.	50 c.
Celle de Lille	24,152,566	50
Celle de Rouen	22,162,397	»
Celle de Lyon	17,261,778	»
Celle de Marseille	10,978,180	50

Les hôtels de Paris, Lille et Rouen, sont les seuls qui aient frappé des pièces en or. La masse de numéraire en circulation comprend non seulement les 3,585,300,854 fr. 25 c. frappés depuis l'empire, mais encore les anciennes monnaies de la république. Sans doute tout ce numéraire n'est pas resté en France. Il y a des pièces d'or et d'argent françaises dans toute l'Europe ; mais ce qui est sorti est compensé par les monnaies étrangères qui sont entrées, car nous avons aussi des monnaies de tous les pays de l'Europe. Il est donc bien évident que la France est le pays du monde qui possède la plus grande masse du signe représentatif.

DES MONNAIES FRANÇAISES EMPLOYÉES COMME POIDS.

Nous devons à M. Phélipt, membre correspondant à Bordeaux, un moyen ingénieux de constater le poids des objets achetés chez les marchands détaillistes. Ce moyen consiste dans l'emploi des monnaies françaises considérées sous le rapport de leur pesanteur. Ce travail ne peut manquer d'être apprécié et d'avoir d'utiles applications.

Les monnaies françaises sont au nombre de onze, savoir :

3 en cuivre.	Pièce de 10 cent. (2 sous), pèse	20 grammes.	
	— de 5 — (1 sou)	10	
	— de 1 —	2	
1 en billon.	— de 10 — (2 sous)	2	
5 en argent.	— de 5 francs	25	
	— de 2 —	10	
	— de 1 —	5	
	— de 1/2 — (50 c. ou 10 sous)	2	50
	— de 1/4 — (25 c. ou 5 sous)	1	25
2 en or.	— de 40 francs	12	9032
	— de 20 —	6	4516

D'après le poids de ces monnaies, le rapport des métaux-monnaies est :

Le cuivre au billon, comme 1 est à 10 ; à l'argent, comme 1 est à 40 ; à l'or, comme 1 est à 620.

Le billon à l'argent, comme 1 est à 4 ; à l'or, comme 1 est à 62.

L'argent à l'or, comme 1 est à 15 1/2.

Ainsi,

grammes.			en cuivre.	en billon.	en argent.	en or.
10,000	(1 myriag.)	val.	50 fr.	500 fr.	2,000 fr.	31,000 fr.
1,000	(1 kilog.)	—	5	50	200	3,100
100	(1 hectog.)	—	0 50 c.	5	20	310
10	(1 décag.)	—	0 05	0 50 c.	2	31
1	(1 gramme)	—	0 005	0 05	0 20 c.	3 10 c.
0,1	(1 décig.)	—	0 0005	0 005	0 02	0 31
0,01	(1 centig.)	—	0 00005	0 0005	0 002	0 031
0,001	(1 millig.)	—	0 000005	0 00005	0002	0 0031

Il n'est guère de ménages, surtout dans les campagnes, qui n'aient une paire de petites balances; mais souvent ces balances sont démunies de poids, et surtout de poids métriques ; ou bien ces poids sont plus ou moins altérés par le temps et par l'usage. Le tableau qui suit démontre que les monnaies nouvelles peuvent servir de poids; en descendant jusqu'au tiers du gros (24 grains), on peut donc n'employer que les monnaies d'argent.

Il est inutile d'observer qu'on doit faire choix des monnaies les moins usées, surtout quand il s'agit de poids minimes.

La banque de France et une infinité de maisons de banque et de commerce ont admis l'usage du poids de l'argent au lieu de le compter.

Nous donnons ci-après le tableau comparatif des monnaies d'argent nouvelles, pour la facilité des personnes qui voudront en adopter l'usage dans les paiemens.

VALEUR DES MONNAIES D'ARGENT COMPARÉES AUX POIDS MÉTRIQUES

2,000 fr. pès.	10,000 gram.	(10 kil.)	ou 20 livres nouvelles.	
1,000	5,000	(5 —)	10 —	
900	4,500	(4 — 5 hect.)	9 —	
800	4,000	(4 —)	8 —	
700	3,500	(3 — 5)	7 —	
600	3,000	(3 —)	6 —	
500	2,500	(2 — 5 —)	5 —	
400	2,000	(2 —)	4 —	
300	1,500	(1 — 5 —)	3 —	
200	1,000	(1 —)	2 —	
100	500	(0 — 5)	1 livre ou 16 onces nouvelles.	
75	325		3/4 — 12 —	
50	250		1/2 — 8 —	
25	125		1/4 — 4 —	
12 50 c.	62 50		1/8 — 2 —	
6 25	31 25		1/16 — 1 once ou 8 gros.	
5 50	27 50			7/8 — 7
5 »	25 »			»
4 75	23 75			3/4 — 6
3 75	18 75			5/8 — 5
3 »	15 »			1/2 — 4
2 25	11 25			5/8 — 3
2 »	10 »			» »
1 50	7 50			1/4 — 2
1 »	5 »			» »
0 75	3 75			1/8 — 1
0 50	2 50			1/3
0 25	1 25			2/3

On peut descendre encore plus bas, par exemple, la différence du poids de 4 sous en billon à 15 sous argent, est de 0 gr. 25 centig., qui répond à environ 1 grain 1/2, etc. Mais on peut se borner au tableau ci-dessus.

Les pièces d'or de 40 fr. ayant 26 millimètres, et celles de 20 fr. 21 millimètres, il suit que 32 pièces de 40 fr., plus 8 pièces de 20 fr., mises à la file et en ligne droite, donnent la longueur du mètre (32 fois 26 et 8 fois 21 — 1000); que 16 pièces de 40 fr., plus 4 pièces de 20 fr., donnent, par conséquent, le demi-mètre ou 500 millimètres; que 8 pièces de 40 fr., plus 2 pièces de 20 fr., donnent le quart de mètre, ou 250 millimètres; enfin, que 4 pièces de 40 fr. et 1 pièce de 20 fr. donnent le huitième du mètre, ou 125 millimètres.

COMPTES FAITS DU PRIX DES JOURNÉES D'OUVRIERS.

Bien des personnes verront avec plaisir ces comptes que nous avons réduits à leur plus simple expression. Tous les chefs d'établissemens industriels, tous les maîtres d'ateliers qui occupent un grand nombre d'ouvriers dont la plupart sont payés par semaine, quinzaine ou mois, pourront s'éviter des calculs ennuyeux en employant les tables ci-après qui contiennent tous les salaires depuis 50 cent., 75 cent., 90 cent. et 1 fr., jusqu'à 9 fr. en remontant toujours par fractions de 25 centimes.

La première colonne de chiffres indique le temps de salaire dû à l'ouvrier depuis 1/4, 1/3, 1/2, 2/3, 3/4 de jour jusqu'à 30 jours ; la seconde colonne indique la somme à payer pour l'espace de temps porté en marge.

Nous aurions pu prolonger à l'infini ces comptes faits, mais un plus long développement, au lieu de rendre service aux personnes qui les consulteront, ne pourrait que nuire à la clarté des calculs et rendre ceux-ci moins intelligibles. Nous nous sommes donc contentés de donner ce qui est réellement utile, c'est-à-dire le prix des salaires les minimes jusqu'à celui des plus rétribués. Nous nous sommes néanmoins arrêtés à la sommes de 9 francs; parce que le nombre des ouvriers qui reçoivent plus que cette somme par jour est si petit dans les ateliers ou dans les manufactures, qu'il est inutile d'étendre notre travail pour cela. Il sera du reste facile de suppléer à cette lacune en combinant ensemble les deux sommes des comptes faits qui correspondraient à la somme donnée en prenant, par exemple, si le prix de la journée était de 12 francs, deux fois ce compte établi à la journée de 6 francs.

TABLE COMPARATIVE DES JOURNÉES D'OUVRIERS,

DEPUIS 50 CENTIMES JUSQU'A 2 FRANCS.

Nombre de jours.	Sommes à payer.	Nombre de jours.	Sommes à payer.	Nombre de jours.	Sommes à payer.	Nombre de jours.	Sommes à payer.	Nombre de jours.	Sommes à payer.	Nombre de jours.	Sommes à payer.	Nombre de jours.	Sommes à payer.	Nombre de jours.	Sommes à payer.
A » F. 50 C.		A » F. 75 C.		A » F. 90 C.		A 1 F. » C.		A 1 F. 25 C.		A 1 F. 50 C.		A 1 F. 75 C.		A 2 F. » C.	
» 1/4	» 13	» 1/4	» 19	» 1/4	» 23	» 1/4	» 25	» 1/4	» 31	» 1/4	» 8	» 1/4	» 44	» 1/4	» 50
» 1/8	» 17	» 1/3	» 25	» 1/3	» 30	» 1/3	» 33	» 1/3	» 42	» 1/3	» 50	» 1/3	» 58	» 1/3	» 67
» 1/2	» 25	» 1/2	» 38	» 1/2	» 45	» 1/2	» 50	» 1/2	» 63	» 1/2	» 75	» 1/2	» 88	» 1/2	1 »
» 2/3	» 33	» 2/3	» 50	» 2/3	» 60	» 2/3	» 67	» 2/3	» 83	» 2/3	1 »	» 2/3	1 17	» 2/3	1 35
» 3/4	» 38	» 3/4	» 56	» 3/4	» 68	» 3/4	» 75	» 3/4	» 94	» 3/4	1 13	» 3/4	1 31	» 3/4	1 50
1	» 50	1	» 75	1	» 90	1	1 »	1	1 25	1	1 50	1	1 75	1	2 »
2	1 »	2	1 50	2	1 80	2	2 »	2	2 50	2	3 »	2	3 50	2	4 »
3	1 50	3	2 25	8	2 70	3	3 »	3	3 75	3	4 50	3	5 25	3	6 »
4	2 »	4	3 »	4	3 60	4	4 »	4	5 »	4	6 »	4	7 »	4	8 »
5	2 50	5	3 75	5	4 50	5	5 »	5	6 25	5	7 50	5	8 75	5	10 »
6	3 »	6	4 50	6	5 40	6	6 »	6	7 50	6	9 »	6	10 50	6	12 »
7	3 50	7	5 25	7	6 30	7	7 »	7	8 75	7	10 50	7	12 25	7	14 »
8	4 »	8	6 »	8	7 20	8	8 »	8	10 »	8	12 »	8	14 »	8	16 »
9	4 50	9	6 75	9	8 10	9	9 »	9	11 25	9	13 50	9	15 75	9	18 »
10	5 »	10	7 50	10	9 »	10	10 »	10	12 50	10	15 »	10	17 50	10	20 »
11	5 50	11	8 25	11	9 90	11	11 »	11	13 75	11	16 50	11	19 25	11	22 »
12	6 »	12	9 »	12	10 80	12	12 »	12	15 »	12	18 »	12	21 »	12	24 »
13	6 50	13	9 75	13	11 70	13	13 »	13	16 25	13	19 50	13	22 75	13	26 »
14	7 »	14	10 50	14	12 60	14	14 »	14	17 50	14	21 »	14	24 50	14	28 »
15	7 50	15	11 25	15	13 50	15	15 »	15	18 75	15	22 50	15	26 25	15	30 »
16	8 »	16	12 »	16	14 40	16	16 »	16	20 »	16	24 »	16	28 »	16	32 »
17	8 50	17	12 75	17	15 30	17	17 »	17	21 25	17	25 50	17	29 75	17	34 »
18	9 »	18	13 50	18	16 20	18	18 »	18	22 50	18	27 »	18	31 50	18	36 »
19	9 50	19	14 25	19	17 10	19	19 »	19	23 75	19	28 50	19	33 25	19	38 »
20	10 »	20	15 »	20	18 »	20	20 »	20	25 »	26	30 »	20	35 »	20	40 »
21	10 50	21	15 75	21	18 90	21	21 »	21	26 25	21	31 50	21	36 75	21	42 »
22	11 »	22	16 50	22	19 80	22	22 »	22	27 50	22	33 »	22	38 50	22	44 »
23	11 50	23	17 25	23	20 70	23	13 »	23	28 75	23	34 50	23	40 25	23	46 »
24	12 »	24	18 »	24	21 60	24	24 »	24	30 »	24	36 »	24	42 »	24	48 »
25	12 50	25	18 75	25	22 50	25	25 »	25	31 25	25	37 50	25	33 75	25	50 »
26	13 »	26	19 50	26	23 40	26	26 »	26	32 50	26	39 »	26	45 50	26	52 »
27	13 50	27	20 25	27	24 30	27	27 »	27	33 75	27	40 50	27	47 25	27	54 »
28	14 »	28	21 »	28	25 20	28	28 »	38	35 »	28	42 »	28	49 »	28	56 »
29	14 50	29	21 75	20	26 10	29	29 »	29	36 25	29	43 50	29	50 75	29	58 »
30	15 »	30	22 50	30	27 »	30	30 »	30	37 50	30	45 »	30	52 50	30	80 »

TABLE COMPARATIVE DES JOURNÉES D'OUVRIERS,

DEPUIS 2 FRANCS 25 CENTIMES JUSQU'A 4 FRANCS.

Nombre de jours.	Sommes à payer.		Nombre de jours.	Sommes à payer.		Nombre de jours.	Sommes à payer		Nombre de jours.	Sommes à payer.	
A 2 F.	25 C.		A 2 F.	50 C.		A 2 F.	75 C.		A 3 F.	» C.	
» 1/4	»	56	» 1/4	»	63	» 1/4	»	69	» 1/4	»	75
» 1/3	»	75	» 1/3	»	88	» 1/3	»	92	» 1/3	1	»
» 1/2	1	13	» 1/2	1	25	» 1/2	1	38	» 1/2	1	50
» 2/3	1	50	» 2/3	1	67	» 2/3	1	83	» 2/3	2	»
» 3/4	1	69	» 3/4	1	88	» 3/4	2	6	» 3/4	2	25
1	2	25	1	2	50	1	2	75	1	3	»
2	4	50	2	5	»	2	5	50	2	6	»
3	6	75	3	7	50	3	8	25	3	9	»
4	9	»	4	10	»	4	11	»	4	12	»
5	11	25	5	12	50	5	13	75	5	15	»
6	13	50	6	15	»	6	16	50	6	18	»
7	15	75	7	17	50	7	19	25	7	21	»
8	18	»	8	20	»	8	22	»	8	24	»
9	20	25	9	22	50	9	24	75	9	27	»
10	22	50	10	25	»	10	27	50	10	30	»
11	24	75	11	27	50	11	30	25	11	33	»
12	27	»	12	30	»	12	33	»	12	36	»
13	29	25	13	32	50	13	35	75	13	39	»
14	31	50	14	35	»	14	38	50	14	42	»
15	33	75	15	37	50	15	41	25	15	45	»
16	36	»	16	40	»	16	44	»	16	48	»
17	38	25	17	42	50	17	46	75	17	51	»
18	40	50	18	45	»	18	49	50	18	54	»
19	42	75	19	47	50	19	52	25	19	57	»
20	45	»	20	50	»	20	55	»	20	60	»
21	47	25	21	52	50	21	57	75	21	63	»
22	49	50	22	55	»	22	60	50	22	66	»
23	51	75	23	57	50	23	63	25	23	69	»
24	54	»	24	60	»	24	66	»	24	72	»
25	56	25	25	62	50	25	68	75	25	75	»
26	58	50	26	65	»	26	71	50	26	78	»
27	60	75	27	67	50	27	74	25	27	81	»
28	63	»	28	70	»	28	77	»	28	84	»
29	65	25	29	72	50	29	79	75	29	87	»
30	67	50	30	75	»	30	82	50	30	90	»

Nombre de jours.	Sommes de jours.		Nombre de jours.	Sommes à payer.		Nombre de jours.	Sommes à payer.		Nombre de jours,	Sommes à payer.	
A 3 F.	25 C.		A 3 F.	50 C.		A 3 F.	75 C.		A 4 F.	» C.	
» 1/4	»	81	» 1/4	»	88	» 1/4	»	98	» 1/4	1	»
» 1/3	1	8	» 1/3	1	17	» 1/3	1	25	» 1/3	1	33
» 1/2	1	63	» 1/2	1	75	» 1/2	1	88	» 1/2	2	»
» 2/3	2	17	» 2/3	2	33	» 2/3	2	50	» 2/3	2	67
» 3/4	2	44	» 3/4	2	63	» 3/4	»	81	» 3/4	3	»
1	3	25	1	3	50	1	»	75	1	4	»
2	6	50	2	7	»	2	7	50	2	8	»
3	9	75	3	10	50	3	11	25	3	12	»
4	13	»	4	14	»	4	15	»	4	16	»
5	16	25	5	17	50	5	18	75	5	20	»
6	19	50	6	21	»	6	22	50	6	24	»
7	22	75	7	24	50	7	25	25	7	28	»
8	26	»	8	28	»	8	30	»	8	32	»
9	29	25	9	31	50	9	33	75	9	36	»
10	32	50	10	35	»	10	37	50	10	40	»
11	35	75	11	38	50	11	41	25	11	44	»
12	39	»	12	42	»	12	45	»	12	48	»
13	42	25	13	45	50	13	48	75	13	52	»
14	45	50	14	49	»	14	52	50	14	56	»
15	48	75	15	52	50	15	56	25	15	60	»
16	52	»	16	56	»	16	60	»	16	64	»
17	52	25	17	59	50	17	63	75	17	68	»
18	58	50	18	63	»	18	67	50	18	72	»
19	61	75	19	66	50	29	71	25	19	76	»
20	65	»	20	70	»	20	75	»	20	80	»
21	68	25	21	73	50	21	78	75	21	84	»
22	71	50	22	77	»	22	82	50	22	88	»
23	74	75	23	80	50	23	86	25	23	92	»
24	78	»	24	84	»	24	90	»	24	96	»
25	81	25	25	87	50	25	93	75	25	100	»
26	84	50	26	91	»	26	97	50	26	104	»
27	87	75	27	94	50	27	101	25	27	108	»
28	91	»	28	98	»	28	105	»	28	112	»
29	94	25	29	101	50	29	108	75	29	116	»
30	97	50	30	105	»	30	112	50	30	120	»

TABLE COMPARATIVE DES JOURNÉES D'OUVRIERS,

DEPUIS 4 FRANCS 25 CENTIMES JUSQU'A 3 FRANCS.

Nombre de jours.	Sommes à payer.		Nombre de jours.	Sommes à payer.		Nombre de jours.	Sommes à payer.		Nombre de jours.	Sommes à payer.	
A 4 F.	25 C.		A 4 F.	50 C.		A 4 F.	75 C.		A 5 F.	» C.	
» 1/4	1	6	» 1/4	1	13	» 1/4	1	19	» 1/4	1	25
» 1/3	1	42	» 1/3	1	50	» 1/3	1	58	» 1/3	1	67
» 1/2	2	13	» 1/2	2	25	» 1/2	2	38	» 1/2	2	50
» 2/3	2	83	» 2/3	3	»	» 2/3	3	17	» 2/3	3	33
» 3/4	3	19	2 3/4	3	38	» 3/4	3	56	» 3/4	3	75
1	4	25	1	4	50	1	4	75	1	5	»
2	8	50	2	9	»	2	9	50	2	10	»
3	12	75	3	13	50	3	14	25	3	15	»
4	17	»	4	18	»	4	19	»	4	20	»
5	21	25	5	22	50	5	23	75	5	25	»
6	25	50	6	27	»	9	28	50	6	30	»
7	29	75	7	31	50	7	33	25	7	35	»
8	34	»	8	36	»	8	38	»	8	40	»
9	38	25	9	40	50	9	42	75	9	45	»
10	42	50	10	45	»	10	47	50	10	50	»
11	46	75	11	49	50	11	52	25	11	55	»
12	51	»	12	54	»	12	57	»	12	60	»
13	55	25	13	58	50	13	61	75	13	65	»
14	59	50	14	68	»	14	66	50	14	70	»
15	63	75	15	67	50	15	71	25	15	75	»
16	68	»	16	72	»	16	76	»	16	80	»
17	72	25	17	76	50	17	80	75	17	85	»
18	76	50	18	81	»	18	85	50	18	90	»
19	80	75	19	85	50	19	90	25	19	95	»
20	85	»	20	90	»	20	95	»	20	100	»
21	89	25	21	94	50	21	99	75	21	105	»
22	93	50	22	99	»	22	104	50	22	110	»
23	97	75	23	103	50	23	109	25	23	115	»
24	102	»	24	108	»	24	114	»	24	120	»
25	106	25	25	112	50	25	118	75	25	125	»
26	110	50	26	117	»	26	123	50	26	130	»
27	114	75	27	121	50	27	128	25	27	135	»
28	119	»	28	126	»	28	133	»	28	140	»
29	123	25	29	130	50	29	137	75	29	145	»
30	127	50	30	135	»	30	142	50	30	150	»

FRACTIONS DE JOURNÉE.

Le prix des journées au-delà de 5 francs, croissant presque toujours de 50 en 50 centimes, ou de francs en francs, le calcul des sommes à payer pour un nombre déterminé de jours est très facile. Des tables de ces prix ne sont donc pas nécessaires. Cependant nous avons cru que les comptes faits pour les fractions de jours pourraient éviter quelques embarras aux chefs d'ateliers qui soldent un grand nombre d'ouvriers. Nous les ajoutons donc ici :

DEPUIS 5 FRANCS 50 CENTIMES JUSQU'A 9 FRANCS.

Fraction de jour.	Sommes à payer.		Fraction de jour.	Sommes à payer.		Fraction de jour.	Sommes à payer.		Fraction de jour.	Sommes à payer.	
A 5 F.	50 C.		A 6 F.	50 C.		A 7 F.	50 C.		A 8 F.	50 C.	
1/4	1	38	1/4	1	63	1/4	1	88	1/4	2	13
1/3	1	83	1/3	2	17	1/3	2	50	1/3	2	83
1/2	2	75	1/2	3	50	1/2	3	75	1/2	4	25
2/3	3	67	2/3	4	33	2/3	5	»	2/3	5	67
3/4	4	13	3/4	4	90	3/4	5	63	3/4	6	38
A 6 F.	» C.		A 7 F.	» C.		A 8 F.	» C.		A 9 F.	» C.	
1/4	1	50	1/4	1	75	1/4	2	»	1/4	2	25
1/3	2	»	1/3	2	33	1/3	2	67	1/3	3	»
1/2	3	»	3/2	3	50	1/2	4	»	1/2	4	50
2/3	4	»	2/3	4	67	2/3	9	33	2/3	5	»
3/4	4	50	3/4	5	25	3/4	6	»	3/4	6	75

COMPTES FAITS POUR LES OPÉRATIONS DE BOURSE.

RENTES FRANÇAISES.

La simplicité des comptes que nous donnons sera vivement sentie par les spéculateurs qui ont l'habitude des opérations de bourse ou qui ont l'intention de s'y livrer. Nous répondons en outre de leur exactitude.

Si ces comptes, calculés avec prévoyance, devenaient incomplets par suite d'une hausse au-dessus ou d'une baisse au-dessous des taux portés, hausse ou baisse due à des événemens politiques, les spéculateurs pourront facilement suppléer à cette différence, soit par la somme à ajouter, soit pour celle à défalquer.

Quant aux intérêts, il sera facile de les établir d'après nos tables auxquelles nous renvoyons à cet effet.

Rentes françaises.	— 5 p. 0/0	consolidés (*).	Arrérages des 22 mars et 22 septembre de chaque année.
id.	— 4 p. 0/0	id.	
id.	— 3 p. 0/0	id.	Arrérages des 22 juin et 22 décembre.

(*) L'emprunt national se cote comme le 5 p. 0/0 français.

CINQ POUR CENT CONSOLIDÉS.

Hausse de 5 en 5 centimes.	CAPITAL POUR CENT FRANCS DE RENTES.														
	A 81 F. »	A 82 F.	A 83 F.	A 84 F.	A 85 F.	A 86 F.	A 87 F.	A 88 F.	A 89 F.	A 90 F.	A 91 F.	A 92 F.	A 93 F.	A 94 F.	A 95 F.
•	1620	1640	1660	1680	1700	1720	1740	1760	1780	1800	1820	1840	1860	1880	1900
5	1621	1641	1661	1681	1701	1721	1741	1761	1781	1801	1821	1841	1861	1881	1901
10	1622	1642	1662	1682	1702	1722	1742	1762	1782	1802	1822	1842	1862	1882	1902
15	1623	1643	1663	1683	1703	1723	1743	1763	1783	1803	1823	1843	1863	1883	1903
20	1624	1644	1664	1684	1704	1724	1744	1764	1784	1804	1824	1844	1864	1884	1904
25	1625	1645	1665	1685	1705	1725	1745	1765	1785	1805	1825	1845	1865	1885	1905
30	1626	1646	1666	1686	1706	1726	1746	1766	1786	1806	1826	1846	1866	1886	1906
35	1627	1647	1667	1687	1707	1727	1747	1767	1787	1807	1827	1847	1867	1887	1907
40	1628	1648	1668	1688	1708	1728	1748	1768	1788	1808	1828	1848	1868	1888	1908
45	1629	1649	1669	1689	1709	1729	1749	1769	1789	1809	1829	1849	1869	1889	1909
50	1630	1650	1670	1690	1710	1730	1750	1770	1790	1810	1830	1850	1870	1890	1910
55	1631	1651	1671	1691	1711	1731	1751	1771	1791	1811	1831	1851	1871	1891	1911
60	1632	1652	1672	1692	1712	1732	1752	1772	1792	1812	1832	1652	1872	1892	1912
65	1633	1653	1673	1693	1713	1733	1753	1773	1793	1813	1833	1853	1873	1893	1913
70	1634	1654	1674	1694	1714	1734	1754	1774	1794	1814	1834	1854	1874	1894	1914
75	1635	1555	1675	1695	1715	1735	1255	1775	1795	1815	1835	1855	1875	1895	1915
80	1636	1656	1676	1696	1716	1736	1756	1776	1796	1816	1836	1856	1876	1896	1916
85	1637	1657	1677	1697	1717	1737	1757	1777	1797	1817	1637	1857	1877	1897	1917
90	1638	1658	1678	1698	1718	1738	1758	1778	1798	1818	1838	1858	1878	1898	1918
95	1639	1659	1679	1699	1719	1739	1750	1779	1799	1819	1839	1859	1879	1899	1919

Hausse de 5 en 5 centimes.	CAPITAL POUR CENT FRANCS DE RENTES.														
	A 96 F.	A 97 F.	A 98 F.	A 99 F.	A 100 F.	A 101 F.	A 102 F.	A 103 F.	A 104 F.	A 105 F.	A 106 F.	A 107 F.	A 108 F.	A 109 F.	A 110 F.
•	1920	1940	1960	1980	2000	2020	2040	2060	2080	2100	2120	2140	2160	2180	2200
5	1921	1941	1961	1981	2001	2021	2041	2061	2081	2101	2121	2141	2161	2181	2201
10	1922	1942	5962	1982	2002	2022	2042	2062	2082	2102	2122	2142	2162	2182	2202
15	1923	1943	1963	1983	2003	2023	2043	2063	2083	2103	2123	2143	2163	2183	2203
20	1924	1944	1964	1984	2004	2024	2044	2064	2084	2104	2124	2144	2164	2184	2204
25	1925	1945	1965	1985	2005	2025	2045	2065	2085	2105	2125	2145	2165	2185	2205
30	1926	1946	1966	1986	2006	2026	2046	2066	2086	2106	2126	2146	2166	2186	2206
35	1927	1947	1967	1987	2007	2027	2047	2067	2087	2107	2127	2147	2167	2187	2207
40	1928	1948	1968	1988	2008	2028	2048	2068	2088	2108	2128	2148	2168	2188	2208
45	1929	1949	1969	1989	2009	2029	2049	2069	2089	2109	2120	2149	2169	2189	2209
50	1930	1950	1970	1990	2010	2030	2050	2070	2090	2110	2130	2150	2170	2190	2210
55	1931	1951	1971	1991	2011	2031	2051	2071	2091	2111	2131	2151	2171	2191	2211
60	1932	1952	1972	1992	2012	2032	2052	2072	2092	2112	2132	2152	2172	2192	2212
65	1933	1953	1973	1993	2013	2033	2053	2073	2093	2113	2133	2153	2173	2193	2213
70	1934	1954	1974	1994	2014	2034	2054	2074	2094	2114	2134	2154	2174	2194	2214
75	1935	1955	1975	1995	2015	2035	2055	2075	2095	2115	2135	2155	2175	2195	2215
80	1936	1956	1976	1996	2016	2036	2056	2076	2096	2116	2136	2156	2176	2196	2216
85	1937	1957	1977	1997	2017	2037	2057	2077	2097	2117	2137	2157	2177	2197	2217
90	1938	1958	1878	1998	2018	2038	2068	2078	2098	2118	2138	2158	2178	2198	2218
95	1939	1959	1979	1999	2019	2039	2059	2079	2099	2119	2139	2159	2179	2199	2219

QUATRE POUR CENT

Hausse de 5 en 5 centimes	CAPITAL POUR CENT FRANCS DE RENTE.																													
	A 71 F.		A 72 F.		A 73 F.		A 74 F.		A 75 F.		A 76 F.		A 77 F.		A 78 F.		A 79 F.		A 80 F.		A 81 F.		A 82 F.		A 83 F.		A 84 F.		A 85 F.	
.	1775	.	1800	.	1825	.	1850	.	1875	.	1900	.	1925	.	1950	.	1975	.	2000	.	2025	.	2050	.	2075	.	2100	.	2125	.
5	1776	25	1801	25	1826	25	1851	25	1876	25	1901	25	1926	25	1951	25	1976	25	2001	25	2026	25	2051	25	2076	25	2101	25	2126	25
10	1777	50	1802	50	1827	50	1852	50	1877	50	1902	50	1927	50	1952	50	1977	50	2002	50	2027	50	2052	50	2077	50	2102	50	2127	50
15	1778	75	1803	75	1828	75	1853	75	1878	75	1903	75	1928	75	1953	75	1978	75	2003	75	2028	75	2053	75	2078	75	2103	75	2128	75
20	1780	.	1805	.	1830	.	1855	.	1880	.	1905	.	1930	.	1955	.	1980	.	2005	.	2030	.	2055	.	2080	.	2105	.	2130	.
25	1781	25	1806	25	1831	25	1856	20	1881	25	1906	25	1931	25	1956	25	1981	25	2006	25	2031	25	2056	25	2081	25	2106	25	2131	25
30	1782	50	1807	50	1832	50	1857	55	1882	50	1907	50	1932	50	1957	50	1982	50	2007	50	2032	50	2047	50	2082	50	2107	50	2132	50
35	1783	75	1808	75	1833	75	1858	75	1883	75	1908	75	1933	75	1958	75	1983	75	2008	75	2033	75	2058	75	2083	75	2108	75	2133	75
40	1785	.	1810	.	1835	.	1860	.	1885	.	1910	.	1935	.	1960	.	1985	.	2010	.	2035	.	2060	.	2085	.	2110	.	2135	.
45	1786	25	1811	25	1836	25	1861	25	1886	25	1911	25	1936	25	1961	25	1986	25	2011	25	2036	25	2061	25	2086	25	2111	25	2136	25
50	1787	50	1812	50	1837	50	1862	50	1887	50	1912	50	1937	50	1962	50	1987	50	2012	50	2037	50	2062	50	2087	50	2112	50	2137	50
55	1788	75	1813	75	1838	75	1863	75	1888	75	1913	75	1938	75	1963	75	1988	75	2013	75	2038	75	2063	75	2088	75	2113	75	2138	75
60	1790	.	1815	.	1840	.	1865	.	1890	.	1915	.	1940	.	1965	.	1990	.	2015	.	2040	.	2063	.	2090	.	2115	.	2140	.
65	1791	25	1816	25	1841	25	1866	25	1891	25	1916	25	1941	25	1966	25	1991	25	2016	25	2041	25	2066	25	2091	25	2116	25	2141	25
70	1792	50	1817	50	1842	50	1867	50	1892	50	1917	50	1942	50	1967	50	1992	50	2017	50	2042	50	2067	50	2092	50	2117	50	2142	50
75	1793	75	1818	75	1843	75	1868	75	1893	75	1918	75	1943	75	1968	75	1993	75	2018	75	2043	75	2068	75	2093	75	2118	75	2143	75
80	1795	.	7820	.	1845	.	1870	.	1895	.	1920	.	1945	.	1970	.	1995	.	2020	.	2045	.	2070	.	2095	.	2120	.	2145	.
85	1796	25	1821	25	1846	25	1871	25	1896	25	1921	25	1946	25	1971	25	1996	25	2021	25	2046	25	2071	25	2006	25	2121	25	2146	25
90	1797	50	1822	50	1847	50	1872	50	1897	50	1922	50	1947	50	1972	50	1997	50	2022	50	2047	50	2072	50	2097	50	2122	50	2147	50
95	1798	75	1823	75	1848	75	1873	75	1898	75	1923	75	1948	75	1973	75	1998	75	2023	75	2048	75	2073	75	2098	75	2123	75	2148	75

Hausse de 5 en 5 centimes.	CAPITAL POUR CENT FRANCS DE RENTE.																													
	A 86 F.		A 87 F.		A 88 F.		A 89 F.		A 90 F.		A 91 F.		A 92 F.		A 93 F.		A 94 F.		A 95 F.		A 96 F.		A 97 F.		A 98 F.		A 99 F.		A 100 F.	
.	2150	.	2175	.	2200	.	2225	.	2250	.	2275	.	2300	.	2325	25	2350	.	2375	.	2000	.	3425	.	2450	.	2475	.	2500	.
5	2151	25	2176	25	2201	25	2226	25	2251	25	2276	25	2301	25	2326	50	2351	25	2376	25	2401	25	2426	25	2451	25	2476	25	2501	25
10	2152	50	2177	50	2202	50	2227	50	2252	50	2277	50	2302	50	2327	75	2362	50	2377	50	2402	50	2427	50	2452	50	2477	50	2502	50
15	2153	75	2178	75	2203	75	2228	75	2253	75	2278	75	2303	75	2328	.	2353	75	2378	75	2403	75	2428	75	2453	75	2478	75	2503	75
20	2155	.	2180	.	2205	.	3230	.	2255	.	2280	.	2305	.	2330	25	2355	.	2380	.	2405	.	2430	.	2455	.	2480	.	2505	.
25	2156	25	2181	25	2206	25	2231	25	2256	25	2281	25	2306	25	2331	50	2356	25	2381	25	2406	25	2431	25	2456	25	2481	25	2506	25
30	2157	50	2182	50	2207	50	2232	50	2257	50	2282	50	2307	50	2332	75	2357	50	2382	50	2407	50	2432	50	2457	50	2482	50	2507	50
35	2158	75	2183	75	2208	75	2233	75	2258	75	2283	75	2308	75	2333	.	2358	75	2383	75	2408	75	2433	75	2458	75	2483	75	2508	75
40	2160	.	2185	.	2210	.	2235	.	2260	.	2285	.	2310	.	2335	25	2360	.	2385	.	2410	.	2435	.	2460	.	2485	.	2510	.
45	2161	25	2186	25	2211	25	2236	25	2261	25	2286	25	2311	25	2336	50	2361	25	2386	25	2411	25	2436	25	2461	25	2486	25	2511	25
50	2162	50	2187	50	2212	50	2237	50	2262	50	2287	50	2312	50	2337	75	2362	50	2387	50	2412	50	2437	50	2462	50	2487	50	2512	50
55	2163	75	2188	75	2213	75	2238	75	2263	75	2288	75	2313	75	2338	.	2363	75	2388	75	2413	75	2438	75	2463	75	2488	75	2513	75
60	2165	.	2190	.	2215	.	2240	.	2265	.	2290	.	2315	.	2340	25	2365	.	2390	.	2415	.	2440	.	2465	.	2490	.	2515	.
65	2166	25	2191	25	2216	25	2241	25	2266	25	2291	25	2316	25	2341	50	2366	25	2391	25	2416	25	2441	25	2466	25	2491	25	2516	25
70	2167	50	2192	50	2217	50	2242	50	2267	50	2292	50	2317	50	2342	75	2367	50	2392	50	2417	50	2442	50	2467	50	2492	50	2517	50
75	2168	75	2193	75	2218	75	2243	75	2268	75	2293	75	2318	75	2343	.	2368	75	2393	75	2418	75	2443	75	2468	75	2493	75	2518	75
80	2170	.	2195	.	2220	.	2245	.	2270	.	2295	.	2320	.	2345	25	2370	.	2395	.	2620	.	2445	.	2470	.	2495	.	2520	.
85	2171	25	2196	25	2221	25	2246	25	2271	25	2296	20	2321	25	2346	50	2371	25	2396	25	2421	25	2446	25	2471	25	2496	25	2521	25
90	2172	50	2197	50	2223	50	2247	50	2272	50	2297	55	2322	50	2347	75	2372	50	2397	50	2422	50	2447	50	2472	50	2497	50	2522	50
95	2173	75	2198	75	2224	75	2248	75	2773	75	2298	75	2323	75	2348	.	2373	75	2398	75	2423	75	2448	75	2473	75	2498	75	2523	75

TROIS POUR CENT.

Hausse de 5 en 5 centimes	CAPITAL POUR CENT FRANCS DE RENTE														
	A 56 F.	A 57 F.	A 58 F.	A 59 F.	A 60 F.	A 61 F.	A 62 F.	A 63 F.	A 64 F.	A 65 F.	A 66 F.	A 67 F.	A 68 F.	A 69 F.	A 70 F.
»	1866 66	1900 »	1933 33	1966 66	2000 »	2033 33	2066 66	2100 »	2133 33	2166 66	2200 »	2233 33	2266 66	2300 »	2333 33
5	1868 33	1901 66	1935 »	1968 33	2001 66	2035 »	2068 33	2101 66	2135 »	2168 33	2201 66	2235 »	2268 33	2301 66	2335 »
10	1870 »	1903 33	1936 66	1970 »	2003 33	2036 66	2070 »	2103 33	2136 66	2170 »	2203 33	2236 66	2270 »	2303 33	2336 66
15	1871 66	1905 »	1938 33	1971 66	2005 »	2038 33	2071 66	2105 »	2138 33	2171 66	2205 »	2238 33	2271 66	2305 »	2338 33
20	1873 33	1906 66	1940 »	1973 33	2006 66	2040 »	2073 33	2106 66	2140 »	2173 33	2206 66	2240 »	2273 83	2306 66	2340 »
25	1875 »	1908 33	1941 66	1975 »	2008 33	2041 66	2075 »	2108 33	2141 66	2175 »	2208 33	2241 66	2275 »	2308 33	2341 66
30	1876 66	1910 »	1943 33	1976 66	2010 »	2043 33	2076 66	2110 »	2143 33	2176 66	2210 »	2243 33	2276 66	2310 »	2343 33
35	1878 33	1911 66	1945 »	1978 83	2011 66	2045 »	2078 33	2111 66	2145 »	2178 33	2211 66	2245 »	2278 33	2311 66	2345 »
40	1880 »	1913 33	1946 66	1980 »	2013 33	2046 66	2080 »	2113 33	2146 66	2180 »	2213 33	2246 66	2280 »	2313 33	2346 66
45	1881 66	1915 »	1948 33	1981 66	2015 »	2048 33	2081 66	2115 »	2148 33	2181 66	2215 »	2248 33	2281 66	2315 »	2348 33
50	1883 33	1916 66	1950 »	1983 33	2016 66	2050 »	2083 33	2116 66	2150 »	2183 33	2216 66	2250 »	2283 33	2316 66	2350 »
55	1885 »	1918 33	1951 66	1985 »	2018 33	2051 66	2085 »	2118 33	2151 66	2185 »	2218 33	2251 66	2285 »	2318 33	2351 66
60	1886 66	1920 »	1953 33	1986 66	2020 »	2053 33	2086 66	2120 »	2153 33	2186 66	2220 »	2253 33	2286 66	2320 »	2353 33
65	1888 33	1921 66	1955 »	1988 33	2021 66	2055 »	2088 33	2121 66	2155 »	2188 33	2221 66	2255 »	2288 33	2321 66	2355 »
70	1890 »	1923 33	1956 66	1990 »	2023 33	2056 66	2090 »	2123 33	2156 66	2190 »	2223 33	2256 66	2290 »	2323 33	2356 66
75	1891 66	1925 »	1958 33	1991 66	2025 »	2058 33	2091 66	2125 »	2158 33	2191 66	2225 »	2258 33	2291 66	2325 »	2358 33
80	1893 33	1926 66	1960 »	1993 33	2026 66	2060 »	2093 33	2126 66	2160 »	2193 33	2226 66	2260 »	2293 33	2326 66	2360 »
85	1895 »	1928 33	1961 66	1995 »	2028 33	2061 66	2095 »	2128 33	2161 66	2195 »	2228 33	2261 66	2295 »	2328 83	2361 66
90	1896 66	1930 »	1963 33	1996 66	2030 »	2063 33	2096 66	2130 »	2163 33	2196 66	2230 »	2263 33	2296 66	2330 »	2363 33
95	1898 33	1931 66	1965 »	1998 33	2031 66	2065 »	2098 33	2131 66	2165 »	2198 33	2231 66	2265 »	2298 33	2331 66	2365 »

Hausse de 5 en 5 centimes.	CAPITAL POUR CENT FRANCS DE RENTE														
	A 71 F.	A 72 F.	A 73 F.	A 74 F.	A 75 F.	A 76 F.	A 77 F.	A 78 F.	A 79 F.	A 80 F.	A 81 F.	A 82 F.	A 83 F.	A 84 F.	A. 85 F.
»	2366 66	2400 »	2433 33	2466 66	2500 »	2533 33	2566 66	2600 »	2633 33	2666 66	2700 »	2733 33	2766 66	2800 »	2833 33
5	2368 33	2401 66	2435 »	2468 33	2501 66	2535 »	2568 33	2601 66	2635 »	2668 33	2701 66	2735 »	2768 33	2801 66	2835 »
10	2370 »	2403 33	2436 66	2470 »	2503 33	2536 66	2570 »	2603 33	2636 66	2670 »	2703 33	2736 66	2770 »	2803 33	2836 66
15	2371 66	2405 »	2438 33	2471 66	2505 »	2538 33	2571 66	2605 »	2638 33	2671 66	2705 »	2738 33	2771 66	2805 »	2838 33
20	2373 33	2406 66	2440 »	2473 33	2506 66	2540 »	2573 33	2606 66	2640 »	2673 33	2706 66	2740 »	2773 33	2806 66	2840 »
25	2375 »	2408 33	2441 66	2475 »	2508 33	2541 66	2575 »	2608 33	2641 66	2675 »	2708 33	2741 66	2775 »	2808 33	2841 66
30	2376 66	2410 »	2443 33	2476 66	2510 »	2543 33	2576 66	2610 »	2643 33	2676 66	2710 »	2743 33	2776 66	2810 »	2843 33
35	2378 33	2411 66	2445 »	2478 33	2511 66	2545 »	2578 33	2611 66	2645 »	2678 33	2711 66	2745 »	2778 33	2811 66	2845 »
40	2380 »	2413 33	2446 66	2480 »	2513 33	2546 66	2580 »	2613 33	2646 66	2680 »	2713 33	2746 66	2780 »	2813 33	2846 66
45	2381 66	2415 »	2448 33	2481 66	2515 »	2548 33	2581 66	2615 »	2648 33	2681 66	2715 »	2748 33	2781 66	2815 »	2848 33
50	2383 33	2416 66	2450 »	2483 33	2516 66	2550 »	2583 33	2616 66	2650 »	2683 33	2716 66	2750 »	2783 33	2816 66	2850 »
55	2385 »	2418 33	2451 66	2485 »	2518 33	2551 66	2585 »	2618 33	2651 66	2685 »	2718 33	2751 66	2785 »	2818 33	2851 66
60	2386 66	2420 »	2453 33	2486 66	2520 »	2553 33	2586 66	2620 »	2653 33	2686 66	2720 »	2753 33	2786 66	2820 »	2853 33
65	2388 33	2421 66	2455 »	2488 33	2521 66	2555 »	2588 33	2621 66	2655 »	2688 33	2721 66	2755 »	2788 33	2821 66	2855 »
70	2390 »	2423 33	2456 66	2490 »	2523 33	2556 66	2590 »	2623 33	2656 66	2690 »	2723 33	2756 66	2790 »	2823 33	2856 66
75	2391 66	2425 »	2458 33	2491 66	2525 »	2558 33	2591 66	2625 »	2658 33	2691 66	2725 »	2758 33	2791 66	2825 »	2858 33
80	2393 33	2426 66	2460 »	2493 33	2526 66	2560 »	2593 33	2626 66	2660 »	2693 33	2726 66	2760 »	2793 33	2826 66	2860 »
85	2395 »	2428 33	2461 66	2495 »	2528 33	2561 66	2595 »	2628 33	2661 66	2695 »	2728 33	2761 66	2795 »	2828 33	2861 66
90	2396 66	2430 »	2463 33	2496 66	2530 »	2563 33	2596 66	2630 »	2663 33	2696 66	2730 »	2763 33	2796 66	2830 »	2863 33
95	2398 33	2431 66	2465 »	2498 33	2531 66	2565 »	2598 33	2631 66	2665 »	2698 33	2731 66	2765 »	2798 33	2831 66	2865 »

TABLE DES MATIERES.

www.ingramcontent.com/pod-product-compliance
Lightning Source LLC
Chambersburg PA
CBHW072345200326
41519CB00015B/3665